专利审查员系列培训教材

发明专利审查基础教程·审查分册

Basic Course of Patent Examination for Invention—Examination

（第4版）

国家知识产权局专利局人事教育部　组织编写
申长雨　主编

知识产权出版社
全国百佳图书出版单位
—北京—

图书在版编目（CIP）数据

发明专利审查基础教程．审查分册/申长雨主编；国家知识产权局专利局人事教育部组织编写．—4版．—北京：知识产权出版社，2024．11．—ISBN 978-7-5130-9564-8

Ⅰ．G306．3

中国国家版本馆 CIP 数据核字第 2024KW8670 号

内容提要

本书由国家知识产权局专利局人事教育部组织编写，全面介绍了发明专利申请的初步审查、实质审查、复审程序以及按照《专利合作条约》提出的国际申请审查的内容、标准和程序等，辅以大量的实际案例，是专利局新入局审查员上岗前业务培训教材之一，也是一本全面学习和了解我国专利审查实务的实用教科书。

读者对象：专利审查员、专利代理师、法律界人士及高等院校相关专业师生。

责任编辑：卢海鹰　房　曦　　**责任校对**：王　岩
封面设计：杨杨工作室·张　冀　　**责任印制**：刘译文

专利审查员系列培训教材

发明专利审查基础教程·审查分册（第4版）

Faming Zhuanli Shencha Jichu Jiaocheng · Shencha Fence（Di 4 Ban）

国家知识产权局专利局人事教育部　组织编写

申长雨　主编

出版发行：知识产权出版社有限责任公司　　**网　　址**：http：//www.ipph.cn
社　　址：北京市海淀区气象路50号院　　**邮　　编**：100081
责编电话：010-82000860转8122　　**责编邮箱**：lueagle@126.com
发行电话：010-82000860转8101/8102　　**发行传真**：010-82000893/82005070/82000270
印　　刷：三河市国英印务有限公司　　**经　　销**：新华书店、各大网上书店及相关专业书店
开　　本：787mm×1092mm　1/16　　**印　　张**：30.75
版　　次：2024年11月第4版　　**印　　次**：2024年11月第1次印刷
字　　数：655千字　　**定　　价**：198.00元

ISBN 978-7-5130-9564-8

本书编委会（第4版）

主　编：申长雨

副主编：廖　涛

统稿人：王晓云　史　冉　周胡斌

本书工作与分工情况（第4版）

章　节	修　订　人	校　核　人	统稿人
第一章	孙传利　林　梅 张　洁　桂　林	梁素玲　王晓瑞	周胡斌
第二章	庞　娜　王　轶 郑红蕾　徐晓亚	左凤茹　徐晓亚　郑红蕾	史　冉
第三章	田丽娜　徐晓亚	岳雪莲　杨永红	
第四章	张　芳　徐晓亚	岳雪莲　杨永红	
第五章	黄军容　陈　立　杨永红	杨永红 朱丽娜	
第六章	黄军容　陈　立　朱丽娜	杨永红	
第七章	庞　娜　王　轶　徐晓亚	左凤茹　杨永红	
第八章	陈　力　王丽华　杨永红	杨永红　朱丽娜	
第九章	陈　力　王丽华　杨永红	杨永红　徐晓亚	
第十章	胡向莉　朱丽娜	严　律　郑红蕾	王晓云
第十一章	史　冉　李晓丽　朱丽娜	栾爱玲　郑红蕾	
第十二章	陈　飚　田　园　郑红蕾	杨开宁　朱丽娜	
第十三章	韦江利　王　轶　陈　力	李　越　任晓兰	
第十四章	朱军利　孟令军	梁素玲　王晓瑞	周胡斌
第十五章	齐　霁　朱丽娜	高　飞	
第十六章	刘　萍　徐晓亚	陈炜梁	

本书编委会（第3版）

主　编：田力普

副主编：甘绍宁

统稿人：赵喜元　闫　娜　李虹奇

本书工作与分工情况（第3版）

章　节	修　订　人	校　核　人	统稿人
第一章	赵　霞	王婧梅　刘丽君	闫　娜
第二章	王　轶	秦　奋　孙　俐	
第三章	庞　娜	刘　铭　王　奕	
第四章	司庆阳　王丽华	高东辉　王　奕	
第五章	司庆阳　王丽华	邱绛雯　左凤茹	
第六章	司庆阳　王丽华	邱绛雯　左凤茹	
第七章	王丽华	邱绛雯　左凤茹	
第八章	王丽华	周胡斌　张阿玲	
第九章	王丽华	周胡斌　张阿玲	
第十章	黄军容　司庆阳	秦　奋　曹宪鹏	赵喜元
第十一章	黄军容	高东辉　崔　峥	
第十二章	黄军容	闫心奇　李　旭	
第十三章	刘　犨	李　越　于　萍	
第十四章	李　丽	韩小非	
第十五章	庞立敏	沈　琏　晏　杰	李虹奇
第十六章	黄军容　李晓丽	沈　琏　晏　杰	

本书编委会（第2版）

主　编： 田力普

副主编： 贺　化

顾　问： 孙　可

编　委：（按姓氏笔画排序）

王　澄　王霄蕙　朱仁秀
吴　凯　张　利　李永红
杨　光　陈玉娥　孟俊娥
宫宝珉　徐　健　徐治江
诸敏刚　钱红缨　高　康
崔　军　崔伯雄　葛　树
廖　涛

统稿人： 钱红缨　李　超　曹宪鹏
王智勇　朱仁秀

本书工作与分工情况（第2版）

章节	修订	校核	责任编委	统稿
第一章（对应第1版第一章）	孙彦	贾海岩	葛树 吴凯	钱红缨 李超 曹宪鹏 王智勇 朱仁秀
第二章（对应第1版第二章）	戴磊	汤志明 张小凤	杨光　钱红缨 王霄蕙	
第三章（对应第1版第三章）	刘铭	赵喜元 王奕	杨光　钱红缨 王霄蕙	
第四章（对应第1版第四章）	孙跃飞	赵喜元 王奕	杨光　钱红缨 王霄蕙	
第五章（对应第1版第五章）	闫娜	韩晓刚 冯于迎	崔伯雄 崔军	
第六章（新增）	闫娜	韩晓刚 冯于迎	崔伯雄 崔军	
第七章（对应第1版第六章）	孙跃飞	韩晓刚 冯于迎	崔伯雄 崔军	
第八章（对应第1版第七章）	张军	张阿玲 曲淑君	崔伯雄 崔军	
第九章第一节 （对应第1版第八章第一节）	张军	张阿玲 曲淑君	崔伯雄 崔军	
第九章第二节 （对应第1版第八章第二节）	张军	张阿玲 曲淑君	崔伯雄 崔军	
第九章第三节 （对应第1版第八章第三节）	闫娜	张阿玲 曲淑君	崔伯雄 崔军	
第九章第四节 （对应第1版第八章第四节）	张军	张阿玲 曲淑君	崔伯雄 崔军	
第十章 （对应第1版第九章）	孙跃飞	曹宪鹏 张阿玲	王澄　宫宝珉 廖涛	
第十一章 （对应第1版第十章）	崔峥	崔艾平 闫心奇	王澄　宫宝珉 廖涛	
第十二章 （对应第1版第十三章）	陈矛	崔艾平 闫心奇	王澄　宫宝珉 廖涛	
第十三章 （对应第1版第十四章）	马昊	石兢	王澄　宫宝珉 廖涛	
第十四章 （对应第1版第十五章）	陈曦 刘芸	韩小非	葛树 吴凯	
第十五章第一节 （对应第1版第十六章第一节）	唐晓君	李虹奇 沈琏	葛树 吴凯	
第十五章第二节 （对应第1版第十六章第二节）	宗绮	李虹奇 沈琏	葛树 吴凯	
第十六章 （对应第1版第十七章）	岳雪莲　宗绮 王晓燕	沈琏 李虹奇	葛树 吴凯	

本书编委会（第1版）

主　编：田力普

副主编：贺　化

编　委：（按姓氏笔画排序）

王　澄　孙　可　毕　囡

陈玉娥　李永红　杨　光

陈　伟　张　利　杨铁军

赵春山　高　康　黄　庆

崔伯雄　雷春海

统稿人：李永红

本书写作与分工情况（第1版）

章　节	撰　稿	修　订	全书统稿
第一章	袁　德　张晓玲	孙　彦　贾海岩	李永红
第二章	张清奎	钱红缨　汤志明	
第三章	孟俊娥	陈玉娥　张　利	
第四章	崔伯雄	陈迎春　赵　霞　金泽俭	
第五章	崔伯雄	陈迎春　赵　霞　金泽俭	
第六章	杨克菲	徐晓明　刘桂明　李　旭	
第七章	葛　树	白光清　陈　源　张伟波	
第八章第一节	奚　缨	杜　军　李金光　胡文辉	
第八章第二节	张东亮	赵　亮　林　柯　蒋　彤	
第八章第三节	赵　洪	赵喜元　冯小兵　张伟波　仲惟兵	
第八章第四节	诸敏刚　巩建华	宫维京　白光清　夏　冬	
第九章	曹宪鹏	韩爱朋　姜　晖　叶　凡	
第十章	曾志华	崔艾平　王守彦　崔　峥	
第十一章	虞　和		
第十二章	邱绛雯	祁建伟　常　矛　张　利	
第十三章	蔡文克　吴顺华	毕　囡　董　琤　齐宏毅	
第十四章	张茂于	于　萍　白光清　马　昊	
第十五章	於毓桢　黄　庆	韩小非　姚晓红　陈　新	
第十六章	李虹奇	戚传江　王爱卿　贾书瑾	
第十七章	李　超	雷春海　谢　岗　闫　娜	

序

知识产权是国家发展的战略性资源和国际竞争力的核心要素，是建设创新型国家和扩大对外开放的重要支撑。党的十八大以来，习近平总书记对知识产权工作作出一系列重要指示论述，为我们做好新时代知识产权工作提供了根本遵循和行动指南。党中央、国务院先后印发了《知识产权强国建设纲要（2021—2035 年）》和《“十四五”国家知识产权保护和运用规划》，描绘了我国知识产权事业发展的宏伟蓝图。党的二十大报告明确提出，要加强知识产权法治保障，形成支持全面创新的基础制度。党的二十届二中全会就完善知识产权管理体制作出重要部署，将国家知识产权局调整为国务院直属机构。党的二十届三中全会进一步明确要建立高效的知识产权综合管理体制。所有这些都充分体现了习近平总书记和党中央对知识产权工作的高度重视和殷切期待。

知识产权人才是知识产权事业高质量发展的第一资源，是知识产权强国建设的战略支撑。为全面提升知识产权人才能力水平，近年来，国家知识产权局制定实施了《知识产权人才“十四五”规划》《关于加强专利审查队伍建设的若干意见》《专利人才教育培训指南（试行）》《专利审查人才能力提升计划》等一系列政策文件，设立了多个专利审查业务培训指导组和工作组，精心设计培训课程，深入开展教研工作，取得了新的丰硕成果。

在总结多年教学研究成果和实践经验的基础上，国家知识产权局已经形成了一套包括入局培训、岗位培训以及部内培训在内的专利审查员培训系列教材，并根据新修正的《专利法》及其实施细则，结合专利审查业务发展需要，按照最新审查政策和审查标准，及时对专利审查员培训系列教材作了修订完善，以进一步统一全局的培训标准，提高培训质量。

国以才兴，业以才广。知识产权强国建设重在人才，难在人才，成在人才。希望通过这一套新修订的系列教材的使用，能够进一步夯实专利审查业务培训工作基础，健全培训体系，提升培训水平，加速壮大高素质的专利审查人才队伍，努力建设世界一流专利审查机构，为加快建设知识产权强国贡献力量。

借此机会，对参加本套系列教材教学研究和编写的全体人员表示感谢。

国家知识产权局局长 申长雨

二〇二四年十一月

前　　言

2004 年，在时任国家知识产权局田力普副局长、贺化副局长及原副局长吴伯明的指导下，专利局人事教育部组织 60 多位局内专家和业务骨干编写了《发明专利审查基础教程》（第 1 版）。2007 年，为了适应 2006 年《审查指南》的修订，在时任国家知识产权局贺化副局长的直接领导下，专利局人事教育部组织局内兼职培训教师在开展培训教研活动的同时对《发明专利审查基础教程》（第 1 版）进行了修订，删去了第十一章“国际专利分类”和第十二章“检索概论”，新增了第六章“新颖性案例分析”，形成《发明专利审查基础教程 · 审查分册（第 2 版）》。2011 年，为了适应《专利法》及《专利审查指南》的修订，在时任国家知识产权局甘绍宁副局长的领导下，专利局人事教育部组织局内业务骨干，对《发明专利审查基础教程 · 审查分册（第 2 版）》进行了修订，形成《发明专利审查基础教程 · 审查分册（第 3 版）》，并作为新入局审查员上岗前业务培训使用的教材之一。

2020 年，第四次修正的《专利法》出台，在国家知识产权局廖涛副局长的领导下，专利局人事教育部组织局内业务骨干，对《发明专利审查基础教程 · 审查分册（第 3 版）》进行了初步修订；2024 年，又组织 2024 年新审查员入职培训教学小组成员和其他局内业务骨干，根据新修订的《专利法实施细则》和《专利审查指南 2023》，以及新审查员入职培训课程的最新讲义等，完成了对《发明专利审查基础教程 · 审查分册（第 3 版）》的修订工作，形成《发明专利审查基础教程 · 审查分册（第 4 版）》。

本书的修订凝结了所有参与前版的编撰和组织工作的同志，本版的修订人、校核人、责任编委、统稿人、组织者以及出版社工作人员的心血。在此谨对以上所有同志的辛勤劳动表示衷心感谢！

目　　录

第一章　专利审批流程与发明专利申请初步审查

教学目的

通过本章的学习，了解专利审批流程和发明专利申请的初步审查。

第一节　专利审批流程

国家知识产权局作为国务院专利行政管理部门，委托国家知识产权局专利局（以下简称“专利局”）受理、审批专利申请，审理复审及无效宣告请求，专利局以国家知识产权局的名义作出各项决定。

一、专利审批流程的概念

专利审批流程是专利审查工作流程的总称，包括从受理专利申请开始到专利申请被授予专利权或者专利申请（或专利）失效为止的全部审查程序。一项发明创造从提出专利申请到被批准为专利要通过多道审查和事务处理程序。

二、专利审批流程中涉及的程序

专利审批流程中涉及的程序可以分为两大类：第一类是法定程序；第二类是与专利申请有关的其他手续的审查及处理程序。

（一）法定程序

1.《专利法》规定的程序

《专利法》规定的程序包括受理、初步审查、公布、实质审查、授权、复审、无效宣告，其中公布、实质审查是发明专利申请特有的程序。上述程序应先由申请人或者当事人提出请求的包括受理、实质审查、复审、无效宣告程序。初步审查、公布、授权三种程序由专利局自行启动。必要时专利局也可以自行启动实质审查程序。

2.《行政诉讼法》和《行政复议法》规定的程序

《行政复议法》规定的程序是，当事人收到专利局的行政处分决定（例如，视为撤回通知书、视为放弃取得专利权通知书、专利权终止通知书等）后，在规定的期限（自知道或者应当知道该行政行为之日起60日）内可以提出行政复议。

《行政诉讼法》规定的程序是，当事人收到专利局的行政处分决定后，在规定的期限（自知道或者应当知道作出行政行为之日起6个月）内可以向中级人民法院直接提起行政诉讼。需要注意的是，根据《专利法》第46条的规定，对国务院专利行政部门宣告专利权无效或者维持专利权的决定不服的，向人民法院起诉的期限为自收到通知之日起3个月内。

（二）与专利申请有关的其他手续的审查及处理程序

按照《专利审查指南2023》的规定，除提出专利申请外，与专利申请有关的其他手续包括：

① 要求外国优先权。

② 要求本国优先权。

③ 生物材料样品保藏。

④ 不丧失新颖性宽限期声明。

⑤ 保密请求。

⑥ 请求提前公布。

⑦ 请求实质审查。

⑧ 请求延长期限。

⑨ 请求恢复权利。

⑩ 请求中止。

⑪ 著录项目变更。

⑫ 要求撤回专利申请。

⑬ 缴纳专利费用。

⑭ 请求退款。

⑮ 委托专利代理。

⑯ 辞去委托或者解除委托。

⑰ 请求改正译文错误。

⑱ 补正。

⑲ 答复审查意见通知。

⑳ 提出意见陈述。

㉑ 请求更正错误。

㉒ 请求作出专利权评价报告。

㉓ 请求收费减缴。

㉔ 以援引在先申请文件的方式补交申请文件。

㉕ 请求专利权期限的补偿/请求药品专利权期限的补偿。

㉖ 请求增加、改正或恢复优先权等。

三、专利审批流程

(一) 三种专利申请审批流程工作框图

发明专利申请、实用新型专利申请、外观设计专利申请审批流程工作框图分别如图1-1-1～图1-1-3所示。

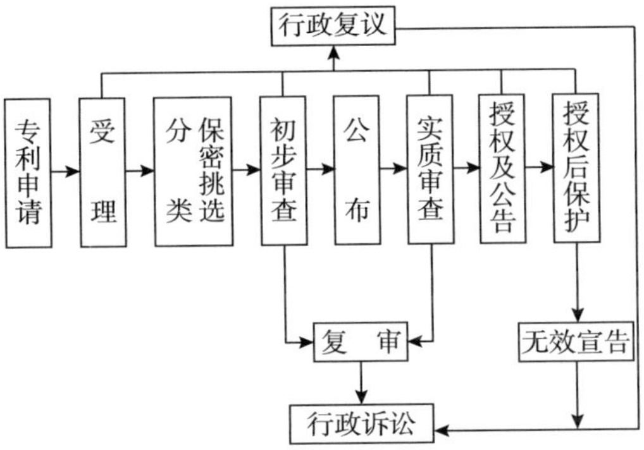

图1-1-1 发明专利申请审批流程工作框图

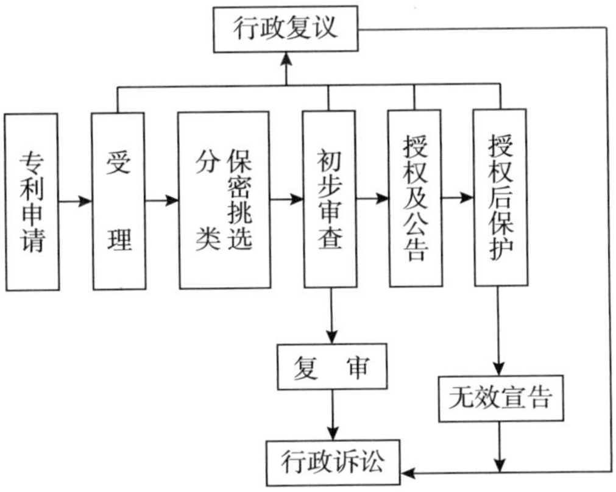

图1-1-2 实用新型专利申请审批流程工作框图

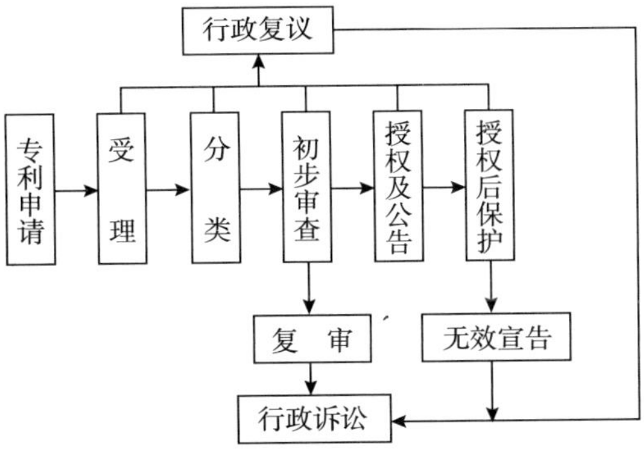

图1-1-3 外观设计专利申请审批流程工作框图

（二）发明专利申请审批流程

发明专利申请审批流程如图1－1－4所示。

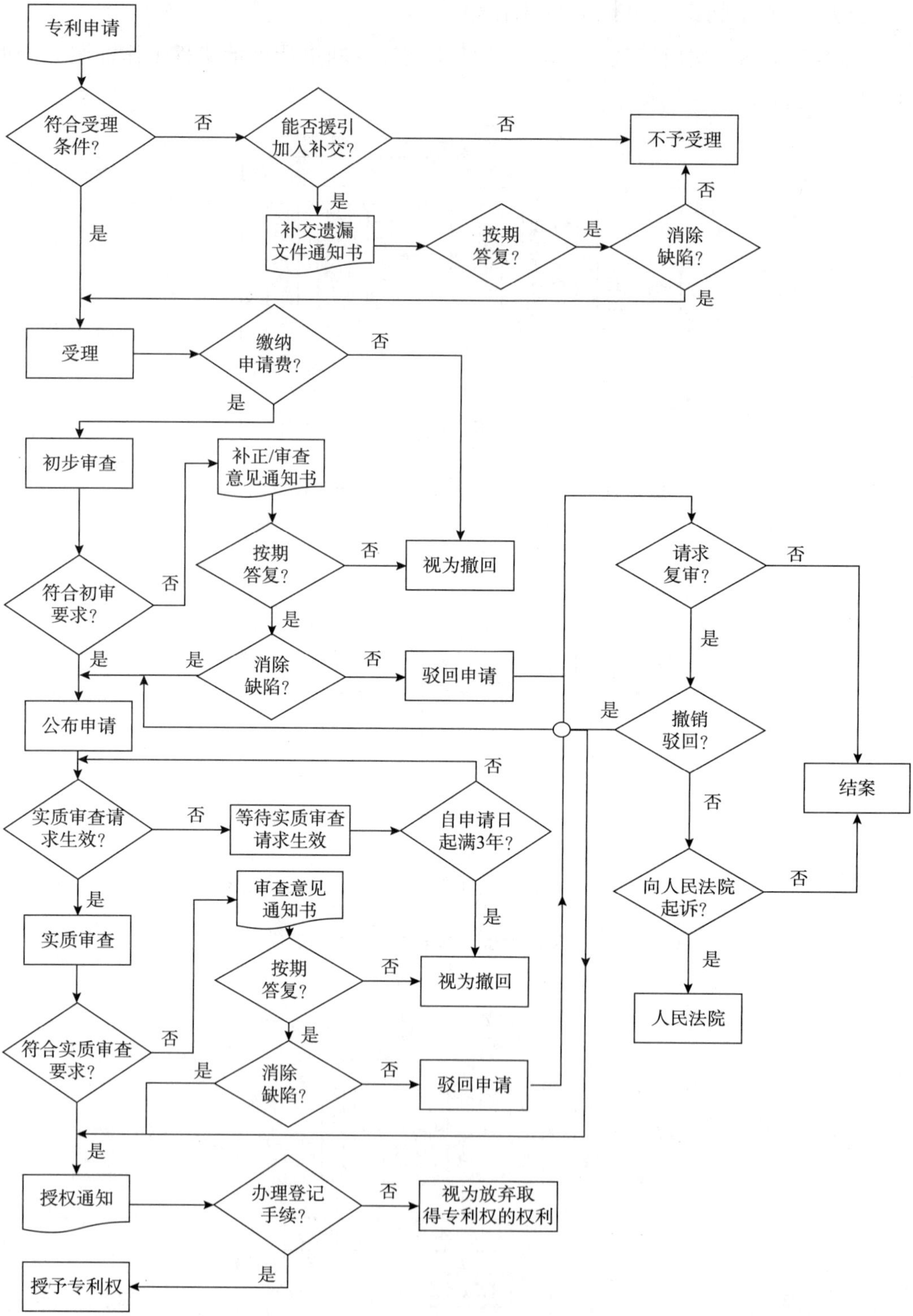

图1－1－4　发明专利申请审批流程

四、专利申请和专利审批流程中的主要概念

（一）专利申请

1. 专利申请方式

专利申请应当以书面形式提交。书面形式主要包括电子形式和纸件形式。提交电子形式的专利申请，当事人应当通过专利局提供的专利业务办理系统提交。提交纸件形式的专利申请，当事人可以当面递交或者邮寄至专利局受理部门。

专利局受理部门包括专利局初审及流程管理部受理处、专利局设置在地方专利管理部门的代办处，以及专利局复审和无效审理部立案及流程管理处。复审和无效审理部立案及流程管理处只负责受理与复审和无效宣告请求有关的文件。

2. 专利申请的必要文件

提交专利申请时应当提交必要的申请文件才能满足受理的条件。专利申请文件中应当包含请求书，请求书中应当至少写明申请人姓名或者名称及其地址。发明专利申请文件中应当包含说明书和权利要求书。实用新型专利申请文件中应当包含说明书、说明书附图和权利要求书。外观设计专利申请文件中应当包含图片或者照片和简要说明。其他应当提交的申请文件（例如说明书摘要）可以在后续流程进行补正。

3. 专利申请的受理条件

专利申请文件符合受理条件的，专利局将发出专利申请受理通知书。受理条件是对专利申请文件的最低要求。不符合以下受理条件之一的，专利局均不予受理。

① 请求书中申请专利的类别应当明确。分案申请不得改变原申请的类别。专利申请的必要文件应当符合前述要求。

② 申请文件应当使用中文。纸件形式的申请文件应当打字或者印刷，没有涂改，清晰可分辨。

③ 在中国内地没有经常居所或者营业所的外国人、外国企业或者外国其他组织单独申请专利，或者作为代表人申请专利，应当委托依法设立的专利代理机构。

④ 在中国内地没有经常居所或者营业所的香港、澳门或者台湾地区的个人、企业或者其他组织单独申请专利，或者作为代表人申请专利，应当委托依法设立的专利代理机构。

（二）申请日和申请号

申请人提交的专利申请经审查符合受理条件，依据《专利法》第28条的规定确定申请日，给予申请号，发出“专利申请受理通知书”。申请日是专利局依法确认的专利申请的递交日，申请号是专利局给予专利申请的唯一标识号码。确定申请日和给予申请号是受理程序中重要的法律事务工作，标志着申请人提出的专利申请被受理。

1. 申请日的确定

申请人可以以电子形式提交专利申请，也可以直接到专利局受理处（包括专利代

办处）当面提交专利申请，或采取邮寄的方式提交专利申请。申请人用电子形式提交专利申请的，以专利局指定的特定电子系统收到符合《专利法》及其实施细则规定的专利申请文件之日为申请日；直接向专利局受理部门面交的，以面交日为申请日；通过邮局寄交的，以邮局加盖在信封上的寄出邮戳日为申请日。邮寄或者直接交给专利局的任何个人或者非受理部门的申请文件和其他有关文件，其邮寄文件的邮戳日或者提交文件的提交日都不具有确定申请日和递交日的效力。

2. 申请日的作用

① 申请日是判断申请先后的客观标准。

② 申请日是判断专利申请是否具有新颖性和创造性的时间界限。

③ 申请日是许多法定期限的起算日。例如：专利权期限的起算日、要求享受外国或本国优先权的请求期限的起算日、不丧失新颖性的6个月宽限期的起算日、缴纳年费期限的起算日、发明专利申请满18个月公布期限的起算日。

3. 申请号的作用

专利申请号用13位（含校验位）阿拉伯数字表示，例如202210000001.0，其中前4位“2022”表示申请年号，第5位表示申请种类（“1”表示发明；“2”表示实用新型；“3”表示外观设计；“8”表示通过《专利合作条约》（PCT）途径提交的国际发明专利申请，也被称作“PCT发明”；“9”表示通过PCT途径提交的国际实用新型专利申请，也被称作“PCT实用新型”），第6位至第12位“0000001”是申请流水号，圆点之后的第13位“0”是校验码。在2003年10月1日之前，专利申请号用9位（含校验位）阿拉伯数字表示，其中第9位为校验码。

申请号的主要作用有：

① 申请号和申请日一起构成专利申请被正式受理的主要标志。

② 申请号是认定特定专利申请的主要标识。

③ 申请号是专利局在审批流程中对专利申请进行管理的重要手段。

（三）期　　限

1. 期限的种类

《专利法》及其实施细则中提到的期限主要分为两类。

（1）法定期限

法定期限是指《专利法》及其实施细则中对时限已作出具体明确规定的那些期限。例如，根据《专利法》第35条和《专利法实施细则》第12条的规定，申请人提出实质审查请求的期限是自申请日（有优先权的，自优先权日）起3年。

（2）指定期限

指定期限是审查员依据《专利法》及其实施细则作出各种通知和决定时，指定申请人或其他利害关系人答复或完成某种行为的期限。指定期限都是在相应的通知或决定中写明的。例如，《专利法》第37条规定的实质审查中申请人陈述意见或对申请文件进行修改的期限。指定期限与法定期限同样具有法律效力。

如果耽误了期限，专利申请将丧失相应的权利或者请求将被视为未提出。申请人因正当理由无法遵守期限时，可以根据《专利法实施细则》第6条第4款的规定请求延长指定期限。但是，一个例外是，《专利法实施细则》第75条规定，在无效宣告请求审查程序中，国务院专利行政部门指定的期限不得延长。

2. **期限的计算方法**

申请人、专利局有关工作人员都应当掌握期限的计算方法，以保证自己的行为在规定的期限内完成。期限计算的关键是对期限起算日和期限届满日的确定。

（1）期限起算日

《专利法》及其实施细则规定的各种期限开始的当日不计算在期限内，自下一日开始计算。起算日主要分为以下两种情况。

1）以申请日、优先权日、授权公告日等固定日期为起算日

部分法定期限是从申请日、优先权日、授权公告日等固定日期起算的。对于应由申请人在以固定日期起算的期限内完成的行为，专利局一般不作通知，申请人应当主动办理相应手续。

2）以专利局发出的通知或决定的送达日为起算日

《专利法实施细则》第4条规定，国务院专利行政部门发出的各种文件，可以通过电子形式、邮寄、直接送交或者其他方式送达当事人。送达日与通知或决定的发出方式有关。

① 电子形式

通过电子形式送达的通知和决定，以进入当事人认可的电子系统的日期为送达日。进入当事人认可的电子系统的日期与通知书和决定的发文日不一致时，除当事人能提供证据外，该通知书和决定的发文日推定为送达日。

② 邮寄

通知或决定是以邮寄的方式发出的，《专利法》及其实施细则中对这类期限的规定通常如此叙述：“……应当自收到通知之日起×个月内……”，因此，这些期限应当从收件人收到通知或决定之日起算。但实际工作中无法获知每份通知或决定的实际送达日，因此在《专利法实施细则》第4条作出了具体规定，即“国务院专利行政部门邮寄的各种文件，自文件发出之日起满15日，推定为当事人收到文件之日。当事人提供证据能够证明实际收到文件的日期的，以实际收到日为准”。例如，专利局于2023年7月4日给某申请人发出某一通知书，其送达日为文件发出之日起满15日，即2023年7月19日。

③ 直接送交

直接送交的通知或决定，以交付日为送达日。

④ 公告送达

当邮递过程中发生某种障碍使通知或决定未能成功送达收件人而退回专利局时，一般应当再发一次。如果通知或决定再次发出，则以新的发文日代替原发文日重新计算期限。

如果退回的通知或决定无法通过邮寄的方式送达，需要在专利公报上以公告方式通知当事人的，自公告之日起满1个月推定为送达日。当事人见到公告后可以向专利局提供详细地址，要求重新邮寄有关文件，但仍以自公告之日起满1个月为送达日。

（2）期限届满日

根据《专利法实施细则》第5条的规定确定期限届满日。

当期限为若干年时，以若干年后的年份中与起算日相应的月和日为期限届满日。当该相应月份中没有相应日时，以该月的最后一日为期限届满日。例如，某发明专利的申请日为2024年2月29日，那么其实质审查期限届满日确定为2027年2月28日。

同理，当期限为若干月时，就以若干月后的月份中与起算日相应的日为期限届满日。当该月中没有相应日时，以该月的最后一日为期限届满日。例如专利局于2023年7月16日邮寄发出“审查意见通知书”，要求申请人在2个月内答复，首先确定期限起算日即送达日为2023年7月31日，进而计算出期限届满日为2023年9月30日。

当期限为若干日时，在起算日上加规定的天数，所得日期即为期限届满日。

（3）期限届满的对应日落在法定休假日或移用周休息日

期限届满日是法定休假日或者移用周休息日的，以法定休假日或者移用周休息日后的第一个工作日为期限届满日，该第一个工作日为周休息日的，期限届满日顺延至周一。法定休假日包括国务院发布的《全国年节及纪念日放假办法》第2条规定的全体公民放假的节日和《国务院关于职工工作时间的规定》第7条第1款规定的周休息日。

（四）费　　用

1. 费用缴纳的期限

申请费的缴纳期限是自申请日起2个月内，或者自收到受理通知书之日起15日内，以后到期的期限为准。需要在该期限内缴纳的费用有优先权要求费（要求优先权的）和申请附加费（说明书超出一定的页数或者权利要求书超出一定的项数）以及发明专利申请的公布印刷费。

优先权要求费是指申请人要求外国优先权或者本国优先权时，需要缴纳的费用，该项费用的数额以作为优先权基础的在先申请的项数计算。

申请附加费是指申请文件的说明书（包括附图、序列表）页数超过30页或者权利要求超过10项时需要缴纳的费用，该项费用的数额以超出部分的页数或者项数计算。

公布印刷费是指发明专利申请公布需要缴纳的费用。

未在规定的期限内缴纳或缴足上述申请费（含申请附加费、公布印刷费）的，该申请被视为撤回。未在规定的期限内缴纳或缴足上述优先权要求费的，视为未要求优先权。

实质审查费的缴纳期限是自申请日（有优先权要求的，自最早的优先权日）起3年内。该项费用仅适用于发明专利申请。

延长期限请求费的缴纳期限是在相应期限届满之日前。该项费用以要求延长的期限长短（以月为单位）计算。

恢复权利请求费的缴纳期限是自当事人收到专利局确认权利丧失通知之日起2个月内。

复审费的缴纳期限是自申请人收到专利局作出的驳回专利申请决定之日起3个月内。

授权当年的年费的缴纳期限是自当事人收到专利局发出“授予发明（实用新型/外观设计）专利权通知书”和“办理登记手续通知书”之日起2个月内。

除授予专利权当年的年费应当在办理登记手续的同时缴纳外，以后的年费应当在前一年度期满前缴纳。缴费期限届满日是申请日在该年的相应日。专利年度从申请日起算，与优先权日、授权公告日无关，与自然年度也没有必然联系。

著录事项变更费、专利权评价报告请求费、无效宣告请求费的缴纳期限是自提出相应请求之日起1个月内。

2. 费用支付方式和减缴办法

（1）支付方式

费用可以直接向专利局（包括各专利代办处）缴纳，也可以通过网上缴费、邮局或者银行汇付，或者以专利局规定的其他方式缴纳。各代办处的收费范围另行规定。

缴费人可登录专利业务办理系统，进入专利缴费服务模块缴纳专利及集成电路布图设计费用，并可选择微信、支付宝、银行卡或对公账户支付等方式进行缴费。

费用通过银行或者邮局汇付的，应当在汇单上写明正确的申请号或者专利号、缴纳的费用名称，且不得设置取款密码。如未在汇款时注明上述必要信息，可在汇款当日，最迟不超过汇款次日，通过专利业务办理系统补充缴费信息。不符合上述规定的，视为未办理缴费手续。

费用不得直接邮寄到专利局受理处、专利局其他部门或者审查员个人。

多缴、重缴、错缴专利费用的，当事人可以自缴费日起3年内提出退款请求。当事人对于进入实质审查阶段的发明专利申请，在第一次审查意见通知书答复期限届满前主动申请撤回的，可以请求退还50%的发明专利申请实质审查费，已提交答复意见的除外。

（2）收费减缴手续

根据《专利法实施细则》第117条及《专利收费减缴办法》的规定，申请人或者专利权人缴纳各种专利费用有困难的，或者其专利处于开放许可实施期间的，可以按规定向专利局提出减缴请求。可以减缴的专利费用是：申请费、发明专利申请实质审查费、复审费、年费（自授予专利权当年起10年内的年费、开放许可实施期间的年费）。

请求减缴专利收费的，应当在提出该请求前提前办理专利申请人或者专利权人具备费减资格的备案手续。具备费减资格的专利申请人或者专利权人包括：上年度月均收入低于5000元（年收入6万元）的个人；上年度企业应纳税所得额低于100万元的企业；事业单位、社会团体及非营利性科研机构。两个或者两个以上的个人或者单位为共同专利申请人或者共有专利权人的，应当分别符合这项规定。

专利申请人或者专利权人为个人或者单位的，可以请求减缴专利收费的比例为85%；两个或者两个以上的个人或者单位为共同专利申请人或者共有专利权人的，可以请求减缴专利收费的比例为70%。

按照《专利收费减缴办法》的规定，申请人或者专利权人提出收费减缴请求时，对已按规定足额缴纳的费用或者距缴费期限届满日不足2.5个月的费用不予减缴。特别要注意的是，只有在提出专利申请的同时要求收费减缴的才可能准予减缴申请费。

办理专利开放许可实施合同备案的，视为专利权人同时提出专利年费减缴请求。专利开放许可实施合同被准予备案的，专利权人可以在专利开放许可实施期间，按规定享有自备案日起尚未到期的专利年费的减缴。专利权人撤回开放许可声明的，自下一专利年度起不再享有因开放许可获得的专利年费减缴。专利权人同时符合两项专利年费减缴条件的，按照其中减缴比例较高的一项条件予以减缴。

（五）专利申请文档

专利申请文档是在专利申请审查程序中及专利权有效期内逐步形成并作为原始记录保存起来以备查考的各种文件的集合，包括案卷和电子文档，也是专利审批和作出各种结论的依据。它真实地记录了专利申请从产生、形成到消亡的整个过程。目前，专利申请文档包括纸件形式的案卷和数据形式的电子文档。对受理的纸件专利申请文件和其他文件，专利局进行扫描并存入数据库。以纸件形式提交的专利申请文件及其他文件，经专利局转换为电子形式文件并记录在电子系统数据库中，具有与原纸件形式文件同等的效力。

1. 专利申请文档的特性及作用

专利申请文档具有科技档案的性质。说明书是发明和实用新型技术方案的文字记载，图片或者照片是外观设计的体现。同时，专利申请的审查、批准及事务处理是依照《专利法》及其实施细则进行的活动，记录这种活动的专利申请文档还具有很强的法律文件的性质。发明和实用新型专利申请文件中的权利要求书、外观设计申请文件中的图片或者照片记载的是申请人请求法律给予保护的范围。

根据《专利法》的规定，在发明专利申请文件公布或者实用新型、外观设计专利申请公告之前，专利局对其负有保密的义务，在此阶段的专利申请文档是保密文件。经公布后的发明专利申请文档和公告后的实用新型、外观设计申请文档除规定不宜公布的内容外，其余均可为公众提供查阅和复制。

此外，根据《专利法》第4条的规定，涉及国家安全或者重大利益的专利申请将作为保密专利申请，其文档始终应处于保密状态，直至解密为止。

综上所述，专利申请文档具有技术与法律的双重特征，还具有保密与公开的双重特征。此外，其记载形式也具有纸件与电子形式的双重特征。

在申请和审查过程中逐步形成的专利申请文档是专利审批、复审、无效宣告、侵权诉讼等法律程序的主要依据。专利申请文档作为真实的历史记录，具有证据的作用。

2. 案卷的归档原则

（1）真实原则

案卷收集的文件应当是申请人、专利权人、利害关系人、审查员等在专利申请产生直至消亡的各法律程序中产生的原始文件。这些文件不得替换、删除、补充和涂改。对需要更正的应作出更正决定，并说明理由。

（2）独立原则

每件专利申请应当建立一份独立的案卷，以其申请号命名，该命名使用于案卷存在的全过程。

同一申请人（或专利权人）对若干专利申请办理内容完全相同的手续时，应当分别对所有专利申请（或专利）提交相应文件，以便归入各自案卷内。不得使用“参见”的方式省略文件。为便利申请人，可以将证明文件原件在专利局办理存档备案，在办理相关手续需要使用这些证明文件时注明证明文件的备案号即可，具有与正本同等的效力。

同样，由专利局向同一申请人（或专利权人）就多个申请发出内容相同的通知或决定时，也应遵守一件专利申请（或专利）一份通知或决定的原则，一般不得合并。

上述原则同样适用于分案申请，例如在原申请中已提交过的实质审查请求书、委托书等文件在分案申请中应重新提交。

（3）时间顺序原则

当事人依法向专利局办理各种手续时，专利局应当对所提出的各种文件及时处理，并立卷归档。

专利申请案卷应当按照各文件处理时间的先后顺序立卷。

3. 电子文档

电子文档的建立应当参照案卷的立卷原则进行。电子文档主要包括以下内容。

① 当事人通过专利局指定的特定电子系统提交的电子形式的专利申请文件。电子申请中的证明文件可以是原件的电子扫描文件。

② 专利局基于当事人提交的纸件文件制作的图形文件和代码化文件。

③ 当事人按照规定形式提交的核苷酸或者氨基酸的序列表。

④ 在专利审批程序和复审、无效宣告程序中，专利局作出的通知、决定（如补正通知书、驳回决定等）及其他文件（如发明专利申请单行本，发明专利、实用新型专利和外观设计专利单行本等）。

⑤ 专利费用的相关数据。

⑥ 与专利申请或者专利审批有关的法律状态及变化的历史记录。

⑦ 在专利审批程序中全部著录项目及其变更的历史记录。

⑧ 专利权评价报告。

⑨ 分类号、所属审查部门、各种标记（如优先权标记、实审请求标记、保密标记等）。

第二节　发明专利申请的初步审查

一、初步审查和事务处理的范围和内容

一项发明创造从提出专利申请到被授予专利权需要经过多个审查程序和事务处理程序。审查一般分为两类，一类是对要求获得专利保护的发明创造是否具备新颖性、创造性和实用性为主要审查内容的专利性条件的审查，通常称为“实质审查”；另一类是对专利申请以及专利申请手续是否符合《专利法》及其实施细则的其他规定的审查，通常称为“初步审查”。

发明专利申请的初步审查主要包括了申请文件的形式审查、明显实质性缺陷的审查和其他文件的形式审查。

形式审查是指对发明人、申请人的资格，申请人所委托的专利代理机构和专利代理师的资格，申请人递交的与申请相关的各种文件、证明的法律效力，申请人办理专利申请的各种手续，以及申请文件的格式、文字和附图是否符合出版的要求进行的审查。

明显实质性缺陷的审查是指根据法律规定对一些明显违反国家法律、社会公德或者妨碍公共利益、公共秩序的内容，以及明显不属于《专利法》保护范围的内容进行的审查，从而避免将这些内容进行公布，产生不良影响，或者避免使申请人和社会公众对《专利法》的保护客体产生误解。

在初步审查阶段，发明专利申请还需要进行保密审查。保密审查是指对发明创造是否涉及国家安全或者重大利益进行的审查。保密审查也适用于实用新型专利申请的

审查，外观设计专利申请不进行保密审查。

专利审批流程中的事务处理是指对专利申请文件、专利申请手续以及与文件、手续相关的事务进行各种法律和技术处理的行为。由于进行这些处理前常常要对这些手续文件进行形式审查，所以事务处理和初步审查不能截然分开。

此外，对专利申请和专利的各种费用的缴纳情况的管理，对《专利法》及其实施细则规定的或专利局指定的各种期限的监视及逾期处理也是事务处理中十分重要的工作内容。

二、初步审查和事务处理的地位和作用

根据《专利法》第 34 条的规定，国务院专利行政部门收到发明专利申请后，经初步审查认为符合《专利法》要求的，自申请日起满 18 个月，即行公布。根据《专利法》第 40 条的规定，实用新型和外观设计专利申请经初步审查没有发现驳回理由的，由国务院专利行政部门作出授予实用新型专利权或者外观设计专利权的决定，发给相应的专利证书，同时予以登记和公告。因此，初步审查是受理专利申请之后的一个必要程序。初步审查程序是在专利申请被受理并且申请人在规定的期限内缴足申请费后进行的。对初步审查不合格的申请，专利局应当启动补正程序，通知申请人在指定的期限内补正；逾期不补正的，该专利申请将被视为撤回或者作出其他形式的结案处理。经补正仍不合格的，专利局可以再次要求申请人补正，必要时也可以驳回申请。只有在初步审查合格以后，专利申请才能进入下一个规定的审查程序。

初步审查的主要作用有以下四个方面。

① 审查申请人提交的申请文件是否符合《专利法》及其实施细则的规定，发现存在可以补正的缺陷时，通知申请人以补正的方式消除缺陷，使其符合公布的条件；发现存在不可克服的缺陷时，发出审查意见通知书，指明缺陷的性质，并通过驳回的方式结束审查程序。

② 审查申请人在提出专利申请的同时或者随后提交的与专利申请有关的其他文件是否符合《专利法》及其实施细则的规定，发现文件存在缺陷时，根据缺陷的性质，通知申请人以补正的方式消除缺陷，或者直接作出文件视为未提交的决定。

③ 审查申请人提交的与专利申请有关的其他文件是否是在《专利法》及其实施细则规定的期限内或者专利局指定的期限内提交；期满未提交或者逾期提交的，根据情况作出申请视为撤回或者文件视为未提交的决定。

④ 审查申请人缴纳的有关费用的金额和期限是否符合《专利法》及其实施细则的规定，费用未缴纳、未缴足或者逾期缴纳的，根据情况作出申请视为撤回或者请求视为未提出的决定。

事务处理同初步审查一样也是专利审批流程中必不可少的程序，它贯穿于专利审批的全过程。事务处理工作要求严守规程、认真细致，一旦出错，往往会造成严重后

果及连锁反应，直接影响当事人的利益。事务处理程序都有具体的办事规程，有些规程本身就是法律规定的程序。例如申请人提交的专利申请在专利局首先应当经过受理程序。专利申请只有经过相应的事务处理后才能确定申请日，给予申请号，被正式立案。只有经过受理程序中的事务处理，专利申请才能进入后续审查程序，申请文件才能成为申请人修改或审查员审批的基础，专利申请才能享受国际条约中规定的优先权或作为优先权的基础。此外，如公布、授权、颁发专利证书和公告等事务处理在法律上也是十分重要并且不可缺少的程序。

事务处理除组成专利审批的必要法定程序外，还包括更广泛的范围和内容。专利局每年接收大量专利申请及相关文件，这些专利申请每一件都要经过审查和事务处理程序，从提出专利申请到授予专利权的过程中专利申请及相关文件需要分送到专利局多个部门，分别由初审审查员、实审审查员和法律手续审查员完成相应工作。因此，各审查岗位的协调和连接、各审批阶段的同步和衔接是保证专利审批工作有条不紊进行的基础。这种同步和衔接都是通过事务处理来实现的。这些事务包括每一件专利申请的法律状态的记录、状态变化的处理、费用和期限的监控、案卷的管理和保存、各种审批数据的采集和自动化处理等一系列技术性和管理性工作。

事务处理还是专利局与申请人或专利代理师之间保持畅通联系及专利局向公众发布专利信息时不可缺少的工作。专利局发出的各种通知、决定、费用单据等文件都具有法律文书的性质，都要通过严密的事务处理程序，确保交接、收发的准确和及时。

三、初步审查和事务处理中应遵循的原则

初步审查和事务处理中的具体工作是按照国家知识产权局制定的《专利审查指南2023》进行的，在处理具体问题时应当考虑和遵循下述原则。

1. **保密原则**

审查员在专利申请的审批流程中，根据有关保密规定，对于尚未公布、公告的专利申请文件和与专利申请有关的其他内容，以及其他不适宜公开的信息负有保密责任。

2. **书面审查原则**

审查员应当以申请人提交的书面文件为基础进行审查，审查意见（包括补正通知）和审查结果应当以书面形式通知申请人。初步审查程序中，原则上不进行会晤。

此外，根据目前的有关规定，在初审阶段，除书面以外的其他信息载体，例如实物、模型、录音带等不具备法律效力。书面处理原则还指专利局的任何审查都是依据书面材料进行，对材料中陈述的法律或技术方面的事实的真实性，审查员按照专业知识和逻辑来判断，不作调查和实验。材料的真实性由材料提供者负责，所以向专利局提交的任何文件和材料都必须有出处和签章。书面材料本身有明显矛盾或不具备法律效力的，审查员应当要求当事人说明或补正。

3. **听证原则**

审查员在作出驳回决定之前，应当将驳回所依据的事实、理由和证据通知申请人，

至少给申请人一次陈述意见或修改申请文件的机会。审查员作出驳回决定时，驳回决定所依据的事实、理由和证据，应当是已经通知过申请人的，不得包含新的事实、理由或证据。

4. 程序节约原则

在符合规定的情况下，审查员应当尽可能提高审查效率，缩短审查过程。对于存在可以通过补正克服的缺陷的申请，审查员应当进行全面审查，并尽可能在一次“补正通知书”中指出全部缺陷。对于申请文件中存在的文字和符号等明显错误，审查员可以依职权自行修改，并通知申请人。对于存在不可能通过补正克服的实质性缺陷的申请，审查员可以不对申请文件和其他文件的形式缺陷进行审查，在审查意见通知书中可以仅指出实质性缺陷。

除遵循以上原则外，审查员在作出视为未提出、视为撤回、驳回等处分决定的同时，应当告知申请人可以启动的后续程序。

四、发明专利申请的初步审查内容

（一）申请文件的审查

1. 请求书

请求书是申请人希望授予专利权的一种书面表示，又是一份确定权利主体的法律文件。申请人应当真实、正确地填写，不允许随意涂改。

（1）发明名称

发明名称的作用主要是使申请的分类方便并使公众能方便地检索到它。发明名称应当简单、准确地表明发明的技术主题和类型并尽可能与《国际专利分类表》（IPC）中小类或者组的位置相适应。例如，有一件发明专利申请的名称是“一种能与烟道气中的气态硫化物起反应而形成固体物并能从烟道气中分离出来的方法和装置”共40个字，这件专利申请分类到IPC的B01D 53/34位置，而B01D 53/34是废气（包括烟、烟道气体）的化学净化，因此发明名称可简化为“分离烟道气中气态硫化物的方法和装置”共17个字。

发明名称一般不得超过25个字，必要时可不受此限，但也不得超过60个字。发明名称中应采用所属技术领域通用的技术术语，不得含有非技术词语，例如人名、单位名称、商标、代号、型号等；不得含有含糊的词语，例如“及其他”“及其类似物”等；也不得仅使用笼统的词语，致使未给出任何发明信息，例如仅用“方法”“装置”“组合物”“化合物”等词或其组合作为发明名称。

请求书中的发明创造名称应与其他申请文件中的发明名称完全一致。

发明名称不符合规定格式的，专利局应当通知申请人补正，必要时可以依职权予以修改。

（2）发明人

发明人是指对发明创造的实质性特点作出创造性贡献的人，因此申请人在提出专利申请时应当依法确定发明人并如实地填写在请求书上。有些国家的专利局要求申请人用专用表格指明发明人，目的在于让申请人通过宣誓的方式确认发明人。《专利法实施细则》第14条对《专利法》中所称的发明人的含义作出了明确规定，即发明人或者设计人是指对发明创造的实质性特点作出创造性贡献的人。在完成发明创造过程中，只负责组织工作的人、为物质技术条件的利用提供方便的人或者从事其他辅助工作的人，不应当被认为是发明人或设计人。

发明人只能是自然人，可以有多个，但不应是单位或者是集体，也不应是人工智能。

发明人应使用本人真实姓名，不得使用笔名或者假名。专利局对申请人在请求书上填写的发明人一般情况下不作资格审查。

发明人可以请求专利局不公布其姓名。提出专利申请时请求不公布发明人姓名的，应当在请求书“发明人”一栏所填写的相应发明人后面注明“(不公布姓名)”。不公布姓名的请求提出之后，经审查认为符合规定的，专利局在专利公报、专利申请单行本、专利单行本以及专利证书中均不公布其姓名，并在相应位置注明“请求不公布姓名”字样，发明人也不得再请求重新公布其姓名。提出专利申请后请求不公布发明人姓名的，应当提交由发明人签字或者盖章的书面声明，但是专利申请进入公布准备后才提出该请求的，视为未提出请求，审查员应当发出视为未提出通知书。

（3）申请人

1）申请人是本国人

《专利法》第6条规定，职务发明创造，申请专利的权利属于该单位，非职务发明创造，申请专利的权利属于发明人或者设计人。根据上述规定，申请人可以是个人(自然人)，也可以是单位。

申请人是个人的，应使用本人真实姓名，不得使用笔名或者假名。申请人是单位的，应当使用单位的正式全称，不得使用单位的缩写名称或者简称。请求书中填写的单位名称应当与所使用的公章上的单位名称一致。

专利局对请求书中填写的申请人一般情况下不作资格审查。申请人是个人的，推定为非职务发明。申请人是单位的，推定为职务发明创造。

2）申请人是外国人、外国企业或者外国其他组织

对于外国申请人是否有权在中国享受专利保护，《专利法》第17条已作出明确的规定。在中国有经常居所或者营业所的外国人、外国企业或者外国其他组织与中国人一样有权申请专利并获得专利保护。在中国没有经常居所或者营业所的外国人、外国企业或者外国其他组织需符合下列三个条件之一才能申请专利并获得专利保护：

① 申请人所属国同我国签订有相互给予对方国民以专利保护的协议；

② 申请人所属国是《保护工业产权巴黎公约》（以下简称《巴黎公约》）成员国或者世界贸易组织成员；

③ 申请人所属国依互惠原则给外国人以专利保护。

因此，申请人为个人的应注明国籍、经常居所，申请人为外国企业或者外国其他组织的应当注明其注册地。

专利局对外国申请人是否有权在中国申请专利并获得专利保护，应依据《专利法》第 17 条予以审查。申请人在专利申请请求书中未注明国籍或者经常居所、注册地的，通知申请人补正。对申请人注明的国籍或注册地有疑义时，可以根据《专利法实施细则》第 38 条第（1）项或者第（2）项的规定，通知申请人提供国籍证明或者注册的国家或地区的证明文件。

专利局应当对外国申请人的所属国（申请人是个人时，以国籍、经常居所确定；申请人为单位时，以注册地确定）是否是《巴黎公约》成员国或者世界贸易组织成员进行审查。对于来自某《巴黎公约》成员国领地或属地的申请人，应审查该国家是否声明将《巴黎公约》适用于该地区；不是《巴黎公约》成员国的，看该国法律中是否订有依互惠原则给外国人以专利保护的条款，没有明文规定互惠条款的应当依据《专利法实施细则》第 38 条规定，通知申请人提供其所属国承认中国单位和个人可以按照该国国民的同等条件，在该国享有专利权和其他有关权利的证明文件。申请人不能提供证明文件的，以不符合《专利法》第 17 条为理由，驳回该专利申请。

申请人是个人的，应使用本人真实姓名。申请人为外国企业或者外国其他组织的，应当使用正式全称。当申请人姓名或者名称被译成中文时，允许在个人姓名中使用外文缩写字母，姓与名之间用圆点分开，圆点置于中间位置，例如 M·琼斯。单位名称允许包含公知的缩写外文字母。

（4）联系人

申请人是单位且未委托专利代理机构的，应当填写联系人，联系人是该单位接收专利局所发信函的收件人。联系人应当是本单位的工作人员，必要时审查员可以要求申请人出具证明。申请人是个人且需由他人代收专利局所发信函的，也可以填写联系人。

联系人只能填写一人。填写联系人的，还需要同时填写联系人的通信地址、邮政编码和电话号码。

（5）代表人

申请人有两人以上且未委托专利代理机构的，需要指定代表人。如果在请求书中有声明，以声明的申请人为代表人，且应当注意所声明的代表人应当是申请人之一。如果在请求书中没有对代表人的声明，默认以第一署名申请人为代表人。对于电子形式的专利申请有两人以上申请人且未委托专利代理机构的，在申请前应当确定代表人并由代表人注册成为电子申请用户，代表全体申请人以电子形式提交专利申请文件及其他文件。

除直接涉及共有权利的手续外，代表人可以代表全体申请人办理在专利局的其他手续。直接涉及共有权利的手续包括提出专利申请，委托专利代理，转让专利申请权、优先权或者专利权，撤回专利申请，撤回优先权要求，放弃专利权等。直接涉及共有权利的手续应当由全体权利人签字或者盖章。

2. 说明书

说明书第1页第1行应当写明发明名称，该发明名称应当与请求书中填写的发明名称一致。

说明书的格式应当包括五个部分，并在每一部分前面写明标题，即技术领域、背景技术、发明内容、附图说明、具体实施方式。

对于发明专利申请的说明书无附图的，说明书的文字部分不包括附图说明及相应的标题。

在说明书每一部分前面写明标题，可以方便专利局的审查员对申请文件进行审查，方便公众阅读，同时有助于申请人更好地撰写说明书。

涉及核苷酸或者氨基酸序列的专利申请，应当将该序列表作为说明书的一个单独部分。对于电子申请，应当提交一份符合规定的计算机可读形式序列表作为说明书的一个单独部分。对于纸件申请，应当提交单独编写页码的序列表，并且在申请的同时提交与该序列表相一致的、符合规定标准的计算机可读形式的序列表副本（例如光盘或者软盘）。

申请人未在申请的同时提交计算机可读形式的序列表副本的，专利局将发出补正通知书，通知申请人在指定的期限内补交；逾期不提交的，该专利申请将被视为撤回。

说明书的内容应当连贯。说明书不止一页的，应当用阿拉伯数字顺序编页码。

说明书文字部分中写有附图说明的，申请文件中应当有相应的附图；申请文件中有附图的，说明书的文字部分中应当有相应的附图说明。

说明书文字部分可以有化学式、数学式和表格，但不得有插图（包括工艺流程图、方框图、结构图等）。

说明书不得使用商业宣传用语，也不得使用贬低或者诽谤他人或者他人产品的词句。

说明书文字应当整齐清晰，不得涂改，行间不得加字，字迹为黑色，并且足够深，背景干净，以能够满足复印、扫描的要求为准。

说明书的格式不符合要求的，审查员应通知申请人补正。

说明书写有对附图的说明，但申请文件中无附图或者缺少部分附图的，根据《专利法实施细则》第46条的规定，申请人可以有两个选择：一是补交附图，但需要修改申请日，以向国务院专利行政部门提交或者邮寄之日为申请日；二是取消对附图的说明，这样做保留原申请日。如果申请人选择补交附图、修改申请日，若该申请还要求了优先权，还需要同时关注重新确定申请日之后其优先权是否仍然成立。

3. 说明书附图

说明书附图应当使用包括计算机在内的制图工具绘制，线条应当均匀清晰、颜色足够深、不得涂改，不得使用工程蓝图。附图一般使用黑色墨水绘制，必要时可以提交彩色附图，以便清楚描述专利申请的相关技术内容。

几幅图可以绘制在一页图纸上。一幅总体图可以绘制在几页图纸上，但应保证每一页上的图都是独立的，而且当这些图组合起来构成一幅完整的总体图时又不互相影响其清晰程度。附图的周围不得有与图无关的框线。

附图总数在两幅以上时，应当使用阿拉伯数字顺序编号，并在编号前冠以“图”字，例如写成“图1”“图2”。该编号应当标注在相应附图的正下方。

附图应当尽量竖向绘制在图纸上，彼此明显分开。当零件横向尺寸明显大于竖向尺寸必须水平布置时，应当将附图的顶部置于图纸的左边。一页纸上有两幅以上的附图，且有一幅已经水平布置时，该页上其他附图也应当水平布置。

附图标记应当使用阿拉伯数字顺序编号。同一零件出现在不同的附图中应当使用相同的附图标记。在一件专利申请的各个文件（说明书、权利要求书、说明书附图、摘要）中应当用同一附图标记表示同一零件。

附图的大小要适当，应能清晰地分辨出图中的每一个细节。

同一附图中的每一组成部分与其他组成部分应当采用相同比例绘制，只有为了使其中某一组成部分清楚显示时，可以采用局部放大。图中除必要的关键词语外，不应当含有注释性文字。关键词语应当使用中文，必要时，可以在其后的括号里注明原文。

流程图、框图应当作为附图，并允许在框图内含有简明的注释，但文字需打字或者印刷，字迹清晰。特殊情况下，例如，显示金相结构、组织细胞或者电泳图谱时，可以使用照片贴在图纸上作为附图。

附图格式不符合要求的，审查员将通知申请人补正。

4. 权利要求书

权利要求书应当反映技术方案，记载技术特征，不得使用与技术无关的词句，例如“请求保护该专利的生产、销售权”等。

权利要求在两项以上时，应当使用阿拉伯数字将其连续编号，编号前不必冠以“权利要求”或者“权项”等词。权利要求书不止一页的，应使用阿拉伯数字连续编页码。

权利要求书中可以有化学式或者数学式，必要时也可以有表格，但不得有插图。

权利要求书不得使用商业性宣传用语，也不得使用贬低或者诽谤他人或者他人的产品的词句。

权利要求书的文字应当整齐清晰，不得涂改，行间不得加字，应打字或者印刷，字迹黑色，并且足够深，背景干净，以能够满足复印、扫描的要求为准。

权利要求书的格式不符合要求的，审查员将通知申请人补正。

5. **摘要**

（1）摘要的文字部分

摘要应当写明发明名称和所属的技术领域、需要解决的技术问题、解决该问题的技术方案的要点及主要用途。摘要中不得使用商业性宣传用语。

因专利公报的版面限制，摘要文字部分（包括标点符号）不得超过300个字。

申请人未提交摘要的，审查员将通知申请人补交。摘要文字格式不符合要求的，审查员可以通知申请人补正，也可以依职权予以修改，并通知申请人。

（2）摘要附图

说明书有附图的，申请人应指定其中一幅最能说明该发明技术特征的附图作为摘要附图，并在请求书中写明图号。

摘要中可以包含最能说明技术特征的化学式，该化学式可被视为摘要附图。

申请人未指定摘要附图的，审查员可以通知申请人补正，也可以依职权指定摘要附图，并通知申请人。经审查员确认没有合适的摘要附图可以指定的，可以不要求申请人补正。

申请人指定的摘要附图为现有技术附图，或者指定的摘要附图不是说明书附图之一的，审查员可以通知申请人补正，或者依职权指定一幅，并通知申请人。

6. **援引加入**

本章第一节介绍了专利申请的必要文件。申请人在提交专利申请时提交必要的申请文件是申请能够被受理并确定申请日的必要条件。就发明专利申请而言，必要的申请文件包括请求书、说明书和权利要求书；就实用新型专利申请而言，必要的申请文件包含请求书、说明书、说明书附图和权利要求书。

但申请人在提交专利申请时存在一定的疏忽，例如《专利法实施细则》第46条规定的情形，申请人可以选择补交遗漏的附图来弥补这种疏忽，但付出的代价是需要修改申请日，即重新确定申请日为向国务院专利行政部门提交或者邮寄附图之日。

2023年12月11日第三次修订的《专利法实施细则》的第45条引入了援引加入制度，中国国家知识产权局作为受理局和指定局取消了对于《专利合作条约实施细则》中有关通过援引方式加入遗漏或错误提交的部分或项目的条款的保留，给予申请人在遗漏或者错误提交申请文件时的救济机会。该条款明确了当发明或者实用新型申请文件的权利要求书、说明书或者其部分内容被遗漏或者错误提交时，允许申请人在一定条件下通过援引在先申请文件的方式将遗漏或者正确内容补入申请文件，从而保留原申请日。

（1）援引加入的概念和类型

根据《专利法实施细则》第45条的规定，发明或者实用新型专利申请缺少或者错误提交权利要求书、说明书或者权利要求书、说明书的部分内容，但申请人在递交日要求了优先权的，可以自递交日起 2 个月内或者在国务院专利行政部门指定的期限内以援引在先申请文件的方式补交。补交的文件符合有关规定的，以首次提交文件的递交日为申请日。这种以援引在先申请文件的方式补交权利要求书、说明书或者其部分内容，保留原申请日的制度简称为“援引加入”。

根据以上规定，可以将援引加入分为援引加入遗漏文件和援引加入改正错误两种类型。援引加入遗漏文件是允许申请人在提交申请后在规定的期限内，通过援引优先权文件（指在先申请文件副本和其中文译文）的方式加入其申请时并未提交的全部说明书或者全部权利要求书。援引加入改正错误是允许申请人在提交申请后在规定的期限内通过援引优先权文件的方式改正其申请文件中存在的部分缺陷，例如错误提交的说明书或者权利要求书，以及修改说明书或权利要求书中的部分内容。这两种类型的援引加入在审查程序上略有区别。还应注意，在援引加入程序中，说明书附图视为说明书的一部分，可以通过援引加入改正错误的方式进行修改。

援引加入制度能够帮助申请人在递交申请文件之后对申请文件中存在的重大缺陷进行补正，但不影响其将首次递交申请文件的日期作为申请日。这是援引加入制度相比于《专利法实施细则》第 46 条，以补交文件的日期作为申请日的最大优势。但与《专利法实施细则》第 46 条可以适用于任意发明专利申请相比，使用援引加入制度必须满足一个前提条件，即申请人在递交日要求了优先权，其优先权文件才能作为援引加入的基础。对于未在递交日要求优先权的申请，其从申请时就不具有通过援引加入改正申请文件的前提条件。

（2）援引加入的审查程序

援引加入分为援引加入遗漏文件和援引加入改正错误两种类型。因遗漏提交申请文件和申请文件中存在错误这两类问题涉及的审批环节不同，所导致的法律后果不同，这两种类型的援引加入审查程序也不同。

1）援引加入遗漏文件

援引加入遗漏文件是指以援引在先申请文件的方式补交遗漏的权利要求书或者说明书。根据《专利法实施细则》第 44 条的规定，发明或者实用新型专利申请在申请时缺少说明书或者权利要求书的，该专利申请不予受理。对于属于此类本应不予受理的申请，若其要求了优先权的，受理程序中审查员应依据《专利审查指南 2023》第 5 部分第 3 章第 2. 3. 3 节的规定，向申请人发出补交遗漏文件通知书，给予申请人通过援引加入改正不予受理缺陷的机会；未要求优先权的，由于不具有援引加入的基础，因此直接发出文件不受理通知书，不予受理。

申请人在首次递交专利申请之日起 2 个月内或者收到补交遗漏文件通知书之日起 2 个月内提交确认援引加入声明，补交遗漏文件且满足受理条件的，该申请将予以受理；未在规定期限内通过援引在先申请补交遗漏文件或者补交后仍不满足受理条件的，该申请将不予受理。

在受理阶段中对援引加入的审查仅限于对其补交文件后，该申请是否满足受理条件进行审查；对补交文件是否符合援引加入要求将由初审阶段的审查员进行全面审查。

在初审阶段中，当申请人请求通过援引加入补交遗漏的权利要求书或者说明书时，审查员应当从援引加入手续的形式要求和实质条件两方面来进行审查。

《专利法实施细则》第45条规定，以援引在先申请文件的方式补交了遗漏的权利要求书或者说明书的，应当在首次递交专利申请时要求在先申请的优先权，提出援引加入声明。目前，该援引加入声明已经包含在专利请求书标准表格中。申请人使用专利局制定的包含援引加入声明的专利请求书标准表格，即视为提出援引加入声明，在初审程序中无须对援引加入声明进行审查。因此，援引加入手续的形式要求，主要包含对确认援引加入声明的形式审查，比如写明的在先申请的申请号应当与请求书中填写的在先申请的申请号一致，说明补交的申请文件内容在在先申请文件副本（副本是外文的指其中文译文）中的位置。

援引加入手续的实质条件，包括该申请的优先权应当成立以及补交文件内容包含在优先权文件中这两方面的内容。

对于优先权能否成立的审查，可以参见有关优先权请求的审查的相关内容。应当注意的是，为了避免专利审查程序过于复杂，对于属于《专利法实施细则》第36条和第37条规定的情形，不适用《专利法实施细则》第45条的规定，即对于在后申请是在其在先申请的申请日起12个月期限届满之后提出的，申请人请求恢复的优先权，以及在后申请提交之后申请人请求增加或改正的优先权，即便该优先权能成立，也不能通过援引加入的方式补交申请文件。

对于不满足援引加入手续形式要求的，审查员应当发出办理手续补正通知书。期满未答复或者补正后仍不符合规定的，审查员应当发出撤销专利申请受理通知书，明确援引加入声明视为未提出，并作结案处理。

对于不满足“优先权成立”这一援引加入手续实质条件的，由于该缺陷不可能再通过补正方式克服，审查员应当发出撤销专利申请受理通知书，明确援引加入声明视为未提出，并作结案处理。

对于不满足“补交文件内容包含在优先权文件”这一援引加入手续实质条件的，审查员应当发出办理手续补正通知书，期满未答复的，审查员应当发出撤销专利申请受理通知书，明确援引加入声明视为未提出，并作结案处理；补正后补交文件内容仍未包含在优先权文件中，但是满足援引加入其他要求的，审查员应当发出重新确定申请日通知书，以补交权利要求书或者说明书之日为申请日。对于这种需要修改申请日的情形，需同时关注重新确定申请日后其优先权是否仍然成立。

通过援引加入的方式补交申请文件的，即使补交文件的内容并不包含在优先权文件中，申请人也可以通过修改申请日的方式继续本申请，这里的申请文件包括说明书、权利要求书及说明书附图。而根据《专利法实施细则》第46条，申请人只有在补交说明书附图时，才可以通过修改申请日的方式继续申请，不能补交说明书和权利要求书，这是援引加入与《专利法实施细则》第46条情形的区别之处。

2）援引加入改正错误

援引加入改正错误是指通过援引加入补交错误提交的权利要求书、说明书，或者缺少的或错误提交的权利要求书、说明书部分内容。由于上述缺陷并不影响专利申请的受理程序，因而援引加入改正错误只在初审程序中进行审查。

援引加入改正错误的审查程序与前述援引加入遗漏文件的审查程序基本类似，审查员同样应当从援引加入手续的形式要求和实质条件两方面进行审查。其区别之处在于由于此类申请已满足受理条件，因而不会再撤销专利申请受理通知书，具体审查操作如下。

对于不满足援引加入手续形式要求的，审查员应当发出办理手续补正通知书，期满未答复或者补正后仍不符合规定的，审查员应当针对援引加入声明发出视为未提出通知书。

对于不满足“优先权成立”这一援引加入手续实质条件的，审查员应当针对援引加入声明发出视为未提出通知书。

对于不满足“补交文件内容包含在优先权文件”这一援引加入手续实质条件的，审查员应当发出办理手续补正通知书，期满未答复的，审查员应当针对援引加入声明发出视为未提出通知书；补正后补交文件内容仍未包含在优先权文件中，但是满足援引加入其他要求的，审查员应当发出重新确定申请日通知书，以补交权利要求书、说明书或者其部分内容之日为申请日。对于这种需要修改申请日的情形，同样需同时关注重新确定申请日后其优先权是否仍然成立。

（3）援引加入的排除适用

分案申请不适用援引加入手续。若申请人延误了援引加入程序中的期限，则不能按照《专利法实施细则》第6条第2款中的规定请求恢复权利。

（二）三种特殊专利申请的审查

1. 分案申请

一件专利申请中包括两项或者两项以上发明创造的，申请人可以主动提出或者依据审查员的审查意见将其分成两件或者两件以上专利申请，即提出分案申请。分案申请应当以原申请（第一次提出的申请）为基础提出。分案申请的类别应当与原申请的类别一致。无论申请人主动还是依据审查员的审查意见提出分案申请，每件分案申请都应当符合单一性要求。

初步审查程序中，根据《专利法》及其实施细则的有关规定对分案申请进行审查。

（1）请求书中填写的原申请的申请日

提出分案申请时，应当在请求书中正确填写原申请的申请日。申请日填写有误的，审查员应当发出补正通知书，通知申请人补正。期满未补正的，审查员应当发出视为撤回通知书；补正符合规定的，审查员应当发出重新确定申请日通知书。

（2）请求书中填写的原申请的申请号

提出分案申请时，应当在请求书中正确填写原申请的申请号。不符合规定的，审查员应当发出补正通知书，通知申请人补正。期满未补正的，审查员应当发出视为撤回通知书。

（3）分案申请的递交时间

申请人最迟应当在收到专利局对原申请作出的授予专利权通知之日起的2个月期限（即办理专利权登记手续的期限）届满之前提出分案申请。

上述期限届满后，或者原申请已被驳回，或者原申请已撤回，或者原申请被视为撤回且未被恢复权利的，不得再提出分案申请。

对于审查员已经发出驳回决定的申请，自申请人收到驳回决定之日起3个月内，不论申请人是否提出复审请求，均可以提出分案申请。在提出复审请求以后的复审程序期间、收到复审决定之日起3个月内以及对于复审决定不服提起的行政诉讼期间，申请人也可以提出分案申请。

对于已提出过分案申请，申请人需要针对该分案申请再次提出分案申请的，再次提出的分案申请的递交时间仍应当根据原申请（第一次提出的申请）审核。再次分案的递交日不符合上述规定的，不得分案。但是，因审查员发出分案通知书或审查意见通知书中指出分案申请存在单一性的缺陷，申请人按照审查员的审查意见再次提出分案申请的，再次提出分案申请的递交时间应当以该存在单一性缺陷的分案申请为基础审核。不符合规定的，不得以该分案申请为基础进行分案。

（4）分案申请的申请人和发明人

分案申请的申请人应与提出分案申请时原申请的申请人相同。针对分案申请提出再次分案申请的申请人应当与该分案申请的申请人相同。不符合规定的，审查员应当发出分案申请视为未提出通知书。

分案申请的发明人应当是原申请的发明人或者是其中的部分成员。针对分案申请提出的再次分案申请的发明人应当是该分案申请的发明人或者是其中的部分成员。

分案申请是完全独立于原申请之外的另一件专利申请，因此应当按一个独立的专利申请提交所有必要的申请文件（包括请求书、权利要求书、说明书、说明书附图、摘要、摘要附图等）；办理各种必要的专利申请手续，如委托专利代理、提出实质审查请求等；缴纳各种专利费用，如申请费、审查费等。提交分案申请时，对于原申请中已提交的与该分案申请相关的各种证明文件，视为已提交，不需要申请人再次提交，例如优先权申请文件副本、生物材料保藏证明和存活证明等。

分案申请可以保留原申请日，原申请享有优先权的，可以保留优先权日，但是不得超出原申请公开的范围。

分案申请的请求书中缺少原申请的申请号或申请号错误的，按一般专利申请受理，根据提交申请文件的日期确定申请日。

分案申请改变原申请类别的，将不予受理。

分案申请的递交日不符合规定的，审查员应发出分案申请视为未提出通知书，并作结案处理。

在发明专利申请的初步审查阶段，初审审查员仅对分案进行形式审查。但应注意，分案申请不得超出原申请记载的范围，否则在实审阶段实审审查员将根据《专利法实施细则》第59条第（3）项的规定，以不符合《专利法》第33条或者《专利法实施细则》第49条第1款规定为理由驳回该分案申请。

2. 涉及生物材料的申请

（1）涉及生物材料的申请的提出

根据《专利法实施细则》第27条的规定，申请专利的发明涉及新的生物材料，该生物材料公众不能得到，并且对该生物材料的说明不足以使所属技术领域的技术人员实施其发明的，除了申请符合《专利法》及其实施细则有关规定，申请人还应当办理下列手续。

① 在申请日前或者最迟在申请日（有优先权的，指优先权日），将该生物材料的样品提交到专利局认可的保藏单位（即国际保藏单位）保藏。

在中国，专利局认可的保藏单位有三个，一是设在北京的“中国微生物菌种保藏管理委员会普通微生物中心”，二是设在武汉的“中国典型培养物保藏中心”，三是设在广州的“广东省微生物菌种保藏中心”。由于中国已于1995年正式加入《国际承认用于专利程序的微生物保存布达佩斯条约》，申请人保藏生物材料样品的单位不局限于中国的保藏单位，也包括该条约规定的国际保藏单位。

② 在请求书和说明书中写明该生物材料的分类命名（注明拉丁文名称）、保藏该生物材料样品的单位名称和地址、保藏日期和保藏编号。申请时未写明的，应当自申请日起4个月内补正。

③ 在申请文件中提供有关生物材料特征的资料。

④ 在申请时或者最迟自申请日起4个月内提交保藏单位出具的保藏证明和存活证明。

（2）涉及生物材料申请的初步审查

在初步审查程序中，对于涉及生物材料的申请，审查保藏日期是否符合《专利法》及其实施细则的规定；申请人是否在规定时间提交了生物材料样品的保藏证明和存活证明；提交的保藏证明和存活证明是否符合《专利法》及其实施细则的有关规定；在请求书和说明书中是否注明了保藏该生物材料样品的单位名称和地址、保藏日期和保藏编号以及该生物材料的分类命名（注明拉丁文名称）。

在以下任一情形下，审查员将作出生物材料视为未保藏的决定。

① 申请人未在申请日前或者最迟未在申请日（有优先权的，指优先权日），将新

的生物材料样品送交专利局认可的保藏单位保藏的。

但是，保藏证明写明的保藏日期在所要求的优先权日之后，并且在申请日之前的，审查员应当发出办理手续补正通知书，要求申请人在指定的期限内撤回优先权要求或者声明该保藏证明涉及的生物材料的内容不要求享受优先权，期满未答复或者补正后仍不符合规定的，审查员应当发出生物材料样品视为未保藏通知书。

② 申请人提交的保藏证明和存活证明不是国家知识产权局认可的保藏单位出具的。

③ 申请人未在申请时或者最迟未在自申请日起 4 个月内提交保藏单位出具的保藏证明和存活证明的。

④ 申请时请求书和说明书中都未写明保藏该生物材料样品的单位名称和地址、保藏日期和保藏编号以及该生物材料的分类命名，且在申请日起 4 个月内未补正的。

请求书和说明书中涉及生物材料保藏信息填写不一致的，申请人可以在收到专利局通知书后，在指定的期限内补正。期满未补正的，该生物材料视为未保藏。

初审审查员发出生物材料样品视为未保藏通知书后，申请人有正当理由的，可以根据《专利法实施细则》第 6 条第 2 款的规定启动恢复程序。

对于初审审查员发出生物材料样品视为未保藏通知书后，申请人未办理恢复手续或恢复手续不合格，该申请的说明书的撰写是否符合《专利法》第 26 条第 3 款的规定，由实审阶段的审查员作出决定。

3. 涉及遗传资源的申请

就依赖遗传资源完成的发明创造申请专利，申请人应当在请求书中对于遗传资源的来源予以说明，并填写遗传资源来源披露登记表，写明该遗传资源的直接来源和原始来源。申请人无法说明原始来源的，应当陈述理由。对于不符合规定的，审查员应当发出补正通知书，通知申请人补正。期满未补正的，审查员应当发出视为撤回通知书。补正后仍不符合规定的，该专利申请应当被驳回。

（三）明显实质性缺陷的审查

发明专利申请文件中存在的某些明显实质性缺陷，应当在初步审查中消除，其目的是使一些明显违反法律、社会公德，或者妨碍公众利益的内容以及明显不属于专利法保护范围的内容不被公布，避免在社会上产生不良影响以及使申请人和公众对专利法的保护范围产生误解。在初步审查程序中应当消除的明显实质性缺陷有以下七个方面。

① 专利申请文件仅描述了某些技术指标、优点和效果，而对解决技术问题的技术措施未作任何描述，甚至未描述任何技术内容的，也就是专利申请的主题未构成一个技术方案的，审查员应当发出审查意见通知书，通知申请人在指定期限内陈述意见或者修改。申请人未在指定期限内答复的，审查员应当发出视为撤回通知书；申请人陈述意见或者补正后仍不符合规定的，将以不符合《专利法》第 2 条第 2 款的规定为理由驳回该申请。

初步审查中，申请文件描述了“发明”的部分技术特征的，审查员可以不判断该技术方案是否完整，或者是否能实施。除明显不能构成一个技术方案外，其他情况一般不认为存在明显实质性缺陷，在初步审查中不作处理，待实质审查时再处理。

② 专利申请的主题明显违反法律、社会公德或者妨碍公众利益，例如申请的内容是“一种能仿造货币的机器”或者是“一种吸食鸦片的工具”。如果申请的全部内容属于上述情形之一的，审查员应当发出审查意见通知书，给予申请人陈述意见的机会。如果申请的部分内容属于上述情形之一的，审查员也应当发出审查意见通知书，通知申请人删除相应部分。申请人陈述意见的理由不成立或者申请人拒绝删除相应内容的，其申请应依据《专利法》第 5 条予以驳回。但上述所称违反《专利法》第 5 条的发明创造，不包括仅其实施为法律所禁止的发明创造。

③ 初步审查中，审查员有理由认为申请人违反《专利法》第 19 条第 1 款的规定，未事先报经专利局进行保密审查就向外国申请专利的，对于其在国内就相同的发明提出的专利申请，应当发出审查意见通知书。申请人陈述的理由不足以说明该申请不属于上述情形的，审查员可以以不符合《专利法》第 19 条第 1 款为理由，根据《专利法》第 19 条第 4 款和《专利法实施细则》第 50 条的规定作出驳回决定。

④ 专利申请的主题明显属于《专利法》第 25 条第 1 款第（1）～（5）项规定的不能授予专利权的内容。如果申请的全部内容属于《专利法》第 25 条第 1 款第（1）～（5）项所列情形之一的，例如申请人提交“一颗新发现的小行星”“一种有人的基因的新的种牛”等，审查员应当发出审查意见通知书，给予申请人陈述意见的机会；申请人陈述意见的理由不成立的，其申请应予以驳回。如果申请的部分内容属于《专利法》第 25 条第 1 款第（1）～（5）项所列情形之一，而又难以从该申请中分割出来的，初步审查可不作处理，待实质审查时再处理。

⑤ 专利申请文件明显包含了两项以上不相关联的发明，致使不能按一个主题给出分类号时，审查员应当发出审查意见通知书，通知申请人修改其专利申请，使其符合单一性规定；申请人拒绝对其专利申请进行修改的，应以不符合《专利法》第 31 条第 1 款的规定为理由驳回该专利申请。

⑥ 在初步审查程序中，申请人根据审查意见通知书中的要求修改申请文件时，修改明显超出原说明书和权利要求书记载范围的，审查员应当发出审查意见通知书，通知申请人该修改不符合《专利法》第 33 条的规定，申请人陈述意见或者补正后仍不符合规定的，审查员可以作出驳回决定。

申请人根据《专利法实施细则》第 57 条的规定，在提出实质审查请求时以及在收到专利局发出的发明专利申请进入实质审查阶段通知书之日起 3 个月内提出了主动修改文本的，审查员除对补正书进行形式审查外，仅需对主动修改的提出时机是否符合《专利法实施细则》第 57 条的规定进行核实。

⑦ 专利申请说明书和权利要求书的撰写明显不符合《专利法实施细则》第 20 条

和第22条的规定。这类专利申请，申请人往往对专利申请文件的撰写没有足够的了解，致使提交的说明书和权利要求书明显不符合相关规定，以致通过补正无法克服其申请文件中存在的缺陷。专利局应当发出“审查意见通知书”说明理由，并通知申请人在指定期限内陈述意见或者补正；申请人陈述意见或补正后仍不符合规定的，可以依据《专利法实施细则》第50条的规定驳回该专利申请。

（四）与发明专利申请有关的其他文件的审查

申请人可以根据需要在提出专利申请的同时或者在专利审批流程中办理与专利申请有关的手续，办理有关手续应当提交相应的文件，缴纳相应的费用。例如委托专利代理机构、要求优先权、撤回专利申请、变更著录事项、请求延长期限。再如在专利申请权、专利权或与专利申请有关的其他权利丧失后要求恢复其权利；发明专利申请人要求对其专利申请提前公布等。与专利申请或专利权有利害关系的人或者公众可以在发明专利申请公布后或者实用新型、外观设计专利申请公告后办理与之有关的手续。同样，办理有关手续应当提交相应的文件，缴纳相应的费用。例如请求中止手续、办理文件副本等。

专利局对这些手续及有关文件进行审查。依据《专利法实施细则》第51条规定，若文件不符合要求，审查员可以根据情况发出“办理手续补正通知书”或者直接作出“视为未提出”的决定。当事人办理的手续所提交的文件、期限、费用，符合《专利法》及其实施细则规定的，审查员应当发出“手续合格通知书”。

1. 委托专利代理手续的审查

（1）委托专利代理机构

《专利法》第18条规定，在中国没有经常居所或者营业所的外国人、外国企业或者外国其他组织在中国申请专利和办理其他专利业务的，应当委托依法设立的专利代理机构办理。中国单位或者个人在国内申请专利和办理其他专利事务的，可以自己办理，也可以委托依法设立的专利代理机构办理。在中国没有经常居所或营业所的外国人、外国企业或者外国其他组织委托专利代理机构是强制性的。对于在中国内地没有经常居所或者营业所的外国人、外国企业或者外国其他组织在中国单独申请专利和办理其他专利事务，或者作为代表人与其他申请人共同申请专利和办理其他专利事务的，应当委托专利代理机构办理。未委托专利代理机构的，审查员应当发出审查意见通知书，通知申请人在指定期限内答复。申请人在指定期限内未答复的，其申请被视为撤回。申请人陈述意见或者补正后，仍然不符合《专利法》第18条第1款规定的，该专利申请应当被驳回。如果申请人是在中国有经常居所或营业所的外国人、外国企业或者外国其他组织的，可依照国民待遇原则，不强制要求委托专利代理机构，既可以自己办理也可以委托专利代理机构办理各种手续。

在中国内地没有经常居所或者营业所的香港、澳门或者台湾地区的申请人单独向专利局提出专利申请和办理其他专利事务，或者作为代表人与其他申请人共同申请专利和办理其他专利事务的，应当委托专利代理机构办理。未委托专利代理机构的，审查员应当发出审查意见通知书，通知申请人在指定期限内答复。申请人在指定期限内未答复的，审查员应当发出视为撤回通知书。申请人陈述意见或者补正后仍不符合规定的，该专利申请应当被驳回。

根据《专利代理条例》的规定，我国实行专利代理机构负责制，专利代理师由专利代理机构指定。专利代理委托的当事人是申请人与专利代理机构。一件申请被委托的专利代理机构仅限一家。同一申请有两个以上的申请人时，全部申请人也应委托同一家专利代理机构。

我国专利代理机构的成立需具备一定的条件，经国家知识产权局批准后才能履行专利代理职能。专利代理师也需具备一定的条件：通过全国专利代理师资格考试，取得专利代理师资格证，在专利代理机构实习满 1 年，才能进行专利代理业务。

（2）委托专利代理机构的手续

① 申请人委托专利代理机构办理专利申请事宜的，应在专利申请请求书中注明委托专利代理的有关事项，例如专利代理机构的名称、机构代码、代理师等相关信息。

② 根据《专利法实施细则》第 17 条规定提交由全体申请人签章的专利代理委托书。委托书应当使用专利局制定的标准表格，写明委托权限、发明创造名称、专利代理机构名称、专利代理师姓名，并应当与请求书中填写的内容相一致。在专利申请确定申请号后提交委托书的，还应当注明专利申请号。

申请人委托专利代理机构的，案件数量较多时，可以向专利局交存总委托书。专利局收到符合规定的总委托书后，应当给出总委托书编号，并通知该专利代理机构。已交存总委托书的，在提出专利申请时提供总委托书编号即视为提交了符合规定的委托书。相较于一份专利申请提交一份委托书的方式，提交总委托书的方式比较便捷。

③ 申请人在提交专利申请之后再委托专利代理机构办理与专利申请有关的事宜的，应当办理有关专利代理事项的著录项目变更手续，并提交委托书。

委托书不符合规定的，审查员应当发出补正通知书，通知专利代理机构在指定期限内补正。申请人（仅有一个申请人时）或代表人（两个或两个以上申请人时）是中国内地的单位或者个人的，期满未答复或者补正后仍不符合规定的，审查员应当向双方当事人发出视为未委托专利代理机构通知书。申请人（仅有一个申请人时）或代表人（两个或两个以上申请人时）为在中国内地没有经常居所或者营业所的外国申请人的，期满未答复的，审查员应当发出视为撤回通知书；补正后仍不符合规定的，该专利申请应当被驳回。申请人（仅有一个申请人时）或代表人（两个或两个以上申请人时）是在中国内地没有经常居所或者营业所的香港、澳门或者台湾地区申请人的，期满未答复的，审查员应当发出视为撤回通知书；补正后仍不符合规定的，该专利申请应当被驳回。

专利局对委托专利代理机构的手续进行审查，手续符合《专利法》及其实施细则规定的，根据委托权限与专利代理机构进行专利业务方面的一切联系。委托专利代理机构手续有缺陷并且未能消除的，视为未委托专利代理机构；已经由代理机构签章办理的手续应改由申请人签章办理，例如已提交的由专利代理机构签章的专利申请请求书，应当补交由申请人签章的请求书。对于在中国内地没有经常居所或者营业所的外国申请人，香港、澳门或者台湾地区申请人，委托专利代理机构是强制性的，委托手续不符合规定的，申请将依据《专利法》第18条第1款规定予以驳回。

（3）专利代理机构委托的解除和辞去

申请人委托专利代理机构后可以解除委托；专利代理机构接受申请人委托后，也可以辞去委托。解除委托或者辞去委托应当事先通知对方当事人并向专利局办理著录项目变更手续，附具申请人的解聘书或辞去委托的声明。变更手续合格的，应当发出手续合格通知书，通知双方当事人。

2. 有关优先权请求的审查

依据《专利法》第29条的规定，申请人可以向专利局要求以其在先提出的专利申请为基础享有优先权。申请人要求优先权的，应当符合《专利法》第29条、第30条，《专利法实施细则》第34～37条，以及《巴黎公约》的有关规定。

（1）要求优先权的审查

根据在先申请受理机构的不同，要求优先权可分为要求外国优先权和要求本国优先权。对于发明专利申请而言，要求外国优先权和要求本国优先权具体审查内容可参见表1－2－1。

表1－2－1　要求外国优先权和要求本国优先权的审查内容

项目	外国优先权	本国优先权
在先申请的要求	在外国的首次（在初审程序中一般不作审查）、正规的国家申请	发明或实用新型专利申请，不应当是外观设计专利申请，也不应当是分案申请
在先申请受理机构	在先申请应在《巴黎公约》缔约国或承认中国优先权的国家提出	国家知识产权局
申请人	在后申请人应当与在先申请的申请人为同一个或者是其中一部分；不一致时，应当附有转让优先权的证明	要求优先权的在后申请人应当与在先申请的申请人一致；不一致时，应当有权利转让的证明
申请主题	申请主题应当相同（在初审程序中一般不作审查）	要求优先权的在后申请与在先申请的主题应当相同，且该在先申请的主题尚未被授予专利权

续表

项目	外国优先权	本国优先权
优先权要求声明	应当在提出专利申请的同时在请求书中声明，但请求优先权增加的除外	
在后申请提交期限	12 个月，有多项优先权的从作为优先权基础的最早的在先申请的申请日起算，请求恢复优先权的除外	
费用	申请人应当自申请日起 2 个月内或者自收到受理通知书之日起 15 日内缴纳优先权要求费	
在先申请文件副本	应当在优先权日起 16 个月内提交，可自行提交或通过电子交换等途径请求获取	在请求书中写明了在先申请的申请日和申请号的，视为提交了在先申请文件副本
对在先申请的处理	不作处理	经初步审查认为符合规定的，审查员应当对在先申请发出视为撤回通知书且不可恢复

在初步审查中，审查员应当依据在先申请文件副本对优先权进行审查。若申请人期满未提交在先申请文件副本（包括申请人请求专利局通过电子交换等途径获取，但在期限内并未获取成功的）或转让证明的，审查员应当发出视为未要求优先权通知书。对于要求本国优先权的申请，审查员依据审查系统中在先申请的电子数据进行审查。

当优先权要求中存在可以通过补正方式克服的缺陷时，例如优先权声明中部分内容填写错误、未提交中文题录译文等情形时，审查员应当发出办理手续补正通知书，期满未答复或者补正后仍不符合规定的，审查员应当发出视为未要求优先权通知书。

当优先权要求中存在通过补正方式无法克服的缺陷时，例如在后申请的提交期限超出 12 个月、本国优先权已经被授予专利权等情形时，审查员应当发出视为未要求优先权通知书。

（2）优先权要求的增加或者改正

根据《专利法实施细则》第 37 条的规定，申请人要求了优先权的，可以自优先权日起 16 个月内或者申请日起 4 个月内，在专利局作好公布准备之前，请求增加或者改正优先权要求。

优先权要求的增加是指申请时并未填写该项优先权的任何信息，后续请求增加一个全新的优先权。优先权要求的改正是指申请时填写的优先权信息存在错误，而这个错误可能是由于申请人填写错误造成的，也可能是由于在先申请受理机构出现错误导致的，在发现错误后请求更正相关信息。应当注意的是，当申请人要求优先权声明中的部分信息填写错误，但在期限内提交了在先申请文件副本时，申请人可以根据《专利法实施细则》第37条的规定，主动提出优先权要求的改正；也可以按照审查员发出的办理手续补正通知书中的要求，通过补正的方式进行修改。

申请人请求增加或者改正优先权要求的前提是该申请在申请时要求了优先权。若申请人在申请时并未要求优先权的，则不允许申请人在申请日之后再增加优先权。只要申请人在申请时要求了优先权，则无论该优先权是否成立，申请人后续均可以请求增加或者改正优先权。

为了避免专利审查程序过于复杂，属于《专利法实施细则》第36条规定的情形，不适用《专利法实施细则》第37条的规定，即当申请人要求的是一个在后申请是在其在先申请的申请日起12个月期限届满后提出的优先权时，申请人不能请求改正该项优先权。

若申请人延误了优先权要求的增加或者改正程序中的期限，即未在自优先权日起16个月内或者申请日起4个月内提出请求增加或者改正优先权要求的，不能按照《专利法实施细则》第6条第2款中的规定请求恢复权利，但是可以按照《专利法实施细则》第6条第1款中的规定请求恢复权利。

（3）优先权要求的恢复

优先权要求的恢复包括两种情形：一种是在申请被视为未要求优先权后，申请人根据《专利法实施细则》第6条的规定请求恢复要求优先权的权利的；另一种是申请人延误了《专利法》第29条或第30条中规定的12个月的期限，根据《专利法实施细则》第36条的规定请求恢复要求优先权的权利的，而通过这种途径请求恢复的优先权又称为超期优先权。

根据《专利法实施细则》第6条请求恢复优先权的，申请人应当提交恢复权利请求书，缴纳恢复权利请求费，同时改正视为未要求优先权通知书中指明的缺陷。有关恢复权利请求的处理规定适用本节其后“8. 请求恢复权利的审查”的规定。

根据《专利法实施细则》第36条请求恢复超期优先权的，申请人应当提交恢复优先权请求书，缴纳恢复权利请求费、优先权要求费，同时办理其他需要办理的手续，例如提交在先申请文件副本、优先权转让证明文件等。

符合规定的，优先权予以恢复，审查员应当发出恢复权利请求审批通知书；不符合规定的，审查员应当发出恢复权利请求审批通知书，并说明不予恢复的理由。

若申请人按照《专利法实施细则》第37条的规定，请求增加或改正优先权要求的，不适用《专利法实施细则》第36条的规定，即不能请求增加或改正一个在后申请是在其在先申请的申请日起12个月期限届满后提出恢复的优先权。

上述两种情形的优先权要求恢复不能叠加使用，例如若申请人延误了根据《专利法实施细则》第36条请求恢复优先权程序中的期限，则不能按照《专利法实施细则》第6条中的规定请求恢复权利。

3. 要求不丧失新颖性宽限期的审查

（1）要求不丧失新颖性宽限期的条件

通常发明创造在专利申请日之前公开就丧失了新颖性，不能获得专利权。但是为了公共利益，或是为了促进和有利于科学技术的交流以及保护申请人的合法权益，各国通常都有不丧失新颖性的例外规定，即在申请日之前的一定时间内，在《专利法》规定的特定条件下，申请人自己公开发明创造，或者在违反申请人本人意愿的情况下由他人泄露而公开发明创造的不丧失新颖性。

我国《专利法》第24条就不丧失新颖性的例外情形作出了规定，申请专利的发明创造在申请日（享有优先权的指优先权日）之前6个月内有下列四种情形之一的，不丧失新颖性。

① 在国家出现紧急状态或者非常情况时，为公共利益目的首次公开。

② 在中国政府主办或者承认的国际展览会上首次展出。中国政府主办的国际展览会包括国务院、各部委主办或者国务院批准由其他机关或者地方政府举办的国际展览会。中国政府承认的国际展览会，是指《国际展览会公约》规定的由国际展览局注册或者认可的国际展览会。所谓国际展览会，即展出的展品除了举办国的产品，还应当有来自外国的展品。

③ 在规定的学术会议或者技术会议上首次发表。《专利法实施细则》第33条第2款明确规定的学术会议或者技术会议，是指国务院有关主管部门或者全国性学术团体组织召开的学术会议或者技术会议，以及国务院有关主管部门认可的国际组织召开的学术会议或者技术会议。不包括省以下或者受国务院各部委或者全国性学术团体委托或者以其名义组织召开的学术会议或者技术会议。在后者所述的会议上的公开将导致丧失新颖性，除非这些会议本身有保密约定。

④ 他人未经申请人同意而泄露其内容。他人未经申请人同意而泄露其内容所造成的公开，包括他人未遵守明示或者默示的保密信约而将发明创造的内容公开，也包括他人用威胁、欺诈或者间谍活动等手段从发明人或者申请人那里得知发明创造的内容而后造成的公开。

申请专利的发明创造在申请日以前6个月内，发生上述规定的四种情形之一的，该申请不丧失新颖性，即这四种情形不构成影响该申请的现有技术。所述的6个月期限称为不丧失新颖性宽限期。

（2）要求不丧失新颖性宽限期的手续

申请人应当以书面声明的形式提出不丧失新颖性宽限期请求，并在声明中注明属于哪种情况的公开，同时还需要提交相应的证明文件。具体的审查要求如表1－2－2所示。

表1-2-2　不丧失新颖性宽限期的要求

不丧失新颖性宽限期类型	提出声明的要求和证明文件的提交时限	证明文件的要求
在国家出现紧急状态或者非常情况时，为公共利益目的首次公开	①在申请日前已获知的，应当在提出专利申请时在请求书中声明，并自申请日起2个月内提交证明材料。 ②申请人在申请日以后自行得知的，应当在得知情况后2个月内提出要求不丧失新颖性宽限期的声明，并附具证明材料。 ③申请人在收到专利局的通知书后才得知的，应当在该通知书指定的答复期限内，提出不丧失新颖性宽限期的答复意见并附具证明文件。 ④审查员认为必要时，可以要求申请人在指定期限内提交证明材料	应当由省级以上人民政府有关部门出具。证明材料中应当注明为公共利益目的公开的事由、日期以及该发明创造公开的日期、形式和内容，并加盖公章
中国政府主办或者承认的国际展览会上首次展出	应当在提出申请时在请求书中声明，并自申请日起2个月内提交证明材料	应当由展览会主办单位或者展览会组委会出具。证明材料中应当注明展览会展出日期、地点、展览会的名称以及该发明创造展出的日期、形式和内容，并加盖公章
在规定的学术会议或者技术会议上首次发表	应当在提出申请时在请求书中声明，并自申请日起2个月内提交证明材料	应当由国务院有关主管部门或者组织会议的全国性学术团体出具。证明材料中应当注明会议召开的日期、地点、会议的名称以及该发明创造发表的日期、形式和内容，并加盖公章
他人未经申请人同意而泄露其内容	①在申请日前已获知的，应当在提出专利申请时在请求书中声明，并自申请日起2个月内提交证明材料。 ②申请人在申请日以后自行得知的，应当在得知情况后2个月内提出要求不丧失新颖性宽限期的声明，并附具证明材料。 ③申请人在收到专利局的通知书后才得知的，应当在该通知书指定的答复期限内，提出不丧失新颖性宽限期的答复意见并附具证明文件。 ④审查员认为必要时，可以要求申请人在指定期限内提交证明材料	应当注明泄露日期、泄露方式、泄露的内容，并由证明人签字或者盖章

专利局对申请人提出的不丧失新颖性宽限期的手续进行审查，对不符合规定的作出视为未要求不丧失新颖性宽限期的决定。

4. 实质审查请求的审查

《专利法》第35条对发明专利申请如何提出实质审查作出了具体规定。

第一，规定了提出审查请求的期限。实行早期公开、延迟审查制的国家，对延迟审查时间的规定各不一样，有2年、3年、4年、5年、7年不等，我国规定为3年。

第二，规定了请求审查的人。有的国家规定除申请人外也允许第三人提出实质审查请求，以利于第三人能及早地知道该专利申请是否影响自己的研究和生产活动。我国规定只有申请人可以提出实质审查请求，同时专利局在认为必要时，可以自行对发明专利申请进行实质审查。

第三，实质审查请求是发明专利申请获得专利权的必要条件，申请人无正当理由逾期不提出实质审查请求的，该申请即视为撤回。

根据《专利法》第35条和第36条的规定，申请人请求专利局对其专利申请进行实质审查，应办理如下手续。

① 以书面形式提出实质审查请求，并提交有关参考资料。

② 缴纳实质审查费。

③ 实质审查请求的提出和实质审查费的缴纳应在自申请日（有优先权的，指优先权日）起3年之内。

按照《专利法》第36条的规定，申请人在提出实质审查请求时，应提交在申请日前与其发明有关的参考资料。发明专利已经在外国提出过申请的，应当提交有关外国为审查其申请进行检索的资料或审查结果的资料（包括授权决定、审定公告、驳回申请等决定），提出实质审查时还未获得这些资料的，应作出声明，待以后得到这些资料时，及时提交给专利局。PCT申请因已有国际检索报告，视其已提交检索资料。这些资料作为专利局评定该发明专利申请的新颖性和创造性时的参考。

专利局对申请人办理的实质审查请求手续进行审查，若申请人在提出实质审查请求的期限将届满前3个月尚未提出实质审查请求，审查员将发出“期限届满前通知书”，提示申请人《专利法》第35条规定的期限即将届满。后续如果申请人办理了实质审查请求手续且符合《专利法》及其实施细则规定的，实质审查请求生效，审查员发出“进入实质审查程序通知书”，并予以公告；不符合规定的，该申请视为撤回。

申请人可以对专利申请提出延迟审查请求。发明专利延迟审查请求，应当由申请人在提出实质审查请求的同时提出，但发明专利申请延迟审查请求自实质审查请求生效之日起生效。延迟期限为自提出延迟审查请求生效之日起1年、2年或3年。延迟期限届满后，该申请将按顺序待审。必要时，专利局可以自行启动审查程序并通知申请人，申请人请求的延迟审查期限终止。延迟期限届满前，申请人可以请求撤回延迟审查请求，符合规定的，延迟期限终止，专利申请将按顺序待审。

5. 提前公布请求的审查

实行延迟审查制的国家，一般都规定发明专利申请自申请日（有优先权的，指优先权日）起满18个月时公布。申请人为了早日转让自己的发明创造或者为了使自己发明创造的产品或者方法及早找到实施的部门或者为了及早进入实质审查程序，可以要求提前公布自己的专利申请。《专利法》第34条规定，国务院专利行政部门可以根据申请人的请求早日公布其申请。

申请人要求提前公布其专利申请的，应以书面形式向专利局提出请求，不得附有任何条件。专利局对申请人提出的请求进行审查，符合《专利法》及其实施细则有关规定的，待专利申请初审合格后，立即进入公布准备，做好公布准备后，申请人要求撤销提前公布声明的，该要求视为未提出，申请文件照常公布；提前公布声明不符合规定的，审查员应当发出“视为未提出通知书”。

6. 撤回专利申请请求的审查

申请人在提出专利申请之后，经过对现有技术进行调查，认为自己的专利申请已没有新颖性或者创造性，不可能被授予专利；或者由于对现有技术进一步开发研究，有了更好的技术可以申请专利，原专利申请没有必要继续下去；或者要向外国申请专利，又超过了优先权期限，为防止自己专利申请内容的公开，都可以要求撤回其专利申请。《专利法》第32条规定，申请人可以在被授予专利权之前随时撤回其专利申请。

《专利法实施细则》第41条对办理撤回专利申请手续作出了具体规定。申请人应当以书面形式向专利局提出声明，即向专利局提交统一制定的表格“撤回专利申请声明”。未委托专利代理机构的，应附具全体申请人签字或者盖章同意撤回专利申请的证明材料，或者仅提交由全体申请人签字或者盖章的撤回专利申请声明。委托专利代理机构的，撤回专利申请的手续应当由专利代理机构办理，并附具全体申请人签字或者盖章同意撤回专利申请的证明材料，或者仅提交由专利代理机构和全体申请人签字或者盖章的撤回专利申请声明。专利局对申请人提交的“撤回专利申请声明”进行审查，对不符合《专利法》及其实施细则规定的，审查员应当发出“视为未提出通知书”；对符合规定的，审查员应当发出“手续合格通知书”。撤回专利申请声明在专利申请进入公布准备后提出的，专利申请文件仍予以公布，撤回专利申请的声明在专利公报上予以公告。

7. 著录项目变更的审查

著录项目（即著录事项）是指专利审批过程中记录的与专利申请及专利权有关的事项，包括依当事人填写内容记录的事项和在审批过程中形成的记录事项，如发明创造名称、优先权事项（包括在先申请的申请号、申请日和原受理机构）、申请人或者专利权人事项（包括申请人或者专利权人的姓名或者名称、国籍或者注册的国家或地区、地址、邮政编码、统一社会信用代码或身份证件号码）、发明人姓名、专利代理事项（包括专利代理机构的名称、机构代码、地址、邮政编码、专利代理师姓名、资格证号码、联系电话）、联系人事项（包括姓名、地址、邮政编码、联系电话）以及代表人、申请号、申请日、分类号等。

（1）著录项目变更内容

在专利申请被受理之后，当事人填写内容记录的事项发生变化的，应当由当事人按照《专利法》及其实施细则的有关规定，向专利局办理著录项目变更手续。

姓名或名称变更，是指当事人（包括申请人或者专利权人、发明人、联系人、代表人、专利代理机构、专利代理师）的主体没有变化，仅是单位名称或个人姓名、地址、国籍等信息的变化。申请人（或专利权人）请求变更姓名或者名称的，应当提供身份证件号码或者统一社会信用代码，无法提供或信息错误的，应当提交相应的证明文件。

权利变更，是指当事人（包括申请人或者专利权人、发明人、专利代理机构、专利代理师）主体发生了变化。通常有下列三种情况。

① 权利转移，即因申请权或专利权的转让、继承、赠与、争议等原因，导致申请人或专利权人的增加、减少或者变更。专利申请权（或专利权）连续转移的，不应当以连续变更的方式办理。

② 发明人因争议发生变更，即真正的发明人取代原申报的发明人的，应当提交相关部门出具的调解书、生效的人民法院调解书或者判决书、仲裁裁决书等法律文书；因漏填或者错填发明人提出变更请求的，应当自收到受理通知书之日起 1 个月内提出，且声明承诺已依照《专利法实施细则》第 14 条的规定确认变更后的发明人是对本发明创造的实质性特点作出创造性贡献的全体人员。

③ 专利代理机构或专利代理师变更，即在专利审批流程中，因申请人或专利权人解除或重新委托专利代理机构，或者专利代理机构辞去委托而导致的专利代理机构变更，以及由于专利代理机构撤换专利代理师而导致的代理师变更。

（2）著录项目变更手续

① 向专利局提交著录项目变更申报书。在申报书上注明变更项目及变更前后的内容，提交能说明变更理由的证明材料。一份证明材料仅对应一次著录项目变更请求。多件专利申请的同一著录项目发生变更，且变更的内容完全相同的，可以提交批量著录项目变更申报书。

② 缴纳著录事项变更手续费，即一件专利申请每次申报著录项目变更的费用。缴纳该费用应在提出著录项目变更申报书之日起 1 个月内。

专利局对当事人办理的著录项目变更手续进行审查，手续符合《专利法》及其实施细则有关规定的，予以变更并发出“手续合格通知书”；涉及权利变更的，通知双方当事人。手续不符合规定的，不予变更并发出“视为未提出通知书”。

如果著录项目变更内容需要公告，还应按规定在专利公报上公告著录项目的变更情况。

8. 请求恢复权利的审查

一件专利申请，在审查程序中或者授予专利权之后，可能因一些不可抗拒的事由或者其他正当理由造成权利人耽误法律规定的期限或者专利局指定的期限而导致权利丧失。此种情况下，权利人可以依据《专利法实施细则》第6条的规定请求恢复权利。

（1）请求恢复权利的条件

① 可以请求恢复的期限：如未在规定期限内缴纳或缴足申请费导致专利申请被视为撤回；未在规定期限内办理实质审查请求手续导致专利申请被视为撤回；未在专利局指定的期限内对专利局发出的补正通知或审查意见通知作出答复导致专利申请被视为撤回；未在规定期限内办理专利登记手续导致专利权被视为放弃；未在规定期限内缴纳或缴足专利年费及滞纳金导致专利权终止；未在规定期限内办理要求优先权手续导致视为未要求优先权等。申请人因耽误上述期限导致权利丧失的，都可以请求恢复权利。

② 不能请求恢复的期限：《专利法实施细则》第6条第5款已明确规定耽误《专利法》第24条、第29条、第42条、第74条规定的期限，导致权利丧失的，不能请求恢复权利。此外，如果申请人要求的本国优先权，经审查已经生效，其在先申请被视为撤回，则申请人不能再要求恢复在先申请。

（2）请求恢复权利的理由

《专利法实施细则》第6条规定，因不可抗拒的事由或其他正当理由耽误《专利法》及其实施细则规定的期限或者专利局指定的期限，造成权利丧失的，才可以请求恢复权利。所谓不可抗拒的事由是指人力无法抗拒的，如地质灾害、气象灾害、战争等事由。例如，地震灾害造成邮路中断，致使申请人不能在《专利法》及其实施细则规定的期限内办理与专利申请有关的手续或者缴纳专利费用，造成权利丧失。所谓其他正当理由是指不是申请人的责任造成耽误期限的，如申请人生病、提交的文件在传递过程中丢失等原因。

（3）请求恢复权利的手续

① 以书面形式向专利局提出恢复权利请求，说明理由，并在必要时附具证明文件。

② 因其他正当理由耽误期限造成权利丧失的，应缴纳恢复权利请求费。

③ 因不可抗拒的事由要求恢复权利的，应当在自障碍消除之日起2个月内且自期限届满之日起2年内提出请求。因其他正当理由要求恢复权利的，应当在收到专利局作出的丧失权利通知之日起2个月内提出请求。

④ 消除造成权利丧失的原因，例如因缴费问题而造成视为撤回的，应补缴费用。

申请人超出《专利法》第29条规定的期限，向专利局就相同主题提出发明或实用新型专利申请，有正当理由的，可以在期限届满之日起2个月内请求恢复优先权。

专利局对申请人提出的恢复权利手续进行审查，符合《专利法》及其实施细则规定的，批准恢复权利；不符合规定的，不予恢复权利；申请人启动了恢复程序，但手续不完备的，应通知申请人在指定期限内补办手续；期满不答复的，不予恢复权利。

9. 请求中止程序审查

《专利法》第 6 条、第 8 条对什么是职务发明创造、非职务发明创造及共同完成的发明创造、申请专利的权利属于谁、专利权属于谁都作出了明确规定。在专利申请受理之后或者授予专利权之后，仍可能出现专利申请权或者专利权权属的纠纷。为保护真正权利人的利益，《专利法实施细则》第 103 条规定了中止程序。

同时，在人民法院的民事案件的审理中，若裁定对专利申请权或专利权采取财产保全措施的，《专利法实施细则》第 104 条也规定了专利局采取中止程序的措施。

（1）请求中止程序的手续

1）当事人请求

发生申请权或专利权权属纠纷后，当事人可以向申请人或专利权人所在地的地方知识产权管理部门请求处理或者直接向所在地的省、直辖市有权处理专利权属纠纷的中级人民法院提出诉讼，被受理后可以向专利局提出中止程序的书面请求，并附具地方知识产权管理部门或者人民法院的受理文件。

2）法院要求协助执行

法院要求协助执行对专利申请权或者专利权采取财产保全措施的，应出具进行财产保全的民事裁定书及协助执行通知书。

（2）中止请求的审查

专利局对当事人办理的请求中止程序的手续进行审查，对符合《专利法》及其实施细则规定的执行中止；对不符合规定的，视为未提出。对可以通过补正方式消除缺陷的，应通知当事人在规定期限内补正；期满不补正的，通知当事人中止请求视为未提出。

对法院要求协助执行专利申请权或专利权财产保全合乎要求的，应通知法院执行中止，并予以公告。

对于在无效宣告程序中权属纠纷当事人提出的中止请求，专利局可以根据案件审理进度、案件证据情况，兼顾公共利益和当事人利益、秉持诚实信用原则，决定是否中止。

（3）中止程序的执行

专利局受理当事人提出的中止程序请求后，经审查合格执行中止的，在中止期间：

① 暂停专利申请的初步审查、实质审查、复审、授予专利权和专利权无效宣告程序；

② 暂停视为撤回专利申请、视为放弃取得专利权、未缴年费终止专利权等程序；

③ 暂停办理撤回专利申请、放弃专利权、变更申请人（或专利权人）的姓名或者名称、转移专利申请权（或专利权）、专利权质押登记等手续。

中止请求批准前已进入公布或者公告准备的，该程序不受中止的影响。

（4）中止程序的期限

对于专利申请权或专利权归属纠纷的当事人提出的中止请求，该中止期限一般不得超过1年，即自请求之日起满1年的，中止程序终结，专利局通知该权利归属纠纷的双方当事人，恢复有关程序。

有关专利申请权或专利权归属的纠纷在中止期限1年内未能结案，需要继续中止程序的，请求人应当在中止期满前请求延长中止期限，并提交权属纠纷受理部门出具的说明尚未结案原因的证明文件。中止程序可以延长一次，延长的期限不得超过6个月。不符合规定的，审查员应当发出延长期限审批通知书并说明不予延长的理由；符合规定的，审查员应当发出延长期限审批通知书，通知权属纠纷的双方当事人。期满未请求延长的，中止期限届满专利局自行恢复有关程序，通知双方当事人。

对于人民法院要求专利局协助执行财产保全而执行中止程序的，按照民事裁定书及协助执行通知书写明的财产保全期限中止有关程序。人民法院要求继续采取财产保全措施的，应当在中止期限届满前将继续保全的协助执行通知书送达专利局，对中止期限予以续展。保全期限届满并且人民法院没有裁定继续采取保全措施的，专利局视中止期限届满，恢复有关程序，通知人民法院和专利权人，并予以公告。

（5）中止程序的结束

根据地方知识产权管理部门的调解书或者已经生效的人民法院判决书，视专利申请权或者专利权的归属情况结束中止程序。

专利局收到当事人或者地方知识产权管理部门或人民法院送交的调解书、裁定书或者判决书后，应当审查下列各项。

① 文件是否有效，即是否是正式文本（应是正本或副本），是否是由有管辖权的机关作出的。

② 文件中记载的申请号（或专利号）、发明创造名称和权利人是否与请求结束中止程序的专利申请（或专利）中记载的内容一致。

③ 文件是否已生效，即判决书的上诉期是否已满（调解书没有上诉期）。当不能确定该文件是否产生法律效力时，应给另一方当事人发出通知，查询是否上诉，在规定期限内未答复或明确不起诉的，该文件视为具有法律效力。

④ 文件符合规定并且未涉及权利人变动时，应当尽快结束中止程序，通知双方当事人，继续原程序。文件符合规定但当涉及权利人变动时，应通知取得权利一方的当事人在收到通知书之日起3个月内办理著录项目变更手续，并补办在中止程序中应办而未办的其他手续，期满未办理的视为放弃取得专利申请权或者专利权的权利。取得权利一方的当事人依法办理有关手续后，专利局应当尽快结束中止程序，通知双方当事人，并予以公告，继续原程序。

10. 办理文件副本和证明文件

申请人、专利权人或者公众可以根据需要，请求专利局出具文件副本和证明文件。

（1）文件副本的种类

① 在先申请文件副本。申请人第一次在我国申请专利后，又向境外申请专利，要

求优先权时，可以请求专利局出具优先权证明文件，即在先申请文件副本。

② 专利登记簿副本。专利授权公告后，专利权人或公众需要了解专利法律状态时，需要办理专利登记簿副本。

③ 专利授权文件副本。任何人均可以请求办理专利授权文件副本。

（2）证明文件的种类

包括专利证书证明、申请人名称变更证明、授权程序证明、批量专利法律状态证明、批量专利申请法律状态证明、有权获得生物材料样品证明。

（3）办理各种文件副本请求手续

① 可以在专利业务办理系统提交电子形式的请求；也可以通过纸件形式向专利局提出请求，即提交专利局制定的统一格式的“办理文件副本请求书”。

② 缴纳专利文件副本证明费。

③ 办理文件副本请求是通过专利代理机构办理的，还应提交委托专利代理机构的委托书，写明委托权限。

（4）对办理文件副本手续的审查

专利局对办理的文件副本手续进行审查，对不符合要求的，通知当事人并告知缺陷；对符合要求的，专利局及时制作文件副本并向申请人出具。

11. 专利权期限补偿

《专利法》第 42 条第 1 款规定发明专利权的期限为 20 年，自申请日起计算。对于发明专利申请而言，实质审查本身需要的时间比较长，如果审查周期的不合理延长是由专利局的原因而非申请人的原因造成的，让专利权人承受专利权期限的损失是不公平的，专利权期限补偿制度的目的就是弥补专利权人的这种损失。

（1）根据《专利法》第 42 条第 2 款的专利权期限补偿

2020 年修正的《专利法》中新增第 42 条第 2 款，引入关于发明专利权期限补偿制度，自发明专利申请日起满 4 年，且自实质审查请求之日起满 3 年后授予发明专利权的，对授权过程中非申请人原因造成的不合理延迟给予相应的专利权期限补偿，以更好地维护专利权人的合法权益。

专利权人应当自发明专利授权公告之日起 3 个月内向专利局提出请求，并且缴纳相应费用。对发明专利权期限的补偿是以专利权人主动请求为前提的，无请求无补偿。补偿期限按照发明专利在授权过程中不合理延迟的实际天数计算。

授权过程中的合理延迟，包括涉及修改专利申请文件后被授予专利权的复审程序的、因权属纠纷或者协助执行人民法院保全裁定而中止有关程序的、涉及行政诉讼程序的。

申请人请求延长指定期限的、申请延迟审查的、援引加入和请求恢复权利引起的延迟、自优先权之日起 30 个月内进入国家阶段但未要求提前处理引起的延迟，属于《专利法实施细则》第 79 条规定的申请人引起的不合理延迟，不给予专利权补偿。

同日申请了发明和实用新型的，对于发明专利权不予以期限补偿。

专利权期限补偿请求符合相关要求的，专利局应作出给予专利权期限补偿的决定，并将有关事项在专利登记簿上登记并在专利公报上公告。不符合相关要求的，专利局会给予请求人陈述意见或补正的机会。

（2）根据《专利法》第42条第3款的专利权期限补偿（药品专利权期限补偿）

为了补偿新药上市审批周期过长而导致的专利保护期的损失，2020年修正的《专利法》中新增第42条第3款，引入药品专利期限补偿制度，对在中国获得上市许可的新药相关发明专利，国务院专利行政部门应专利权人的请求给予专利权期限补偿，补偿期限不超过5年，新药批准上市后总有效专利权期限不超过14年。

在提出补偿请求之时，相关专利应当处于授权有效状态且未获得过药品专利权期限补偿，授权公告日早于药品上市许可申请获得批准之日，权利要求包括了获得上市许可的新药相关技术方案。一种药品只能对一项专利请求补偿、一项专利只能对一种药品请求补偿，以及一项专利只能补偿一次，目的是避免专利“常青”导致重复补偿，影响药品可及性。

药品专利权期限补偿请求应当由专利权人在药品上市许可申请获得批准之日起3个月内向专利局提出请求，并征得药品上市许可持有人书面同意（如果两者不一致），提交用于确定药品专利权期限补偿期间专利保护范围的相关技术资料，缴纳相应费用。

药品专利权期限补偿请求符合相关要求的，专利局应作出给予药品专利权期限补偿的决定，并将有关事项在专利登记簿上登记并在专利公报上公告。不符合相关要求的，专利局会给予请求人陈述意见或补正的机会。2024年1月20日以后，专利权人、因相关专利存在侵权纠纷或者已经提出相关药品注册申请的利害关系人对国家知识产权局依照《专利法》第42条第2款、第3款作出的关于是否给予专利权期限补偿的决定不服的，可以向国家知识产权局申请行政复议。

12. **专利权运用**

专利制度的功能之一是促进专利权的实施与运用。国务院专利行政部门对专利实施许可活动的规范与管理有助于减少不必要的纠纷，促进专利技术的实施与转化。

（1）专利权实施许可合同、质押登记备案

《专利法实施细则》第15条规定，专利权人与他人订立的专利实施许可合同，应当自合同生效之日起3个月内向国务院专利行政部门备案。以专利权出质的，由出质人和质权人共同向国务院专利行政部门办理出质登记。

许可人应当是“专利登记簿”中记载的全体专利权人，或者是其中的部分专利权人，或者是获得专利权人授权的权利人。共有专利权的部分专利权人，共有人对权利的行使没有约定的，共有人可以普通许可方式许可他人实施该专利；获得专利权人授权的权利人，应当根据被授权的范围实施该许可。

质押专利应当是已经授权公告且处于有效状态的专利权。专利权质押登记请求应当由专利权质押双方当事人，即出质人和质权人共同提出。出质人应当是专利登记簿中记载的专利权人。如果一项专利有多个专利权人，则出质人应当为全体专利权人，当事人另有约定的情形除外。

专利权实施许可合同备案、质押登记备案可以通过指定的电子系统、面交或邮寄方式进行办理。

（2）开放许可

为大力推行知识产权转化运用，发挥要素市场化配置在经济发展中的重要作用，及时披露专利许可需求信息，确保专利开放许可制度平稳落地，2020 年修正的《专利法》的第 50 条规定，专利权人自愿以书面方式向国务院专利行政部门声明愿意许可任何单位或者个人实施其专利，并明确许可使用费支付方式、标准的，国务院专利行政部门对以上声明予以公告，实行开放许可。

通过开放许可达成专利实施许可的，专利权人或者被许可人应当凭能够证明达成许可的书面文件向国务院专利行政部门备案。

专利权人自愿声明对其专利实行开放许可的，应当在公告授予专利权后提出。开放许可实施期间，对专利权人缴纳专利年费相应给予减免。

思考题

1. 简述发明专利申请的审批流程。
2. 专利的期限包括哪几种类型？期限的起算日和届满日如何确定？
3. 初步审查的范围和作用是什么？

第二章　申请文件的审查

教学目的

本章的教学目的是：(1) 了解申请文件的组成、作用及撰写要求；(2) 学习如何阅读申请文件、正确理解发明的内容和权利要求的保护范围；(3) 学会按照专利法律法规对申请文件进行审查；(4) 初步了解申请文件中经常出现的问题。

第一节　概　　述

根据《专利法》第26条第1款的规定，申请人或其委托的专利代理师在申请发明或者实用新型专利时，应当向专利局提交请求书、说明书（必要时应当有附图）及其摘要和权利要求书等文件。这些文件统称为专利申请文件。本书主要涉及发明申请文件的审查，对实用新型申请文件的审查暂不涉及。每件发明专利申请应当包含请求书、说明书（必要时应当有附图）、权利要求书、说明书摘要，必要时还应当包含其他文件，例如在先申请文件的副本、专利代理委托书、费用减缴请求书、提前公布声明等。提交专利申请文件是启动专利审批程序的必要条件。专利申请文件既是专利审查的基础和依据，也是专利局向社会公布技术信息和法律信息的依据，还是复审、无效宣告及侵权判定等后续程序中具有法律意义的文件。所提交的申请文件应当符合《专利法》第26条第2～5款以及《专利法实施细则》第3条、第20～27条的规定。

本章所述对申请文件的审查，主要是指依据《专利法》第26条第3款、第4款和《专利法实施细则》第20～27条的规定对说明书及其摘要和权利要求书的审查，不包括依据《专利法》第26条第2款对请求书的审查。

第二节　说明书的作用、撰写要求及阅读和理解

一、说明书的作用

说明书是申请人向专利局提交的公开其发明技术内容的法律文件，在专利申请的

审批及专利权的保护等法律程序中，主要有以下作用。

（一）充分公开发明，使所属技术领域的技术人员能够实现

《专利法》第 26 条第 3 款规定，说明书应当对发明作出清楚、完整的说明，以所属技术领域的技术人员能够实现为准；必要的时候，应当有附图。由此可见，说明书的首要作用是充分公开发明，使所属技术领域的技术人员能够实现。其理论依据是专利制度的契约理论，即作为对发明创造给予一定期限独占形式法律保护的必要交换条件，申请人必须充分公开其发明创造，进一步丰富现有技术，并对整个社会作出贡献。只有通过说明书对发明作出清楚、完整的说明，达到所属技术领域的技术人员能够实现的程度，才有可能获得专利保护。

（二）公开足够的技术内容，支持权利要求书要求保护的范围

《专利法》第 26 条第 4 款规定，权利要求书应当以说明书为依据，清楚、简要地限定要求专利保护的范围。也就是说，申请人获得的专利保护范围应当与其在说明书中向社会公众披露的技术信息相匹配。因此申请人为了充分地保护其发明，需要在说明书中详细公开足以支持其权利要求保护范围的技术内容。

（三）原始说明书是审批程序中修改申请文件的依据

在专利申请的审批程序中，为了使申请符合《专利法》及其实施细则的规定，申请人可能需要多次修改申请文件，尤其是修改权利要求书和说明书。根据《专利法》第 33 条的规定，申请人对其专利申请文件的修改不得超出原说明书和权利要求书记载的范围。因此申请人在申请日提交的说明书所记载的内容是修改申请文件的重要依据。

（四）可以用于解释权利要求

《专利法》第 64 条第 1 款规定，发明或者实用新型专利权的保护范围以其权利要求的内容为准，说明书及附图可以用于解释权利要求的内容。因此在专利权被授予后，例如在侵权诉讼等程序中，说明书及其附图可以作为解释权利要求的辅助手段，帮助确定专利权的保护范围。

二、说明书撰写的一般要求

（一）说明书的组成部分

《专利法实施细则》第 20 条第 1 款规定了说明书一般应当包括的组成部分。根据该条款的规定，发明专利申请的说明书应当写明发明的名称，该名称应当与请求书中的名称一致。

说明书正文通常包括下列五部分。

① 技术领域：写明要求保护的技术方案所属的技术领域。

② 背景技术：写明对发明的理解、检索、审查有用的背景技术；有可能的，并引证反映这些背景技术的文件。

③ 发明内容：写明发明所要解决的技术问题以及解决其技术问题采用的技术方案，并对照现有技术写明发明的有益效果。

④ 附图说明：说明书有附图的，对各幅附图作简略说明。

⑤ 具体实施方式：详细写明申请人认为实现发明的优选方式，必要时，举例说明；有附图的，对照附图。

（二）说明书撰写的总体要求

根据《专利法》第26条第3款的规定，说明书撰写的总体要求包括以下三个方面。

1. 清楚

即说明书的内容应当清楚，具体要求包括：

① 主题明确——说明书应当从现有技术出发，明确地写明发明所要解决的技术问题、为解决该技术问题所采用的技术方案，并对照现有技术写明发明的有益效果。

② 表述准确——说明书应当使用发明所属技术领域的技术术语来描述，准确地表达发明的技术内容。

2. 完整

即说明书应当包括有关理解和实现发明所需的全部技术内容，具体包括：

① 帮助理解发明不可缺少的内容。

② 确定发明具有新颖性、创造性和实用性所需的内容。

③ 实现发明所需的内容。

应注意，凡是所属技术领域的技术人员不能从现有技术中直接、唯一地得出的与实现该发明有关的内容，均应当在说明书中描述。

3. 能够实现

即所属技术领域的技术人员按照说明书记载的内容，就能够实现该发明的技术方案，解决其技术问题，并且产生预期的技术效果。

说明书应当清楚地记载发明的技术方案，详细地描述实现发明的具体实施方式，完整地公开对于理解和实现发明必不可少的技术内容，达到所属技术领域的技术人员能够实现该发明的程度。也就是说，能否实现发明是判断说明书是否清楚、完整的依据。

（三）说明书各部分的具体要求

1. 名称

发明的名称应当清楚、简要，写在说明书首页正文部分的上方居中位置，并应当按照以下各项要求撰写。

① 与请求书中的名称一致，一般不得超过25个字，必要时可不受此限，但也不得超过60个字。

② 采用所属技术领域通用的技术术语，最好采用《国际专利分类表》中的技术术

语，不得采用非技术术语。

③ 清楚、简要、全面地反映要求保护的发明的主题和类型（产品或者方法），以利于专利申请的分类，例如一件包含电动玩具和该玩具的制造方法两项发明的专利申请，其名称应当写成“电动玩具及其制造方法”。

④ 不得使用人名、地名、商标、型号或者商品名称等，也不得使用商业性宣传用语。

2. 正文

说明书正文应当按照《专利法实施细则》第20条规定的方式和顺序撰写，并在每一部分前面写明标题，除非其发明的性质用其他方式或者顺序撰写能够节约说明书的篇幅并使他人能够准确理解其发明。通常，标题前不加序号。

说明书应当包括以下组成部分。

（1）技术领域

技术领域部分主要体现请求保护的发明专利申请的主题和类型，以利于分类和检索。技术领域应当是发明要求保护的技术方案所属或者直接应用的具体技术领域，而不是上位的或者相邻的技术领域，也不是发明本身。该具体技术领域往往与发明在《国际专利分类表》中可能分入的最低位置有关。

（2）背景技术

背景技术部分应当写明申请人所知的，对发明的理解、检索、审查有用的背景技术。对背景技术的描述既可以采用直接记载技术内容的方式，也可以采用引用其他文件的方式将其中的技术内容记载在申请的说明书中。通常采用引证反映这些背景技术的文件的方式阐述与发明相关的内容。说明书中引证的文件可以是专利文件，也可以是非专利文件，例如报纸、杂志、手册和书籍等。引证专利文件的，至少要写明专利文件的国别、公开号（或申请号），最好包括公开日期（或申请日期）；引证非专利文件的，要写明这些文件的标题和详细出处。

此外，还要客观地指出背景技术中存在的问题和缺点，但仅限于该发明的技术方案所解决的问题和克服的缺点。在可能的情况下，说明存在这种问题和缺点的原因以及解决这些问题时曾经遇到的困难。

（3）发明内容

发明内容部分应当清楚、客观地写明以下内容。

1）要解决的技术问题

发明所要解决的技术问题，是指发明要解决的现有技术中存在的技术问题。发明专利申请记载的技术方案应当能够解决这些技术问题。因此，说明书中应当针对现有技术中存在的缺陷或不足，用正面的、尽可能简洁的语言客观而有根据地写明发明要解决的技术问题，也可以进一步说明其技术效果。

一件专利申请的说明书可以列出发明所要解决的一个或者多个技术问题，但是同时应当在说明书中描述解决这些技术问题的技术方案。当一件申请包含多项发明时，说明书中列出的多个要解决的技术问题应当都与一个总的发明构思相关。

2）技术方案

说明书中记载的技术方案是一件发明专利申请的核心。技术方案是对要解决的技术问题所采取的利用了自然规律的技术手段的集合。

技术手段通常是由技术特征来体现的。发明为解决其技术问题所不可缺少的技术特征称为必要技术特征，其总和足以构成发明的技术方案，使之区别于背景技术中所述的其他技术方案。

《专利法实施细则》第20条第1款第（3）项所说的写明发明解决其技术问题所采用的技术方案是指清楚、完整地描述发明解决其技术问题所采取的技术方案的技术特征。在技术方案这一部分，至少应反映包含全部必要技术特征的独立权利要求的技术方案，还可以给出包含其他附加技术特征的进一步改进的技术方案。首先应当写明与独立权利要求相对应的技术方案，以发明必要技术特征总和的形式阐明其实质，必要时，说明必要技术特征总和与发明效果之间的关系。然后，可以通过对与该发明有关附加技术特征的描述，反映对其作进一步改进的从属权利要求的技术方案。

如果一件申请中有几项发明，通常用独立的自然段说明每项发明的技术方案。说明书中记载的这些技术方案应当与权利要求所限定的相应技术方案的表述相一致。

3）有益效果

有益效果是指由构成发明的技术特征直接带来的，或者是由所述的技术特征必然产生的技术效果。有益效果是确定发明是否具有“显著的进步”的重要依据，在某些情况下也是判断说明书是否充分公开的一个重要方面。因此，应当清楚、客观地写明发明与现有技术相比所具有的有益效果。

通常，有益效果可以由产率、质量、精度和效率的提高，能耗、原材料、工序的节省，加工、操作、控制、使用的简便，环境污染的治理或者根治，以及有用性能的出现等方面反映出来。

有益效果可以通过对发明结构特点的分析和理论说明相结合，或者通过列出实验数据的方式予以说明，不得只断言发明具有有益的效果。在引用实验数据说明有益效果时，应当给出必要的实验条件和方法。

（4）附图说明

说明书有附图的，应当写明各幅附图的图名，并且对图示的内容作简要说明。各种原理图、透视图、剖视图、方框图以及工艺流程图等都要在说明书中用序号标明。此外，图面说明可以包括附图中具体零部件名称列表。

附图不止一幅的，应当对所有附图作出图面说明。

（5）具体实施方式

实现发明的优选的具体实施方式是说明书的重要组成部分，它对于充分公开、理解和实现发明，支持和解释权利要求都是极为重要的。因此，说明书应当详细描述申请人认为实现发明的优选的具体实施方式。在适当情况下，应当举例说明；有附图的，应当对照附图进行说明。

撰写具体实施方式时应注意：

① 优选的具体实施方式应当体现发明解决技术问题所采用的技术方案。描述应当详细，有附图的，应当对照附图，使发明所属技术领域的技术人员能够实现该发明。在发明技术方案比较简单的情况下，如果说明书涉及技术方案的部分已经就发明专利申请所要求保护的主题作出了清楚、完整的说明，说明书就不必在涉及具体实施方式部分再作重复说明。

对于产品发明，实施方式应当描述产品的机械构成、电路构成或者化学成分，说明组成产品的各部分之间的相互关系。对于可动作的产品，只描述其构成不能使所属技术领域的技术人员理解和实现发明时，还应当说明其动作过程或者操作步骤。

对于方法发明，应当写明其步骤，包括可以用不同的参数或者参数范围表示的工艺条件。

在具体实施方式部分，对最接近的现有技术或者发明与最接近的现有技术共有的技术特征，一般来说可以不作详细的描述，但对发明区别于现有技术的技术特征和从属权利要求中的附加技术特征应当足够详细地描述，以所属技术领域的技术人员能够实现该技术方案为准。特别是对于那些就满足说明书充分公开的要求而言必不可少的内容，不能采用引证其他文件的方式撰写，而应当将其具体内容写入说明书。

② 说明书通常应当有实施例。实施例是对实现发明优选的具体实施方式的举例说明。实施例的数量应当根据发明的性质、所属技术领域、现有技术状况以及要求保护的范围来确定。当一个实施例足以支持权利要求所概括的技术方案时，说明书中可以只给出一个实施例。当权利要求（尤其是独立权利要求）覆盖的保护范围较宽，其概括不能从一个实施例中找到依据时，应当给出至少两个不同实施例，以支持要求保护的范围。当权利要求相对于背景技术的改进涉及数值范围时，通常应给出两端值附近（最好是两端值）的实施例；当数值范围较宽时，还应当给出至少一个中间值的实施例。

③ 对照附图描述发明优选的具体实施方式时，使用的附图标记或者符号应当与附图中所示的一致，并放在相应的技术名称的后面，不加括号。

3. 说明书附图

附图也是说明书的一个组成部分。附图的作用在于用图形补充说明书文字部分的描述，使人能够直观地、形象化地理解发明的每个技术特征和整体技术方案。对于机械和电学技术领域中的专利申请，说明书附图的作用尤其明显。对于某些发明专利申请，用文字足以清楚、完整地描述发明技术方案时，可以没有附图。

根据《专利法实施细则》第21条的规定，一件发明专利申请有多幅附图时，几幅附图应当按照“图1，图2，……”顺序编号排列。在用于表示同一实施方式的各幅图中，表示同一组成部分（同一技术特征或同一对象）的附图标记应当一致，并与说明书文字部分的描述相同。说明书文字部分中未提及的附图标记不得在附图中出现，附图中未出现的附图标记也不得在说明书文字部分中提及。附图中除必需的词语外，不应当含有其他的注释；但对于流程图、框图一类的附图，应当在其框内给出必要的文字或符号。

4. 撰写时需要注意的其他问题

① 说明书应当用词规范，语句清楚。即说明书的内容应当明确，无含糊不清或者前后矛盾之处，使所属技术领域的技术人员容易理解。

② 说明书应当使用发明所属技术领域的技术术语。对于自然科学名词，国家有规定的，应当采用统一的术语；国家没有规定的，可以采用所属技术领域约定俗成的术语，也可以采用鲜为人知或者最新出现的科技术语，或者直接使用外来语（中文音译或意译词），但是其含义对所属技术领域的技术人员来说必须是清楚的，不会造成理解错误；必要时可以采用自定义词，在这种情况下，应当给出明确的定义或者说明。一般来说，不应当使用在所属技术领域中具有基本含义的词汇来表示其本意之外的其他含义，以免造成误解和语义混乱。说明书中使用的技术术语与符号应当前后一致。

③ 说明书应当使用中文，但是在不产生歧义的前提下，个别词语可以使用中文以外的其他文字。在说明书中第一次使用非中文技术名词时，应当用中文译文加以注释或者使用中文给予说明。例如，本领域技术人员熟知的“CPU”表示中央处理器，说明书中可以用“CPU”代表中央处理器。

④ 说明书中所引用的外国专利文献、专利申请、非专利文献的出处和名称应当使用原文，必要时给出中文译文，并将译文放置在括号内。

⑤ 说明书中的计量单位应当使用国家法定计量单位，包括国际单位制计量单位和国家选定的其他计量单位。必要时可以在括号内同时标注本领域公知的其他计量单位。

⑥ 说明书中无法避免使用商品名称时，其后应当注明其型号、规格、性能及制造单位。

⑦ 说明书中应当避免使用注册商标来描述物质或者产品。

（四）摘要的撰写要求

摘要是说明书记载内容的概述，它仅是一种技术信息，不具有法律效力。摘要的内容不属于发明原始记载的内容，不能作为以后修改说明书或者权利要求书的根据，也不能用来解释专利权的保护范围。

摘要应当满足以下要求。

① 摘要应当写明发明的名称和所属技术领域，并清楚地反映所要解决的技术问题、解决该问题的技术方案的要点以及主要用途，其中以技术方案为主；摘要可以包含最能说明发明的化学式。

② 有附图的专利申请，应当指定或由审查员指定一幅最能反映该发明技术方案的主要技术特征的说明书附图作为摘要附图。

③ 摘要附图的大小及清晰度应当保证在该图缩小到 4 厘米 ×6 厘米时，仍能清楚地分辨出图中的各个细节。

④ 摘要文字部分（包括标点符号）不得超过 300 个字，并且不得使用商业性宣传用语。此外，摘要文字部分出现的附图标记应当加括号。

三、说明书撰写的特殊要求

说明书的撰写是否满足《专利法》第 26 条第 3 款所规定的清楚、完整的要求，以所属技术领域的技术人员能否实现发明作为衡量的尺度。不同领域的发明，因其在直观性、可预测性方面的不同，对说明书的撰写有一些特定的要求。

（一）涉及计算机程序的发明专利申请说明书撰写的特殊要求

1. 涉及计算机程序的发明专利申请说明书的撰写

对于涉及计算机程序的发明专利申请，其说明书的撰写要求与其他技术领域的说明书撰写要求原则上相同，但还存在以下特殊要求。

① 涉及计算机程序的发明专利申请的说明书除应当从整体上描述该发明的技术方案之外，还必须清楚、完整地描述该计算机程序的设计构思及其技术特征以及达到其技术效果的实施方式。为了清楚、完整地描述该计算机程序的主要技术特征，说明书附图中应当给出该计算机程序的主要流程图。说明书中应当以所给出的计算机程序流程为基础，按照该流程的时间顺序，以自然语言对该计算机程序的各步骤进行描述。说明书对该计算机程序主要技术特征的描述程度应当以本领域的技术人员能够根据说明书所记载的流程图及其说明编制出能够达到所述技术效果的计算机程序为准。为了清楚起见，如有必要，申请人可以用惯用的标记性程序语言简短摘录某些关键部分的计算机源程序以供参考，但不需要提交全部计算机源程序。

② 涉及计算机程序的发明专利申请包含对计算机装置硬件结构作出改变的发明内容的，说明书附图应当给出该计算机装置的硬件实体结构图，说明书应当根据该硬件实体结构图，清楚、完整地描述该计算机装置的各硬件组成部分及其相互关系，以本领域的技术人员能够实现为准。

2. 涉及包含算法特征或商业规则和方法特征的发明专利申请说明书的撰写

涉及人工智能、“互联网 +”、大数据以及区块链等的发明专利申请，一般包含算法或商业规则和方法等智力活动的规则和方法特征，对这类发明专利申请说明书的撰写作出如下特殊要求。

① 包含算法特征或商业规则和方法特征的发明专利申请的说明书应当清楚、完整地描述发明为解决其技术问题所采用的解决方案。所述解决方案在包含技术特征的基础上，可以进一步包含与技术特征功能上彼此相互支持、存在相互作用关系的算法特

征或商业规则和方法特征。

② 说明书中应当写明技术特征和与其功能上彼此相互支持、存在相互作用关系的算法特征或商业规则和方法特征如何共同作用并且产生有益效果。例如，包含算法特征时，应当将抽象的算法与具体的技术领域结合，至少一个输入参数及其相关输出结果的定义应当与技术领域中的具体数据对应关联起来；包含商业规则和方法特征时，应当对解决技术问题的整个过程进行详细描述和说明，使所属技术领域的技术人员按照说明书记载的内容，能够实现该发明的解决方案。

③ 说明书应当清楚、客观地写明发明与现有技术相比所具有的有益效果，例如质量、精度或效率的提高，系统内部性能的改善等。如果从用户的角度而言，客观上提升了用户体验，也可以在说明书中进行说明，同时应当说明这种用户体验的提升是如何由构成发明的技术特征，以及与其功能上彼此相互支持、存在相互作用关系的算法特征或商业规则和方法特征共同带来或者产生的。

（二）化学领域发明专利申请说明书撰写的特殊要求

1. 化学领域发明专利申请文件总的特点及要求

在为数众多的专利申请中，化学领域的发明专利申请具有一定的特殊性，因而在文件撰写方面有一些特殊的要求。总体来讲，化学领域的发明专利申请具有下列特点。

（1）属于实验科学领域，重视实施例

由于化学领域属于实验科学领域，影响发明结果的因素是多方面且错综复杂的，有的甚至是迄今未知的，因此，仅靠设计构思提出的技术方案不一定能解决发明所要解决的技术问题，必须经过实验证明。对于这类发明，不仅需要一般性推论或描述，还需要依靠足够的实验数据来说明。实施例正是这些实验在申请文件中的具体体现。由此可知，实施例在化学发明专利申请中占有特别重要的地位。

实施例在化学发明专利申请中的作用，大体可以归纳为以下几种。

① 充分公开发明的内容，以具体实施方式说明发明能够实现。

② 以事实和实验数据为依据说明发明取得的效果，以证明发明相对于现有技术具有创造性。

③ 以足够数量的代表性实例支持权利要求所要求保护的范围。

④ 在审批程序中，是申请人修改申请文件的基础。

总而言之，实施例在化学发明专利申请中具有不可取代的重要作用，在化学发明专利申请文件的说明书中，应当包括足够数量的实施例。

（2）注重发明效果，需要证明手段

在化学发明专利申请的实质审查中，对技术效果的审查往往占有十分突出的地位。在许多情况下，虽然发明的技术方案本身与现有技术仅有很小的差别，但却带来了意想不到的技术效果，由此即可奠定发明的创造性。

在说明化学发明的效果时，应当注意以下几点。

① 应用实验数据定量或定性地表示。

② 应说明实验数据测定的方法和条件。

③ 用于说明效果的数据应针对发明解决的技术问题和预期效果。

④ 对于申请日之后申请人为满足《专利法》第 22 条第 3 款、第 26 条第 3 款等要求补交的实验数据来说，补交实验数据所证明的技术效果应当是所属技术领域的技术人员能够从专利申请公开的内容中得到的。

2. 化学领域发明专利申请说明书撰写的特殊要求

（1）化学产品发明专利申请说明书撰写的特殊要求

这里所称的化学产品包括化合物、组合物以及用结构和/或组成不能够清楚描述的化学产品。要求保护的发明为化学产品本身的，说明书中应当记载化学产品的确认、制备以及用途。

1）化学产品的确认

对于化合物发明，说明书中应当说明该化合物的化学名称及结构式（包括各种官能基团、分子立体构型等）或分子式，对化学结构的说明应当明确到使所属技术领域的技术人员能确认该化合物的程度；并应当记载与发明要解决的技术问题相关的化学、物理性能参数（例如各种定性或者定量数据和谱图等），使要求保护的化合物能被清楚地确认。

对于组合物发明，说明书中除应当记载组合物的组分外，还应当记载各组分的化学和/或物理状态、各组分可选择的范围、各组分的含量范围及其对组合物性能的影响等。

对于仅用结构和/或组成不能够清楚描述的化学产品，说明书中应当进一步使用适当的化学、物理参数和/或制备方法对其进行说明，使要求保护的化学产品能被清楚地确认。

2）化学产品的制备

对于化学产品发明，说明书中应当记载至少一种制备方法，说明实施所述方法所用的原料物质、工艺步骤和条件、专用设备等，使所属技术领域的技术人员能够实施。对于化合物发明，通常需要有制备实施例。

3）化学产品的用途和/或使用效果

对于化学产品发明，应当完整地公开该产品的用途和/或使用效果，即使是结构首创的化合物，也应当至少记载一种用途。

如果所属技术领域的技术人员无法根据现有技术预测发明能够实现所述用途和/或使用效果，则说明书中还应当记载对于本领域技术人员来说，足以证明发明的技术方案可以实现所述用途和/或达到预期效果的定性或者定量实验数据。

对于新的药物化合物或药物组合物，应当记载其具体医药用途或药理作用，同时还应当记载其有效量及使用方法。如果本领域技术人员无法根据现有技术预测发明能够实现所述医药用途、药理作用，则应当记载对于本领域技术人员来说，足以证明发明的技术方案可以解决预期要解决的技术问题或者达到预期的技术效果的实验室试验（包括动物试验）或者临床试验的定性或定量数据。说明书对有效量和使用方法或制剂方法等应当记载至所属技术领域的技术人员能够实施的程度。

对于表示发明效果的性能数据，如果现有技术中存在导致不同结果的多种测定方法，则应当说明测定它的方法；若为特殊方法，应当详细加以说明，使所属技术领域的技术人员能够实施该方法。

（2）化学方法发明专利申请说明书撰写的特殊要求

① 对于化学方法发明，无论是物质的制备方法还是其他方法，均应当记载方法所用的原料物质、工艺步骤和工艺条件，必要时还应当记载方法对目的物质性能的影响，使所属技术领域的技术人员按照说明书中记载的方法去实施时能够解决该发明要解决的技术问题。

② 对于方法所用的原料物质，应当说明其成分、性能、制备方法或者来源，使本领域技术人员能够得到。

（3）化学产品用途发明专利申请说明书撰写的特殊要求

对于化学产品用途发明，在说明书中应当记载所使用的化学产品、使用方法及所取得的效果，使本领域技术人员能够实施该用途发明。如果本领域技术人员无法根据现有技术预测该用途，则应当记载对于本领域技术人员来说，足以证明该物质可以用于所述用途并能够解决所要解决的技术问题或者达到所述效果的实验数据。

3. 生物技术领域发明专利申请说明书撰写的特殊要求

（1）生物材料的保藏

① 在生物技术这一特定的领域中，有时由于文字记载很难描述生物材料的具体特征，即使有了这些描述也得不到生物材料本身，所属技术领域的技术人员仍然不能实施发明。在这种情况下，为了满足《专利法》第26条第3款的要求，应按规定将所涉及的生物材料提交到国家知识产权局认可的保藏单位进行保藏。

对于涉及公众不能得到的生物材料的专利申请，应当在请求书和说明书中均写明生物材料的分类命名、拉丁文学名，保藏该生物材料样品的单位名称、地址、保藏日期和保藏编号。在说明书中第一次提及该生物材料时，除描述该生物材料的分类命名、拉丁文学名以外，还应当写明其保藏日期、保藏该生物材料样品的保藏单位全称及简称和保藏编号；此外，还应当将该生物材料的保藏日期、保藏单位全称及简称和保藏编号作为说明书的一个部分集中写在相当于附图说明的位置。如果申请人按时提交了符合《专利法实施细则》第27条规定的请求书、保藏证明和存活证明，但未在说明书中写明与保藏有关的信息，允许申请人在实质审查阶段根据请求书的内容将相关信息补充到说明书中。

②《专利法实施细则》第27条中所说的"公众不能得到的生物材料"包括：个人

或者单位拥有的、由非专利程序的保藏机构保藏并对公众不公开发放的生物材料；或者虽然在说明书中描述了制备该生物材料的方法，但是本领域技术人员不能重复该方法而获得所述的生物材料，例如通过不能再现的筛选、突变等手段新创制的微生物菌种。这样的生物材料均要求按照规定进行保藏。

（2）核苷酸或者氨基酸序列表

当发明涉及由 10 个或者更多核苷酸组成的核苷酸序列，或者由 4 个或者更多 L-氨基酸组成的蛋白质或者肽的氨基酸序列时，应当递交符合国家知识产权局规定的序列表电子文件。

序列表应作为说明书的一个单独部分。如果申请人提交的计算机可读形式的核苷酸或者氨基酸序列表与说明书和权利要求书中书面记载的序列表不一致，则以书面提交的序列表为准。

4. 中药领域发明专利申请说明书撰写的特殊要求

（1）中药材名称

中药材的名称存在正名、异名、别名和俗称等形式，对于涉及中药材的发明，说明书中一般应当记载中药材正名。中药材名称的记载，应使本领域技术人员能够确认该中药材，以满足充分公开的要求。

如果说明书中的中药材名称在现有技术中没有明确记载，则应当在说明书中记载足以使得本领域技术人员能够确认该中药材的相关信息，如植物基原、拉丁名、药用部位、性味归经、功效等。

（2）中药组合物的组成及用量配比

对于中药组合物发明，说明书中不仅应当记载该中药组合物的中药原料组成，而且应当记载各中药原料的用量配比关系。中药原料的用量可以采用重量份、重量比例、重量百分比等进行表述。

由于中药原料的用量配比关系决定了组合物的组方结构和主次作用，对组合物的疗效有直接影响，因此，如果说明书中没有记载组合物中各中药原料的用量配比关系，或者该用量配比关系的记载不清楚，则会使本领域技术人员无法实现其发明，导致说明书公开不充分。

需要说明的是，尽管上述要求常见于上述特定领域，但并不仅限于这些领域。例如，在机械领域中，涉及发动机燃烧室气流组织对燃烧效果影响的技术方案或造船技术中流体力学性能的改善方案，因其同样具有实验科学的特性，在其说明书的撰写方面也同样适用于上述的某些特殊要求。

四、说明书的阅读和理解

通过阅读申请的说明书来准确地理解发明，是客观公正地进行发明专利实质审查的基础。阅读说明书的目的在于了解发明所要解决的技术问题、为解决所述技术问题而采取的技术方案以及该技术方案所能带来的技术效果。

1. **阅读的顺序**

通常应当按照说明书撰写的顺序阅读，即先了解发明所属的技术领域和背景技术，然后阅读发明内容、附图说明和具体实施方式，由浅入深、由粗到细地了解发明的内容。然而，如果说明书发明内容部分对发明的概述过于抽象，以致难以理解该发明，也可以先看附图说明和具体实施方式，然后再阅读发明内容的概述。

2. **阅读的技巧**

一般通过阅读发明所属的技术领域和背景技术了解发明产生的基础。对于不熟悉的技术领域，审查员还可以参阅所引用的背景技术文献和介绍相关知识的书籍、综述性文献等资料，以掌握所属技术领域的技术人员应具有的专业知识，降低理解发明的难度。

说明书有附图的，尤其是涉及装置或者设备结构的专利申请，参考附图来阅读说明书的内容是理解说明书记载内容比较简洁而高效的手段。

实现发明的具体实施方式是说明书的重要组成部分，对于充分公开、理解和实现发明，支持和解释权利要求极为重要，应当仔细阅读。

第三节　说明书的审查

一、说明书充分公开的审查

（一）法律依据

《专利法》第26条第3款规定，说明书应当对发明作出清楚、完整的说明，以所属技术领域的技术人员能够实现为准。

对于生物技术领域的申请，《专利法实施细则》第27条作出了进一步规定：

“申请专利的发明涉及新的生物材料，该生物材料公众不能得到，并且对该生物材料的说明不足以使所属领域的技术人员实施其发明的，除应当符合专利法和本细则的有关规定外，申请人还应当办理下列手续：

“（一）在申请日前或者最迟在申请日（有优先权的，指优先权日），将该生物材料的样品提交国务院专利行政部门认可的保藏单位保藏，并在申请时或者最迟自申请日起4个月内提交保藏单位出具的保藏证明和存活证明；期满未提交证明的，该样品视为未提交保藏；

“（二）在申请文件中，提供有关该生物材料特征的资料；

“（三）涉及生物材料样品保藏的专利申请应当在请求书和说明书中写明该生物材料的分类命名（注明拉丁文名称）、保藏该生物材料样品的单位名称、地址、保藏日期和保藏编号；申请时未写明的，应当自申请日起4个月内补正；期满未补正的，视为未提交保藏。”

另外，《专利法实施细则》第59条列出了发明专利申请经实质审查应当予以驳回的情形，其中包括申请不符合《专利法》第26条第3款的规定。也就是说，如果说明书没有对发明作出清楚、完整的说明，致使所属技术领域的技术人员不能实现，审查员就可以依法驳回该专利申请。而且，由于《专利法》第33条对申请文件修改的内容与范围作出了限制性规定，因此说明书公开不充分的缺陷通常无法通过修改申请文件来克服。

（二）审查的重点

1. 清楚

说明书的内容应当清楚，具体应满足下述要求。

（1）主题明确，前后一致

说明书应当从现有技术出发，明确地反映出发明想要做什么和如何去做，使所属技术领域的技术人员能够确切地理解该发明要求保护的主题。换句话说，说明书应当写明发明所要解决的技术问题以及解决其技术问题采用的技术方案，并对照现有技术写明发明的有益效果。上述技术问题、技术方案和有益效果应当相互适应，不得出现相互矛盾或不相关联的情形。

（2）表述准确，无歧义

说明书应当使用发明所属技术领域的技术术语。说明书的表述应当准确地表达发明的技术内容，不得含糊不清或者模棱两可，以致所属技术领域的技术人员不能清楚、正确地理解该发明。

【案例1】一项涉及万能胶的发明，说明书发明内容部分描述了配方、工艺流程及物理化学参数。其中，配方是“按重量比，热塑性丁苯橡胶：0.5～1.0；天然胶：0.3～0.6；石油树脂：0.6～0.8；……；中间体：0.68～0.88”。申请人在说明书中对“中间体”的具体内容未作任何描述。根据《化工辞典》记载，中间体又称有机中间体，是用煤焦油或石油产品为原料来制造染料、农药、医药、增塑剂等的中间产物。因此，即使考虑本领域公知常识的相关教导，所属技术领域的技术人员也不能确定本申请所用“中间体”的具体结构和/或组成。对于本申请来说，说明书对“中间体”的描述含糊不清，没有准确地表达其具体含义，以致所属技术领域的技术人员无法确定该物质的具体结构和/或组成，进而导致无法实现该发明。

2. 完整

完整的说明书应当包括有关理解、实现发明所需的全部技术内容。

一份完整的说明书应当包含下列各项内容。

① 帮助理解发明不可缺少的内容，例如，有关所属技术领域、背景技术状况的描述，以及说明书有附图时的附图说明等。

②确定发明具有新颖性、创造性和实用性所需的内容，例如，发明所要解决的技术问题、解决其技术问题采用的技术方案和发明的有益效果。

③实现发明所需的内容，例如，为解决发明的技术问题而采用的技术方案的具体实施方式。

凡是所属技术领域的技术人员不能从现有技术中直接、唯一地得出的与实现本发明有关的内容，均应当在说明书中描述。

3. 能够实现

所属技术领域的技术人员能够实现，是指所属技术领域的技术人员按照说明书记载的内容，就能够实现该发明的技术方案，解决其技术问题，并且产生预期的技术效果。

以下各种情况由于缺乏解决技术问题的技术手段而被认为无法实现。

①说明书中只给出任务和/或设想，或者只表明一种愿望和/或结果，而未给出任何使所属技术领域的技术人员能够实施的技术手段。

【案例2】一项有关“风铃”的发明，说明书中记载的技术内容仅有：“该风铃装置具有音频能随气温上升而变高，随气温下降而变低的特征。”该申请的说明书中既没有描述风铃的具体结构，也没有描述如何制造这种风铃。而且，本领域技术人员也不能确定实现具有上述特性的风铃的技术手段。因此，说明书中只给出了任务和/或设想，或只表明了愿望，而未记载能够实施的技术手段。

【案例3】现有技术中，点烟器都采用直流电源来驱动。而一件名称为“使用交流电的方便点烟器”的发明专利申请，首次提出了无须将交流电转换为直流电、直接使用交流电驱动点烟器的技术方案，但说明书中只记载了该点烟器可使用交流电，并可制成各种形状和各种形式，如壁挂式、吊式及台式等，而没有记载该点烟器的具体结构。因此，所属技术领域的技术人员根据说明书的内容无从知晓采用交流电的点烟器的结构，进而无法制造出发明要求保护的使用交流电的点烟器。

②说明书中给出了技术手段，但对所属技术领域的技术人员来说，该手段是含糊不清的，根据说明书记载的内容无法具体实施。

【案例4】一件名称为“多功能狗圈”的发明专利申请，提出一种用来系狗的多功能狗圈，使用时通过狗圈中的线轮锁定装置能够随意调节系狗狗链的长度。说明书在描述线轮锁定装置的结构时提到“可转动连接件的卡脚之间的轴通过开口轴套方式连接一个线轮壳上的推块”，然而“开口轴套”的结构对于所属技术领域的技术人员而言不是公知的，并且说明书也未具体描述“开口轴套”的结构，同时所属技术领域的技术人员从本申请仅有的一幅附图中也不能清楚并毫无疑义地确定“开口轴套”的具体结构，导致所属技术领域的技术人员不能确定“开口轴套”的具体技术含义，且无法获知推块与可转动连接件之间是如何连接并如何进行动作的。由于说明书中对于“线轮锁定装置”的组成部件“开口轴套”的描述是含糊不清的，因此所属技术领域的技术人员不能实现本发明。

③ 说明书中给出了技术手段，但所属技术领域的技术人员采用该手段并不能解决发明所要解决的技术问题。

说明书中给出了技术手段，但根据所属技术领域的技术人员掌握的知识可确定，采用该技术手段并不能解决说明书中所述的技术问题。例如，某种用特殊方法制成的催化剂，说明书中公开了其制备方法、活性组分、载体及含量，但是本领域技术人员根据公知常识可以确定，根据其制备方法得到的催化剂不能起到其所述的催化作用，进而不能解决其所述的技术问题。制备该催化剂的关键技术手段是加入某种助剂，但在本申请说明书中没有该助剂的相关记载。因此，所属技术领域的技术人员无法利用该催化剂产品解决其技术问题，进而无法实现本发明。

④ 申请的主题为由多个技术手段构成的技术方案，对于其中一个技术手段，所属技术领域的技术人员按照说明书记载的内容并不能实现。

【案例5】 一种聚乙烯薄膜的制造方法，其说明书记载的步骤为：将聚乙烯置于高真空装置中，使其保持在分解温度下，对其进行冲击，使聚乙烯产生具有活性端基的蒸气，使该蒸气凝缩到安装在高真空装置中上部的板上。在该方法中，对聚乙烯进行冲击是重要步骤，并且冲击的结果必须保证能产生具有活性端基的蒸气。尽管说明书中记载了“对聚乙烯进行冲击”，但由于没有记载具体的冲击方式，因此所属技术领域的技术人员根据说明书记载的内容无法实现该技术手段，进而无法实现本发明。

【案例6】 一项发明名称为“一种机械玩具动物”的发明专利申请，说明书中指出：“除动力、传动变速机构之外，主要是设计一套控制机构和一对能支撑地面以移动重心而完成姿态改变的座杆。所述控制机构能保证动物玩具实现蹲下、坐立、趴下、站立、行走等一系列动作。”但是，说明书中没有描述保证动物玩具实现蹲下、坐立、趴下、站立、行走等一系列动作的控制机构的具体结构。因此，所属技术领域的技术人员根据说明书记载的内容无法实现本发明。

⑤ 说明书中给出了具体的技术方案，但未提供实验证据，而该方案又必须依赖实验结果加以证实才能成立。例如关于一种涉及治疗某种疑难病症的药物的发明专利申请，申请人在说明书中仅给出了该药物的组分和制备方法，并声称该药物可以治疗所述疑难病症，但没有任何理论依据，也未提供任何实验数据加以证明。所属技术领域的技术人员根据说明书记载的内容不能预测所述药物具有治疗所述病症的作用，进而无法实现本发明。

值得说明的是，说明书只要对技术方案本身作出清楚、完整的说明，使得所属技术领域的技术人员能够实现发明，就满足了《专利法》第26条第3款的规定，并不要求对发明的科学原理作出详尽而完善的解释。

另外，对于包括多项发明的专利申请，说明书对每项发明的描述都应当达到本领域技术人员可以实现的程度。如果仅仅对部分发明的描述达到了可以实现的程度，而其他的发明并没有充分公开，则没有充分公开的部分发明是不应当授予专利权的。

二、说明书撰写形式的审查

在撰写形式上，说明书及其附图还应当符合《专利法实施细则》第20条和第21条的规定，具体要求如本章第二节所述。

说明书及其附图常见的撰写缺陷如下。

1. 发明名称的常见缺陷

① 与请求书的内容不一致，例如请求书中名称为催化剂，而说明书中发明名称却是一种脱硫剂。

② 没有写清楚发明的类型，例如笼统地写成“××技术”。

③ 未采用本领域的通用技术术语，如写成“捏压灵”“竹香枝”等。

④ 没有全面反映各项发明的主题和类型，例如关于一件涉及某化合物及其制备方法和用途的申请，其发明名称中只写了“××化合物”。

⑤ 使用了人名、地名、商标、型号、商品名称或商业性宣传用语。例如将一项关于“夜视镜”的发明专利申请的发明名称写为“可以为使用者的每只眼睛提供增强图像的神奇夜视镜”。

2. 技术领域部分的常见缺陷

① 写成广义技术领域，例如，一项关于悬挂式输液架的发明，其改进之处是在滑车摆动臂的外端上有乳状突起，上述突起与摆动臂为同种材料制成，并与摆动臂成为一体，其所属技术领域写成“本发明涉及一种医疗器械”（应当写成“本发明涉及一种悬挂式输液架，特别是涉及一种悬挂式输液架的摆动臂”）。

② 写成发明要求保护的技术方案本身，例如上例写成“本发明涉及滑车摆动臂外端上有乳状突起的悬挂式输液架”。

3. 背景技术部分的常见缺陷

① 对于背景技术的描述过于笼统和简单，也未引用反映背景技术的文件。

② 尽管引用了相关文件，但对于不重要的背景技术描述过多，却没有描述与本发明最相关的背景技术。

③ 未客观地描述背景技术，例如，故意夸大现有技术中存在的问题或贬低现有技术。

④ 背景技术中引证的文件未说明出处，例如，引证专利文件时未说明其国别、公开号（或申请号）。

4. 发明内容部分的常见缺陷

① 提出的发明要解决的技术问题与发明的技术方案没有直接关系，例如发明要解决的技术问题是克服某类催化剂的水解失活问题，而发明的主题则是“一种脱除 H_2S 的方法”。

② 说明书对技术方案的描述过于简要，造成理解困难；或对一般技术方案、优选技术方案和最佳技术方案的描述混乱等，例如优选技术方案和最佳技术方案未落入一般技术方案的保护范围之内。

③ 发明对于技术效果的描述只给出断言，而没有令人信服的理由或证据。尤其在化学领域的申请中，技术效果没有任何数据支持，或仅给出了数据而未给出必要的单位和测量手段等，从而难以确认，起不到其应有的作用，甚至可能造成说明书公开不充分。

5. 附图说明及附图的常见缺陷

① 结构复杂的机械设备专利申请没有附图。

② 申请具有多幅附图，但对附图不进行编号。

③ 附图标记不统一，或与文字说明不一致，甚至用同一附图标记表示不同的设备或零件，造成说明书的混乱，不利于理解所述的发明内容。

6. 具体实施方式部分的常见缺陷

① 对照附图描述具体实施方式时，使用的附图标记或者符号与附图中所示的不一致。例如，附图中用附图标记“1”指示“天线”，而与附图对应的具体实施方式中用标记“2”指示“天线”，附图标记不一致。

② 附图标记没有放在相应的技术名称后面，并且附图标记加括号。例如，涉及电路连接的说明，应当写成“电容 6 通过线圈 7 连接电阻 8”；而不能写成“(6) 通过 (7) 连接 (8)”。

值得指出的是，在说明书满足了《专利法》第 26 条第 3 款的前提下，不满足撰写形式要求的缺陷通常是可以通过修改克服的。在实质审查过程中，即使申请人拒绝进行修改，审查员也不能以此为由驳回其申请。

三、说明书摘要的审查

摘要的撰写应当满足《专利法实施细则》第 26 条的规定。当审查员发现摘要存在不符合要求之处，在必要的情况下应当尽可能地向申请人指出。然而，由于摘要仅仅是一种技术信息，不具有法律效力，其内容不属于发明原始记载的内容，不能作为以后修改说明书或者权利要求书的依据，也不能用来解释专利权的保护范围，因此，在实质审查过程中也不能仅仅由于摘要的撰写不符合要求而驳回专利申请。

摘要的主要撰写缺陷如下。

① 缺少体现发明技术方案要点的内容，例如只宣传产品的性能。

② 包括商业性宣传用语。

③ 摘要附图为反映现有技术的附图，或没有采用说明书附图之一。

第四节　权利要求书的作用及撰写要求

一、权利要求书的作用

在专利申请的审批及专利权的保护等法律程序中，权利要求书是最重要的法律文件之一，其主要有以下三种作用。

1. 以说明书为依据，限定要求专利保护的范围

《专利法》第26条第4款规定了权利要求书的任务和目的是“以说明书为依据，清楚、简要地限定要求专利保护的范围”。可以说，权利要求书是发明的实质内容和申请人切身利益的集中体现，也是专利审查、无效宣告及侵权诉讼程序的焦点。

2. 原始权利要求可以作为修改专利申请文件的依据

除原始提交的说明书之外，原始提交的权利要求书也是申请人在专利申请的审批和后续程序中修改其专利申请文件的基础。

3. 作为授权后确定专利权保护范围的法律依据

《专利法》第64条第1款明确规定，发明专利权的保护范围以其权利要求的内容为准。由此可知，一件发明专利申请被授予专利权后，究竟能获得多大范围的法律保护，遇到侵权纠纷时能否发挥有效的作用，与其权利要求的内容有直接的联系。

二、权利要求的类型及撰写要求

（一）权利要求的类型

权利要求的类型有两种划分方式，即按照权利要求的性质划分和按照权利要求的形式划分。

1. 按照权利要求的性质划分

按照权利要求的性质即所要求保护的对象或主题划分，权利要求可以分为以下两种。

① 物的权利要求，也称为产品权利要求，包括有固定形状的物体和没有固定形状的物质，例如各种工具、机器、装置、设备、仪器、部件、元件和合金、涂料、水泥、玻璃、药物制剂、化合物、基因等。

② 活动的权利要求，也称为方法权利要求，包括各种有时间过程要素的活动，例如各种产品的制造方法、使用方法、通信方法、处理方法、安装方法以及将产品用于特定用途的方法等。

2. 按照权利要求的形式划分

按照权利要求的形式划分，权利要求可以分为以下两种。

① 独立权利要求，描述构成发明的最基本的技术方案，其保护范围最宽。

② 从属权利要求，描述发明进一步改进后的技术方案，通常是更加优选甚至是最佳的技术方案。为了使得权利要求更加简要，从属权利要求一般都要引用在前的权利要求，用附加的技术特征进一步限定所引用的权利要求，其保护范围落在所引用的权利要求的保护范围之内。

（二）权利要求的撰写要求

《专利法》第 26 条第 4 款和《专利法实施细则》第 22 ～ 25 条分别对权利要求包含的内容及其撰写要求作了规定，要求权利要求书以说明书为依据，用发明的技术特征，清楚并简要地限定要求专利保护的范围。

1. 产品和方法权利要求的撰写

① 产品权利要求应当尽可能用产品的结构特征加以确切定义，例如用零件或构件的形状、位置关系及连接关系定义物体如机器、设备或装置，用分子式、结构式或 DNA 序列定义化学物质和基因，用组分和含量定义组合物等。

在特殊情况下，当产品权利要求中的一个或多个技术特征无法用结构特征予以清楚地表征时，允许借助物理或化学参数来表征；当无法用结构特征并且也不能用参数特征予以清楚地表征时，允许借助于方法特征表征。

② 方法权利要求应当用方法本身的特征定义，例如产品的生产方法通常用所采用的原料、生产的工艺过程、操作条件和所得到的产品来定义，一般的处理方法通常用所处理的对象、处理的过程及条件和所要达到的结果来定义。

2. 独立权利要求和从属权利要求的撰写

（1）独立权利要求的撰写规定

在技术内容上，独立权利要求应当从整体上反映发明的技术方案，记载解决其技术问题的必要技术特征。

在撰写形式上，独立权利要求应当包括前序部分和特征部分。

① 前序部分：写明要求保护的发明技术方案的主题名称和发明主题与最接近的现有技术共有的、密切相关的必要技术特征。

② 特征部分：使用“其特征是……”或者类似的用语，写明发明区别于最接近的现有技术的技术特征，也就是对现有技术作出贡献的、新的或者改进的技术特征。这些特征和前序部分写明的特征合在一起，限定发明要求保护的范围。

独立权利要求分两部分撰写的目的，在于使公众更清楚地看出独立权利要求记载的全部技术特征中哪些是发明与最接近的现有技术所共有的技术特征，哪些是发明区别于最接近的现有技术的特征。因此，为清楚起见，独立权利要求一般应当分两部分撰写。

根据《专利法实施细则》第 24 条第 2 款的规定，当发明的性质不适于用上述方式撰写时，独立权利要求也可以不分前序部分和特征部分，例如：

① 开拓性发明。

② 由几个状态等同的已知技术整体组合而成的发明，其发明实质在组合本身。

③ 已知方法的改进发明，其改进之处在于省去某种物质或者材料，或者是用一种物质或材料代替另一种物质或者材料，或者是省去某个步骤。

④ 已知发明的改进在于系统中部件的更换或者其相互关系上的变化。

在一件专利申请的权利要求书中，应当至少有一项独立权利要求。权利要求书中有两项或两项以上独立权利要求时，写在最前面的独立权利要求被称为第一独立权利要求，其他独立权利要求称为并列独立权利要求。有时并列独立权利要求也可引用在前的独立权利要求，例如，并列独立权利要求写成如下方式：“一种实施权利要求1的方法的装置，……”“一种制造权利要求1的产品的方法，……”，这种引用其他独立权利要求的权利要求是并列的独立权利要求，而不能被看作从属权利要求。

根据《专利法实施细则》第24条第3款的规定，一项发明应当只有一项独立权利要求，并且写在同一发明的从属权利要求之前。该条款的含义是，当申请人就一项发明写出多个权利要求时，应当只写一个独立权利要求，其他权利要求应当以引用方式撰写为其从属权利要求，而不允许写成保护范围从宽至窄的多个独立权利要求。

（2）从属权利要求的撰写规定

在技术内容上，从属权利要求应当用附加的技术特征，对引用的权利要求作进一步的限定。

在撰写形式上，从属权利要求应当包括引用部分和限定部分。

① 引用部分：写明引用的权利要求的编号及其主题名称。

② 限定部分：写明发明附加的技术特征。

在逻辑关系上，从属权利要求只能引用在前的权利要求。引用两项以上权利要求的从属权利要求称为多项从属权利要求。多项从属权利要求只能以择一方式引用在前的权利要求，并不得作为被另一项多项从属权利要求引用的基础，即在后的多项从属权利要求不得引用在前的多项从属权利要求。

从属权利要求的引用部分应当写明引用的权利要求的编号，其后应当重述引用的权利要求的主题名称，其主题名称应当与所引用的权利要求相同。

从属权利要求的限定部分可以对所引用权利要求中的所有技术特征进行限定。所引用的独立权利要求采用两部分方式撰写的，其后的从属权利要求不仅可以进一步限定独立权利要求特征部分中的特征，也可以进一步限定前序部分中的特征。

直接或间接从属于某一项独立权利要求的所有从属权利要求都应当写在该独立权利要求之后，另一项独立权利要求之前。

在某些情况下，形式上的从属权利要求（即其包含有从属权利要求的引用部分），实质上不一定是从属权利要求。例如，独立权利要求1为：“包括特征X的装置”。在后的另一项权利要求为：“根据权利要求1所述的装置，其特征在于用特征Y代替特征

X。”在这种情况下，后一权利要求也是独立权利要求。因此，不能仅从撰写的形式上判定在后的权利要求为从属权利要求。

从属权利要求中的附加技术特征，可以是对所引用的权利要求的技术特征作进一步限定的技术特征，也可以是增加的技术特征。

3. 其他一般性要求

两项以上不同主题类型的发明不能出现在同一项权利要求中。

一项权利要求一般用一个自然段表述，只允许在其结尾使用句号。若技术特征较多，内容和相互关系较复杂，借助于标点符号难以将其关系表达清楚时，一项权利要求还可以用分行或者分小段的方式描述，各段之间可以用分号分开。

权利要求书中包括几项权利要求的，应当用阿拉伯数字顺序编号。

权利要求中使用的科技术语应当与说明书中使用的一致。权利要求中可以有化学式或者数学式，但在该权利要求中必须对式中所用符号作出明确定义。权利要求中不得有插图。除非绝对必要，权利要求中不得使用“如说明书……部分所述”或者“如图……所示”等类似用语。绝对必要的情况是指当发明涉及的某特定形状仅能用图形限定而无法用语言表达时，权利要求可以使用“如图……所示”等类似用语。

权利要求中通常不允许使用表格，除非使用表格能够更清楚地说明发明要求保护的主题。

权利要求中的技术特征可以引用说明书附图中相应的标记，以帮助理解权利要求所记载的技术方案。但是，这些标记应当用括号括起来，放在相应的技术特征后面。附图标记不得解释为对权利要求保护范围的限制。除附图标记或者化学式及数学式中使用的括号之外，权利要求中应当尽量避免使用括号，以免造成权利要求不清楚。

三、权利要求撰写的特殊要求

（一）涉及计算机程序的发明专利申请的权利要求撰写

涉及计算机程序的发明专利申请的权利要求可以写成一种方法权利要求，也可以写成一种产品权利要求，即实现该方法的装置、计算机可读存储介质或者计算机程序产品。无论写成哪种形式的权利要求，都必须得到说明书的支持，并且都必须从整体上反映该发明的技术方案，记载解决技术问题的必要技术特征，而不能只概括地描述该计算机程序所具有的功能和该功能所能够达到的效果。如果写成方法权利要求，应当按照方法流程的步骤详细描述该计算机程序所执行的各项功能以及如何完成这些功能；如果写成装置权利要求，应当具体描述该装置的各个组成部分及其各组成部分之间的关系，所述组成部分不仅可以包括硬件，而且可以包括程序。

如果全部以计算机程序流程为依据，按照与该计算机程序流程的各步骤完全对应一致的方式，或者按照与反映该计算机程序流程的方法权利要求完全对应一致的方式撰写装置权利要求，即这种装置权利要求中的各组成部分与该计算机程序流程的各个步骤或者该方法权利要求中的各个步骤完全对应一致，则这种装置权利要求中的各组成部分应当理解为实现该程序流程各步骤或该方法各步骤所必须建立的程序模块，由这样一组程序模块限定的装置权利要求应当理解为主要通过说明书记载的计算机程序实现该解决方案的程序模块构架，而不应当理解为主要通过硬件方式实现该解决方案的实体装置。

计算机程序产品应当理解为主要通过计算机程序实现其解决方案的软件产品。

（二）化学领域发明专利申请的权利要求撰写

1. 化合物权利要求

化合物权利要求应当用化合物的名称或化合物的结构式或分子式来表征。化合物应当按通用的命名法来命名，不允许用商品名或者代号；化合物的结构应当是明确的，不能用含糊不清的措辞。另外，允许采用化学通式表示一组化合物，但必须确切地定义各个取代基或符号。

2. 组合物权利要求

（1）开放式和封闭式

组合物权利要求应当用组合物的组分或者组分和含量等组成特征来表征。组合物权利要求分开放式和封闭式两种表达方式。开放式用“含有”“包括”“包含”“主要由……组成”“基本上由……组成”等方式定义，表示组合物中并不排除权利要求中未指出的组分，即使其在含量上占较大的比例；封闭式用“由……组成”“组成为”“余量为”等方式定义，表示组合物中仅包括所指出的组分而排除所有其他的组分，但可以有杂质，该杂质只允许以通常的含量存在。

（2）组分和含量的限定

如果发明的实质或者改进只在于组分本身，其技术问题的解决仅取决于组分的选择，而组分的含量是本领域技术人员根据现有技术或者通过简单实验就能够确定的，则在独立权利要求中可以允许只限定组分；但如果发明的实质或者改进既在组分上，又与含量有关，发明要解决的技术问题不仅取决于组分的选择，而且还取决于该组分特定含量的确定，则在独立权利要求中必须同时限定组分和含量。

（3）其他限定

组合物权利要求一般有三种类型，即非限定型、性能限定型以及用途限定型。当组合物具有两种或多种使用性能和应用领域时，可以允许采用非限定型权利要求。如果在说明书中仅公开了组合物的一种性能或者用途，通常需要将权利要求写成性能限定型或者用途限定型权利要求。其中，如果发明的重点是使产品具有特定的性能，应当写成性能限定型；如果发明强调应用，则应当写成用途限定型。在某些领域中，例如合金，通常应当写明发明合金所固有的性能和/或用途，而大多数药品权利要求应当写成用途限定型权利要求。

3. 仅用结构和/或组成特征不能清楚表征的化学产品权利要求

对于仅用结构和/或组成特征不能清楚表征的化学产品权利要求，允许进一步采用物理、化学参数和/或制备方法来表征。

① 允许用物理、化学参数来表征化学产品权利要求的情况是：仅用化学名称或者结构式或者组成不能清楚表征的结构不明的化学产品。参数必须是清楚的。即，使用参数表征时，所使用的参数必须是所属技术领域的技术人员根据说明书的教导或通过所属技术领域的惯用手段可以清楚而可靠地加以确定的。

② 允许用制备方法来表征化学产品权利要求的情况是：用制备方法之外的其他特征不能充分表征的化学产品。

4. 化学方法权利要求

对于化学领域中的方法发明，其权利要求可以用涉及工艺、物质以及设备的方法特征来进行限定。

① 涉及工艺的方法特征包括工艺步骤（也可以是反应步骤）和工艺条件，例如温度、压力、时间、各工艺步骤中所需的催化剂或其他助剂等。

② 涉及物质的方法特征包括该方法中所采用的原料和产品的化学成分、化学结构式、理化特性参数等。

③ 涉及设备的方法特征包括该方法所专用的设备类型及其与方法发明相关的特性或者功能等。

5. 用途权利要求

化学产品的用途发明是基于发现产品新的性能，并利用此性能而作出的发明。用途发明的本质不在于产品本身，而在于产品性能的应用。因此，用途发明是一种方法发明，其权利要求属于方法类型。

物质的医药用途如果以“用于治病”“用于诊断病”“作为药物的应用”等这样的权利要求申请专利，则属于《专利法》第25条第1款第（3）项“疾病的诊断和治疗方法”，因此不能被授予专利权；但是由于药品及其制备方法均可依法授予专利，因此物质的医药用途发明以药品权利要求或者例如“在制药中的应用”“在制备治疗某病的药物中的应用”等属于制药方法类型的用途权利要求申请专利，则不属于《专利法》第25条第1款第（3）项规定的情形。

6. 生物技术领域涉及遗传工程的权利要求

（1）基因

① 直接限定其碱基序列。

② 对于结构基因，可限定由所述基因编码的多肽或蛋白质的氨基酸序列。

③ 当该基因的碱基序列或者其编码的多肽或者蛋白质的氨基酸序列记载在序列表或说明书附图中时，可以采用直接参见序列表或附图的方式进行描述。

④ 对于具有某一特定功能，例如其编码的蛋白质具有酶A活性的基因，可采用术

语“取代、缺失或添加”与功能相结合的方式进行限定。

⑤ 对于具有某一特定功能，例如其编码的蛋白质具有酶A活性的基因，可采用在严格条件下“杂交”，并与功能相结合的方式进行限定。

⑥ 当无法使用前述五种方式进行描述时，通过限定所述基因的功能、理化特性、起源或者来源、产生所述基因的方法等描述基因才可能是允许的。

（2）载体

① 限定其DNA的碱基序列。

② 利用DNA的裂解图谱、分子量、碱基对数量、载体来源、生产该载体的方法、该载体的功能或特征等进行描述。

（3）重组载体

重组载体可通过限定至少一个基因和载体来描述。

（4）转化体

转化体可通过限定其宿主和导入的基因（或者重组载体）来描述。

（5）多肽或者蛋白质

① 限定氨基酸序列或者编码所述氨基酸序列的结构基因的碱基序列。

② 当其氨基酸序列记载在序列表或者说明书附图中时，可以采用直接参见序列表或者附图的方式进行描述。

③ 对于具有某一特定功能，例如具有酶A活性的蛋白质，可采用术语“取代、缺失或添加”与功能相结合的方式进行限定。

④ 当无法使用前述三种方式进行描述时，采用所述多肽或者蛋白质的功能、理化特性、起源或者来源、产生所述多肽或者蛋白质的方法等进行描述才可能是允许的。

（6）融合细胞

融合细胞可通过限定亲本细胞、融合细胞的功能和特征，或产生该融合细胞的方法等进行描述。

（7）单克隆抗体

针对单克隆抗体的权利要求可以用结构特征限定，也可以用产生它的杂交瘤来限定。

7. 生物技术领域涉及微生物的权利要求

① 权利要求中所涉及的微生物应按微生物学分类命名法进行表述，有确定的中文名称的，应当用中文名称表述，并在第一次出现时用括号注明该微生物的拉丁文学名。如果微生物已在国家知识产权局认可的保藏单位保藏，还应当以该微生物的保藏单位的简称和保藏编号表述该微生物。

② 如果说明书中没有提及某微生物的具体突变株，或者虽提及具体突变株，但是没有提供相应的具体实施方式，而权利要求中却要求保护这样的突变株，则不允许。

第五节　权利要求的阅读、理解和分析

一、权利要求阅读的顺序和重点

由于权利要求是申请人要求保护的技术方案内容的具体体现，也是审查员检索的依据和审查的重点，因此应当力求准确地阅读和理解。

对于内容比较复杂的发明，可以首先在阅读说明书的基础上正确地理解发明的内容，然后再仔细阅读权利要求书，了解申请人概括出的要求保护的技术方案。这样做的好处是可以同时初步审查权利要求概括得是否合理、是否以说明书为依据。而对于内容相对简单的发明，也可以首先阅读权利要求书，直接了解申请人要求保护的内容，然后再看说明书是否对此作出了清楚、完整的说明，这样做的优点是比较节省时间。

阅读和理解的重点是独立权利要求。当一件申请包含多项独立权利要求时，重点通常是写在最前面的第一独立权利要求。当阅读后初步判断独立权利要求概括不当、明显得不到说明书的支持或者不具备新颖性和创造性时，则应当将阅读和理解的重点转移到与发明核心内容密切相关的从属权利要求。在阅读从属权利要求时，还应当特别注意在撰写形式上采用从属权利要求的方式撰写而实质上不是从属权利要求的情况。

二、独立权利要求与从属权利要求的关系

独立权利要求与从属权利要求的关系，主要归纳为以下几点。

1. 所属类型相同

一项独立权利要求的类型可以是产品也可以是方法，其从属权利要求的类型必须与所引用的独立权利要求相同。也就是说，一旦独立权利要求的类型已经确定，其从属权利要求的类型也就随之而定。例如，独立权利要求保护一种特定产品时，其所有从属权利要求就只能是保护更为具体的该特定产品，而不能是方法，否则就不是从属权利要求。

2. 保护范围不同

一般来说，独立权利要求具有一定的概括性，其保护范围最宽；从属权利要求则是在此基础上进一步限定后的技术方案，因而其保护范围较窄，且落入独立权利要求的保护范围之内。前者的任务是限定保护范围，以防止各种变相的侵权；后者既可防止别人再取得选择发明，又可为以后的审查和无效宣告程序设置必要的退路。两者相辅相成，互相补充。

3. 形式可以转变

从根本上讲，从属权利要求与独立权利要求仅仅是一种形式的区别。在一定的条

件下，从属权利要求可以变为独立权利要求，从属权利要求引用部分除了表明引用的权利要求的编号，更主要的作用是使得该权利要求的内容整体上更加简要，因而是一种简化写法。如果用所引用的权利要求全文代替引用部分，形式上就成了独立权利要求，但其实质内容并未改变，其保护范围也完全相同。当然，为了简要，一般应尽可能采用从属权利要求的引用撰写方式。在只能是从属权利要求可以授权的情况下，就需要将从属权利要求转变为独立权利要求。

三、权利要求保护范围分析

（一）用词、术语的解释

权利要求的保护范围应当根据其所用词语的含义来理解。在一般情况下，权利要求中的用词应当理解为相关技术领域通常具有的含义。例如，权利要求中出现的技术特征“全双工模式”应当理解为通信领域常用的含义，即通信双方主机能够同时发送和接收数据的通信模式。

另外，在特定情况下，如果说明书中指明了某词具有特定的含义，并且使用了该词的权利要求的保护范围由于说明书中对该词的说明而被限定得足够清楚，也是允许的。但此时也应要求申请人尽可能修改权利要求，使得根据权利要求的表述即可明确其含义。

【案例7】 某申请涉及一种自适应路由方法，权利要求中记载了技术特征“缓层”。说明书中明确描述了“缓层”的技术定义，是指将多维交换结构的每个节点上的缓存按照相同的分类方法分为若干类，每一类缓存的全体构成该多维交换结构的一个层，由于每个节点上的缓存的分类方法都相同，所以每一层都具有与该多维交换结构物理拓扑完全相同的虚拓扑。由于所属技术领域没有关于“缓层”的公知定义，因此在确定该权利要求的保护范围时，“缓层”的含义应当根据说明书中的定义来理解。

另外，权利要求中的数值范围一般以数学方式表达，例如“≥30℃”“<7”等。但也可采用文字方式表达数值范围，如“大于……”“小于……”“超过……”“……以上”“……以下”“……以内”等。这时，对于“大于”“小于”“超过”等理解为不包含本数。“以上”“以下”“以内”等理解为包括本数，例如，“7以上”表示“≥7”。

（二）技术特征与保护范围

根据《专利法》第64条第1款的规定，发明专利权的保护范围以其权利要求的内容为准，说明书及附图可以用于解释权利要求的内容。权利要求的保护范围是由组成技术方案的技术特征来限定的，技术特征越多，所限定的保护范围越小。因此，从属权利要求的保护范围比其所引用的权利要求的保护范围要小。

① 对于权利要求中所包含的功能性限定的技术特征，应当理解为覆盖了所有能够实现所述功能的实施方式。例如，“一种杯具，包括杯体，其特征在于在杯体的侧面设

置有防滑结构”，其中“防滑结构”是一种功能性限定的技术特征，其保护范围覆盖了所有能实现防滑功能的结构。

② 对于权利要求中所包含的以上位概念概括的技术特征，应理解为覆盖了所有具有该上位概念的共性特征的具体实施方式。例如，上位概念“皮带传动”覆盖了扁平带传动、三角带传动和齿形带传动等具体传动方式。

③ 对于权利要求中所包含的以并列选择方式概括的技术特征，应理解为覆盖了所有罗列的并列具体实施方式。例如，所述“易加工变形的金属为铝、铜、铁或锡”，其覆盖了铝、铜、铁和锡四个并列的具体实施方式。

④ 一项权利要求的保护范围由记载在该权利要求中的所有技术特征限定。如果他人实施的技术方案中重现了一项权利要求中记载的全部技术特征，就表明该技术方案落入了权利要求的保护范围；反之，如果他人实施的技术方案仅包含权利要求记载的部分技术特征，则一般认为该技术方案没有落入权利要求的保护范围。例如，一项涉及茶杯的发明专利申请，其权利要求1是“一种茶杯，包括杯体和杯盖，其特征在于杯体的侧面安装有把手”，如果他人实施的技术方案是“一种茶杯，包括杯体和杯盖，其特征在于杯体的侧面安装有把手，把手上设置有弧形凹槽”。由于他人实施的技术方案包括了权利要求1记载的全部技术特征，因此该技术方案落入了权利要求1的保护范围内。

然而，实际申请的技术方案往往比较复杂，下面通过一个实际案例辨析权利要求的保护范围。

【案例8】某申请涉及一种具有企口结构的木地板。如图2－5－1所示（该图为木地板的侧视图），地板块1的两侧分别制有阳榫11和阴榫10，阳榫11的垂直侧面的适宜部位制有其断面为梯形的齿牙111，以及位于齿牙111两侧断面为梯形的凹（齿）槽110；地板另一侧的阴榫10的垂直侧面对应制有可与梯形齿牙111咬合的梯形齿槽100。

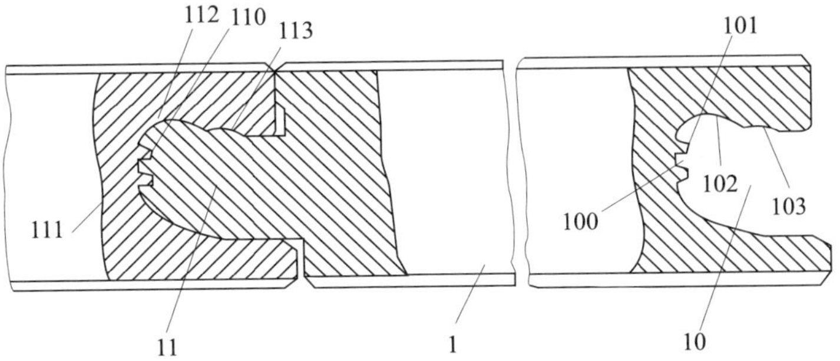

图2－5－1　木地板侧视图

该申请的权利要求1为：“一种地板块，在其两侧分别设有阳榫与阴榫，其特征在于该地板块的阳榫与另一地板块的阴榫的垂直结合面上还设有互为咬合的凹槽和凸起。”

他人实施的技术方案1：一种双企口木地板，由多个长方形板体组成，其中在板体一侧的长边（11）上设有一上凸榫（111）、一下凸榫（113）、一上凹槽（112）和一下凹槽（114），在板体另一侧长边（12）上设有与此上、下凸榫（111、113）分别相对的凹槽（121、123），以及与上、下凹槽（112、114）相对应的另一上、下凸榫（122、124）。在板体一侧长边（11）的下凸榫（113）的下端面上和另一板体一侧与之对应的凹槽（123）的上端面上设有可相互卡合扣紧的卡口（1131、1241），如图2-5-2所示。

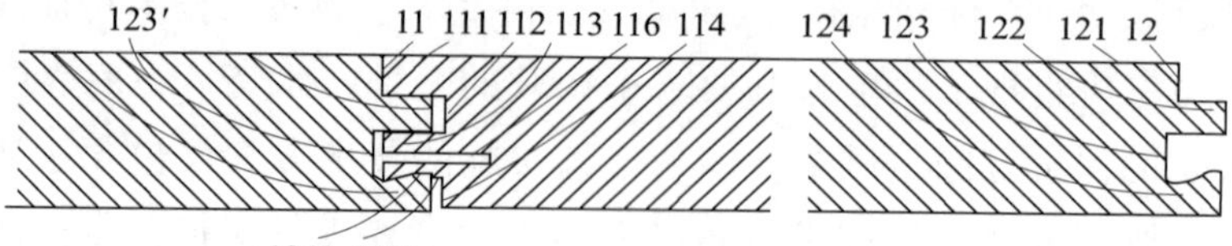

图2-5-2　技术方案1结构图

对于技术方案1而言，其记载的技术特征有：长方形板体（即地板块）、板体两侧分别具有凸榫（即阳榫）和凹槽（即阴榫）、该板体一侧长边的下凸榫的下端面和另一块板体一侧与之对应的凹槽的上端面设有相互卡合的卡口（即互为咬合的凹槽和凸起）。由此可见，技术方案1记载了在阳榫和阴榫的水平结合面上设置有互为咬合的凹槽和凸起，但这不同于在阳榫和阴榫的垂直结合面上设置有互为咬合的凹槽和凸起。因此，技术方案1仅包含权利要求1记载的部分技术特征，从而该技术方案没有落入权利要求1的保护范围。特征分析表如表2-5-1所示。

表2-5-1　特征分析表（一）

权利要求1技术特征	地板块	两侧分别设有阳榫与阴榫	该地板块的阳榫与另一地板块的阴榫具有垂直结合面	垂直结合面上还设有互为咬合的凹槽和凸起
技术方案1技术特征	√	√	√	×

注：“√”表示技术特征被公开，“×”表示技术特征未被公开，下同。

他人实施的技术方案2：如图2-5-3所示，地板块1的一侧设置有上接合唇20，另一侧设置有下接合唇10。上接合唇20带有基本垂直的上唇表面21。地板块1的上唇表面21与地板块2中设置在下接合唇10′上的基本垂直的下唇表面11配合，从而使两个相邻的地板块1、2在垂直方向上锁定到一起。接合唇20和10′还分别各自具有一个跟部31和匹配凹槽32，跟部31和匹配凹槽32分别带有水平的锁定表面，以便于限制两个接合的相邻地板块1、2之间的垂直位移。

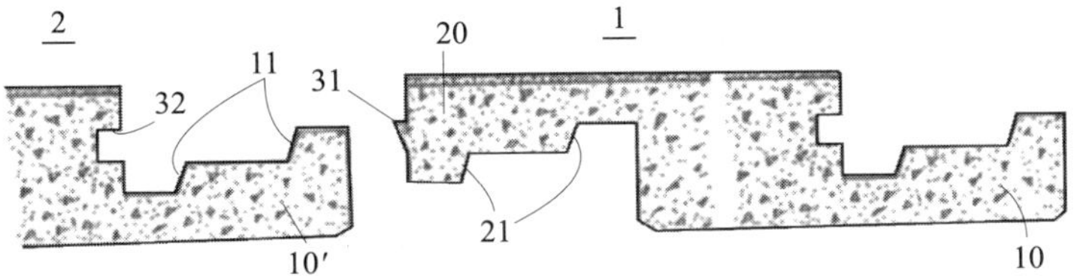

图 2－5－3　技术方案 2 结构图

对于技术方案 2 而言，其记载的技术特征有：木地板块，地板块一侧设置有上接合唇（阳榫），另一侧设置有与上接合唇配合的下接合唇表面（阴榫）。上结合唇与下结合唇垂直结合的表面具有跟部和匹配凹槽（即垂直结合面上设有互为咬合的凹槽和凸起）。由此可见，技术方案 2 包含了权利要求 1 的全部技术特征，从而该技术方案落入权利要求 1 的保护范围。特征分析表如表 2－5－2 所示。

表 2－5－2　特征分析表（二）

权利要求 1 技术特征	木地板块	两侧分别设有阳榫与阴榫	该地板块的阳榫与另一地板块的阴榫具有垂直结合面	垂直结合面上还设有互为咬合的凹槽和凸起
技术方案 2 技术特征	√	√	√	√

（三）对权利要求中各种限定的理解

在理解权利要求的保护范围时，权利要求所描述的技术方案的所有技术特征均应予以考虑，而每一个特征的实际限定作用取决于对该权利要求所要求保护的主题产生了何种影响。

1. 包含性能、参数特征的产品权利要求

如果产品权利要求中包含性能、参数特征，应当考虑性能、参数特征是否隐含了要求保护的产品具有某种特定的结构和/或组成。如果该性能、参数特征隐含了要求保护的产品具有某种特定的结构和/或组成，则该性能、参数特征对权利要求请求保护的产品产生了影响。相反，如果该性能、参数是由产品本身固有的特性决定，而且该性能、参数特征没有隐含产品在结构和/或组成上发生改变，则该性能、参数特征对权利要求请求保护的产品没有产生影响。

【案例 9】一种金属磨刀器，由刀片、刀架、刀座组成，其特征在于刀片由钢板制成，硬度为 HV2000。

此处，刀片的硬度为 HV2000，是这种刀片具有的特性，其隐含了刀片具有特定的结构和/或组成，因此该参数对该权利要求请求保护的产品产生了影响。

【案例 10】一种式 I 所示的低分子量化合物 X，其分子量为 M。

低分子量化合物的分子量由该化合物的分子式决定，在分子式已经确定的情况下，分子量对该权利要求请求保护的产品没有产生影响。

2. 包含制备方法特征的产品权利要求

如果产品权利要求中包含制备方法特征，应当考虑制备方法特征是否使得产品具有某种特定的结构和/或组成。如果所属技术领域的技术人员可以断定该制备方法特征必然使产品具有某种特定的结构和/或组成，则该制备方法特征对权利要求请求保护的产品产生了影响。相反，如果该制备方法特征没有使产品在结构和/或组成上发生改变，则该制备方法特征对权利要求请求保护的产品没有产生影响。

【案例11】某申请涉及制作馒头，其权利要求1是："一种香麦胚芽馒头，其特征在于每100kg面粉添加入小麦胚芽粉0.1～50kg，干活酵母0.2～3kg，白砂糖0.1～15kg，食用泡打粉0.2～3kg，自来水17～25kg，将以上配比的原料放进和面机和好面，做成馒头，在温度为15～36℃条件下醒发20～60分钟后用蒸汽蒸熟。"

按照权利要求1中记载的制作工艺制作出的馒头与现有工艺制作的馒头相比，不易发酸，没有涩味，不发硬，食用香甜可口。也就是说，权利要求1中记载的制作馒头的方法步骤对馒头的口味、性质产生了影响，使其产品具有不同于现有技术的产品的特定结构和/或组成。

【案例12】权利要求1保护一种组装自行车轮的方法。根据说明书的记载，该方法能缩短组装自行车轮所需的时间，但其组装成的自行车轮与传统组装过程花两倍的时间组装成的自行车轮是一样的。权利要求2表述为"一种具有用权利要求1的方法组装成的自行车轮的自行车，其特征在于……"。虽然权利要求2引用了权利要求1的方法，但由于权利要求1所述的方法对组装成的自行车轮的结构、性能均没有影响，对具有这种自行车轮的自行车也不产生影响。

3. 包含用途特征的产品权利要求

如果产品权利要求中包含用途特征，应当考虑用途特征是否隐含了要求保护的产品具有某种特定的结构和/或组成。如果该用途由产品本身固有的特性决定，而且用途特征没有隐含产品在结构和/或组成上发生改变，则该用途特征对权利要求请求保护的产品没有产生影响。但是，如果该用途特征隐含了产品具有某种特定的结构和/或组成，即该用途表明产品结构和/或组成发生改变，则该用途特征对权利要求请求保护的产品产生了影响。例如"起重机用吊钩"是指仅适用于起重机的尺寸和强度等的吊钩。虽然一般钓鱼者用"钓鱼用吊钩"的形状与起重机吊钩相同，但两者内在结构完全不同，两者是不同的产品。

4. 相互引用的并列独立权利要求的保护范围

在存在并列独立权利要求的情况下，在后的独立权利要求有时会引用在前的其他独立权利要求，例如"一种实施权利要求1的方法的装置"。对于这种独立权利要求，在确定其保护范围时，被引用的权利要求的特征均应予以考虑，而其实际的限定作用取决于对该独立权利要求所要求保护的主题产生了何种影响。

第六节　对权利要求书的审查

本节所述对权利要求书的审查，仅限于根据《专利法》第26条第4款和《专利法实施细则》第23条第2款的审查。针对其他法律条款的审查在本书后面的章节专门讲解。

一、对权利要求是否清楚的审查

（一）法律依据

《专利法》第26条第4款规定，权利要求书应当以说明书为依据，清楚、简要地限定要求专利保护的范围。

（二）审查的重点

1. 权利要求应当清楚

权利要求是否清楚，对于确定发明要求保护的范围是极为重要的。

权利要求应当清楚，不仅每一项权利要求应当清楚，而且所有权利要求作为一个整体也应当清楚。

（1）每项权利要求的类型应当清楚，并且权利要求的内容应当与发明要求保护的主题一致

产品权利要求适用于产品发明，可以用产品的结构、组成等特征来描述。方法权利要求适用于方法发明，可以用工艺过程、操作条件、步骤或者流程等特征来描述。权利要求的类型是根据权利要求的主题名称确定的，而不是根据权利要求中记载的技术特征的性质来确定，因此不能采用模糊不清的主题名称或混合主题名称。例如，权利要求的主题名称为“一种电弧炉补偿节电技术”，其中“节电技术”既可以指“节电装置”，还可以指“节电方法”，因此“节电技术”表达的意思不清楚，导致权利要求的类型不清楚。又如，“触摸式电子开关灯具及其制造方法”、“一种食品防腐剂及其制备方法”、“一种天然彩色果蔬面粉的制备方法及其产品”、“一种锅炉给水除氧剂，其制法及应用”或“一种间歇精馏方法及装置”等权利要求中既要求保护产品，又要求保护方法，将不同类型和保护范围的发明写在一个权利要求中，导致权利要求的类型不清楚。

（2）每项权利要求所确定的保护范围应当清楚

权利要求的保护范围应当根据其所用词语的含义来理解，因此权利要求中所用的词语都应当有确切的含义。例如，从说明书及附图中记载的内容可知，所要求保护的产品的某一个截面的形状是五角星形，而权利要求中将其表述为“五角形”，则不合适。因为

“五角形”表达的含义不确切，既可以指“五边形”，也可以指“五角星形”。

在确定权利要求的保护范围时，权利要求中的所有特征均应当予以考虑，而每一个特征的实际限定作用应当最终体现在该权利要求所要求保护的主题上。例如，主题名称为“一种雕刻空心金属工艺品的方法”的权利要求中，“空心金属工艺品”对要求保护的“雕刻方法”的保护范围起限定作用。

另外，如果从属权利要求进一步限定的附加技术特征在其引用的权利要求中从未出现过，即从属权利要求中新增加了附加技术特征，则应分析所增加的技术特征与被引用权利要求的技术方案之间的关系，判断是否会造成该从属权利要求的保护范围不清楚。

【案例13】某申请的几项权利要求如下：

“1. 一种饱和脂肪醇二羧酸酯的制造方法，其特征是在反应温度为135～220℃及惰性气体保护下，使用金属催化剂使邻苯二甲酸酐与高级脂肪醇进行酯化反应。

“2. 如权利要求1所述的制造方法，其中所述助剂为有机酸。”

由于权利要求2的附加技术特征中出现的“所述助剂”在其引用的权利要求1中没有出现，这种表述是不清楚的。

【案例14】在一项从属权利要求中出现了“相对于主要成分”的记载，但在其引用的权利要求中并未出现过“主要成分”，仅仅有过一些成分的记载，需要根据说明书的内容判断或确定“主要成分”，因此“相对于主要成分”这种表述也是不清楚的。

当权利要求中出现数学式或化学式时，应当写明该数学式或化学式中参数的含义或取值范围，否则会造成权利要求的保护范围不清楚。

【案例15】“一种相位侦测装置，……第一相位趋近值以PH1表示，第二相位趋近值以PH2表示，总相位以PH表示，累计值以PHt表示；当$PH2 = n/8$时，$PH = PH1 + PH2 + (n/8) - PHt$。”该权利要求中没有描述参数“$n$”的意义和取值范围，造成该权利要求的保护范围不清楚。根据说明书的记载，n表示分辨率，取值为整数，范围在$0 < n \leqslant 1024$。申请人应当将其记载到权利要求中。

另外，从属权利要求的保护范围未包含于其直接或间接引用的独立权利要求保护范围之内，有可能导致该从属权利要求的保护范围不清楚。例如独立权利要求中描述对某种物质的处理温度为120～200℃，而引用该独立权利要求的从属权利要求中描述对同一物质的处理温度为350～375℃，因此该从属权利要求所保护的技术方案的内容与引用的独立权利要求的技术方案的内容相互矛盾，导致该从属权利要求的保护范围不清楚。

另外，当权利要求中用相同的术语描述不同的特征时，也会导致权利要求的保护范围不清楚。例如某权利要求为“一种夜光公路行车道漆，其特征是在聚氨酯基质（1）和夜光粉（2）之间设置一层夜光粉（3）”，造成权利要求的保护范围不清楚。

在特定情况下，如果说明书中指明了某词具有特定的含义，在权利要求中使用了该词，并且权利要求的保护范围由于说明书中对该词的说明而被限定得足够清楚，则是允许的。但此时也应要求申请人尽可能修改权利要求，使得根据权利要求的表述即可明确其含义。

【案例 16】 一件名称为“半导体激光器件制造方法”的发明专利申请，权利要求 1 表述为：“一种半导体激光器件制造方法，……半导体激光器芯片不产生降级现象或升级现象。”本申请的说明书中对技术特征“降级现象”“升级现象”给出了明确的技术含义：“降级现象”是指半导体激光芯片产生额定光输出所用的驱动电流随时间的推移而增大的现象，“升级现象”是指半导体激光芯片产生额定光输出所用的驱动电流随时间的推移而减小的现象。由于说明书中明确记载了“降级现象”和“升级现象”的技术含义，因此该项权利要求的保护范围是清楚的。当然，此时审查员也应要求申请人尽可能修改权利要求，使得根据权利要求的表述即可明确其含义。

有时，对于产品权利要求只有用产品的制造方法才能明确限定其保护范围。在这种情况下，允许用方法特征定义产品权利要求。但采用这种方式撰写产品权利要求的前提是，产品本身无法用结构、组成和/或性能参数对其进行清楚限定。

权利要求中不得使用含义不确定的用语，如“厚”“薄”“强”“弱”“高温”“高压”“很宽范围”等，除非这种用语在特定技术领域中具有公认的确切含义，如“高频放大器”中的“高频”、半导体领域中的“薄膜”。对没有公认含义的用语，如果可能，应要求选择说明书中记载的更为精确的措辞替换上述不确定的用语。

权利要求中不得出现“例如”“最好是”“尤其是”“必要时”等类似用语，因为这类用语会在一项权利要求中限定出不同的保护范围，导致保护范围不清楚。例如“处理温度为 120 ～ 200℃，优选 150 ～ 170℃”，这将造成两个不同的保护范围，导致保护范围不清楚。

当权利要求中出现某一上位概念及其下位概念时，应当要求申请人修改权利要求，允许其在该权利要求中保留其中之一，或将两者分别在两项权利要求中予以限定。例如一项权利要求表述为“一种电池外壳，其中外壳是金属或铜”，这时权利要求的保护范围是不清楚的，应当要求申请人在权利要求中保留其中之一，或将金属、铜分别在两项权利要求中予以限定。

在一般情况下，权利要求中不得使用“约”“接近”“等”“或类似物”等类似的用语，因为这类用语通常会使权利要求的范围不清楚。例如权利要求采用“大约 20 ～ 80℃”来定义温度或者采用“在合适的情况下”“用特定方法制成”等模糊不清的概念来定义技术特征将导致权利要求的保护范围不清楚。当权利要求中使用“约”“接近”“等”“或类似物”这类用语时，审查员应当针对具体情况判断使用该用语是否会导致权利要求不清楚，如果不会，则允许。

除附图标记或者化学式及数学式中使用的括号之外，权利要求中应尽量避免使用括号，以免造成权利要求不清楚，例如“（混凝土）砖模”。然而，具有通常可接受含义的括号是允许的，例如“(甲基）丙烯酸酯”“含有10%～60%（重量）的A”。

（3）权利要求之间的引用关系应当清楚、正确，否则将会造成权利要求的保护范围不清楚

例如，在后的从属权利要求，其引用部分同时引用两项以上不同类型的权利要求如方法和产品权利要求，以及逻辑关系混乱，与引用的权利要求内容上相互矛盾等则属于这种情况。

【案例17】一项涉及茶杯的发明，其权利要求如下：

“1. 一种茶杯，包括杯体和杯盖。

“2. 如权利要求1所述的茶杯，其特征在于，杯体的横截面为正方形。

“3. 如权利要求2所述的茶杯，其特征在于，杯体的横截面为椭圆形。”

权利要求2中记载了杯体的横截面是正方形，权利要求3引用权利要求2，但权利要求3中却记载杯体的横截面为椭圆形，与引用的权利要求2的内容相互矛盾，因此权利要求3的保护范围不清楚。

2. 权利要求应当简要

权利要求应当简要是指不仅每一项权利要求应当简要，而且所有权利要求作为一个整体也应当简要。例如，一件专利申请中不得出现两项或两项以上保护范围实质上相同的同类权利要求。

① 权利要求的表述应当简要，除记载技术特征外，不应包括其他内容，例如对发明目的、商业用途、原因、理由等作不必要的描述，也不得使用商业性宣传用语。比如，某权利要求为“一种疫苗的制备方法，其工艺流程为：制备病毒—接种—灭活—浓缩—提纯—分装与销售”，其中销售显然不是疫苗的制备步骤。对于制备方法而言，该内容没有任何限定作用。

② 权利要求的数目应当合理。权利要求书中允许有合理数量的限定发明优选技术方案的从属权利要求。各项权利要求的内容应当不重复。在可能的情况下，为避免权利要求之间相同内容的不必要重复，权利要求应尽量采取引用在前权利要求的方式撰写。

如果权利要求书中重复写入多个技术内容和保护范围相同的权利要求，将造成权利要求书整体不简要。

【案例18】某申请有下述几项权利要求：

“1. 一种移动通信装置，含有部件A、B、C和D。

“2. 如权利要求1所述的移动通信装置，还含有部件E。

“3. 一种移动通信装置，含有部件A、B、C、D和E。”

由于权利要求3的保护范围与权利要求2的保护范围实质相同，当两者同时出现在权利要求书中时，将造成权利要求书整体不简要。

二、对权利要求是否完整的审查

（一）法律依据

《专利法实施细则》第 23 条第 2 款规定，独立权利要求应当从整体上反映发明的技术方案，记载解决技术问题的必要技术特征。

（二）审查的重点

1. 独立权利要求应当完整

独立权利要求必须是完整的技术方案，记载解决本发明技术问题所需要的所有必要技术特征。必要技术特征是指发明为解决其技术问题所不可缺少的技术特征，其总和足以构成发明的技术方案，使之区别于背景技术中所述的其他技术方案。也就是说，根据独立权利要求所记载的最少的技术特征形成的技术方案，必须能够解决本发明所提出的问题，并且达到发明所述的效果。

判断某一技术特征是否为必要技术特征，应当从所要解决的技术问题出发，并考虑说明书描述的整体内容，不应简单地将实施例中的技术特征直接认定为必要技术特征。

【案例 19】一件有关多级放大器的发明专利申请，该发明所要解决的技术问题是“在不导致大型化和增益减少的情况下，得到大的失真补偿效果”，并且在说明书中明确指出这是通过本发明的“失真补偿电路”来实现的。但在其独立权利要求中并未记载“失真补偿电路”，因而该独立权利要求缺少必要技术特征，不是完整的技术方案。

在一项设备独立权利要求中只列出了部件名称，而未给出它们的具体结构、相对位置关系或相互连接方式，则也可能导致该独立权利要求缺少必要技术特征。

【案例 20】一件有关高频放大器的发明专利申请，该发明要解决的技术问题是避免关闭高频放大器后再重新启动时引起的输出频率短暂不稳定，不能有选择地变换工作与非工作模式的问题。该发明解决上述技术问题是通过在电路中设置高频放大晶体管，通过该放大晶体管与其他元件的特定连接关系来实现有选择的变换工作模式。其独立权利要求表述为：“一种高频放大器，含有一个高频放大晶体管，一个开关晶体管和一个谐振电路，该谐振电路由线圈及电容器构成，其特征在于所述谐振电路中还有一个二极管。”由于该独立权利要求中仅记载了该高频放大器包括高频放大晶体管等各种元件，而没有记载高频放大晶体管与其他元件之间的连接关系，目前的技术方案是不完整的，无法解决发明所提出的技术问题，因而该独立权利要求缺少必要技术特征。

然而，要求独立权利要求包括所有的必要技术特征，形成完整的技术方案，并不意味着不允许写入任何非必要技术特征。如果申请人主动用达到发明更好效果的非必要技术特征加以限制，以获得更加稳定的专利权，审查员没有理由反对，不应当要求申请人删除该非必要技术特征。

2. 从属权利要求也应当形成完整的技术方案

为达到发明更好或最佳的技术效果而采取的附加技术特征允许写入从属权利要求中，对所引用权利要求的保护范围作进一步的限定，从而构成优选方案。但是，由被引用的权利要求的技术特征和从属权利要求的附加技术特征一起构成的技术方案也应当是完整的，并且能够更好地解决发明的技术问题并产生预期效果，否则将导致该权利要求的保护范围不清楚，或得不到说明书的支持。需要注意的是，应当记载解决技术问题的必要技术特征是针对独立权利要求而言的，不能用于评述从属权利要求的缺陷。

三、对权利要求保护范围的审查

（一）法律依据

《专利法》第26条第4款规定，权利要求书应当以说明书为依据，清楚、简要地限定要求专利保护的范围。

（二）审查的重点

权利要求书应当以说明书为依据，是指权利要求应当得到说明书的支持。权利要求书中的每一项权利要求所要求保护的技术方案应当是所属技术领域的技术人员能够从说明书充分公开的内容中得到或者概括得出的技术方案，并且不得超出说明书公开的范围。假如权利要求请求保护一组数以亿计的不同类型的化合物在制备治疗X病的药中的用途，而说明书仅仅提供了一个具体化合物的实施例来证明此效果，显然该权利要求得不到说明书的支持。

为了获得尽可能宽的保护范围，权利要求，尤其是独立权利要求一般都要对说明书中记载的一个或多个具体实施方式或实施例进行概括，并且权利要求的概括应当不超出说明书公开的范围。如果所属技术领域的技术人员可以合理预测说明书给出的实施方式的所有等同替代方式或明显变型方式都具备相同的性能或用途，则应当允许申请人将权利要求的保护范围概括至覆盖其所有的等同替代或明显变型方式。

1. 权利要求中上位概念的概括应当合理

通常，概括的第一种方式是用上位概念进行概括。例如，用“气体激光器”概括氦氖激光器、氩离子激光器、一氧化碳激光器、二氧化碳激光器等，用“皮带传动”概括扁平带、三角带和齿形带传动。

判断上位概念概括得是否合理有两种判断方法：第一，如果权利要求的概括包含申请人推测的内容，而其效果又难以预先确定和评价，应当认为这种概括超出了说明书公开的范围，因而导致该权利要求得不到说明书的支持；第二，如果权利要求的概括使所属技术领域的技术人员有充分理由怀疑该上位概括所包含的一种或多种下位概念不能解决发明所要解决的技术问题，并达到相同的技术效果，则应当认为该权利要求没有得到说明书的支持。

【案例 21】 权利要求请求保护“一种制造车轮的方法”，该发明专利申请的说明书中仅公开了制造自行车车轮的方法，并没有说明该方法也适合于制造其他车轮，例如汽车车轮或列车车轮。由于权利要求中使用了上位概念“车轮”，因此该权利要求的保护范围覆盖了制造所有车轮的方法，而说明书中只公开了制造自行车车轮的方法，并且各种车轮，例如自行车车轮、汽车车轮、列车车轮之间差异很大，用来制造自行车车轮的方法难以适用于制造所有不同类型的车轮，也就是说所属技术领域的技术人员不能合理地预测到说明书中所公开的制造自行车车轮的方法对制造所有的车轮都适用，并达到本发明所要达到的效果，因此该上位概念概括过宽，得不到说明书的支持。

另外，判断上位概念概括得是否合理，应当结合所属技术领域的技术人员的专业常识。如果所属技术领域的技术人员用常规的实验或者分析方法不足以把说明书记载的内容扩展到权利要求所述的上位概念，则审查员应当指出该权利要求得不到说明书支持的缺陷。

【案例 22】 说明书中记载了涉及“氟”和“氯”的实施例，在权利要求中用“卤族单质”这个上位概念来概括，如果结合所属技术领域的技术人员的专业常识可知，发明中采用“氟”和“氯”的单质时，利用的只是卤族元素的共性，则权利要求中用“卤族单质”进行概括是合理的；反之，如果发明中采用“氟”和“氯”这两种单质，利用的不仅仅是卤族元素的共性，还要求所述卤族元素的单质在常温、常压下呈气态，则用“卤族单质”进行概括是不合理的，因为卤族单质中“溴”和“碘”的单质在常温下不是气态（上述举例中不考虑放射性元素“砹”）。

2. 权利要求中所有的技术方案都应当以说明书为依据

概括的第二种方式是用“并列选择”进行概括，即用“或者”或“和”并列几个必择其一的具体特征，例如“特征 A、B、C 或者 D”，又如“由 A、B、C 和 D 组成的物质组中选择的一种物质”等。

采用并列选择概括时，被并列的具体内容应当是等位阶的，例如铜或铁，不得将上位概念概括的内容，用“或者”并列在下位概念之后，例如铜或金属。

另外，被并列选择概括的概念，其含义应当是清楚的。例如在“A、B、C、D 或者类似物（设备、方法、物质）”这一描述中，“类似物”这一概念含义是不清楚的，因而不能与具体的物或者方法（A、B、C、D）并列。

采用并列选择方式概括的权利要求中所有的技术方案都应当在说明书中充分公开到本领域技术人员可以实现的程度。如果仅有部分技术方案满足“充分公开”的要求，而其他的技术方案不满足该要求，则这样的权利要求也得不到说明书的支持（同时，说明书中的该技术方案也不符合《专利法》第26条第3款的规定）。

判断并列选择方式概括是否合理的方法与判断上位概念概括是否合理的方法相类似。对于权利要求概括得是否恰当，审查员应当参照与之相关的现有技术进行判断。开拓性发明，可以比改进性发明有更宽的概括范围。一项概括恰当的权利要求应当在不超出专利申请公开的范围的基础上，使申请人尽可能获得最大的权益。

在判断权利要求是否得到说明书的支持时，应当考虑说明书的全部内容，而不是仅限于具体实施方式部分或实施例的内容。如果说明书的其他部分也记载了有关具体实施方式或实施例的内容，从说明书的全部内容来看，能说明权利要求的概括是适当的，则应当认为权利要求得到了说明书的支持。

当要求保护的技术方案的部分或全部内容在原始申请的权利要求书中已经记载而在说明书中没有记载时，允许申请人将其补入说明书。但是，权利要求的技术方案在说明书中存在一致性的表述，并不意味着权利要求必然得到说明书的支持。只有当所属技术领域的技术人员能够从说明书充分公开的内容得到或者概括得出一项权利要求所要求保护的技术方案时，记载该技术方案的权利要求才被认为是得到了说明书的支持。

【案例23】一项发明相对于背景技术的改进涉及数值范围，权利要求中的某一技术特征涉及数值范围“10～100”，但说明书中并未记载涉及该数值范围的技术内容和实施例，则该权利要求得不到说明书的支持。如果申请人将权利要求中记载的包含数值范围“10～100”这一特征的技术方案补充到说明书的发明内容中，审查员没有理由反对申请人作出这样的修改。但通过这样的修改，并不意味着权利要求必然能得到说明书的支持。只有当本领域技术人员根据说明书充分公开的内容能够得到或者概括得出该权利要求所要求保护的技术方案时，才能认为该权利要求得到说明书的支持。

3. 权利要求中的功能性限定应当得到说明书的支持

对于权利要求中所包含的功能性限定的技术特征，应当理解为覆盖了所有能够实现所述功能的实施方式。例如，“电流检测装置”覆盖了所有检测电流的设备。对于含有功能性限定的特征的权利要求，其中的功能性限定应当能得到说明书的支持。

如果权利要求中限定的功能是以说明书实施例中记载的特定方式完成的，并且所属技术领域的技术人员不能明了此功能还可以采用说明书中未提到的其他替代方式来完成，则权利要求中不得采用覆盖了上述其他替代方式的功能性限定。

如果权利要求中限定的功能是以说明书实施例中记载的特定方式完成的，并且所属技术领域的技术人员有充分理由怀疑该功能性限定所包含的一种或几种方式不能解决发明所要解决的技术问题，并达到相同的技术效果，则权利要求中不得采用覆盖了上述其他替代方式或者不能解决发明技术问题的方式的功能性限定。

如果说明书中仅以含糊的方式描述了其他替代方式也可能适用，但对所属技术领域的技术人员来说，并不清楚这些替代方式是什么或者怎样应用这些替代方式，则权利要求中的功能性限定也是不允许的。

【案例 24】一件名称为“一种机械玩具动物”的发明专利申请，权利要求 1 为：“一种机械玩具动物，由动力机构、传动机构及运动机构组成，其特征是加上一套能控制玩具动物实现蹲下、坐立、趴下、站立、行走的机构。”显然，该权利要求特征部分的技术特征（控制机构）是用功能来限定的，但说明书中只公开了控制机构的一个具体的实施例，所属技术领域的技术人员根据说明书的内容得不出能控制玩具动物实现蹲下、坐立、趴下、站立、行走的其他不同机构。所以，该权利要求得不到说明书的支持，因而是不允许的。

另外，纯功能性的权利要求得不到说明书的支持，因而也是不允许的。所谓“纯功能性”的权利要求，是指权利要求仅仅记载了发明要达到的目的或产生的效果，完全没有记载为达到这种目的或获得所述效果而采用的技术手段。例如，一项涉及茶杯的发明，权利要求表述为“一种茶杯，其特征在于能够保温”。由此可见，该权利要求仅描述了发明所要达到的目的，是纯功能性的权利要求，其覆盖了所有能够实现上述效果的技术方案，而本领域技术人员难以将说明书公开的具体技术方案扩展到所有能够实现该功能的技术方案，因此该权利要求得不到说明书的支持。

第七节　案例分析

一、原始摘要、权利要求书和说明书

说　明　书　摘　要

本发明公开了一种柱挂式广告板，采用本发明广告板的结构后可以很方便地将广告板从其支撑物上拆下或装上，且可以防止被雨水冲淋而损坏广告，这种结构开拓了广告板的新发展方向。

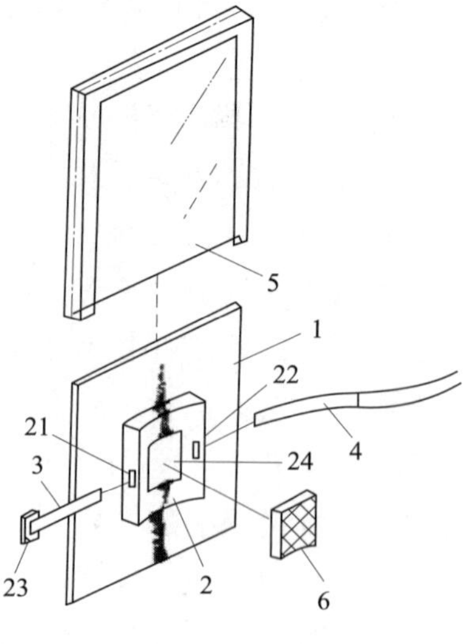

权 利 要 求 书

1. 一种柱挂式广告板，其特征在于：该广告板包括面板（1）和位于面板（1）背面中间位置的凸块（2），该凸块（2）的高度为整个面板（1）高度的1/3至1/2，该凸块（2）与支撑物接触的表面为图1所示的弧形表面。

2. 根据权利要求1所述的柱挂式广告板，其特征在于：该凸块（2）的两侧各有一根束带（3、4），其中一根束带（3）的自由端装有一个双环扣（23）（另一根束带的自由端可从此双环扣穿过而将广告板拴固在柱杆上）。

3. 根据权利要求2所述的柱挂式广告板，其特征在于：该两根束带（3、4）均不带有双环扣（23）。

4. 根据权利要求1所述的柱挂式广告板，其特征在于：该凸块（2）的一侧有一根束带（4），凸块（2）上与束带（4）连接处相对的另一侧有一个供束带（4）自由端穿过的耳孔（21）。

5. 根据权利要求1至4所述的柱挂式广告板，其特征在于：该面板（1）的前侧有一透明防水罩（5），该防水罩（5）从面板（1）的上、左、右三侧一直延伸至该面板（1）的后侧。

6. 根据权利要求1至5所述的柱挂式广告板，其特征在于：该凸块（2）与支撑物相接触的表面为粗糙表面。

7. 根据权利要求6所述的柱挂式广告板，其特征在于：该凸块（2）与支撑物相接触的表面上有一长方形凹孔（24），该长方形凹孔（24）内安放一个防滑块（6），防滑块（6）的厚度等于或略大于长方形凹孔（24）的深度；防滑块（6）朝外的表面为粗糙表面。

说 明 书

新型柱挂式广告板

技术领域

本发明属于一种宣传用品。

背景技术

目前，在一些城市，如某街道上已出现了一种圆筒形广告板，该广告板套在邮筒上，或者将电线杆包住。这样的广告板不易拆装和保存，而且不论从哪一个方向看，都不能看到广告的全部内容。在杂志《广告与信息》上也披露了一种柱挂式广告板，这种广告板的迎风面积较大，在大风天气，强度不够，很容易损坏，且拆装很不方便。

发明内容

本发明要解决的技术问题是提供一种强度好、结构稳定、不易损坏、拆装方便，而且能看到全部广告内容的柱挂式广告板。

为了解决上述技术问题，采用了如权利要求1所述的广告板。由于凸块背面的弧形表面与支撑物上和该凸块相接触的表面形状相适配，凸块就能比较稳定地贴靠在柱杆件支撑物表面上，即使在大风作用下，风力通过凸块作用在支撑物上，因此不易被大风吹坏。

当该广告板的背面凸块如权利要求2所述安装了两根束带后，就可将一根束带穿过另一根束带自由端上的双环并拉紧，从而可以很方便地将整个广告板拴固在柱杆上。

当该广告板在其面板上安装了如权利要求5所述的透明防水罩后，可防止广告板面板上的广告被雨淋湿而损坏，从而可延长所张贴广告的使用寿命。

当该广告板的背面凸块如权利要求6、7所述采用了粗糙表面或者安装了表面粗糙的防滑块后，其与束带配合能更牢固地固定此广告板，而不致向下滑移。

综上所述，本发明的优点是：使用方便，固定可靠，不易损坏，便于保藏。

附图说明

下面结合附图对本发明作进一步详细的说明。

图1为本发明柱挂式广告板的部件分解透视图。

图2为图1所示柱挂式广告板（未装束带时）的侧视剖视图。

图3为图1所示柱挂式广告板（未装束带时）的俯视剖视图。

具体实施方式

参见图1，本发明柱挂式广告板包括面板1和紧固装置。该面板1背面的横向中间位置有一凸块2。该凸块2的高度可以在整个面板1的高度方向延伸，这样广告板的强度比较好；但是，该凸块2也可以如图1和图2所示，其高度为面板1整个高度的1/3至1/2，大体位于其纵向中间位置，这样既保证了广告板有一定强度，又节省了广告板的材料，并减轻了广告板的重量；当然，该凸块2的高度也可采用其他的尺寸。在图1和图3中，凸块2背部表面为横向凹弧形表面，为适应不同支撑物的形状，该凸块2背部表面还可选择地与支撑物上和该凸块2相接触的表面形状相适配。该柱挂式广告板的紧固装置，由大体位于面板1背面横向中间位置的凸块2以及与凸块2相连接，且可将面板1固紧到其支撑物上的两根束带3、4构成。其中凸块两侧分别设有左耳孔21和右耳孔22，两根束带3、4可分别穿过左耳孔21和右耳孔22，其端头折回平贴带身，可采用线缝制、采用钢钉销合或其他类似连接方式，使其与凸块相连，这样就可将两根束带绕过柱杆，相互系紧，从而将广告板拴固在柱杆上。此外，还可在上述两根束带中的一根束带3的自由端，如图1所示连接有双环扣23，此时将另一根束带4穿过双环扣23中心，再折回绕经第一个环扣外侧，转入并穿过第二个环扣中心，拉紧束带4，即可将广告板拴固在柱杆上。当然还可以在凸块2上只安装一根束带，如束带4，此时可将束带4的自由端穿过左耳孔21，然后用此束带4自身打结而将此广告板拴固在柱杆上。还可在此广告板面板1的背部凸块2的中央部位开有一长方形凹孔24，在该凹孔24内安放一个防滑块6，防滑块6的厚度等于或略大于长方形凹孔24的深度，因此当防滑块6放入凹孔24中后，防滑块6的表面与凸块2表面相齐平或略为高出。防滑块6与凹孔24底部相对的表面涂有胶，而其朝外的表面为粗糙表面。当然，也可在面板1背部凸块2表面直接形成粗糙表面，这样的广告板结构更为简单。

作为这种广告板的进一步改进，还可如图1、图2和图3所示，在面板1的前侧设置一透明防水罩5，该透明防水罩5的上、左、右三侧延伸至面板1的后侧，从图1可详细看到该透明防水罩5的结构，可将此透明防水罩5从面板1上方很方便地套到面板1上，透明防水罩5与面板1之间保留有间隙。

本发明不局限于上述实施方式，不论在其形状或结构上作任何变化，凡是利用面板背面凸块与柱状支撑物相配的表面和束带将广告板拴固在柱杆上的柱挂式广告板均落在本发明保护范围之内。此外，将此束带改为金属薄片、用螺栓等将带有与支撑物相配表面凸块的广告板夹紧在杆形支撑物上，或者将此广告板横过来安装在横柱上都是本发明的一种变型，均应认为落在本发明保护范围之内。

说 明 书 附 图

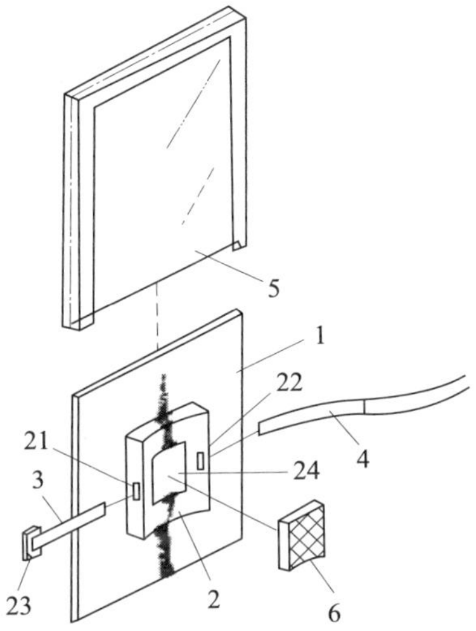

图1

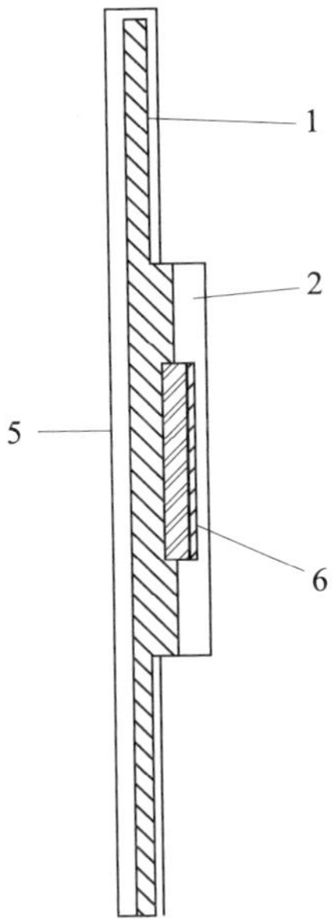

图2

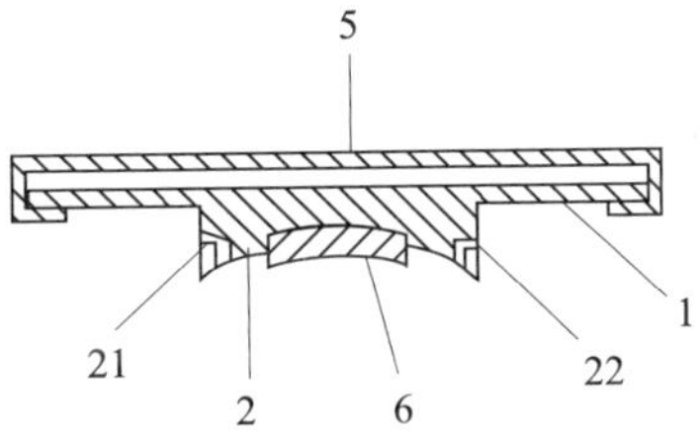

图3

二、权利要求书撰写存在的缺陷

1. 权利要求1存在的问题

① 权利要求1缺少解决发明所提出的要解决的技术问题的必要技术手段。本申请所要解决的技术问题是提供一种强度好、结构稳定、不易损坏、拆装方便，而且能看到全部广告内容的柱挂式广告板。由此可见，“由束带形成的紧固装置”是解决该技术问题必不可少的技术特征。因此，权利要求1不符合《专利法实施细则》第23条第2款的规定。应当要求申请人将上述必要技术特征补入权利要求1中。

② 权利要求1写入了非必要技术特征，例如凸块的高度，会使申请人的合法利益受到损害。当然，审查员既没有必要也没有义务要求申请人删去该非必要技术特征，但如果申请人在提出实质审查请求时或收到专利局发出的发明专利申请进入实质审查阶段通知书之日起的3个月内对申请文件进行主动修改时从独立权利要求删去该特征，而将其写入从属权利要求，也是应当允许的。

又如，权利要求1中描述了“位于面板（1）背面中间位置的凸块（2）”，该特征将被理解为凸块位于面板背面的几何中心，即两条对角线的交点处。然而，从说明书中可以看出，凸块只要位于面板的横向中间位置即可，不必同时位于面板的纵向中间位置。由此可见，申请人采用上述技术特征描述权利要求1的技术方案，将不适当地缩小权利要求1的保护范围，会使申请人的合法利益受到损害。如果申请人在提出实质审查请求时或收到专利局发出的发明专利申请进入实质审查阶段通知书之日起的3个月内对申请文件进行主动修改时将该特征表述为“凸块位于面板背面横向中间位置”，也是应当允许的。

③ 权利要求1中出现了“为图1所示”，不符合《专利法实施细则》第22条第3款的规定，应当要求申请人删去“为图1所示”语句，而代之以必要技术特征（详见修改文本）。

④ 权利要求1未与最接近的现有技术划清界限，不符合《专利法实施细则》第24条第1款的规定，申请人应当将与最接近的现有技术共有的技术特征（如面板和紧固装置）写入前序部分。

2. 权利要求2存在的问题

权利要求2中出现了括号，并在括号中描述了技术特征，造成权利要求的保护范围不清楚，不符合《专利法》第26条第4款的规定。在这种情况下，如果括号内的特征是对括号前特征的进一步限定，就应当去掉括号并考虑是否需要保留其中的内容；而如果是对括号前特征进行解释，则应当将括号连同其中的内容一起删除。

3. 权利要求3存在的问题

权利要求3不是对所引用的权利要求作进一步限定。因为从属权利要求2提到两根束带中有一根束带装有一个双环扣，而权利要求3引用权利要求2，但附加技术特征却描述两根束带均不带有双环扣，由此可知权利要求3所描述的技术方案的内容前后矛盾，其保护范围不清楚，不符合《专利法》第26条第4款的规定。

4. 权利要求5存在的问题

权利要求5是多项从属权利要求，其引用关系没有采用择一引用，不符合《专利法实施细则》第25条第2款的规定，应当要求申请人进行修改。如果其从属权利要求的引用关系达到不清楚的程度，造成保护范围不确定，则不符合《专利法》第26条第4款的规定。

5. 权利要求6存在的问题

① 权利要求6是多项从属权利要求，其引用关系没有采用择一引用，不符合《专利法实施细则》第25条第2款的规定，应当要求申请人进行修改。如果其从属权利要求的引用关系达到不清楚的程度，造成保护范围不确定，则不符合《专利法》第26条第4款的规定。

② 权利要求6是多项从属权利要求，但是其引用了多项从属权利要求5，不符合《专利法实施细则》第25条第2款的规定，应当进行修改。

三、说明书撰写存在的缺陷

1. 发明名称部分

发明名称中包含了非技术性的广告术语“新型”，不符合《专利法实施细则》第

20 条第 1 款的规定，应当删除。

2. 技术领域部分

技术领域部分描述的“属于宣传用品”过于笼统，属于上位广义的技术领域，未涉及本发明直接应用的领域（可固定在柱形杆件上的广告板），不符合《专利法实施细则》第 20 条第 1 款的规定。

3. 背景技术部分

① 引用的非专利文献《广告与信息》未写明出处，即未写明出版日期、期号和页码，不符合《专利法实施细则》第 20 条第 1 款的规定。

② 未对所引用的文献的具体内容作简要说明，而直接指出其存在的缺点，不便于读者理解，不符合《专利法实施细则》第 20 条第 1 款的规定。应当对现有技术的内容作简要说明，然后再客观地指出其缺陷。

4. 发明内容部分

技术方案部分出现了“如权利要求……所述……”的语句，不符合《专利法实施细则》第 20 条第 3 款的规定，应要求申请人删除上述引用语。

另外，根据《专利审查指南 2023》第 2 部分第 2 章第 2. 2. 4 节的规定，说明书中记载的技术方案应当与权利要求所限定的相应技术方案的表述相一致。因此，申请人应当完整地写入能够解决发明所要解决的技术问题的技术方案，随后可以写入反映对其作进一步改进的从属权利要求的技术方案。

四、摘要撰写存在的缺陷

① 根据《专利审查指南 2023》中对摘要撰写的规定，该摘要中缺少对发明技术方案的描述，不能提供有用的技术信息，不符合《专利法实施细则》第 26 条第 1 款的规定。

② 摘要中包含了商业性宣传用语，如“开拓了广告板的新发展方向”，不符合《专利法实施细则》第 26 条第 2 款的规定。

五、修改后的摘要、权利要求书和说明书

说　明　书　摘　要

本发明公开了一种柱挂式广告板，它由面板（1）、位于面板背面横向中间位置的凸块（2）以及与凸块相连接且可将面板固紧到其支撑物上的束带（3、4）构成，该凸块背面的形状与支撑物上和该凸块相接触的表面形状相适配。此外，还可在面板前侧设置透明防水罩（5），防止雨水冲淋广告。该凸块背面还可以为粗糙表面或者在其上

安放表面粗糙的防滑块（6）。采用上述结构的广告板强度好、结构稳定、使用方便、固定牢靠、不易损坏。

（“摘要附图”与原“摘要附图”相同，为节省篇幅此处从略，请参见原专利申请文件中的“摘要附图”）

说　明　书

柱挂式广告板

技术领域

本发明涉及一种可固定在柱形杆件上的广告板，尤其是可固定在电线杆之类圆柱形杆件上的柱挂式广告板。

背景技术

目前，在一些城市，如某街道上已出现了一种圆筒形广告板，该广告板套在邮筒上，或者将电线杆包住。这样的广告板不易拆装和保存，而且不论从哪一个方向看，都不能看到广告的全部内容。在××××年×月出版的杂志《广告与信息》第×期第×页上也披露了一种柱挂式广告板，该广告板的支架为上、下两个固紧在电线杆上的圆环，该两圆环均向着电线杆同侧伸出一根彼此相平行的横杆，广告板固定在此上、下横杆上。这样的广告板以悬臂方式固定在电线杆上，迎风面积较大，在大风天气，强度不够，很容易损坏，且拆装很不方便。

发明内容

本发明要解决的技术问题是提供一种强度好、结构稳定、不易损坏、拆装方便，而且能看到全部广告内容的柱挂式广告板。

为解决上述技术问题，本发明柱挂式广告板包括面板和紧固装置，该紧固装置由位于面板背面横向中间位置的凸块以及与凸块相连接，且可将面板固紧到其支撑物上的束带构成，该凸块背面的形状与支撑物上和该凸块相接触的表面形状相适配。

采用上述结构，由于凸块背面的形状与支撑物上和该凸块相接触的表面形状相适配，当束带系缚在电线杆之类的柱形支撑物上时，凸块就能比较稳定地靠在柱杆件支撑物表面上，其与束带配合能使广告板比较牢固地固定在电线杆之类的支撑物上。由于凸块位于广告板背面横向中间位置，即使在大风作用下，风力通过凸块作用在支撑物上，因此不易被大风吹坏。此外，由于采用束带系缚，所以拆装广告板也十分方便。

上述束带可以采用两根，分别与凸块两侧相连接。还可以在其中一根束带的自由端安装一个双环扣。当然该束带也可以只有一根，凸块上与束带相对的另一侧有一个供束带穿过的耳孔。

面板背面凸块的高度可以小于面板的高度，例如为整个面板高度的1/3至1/2，从而可节省此柱挂式广告板的用材和减少广告板的重量。

作为本发明进一步的改进，在此广告板的面板前侧有一透明防水罩，该防水罩从面板的上、左、右三侧一直延伸至该面板的后侧。采用这种结构后，可防止广告板面板上的广告被雨淋湿而损坏，从而可延长所张贴广告的使用寿命。

作为本发明更进一步的改进，该凸块背部与支撑物相接触的表面为粗糙表面，从而其与束带配合能更牢固地固定此广告板，而不致向下滑移。当然，还可采用另一种结构来达到此效果，在该凸块背部与支撑物相接触的表面上设置一长方形凹孔，该凹孔内安放一个防滑块，防滑块的厚度等于或略大于长方形凹孔的深度，防滑块朝外的表面为粗糙表面。

综上所述，本发明的优点是：使用方便，固定可靠，不易损坏。

附图说明

下面结合附图对本发明作进一步详细的说明。

图1为本发明柱挂式广告板的部件分解透视图。

图2为图1所示柱挂式广告板（未装束带时）的侧视剖视图。

图3为图1所示柱挂式广告板（未装束带时）的俯视剖视图。

具体实施方式

参见图1，本发明柱挂式广告板包括面板1和紧固装置。该面板1背面的横向中间位置有一凸块2。该凸块2的高度可以在整个面板1的高度方向延伸，这样广告板的强度比较好；但是，该凸块2也可以如图1和图2所示，其高度为面板1整个高度的1/3至1/2，大体位于其纵向中间位置，这样既保证了广告板有一定强度，又节省了广告板的材料，并减轻了广告板的重量；当然，该凸块2的高度也可采用其他的尺寸。在图1和图3中，凸块2背部表面为横向凹弧形表面，为适应不同支撑物的形状，该凸块2背部表面还可选择地与支撑物上和该凸块2相接触的表面形状相适配。该柱挂式广告板的紧固装置，由大体位于面板1背面横向中间位置的凸块2以及与凸块2相连接，且可将面板1固紧到其支撑物上的两根束带3、4构成。其中凸块两侧分别设有左耳孔21和右耳孔22，两根束带3、4可分别穿过左耳孔21和右耳孔22，其端头折回平贴带身，可采用线缝制、采用钢钉销合或其他类似连接方式，使其与凸块相连，这样就可将两根束带绕过柱杆，相互系紧，从而将广告板拴固在柱杆上。此外，还可在上述两束根带中的一根束带3的自由端，如图1所示连接有双环扣23。此时将另一根束带4穿过双环扣23中心，再折回绕经第一个环扣外侧，转入并穿过第二个环扣中心，拉紧束带4，即可将广告板拴固在柱杆上。当然还可以在凸块2上只安装一根束带，如束带4，此时可将束带4的自由端穿过左耳孔21，然后用此束带4自身打结而将此广告板拴固在柱杆上。

还可在此广告板面板1的背部凸块2的中央部位开有一长方形凹孔24，在该凹孔

24内安放一个防滑块6，防滑块6的厚度等于或略大于长方形凹孔24的深度，因此当防滑块6放入凹孔24中后，防滑块6的表面与凸块2表面相齐平或略为高出。防滑块6与凹孔24底部相对的表面涂有胶，而其朝外的表面为粗糙表面。当然，也可在面板1背部凸块2表面直接形成粗糙表面，这样的广告板结构更为简单。

作为这种广告板的进一步改进，还可如图1、图2和图3所示，在面板1的前侧设置一透明防水罩5，该透明防水罩5的上、左、右三侧延伸至面板1的后侧，从图1可详细看到该透明防水罩5的结构，可将此透明防水罩5从面板1上方很方便地套到面板1上，透明防水罩5与面板1之间保留有间隙。

本发明不局限于上述实施方式，不论在其形状或结构上作任何变化，凡是利用面板背面凸块与柱状支撑物相配的表面和束带将广告板拴固在柱杆上的柱挂式广告板均落在本发明保护范围之内。此外，将此束带改为金属薄片、用螺栓等将带有与支撑物相配表面凸块的广告板夹紧在杆形支撑物上，或者将此广告板横过来安装在横柱上都是本发明的一种变型，均应认为在本发明保护范围之内。

（“说明书附图”与原“说明书附图”相同，为节省篇幅此处从略，请参见原专利申请文件中的“说明书附图”）

权 利 要 求 书

1. 一种柱挂式广告板，包括面板和紧固装置，其特征在于：该紧固装置由大体位于面板（1）背面横向中间位置的凸块（2）以及与凸块（2）相连接，且可将面板（1）固紧到其支撑物上的束带（3、4）构成，该凸块（2）背面的形状与支撑物上和该凸块（2）相接触的表面形状相适配。

2. 根据权利要求1所述的柱挂式广告板，其特征在于：将面板（1）固紧到支撑物上的束带（3、4）为两根，分别与凸块（2）的两侧相连接。

3. 根据权利要求2所述的柱挂式广告板，其特征在于：该两根束带（3、4）中的一根（3）的自由端装有一个供另一根束带（4）自由端穿过的双环扣（23）。

4. 根据权利要求1所述的柱挂式广告板，其特征在于：将面板（1）固紧到支撑物上的束带（4）为一根，凸块（2）上与束带（4）连接处相对的另一侧有一个供束带（4）自由端穿过的耳孔（21）。

5. 根据权利要求1所述的柱挂式广告板，其特征在于：该凸块（2）的高度为整个面板（1）高度的1/3至1/2，大体位于面板（1）的纵向中间位置。

6. 根据权利要求1至5中任何一项所述的柱挂式广告板，其特征在于：该面板（1）的前侧有一透明防水罩（5），该防水罩（5）从面板（1）的上、左、右三侧一直延伸至该面板（1）的后侧。

7. 根据权利要求6所述的柱挂式广告板，其特征在于：该凸块（2）与支撑物相接触的表面上有一长方形凹孔（24），该长方形凹孔（24）内安放有一个防滑块（6），防滑块（6）的厚度等于或略大于长方形凹孔（24）的深度；防滑块（6）朝外的表面为粗糙表面。

8. 根据权利要求1至5中任何一项所述的柱挂式广告板，其特征在于：该凸块（2）与支撑物相接触的表面为粗糙表面。

9. 根据权利要求1至5中任何一项所述的柱挂式广告板，其特征在于：该凸块（2）与支撑物相接触的表面上有一长方形凹孔（24），该长方形凹孔（24）内安放有一个防滑块（6），防滑块（6）的厚度等于或略大于长方形凹孔（24）的深度；防滑块（6）朝外的表面为粗糙表面。

思考题

1. 说明书和权利要求书的主要作用是什么？
2. 对说明书和权利要求书审查的重点是什么？
3. 如何理解说明书和权利要求书之间的内在联系？
4. 怎样才能正确理解发明的内容？

第三章　不授予专利权的申请

教学目的

本章的教学目的在于：使学员正确掌握专利法意义上的发明创造的含义及不授予专利权的申请的界定标准，重点把握发明创造违反法律与其被滥用和仅实施为法律所禁止之间的差异，以及请求保护的客体属于智力活动的规则和方法、疾病的诊断和治疗方法的判断标准。

第一节　概　　述

根据《专利法》的立法宗旨和专利权的特点，对发明创造授予专利权必须有利于其推广应用，有利于促进科学技术的进步和创新，因此从维护国家和社会利益的角度出发，并根据我国的国情，《专利法》对专利保护范围作了某些限制性规定。这些规定包括对以下四个方面的专利申请不能授予专利权。

一、不属于专利法意义上的发明创造

在我国的《专利法》中，发明创造是发明、实用新型和外观设计的统称。《专利法》第 2 条第 2 ～ 4 款对发明、实用新型以及外观设计分别给出了明确的定义，即："发明，是指对产品、方法或者其改进所提出的新的技术方案。实用新型，是指对产品的形状、构造或者其结合所提出的适于实用的新的技术方案。外观设计，是指对产品的整体或者局部的形状、图案或者其结合以及色彩与形状、图案的结合所作出的富有美感并适于工业应用的新设计。"如果专利申请不属于专利法意义上的发明创造，则不能被授予专利权。

二、根据《专利法》第 5 条不授予专利权的发明创造

从国家和社会的利益考虑，《专利法》第 5 条第 1 款明确规定对违反法律、社会公德或者妨害公共利益的发明创造，不授予专利权。对违反法律、行政法规的规定获取或者利用遗传资源，并依赖该遗传资源完成的发明创造，根据《专利法》第 5 条第 2 款的规定也不能授予专利权。

值得注意的是，法律、行政法规、社会公德和公共利益的含义较广泛，常因时期、地区的不同而有所变化，有时由于新法律、行政法规的颁布实施或原有法律、行政法规的修改、废止，会增设或解除某些限制。

三、根据《专利法》第25条不授予专利权的客体

《专利法》第25条第1款规定对于科学发现，智力活动的规则和方法，疾病的诊断和治疗方法，动物和植物品种，原子核变换方法以及用原子核变换方法获得的物质，对平面印刷品的图案、色彩或者二者的结合作出的主要起标识作用的设计，不能授予专利权。

上述各项被排除在专利保护范围之外的原因各不相同。科学发现与智力活动的规则和方法本身不是专利法意义上的“发明创造”，也就是说不属于《专利法》所说的“发明创造”的范畴；出于人道主义的考虑和社会伦理的原因，医生在诊断和治疗过程中应当有选择各种方法和条件的自由，《专利法》的规定不应当对医生的医疗行为造成限制；根据《与贸易有关的知识产权协定》（TRIPS）的有关规定，对动物和植物品种既可以用专利法保护，也可以制定专门法保护，我国在制定《专利法》时将动植物品种排除在《专利法》保护之外；原子核变换方法以及用原子核变换方法获得的物质涉及国家经济、国防、科研和公共生活的重大利益，不宜为个人或团体垄断；为尽量减少外观设计专利权与商标专用权、著作权之间的交叉与冲突，对平面印刷品的图案、色彩或二者的结合作出的主要起标识作用的设计不授予专利权。

四、根据《专利法实施细则》第11条不授予专利权的发明创造

《专利法实施细则》第11条对专利申请过程中应当遵循诚实信用原则进行了明确规定。不以真实发明创造活动为基础，弄虚作假的各类专利申请不被授予专利权。

实行专利制度的国家，一般对不授予专利权的申请都有限制性的规定。限制的范围是根据国情作出的，并且随着科学与经济的发展而不断变化，总的趋势是向着限制范围逐渐缩小的方向发展。我国自1985年实行专利制度以来的实践也充分证明了这一点。

第二节　不符合《专利法》第2条第2款规定的客体

《专利法》第2条第2款对可给予发明专利保护的客体进行了正面定义。根据该定义，专利法意义上的发明是指对产品、方法或其改进所提出的新的技术方案。

技术方案是对要解决的技术问题所采取的利用了自然规律的技术手段的集合。技术手段通常是由技术特征来体现的。对产品权利要求而言，技术特征可以是产品的组

成、部件以及部件之间的连接关系、位置关系等；对方法权利要求而言，技术特征可以是该方法中所涉及的步骤、条件以及方法中所涉及的原料等。判断一项权利要求是否构成技术方案，要看它是否采用了技术手段来解决技术问题并获得符合自然规律的技术效果。未采用技术手段解决技术问题，以获得符合自然规律的技术效果的方案，不属于《专利法》第2条第2款规定的客体。

气味或者诸如声、光、电、磁、波等信号或者能量也不属于《专利法》第2条第2款规定的客体，但利用其性质解决技术问题的产品或方法，则不属此列。

【案例1】 合成光束

权利要求："一种光束，其特征在于：该光束的波长为484nm。"

该申请涉及一种光束，而光束的波长为484nm是其本身的特性，该权利要求只是对光束本身的特性进行了描述，而光束本身不属于《专利法》第2条第2款规定的客体。

但是，如果利用光束的性质来解决技术问题的产品或方法，则构成了技术方案。比如，"一种利用光束测定物质成分的方法"，包括利用光束照射液体，通过测定液体对光的吸收来进行物质成分测定。该方法利用光经过物质时被吸收的特性，来解决物质成分分析这一技术问题，因而满足《专利法》第2条第2款的规定。

第三节　根据《专利法》第5条不予专利保护的发明创造

一、违反法律的发明创造

法律，是指由全国人民代表大会或者全国人民代表大会常务委员会依照立法程序制定和颁布的法律。它不包括行政法规和规章。

违反法律的发明创造是指发明创造为法律明文禁止或与法律相违背。例如，用于赌博的设备、机器或工具，吸毒的器具，伪造国家货币、票据、公文、印章的设备等，都属于违反法律的发明创造，不能被授予专利权。因为，《中华人民共和国刑法》《中华人民共和国治安管理处罚法》《中华人民共和国中国人民银行法》《中华人民共和国票据法》等法律禁止赌博、吸毒、伪造国家货币或票据、公文、印章等相关行为。

这里应当特别注意，违反法律的发明创造不包括发明创造不违法但其被滥用而违法，以及仅发明创造的实施被法律所禁止这两种情况。

一项发明创造没有违反法律，但是由于其被滥用而可能违反法律的，则不能仅因为可能出现的滥用而拒绝对其授予专利权，例如，用于医疗的各种毒药、麻醉品、镇静剂、兴奋剂以及用于娱乐的游戏机、棋牌等。

《专利法实施细则》第10条规定：《专利法》第5条所称违反法律的发明创造，不包括仅其实施为法律所禁止的发明创造。《专利审查指南 2023》第 2 部分第 1 章第 3.1.1 节中规定：如果仅仅是发明创造的产品的生产、销售或使用受到法律的限制或约束，则该产品本身及其制造方法并不属于违反法律的发明创造。也就是说，如果一项发明创造仅仅由于其实施违反了某项法律，则这项发明创造并不因此而不能被授予专利权。例如，用于国防的各种武器的生产、销售以及使用都受到法律的限制，但武器本身及其制造方法仍属于可给予专利保护的主题。

上述规定的理由在于：一种产品的制造、销售或者使用受到法律的限制，常常出于多种原因，例如意识形态、历史文化传统、宗教信仰、保护本国利益，以及仅仅是出于安全、质量或者其他方面的考虑，或某种产品的制造或销售的垄断权已经授予特定企业。但是，随着社会的发展和情况的变化，法律可能会修改或废止，国家关于产品垄断制造和销售的规定也会改变，不应当仅仅因为这些原因影响专利权的授予。

二、违反社会公德的发明创造

社会公德，是指公众普遍认为是正当的、并被接受的伦理道德观念和行为准则。如果一项发明创造与社会公德相违背，则不能被授予专利权。

社会公德的内涵基于一定的文化背景，随着时间的推移和社会的进步不断地发生变化，而且因地域不同而各异。因此，关于一项发明创造是否违反了社会公德，在不同的历史时期和不同的地域，可能会有不同的结论。中国《专利法》中所称的社会公德限于中国境内。例如，以下发明创造被认为违反社会公德，不能授予专利权：带有暴力凶杀或者淫秽内容的产品或方法，非医疗目的的人造性器官或者其替代物，人与动物交配的方法，克隆的人或克隆人的方法，人类胚胎的工业或商业目的的应用，处于各个形成和发育阶段的人体等。

但是，如果发明创造是利用未经过体内发育的受精 14 天以内的人类胚胎分离或者获取干细胞的，则不能以“违反社会公德”为理由拒绝授予专利权。这是因为，随着科技的不断发展，体外获取技术已成为目前人类胚胎干细胞的主要获取途径，受精 14 天以内的囊胚还没有进行组织分化和神经发育，从体外发育 14 天以内的囊胚获得人类胚胎干细胞不存在违背伦理道德的问题。

三、妨害公共利益的发明创造

妨害公共利益，是指发明创造的实施或使用会给公众或社会造成危害，或者会使国家和社会的正常秩序受到影响。这里“公共利益”指的是社会的普遍利益。

如果一项发明创造妨害公共利益，则不能被授予专利权。妨害公共利益的表现包括：发明创造以致人伤残或损害财物为手段来实现其目的；发明创造的实施或使用会严重污染环境、严重浪费能源或资源、破坏生态平衡或危害公众健康；发明创造涉及政党的象征和标志、国家重大政治事件、伤害人民感情或民族感情、宣传封建迷信；

发明创造涉及国家重大经济事件、文化事件或宗教信仰，以致妨害公共利益等。例如，一种使盗窃者双目失明的防盗装置、算卦的工具，都不能被授予专利权。

这里应当特别注意，如果发明创造因滥用而可能造成妨害公共利益的，或者发明创造在产生积极效果的同时存在某种缺点的，例如，对人体有某种副作用的药品，则不能以“妨害公共利益”为由拒绝授予专利权。

四、部分违反《专利法》第5条第1款的发明创造

对于一件专利申请中的部分内容违反法律、社会公德或者妨害公共利益，其他部分是合法的，审查员在审查时，应当通知申请人进行修改，删除违反《专利法》第5条第1款的内容。如果申请人不同意删去这部分内容，该专利申请就不能被授予专利权。

例如，一项“投币式弹子游戏机”的发明创造，如果游戏者达到一定的分数，机器则抛出一定数量的钱币。审查员应当通知申请人将抛出钱币的部分删除或对其进行修改，使之成为一个单纯的投币式游戏机。否则，即使它是一项新的有创造性的技术方案，也不能被授予专利权。

五、对违反法律、行政法规的规定获取或者利用遗传资源，并依赖该遗传资源完成的发明创造

《专利法》所称遗传资源，是指取自人体、动物、植物或者微生物等含有遗传功能单位并具有实际或者潜在价值的材料和利用此类材料产生的遗传信息；《专利法》所称依赖遗传资源完成的发明创造，是指利用了遗传资源的遗传功能完成的发明创造。发明创造利用了遗传资源的遗传功能，是指对遗传功能单位进行分离、分析、处理或对遗传功能单位产生的遗传信息进行分析和利用等，以完成发明创造，实现其遗传资源的价值。

违反法律、行政法规的规定获取或者利用遗传资源，是指遗传资源的获取或者利用违反法律、行政法规的禁止性规定或者未按照我国有关法律、行政法规的规定事先获得有关行政管理部门的批准或者相关权利人的许可。

随着生物技术的发展，遗传资源已经成为一国可持续发展的重要资源。我国是世界上遗传资源最为丰富的国家之一，为有效保护我国的遗传资源，在《专利法》第5条第2款中，将违反我国有关遗传资源管理、保护的法律和行政法规的规定获取或者利用遗传资源，进而依赖该遗传资源完成的发明创造排除在能够授予专利权的发明创造范围之外。

作出这类发明创造的目的本身不一定违反法律、行政法规（如果发明创造本身违法，则可以直接适用《专利法》第5条第1款的规定），之所以不被授予专利权，是因为其所依赖的遗传资源在获取或者利用过程中违反了我国关于遗传资源管理、保护的

法律或者行政法规。因此，《专利法》对这类依赖遗传资源完成的发明创造作出了特别规定。

例如，按照《中华人民共和国生物安全法》和《中华人民共和国人类遗传资源管理条例》的规定，将我国人类遗传资源信息向外国组织提供或者开放使用的，应当向国务院科学技术行政部门事先报告并提交信息备份，可能影响我国公众健康、国家安全和社会公共利益的，还应当通过安全审查。如果某发明创造的完成依赖于向外国组织提供的我国人类遗传资源信息，未履行相关手续的，该发明创造不能被授予专利权。

在审查实践中，依据本条规定不授予专利权的，应当以现行法律和行政法规为准。

第四节　根据《专利法》第25条不予专利保护的客体

一、科学发现

科学发现，是指对自然界中客观存在的物质、现象、变化过程及其特性和规律的揭示。科学理论是对自然界认识的总结，是更为广义的发现。它们都属于人类认识的延伸。这些被认识的物质、现象、过程、特性和规律不同于改造客观世界的技术方案，不是专利法意义上的发明创造，因此不能被授予专利权。

发现与发明既有区别又有联系。发明是指对客观世界进行改造的新的技术方案，它创造了自然界中本来不存在的事物。发现与发明的区别在于，发现实质上是一种认识，而发明是一种技术方案；发现针对的是自然界中已经存在的事物，而发明是创造了自然界中本来不存在的事物。发明和发现虽有本质的不同，但是两者关系密切。通常，很多发明建立在发现的基础之上。进而，发明又促进了发现。发明与发现的这种密切关系在化学物质的用途发明上表现最为突出。当发现某种物质的特殊性质之后，利用这种性质的用途发明便应运而生。

例如，发现卤化银在光照下有感光特性，这是一种发现，不能被授予专利权，但是根据这种发现制造出的感光胶片及其制造方法则属于发明，可以被授予专利权。

二、智力活动的规则和方法

智力活动的规则和方法是指导人们进行思维、表述、判断和记忆的规则和方法。

智力活动的规则和方法与专利法意义上的发明创造有着明显的区别。一方面，智力活动的规则和方法是一种人的抽象思维运动，它利用的是人类社会学、经济学等方面的规律，而不是自然规律，它所解决的问题不是技术上的问题；而专利法意义上的发明创造必须是技术方案，所解决的问题是技术上的问题。另一方面，智力活动的规则和方法常常利用人的思维运动作为媒介，间接地作用于自然产生结果，也就是说，其规则和方法的实施，仍然依赖人的智力活动或思维运动的参与才能完成；而专利法意义上的发明创造必须使用技术手段和自然规律才能实施。因此，从根本上说，智力活动的规则和方法不是一种技术方案，不是专利法意义上的发明创造，不能被授予专利权。此外，专利法为专利权人提供的权利是禁止未经专利权人许可而进行制造、使用、销售之类的生产经营活动，而不是用专利权来禁锢人的思想。智力活动的规则和方法涉及的是在人的头脑中进行的活动，试图将这样的活动置于专利独占权的范围之内既不合理也不现实。

以下分两种情形说明专利申请要求保护的主题是否属于智力活动的规则和方法。

（一）一项权利要求仅仅涉及智力活动的规则和方法

如果一项权利要求仅仅涉及智力活动的规则和方法，即通常所说的智力活动的规则和方法本身，则不能被授予专利权，例如审查专利申请的方法；交通行车规则；经济管理的方法；图书分类规则；速算法或口诀；心理测验方法；棋谱；信息表述方法等。

【案例2】一种邮政编码的书写方法

权利要求：“一种邮政编码书写方法，采用0～9的10个数字中的6个数字表示，其特征在于用条块码表示0～9的10个数字，具体的书写方法是由一个被虚线划分成6个相等空白长度格的长方形表示0，长方形分为上下对称的两排，每排各有3个空白长条格，以上排长方形中自左向右每一涂黑长条格与其余空白长条格的组合分别表示1、2、3；下排中自左向右每一涂黑长条格与其余空白长条格的组合分别表示4、5、6；由下排中最右边的涂黑长条格与上排中依次自左向右每一涂黑长条格与其余空白长条格的每一组合分别表示7、8、9。”

显然，这种邮政编码的书写方法是抽象的思维运动的结果，首先人为地制定不同涂黑的长条格与阿拉伯数字之间的关系规则，然后按照上述规则表示不同的邮政编码，在此过程中，没有采用任何技术手段。因此，该权利要求属于智力活动的规则和方法，不能被授予专利权。

如果一项权利要求，除其主题名称之外，对其进行限定的全部内容均为智力活动的规则和方法，则该权利要求实质上仅仅涉及智力活动的规则和方法，不应当被授予专利权。

【案例3】一种儿童游戏棋

权利要求：“一种儿童游戏棋，其特征是以九九乘法运算所得的乘积作为走棋指数，或以合数分解因数后所得的若干个因数中的一个因数或多个因数作为走棋指数，棋子根据上述计算的走棋指数可向前、向左或向右行走，逢单数向左行走，逢双数向右行走，逢倍数可向前行走，遇对方棋子时，可以大数吃小数。”

该权利要求的主题涉及一种游戏棋，虽然是一种作为有形物质的产品，但对其进行限定的特征全部属于行棋规则等这些人为设定的规则和方法，而没有包含任何技术特征，因而实质上仅仅涉及智力活动的规则和方法，不应当被授予专利权。

（二）权利要求的一部分内容涉及智力活动的规则和方法

如果一项权利要求在对其限定的全部内容中既包含智力活动的规则和方法的内容，又包含技术特征，则该权利要求就整体而言并不是一种智力活动的规则和方法，不应当依据《专利法》第 25 条排除其获得专利权的可能性。

【案例 4】一种感潮河流水质预判方法

权利要求："一种感潮河流的水质预判方法，其特征在于：它包括对河流沿岸现有的各个污染源分布位置的测量，以及分别对它们排放的污水进行水质和流量的常规实测分析，至少在多个污染源所对应的河流被污染水段的首尾两部分设两个测点Ⅰ和Ⅱ，对河流的现状进行水质和流量的常规实测分析，以及对排入河流中的污染物质量 G 的停留潮次 n 值的非常规实测分析，最后在对测点Ⅰ和Ⅱ范围内的河流水质现状作出评价的基础上，提出有评价意义的有关水质方面的预判数据。"

该权利要求是考虑潮汐对河流水质的影响，来预判河流水质的方法。该方法通过在多个测点对水质和流量的测定分析等技术手段，来解决有关水质的评定这一技术问题。虽然这种水质评定方式也有人的智力活动的参与，例如对测定数据的评价、判断等，但不是仅仅通过人的思维运动就能得出水质的评价结论，必须借助各种测量技术手段才能实现，并非仅仅是指导人们进行抽象智力活动的方法，因此不属于智力活动的规则和方法。

判断含有数学式的权利要求是否属于智力活动的规则和方法，要考虑其是抽象的数学方法还是算法在具体领域的应用。如果仅涉及单纯的数学理论或数学换算方法，那么由于方案的抽象性，其属于智力活动的规则和方法。倘若权利要求的技术方案并非抽象的算法规则，而是算法或数学方法在具体领域的应用，那么不能依据《专利法》第 25 条排除其获得专利权的可能性。

【案例 5】活塞裙面类椭圆横向型线的设计制造方法

权利要求："一种用数控工艺制造往复式内燃机活塞的方法，其特征在于对内燃机活塞裙面横向形状的加工按照准均压类椭圆规律进行：

"$\Delta\alpha = G/4[(1-\cos 2\alpha) - \beta/25(1-\cos 4\alpha)]$

"其中：$\Delta\alpha$ 为活塞裙面外周上任意点的径向缩减量，G 为椭圆的长径与短径之差，β 为修正系数，α 为活塞裙面外周上任意点与椭圆中心之间的连线相对于椭圆长轴之间的夹角。"

上述权利要求的特点是，为方法类权利要求，其在特征部分仅用上述数学式限定内燃机活塞裙面的横向形状。通过对权利要求的分析可知，作为活塞裙面的制造方法，该数学式限定的是改变物体形状所采用的手段或方式。在该权利要求中，数学式是在数控工艺过程中决定加工工具运动轨迹的控制方式，反映的不是抽象的数学关系或运算法则，而是椭圆规律在活塞制造过程中的应用，因此该权利要求并不属于智力活动的规则和方法。

三、疾病的诊断和治疗方法

疾病的诊断和治疗方法，是指以有生命的人体或动物体为直接实施对象，进行识别、确定或消除病因或病灶的过程。

出于人道主义的考虑和社会伦理道德的原因，医生在诊断和治疗过程中应当有选择各种方法和条件的自由。另外，这类方法直接以有生命的人体或动物体为实施对象，由于个体差异而无法在产业上利用，不属于专利法意义上的发明创造。因此，疾病的诊断和治疗方法不能被授予专利权。

虽然疾病的诊断和治疗方法不能被授予专利权，但是用于实施疾病诊断和治疗方法的仪器或装置，以及在疾病诊断和治疗方法中使用的物质或材料都可以给予专利保护。

（一）疾病的诊断方法

疾病的诊断方法是指为识别、研究和确定有生命的人体或动物体病因或病灶状态的过程。

1. 属于诊断方法的发明

一项与疾病诊断有关的方法如果同时满足以下两个条件，则属于疾病的诊断方法，不能被授予专利权：

① 以有生命的人体或动物体为对象；

② 以获得疾病诊断结果或健康状况为直接目的。

例如超声诊断法、内窥镜诊断法是以有生命的人体为对象，以获得疾病诊断结果为直接目的；患病风险度评估方法是以有生命的人体为对象，以获得健康状况为直接目的。

【案例6】一种利用声发射诊断骨质疏松症的方法

权利要求："一种诊断骨质疏松症的方法，其特征在于：在患者骨相邻的皮肤表面设置一个声传感器，对骨施加应力使其产生声发射信号，利用声传感器检测声发射信号，并且分析声信号以诊断骨质疏松症。"

该申请的权利要求请求保护一种诊断骨质疏松症对患者骨的损伤情况的方法，该方法直接以有生命的人体为实施对象，通过在患者的皮肤上设置声传感器，并分析声信号，以获取骨质疏松诊断结果为直接目的，因此是疾病诊断方法，属于《专利法》第25条规定的不授权的范围。

如果一项发明从表述形式上看是以离体样品为对象的，但该发明是以获得同一主体疾病诊断结果或健康状况为直接目的，则该发明仍然不能被授予专利权。

【案例7】一种用于诊断萎缩性胃炎的方法

权利要求："一种诊断萎缩性胃炎的方法，所述方法包括：测定样品中胃蛋白酶原I和胃泌素浓度，并测定幽门螺杆菌的标志物的浓度，将分析物浓度测量值与该分析物的预定临界值进行比较，得出诊断结果。"

该权利要求虽然以离体的样品为检测对象进行胃蛋白酶原I和胃泌素以及幽门螺杆

菌的标志物浓度的测定，但是以获得同一主体的萎缩性胃炎诊断结果为直接目的，该权利要求仍然属于疾病诊断方法。

如果请求专利保护的方法中包括了诊断步骤或者虽未包括诊断步骤但包括检测步骤，而根据现有技术中的医学知识和该专利申请公开的内容，只要知晓所说的诊断或检测信息，就能够直接获得疾病的诊断结果或健康状况，则该方法满足上述“以获得疾病诊断结果或健康状况为直接目的”的条件。

2. 不属于诊断方法的发明

以下几类方法是不属于诊断方法的例子：

① 在已经死亡的人体或动物体上实施的病理解剖方法。

② 直接目的不是获得诊断结果或健康状况，而是：(a) 只是从活的人体或动物体获取作为中间结果的信息的方法，或处理该信息（形体参数、生理参数或其他参数）的方法；(b) 只是对已经脱离人体或动物体的组织、体液或排泄物进行处理或检测以获取作为中间结果的信息的方法，或处理该信息的方法。

需要说明的是，只有当根据现有技术中的医学知识和该专利申请公开的内容，从所获得的信息本身不能直接得出疾病的诊断结果或健康状况时，这些信息才能被认为是中间结果。当前，人体生理指标测量的目的日益多样化，越来越多的生理指标测量法的专利申请直接目的不是获得诊断结果或健康状况，而只是获取中间结果信息。在判断相关测量方法是否属于疾病的诊断方法时，应根据是否以有生命的人体或动物体为对象、以获得疾病诊断结果或健康状况为直接目的这两个条件进行客观判断。例如，健身器械研制中参数设定，可能需要测定使用者在某一状态下的生理参数，这种生理参数测量方法的目的不是诊断疾病，属于获取中间结果信息。

③ 全部步骤由计算机等装置实施的信息处理方法。

需要说明的是，全部步骤由计算机等装置实施的信息处理方法，是为了提高信息处理的准确率，方便信息的识别、存储和传输，采取的核心技术手段通常涉及算法、信息统计分析、信息互联互通、人工智能等技术，计算机提供的结果只是为医生准确诊断疾病和制定治疗方案提供参考，则认为其不属于疾病的诊断方法。

【案例8】皮肤纹理和皱纹的测定方法

权利要求：“皮肤纹理和皱纹的测定方法，包括皮肤硅胶复膜样品的制备和皮肤纹理与皱纹的测量，其中：

“皮肤硅胶复膜样品的制备依次为用超细硅胶在被测部位复膜、经固化稳定后作复膜横断面切片、切片的横断面按顺序排列、制得复膜样品待测；

“皮肤纹理与皱纹的测量为将以横断面按顺序排列的复膜样品的外形轮廓放大摄像并输入计算机，经计算机图像分析系统，逐个测量皮肤复膜样品近皮肤侧表面凸起的高度，测得皮肤纹理与皱纹的深度。”

该申请的直接目的不是获得疾病诊断结果或健康状况，而是测定皮肤纹理和皱纹，属于只是从活的人体获取形体参数信息的方法。根据本领域的现有技术和该申请说明书所公开的内容，从所获得的信息本身不能直接得出任何疾病的诊断结果，也不能得出相关个体的健康状况，因而该方法不属于疾病诊断方法。

【案例9】基于特征选择的心律失常分类方法

权利要求："一种基于特征选择的心律失常分类方法，包括下列步骤：

"（1）对心电图信号进行预处理；

"（2）根据所检测到的R位置，提取形态特征和时频特征，构造原始特征向量；

"（3）计算特征权重，使用ReliefF算法计算原始特征向量中每个特征的权重；

"（4）根据特征权重指导种群初始化，根据个体适应度好坏依据选择概率、交叉概率和变异概率分别进行选择、交叉和变异操作得到下一代，如此反复循环，直到满足最大迭代次数终止条件，然后输出适应度最好的个体作为优选特征；

"（5）根据（4）中选中的优选特征，利用多分类策略将多个二分类器组成识别分类器实现多种心律失常识别，从而辅助医生检测心律失常。"

该申请权利要求请求保护一种基于特征选择的心律失常分类方法，包括对心电图信号预处理、特征提取、特征选择和分类，在特征选择步骤中利用Filter－Wrapper算法对原始特征向量进行特征选择得到最优特征向量。首先，从该方法的内容可以看出，其步骤全部由计算机实施，实质上是一种信息处理方法，通过Filter－Wrapper算法对心电图信号进行分析处理，并对结果进行归类，得到心律失常的分类和识别结果，整个过程并没有也不需要医生的参与；其次，计算机给出的分类和识别结果只能为医生更准确地诊断疾病和制定治疗方案提供参考，并不能据此直接得出具体病人或对象疾病的诊断结果；最后，心律失常发生机制复杂，表现类型多样，与疾病并不存在唯一的对应关系，需要医生根据病人或对象的具体情况并结合其他检查数据，才能给出确定的诊断结果。该申请的方法是用于辅助医生检测心律失常。因此，该方法的直接目的不是获得诊断结果或健康状况，不属于《专利法》第25条第1款第（3）项规定的疾病诊断方法。

（二）疾病的治疗方法

疾病的治疗方法，是指为使有生命的人体或者动物体恢复或获得健康或减少痛苦，进行阻断、缓解或者消除病因或病灶的过程。

1. 属于治疗方法的发明

治疗方法包括以治疗为目的或者具有治疗性质的各种方法。预防疾病或者免疫的方法视为治疗方法。

以下几类方法是属于或者应当视为治疗方法的例子：外科手术治疗方法、以治疗为目的的针灸方法、为预防疾病而实施的各种免疫方法、以治疗为目的的整容方法、处置人体或动物体伤口的方法等。

【案例 10】一种治疗患者肝炎的方法

权利要求为："一种治疗患者肝炎的方法，所述方法包括：鉴定诊断患有肝炎的患者；和将包含一氧化碳的药物组合物给予该患者，所述一氧化碳的量是治疗患者肝炎的有效量。"

该权利要求的技术方案为一种肝炎的治疗方法，其采用含有有效量的一氧化碳的药物对肝炎患者进行治疗，因而属于疾病的治疗方法。

2. 不属于治疗方法的发明

以下几类方法是不属于治疗方法的例子：对已经死亡的人体或者动物采取的处置方法；制造假肢或假体的方法；动物的屠宰方法；单纯的美容方法；为使处于非病态的人或者动物感觉舒适、愉快的方法；杀灭人体或者动物体毛发的细菌、病毒、虱子、跳蚤的方法等。

对于既可能包含治疗目的，又可能包含非治疗目的的方法，应当明确说明该方法用于非治疗目的，否则不能被授予专利权。此外，虽然使用药物治疗疾病的方法不能被授予专利权，但是药物本身属于可专利保护的客体。

【案例 11】美白牙齿的方法

权利要求为："一种用于美白牙齿表面的方法，包括：

"使牙齿的表面与稳定的高 pH 底料溶液接触，该溶液含有具有 pH 大于 8.5 的次氯酸盐；

"使在牙齿表面的高 pH 底料溶液与含有过氧化物的牙齿美白组合物接触；

"在适当的接触和反应时间后，除去所述高 pH 底料溶液和所述牙齿美白组合物。"

在该申请的说明书中，描述了该权利要求的技术方案既可以用于清除色素沉着导致的牙齿色斑（非治疗性的美容目的），又可以用于去除牙菌斑引起的牙齿色斑（预防牙齿疾病的治疗目的）。申请人应当在权利要求中明确限定该方法用于清除色素沉着导致的牙齿色斑，即明确说明该方法用于非治疗目的，否则不能被授予专利权。

（三）外科手术方法

外科手术方法，是指使用器械对有生命的人体或者动物体实施的剖开、切除、缝合、纹刺等创伤性或者介入性治疗或处置的方法。这种外科手术方法不能被授予专利权，无论该外科手术的目的是治疗性的，还是非治疗性的。以治疗为目的的外科手术方法，属于疾病的治疗方法，依据《专利法》第 25 条第 1 款第（3）项的规定不能被授予专利权；而非治疗目的的外科手术方法，依据《专利法》第 22 条第 4 款有关实用性的规定不能被授予专利权。

【案例 12】骨骼打孔的方法和装置

权利要求为："一种通过打孔对外伤断骨进行连接治疗的方法，在手术时用骨骼开孔方向标记的装置对骨骼开孔方向进行标记，并将该装置与安装在机器上的位置确定装置相对准，通过所述机器，实现对骨骼的打孔。"

该方法的目的是提供一种在外伤断骨治疗过程中对骨骼进行打孔的方法，其通过在骨结构中进行开孔方向的标记，利用机器在标记处对骨骼进行打孔，来实现断骨的固定、连接等目的，因而属于以骨连接治疗为目的的治疗方法，属于《专利法》第25条第1款第（3）项规定的不授权的范围。

需要注意的是，如果上述权利要求的技术方案仅仅是在通过拉伸骨骼以达到增高的目的，则不属于疾病的治疗方法，而属于非治疗目的的外科手术方法，应当以不具备实用性拒绝授予其专利权。

【案例13】眼睛美容花边连续缝合法

权利要求为："一种眼睛美容花边连续缝合法，其特征在于缝合过程采用连续方式，对接刀口的缝合线A与刀口垂直，所述缝合线A之间以过渡线B连接。"

上述方法包含在有生命的人体上实施的缝合步骤，是一种外科手术方法。虽然其目的是非治疗性的，不属于疾病的治疗方法，但由于不具备实用性，因而仍不能被授予专利权。

但是，对于已经死亡的人体或者动物体实施的外科手术方法，只要该方法不违反《专利法》第5条，则属于可授予专利权的客体。

四、动物和植物品种

《专利法》所称的动物不包括人，所述动物是指不能自己合成，而只能靠摄取自然的碳水化合物及蛋白质来维系其生命的生物。

《专利法》所称的植物是指可以借助光合作用，以水、二氧化碳和无机盐等无机物合成碳水化合物、蛋白质来维系生存，并通常不发生移动的生物。

（一）动物和植物品种

动物和植物品种不能被授予专利权，既有法律上的原因，也有道德上的考虑。从法律上讲，专利制度保护下的发明必须有人的创造因素，或者与自然因素相比，人的创造应是主要的；从道德上讲，动物和植物是有生命的物体，一般是依生物学的方法繁殖的，而不是人工创造的。世界上许多国家多年来一直采取不用专利保护动物和植物品种的做法，所以在制定我国《专利法》时，也采用了这种传统做法。

动物和植物品种可以通过《专利法》以外的其他法律法规保护。我国于1997年10月1日施行了《植物新品种保护条例》，对植物新品种进行保护。

（二）动物和植物品种的培育、生产方法

根据《专利法》第25条第2款的规定，对动物和植物品种的生产方法，可以授予专利权。但这里所说的生产方法是指非生物学的方法，不包括“主要是生物学的方法”。

1. 非生物学的方法或主要是非生物学的方法

如果动物和植物品种的培育、生产方法属于人的技术介入起主导作用的非生物学的

方法或主要是非生物学的方法，则该种方法可以被授予专利权。非生物学的方法或主要是非生物学的方法的特点是与技术方法相结合，并以技术方法为核心，如生物工程方法，例如采用辐照饲养法生产高产乳牛的方法、改进饲养方法以生产瘦肉型猪的方法。

2. 生物学的方法或主要是生物学的方法

如果动物和植物品种的培育、生产方法属于主要是生物学的方法，则该方法不能被授予专利权。这是因为在生物学的方法中，人的技术介入不起决定性作用，其结果主要受自然条件的影响，因而其结果的可重复性很低，不具备实用性，如获得生物体的生物学方法。

一种方法是否属于“主要是生物学的方法”，取决于在该方法中人的技术介入程度。如果人的技术介入对该方法所要达到的目的或效果起了主要的控制作用或决定性作用，则这种方法不属于“主要是生物学的方法”。

（三）微生物

所谓微生物发明是指利用各种细菌、真菌、病毒等微生物，生产化学物质（如抗生素）或者分解物质等的发明。微生物既不属于动物，也不属于植物，因而微生物不属于《专利法》第25条第1款第（4）项所列的情况。微生物和微生物学方法都属于可专利保护的客体。

五、原子核变换方法和用原子核变换方法获得的物质

原子核变换方法以及用该方法所获得的物质关系到国家的经济、国防、科研和公共生活的重大利益，不宜为单位或私人垄断，因此不能被授予专利权。

（一）原子核变换方法

原子核变换方法，是指使一个或几个原子核经分裂或者聚合，形成一个或几个新原子核的过程，例如完成核聚变反应的磁镜阱法、封闭阱法以及实现核裂变的各种方法等。这些变换方法是不能被授予专利权的。

这里应当注意，原子核变换方法不包括为实现原子核变换而增加粒子能量的粒子加速方法，如电子行波加速法、电子驻波加速法、电子对撞法、电子环形加速法，这些方法属于可给予专利保护的客体。

但是，为实现原子核变换方法的各种设备、仪器及其零部件等，均属于可被授予专利权的客体。

（二）用原子核变换方法获得的物质

用原子核变换方法获得的物质，主要是指用加速器、反应堆以及其他核反应装置生产、制造的各种放射性同位素，这些同位素不能被授予专利权。

但是，各种同位素的用途以及使用的仪器、设备均属于可被授予专利权的客体。

六、主要起标识作用的平面印刷品外观设计

根据《专利法》第25条第1款第（6）项的规定，对平面印刷品的图案、色彩或者二者的结合作出的主要起标识作用的设计不授予外观设计专利权。

该项规定目的在于鼓励设计人将其创新能力更多集中到产品本身外观的创新上，提高我国对产品本身外观的创新水平，尽量减少外观设计专利权与商标专用权、著作权之间的交叉与冲突。

该规定是针对外观设计专利，本章不作详细说明。

第五节　根据《专利法实施细则》第11条不授予专利权的申请

专利权是法律赋予发明创造所有人的一项民事权利，诚信原则是民法最重要的基本原则之一。根据《专利法》第20条的规定，申请专利和行使专利权应当遵循诚实信用原则。《专利法实施细则》第11条进一步明确，提出各类专利申请应当以真实发明创造活动为基础，不得弄虚作假。《专利审查指南2023》第2部分第1章第5节规定，对发明专利申请是否符合《专利法实施细则》第11条规定的审查，适用《规范申请专利行为的规定》。例如，申请专利不能通过抄袭、伪造等手段获得专利权。

思考题

1. 发明创造违法、发明创造不违法但其滥用违法，以及仅发明创造的实施被法律所禁止，三者之间有何区别？

2. 智力活动的规则和方法与技术方案的本质区别是什么？

3. 为什么疾病的诊断和治疗方法不能被授予专利权？

第四章　实用性审查

教学目的

通过本章的学习，能够掌握实用性的法律概念及审查原则和审查基准，把握实用性的审查顺序，能够区分实用性审查与根据《专利法》第26条第3款的审查在适用范围上的不同。

第一节　实用性的概念

《专利法》第22条第1款规定："授予专利权的发明和实用新型，应当具备新颖性、创造性和实用性。"新颖性、创造性和实用性是发明专利申请被授予专利权所必须满足的重要条件，也是发明专利审查的实质性内容。具备新颖性、创造性和实用性也是各国专利法公认的授权条件。

建立专利制度的目的是鼓励发明创造，有利于发明创造的推广应用。从这一宗旨出发，发明不能只是停留在理论和思维层面上，而必须能够在实践中加以应用，因此授予专利权的发明应当具有实用性。

《专利法》第22条第4款规定："实用性，是指该发明或者实用新型能够制造或者使用，并且能够产生积极效果。"

一、能够制造或使用

一项发明要取得专利保护，首先必须是适于实际应用的发明。对于产品发明来说，就是要在产业中能够制造出来，并且能够解决技术问题；对于方法发明来说，就是要在产业中能够使用，并且能够解决技术问题。只有满足上述条件的产品或者方法发明才可能被授予专利权。

二、产业

所谓产业，具有广义的含义，可以理解为包括利用自然规律、具有技术性质的任何领域，例如工业、农业、林业、水产业、畜牧业、交通运输业以及文化体育、生活用品和医疗器械等行业。由此可见，专利法意义上的"产业"几乎涵盖了所有的行业。

在产业上能够制造或者使用的技术方案，是指符合自然规律、具有技术特征的任何可实施的技术方案。

三、积极效果

能够产生积极效果，是指发明专利申请在提出申请之日，其产生的经济、技术和社会效果是所属技术领域的技术人员可以预料到的，并且这些效果应当是积极的和有益的。积极效果不是苛求十全十美、完美无缺的效果，也不要求发明高度完善、毫无缺陷。只要发明在技术上没有明显倒退或者整体变劣，也并非明显无益、脱离社会需求，即使还存在缺点（如，药物的毒副作用），也不影响认为该发明具有“积极效果”。也就是说，实用性对积极效果的要求基本上是一个正面定性的要求，因为任何发明创造都不是完美无缺的，都会有缺陷。例如，洗衣机从手摇发展到电动，从单缸发展到双缸，现在又发展到单缸全自动，自动化程度越来越高，但是在缺乏电力的边远地区，全自动洗衣机则发挥不了洗衣机的作用，而原始的手摇洗衣机反而能发挥作用。在审查专利申请的实用性时，只需要考虑发明对本领域的整体技术而言是否具有正面的效果，不应以其可能存在的不足之处否定其整体的正面效果。

第二节　实用性的审查

一般来说，在对发明专利申请进行审查时，应当在审查新颖性和创造性之前先判断其是否具备实用性。因为如果发明缺乏实用性，审查员就可以直接得出不能授予专利权的结论，而无须通过检索对其新颖性和创造性进行判断。由于检索是一件工作量很大的事情，避免不必要的检索可以节约程序、提高效率、缩短审查周期，符合程序节约原则。

一、审查原则

审查发明专利申请的实用性时，应当遵循下列原则。

1. 以申请日提交的说明书（包括附图）和权利要求书所公开的整体技术内容为依据，而不仅仅局限于权利要求所记载的内容

《专利法》第22条是对权利要求的限制，因此通常认为《专利法》第22条的审查对象是权利要求请求保护的技术方案。实用性是《专利法》第22条第4款规定的内容，因此对于实用性的审查，在一般情况下，其审查对象也着重于权利要求请求保护的技术方案。

一方面，有些申请，仅仅通过权利要求书就可以发现其在实用性方面存在的问题，例如那些明显不能在产业中制造或者使用、明显无益的发明或者实用新型。这时，仅需要审查权利要求书以确定是否存在实用性缺陷。

但另一方面，技术方案能否在产业上实施并产生积极效果，需要结合说明书及附图公开的内容加以判断，在审查实践中往往更易于、甚至只能从说明书中发现缺乏实用性的关键症结所在。因此，当仅根据权利要求书的记载难以判断技术方案是否具备实用性时，需要结合说明书及附图公开的内容进行审查。例如对于某装置权利要求，仅从权利要求的内容来看，每个部件、相互之间的连接关系等都会写得非常详细，可能并不能看出有什么问题，但是通过阅读说明书，了解了其工作原理后，可能会发现实质是违背自然规律的“永动机”类的技术方案，不具有实用性。

2. 实用性与所申请的发明是怎样创造出来的或是否已经实施无关

要求发明具有实用性，并不是要求该发明在申请时已经实际制造或者使用，只要根据说明书的内容，本领域技术人员能够从理论上得出该发明能够在产业上制造或者使用并产生积极效果的结论即可。

二、审查基准

《专利法》第22条第4款所说的“能够制造或使用”是指发明的技术方案具有在产业中被制造或使用的可能性。满足实用性要求的技术方案不能违背自然规律并且应当具有再现性。因不能制造或使用而不具备实用性是由技术方案本身固有的缺陷引起的，与说明书公开的程度无关。

具体来说，一项专利申请因不能在产业上制造或者使用而不具有实用性，是由客观性原因导致的。这里所述的客观性原因主要是指取决于发明自身的性质、受制于客观规律而人的主观意志无法左右的原因。例如违背自然规律的所谓发明不具备实用性。

也就是说，没有实用性的发明，即使说明书撰写得再清楚、完整，也不可能满足实用性的要求。而一项专利申请因说明书未对发明进行清楚、完整的说明以致不能实现而不符合《专利法》第26条第3款的规定，通常是由主观的人为因素导致的。例如原本能够实现的发明，因申请文件撰写不合要求，或者由于发明人、申请人有意保留技术秘密，而导致专利申请未被充分公开，对于这种情况，应根据《专利法》第26条第3款的规定来处理。因此，《专利法》第26条第3款的“所属技术领域的技术人员能够实现”是说明书充分公开应达到的标准。以下是不具备实用性的几种主要情形。

1. 无再现性

具有实用性的发明专利申请主题，应当具有再现性。反之，无再现性的发明专利申请主题不具备实用性。

再现性，是指所属技术领域的技术人员，根据公开的技术内容，能够重复实施专利申请中为解决技术问题所采用的技术方案。这种重复实施不得依赖任何随机的因素，不应因人和因时而异，并且实施结果应该是相同的。

需要注意的是，发明产品的成品率低与不具有再现性具有本质区别。前者是能够重复实施，只是由于实施过程中未能确保某些技术条件（例如环境洁净度、温度等）而成品率低；后者则是在确保发明或者实用新型专利申请所需全部技术条件下，所属技术领域的技术人员仍不可能重现该技术方案所要求达到的结果。

2. 违背自然规律

具有实用性的发明专利申请应当符合自然规律。违背自然规律的发明专利申请是不能实施的，因此不具备实用性。违背能量守恒定律的发明专利申请，例如永动机，是不具备实用性的典型实例。

3. 利用独一无二的自然条件的产品

具备实用性的发明不得是由自然条件限定的独一无二的产品，应当对自然条件具有普适性，即不得依赖独一无二的自然条件，不能因地而异。应当注意的是，不能因为上述利用独一无二的自然条件的产品不具备实用性，而认为其构件本身也不具备实用性。典型的例子就是虽然需要利用特定的自然条件建造的固定建筑物不具备实用性，但是构成该固定建筑物的通用建筑构件并不属于利用独一无二的自然条件的产品，因此这样的构件具备实用性。

4. 人体或者动物体的非治疗目的的外科手术方法

外科手术方法，是指使用器械对有生命的人体或者动物体实施的剖开、切除、缝合、纹刺等创伤性或者介入性治疗或处置的方法。外科手术方法包括治疗目的和非治疗目的的手术方法。无论是以治疗为目的的外科手术方法，还是非治疗目的的外科手术方法，都是以有生命的人或动物为实施对象，无法在产业上使用。不同的是，以治疗为目的的外科手术方法属于“疾病的诊断和治疗方法”，适用《专利法》第25条第1款第（3）项的规定，排除在可授权客体的范围之外。非治疗目的的外科手术方法，按不符合《专利法》第22条第4款的规定予以排除。例如，为美容而实施的外科手术方法，或者采用外科手术从活牛身体上摘取牛黄的方法（注意，这里的目的是摘取牛黄作为药材，若以治疗牛胆结石症为目的，采用外科手术从活牛身体上摘取牛黄的方法，则属于治疗目的的外科手术方法），以及为辅助诊断而采用的外科手术方法都属于非治疗目的的外科手术方法，不具备实用性。

另外，外科手术方法中所使用的产品以及该产品的制造方法，一般具备实用性，可以被授予专利权。

5. 测量人体或者动物体在极限情况下的生理参数的方法

测量人体或者动物体在极限情况下的生理参数需要将被测对象置于极限环境中，这会对人或者动物的生命构成威胁。不同的人或者动物个体可以耐受的极限条件是不同的，需要有经验的测试人员根据被测对象的情况来确定其耐受的极限条件，因此这类方法无法在产业上使用，不具备实用性。例如以下测量方法属于不具备实用性的情况：

① 通过逐渐降低人或者动物的体温，以测量人或者动物对寒冷耐受程度的测量方法；

② 利用降低吸入气体中氧气分压的方法逐级增加冠状动脉的负荷，并通过动脉血压的动态变化观察冠状动脉的代偿反应，以测量冠状动脉代谢机能的非侵入性的检查方法。

6. **无积极效果**

具备实用性的发明应当能够产生预期的积极效果。需要注意的是，对于积极效果的理解，不能依据发明是否被社会采用或者产生足够的经济效益；采用反面排除的方式来理解积极效果更易于把握：明显无益、脱离社会需要的发明不能产生预期的积极效果，不具备实用性。事实上，尽管发明没有被社会采用或在实施后未产生足够的经济效益，但它们的技术方案是能产生积极效果的。例如对于爱迪生所发明的第一只灯泡，其寿命短到无法被社会采用或产生经济效益，但该积极效果及其可能具有的前景却是必须肯定的。基于上述考虑，在审查实践中指出由于不能产生积极效果而不具备实用性的缺陷时要十分谨慎。

第三节　实用性审查案例

一、“磁能电池”案例

（一）申请文件

1. **权利要求书**

一种磁能电池，其包括外壳，电池的正、负极，其特征在于：电池的主体为实心柱形的永磁体（1）和其内部的涡旋磁场（2），实心柱形的永磁体（1）的两个端面为平面，在其中一个端面的中心凸出一个可作为电池正极或负极的触点（3）。

2. **说明书**

磁能电池

本发明涉及一种磁能电池。它通过在实心柱形永磁体内部形成的涡旋磁场对运动电子自身的磁场做功，使电子沿涡旋磁场的轴做定向运动而产生电动势，属于电磁感应技术领域。

目前常见的电动势源除发电机外，均为各类电池。有蓄电池、干电池（包括纽扣电池）、燃料电池、太阳能电池等。蓄电池、干电池、燃料电池均属于化学电源，太阳能电池是直接把光能转变为电能。这些电池在各行各业以及我们的日常生活中发挥着重大的作用。但是它们无论是在制造过程中，还是在使用过程中都仍存在着一些不足，如化学电池在制造过程中，仍显复杂，在使用时只能一次性使用，即便是充电电池，也有一定的使用寿命。

本发明正是为了解决现有技术中的不足之处，而提出了一种磁能电池。这种电池直接利用磁能获得电能，制造简单并可以重复使用。

本发明的目的是这样实现的：

本发明的磁能电池，它包括外壳，电池的正、负极，电池的主体为实心柱形的永磁体和其内部的涡旋磁场，实心柱形的永磁体的两个端面为平面．在其中一个端面的中心凸出一个触点，作为电极的正极或负极。

本发明还可以通过以下步骤进一步实现：

磁能电池的实心柱形的永磁体最好是圆柱形。实心柱形的永磁体内部的涡旋磁场是圆心与柱轴同心，磁感应强度B的方向与柱轴垂直且绕轴的圆环。

本发明与现有技术相比具有如下优点：第一，直接利用磁能获得电能，省去化学电池在生产过程中的一些工序，便于制造；第二，磁化过程即是充电过程，可以重复使用；第三，磁能电池无电后，不会像化学电池那样流出电解液而损坏电器。

本发明共有2幅附图；其中图1为本发明的最佳实施例，亦可作说明书摘要的附图。

图1为本发明的结构示意图。

图2为本发明涡旋磁场的示意图。

下面结合附图对本发明的最佳实施方式作进一步描述：

本发明的最佳实施方式如图1所示，磁能电池的外壳4由绝缘体构成，覆盖在实心柱形的永磁体1的柱面上。实心柱形的永磁体1的两个端面为平面，在其中一个端面的中心凸出一个触点3，作为磁能电池的正极（或者负极）。其实心柱形的永磁体1的横截面最好是圆形，也可以是近似圆形的多棱形或椭圆形。实心柱形的永磁体1的长度和直径一般根据需要来确定。如图2所示，实心柱形的永磁体1内部的涡旋磁场2为与柱轴垂直且绕轴的环形磁场，其圆心与该永磁体柱轴同心。

磁能电池的制造方法的核心是将实心柱形的永磁体1按要求磁化，在其内部产生与柱轴同心、与柱轴垂直，且绕轴的环形涡旋磁场。磁化的方法是实心柱形的永磁体1的轴心与外磁场的轴心重合置于涡旋状的外磁场中磁化，使永磁体剩余磁化强度Br值最大。实心柱形的永磁体柱可以铸造成形或轧制。

实现本发明的最好方式是选择磁阻MR、矫顽力Hc值都高的材料制造实心柱形永磁体。

本发明的磁能电池结构简单，便于制造，可以重复使用。因此，具有很高的实用价值。

3. **附图**

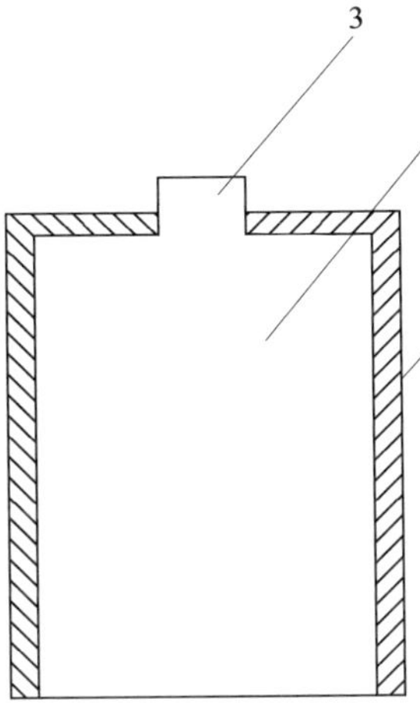

图 1

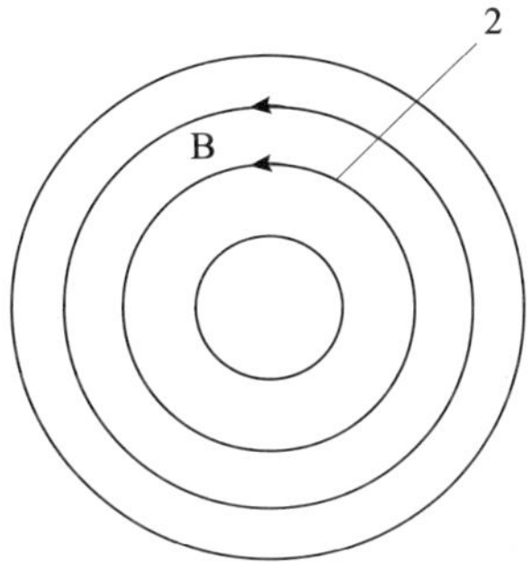

图 2

（二）实用性审查

① 分析该申请的磁能电池能否制造或使用，即能否产生感应电流。根据法拉第电磁感应定律，在闭合回路中产生感应电动势从而产生感应电流的必要条件是，穿过该回路的磁通量 ϕ（磁力线）随时间 t 发生变化，即磁通量的时间变化量 $\mathrm{d}\phi/\mathrm{d}t \neq 0$。而该申请的永磁体的磁通量 ϕ 是静态的，不随时间发生任何变化，即 $\mathrm{d}\phi/\mathrm{d}t = 0$。所以，无论该永磁体的磁化取向如何，也就是即使存在所谓的涡旋磁场，也不能产生感生电流，即不可能构成电池。

② 对说明书第一自然段记载的所谓原理进行分析，即分析永磁体内部的涡旋磁场（磁化取向）能否对运动电子自身的磁场做功，能否使电子沿涡旋磁场的轴做定向运动而产生电动势。为此，首先要介绍以下两个基本知识。

（a）磁性来源。根据经典磁学理论，物质中绕原子核旋转的电子相当于一个微小的电流环，这个电流环即可产生一个磁矩（磁场），称为电子轨道磁矩 μ。永磁材料中的大量电子轨道磁矩可以被定向排列，其宏观效果即是永磁体的磁性能。

（b）洛伦兹力。根据经典电动力学，磁场确实能够对运动电子施加力，即洛伦兹力，该力始终垂直于电子的运动方向，所以不能对运动电子做功但可以改变电子的运动方向。但是，这种磁场相对于运动电子来说必须是外磁场，而不能是来源于运动电子。

由于永磁体的磁场（磁性）就来源于运动电子的轨道磁矩，对运动电子来说并不是外磁场，两者是因果关系，所以永磁体的磁场不可能对自身的运动电子施加力，也就不可能使电子做定向运动而产生电动势，更不可能对运动电子自身的磁场做功。说明书的上述记载是不能成立的。

③ 从上述两方面分析，都证实了该申请的所谓磁能电池至多是一个永磁体，不可

能输出电流，不可能构成电池，无法在产业上制造并产生预期的积极效果，所以该申请不具有实用性。

二、“电磁加热消磁装置”案例

（一）申请文件

1. 权利要求书

一种电磁加热消磁装置，其特征在于：包括一具有两个直立开放端的U形铁心，在这两个直立开放端上各绕有线圈，这两个线圈的一端相互连接，另一端分别与一交流电源连接，以向线圈提供预定频率的交流电压，这两个线圈同时使U形铁心的两个开放端产生交错变化的磁力线，使得放置在此处的导磁性物体发热或退磁。

2. 说明书

电磁加热消磁装置

本发明涉及一种电磁装置，特别涉及一种应用于金属加热或对已磁化的物品进行迅速消磁的装置。

本发明应用于金属加热方面分为两种用途，一种为工业上的加热用途，另一种为商业应用的加热用途。在工业上的加热用途主要是用于轴承装配：加热使轴承体积膨胀而内孔扩大以有利于装配到轴上。在商业应用方面，主要是用于加热食物或饮水，以不同于现有电磁炉构造而达到相同加热功能与目的。本发明还可用于已磁化产品的消磁，例如对录音带、录影带迅速消磁使其成为空白带，或对工业产品零件迅速消磁等。

目前常见的作为商业用途的电磁加热炉，是将交流电源转换为直流电源，再以极复杂的控制电路使电源作高频（约30kHz）切换，该电流通过一感应线圈产生交变磁场，利用该交变磁场感应其上方的锅具容器发热而加热食物，其整体控制电路十分复杂，制造成本高。

关于消磁方面，工业产品制造过程中有些元件会带有磁性，必须予以消磁，通常的消磁装置是利用电子电路控制电路切换使流经一线圈内的电流方向交替改变，且在切换过程中逐步降低施于该线圈之电压大小，终至零电压为止，也就是使其磁滞回路形成曲线面积逐渐缩小至原点，从而达到消磁效果。这种消磁装置也预设有复杂的电子控制电路，当然也增加了消磁装置的造价和成本。

本发明的主要目的在于提供一种电磁加热消磁装置，应用电磁原理以简单的结构设计达到对金属元件的加热及消磁作用，即以较低成本提供一种简易的金属加热装置或物品消磁装置。

本发明的次要目的在于提供一种电磁加热消磁装置，无需特殊控制电路，其结构简单、体积小、使用方便及故障率低。

本发明电磁加热消磁装置包括一U形铁心，其由多片U形矽钢片叠合而成，该铁心具有开放两端，在这两端上各绕有适当圈数的线圈，这两个线圈的缠绕方向相同，也就是同为顺时针方向或逆时针方向缠绕，这两个线圈的一端相互连接，另一端分别与一交流电源连接，而使该U形铁心的开放端产生交错式磁场，也就是铁心的开放端同时产生两个不同方向的磁力线，且这两个不同方向磁场依交流电源交错变化。该铁心开放端之间可置入一导磁铁棒，以集中磁力线导通方向，该铁棒上穿套一轴承则可迅速感应加热至设定温度。该U形铁心上方可置放一非导磁性板，该非导磁性板顶面可供置放导磁性金属容器以感应该交错式磁场而迅速发热以加热容器内的食物或饮水。如果若将已磁化物品通过该U形铁心开放端的交错磁场区，则可以使磁化物品的规则性分子排列变得错乱而达到消磁目的。

有关本发明的详细结构、组成方式及特点，可由以下实施例配合附图详细说明而得到充分了解。

图1是本发明的一种电磁加热消磁装置的等效电路结构及磁路示意图；

图2是本发明电磁加热消磁装置加上负载的磁路示意图；

图3是本发明的一个应用例加热轴承的示意图。

首先，如图1所示，该发明电磁加热消磁装置的结构包括由多片U形矽钢片堆叠而成的一U形铁心10，其两直立开放端11、12上分别绕有两组线圈L1、L2，该两组线圈L1、L2一端相互连接，另一端分别连接到一交流电源VAC，当该交流电源接入一预定频率变化的电源（例如60HzVAC）时，该U形铁心10的两开放端11、12间产生一交变磁场$\phi1$、$\phi2$，该交变磁场大小随着该交流电源VAC的电压电流大小及频率多少而改变。

上述电磁加热消磁装置是利用两线圈L1、L2与电源VAC间连接，使两组线圈L1、L2对电源而言同属一侧，而使得U形铁心的开放端直接产生交变磁场，利用该交变磁场从而达到加热金属或消磁的目的。

如图2所示，当该U形铁心10的两开放端之间置放一直杆铁棒14时，则两开放端11、12间的磁交错磁力线$\phi1$、$\phi2$集中通过该直杆铁棒14，且由于该直杆铁棒14与该U形铁心10的开放端11、12相接触的截面积A1约为该开放端11、12铁心截面积的三分之一，因而引导磁力线更集中通过该直杆铁棒14。当在该直杆铁棒上穿套金属元件时，将使该金属元件感应产生涡电流而加热该金属元件。

如图3所示，在直杆铁棒14上穿套有一轴承15，当连接电源VAC通入交流电源，该两开放端11、12间产生的交变磁力线$\phi1$、$\phi2$通过该直杆铁棒14及轴承15而产生感应涡电流加热该轴承15，其加热时间及温度由电源VAC的电压、电流及频率大小调节，因此可控制轴承加热至适当温度，例如200℃左右，从而可使其内孔孔径扩大，得以容易地将该轴承15装配到一轴上进行定位，有利于轴承的精确安装。

对上述的实施例进行说明时均省略了外观壳体，但已可充分了解本发明的电磁加热消磁装置的结构及其应用，其以简单的结构设计得以广泛应用于工商业界及日常生活的加热及消磁用途，并且设计上完全不同于现有的电磁加热或消磁装置。当然，上述实施例仅为举例说明，本发明的保护范围包括其他等效应用。

3. 附图

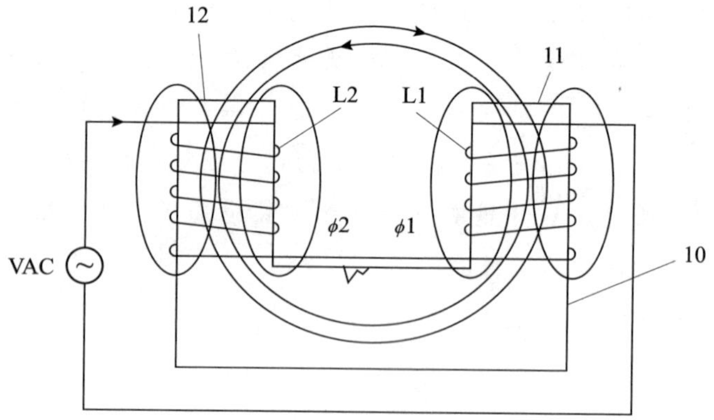

图 1

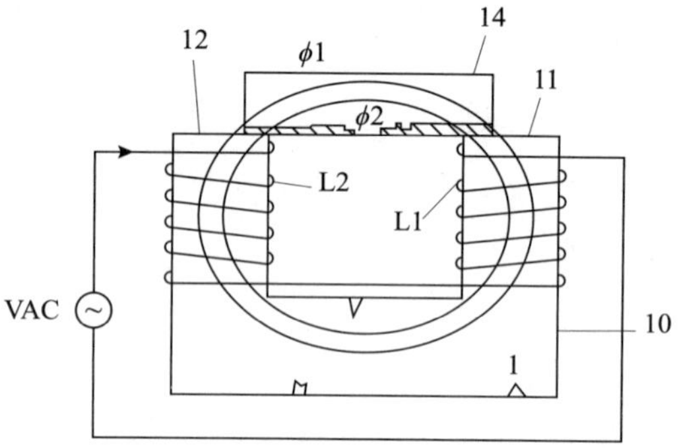

图 2

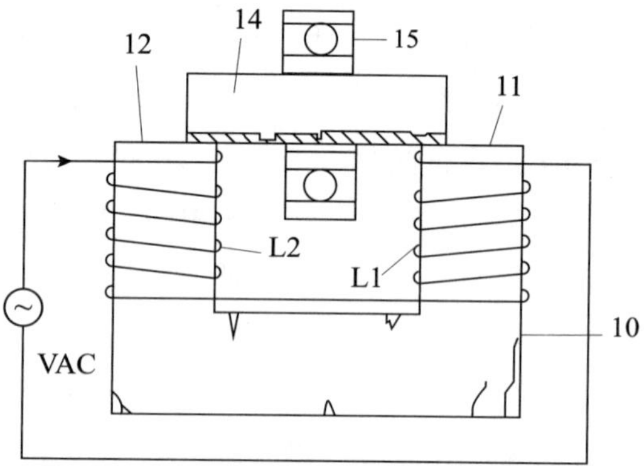

图 3

（二）实用性审查

该申请涉及电磁感应加热的基本原理，希望利用铁心开放端的交变磁场（磁力线）在金属导体内产生涡（电）流，从而使金属导体产生焦耳热或者使磁体消磁。

但是，该申请将两个线圈设置成分别产生不同方向的磁场，由于磁场是矢量场，因此铁心开放端的有效磁场是这两个方向相反的磁场的叠加，结果相互抵消，并不能产生有效的交变磁场，使得该电磁装置只能消耗电能而无法加热金属导体或者使磁体消磁。

因此，尽管该申请的电磁装置可以制造并通电操作，但是却只能耗电而无法产生预期的加热或消磁效果，不能解决该申请要解决的技术问题，明显无益，所以该申请不具有实用性要求的积极效果，不具备实用性。

三、“溴管发电机”案例

（一）申请文件

1. 权利要求书

1. 一种发电装置，其包括一个管状密闭容器和利用该容器顶部和底部温差进行发电的装置，其特征在于：所述容器内底部盛有液态溴，所述容器内侧壁由不适合凝露的材料制成，顶面由适合凝露的材料制成，所述容器内完全由氡气填充，所述容器与外部热交换良好。

2. 如权利要求1所述的发电装置，其特征在于：所述容器内底面装有散热片，其高度低于液面。

3. 如权利要求1所述的发电装置，其特征在于：所述容器内顶面装有悬垂尖针阵列。

2. 说明书

溴管发电机

本发明涉及一种发电装置，特别涉及一种利用自发产生的温差进行发电的装置。

本发明的发电装置包括一个管状密闭容器和利用该容器顶部和底部温差进行发电的装置，其特征在于：上述容器内底部盛有液态溴，容器内侧壁由不适合凝露材料制成，顶面由适合凝露材料制成，容器内完全由氡气填充，容器与外部热交换良好（内底面可带散热片，高度低于液面，顶面可带悬垂尖针阵列，方便溴液珠滴落）。

由于利用温差进行发电已是本领域的成熟技术，本发明并未在这个方面进行改进，因此在此仅对管状密闭容器如何自发产生温差进行阐述。

将本发明的发电装置放置在室温环境中，由于溴液的蒸发，管状密闭容器的底面会损失热量，而溴分子量远小于氡，因此会自发上升至容器上部，当容器内底面附近溴蒸气饱和时，上部就会已经过饱和，由于侧面不适合凝露，溴蒸气只能在顶面凝结为溴液，尖针使溴液滴容易滴下，溴蒸气凝结时放热，这样，容器的上表面获得热能，而底面损失热能，造成顶面与底面产生温差，带动温差发电装置发电。

由于氡使溴蒸气在容器内分布不均衡，容器内顶部溴蒸气饱和时，液面溴蒸气还是未饱和的，蒸发将持续，顶面虽然温度高，但相应蒸气会达到过饱和，且顶面由适宜凝露材料制成，溴蒸气可以在温度稍高的顶面凝结，因此容器内溴的蒸发—凝结过程可以持续。也就是说，可以利用本发明的装置进行持续发电。

需要注意，本发明的装置不是永动机！如果不了解容器内工作机制，很容易把它与第二类永动机混淆。实际上，由于重力的存在，地球在接受太阳辐射的同时，也一直在以各种方式向外输送能量，包括地表辐射、水循环等方式。本发明的溴管发电机与水循环散热原理相同，不过是用特殊装置使这种过程在比较小的范围里加剧并利用由此造成的温差进行发电。打个形象的比方，水力发电站截获的是水的重力势能，而溴管发电机截获的是温差势能。

本发明靠地球重力和工作物质相变来工作，由于巧用能量状态的非记忆性，使得这个“能量陷阱”可以源源不断从开放的环境吸收热能（假定环境相对溴管发电机而言无穷大）转变为电能，这是以前人类未尝试过的，而且由于对“永动机”的严厉批评，任何向这个方向做的努力都被视为骗术。本发明的成功将对能源、环保有非常重要的意义。对热力学第二定律的适用范围也可以再审慎反思。

（二）实用性审查

该申请的发电装置不具有实用性，不符合《专利法》第22条第4款的规定，理由如下：

热力学第二定律的一种表述为：不可能从单一热源吸收热量，使之完全变成有用功而不产生其他影响。如果按照申请人的表述，该申请管状密闭容器中的溴－氢体系能够稳定地进行循环，产生持续温差从而实现发电，该发电装置就是源源不断从单一热源——大气中吸收热量转变为电能（有用功）而不产生其他影响，则与热力学第二定律矛盾。虽然申请人声称其发电装置不同于第二类永动机，但该发电装置实质上就是一种热力学第二定律认为不可能实施的第二类永动机，属于违背自然规律而不具备实用性的情形。

与申请人类比的利用地球上水循环进行发电不同，利用地球上水循环发电本质上是太阳能向电能转化的过程，并不是从单一热源吸收热量转变为有用功。

经分析可知，申请人得出错误结论的原因主要是片面地运用了非理想气体的性质。如果将溴蒸气、氢气都看作理想气体，那么它们的垂直分布、分压、饱和蒸气压等都不受重力的影响。也就是说，平衡态的液溴表面蒸气压与容器顶部的蒸气压相等，管状密闭容器两端的温差为0。而如果将溴蒸气、氢气都看作实际的非理想气体，考虑重力的影响，那么不仅存在如申请人所述的由于溴分子量小于氢而产生的容器顶部的溴氢分压比高于底部的情形，而且也存在申请人没有提及的顶部总压强比底部低的情形等。综合重力的所有影响，达到平衡态时，该申请的管状密闭容器两端的温差也必然为零。

最后，对该申请所述的发电装置可能实现的实际效果进行分析可知，如果按照申请人描述的起始状态出发，由于该状态不是一个平衡态，在向平衡态转化的过程中确实可以在管状密闭容器两端产生温差，但是可以预见该体系在趋于平衡态的过程中，管状密闭容器两端的温差也会逐渐减小。因此利用该申请的管状密闭容器并不能产生稳定持续的、有实际应用价值的温差以供发电。也就是说，可以预见该申请的发电装置不可能在产业上制造以解决持续发电的技术问题。

思考题

1. 如何区分实用性的“能够制造或使用”与《专利法》第26条第3款的“所属技术领域的技术人员能够实现”?

2. 对于产品发明和方法发明而言,两者的实用性要求有何异同?

第五章　新颖性审查

教学目的

通过本章的学习，能够正确掌握新颖性的法律概念及其基本审查方法，能够准确地确定现有技术和抵触申请，清楚地了解新颖性审查应包含的内容，准确掌握单独对比的原则，了解宽限期的规定和效力，学会运用《专利法》第9条的规定审查同样的发明创造的方法。

第一节　新颖性的概念

《专利法》第22条第1款规定了授予专利权的发明或者实用新型应当具备新颖性、创造性和实用性。根据该条款，一项发明或者实用新型要想获得专利权，必须是一项新的发明创造。为了清楚地了解《专利法》规定中的新颖性概念并对发明或者实用新型的新颖性作出正确的判断，应当理解和掌握新颖性的定义以及该定义中所涉及的一些术语。

《专利法》第22条第2款规定："新颖性，是指该发明或者实用新型不属于现有技术；也没有任何单位或者个人就同样的发明或者实用新型在申请日以前向国务院专利行政部门提出过申请，并记载在申请日以后公布的专利申请文件或者公告的专利文件中。"该条款实质上包括了两部分的内容，既规定了具备新颖性的发明或者实用新型应当与《专利法》第22条第5款所规定的现有技术不同，还规定了具备新颖性的发明或者实用新型也应当与申请日以前由任何单位或者个人向国务院专利行政部门提出申请并记载在申请日以后（含申请日）公布的专利申请文件或者公告的专利文件中的发明或者实用新型（下文称为"抵触申请"）不同。

下面先对《专利法》第22条第2款中涉及的一些术语作详细的介绍。

一、申请日

申请日是审查一项发明或者实用新型时所考虑的一个重要的时间界限。根据《专利法》第22条第2款，判断一项发明或者实用新型是否具备新颖性，需要将专利申请中要求保护的技术方案与申请日以前的现有技术或者抵触申请进行对比。

《专利法》第28条对专利法意义上的申请日作了明确的规定，即“国务院专利行政部门收到专利申请文件之日为申请日。如果申请文件是邮寄的，以寄出的邮戳日为申请日”。《专利审查指南2023》第5部分第3章第2.3.1节规定了确定申请日的具体情形：电子申请以符合要求的申请文件进入专利局指定的特定电子系统的日期为申请日。向专利局受理部门窗口直接递交的专利申请，以收到日为申请日；通过邮局邮寄递交到专利局受理部门的专利申请，以信封上的寄出邮戳日为申请日；信封上无寄出邮戳或者寄出的邮戳日不清晰或者异常的，以专利局受理部门收到日为申请日。通过速递公司递交到专利局受理部门的专利申请，以收到日为申请日。邮寄或者递交到专利局非受理部门或者个人的专利申请，以受理部门实际收到日为申请日。《专利法实施细则》第12条还规定“除专利法第二十八条和第四十二条规定的情形外，专利法所称申请日，有优先权的，指优先权日”。因此，《专利法》第22条中所称申请日，有优先权的，指优先权日。关于优先权的概念在后面的章节中将作更详细的介绍。

二、现有技术

根据《专利法》第22条第5款的规定，现有技术，是指申请日以前在国内外为公众所知的技术。

由此可知，所谓的现有技术都与公开有关。所以，现有技术的本质在于公开，即现有技术应当是公众能够得知的技术，或者说应当处于能够为公众获得的状态，这是一个必须满足的基本条件。也就是说，构成现有技术的公开只需使公众想要知晓即能得知、想要获取即能通过正当的途径得到就足够了，并不要求公众必须已经得知，或者必须已经获得，也并不要求公众中的每一个人必须都已经得知。这里，确定某项技术是否构成专利法意义上的现有技术，关键在于证实其是否“能够得知”，而不论其是否“已经得知”，一旦确定某项技术已经处于“能够得知”的状态，就可以认定它满足了“公开”的条件。例如，公共图书馆登记上架的技术书籍，公众若想从中了解感兴趣的实质内容，均可通过阅览、借阅而得知。由于书籍中记载的技术内容处于能够为公众获得的状态，故这种技术满足公开的条件，如果这一公开发生在某申请的申请日以前，就构成相对于该申请的现有技术。

应当注意，《专利法》第22条第5款中的“公众”不是指数量意义上的人群，而是指不受特定条件限制的任何人或者称为“非特定人”。顾名思义，“非特定人”是相对于“特定人”而言的，此处所述的“特定人”是指明示或默示应当负有保密义务的人。处于保密状态而使得公众无法得知的技术，由于不具有公开的性质，因此不属于现有技术。所谓保密状态，不仅包括受保密规定或协议约束的情形，即明示保密的情形，而且包括社会观念或者商业习惯上被认为应当承担保密义务的情形，即默契保密的情形。但是，如果负有保密义务的人违反规定、协议或者默契而泄露秘密，导致技术内容处于公开状态，使公众能够得知，并且该行为发生在申请日之前，则这些被泄密的技术也构成了现有技术。

现有技术与公开时间有关，可以有多种公开方式，无地域限制，以下分别予以说明。

（一）时间界限

以申请日作为认定是否构成现有技术的时间界限，享有优先权的申请以优先权日为界限，申请日之前公开的技术内容都属于现有技术，而申请日之后（包括申请日）公开的技术不构成现有技术。

（二）公开方式

根据《专利法》第22条第5款的规定，现有技术的公开方式包括以下三种。

1. 出版物公开

专利法意义上的出版物是指记载有技术或设计内容的独立存在的传播载体，并且应当表明或者有其他证据证明其公开发表或出版的时间。这是实质审查程序中使用最多的现有技术形式。

对于专利法意义上的出版物的理解，主要从以下三个方面来把握。

① 出版物的载体必须是独立存在的，而不能依附于其他载体，也就是说公开的出版物应该是自成一体的独立证据。

② 出版物的载体应该是用于传播目的的，不应仅仅是用于记载的，并且这种载体应当贯穿于传播的全过程。

③ 出版物自身应能表明其来源或者有其他证据证明其来源，即发表者或出版者，以及公开发表的时间或出版时间。

符合上述含义的出版物可以是纸质出版物、视听资料，也可以是存在于互联网或其他在线数据库中的资料等。其中：

（1）纸质出版物和视听资料

纸质出版物通常指各种印刷的、打字的纸件，例如纸质的专利文献、科技杂志、科技书籍、学术论文、专业文献、教科书、技术手册、正式公布的会议记录或者技术报告、报纸、产品样本、产品目录、广告宣传册等。视听资料可以是用电、光、磁、照相等方法制成的资料，例如缩微胶片、影片、照相底片、录像带、磁带、唱片、光盘等。

纸质出版物和视听资料不受地理位置、语言或者获得方式的限制，也不受年代的限制。纸质出版物和视听资料是否能够获得与出版发行量多少、是否有人阅读过、申请人是否知道无关。

对于印有“内部资料”“内部发行”等字样的纸质出版物和视听资料，确系是在特定的范围内发行并且要求保密的，不属于公开出版物。

纸质出版物的印刷日和视听资料的出版日视为公开日，有其他证据证明其公开日的除外。

（2）存在于互联网或者其他在线数据库中的资料

存在于互联网或者其他在线数据库中的资料是指以数据形式存储、以网络为传播途径的文字、图片、音视频等资料。

存在于互联网或者其他在线数据库中的资料应当是通过合法途径能够获得的，资料的获得与是否需要口令或者付费、资料是否有人阅读过无关。

存在于互联网或者其他在线数据库中的资料的公开日一般以发布日为准，有其他证据证明其公开日的除外。以网络方式出版的书籍、期刊、学位论文等出版物，其公开日为网页上记载的网络发布日。如果上述出版物同时具有内容相同的纸质出版物，也可以根据纸质出版物的印刷日确定公开日，通常以能够确定的最早的公开日为准。对于网页上未明确发布日或者发布日存疑的资料，可以参考日志文件中记载的发布日期和修改日期、搜索引擎给出的索引日期、互联网档案馆服务显示的日期、时间戳信息或者在镜像网站上显示的复制信息的发布日期等信息确定公开日。

对出版物的公开日推定如下：

出版物记载的印刷日、出版日或者发布日仅为年份的，公开日视为该年的最后一日，例如印刷日为2006年，则公开日视为2006年12月31日；

出版物记载的印刷日、出版日或者发布日仅为年月的，公开日视为该年月的最后一日，例如印刷日为2006年8月，则公开日视为2006年8月31日；

出版物记载的印刷日、出版日或者发布日为年月日的，公开日视为该年月日，例如印刷日为2006年6月6日，则公开日视为2006年6月6日。

在审查过程中，审查员对出版物的公开日期有疑义的，可以要求该出版物的提交人提出证明。

2. 使用公开

使用公开是指由于使用行为导致技术方案的公开，或者处于公众能够获知的状态。所谓使用公开，实际上就是不负有保密义务的人通过具体接触一种产品或者一种方法，而知晓其技术内容的行为。这里所说的具体接触包括制造、使用、销售、进口、交换、馈赠、演示、展出、招标投标等方式。使用公开应当能够使公众有可能了解该技术的内容，或者有可能使用该技术，而不取决于是否有公众已经了解或者已经使用。如果所使用的产品需要经过破坏才能够得知其结构和功能，也属于使用公开。例如：一种装置公开销售之后，所属技术领域的技术人员通过对该装置进行观察、测量、分析、拆分，甚至是破坏，就可以获知该装置的结构关系及有关的技术信息，因此可以认为该装置已被使用公开。

此外，使用公开还包括放置在展台上、橱窗内公众可以阅读的信息资料及直观资料，例如招贴画、图纸、照片、样本、样品等。

使用公开是以公众能够得知该产品或者方法之日为公开日。

3. 以其他方式公开

为公众所知的其他方式主要是指口头公开。例如通过口头交谈、报告、讨论会发言、广播、电视、电影等方式，使公众能够得知技术内容。口头交谈、报告、讨论会发言以其发生日为公开日。公众可以接收的广播、电视或电影的报道，以其播放日为公开日。

三、抵触申请

根据《专利法》第22条第2款，在发明或者实用新型新颖性的判断中，由任何单位或者个人就同样的发明或者实用新型在申请日以前向专利局提出并且在申请日以后（含申请日）公布的专利申请文件或者公告的专利文件损害该申请日提出的专利申请的新颖性。在判断新颖性时，将这种损害新颖性的专利申请称为抵触申请。因此，审查员在进行新颖性审查时，除了要检索破坏发明或者实用新型新颖性的现有技术，还不能忽视破坏发明或者实用新型新颖性的抵触申请。

（一）抵触申请的判断

抵触申请的判断包括形式判断和内容判断两方面。

1. 形式判断两要素

从《专利法》第22条第2款的规定可以看出，“在先申请”要构成抵触申请，首先要具备以下两个形式要素。

① 在先申请、在后公开，即其申请日必须在“在后申请”的申请日之前，并且其公开日在“在后申请”的申请日之后（含申请日）。

② 是中国专利申请，包括本国申请人和外国申请人在中国提出的专利申请，排除了外国专利文献。

2. 内容判断

“在先申请”仅具备了上述形式两要素还不能被确定为抵触申请，只能说在形式上满足了要求，要构成抵触申请还需要满足同样的发明或者实用新型这样的实质性条件。只有形式上符合两要素并且属于同样的发明或者实用新型的在先申请才能被确定为抵触申请。

（二）使用抵触申请应注意的问题

① 因为抵触申请是在“在后申请”的申请日（含申请日）之后公开的，所以抵触申请不属于现有技术，其只能用于评价一项发明或者实用新型的新颖性，不能用于评价创造性。

② 在使用抵触申请判断新颖性时，可以使用其说明书、权利要求书、说明书附图，但不可以使用摘要。

③ 抵触申请还包括满足以下条件的进入了中国国家阶段的国际专利申请，即申请

日以前提出、并在申请日之后（含申请日）作出中文公布的并且为同样的发明或者实用新型的国际专利申请，也就是说 PCT 申请中同样也可能存在抵触申请。

④ 抵触申请仅指在申请日以前提出的，不包括在申请日提出的同样的发明或者实用新型专利申请。

四、对比文件

《专利审查指南2023》中将为判断发明或者实用新型是否具备新颖性或者创造性等所引用的相关文件称为对比文件，对比文件包括专利文件和非专利文件。实质审查阶段使用的对比文件主要为公开出版物。对以出版物形式使用的对比文件应该注意以下几点。

① 对于对比文件内容的引用，必须保持客观性，应当以对比文件公开的技术内容为准，既不能按主观意愿随意扩大，也不能随意缩小，更不能将对比文件公开日之后公开的技术信息掺入对比文件中。

② 所引用对比文件公开的技术内容，一般来说是明确记载在对比文件中的内容，但是也不排除那些对于本领域技术人员来说，可直接地、毫无疑义地确定的内容，即通常称为“隐含公开”的内容。隐含公开的内容不得出现多种理解。例如一份对比文件公开了汽车，虽然该对比文件没有明确地记载汽车包括车体，但是本领域技术人员应当知道汽车必然包括车体，属于该汽车产品所必不可少的技术特征，那么该车体就属于隐含公开的技术特征。在判断发明或者实用新型的新颖性或创造性时应当予以考虑。

③ 对比文件公开的全部内容均可使用。就最为常用的专利文件而言，不仅可以引用其权利要求书的内容，也可以引用说明书（包括附图）的内容，摘要的内容也可以引用（抵触申请除外）。

④ 对附图的引用必须注意，只有能够从图中直接地、毫无疑义地确定的技术内容才属于公开的内容，附图中能够被引用的仅限于呈现唯一含义的那部分内容，而从附图中推测的内容，或者没有任何文字说明、仅仅是从附图中测量得出的定量关系，例如尺寸大小或比例均不能作为公开的内容。

第二节 新颖性的审查

通俗地讲，新颖性审查就是要看请求专利保护的技术方案是不是新的技术方案。从《专利法》第 22 条第 2 款表述上可以看出，新颖性审查的核心就在于对是否是“实质上相同”作出判断。而是否“实质上相同”，需要通过对比来判断。因此，如何来判断该条款中所述的“实质上相同”，将是本章介绍的重点。

一、审查内容

（一）权利要求书

新颖性审查的对象是权利要求书中的每一项权利要求，或者更确切地说是每一项权利要求所请求保护的技术方案。审查中不能针对构成技术方案的每个技术特征得出是否具有新颖性的结论，而必须把构成一项权利要求技术方案的全部技术特征作为一个整体来对待；也不能笼统针对整个权利要求书得出是否具有新颖性的结论，而应该分别审查每项权利要求是否具备新颖性。

（二）说明书的作用

新颖性审查的对象是权利要求，应以该项权利要求的全部技术特征所限定的范围为准。说明书记载的内容可以用来帮助理解权利要求，便于清楚地确定权利要求的含义和限定的范围，但不能用来改变权利要求的含义，任意扩大或缩小权利要求的范围。

（三）权利要求书与说明书的关系

说明书的作用是对发明或者实用新型作出清楚、完整的说明，尤其是通过实施例和附图的详细描述，解释发明或者实用新型能够实现的条件。而权利要求书则是通过对说明书公开内容作适当的抽象概括，限定出要求保护的范围。两者的作用不同，表达方式不同，对内容的限定不同，涵盖的范围不同。由于说明书（包括附图）具有直观、具体、易于理解的特点，所以在审查过程中，审查员往往对说明书中公开的具体内容印象深刻。但是，在进行新颖性判断时，审查员必须意识到，必须将目标锁定在权利要求书的内容上，而不应将注意力仍旧滞留在说明书及其附图上，更重要的是必须充分注意权利要求中的抽象特征与说明书的具体内容之间的差异，防止不自觉地把说明书中公开的内容当成审查的对象，从而替代权利要求所要求保护的技术方案。

（四）对比判断

1. 对比对象

新颖性的审查就是要判断权利要求书中要求保护的技术方案是否被现有技术公开了，或者判断是否存在抵触申请。如果要确定其与现有技术公开的内容或者抵触申请是否实质上相同，则就必须进行对比。对比的一方是被审查的对象，即权利要求中请求保护的技术方案，对比的另一方是现有技术或抵触申请。

2. 判断主体

新颖性的审查是一个对比判断的过程。通常意义上的对比，只要确定了对比的双方即可进行。但是，新颖性审查的对比并非如此简单，因为被审查的权利要求与现有技术的对比，往往并非仅文字上的比较，经常需要对两者的技术内容作准确的理解和认知。对比的双方是客观存在的事实，但对比的判断者却因个体的主观差异，例如每个个体所处的技术领域差异、知识水平的不同、技术背景的不同等而给技术内容的正确理解带来影响，这就需要对对比判断的主体有一个客观统一的要求。为了对客观存在的事实作出客观公正的评价，在审查过程中设定了所属技术领域的技术人员的概念。引入这一概念的目的在于统一审查标准，尽量避免判断主体主观因素的影响。“所属技术领域的技术人员”是一个假设的“人”，首次出现在《专利法》第 26 条第 3 款中，而关于所属技术领域的技术人员的定义则出现在《专利审查指南 2023》第 2 部分第 4 章第 2.4 节中。由于新颖性审查涉及对技术内容的分析、对比和判断，所以新颖性审查中的判断主体也应当是《专利审查指南 2023》中定义的所属技术领域的技术人员。

二、审查原则

审查新颖性时，应当根据以下原则进行判断。

（一）同样的发明或者实用新型

一件发明或者实用新型是否具备新颖性，关键是判断其请求保护的技术方案与现有技术或者可能构成的抵触申请公开的技术内容是否实质上相同。如果其技术领域、所解决的技术问题、技术方案和预期的效果实质上相同，则认为这两者为同样的发明或者实用新型。新颖性审查的对象是权利要求书，权利要求书中限定了申请人请求保护的技术方案，技术方案是由表征发明或者实用新型的技术特征的集合构成的。在审查中，如果权利要求书中限定的技术方案还不足以准确、全面地反映发明或者实用新型的实质，可以结合说明书来理解权利要求。通过说明书公开的内容可以了解发明或者实用新型所属的技术领域、所解决的技术问题、所达到的技术效果。因此在判断发明或者实用新型的新颖性时，要在判断技术方案是否实质上相同的基础上，结合技术领域、所解决的技术问题和所达到的技术效果，从整体上进行判断。

在新颖性判断中，技术方案是核心，技术领域、所解决的技术问题和所达到的技术效果均与技术方案密切相关，原则上来说是由技术方案决定的。所以在进行新颖性判断时，首先应当判断权利要求中请求保护的技术方案与对比文件或抵触申请公开的技术方案是否实质上相同。如果这两者相比，技术方案实质上相同，而所属技术领域的技术人员根据两者的技术方案可以确定均能够适用于相同的技术领域，解决相同的技术问题，并且能够产生相同的技术效果，那么无论在申请文件和/或对比文件中是否记载过，都可以认为两者是同样的发明或者实用新型。

（二）单独对比

这是新颖性审查所特有的一个审查原则，仅适用于新颖性判断。

1. 限于对比文件存在的客观状态

既然新颖性审查是要判断请求保护的技术方案是否是新的，那么就要与其申请日之前已经存在的现有技术或者抵触申请进行比较。所谓已经存在的现有技术，应该严格限于申请日之前该现有技术客观呈现的状态，而不应是事后按照需要人为组成的技术。

要做到这一点就必须遵循单独对比原则，即判断新颖性时，应当将发明专利申请或者实用新型专利申请的每一项权利要求中要求保护的一个技术方案分别与现有技术的一个技术方案单独地进行比较，或者与可能构成抵触申请的相关内容单独地进行比较，即一对一地对比。不允许将要求保护的技术方案与多个现有技术内容的组合进行对比，也不允许与多个抵触申请的组合进行对比，即不允许一对多地对比，与其进行对比的每一个现有技术必须是一个完整的技术方案。

在实际审查中，具体地讲就是不允许把数份对比文件组合起来或者把一份对比文件中的多个技术方案或多个实施例组合起来，与一项权利要求进行对比，除非对比文件已经明确说明这些内容的组合可以构成另一技术方案。

2. **多份对比文件的使用**

新颖性审查强调单独对比的原则，并不意味着一件专利申请只能引用一份对比文件进行对比。对于包含多个技术方案的权利要求书来说，对其新颖性的审查完全有可能需要引用多份对比文件分别与每一项权利要求单独对比。例如，在涉及半导体器件及其制造方法的专利申请的审查中，涉及该半导体器件的产品权利要求，应该与相关产品的技术内容进行比较，涉及该制造方法的方法权利要求，则应该与相关制造方法的技术内容进行比较，这两类技术内容既可能公开在一份对比文件中，也可能分别公开在两份对比文件中。即便对于一项权利要求来说，如果该权利要求中包括了两个以上并列选择的技术方案，则也要针对该权利要求中的每一个独立存在的技术方案判断其是否具备新颖性，该并列存在的技术方案都有可能使用到不同的对比文件。例如，一项关于金属镀层的产品权利要求，如果该权利要求中将金属的镀层限定为选择铜或锌，则该权利要求实际上包括了金属镀层为铜或金属镀层为锌两个并列的技术方案，这两个技术方案既可能被一份对比文件公开，也可能被两份对比文件公开。

应该注意，单独对比原则不适用于创造性判断，因为创造性判断针对的恰恰是现有技术结合的难易程度。

三、同样的发明或者实用新型的定义

发明或者实用新型专利申请与现有技术或者申请日前由任何单位或者个人向专利局提出并且在申请日以后（含申请日）公布或者公告的发明或者实用新型的相关内容相比，如果其技术领域、所解决的技术问题、技术方案和预期效果实质上相同，则认为两者为同样的发明或者实用新型。在新颖性审查中，依据对比文件来判断新颖性时，应当包括对技术领域、所解决的技术问题、技术方案和预期效果这四个方面的对比判断。

（一）技术领域和技术方案

在一项发明专利申请中，核心的内容就是由其全部技术特征集合而构成的技术方案。技术方案是发明创造最为集中的客观反映，通过技术方案的实施可以解决技术问题，获得期望的技术效果。技术方案应该体现在每一项权利要求中，并且一项技术方案所属的技术领域通常也会体现在所限定的权利要求中。

因此，新颖性审查要包括技术领域和技术方案这两方面内容的对比，通常要在相同技术领域中，判断每一项权利要求的技术方案是否已经被对比文件公开了。这是新颖性审查中最为核心的部分。

（二）所解决的技术问题

新颖性审查还要包括所解决的技术问题的对比，确定请求保护的技术方案所解决的技术问题与对比文件已经解决的技术问题是否相同。所解决的技术问题与技术方案之间应该存在明确的对应关系，所解决的技术问题必须是技术方案所针对的。

但是，说明书中记载的所解决的技术问题有可能不是客观的，包含了人为的主观因素。例如，申请人出于自身的愿望，在申请文件中撰写所解决的技术问题时，往往可能会不适当地掺入其主观意愿，从而偏离与技术方案的对应关系。对此，必须给予足够的重视，仔细地鉴别。另外，在对比文件中，也可能存在着这种现象，即其技术方案事实上能够解决的技术问题未能得到明显恰当的表述，但是只要本领域技术人员从申请公开的技术方案的内容中能够明确无误地得出其所能解决的技术问题，即可予以确认。无论哪种情形，掌握的原则在于被确认的所解决的技术问题应该与技术方案之间存在客观的对应关系。

（三）预期效果

新颖性审查还应包括对预期技术效果的对比。预期的技术效果与技术方案之间应该存在明确的因果关系，预期的技术效果必须来源于技术方案。在有些技术领域，对技术效果的表述应当引证实验数据。

同样，无论是在申请文件中，还是在现有技术或者抵触申请中，都可能因撰写方面的主观意图或缺憾，使得技术效果未能客观或明确地得到表述。因此，对技术效果的确认同样不能局限于表面的文字记载，而要根据与技术方案之间客观存在的因果关系来予以确认。技术方案在客观上不能产生的技术效果，即使有记载也不能予以确认；而从技术方案可以明确无误地得出的技术效果，即使没有明确的记载也应该予以认可。

四、审查基准

判断发明或者实用新型是否具备新颖性时，应当以《专利法》第22条第2款为基准。

（一）新颖性的判断方法

首先确认被审查发明或者实用新型专利申请的权利要求的类型和保护范围；其次对每项权利要求作技术特征分解，识别对比文件中用于进行对比的一个独立技术方案所有明确或隐含公开的技术特征，将权利要求中的每个技术特征与对比文件公开的相应技术特征逐一对比，判断权利要求中的这些技术特征是否已经被对比文件公开，由其全部技术特征对比结果的总和确认两者的技术方案是否实质上相同；最后判断所述的技术方案能否适用于相同的技术领域，解决相同的技术问题，并且产生相同的技术效果，通过整体分析对该项权利要求的新颖性作出审查结论。

（二）常见情形的判断

1. 相同内容的发明或者实用新型

如果要求保护的发明或者实用新型与对比文件所公开的技术内容完全相同，或者仅仅是简单的文字变换，则该发明或者实用新型不具备新颖性。如果要求保护的技术方案的某些内容虽然在对比文件中没有字面上的记载，但却可以从对比文件中直接地、毫无疑义地确定，则该发明或者实用新型专利申请不具备新颖性。在审查实践中，当技术内容完全相同时，对新颖性的判断比较简单、直接，尤其在对比文件为出版物时，经常出现的情形是文字作简单的变换。例如，发明的主题是“混凝土”，对比文件的主题是“砼”，建材领域的技术人员都清楚，“砼”就是“混凝土”的简称，“砼”和“混凝土”代表的是同一种材料。在大部分情况下，要求保护的发明或者实用新型与对比文件属于相同的技术领域，所解决的技术问题和达到的技术效果也相同，两者相比以后，发现仅仅是个别技术特征在文字表述上存在差异，如果本领域技术人员结合说明书的相应记载，可以明确地确定所述的差异仅是对同一部件或者同一要素采用了不同的称谓，则可以认为是对同一技术特征采用了不同的技术术语。

2. 上位(一般)概念与下位（具体）概念

为了表达和限定不同的保护范围，发明或者实用新型中经常采用不同内涵和层次的概念来表达技术主题或表征技术特征，这样就存在上位概念与下位概念之间的关系问题。上位概念，也称为一般概念，它表达的往往是抽象事物的特点，反映一组具体对象的共同之处，体现了其涵盖的全部下位概念的共性。下位概念，也称为具体概念，它表达的往往是具体事物的特点，除反映同类事物的共同特点之外，还反映出个别对象的特殊之处，体现了所从属的上位概念未包含的个性。例如，“盆、杯子、碗”相对于“容器”而言是下位概念，而“容器”相对于“盆、杯子、碗”是上位概念。

需要注意，下位概念和上位概念并不是绝对的，而是相对的。例如“发动机”是“动力设备”的下位概念，但却是“电动机”或“柴油机”的上位概念，上位概念与下位概念之间是相对而言的。

如果发明或者实用新型要求保护的技术方案与对比文件公开的技术内容的差异仅在于对同类的技术主题或者同类性质的某一技术特征的限定，前者采用上位概念，例如金属镀层，后者采用下位概念，例如铜镀层，那么对比文件公开的采用下位概念限定的技术内容就使采用上位概念限定的发明或者实用新型要求保护的技术方案丧失新颖性。相反，对比文件公开的采用上位概念限定的技术内容并不影响采用下位概念限定的发明或者实用新型技术方案的新颖性。例如，如果要求保护的发明是“铜镀层”，而引用的对比文件公开的是“金属镀层”，则该对比文件不能破坏该发明要求保护的技术方案的新颖性。

3. 惯用手段的直接置换

在发明或者实用新型专利申请的审查中，有时要求保护的技术方案只是在一篇对比文件的基础上，对某个或某些属于惯用技术的技术特征，简单地采用同样属于惯用技术的另一技术特征予以替换。对于这种技术特征的替换，严格来讲，按照新颖性的审查原则，应该认为是存在区别特征的，不属于新颖性规定的“实质上相同”之列。但是，这种惯用手段之间的简单替换仅仅涉及技术方案中无关紧要之处的非实质性变化，所采用的替换手段是该领域技术人员熟知的常规技术，并未使其具有实质性特点，也不会在解决技术问题时和技术效果上带来实质性差别。如果该对比文件是现有技术，则可以用创造性的审查基准进行审查；但如果对比文件是抵触申请，因为抵触申请不属于现有技术，只能用于判断一项发明或者实用新型是否具备新颖性，而不能用于判断创造性，则在创造性审查中不能作为对比文件使用。鉴于此，对这种申请授予专利权显然是不恰当的。为了避免出现这种情况，《专利审查指南2023》规定，如果要求保护的发明或者实用新型与对比文件的区别仅仅是所属技术领域的惯用技术手段的直接置换，则该发明或者实用新型不具备新颖性。在审查实践中应该充分注意设定此项规则的本意，即仅仅是用作当对比文件是抵触申请时解决此类问题的一种特定措施。例如，对比文件公开了采用螺钉固定的装置，而要求保护的发明仅将该装置的螺钉固定方式替换为螺栓固定方式，则认为该发明不具备新颖性。如果所引用的对比文件是现有技术，则最好用创造性审查基准进行审查。

如果置换的技术手段并不是所属技术领域的技术人员熟知或经常使用的；或者与原技术手段相比，可以解决不同的技术问题；或者在技术方案中所起的作用或所具有的功能不同；或者这种置换所带来的技术效果是所属技术领域的技术人员不能预期的，则这种置换不属于此处所述的惯用手段的直接置换。

4. 数值和数值范围

在专利申请的审查中经常会遇到以具体数值或连续变化的数值范围表示的技术特征，例如部件的尺寸、反应的温度、制品的层数、组合物的组分含量等。对于专利申请和对比文件中以具体数值或者数值范围表示的技术特征，只有那些明确记载的具体数值或者连续变化的数值范围的两个端点才具有公开的含义，而对于以连续变化的数值范围表示的技术特征，则是把数值范围作为一个整体对待，数值范围内隐含的具体数值不视为公开。例如，对比文件仅记载了30%～60%（重量）的铁含量，由此可以确认30%（重量）、60%（重量）以及30%～60%（重量）范围的铁含量已被公开了，而除这两个端点之外的其他具体数值或者其他数值范围不视为公开，例如50%（重量）或者40%～50%（重量）则不能认为已被公开。

如果发明或者实用新型要求保护的技术方案中包含了以具体数值或数值范围表示

的技术特征，而其他技术特征均与对比文件中公开的相同，则其新颖性的判断按照如下的各项规定进行。

① 对比文件公开的具体数值或数值范围落在专利申请权利要求限定的技术特征的数值范围内，将破坏要求保护的发明或者实用新型的新颖性。

【案例1】 专利申请的权利要求为一种铜基形状记忆合金，包含10%～35%（重量）锌和2%～8%（重量）铝，余量为铜。对比文件公开了一种铜基形状记忆合金，包含20%（重量）锌和5%（重量）铝，余量为铜。由于对比文件公开的具体数值落在专利申请权利要求中连续变化的数值范围内，因此认为权利要求的数值范围已经被对比文件公开，该权利要求不具备新颖性。

【案例2】 专利申请的权利要求是一种热处理台车窑炉，其拱衬厚度为100～400毫米。对比文件公开了一种热处理台车窑炉，其拱衬厚度为180～250毫米。由于对比文件的数值范围落在专利申请权利要求的数值范围内，因此认为权利要求的数值范围已经被对比文件公开，该权利要求不具备新颖性。

② 对比文件公开的数值范围与专利申请权利要求限定的技术特征的数值范围部分重叠或者有一个共同的端点，将破坏要求保护的发明或者实用新型的新颖性。

【案例3】 专利申请的权利要求是一种氮化硅陶瓷的生产方法，其烧成时间为1～10小时。对比文件公开了一种氮化硅陶瓷的生产方法，该生产方法中的烧成时间为4～12小时。由于两者烧成时间部分重叠，因此认为专利申请权利要求中的数值范围已经被对比文件公开，该权利要求不具备新颖性。

【案例4】 专利申请的权利要求是一种等离子喷涂方法，喷涂时的喷枪功率为20～50kW。对比文件公开了一种等离子喷涂方法，喷涂时的喷枪功率为50～80kW。由于在喷枪功率为50kW时，对比文件公开的喷枪功率与专利申请权利要求的喷枪功率具有共同的端点数值，因此认为专利申请权利要求中的数值范围已经被对比文件公开，该权利要求不具备新颖性。

③ 如果专利申请权利要求限定的技术特征为离散的数值，则对比文件公开的连续数值范围的两个端点将破坏与其任一个端点数值相同的权利要求的新颖性，但不破坏所限定的技术特征为该两端点之间任一数值的发明或者实用新型的新颖性。

【案例5】 专利申请的权利要求是一种二氧化钛光催化剂的制备方法，其干燥温度分别取40℃、58℃、75℃或者100℃。对比文件公开了一种二氧化钛光催化剂的制备方法，其干燥温度为40～100℃。由于专利申请权利要求中的干燥温度分别为40℃和100℃时的技术方案与对比文件的干燥温度范围中的两个端值相同，则认为干燥温度分别为40℃和100℃时的技术方案已经被对比文件公开，而干燥温度分别为58℃和75℃时的技术方案在对比文件中未记载，则认为干燥温度分别为58℃和75℃时的技术方案未被对比文件公开。也就是说，权利要求的干燥温度为40℃或100℃时的技术方案不具备新颖性，而干燥温度为58℃或75℃时的技术方案具备新颖性。

④ 对比文件公开的数值范围包括专利申请权利要求限定的技术特征的数值或者数值范围，但是与上述限定的技术特征的数值或者数值范围没有共同的端点，将不破坏要求保护的发明或者实用新型的新颖性。

【案例 6】 专利申请的权利要求是一种内燃机用活塞环，其活塞环的圆环直径为 95 毫米。对比文件公开了一种内燃机用活塞环，其圆环直径为 70 ～ 105 毫米，圆环直径为 95 毫米时的技术方案在对比文件公开的范围之内，但对比文件没有明确公开该数值，则认为专利申请权利要求的数值未被对比文件公开，该权利要求具备新颖性。

【案例 7】 专利申请的权利要求是一种乙烯 – 丙烯共聚物，其聚合度为 100 ～ 200。对比文件公开了一种乙烯 – 丙烯共聚物，其聚合度为 50 ～ 400。聚合度为 100 ～ 200 时的技术方案在对比文件公开的范围之内，但对比文件没有明确公开该数值范围或该数值范围内的数值，则认为专利申请权利要求的数值范围未被对比文件公开，该权利要求具备新颖性。

5. 包含性能、参数、用途或制备方法等特征的产品权利要求

原则上，产品权利要求应该用产品本身的特征例如产品的组成、结构、化学式等来表示，这种表示方式是最直接的，便于产品的确认和产品之间进行比较。但有些情况下，产品权利要求还需要用性能、参数或用途来表征，甚至完全用产品的制备方法来表征，对于包含性能、参数、用途、制备方法等特征的产品权利要求新颖性的审查，应当按照以下原则进行。

（1）包含性能、参数特征的产品权利要求

如果要求保护的产品权利要求包含性能、参数特征，而其余技术特征与对比文件相同，对于这类权利要求则应当考虑权利要求中的性能、参数特征是否隐含了要求保护的产品具有某种特定结构和/或组成。如果该性能、参数隐含了要求保护的产品具有区别于对比文件产品的结构和/或组成，则该权利要求具备新颖性；相反，如果所属技术领域的技术人员根据该性能、参数无法将要求保护的产品与对比文件公开的产品区分开，则可推定要求保护的产品与对比文件的产品实质上相同，因此要求保护的权利要求不具备新颖性，除非申请人能够根据申请文件或现有技术证明权利要求中包含性能、参数特征的产品与对比文件公开的产品在结构和/或组成上不同。例如，对于具有抗癌活性的化合物 X，抗癌活性是化合物 X 本身固有的特性，是由化合物本身的结构决定的，无论该化合物 X 的抗癌活性是否已经被本领域技术人员认知，其抗癌活性都对化合物 X 产品本身没有限定作用。

在对包含性能特征的产品权利要求进行新颖性判断时，通常应当考虑：所述性能是否是产品的固有特性；所述性能能否使得产品的组成和/或结构与现有技术不同；现有技术能否达到与权利要求相同的性能。对包含性能特征的权利要求，判断时只需要考虑性能特征限定的产品的组成和/或结构是否已经被现有技术公开，而这种性能是否已经被现有技术公开则无关紧要。

（2）包含用途特征的产品权利要求

如果要求保护的产品权利要求包含用途特征，而其余技术特征与对比文件相同，则应当考虑权利要求中的用途特征对权利要求的产品是否有限定作用，是否隐含了要求保护的产品具有某种特定结构和/或组成。如果该用途是由产品本身固有的特性决定，而且用途特征没有隐含产品在结构和/或组成上发生改变，则认为该用途特征对产品没有限定作用，该产品权利要求相对于对比文件的产品不具有新颖性。例如发明专利申请的权利要求要求保护的是用于治疗心肌梗死与再梗的阿司匹林（化学名：乙酰水杨酸），对比文件公开了用于解热镇痛的阿司匹林，虽然阿司匹林的用途发生了改变，但决定其本质特性的化学结构式并没有任何变化。也就是说，阿司匹林本身的结构特性就已经决定了这种化合物既具有解热镇痛特性，又具有治疗心肌梗死与再梗的特性，不能因为其具有新的用途而认为是一种新化合物，因此，对于用于治疗心肌梗死与再梗的阿司匹林产品本身而言不具有新颖性。

如果该用途隐含了产品具有特定的结构和/或组成，即该用途表明产品结构和/或组成发生改变，则该用途作为产品的结构和/或组成的限定特征必须予以考虑。例如专利申请的权利要求要求保护的是具有某种形状的起重机用吊钩，而对比文件公开了一种钓鱼者钓鱼用的吊钩。虽然两者的形状相同，但是，“起重机用吊钩”是指仅适用于起重机的尺寸和强度等结构的吊钩，其用途已经决定了“起重机用吊钩”的尺寸和强度必然与具有同样形状的一般钓鱼者用的“钓鱼用吊钩”不同。因此，两者在结构上是不同的，属于不同的产品，对比文件不破坏专利申请权利要求的新颖性。

（3）包含制备方法特征的产品权利要求

如果要求保护的产品权利要求包含制备方法特征，而其余技术特征与对比文件相同，则应当考虑该制备方法是否导致产品具有某种特定的结构和/或组成。如果所属技术领域的技术人员可以断定该方法必然使产品具有不同于对比文件产品的特定结构和/或组成，则该权利要求具备新颖性。例如，专利申请的权利要求要求保护的是一种治疗胃病的中药制剂，该制剂是用与对比文件不同的方法制备的，由于受限于现有技术的测试手段或者用产品特征来表示该产品的复杂性，该权利要求采用了制备方法表征。虽然该产品的原料组成与对比文件的相同，但是最终产品的药效要明显好于对比文件。由此可以看出，该方法赋予了该产品新的特性，表明最终产品的组成或结构与现有技术不同。因此可以得出结论，专利申请的权利要求具有新颖性。

如果专利申请的权利要求所限定的产品与对比文件的产品相比，尽管所述制备方法不同，但产品的结构和/或组成相同，则该权利要求不具备新颖性，除非申请人能够根据申请文件或者现有技术证明该方法导致产品在结构和/或组成上与对比文件产品不同，或者该方法给产品带来了不同于对比文件产品的性能或效果，从而表明其结构和/或组成已发生改变。例如，专利申请的权利要求要求保护一种用海水淡化方法制备的水，显然用海水淡化得到的水的分子式仍然为 H_2O，而分子式为 H_2O 的水是现有技术中已知的。因此，该权利要求中用方法特征表征的水不具有新颖性。

应当注意，用制备方法特征来表征产品，是因为有一些产品不能用产品本身的组成和/或结构特征清楚地表征，或者用产品本身的组成和/或结构特征表征反而过于烦琐，例如中药领域、陶瓷领域、合金领域等，不如用制备方法特征表征更加清楚明了。但是，新颖性审查的对象仍然是产品，即用制备方法特征表征的产品，而不是审查其制备方法。如果所属技术领域的技术人员有理由认定要求保护的产品的组成和/或结构与已知产品相同，则该产品就不具有新颖性，无论其是否采用了新的制备方法。如果所属技术领域的技术人员不能直接认定要求保护的产品的组成和/或结构与已知产品相同，但可以确定两者的制备方法实质上相同，则可以推定获得的产品必然相同，因此所要求保护的产品不具有新颖性。

6. **开放式权利要求和封闭式权利要求**

从权利要求的类型来看，通常是将权利要求划分为产品权利要求和方法权利要求，就这两类权利要求的撰写方式而言，一般又可以划分为开放式权利要求和封闭式权利要求。对于开放式权利要求和封闭式权利要求，其新颖性的判断方法是不同的。

（1）开放式权利要求

开放式权利要求通常采用“含有”“包含”“包括”“基本含有”“本质上含有”“主要由……组成”“主要组成为”“基本上由……组成”“基本组成为”等表示，其限定的保护范围被解释为还可以包含该权利要求中没有指出的结构和/或组成，或者制备方法的步骤等。例如，将权利要求的特征部分撰写成“其特征在于，包括A和B”，是指该权利要求除包含技术特征“A”和“B”外，还可能包括技术特征“C”、“D”和/或“E”等。在判断用开放式的形式撰写的权利要求的主题是否具备新颖性时，在一般情况下是判断对比文件公开的技术方案中是否包括技术特征“A”和“B”，如果对比文件包括权利要求中限定的技术特征，例如“A”和“B”，则认为该权利要求要求保护的主题不具备新颖性。一般来说，当对比文件公开的技术特征多于或等于专利申请权利要求要求保护的发明或者实用新型的技术特征时，则认为专利申请权利要求中要求保护的发明或者实用新型已经被对比文件公开，不具备新颖性。

（2）封闭式权利要求

也有一些专利申请的权利要求宜采用封闭式的形式表示，这主要出现在化学领域。封闭式的权利要求通常采用“由……组成”“组成为”“余量为”等表示，这样的一类发明被解释为除权利要求中指出的技术特征外，不再包括现有技术中的其他技术特征。例如，组合物发明，除权利要求中表示的组分和含量以外，不再包含其他的成分，在权利要求的特征部分撰写成“其特征在于，由A和B组成”，是指该权利要求除包含技术特征“A”和“B”外，不再包含任何其他技术特征。在判断用封闭式的形式撰写的权利要求的发明或者实用新型是否具备新颖性时，应该判断对比文件公开的技术方案中公开的技术特征是否仅包括技术特征“A”和“B”。如果对比文件公开的技术特征比专利申请权利要求中限定的技术特征多或者少，则认为该权利要求要求保护的发明或者实用新型与对比文件公开的技术方案存在区别，具备新颖性。

第三节　不丧失新颖性的宽限期

判断发明创造新颖性的时间界限是申请日（有优先权的，为优先权日）。如果一项发明创造在申请日之前已经公开，就构成了现有技术的一部分，则就该项发明创造提出的专利申请不具有新颖性，不能获得专利权。但是，申请人（包括发明人）可能由于某些正当原因，不得不在申请日之前将其发明创造公开，或者他人通过合法或不合法的途径获知保密的发明创造内容之后，未经申请人同意擅自泄密。在这种情况下，如果按照新颖性判断原则，一概认为该发明创造已丧失新颖性，则显然有失公平，并且不利于科学技术的传播。因此，《专利法》第24条规定了不丧失新颖性的例外情况，即申请专利的发明创造在申请日以前6个月内，发生该条规定的四种情形之一的，该申请不丧失新颖性。这里所说的6个月期限称为宽限期，或者称为优惠期。

一、适用条件

根据《专利法》第24条的规定，申请专利的发明创造在申请日以前6个月内，发生以下四种情形之一的，可以享有宽限期，不丧失新颖性。

1. 在国家紧急状态时为公共利益目的首次公开

在国家出现紧急状态或者非常情况时，为公共利益目的首次公开的，如果在公开之后的6个月内申请专利，则该专利申请不因该首次公开而丧失新颖性。

2. 在国际展览会上首次展出

在中国政府主办或者承认的国际展览会上首次展出的发明创造，如果在展出之后的6个月内申请专利，则该专利申请不因该首次展出而丧失新颖性。

3. 在学术会议上首次发表

在规定的学术会议或者技术会议上首次发表的发明创造，如果在发表之后的6个月内申请专利，则该专利申请不因该首次发表而丧失新颖性。

4. 他人泄密

如果他人在申请日以前6个月内未经申请人同意泄露申请专利的发明创造的内容，则该专利申请不因该泄密而丧失新颖性。

这种泄密应该是违反申请人本意的，包括他人未遵守明示或者默示的保密信约而将发明创造的内容公开，也包括他人用威胁、欺诈或者间谍活动等手段从发明人或者申请人那里得知发明创造的内容而造成的公开。

二、宽限期的效力

宽限期和优先权的效力是不同的。宽限期的作用仅在于把上述四种在先公开视为不影响专利申请新颖性和创造性的公开。实际上，发明创造无论由于什么原因，一经公开就已经成为现有技术，只是以这种方式公开的发明创造在一定的期限内对申请人的专利申请来说不视为影响其新颖性和创造性的现有技术，并没有把专利申请的申请日前推到发明创造的公开日，所以宽限期的作用是非常有限的，远不及优先权的效力。

如果在首次公开、首次展出、首次发表或泄露之日至申请人提出专利申请期间，第三人独立地再次公开了同样的发明创造，则将使申请人的专利申请丧失新颖性。如果第三人独立地作出了同样的发明创造，而且在申请人提出专利申请以前提出了专利申请，那么根据先申请原则，申请人就不能取得专利权。当然，由于申请人（包括发明人）所作的在先公开、展出、发表或者由于他人的泄露，已使该发明创造成为现有技术，故第三人的申请不具备新颖性，也不能取得专利权。

在发生《专利法》第 24 条规定的任何一种情形之日起 6 个月内，申请人提出申请之前，发明创造再次被公开的，只要该公开不属于上述四种情形，则该申请将由于此再次公开而丧失新颖性。再次公开属于上述四种情形的，该申请不因此而丧失新颖性，但是宽限期自发明创造的第一次公开之日起计算。在国家出现紧急状态或者非常情况时，为公共利益目的首次公开的发明创造，他人得知后将其再次公开的，视为《专利法》第 24 条第（1）项所述情形。他人未经申请人同意泄露发明创造的内容，第三人得知该方式公开的发明创造后将其再次公开的，视为《专利法》第 24 条第（4）项所述情形。

《专利法实施细则》第 33 条第 1 款规定，《专利法》第 24 条第（2）项所称中国政府承认的国际展览会，是指国际展览会公约规定的在国际展览局注册或者由其认可的国际展览会。《专利法实施细则》第 33 条第 2 款规定，《专利法》第 24 条第（3）项所称学术会议或者技术会议，是指国务院有关主管部门或者全国性学术团体组织召开的学术会议或者技术会议，以及国务院有关主管部门认可的由国际组织召开的学术会议或者技术会议。

申请专利的发明创造有《专利法》第 24 条第（2）项或者第（3）项所列情形的，申请人应当在提出专利申请时声明，并自申请日起 2 个月内，提交由展览会的主办单位或者组委会，或者国务院有关主管部门或者组织会议的全国性学术团体出具的证明材料。证明材料中应当注明展览会或者会议召开的日期、地点、展览会或者会议的名称以及该发明创造展出或发表的日期、形式和内容，并加盖公章。申请人未按照《专利法实施细则》第 33 条第 3 款的规定提出声明和提交证明文件的，其申请不能享受《专利法》第 24 条规定的新颖性宽限期。

专利申请有《专利法》第24条第（1）项或者第（4）项所述情形，申请人在收到专利局的通知书后才得知的，应当在该通知书指定的答复期限内，提出不丧失新颖性宽限期的答复意见并附具证明文件。专利局在必要时也可以要求申请人提交证明文件，证实其发生所述情形的日期及实质内容。

申请人未按照《专利法实施细则》第33条第4款的规定在指定的期限内提交证明文件的，其申请不能享受《专利法》第24条规定的新颖性宽限期。

对《专利法》第24条的适用发生争议时，主张该规定效力的一方有责任举证或者作出使人信服的说明。

第四节　对同样的发明创造的处理

一、同样的发明创造的概念

《专利法》第9条规定，同样的发明创造只能授予一项专利权。

两个以上的申请人分别就同样的发明创造申请专利的，专利权授予最先申请的人。

《专利法》第9条规定了不能对同样的发明创造重复授予专利权。

对于发明或实用新型，《专利法》第9条和《专利法实施细则》第47条中所述的“同样的发明创造”是指两件或两件以上专利申请（或专利）中存在保护范围相同的权利要求，即在后专利申请（或专利）与在先专利申请（或专利）的权利要求中的技术方案完全相同。“同样的发明创造”可能存在于两件或两件以上的发明专利申请（或专利）中、两件或两件以上的实用新型专利中，还可以存在于发明专利申请（或专利）和实用新型专利中。

二、适用条件

对于涉及同样的发明创造的两件或两件以上的专利申请（或专利），如果在先专利申请是抵触申请，或者已经被公开而构成现有技术，应当根据《专利法》第22条第2款的规定进行审查，而不能根据《专利法》第9条对在后专利申请（或专利）进行审查。所以在审查实践中，《专利法》第9条只是作为一种补充措施，用于解决《专利法》第22条第2款不能适用的情形，以避免对同样的发明创造重复授权。

三、判断原则

根据《专利法》第64条第1款的规定，发明或者实用新型专利权的保护范围以其权利要求的内容为准，说明书及附图可以用于解释权利要求的内容。《专利法》第9条是为了解决有可能重复授权的问题而设定的，因此，在判断是否为同样的发明创造时，应当将两件发明或者实用新型专利申请或者专利的权利要求书中的内容进行比较，判断其保护范围是否完全相同，而不是将权利要求书与专利申请或者专利文件的全文进行比较。权利要求保护范围部分重叠或者大范围包括小范围的，不属于同样的发明创造。而“同样的发明和实用新型”的判断是将要求保护的发明或者实用新型与现有技术或抵触申请进行对比，判断它们是否实质上相同。判断“同样的发明创造”时，排除了判断“同样的发明和实用新型”时采用的“上位概念与下位概念”、“惯用手段的直接置换”和“数值和数值范围”的情形。在比较的对象上，《专利法》第 9 条与《专利法》第 22 条第 2 款是存在区别的。

在判断时，如果发现一件专利申请或专利的一项权利要求与另一件专利申请或专利的一项权利要求的保护范围完全相同，应当认为要求保护的是同样的发明创造。

如果两件专利申请或者专利的权利要求的保护范围不相同，即使它们的说明书（包括附图）公开的内容相同，也应当认为所要求保护的发明创造不同。例如，同一申请人提交的两件专利申请的说明书都记载了一种产品以及该产品的制备方法，其中一件专利申请的权利要求书要求保护的是该产品，另一件专利申请的权利要求书要求保护的是该产品的制备方法，应当认为要求保护的是不同的发明创造。但是，如果一件专利申请的权利要求书中既要求保护产品，也要求保护该产品的制备方法，而另一件专利申请的权利要求书中仅要求保护产品，则对于要求保护产品的权利要求来说，如果确定这两者的保护范围相同，则应当认为要求保护的是相同的发明创造。

四、处理方式

对于通常的情形而言，“同样的发明创造只能授予一项专利权”的具体解释是：如果同样的发明创造能够被授权，那么这种授权的行为只能有一次。同样的发明创造不能被两次或多次授予专利权。这是根据《专利法》第 9 条具体处理重复授权问题时的一个基本原则。

但是，对于申请人同日对同样的发明创造既申请发明又申请实用新型这一特殊情形，《专利法》第 9 条作出了特殊的规定，即先获得的实用新型专利权尚未终止，且申请人声明放弃该实用新型专利权的，可以授予发明专利权。

下面，根据《专利法》第 9 条的规定，介绍处理涉及同样的发明创造的专利申请或者专利的办法。

（一）对两件专利申请的处理

在一件专利申请的审查中，如果发现另一件专利申请涉及同样的发明创造，但又不适用《专利法》第 22 条第 2 款，例如，两件申请是相同申请人的或者不同申请人在同日提交的，则应根据《专利法》第 9 条的规定处理。以下按两件专利申请的申请人相同和不同的情形分别予以说明。

1. 申请人相同

在审查过程中，对于同一申请人同日（指申请日，有优先权的指优先权日）就同样的发明创造提出两件专利申请，并且这两件申请符合授予专利权的其他条件的，应当就这两件申请分别通知申请人进行选择或者修改。申请人期满不答复的，相应的申请被视为撤回。经申请人陈述意见或者进行修改后仍不符合《专利法》第9条第1款规定的，两件申请均予以驳回。

2. 申请人不同

在审查过程中，对于不同的申请人就同样的发明创造在同日（指申请日，有优先权的指优先权日）分别提出专利申请，并且这两件专利申请符合授予专利权的其他条件的，应当根据《专利法实施细则》第47条第1款的规定，通知申请人，要求双方自行协商，确定最后的申请人，对于已经确定了申请人的专利申请，应当予以授权。申请人期满不答复的，其申请被视为撤回；如果协商意见不一致，或者任何一方拒绝协商，或者经申请人陈述意见或进行修改后，两件申请仍然存在保护范围相同的权利要求，则对两件申请均予以驳回。

（二）对一件专利申请和一项专利权的处理

在对一件专利申请进行审查的过程中，对于同一申请人同日（指申请日，有优先权的指优先权日）就同样的发明创造提出的另一件专利申请已经被授予专利权，并且尚未授权的专利申请符合授予专利权的其他条件的，应当通知申请人进行修改。申请人期满不答复的，其申请被视为撤回。经申请人陈述意见或者进行修改后仍不符合《专利法》第9条第1款规定的，应当驳回其专利申请。

但是，对于同一申请人同日（仅指申请日）对同样的发明创造既申请实用新型又申请发明专利的，在先获得的实用新型专利权尚未终止，并且申请人在申请时分别作出说明的，除通过修改发明专利申请外，还可以通过放弃实用新型专利权避免重复授权。因此，在对上述发明专利申请进行审查的过程中，如果该发明专利申请符合授予专利权的其他条件，应当通知申请人进行选择或者修改，申请人选择放弃已经授予的实用新型专利权的，应当在答复审查意见通知书时附交放弃实用新型专利权的书面声明。此时，对那件符合授权条件、尚未授权的发明专利申请，应当发出授权通知书，并将放弃上述实用新型专利权的书面声明转至有关审查部门，由专利局予以登记和公告，公告上注明上述实用新型专利权自公告授予发明专利权之日起终止。

思考题

1. 如何把握新颖性审查的本质？
2. 确定现有技术的基本条件是什么？

3. 确定抵触申请的基本条件是什么?
4. 抵触申请与现有技术在使用上有何异同?
5. 从哪些方面来判断是否为同样的发明或者实用新型?
6. 新颖性审查基准中有几项判断规则? 如何运用这些规则?
7. 避免重复授权是通过什么方式来处理的?
8. 如何把握《专利法》第 9 条的使用时机?

第六章　新颖性案例分析

一、"一种玩具车"案例

（一）专利申请文件

1. 权利要求书

1. 一种玩具车，包括玩具车车身（1）、前置轮（2）和后置轮（3），其特征在于前置轮（2）的轮轴（4）固定在支架（5）的一端上，支架（5）的另一端与方向轴（6）的下端相连，方向轴（6）上还有与方向轴间可自由转动的承重套（7），承重套（7）与玩具车车身（1）固定在一起，支架（5）突出于方向轴（6），轮轴（4）远离方向轴（6）所在直线。

2. 根据权利要求1所述的玩具车，其特征在于支架（5）呈三角形，三角形的顶角固定在方向轴（6）的下端，轮轴（4）固定在靠三角形底边的下部。

2. 说明书（节选）

技术领域

本发明涉及一种玩具车，尤其是涉及一种自动力型玩具车。

背景技术

现有玩具车一般都依靠外动力才能前进或者后退，这样小孩子在游戏时必须有大人在场，不利于发挥小孩子的主动性。现有技术为了克服上述缺点就在玩具车上装上动力设备，如电动机等。装上电动机就必须要有动力源，无论是蓄电池还是普通的电源都有一定的危险性，而且成本也较高。此外，装上动力设备后小孩子玩起来的兴趣也就不那么高了。

发明内容

本发明提供一种不需动力设备即可前进或后退的玩具车。

附图说明

图1为本发明玩具车正方向前进时的示意图。

图2为本发明玩具车以第一种方式前进时的示意图。

图3为本发明玩具车以第二种方式前进时的示意图。

具体实施方式

参见图1，本发明的玩具车，包括玩具车车身1、前置轮2和后置轮3，前置轮2的轮轴4固定在支架5的一端上，支架5的另一端与方向轴6的下端相连，方向轴6上还有与方向轴间可自由转动的承重套7，承重套7与玩具车车身1固定在一起，支架5突出于方向轴6，轮轴4远离方向轴6所在直线。

前述玩具车的支架5呈三角形，三角形的顶角固定在方向轴6的下端，轮轴4固定在靠三角形底边的下部。

参见图2，当用力将方向盘按逆时针方向转动时，由于前置轮与运动的方向存在一定的角度，故其与地面之间会有很大的摩擦力。在力矩的作用下，玩具车将沿箭头所示方向前进。

参见图3，当用力将方向盘按顺时针方向转动时，由于前置轮与运动的方向存在一定的角度，故其与地面之间会有很大的摩擦力。在力矩的作用下，玩具车将沿箭头所示方向前进。

上述两种动作交替进行，玩具车即可持续前进。

本发明的玩具车结构简单，依靠游玩者自身的手部动作即可实现前进或后退。

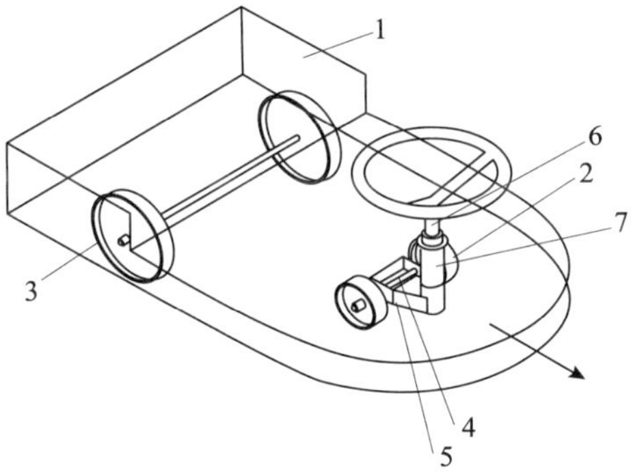

图1

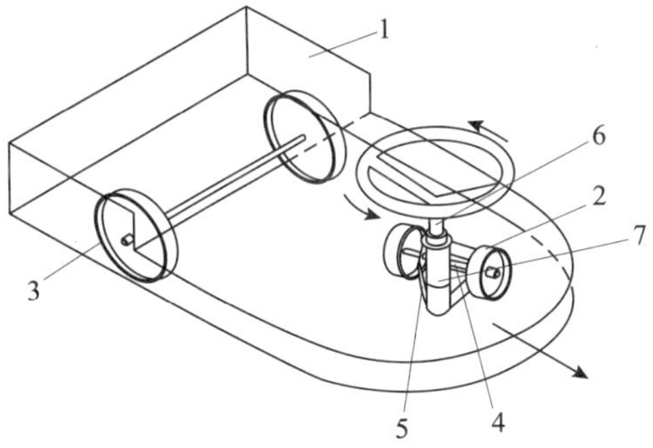

图2

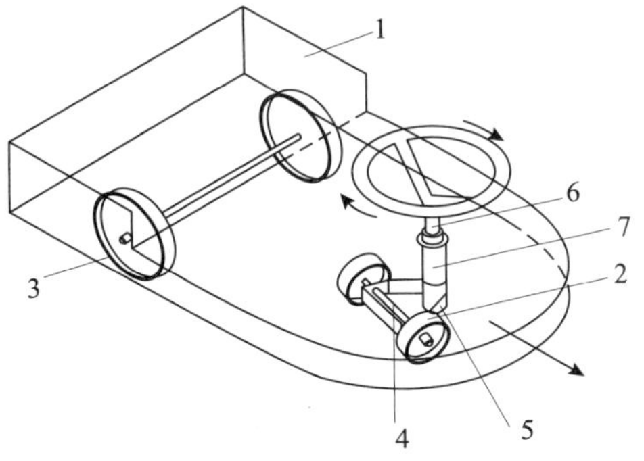

图3

（二）现有技术

对比文件公开了一种靠臂力驱动的趣味童车。该童车结构简单，操作方便灵活，不用脚踏，不用能源，仅靠手臂左右旋转方向盘，童车便能前后运动并且转弯方便。所述的童车包括车身、方向盘、前后车轮等装置，臂力驱动童车运动的关键结构是方向盘与主轴固定连接，主轴通过轴承、轴套与车底盘连接，在主轴下端有托起轴承的肩台，主轴垂直穿过车底盘前方的轴承孔与位于车底盘下方的驱动臂固定，驱动臂固定在两侧有驱动轮的驱动轴上，驱动臂与主轴呈垂直关系，驱动轮兼作前车轮。

该童车使用方法相当简单。当驱动轮在方向盘后方与固定的后轮平行时，将方向盘轻轻向左向右连续旋转各45°左右时车可前进。当驱动轮在方向盘前方与固定的后轮平行时，将方向盘向左向右连续旋转各45°左右时车可后退，当方向盘单向连续旋转时车可转向。当驱动轮左右旋转90°，也就是驱动轮与后轮成垂直角度时车可停止运动。

图1是臂力童车的整体结构示意图。

图2是图1的仰视图。

如图1、图2所示，该臂力童车有一车身1，其造型可以做成儿童喜爱的车型、船型及动物造型等不同形状。车椅2位于车身后侧，车底盘3后下方左右设置两个固定的后车轮4，后车轮安装在后轮架12上，后轮架固定在车底板上。车身前方的方向盘5的连杆6通过主轴8与车底盘下面的驱动臂9连接，驱动臂连接驱动轴18，驱动轴两端安装两个驱动轮11，主轴穿过位于车底盘前方中部的轴套15与车底盘用螺丝固定在车底盘上。

儿童坐上该臂力童车后，用力左右旋转方向盘5，带动主轴8旋转，由于主轴与驱动臂9、驱动轮11都是固定连接，从而带动驱动轮左右运动。当驱动轮位于主轴后方时，童车向前沿S形路线前进，反之亦然。

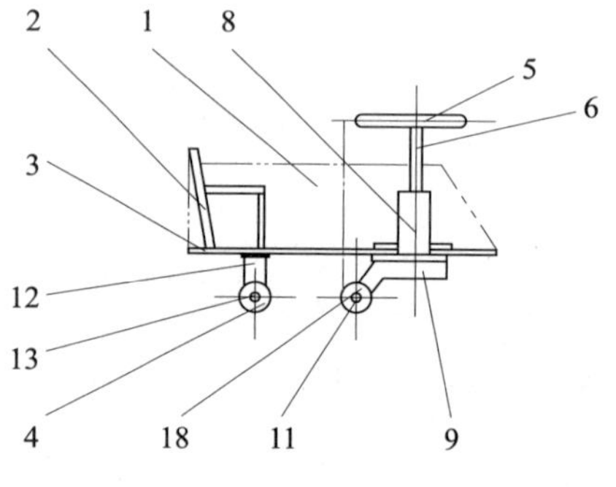

图1

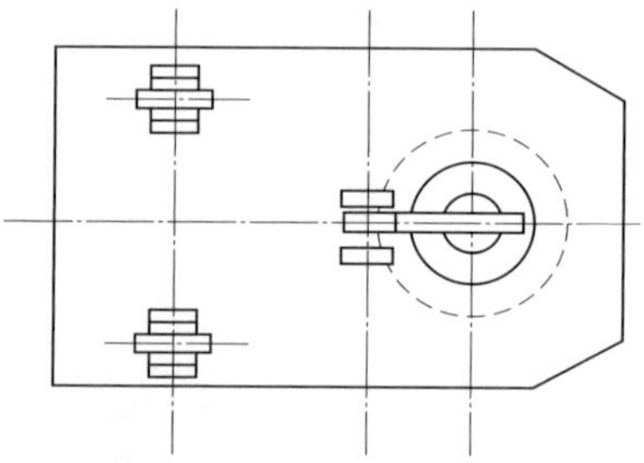

图2

（三）新颖性判断方法

1. 确定发明专利申请权利要求的技术方案

阅读该发明专利申请的说明书，确定发明的技术领域、所解决的技术问题和技术效果。在阅读说明书的内容时应参照附图，借助附图容易理解发明的技术方案。在理解了说明书记载内容的基础上，确定该专利申请权利要求书中请求保护的技术方案。该权利要求书请求保护的是一种玩具车，属于产品权利要求，共有2项权利要求，其中一项为独立权利要求，另一项为从属权利要求。

2. 分解权利要求中技术方案的技术特征

首先将独立权利要求1中请求保护的技术方案分解成各个技术特征。

3. 分析对比文件的技术特征

分析对比文件中一个完整技术方案的全部清楚记载和隐含公开的技术特征，包括附图中明示的技术特征。

4. 制订特征分析表

将该发明专利申请的技术领域、所解决的技术问题、独立权利要求1经分解的技术特征、发明所达到的技术效果列在特征分析表6－0－1中，同时将对比文件中相应的内容也列在特征分析表6－0－1中。

表6－0－1 特征分析表（一）

对比项目	该申请权利要求1	对比文件
技术领域	儿童车	儿童车√
所解决的技术问题	安装有动力设备的玩具车成本较高，且缺乏趣味性	电瓶童车造价高，无法锻炼四肢，脚踏三轮童车缺乏趣味性√
主题名称	玩具车	童车√
技术特征1	包括车身（1）、前置轮（2）、后置轮（3）	包括车身（1）、前车轮（11）、后车轮（4）√
技术特征2	前置轮（2）的轮轴（4）固定在支架（5）的一端上	前车轮（11）的轮轴固定在驱动臂（9）的一端上√
技术特征3	支架（5）另一端与方向轴（6）的下端相连	驱动臂（9）的另一端连接主轴（8）下端√
技术特征4	方向轴（6）上有与方向轴间可自由转动的承重套（7）	主轴（8）上有与主轴间可自由转动的轴套（15）√
技术特征5	承重套（7）与玩具车车身（1）固定在一起	轴套（15）与童车车身（1）固定在一起√
技术特征6	支架（5）突出于方向轴（6）	驱动臂（9）突出于主轴（8）√
技术特征7	轮轴（4）远离方向轴（6）所在直线	轮轴远离主轴（8）所在直线√
技术效果	结构简单，依靠游玩者自身的手部动作即可开动玩具车	结构简单，操作方便，利用手臂动作即可开动童车√

特征分析：

① 对比文件中的驱动臂9在该技术方案中也是连接前轮轮轴和主轴的起支撑作用

的构件，它的结构和功能与该权利要求中的支架是完全相同的，且支架本身在该权利要求保护的技术方案中并没有特定的含义，因而对比文件中的驱动臂9可以被认为是一种支架。

② 虽然对比文件中的主轴8没有被称作方向轴，但是根据其图1和图2以及说明书对该技术方案的说明可知，该主轴8连接方向盘，因此在该技术方案中显然也是起方向轴的作用，它与该申请权利要求1中的方向轴只是称谓上有所不同。

③ 对比文件中的轴套15也是安装在主轴8上的与主轴间可自由转动的装置，它用螺丝固定在车底盘3上，而车底盘是车身的一部分，显然该轴套起到了承重作用，因而从结构和功能上看，对比文件中的轴套15与该申请权利要求1中的承重套7是完全相同的构件。

④ 尽管权利要求的主题名称是玩具车，对比文件的主题名称是童车，但是实质上对比文件所公开的童车就是一种供儿童娱乐的玩具车，因而只是一种不同的称谓而已，权利要求1和对比文件1的技术领域是相同的。

⑤ 该发明专利申请权利要求1中的一些特征虽然未在对比文件的文字中记载，但是从对比文件的图1和图2中可以清楚地明示出来，例如轮轴远离主轴8所在直线。

5. 结论

① 根据特征分析，可以确定该发明专利申请权利要求1的技术方案与对比文件公开的技术方案实质上相同，并且其技术领域、所解决的技术问题和达到的技术效果完全相同，据此可以得出独立权利要求1中请求保护的技术方案不具备新颖性。

② 权利要求2的附加技术特征“支架（5）呈三角形，三角形的顶角固定在方向轴（6）的下端，轮轴（4）固定在靠三角形底边的下部”在对比文件中没有公开，可以确定权利要求2请求保护的技术方案与对比文件公开的技术内容不同，具备新颖性。

（四）案例评析

①在该案例中，虽然该申请技术方案中某些部件的名称与对比文件公开的相应部件的名称不一致，但从结构和功能上来看它们是完全相同的构件，只要本领域技术人员可以确定它们仅仅是称谓上的不同，就可以认为相应的技术特征已被公开。

②如果权利要求1中限定的一些技术特征在对比文件的文字部分未记载，但是，只要在对比文件的附图中可以直接地、毫无疑义地确定，该技术特征也视为被对比文件公开。

二、“一种永久磁体”案例

（一）专利申请文件

申请日：2023年8月9日

优先权日：2022 年 8 月 12 日

权利要求书：

1. 一种永久磁体，其特征在于组成为：12～17 原子% 的稀土元素、5～10 原子% 的硼、20 原子% 以下的钴，余量为铁。

2. 根据权利要求 1 的永久磁体，其特征在于所述的稀土元素是钕。

3. 根据权利要求 1 的永久磁体，其特征在于钴含量为 12 原子%。

（二）对比文件

申请日：2021 年 6 月 21 日

公开日：2022 年 12 月 19 日

权利要求：一种稀土永久磁体，其组成为：钕、镨、铈中的至少一种元素，含量是 8～30 原子%；硼，含量是 2～20 原子%；余量是铁。

实施例：一种具体的磁体组成，Nd15B8Fe77。

（三）新颖性判断方法

① 从公开日来看，该对比文件不是现有技术。再考虑其申请日，该对比文件形式上满足了抵触申请的要求，但仍需要对比内容是否相同。

② 对该案例的分析，主要考虑权利要求的技术方案及所属技术领域与对比文件之间的对比，省略对技术问题和技术效果的分析。

③ 将该申请权利要求中的各技术特征和对比文件的各项列表（参见表 6－0－2）作逐一对比，注意以下特点。

（a）钕 Nd、镨 Pr、铈 Ce 都是稀土元素的下位概念。

（b）对比文件的权利要求所公开的稀土和硼的含量比权利要求 1 中相应元素的含量范围宽，不能影响该申请权利要求 1～3 的新颖性，但是该对比文件还公开了落入权利要求 1 范围之内的实施例。

（c）权利要求 1 表面上看似乎限定为含有钴，但是其含量限定为“20 原子% 以下”，这种无下限的数值范围包括含量为零的情形。由此可以确定权利要求 1 实际上包含了钴含量为 0 原子% 的情形。因此，权利要求 1 的这个特征被对比文件公开了。

④ 通过逐项对比，可以确定权利要求 1 的技术方案被对比文件公开，对比文件相对于权利要求 1 构成抵触申请，权利要求 1 不具有新颖性。

⑤ 权利要求 2 仅将稀土元素限定为钕，这在对比文件中已公开，因此对比文件相对于权利要求 2 也构成抵触申请，权利要求 2 不具有新颖性。

⑥ 权利要求 3 将钴含量明确限定为 12 原子%，排除了不含钴的方案，与对比文件的内容有明显的不同，因此对比文件相对于权利要求 3 不构成抵触申请，权利要求 3 具有新颖性。

表6-0-2　特征分析表（二）

对比项目		该申请	对比文件	
			技术方案	实施例
技术领域		永久磁体	永久磁体 √	永久磁体 √
权利要求1	主题名称	永久磁体	永久磁体 √	永久磁体 √
	技术特征1	稀土组分	钕、镨或铈 √	Nd √
	技术特征2	稀土含量12～17原子%	8～30原子% ×	15原子% √
	技术特征3	硼组分	硼 √	B √
	技术特征4	硼含量5～10原子%	2～20原子% ×	8原子% √
	技术特征5	钴含量20原子%以下	不含钴 √	不含钴 √
	技术特征6	余量铁	余量铁Fe √	Fe含量为77原子% √
权利要求2技术特征		稀土元素是钕	钕 √	Nd √
权利要求3技术特征		钴含量为12原子%	不含钴 ×	不含钴 ×

（四）案例评析

① 该发明的权利要求1是封闭式组合物权利要求，采用“组成为”“余量为”限定权利要求1请求保护的组合物。在组合物权利要求中对于组分和含量的限定，“X以下”的含义为包括“X=0”。也就是说，在权利要求1中记载的“20原子%以下的钴”，其含义为包括“钴的含量为零”，即“不含钴”的情形。

② 如果对比文件公开的数值或数值范围落在权利要求限定的数值范围内，将破坏要求保护的发明的新颖性。对比文件的实施例公开了永久磁体，其中Nd和B的含量均落入该发明权利要求1的数值范围内，且实施例公开了不含钴、余量为铁，未公开“12原子%的钴”。因此，对比文件的实施例破坏了权利要求1和2的新颖性，不破坏权利要求3的新颖性。

三、“一种偏转磁偶极子”案例

（一）专利申请文件

1. 权利要求书

1. 一种用永磁体构成的偏转磁偶极子，其特征在于设置在壳体3中的磁偶极子1用活动位置保持装置支持。

2. 根据权利要求1所述的偏转磁偶极子，其特征在于所述活动位置保持装置可以是一种具有润滑作用的液体2、装置有滚珠5的保持架4或垂直于磁偶极子1两极连线的心轴机构或环形轴架6。

2. 说明书（节选）

技术领域

本发明涉及磁体，是一种磁学元件。

背景技术

与本发明相近的现有技术有磁性块、磁性吸条等，它们是一些用永久磁铁制成的固定磁体，如磁性文具盒开合处的磁性吸块、用作教具的磁性演示板上的磁性吸块、冰箱门上的磁性吸条等。这些制品中使两部分互相吸合的是一块固定的永磁体及一块软磁材料，或是异性相对的两永磁体。因此这类固定磁体只能用于固定配对的两部分之间，在需要有两个以上的部件不规定配对地彼此相吸合时，上述磁性吸块是无法解决的。

发明内容

本发明为了克服现有技术中存在的缺陷，提供了一种磁偶极子能按需要自行偏转调整的偏转磁偶极子，以使具有多个部件构成的产品其部件间互相任意或按一定规则吸合固定，且容易反复地将各吸合的部件用手指的力量拆卸和再结合。

本发明的偏转磁偶极子是，在一个壳体中设置有一个或一组用活动位置保持装置支持的永磁体，使得这个永磁体在外磁场的作用下可绕一定点或一轴在三维空间中以一个、两个或两个以上的自由度自行偏转，直至与外磁场达致平衡为止。

偏转磁偶极子中，除永磁体外，其余构件均用非铁磁材料制作。

上述活动位置保持装置，可以是一种具有润滑作用的液体，或装置有滚珠的保持架或垂直于磁偶极子两极连线的转轴或环形轴架等。

本发明的优点在于根据外磁场的变化，磁偶极子能在壳体中自行转动调整位置以与别的磁体的异性磁极相吸，因此可用于需要使多个组件间相互吸合的制品中。

附图说明

以下结合附图对本发明作进一步说明。

图 1 为本发明实施例之一的结构示意图。

图 2 为本发明实施例之二的结构示意图。

图 3 为本发明实施例之三的结构示意图。

图 4 为图 3 所示实施例中所用的环形轴架的横剖面示意图。

图 5 为本发明实施例之四的结构示意图。

具体实施方式

图 1 为一种活动式偏转磁偶极子。它以一个均匀磁化的球状永磁体 1 作为磁偶极子，将其置于一个壳体 3 的球腔中，球腔的内径稍大于球状永磁体 1 的外径，在球腔与球状永磁体 1 之间的空隙中充满起保持架作用（亦是润滑作用）的液体，这样构成的偏转磁偶极子，其磁偶极子 1 可在壳体 3 的球腔中作任意方向的滑动。

这种球型偏转磁偶极子在实际应用中可称为磁核。它可应用于在需要多个组件的多种组合、多个方向吸合的制品中，如应用于积木类玩具、教具中，在每个组件的内部装上一个或数个球型偏转磁偶极子，便能使多个组件相互吸合成一个较稳固的整体，又容易将它们分离。

这种球型偏转磁偶极子也可用以测定定点处的磁感应强度。

图2为一种滚动式偏转磁偶极子，它以一个均匀磁化的球状永磁体1作为磁偶极子，将其置于一个壳体3的球腔中，球腔的内径稍大于球状永磁体的外径，在球腔与球状永磁体之间的空隙中设置一装有若干滚珠5的保持架4，球状永磁体1架设在保持架4上。与上述方式相同，其磁偶极子1可在壳体3的球腔中做任意方向的滑动。

图3和图4为一种万向式偏转磁偶极子，它以一个均匀磁化的球状永磁体作为磁偶极子1，永磁体1通过一心轴机构7与一环形轴架6构成一个旋转运动副，此一心轴机构7垂直于永磁体1两极连线，而环形轴架6又通过另一心轴机构8与壳体或支座构成另一个旋转运动副，环形轴架6的心轴机构与永磁体1的心轴机构7互相垂直。这种结构形式构成的偏转磁偶极子在实际应用中也可称为磁核，其磁偶极子1可在壳体3中绕两个轴向滚动。

这种万向式偏转磁偶极子可应用于测定磁感应强度矢量方向。

图5为一种回旋式偏转磁偶极子，它以一个均匀磁化的永磁体作为磁偶极子1，把此磁偶极子1连接在与磁偶极子两极连线成垂直的心轴机构9上，则磁偶极子1可绕此心轴机构9做回旋运动。永磁体可制成球形、长条形、盘形、针形等各种形状。

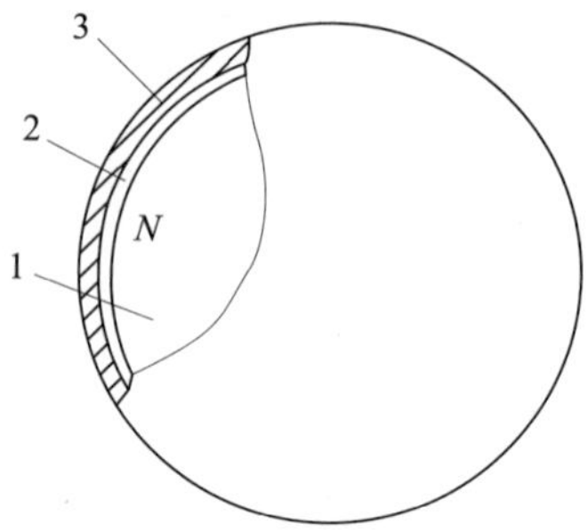

图1

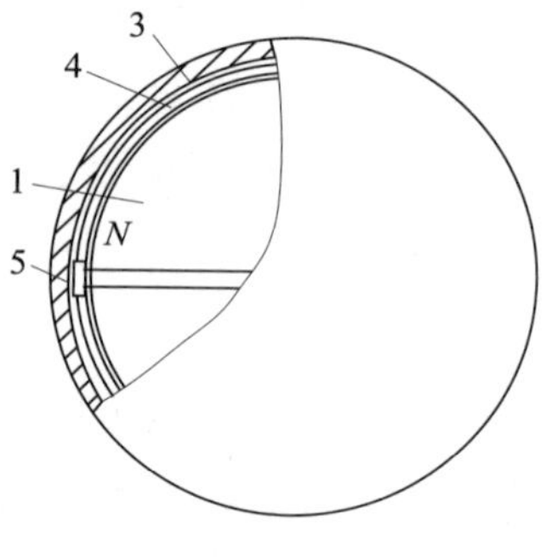

图2

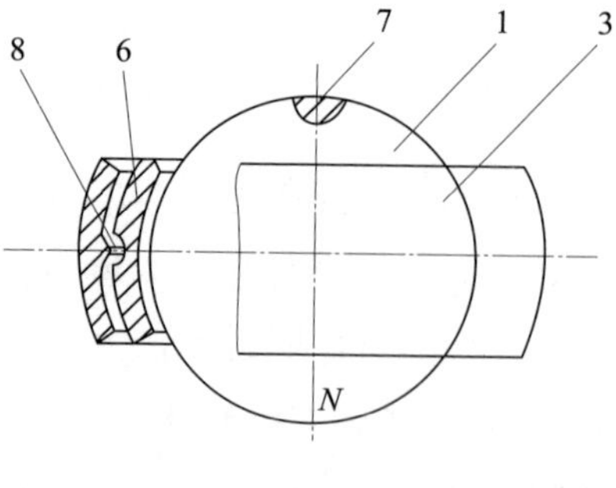

图3

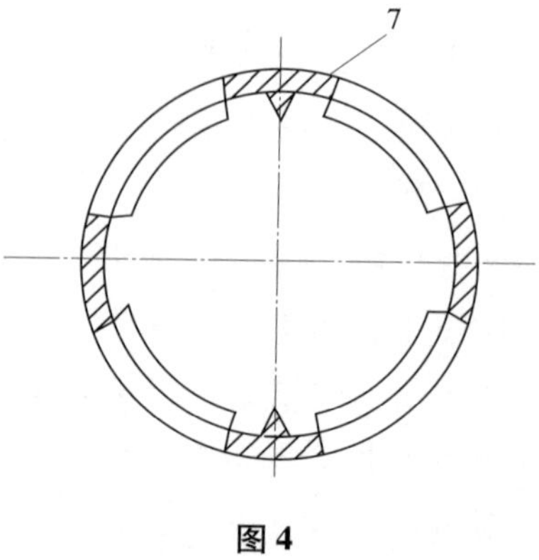

图4

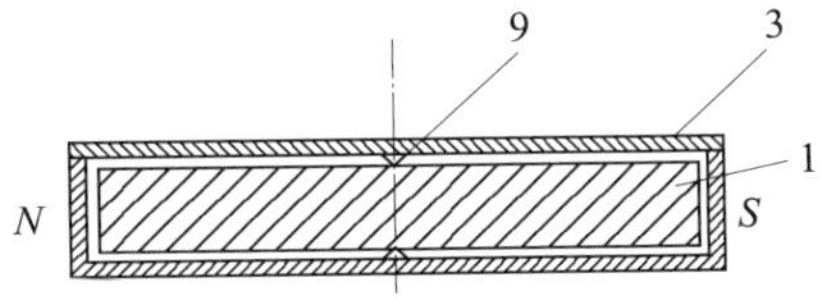

图 5

（二）现有技术

对比文件：

本发明涉及物品的制造，具体涉及多图画拼图装置。更具体地，本发明涉及利用构造新颖的拼图元件的磁性多图画拼图装置。

虽然现有布置已经以或多或少满意的方式实现了它们的预定作用和功能，它们仍然达不到在困难条件下所需的被利用能力，诸如在汽车或者其他运动车辆中书写的时候或者在半卧或躺着的时候。

本发明的目的在于提供改进的拼图装置。

本发明的另一目的在于提供在多图画拼图中使用的结构新颖的拼图片。

本发明的再一目的在于提供多图画拼图装置，其中每个独立拼图片是多面体形式并被磁性吸引到基部或者座上。

本发明的又一目的在于提供改进的物品构造，其目的是对多种可能情况中的一个进行视觉指示。

本发明提供了一种物品，包括基部；至少一个其中具有内腔的多面体；以及在腔中自由运动并被磁性吸引到基部的第一部件，用于将多面体可拆卸地连接到基部。

本发明还提供了一种拼图，包括基部和用于定位在基部上的多个多边形，每个多边形中具有内腔，并具有可在腔中自由运动并被磁性吸引到基部的部件，用于将多面体可拆卸地连接到基部。

图 1 是根据本发明的多图画拼图的等角图；

图 2 是图 1 中的一个拼图片沿着线 2－2 的剖视图。

参见图 1，显示了多图画拼图，其中每幅图画的一部分被携带在多个可拆卸立方体 10 的每一侧上。由于每个立方体具有 6 个侧面，所以在立方体上总共构成了 6 种不同的图画。虽然在图 1 中示出的是由拼图元件构成的立方体，应当清楚也可以利用多面体的形式，多面体具有相对的平行面。每个立方体 10 可被定位在基部 12 上。基部 12 可以是磁性的或者是被磁铁吸引的材料。在这种方式中，每个立方体 10 被磁性吸引到基部 12 并由此而连接，使拼图可以很容易在低于预期条件之下使用。图 2 是在图 1 中利用的一个立方体沿着线 2－2 的剖视图。然而应当记住，立方体仅仅是可以这种方式被利用的许多多面体中的一种。如图 2 所示，将可由木头、塑料或者其他合适材料制成的立方体 10 设置成具有内部球形腔 14，腔内放置磁性的或者可被磁性吸引的材料的自由运动球体16。

因此，可以看出，由于基部12和球体16之间的磁性吸引，立方体10可被连接。还应理解，如果基部12被垂直定位，也可以实现，而且此外，立方体7可连接在基部12的下侧，因为球体16将始终基于基部12附近的立方体壁被磁性促动。

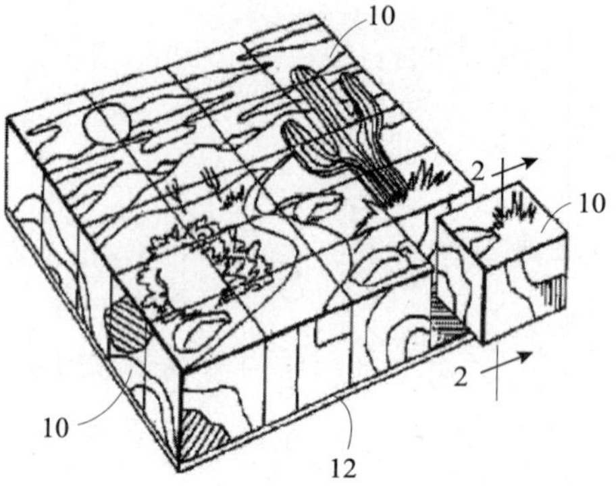

图1

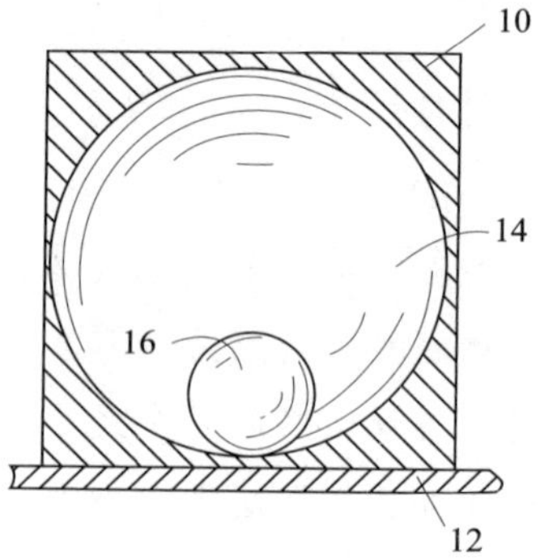

图2

（三）新颖性判断方法

① 阅读该申请说明书及其附图，准确理解发明。所谓的“磁偶极子”在该申请中实际上只是具有两个磁极的永磁体，所谓“偏转磁偶极子”在该申请中实际上只是可以转动、活动的永磁体。

② 从对比文件的附图着手，易于清楚地了解现有技术公开的内容。

③ 对权利要求1作技术特征分解，将技术领域、技术问题、技术方案的诸特征和技术效果列于对比表中。

④ 在对比文件中查找与该申请上述各项对应的内容，列于表内。

⑤ 在该申请和对比文件之间，对上述各项作逐一对比，注意以下特点。

（a）“磁体”和“偏转磁偶极子”（即活动的永磁体）都是上位概念，“磁性玩具结构”是一种具体的磁体，是下位概念。

（b）“具有空腔的立方体10”是上位概念“壳体”所包含的一种下位概念。

（c）“磁性球16”是下位概念，而“磁偶极子（永磁体）”是上位概念。

（d）“活动位置保持装置”是采用“功能+装置”式的功能性限定，而“对磁性球的移动起支撑作用的球形内腔表面14”，对在与相邻磁性球之间的磁性吸力的作用下运动的磁性球提供运动轨迹面约束，显然具有保持永磁体（磁性球）的活动位置的作用，是一种具体的活动位置保持装置。

⑥ 制订特征分析表。将该发明专利申请的技术领域、所解决的技术问题、独立权利要求1经分解的技术特征、发明所达到的技术效果列在特征分析表6－0－3中，同时将对比文件中相应的内容也列在特征分析表中。

表 6-0-3　特征分析表（三）

对比项目	该申请权利要求 1	对比文件
技术领域	磁体	磁性玩具结构 √
所解决的技术问题	无法使产品的多个组件间相互吸合	无法实现多面吸合 √
技术特征 1	偏转磁偶极子（活动的永磁体）	多面吸合的磁性玩具结构 √
技术特征 2	壳体 3	具有空腔的立方体 10 √
技术特征 3	磁偶极子（永磁体）1	自由移动的磁性球 16 √
技术特征 4	活动位置保持装置	对磁性球的移动起支撑作用的球形内腔表面 14 √
技术效果	磁偶极子转动、吸合	磁性球自由移动吸合 √

⑦ 通过逐项对比，可以确定权利要求 1 的技术方案的全部技术特征、技术领域、所解决的技术问题和技术效果均被对比文件公开了，所以权利要求 1 不具有新颖性。

⑧ 由于权利要求 2 对活动位置保持装置作了具体的结构限定，与对比文件相比具有明显的区别，所以具有新颖性。

四、"一种高速钢"案例

（一）专利申请文件

1. 权利要求书

1. 一种高速钢，其特征在于所述的高速钢的硬度达到 67±1HRC。

2. 一种根据权利要求 1 所述的高速钢，其特征在于所述的高速钢的 C 含量为 0.95%～1.10%（重量），Si 的含量为 0.8%～1.2%（重量）；碳饱和度 A 为 0.52～0.95。

2. 说明书（节选）

技术领域

本发明涉及的是一种高碳含硅超硬高韧高速钢及其热处理工艺。

背景技术

在现有技术中，用于制备切削工具的高速钢主要是钨钼高速钢 M2，目前则普遍采用硬度为 66±1HRC 的高硬高速钢和硬度为 67±1HRC 的超硬高速钢来制作刀具。国际上通用的高硬高速钢和超硬高速钢分别为钨钼高速钢 M35 和钼高速钢 M42，这两种高速钢都含有元素 Co，价格昂贵，钨钼高速钢 M35 价格是钨钼高速钢 M2 的 2.5 倍，钼高速钢 M42 的价格是钨钼高速钢 M2 的 5 倍。

因此，开发一种不含 Co、工艺性能好、价格便宜的高硬及超硬高速钢就非常必要。

发明内容

本发明的目的在于提供一种高碳含硅超硬高韧高速钢。

本发明的目的可以通过以下方式得以实现，在现有技术 M2 的基础上提高碳的含量，具体是提高M2的碳含量以提高硬度，与此同时，通过提高Si的含量来细化碳化物以保证抗弯强度、冲击韧性。

本发明是在钨钼高速钢M2化学成分的基础上，增加Si元素和调整C元素的含量，使Si元素的含量达到0.80%～1.20%（重量），使C元素的含量达到0.95%～1.10%（重量），碳饱和度A为0.52～0.95。

随着钢中C元素含量的增加，钢件经过淬、回火后的硬度也相应得到提高，当C元素含量达到0.95%～1.10%（重量）时，钢件的硬度可以达到67±1HRC。

但是随着钢中C元素含量的增加，钢锭凝固时形成的共晶碳化物的量增多，导致碳化物偏析增加，最大碳化物颗粒尺寸加大，从而使钢件的韧性下降。

本发明通过提高高速钢中的Si元素的含量可以克服C元素含量达到0.95%～1.10%（重量）时钢件韧性等力学性能下降的缺点。

具体实施方式

本发明所述的高碳含硅高速钢，其化学成分包括：W为5.50%～6.75%（重量），Mo为4.50%～5.50%（重量），Cr为3.80%～4.40%（重量），V为1.75%～2.20%（重量），Mn为≤0.40%（重量），S为≤0.03%（重量），P为≤0.03%（重量）；其成分还包括Si为0.80%～1.20%（重量），碳含量的碳饱和度A为0.52～0.95，对应的C元素含量为0.60%～1.10%（重量），除上述各元素外，余量为Fe。

本发明所述的高速钢的优点是：

1. 价格便宜，本发明所述的高速钢的价格略高于钨钼高速钢M2，远低于含Co钨钼高速钢M35和钼高速钢M42。

2. 锻、轧、拔、冷加工及热处理等工艺性能优于M2。

3. 淬、回火后硬度与M35以及M42及M2相同，为66±1HRC及67±1HRC；抗弯强度、冲击韧性优于M35、M42及M2。

4. 冶炼工艺简单，容易操作。

（二）现有技术

对比文件：

W－Mo高速钢M2及含钴M35是目前用得最多的两种高速钢。因含钴高速钢价格昂贵，我国发展了以M2为基础的含铝超硬高速钢M2Al，并已纳入国家标准。硅可以在回火时促进弥散碳化物的析出，故可取代钴。另外，硅还可促进凝固时形成的呈棒状而对性能有害的M2C碳化物在退火过程中转变为细小而分布均匀的M6C碳化物，故有利于性能改善。

无莱氏体高速钢的特点是原始碳含量低，按相图冷凝时不形成莱氏共晶，故经锻轧后不存在碳化物偏析及粗大碳化物。粗加工成形后，通过超饱和渗碳提高表层碳含量。渗碳时形成的碳化物分布均匀，颗粒细小，故可以允许渗层碳含量达到甚至高于平衡碳量，这就使表层经淬火及回火后的硬度达到66～67HRC以上而成为超硬高速钢。若适当提高硅含量以取代 M35 中的钴，则有可能得到一种价廉的而韧性优于 M35 的超硬高速钢。

试验用材料及试验方法：

在 M2 钢的基础上无莱氏体钢 M2Si 的硅含量提高至 1%，碳含量降至 0.55%（参见表 1）。

表 1　无莱氏体钢 M2Si 的化学成分（重量）%

元素	C	Si	Mn	P	S	Cr	W	Mo	V
钢成分	0.5～0.6	0.8～1.2	0.3～0.5	0.03	0.03	3.8～4.4	5.5～6.75	4.5～5.5	1.75～2.2
试验用钢成分	0.52	0.80	0.37	0.024	0.003	3.90	5.83	4.98	2.00

寿命试验：用车刀进行了切削试验。该车刀专用于加工 GCr15 铁路轴承滚柱二端凹坑，在使用过程中前刀面不磨，仅磨后刀面，故特别适合于无莱氏体高速钢的切削试验。该车刀原用 10mm×10mm 的 182421 钢刀条制作，寿命为加工 800 件。采用 M2Si 钢经 920℃、12 小时渗碳、1220℃淬火及 560℃、1 小时、3 次回火后，其寿命为加工 1800～2400 件，提高 1.5～2 倍。又用冲头进行了试验，原用 M2 制作的寿命为 1 万次，改用 M2Si 后，其寿命提高到 3 万次。

试验效果：

1. M2Si 钢锭凝固时，因冷速不合适，可能会出现少量莱氏共晶，但经镦拔可以改善。

2. M2Si 钢经 920℃、3～18 小时渗碳及 1220℃淬火并 560℃、1 小时、3 次回火后，可以获得深度为 0.2～0.7mm 的超硬层。

3. M2Si 钢的超硬层的硬度为 65.5～66.6HRC，略低于 M2Al 而优于 M42、5F-6、Co5Si，是一种价廉的超硬高韧高速钢。

4. M2Si 钢的碳饱和度 A 为 0.65～0.95。

（三）新颖性判断方法

1. 确定发明专利申请权利要求的技术方案

阅读该发明专利申请的说明书，确定发明的技术领域、所解决的技术问题和技术效果。在理解了说明书记载内容的基础上，确定该发明申请权利要求 1 请求保护的是一种高碳含硅高速钢，属于产品权利要求。

2. 分解权利要求中技术方案的技术特征

对权利要求 1 中请求保护的技术方案进行特征分解，将技术领域、所解决的技术问题、技术方案的各个特征和技术效果列于特征分析表 6-0-4 中。

3. 分析对比文件的技术特征

分析对比文件中一个完整技术方案的全部清楚记载和隐含公开的技术特征，并将与上述各项对应的内容也列入表内。

4. 制订特征分析表

将该申请与对比文件进行技术特征对比的情况列于表6-0-4中。

表6-0-4 特征分析表（四）

对比项目		该申请	对比文件
技术领域		高速含硅钢	无莱氏体高速钢 √
所解决的技术问题		如何低成本得到高硬高韧高速钢	如何低成本得到超硬高韧高速钢 √
主题名称		高速钢	无莱氏体超硬高速钢 √
权利要求1	技术特征1	硬度为67±1HRC	硬度达到65.5～66.6HRC √
权利要求2	技术特征2	碳饱和度A为0.52～0.95	碳饱和度A为0.65～0.95 √
	技术特征3	Si的含量为0.8～1.2（重量）%	Si的含量为0.8～1.2（重量）% √
	技术特征4	C含量为0.95～1.10（重量）%	C含量为0.5～0.6（重量）% ×
技术效果		降低了生产成本，硬度为67±1HRC	降低了生产成本，硬度达65.5～66.6HRC √

5. 结论

① 权利要求1要求保护的是一种硬度为67±1HRC的高速钢，其硬度实质上为66～68HRC。对比文件公开的是一种无莱氏体超硬高速钢，属于高速钢的一种，是权利要求1中高速钢的下位概念，其硬度范围与该权利要求1中的硬度范围部分重叠，即权利要求1中请求保护的技术方案已经被对比文件公开，不具有新颖性。

② 权利要求2中特征2的碳饱和度A与对比文件公开的数值范围部分重叠；特征3的硅含量与对比文件公开的数值范围完全相同；特征4的碳含量与对比文件的碳含量具有明显的区别，没有被对比文件公开。因此，权利要求2的技术方案没有被对比文件公开，权利要求2具有新颖性。

（四）案例评析

① 该发明专利申请权利要求1属于采用性能参数限定的产品权利要求，在对比文件公开了相应参数的情况下，其特征对比应直接将该参数值与对比文件中的相应参数进行对比。

② 对比文件的综述部分也公开了无莱氏体高速钢的硬度值（66～67HRC），可以利用该部分内容评述权利要求1的新颖性，但是在评价权利要求2时，因为涉及对碳含量、硅含量和碳饱和度的对比判断，即利用了对比文件表1中的数据，那么其硬度值应考虑表1中产品的硬度值，而不能与综述部分的内容结合来评价权利要求2的新颖性。

五、“一种保温奶瓶”案例

（一）专利申请文件

申请人：王××

申请日：2019年8月1日

1. 权利要求书

1. 一种保温奶瓶，奶嘴、瓶盖与瓶体口部机械连接，瓶体内装牛奶，其特征是：瓶体的壁为双层空心壁。

2. 根据权利要求1所述的保温奶瓶，其特征是：双层空心壁的内部呈真空状态。

3. 根据权利要求1所述的保温奶瓶，其特征是：双层空心壁的内部填充合适的保温材料形成保温材料保温层（5）。

2. 说明书（节选）

保温奶瓶

技术领域

本发明涉及一种用牛奶哺乳婴儿时能对瓶体内牛奶进行保温的奶瓶。

背景技术

现代社会受各种因素影响，很多婴儿主要靠牛奶喂养，奶瓶成了千家万户必不可少的用品。然而，现有奶瓶不具备保温作用，在冬季经常在哺乳过程中因奶瓶内牛奶温度降得太低而不得不去重复加热，如果稍有疏忽就会引起婴儿生病。

发明内容

本发明的目的在于提供一种在环境温度明显低于人体温度条件下在哺乳婴儿过程中不需要对牛奶重复加热就能保持牛奶温度的保温奶瓶。

本发明的目的是这样实现的：奶嘴、瓶盖与瓶体口部机械连接，在装牛奶的瓶体外部有一保温层。

由于采用了上述方案，保温层能阻止瓶体内牛奶的热量向外扩散，保持牛奶温度在哺乳过程中不会降低。

附图说明

下面结合附图和具体实施方式对本发明作进一步详细的说明。

图1是本发明保温奶瓶第一个具体实施方式结构图。

图2是本发明保温奶瓶第二个具体实施方式结构图。

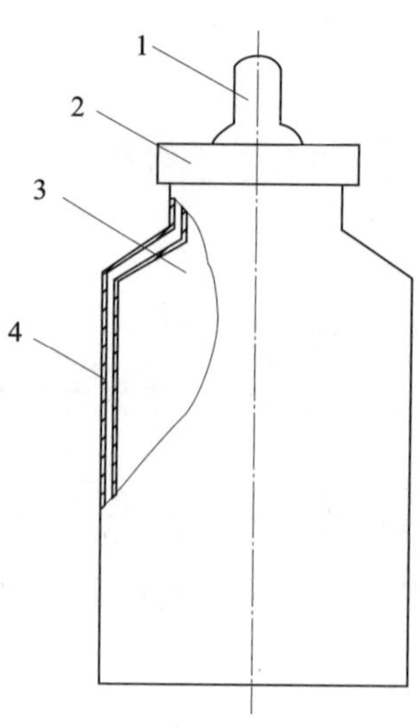

图1

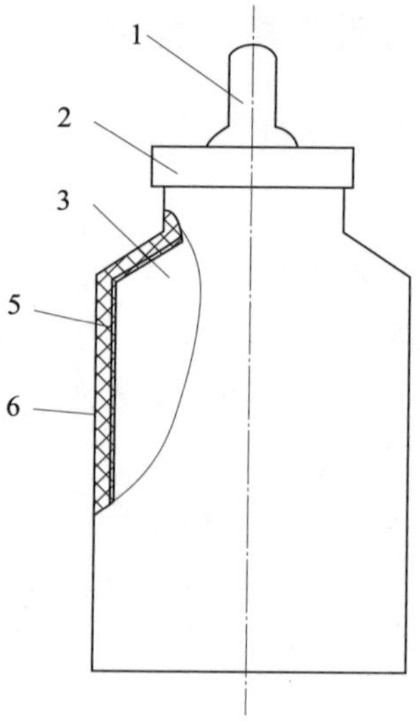

图2

图中：1. 奶嘴；2. 瓶盖；3. 瓶体；4. 真空保温层；5. 保温材料保温层；6. 外壳。

图1所示的保温奶瓶为奶嘴（1）通过瓶盖（2）与瓶体（3）的口部机械连接，构成瓶体（3）的壁为双层空心壁，内部抽成真空形成真空保温层（4）。

图2给出了另一种保温层的结构。在瓶体（3）壁与外壳（6）之间填充合适的保温材料形成保温材料保温层（5）。

（二）对比文件

1. 对比文件1

申请人：金××

申请日：2019年6月21日

公开日：2020年5月18日

说明书（节选）：

技术领域

本发明涉及一种婴儿用的保温瓶，适用人工喂奶的婴儿吸吮代乳液。

发明内容

本发明提供一种代乳液温度始终能保持在适合婴儿吸吮的人体自然温度（35～40℃）、结构简单、成本低及使用安全可靠的婴儿奶瓶。

本发明是这样实现的：在现有的由吸乳头、吸乳头罩及瓶体组成的奶瓶中的瓶体周围包有电保温外壳，电保温外壳的结构为：电热器绕置于内衬料上后固定在紧靠瓶体的内固定架上，电热器最外面由外罩罩住，在瓶体外的内固定架上置一个热敏器件，热敏器件及电热器的4个脚接到装于外壳上一个四芯接插件中，该接插件的电引线接到奶瓶外的一个加热电源器中，瓶内代乳液温度通过热敏器件发出信号去控制加热电源器的通、断工作状态，达到电控温的目的。为方便瓶体清洗，瓶体可从保温外壳的底下自由取出，底盖与外罩底部螺纹连接，瓶体底部与底盖之间置有一个软底垫。

附图说明

下面结合附图对本发明的结构详述如下：

图 1：婴儿保温奶瓶的结构。

图 2：加热电源的线路原理图实施例。

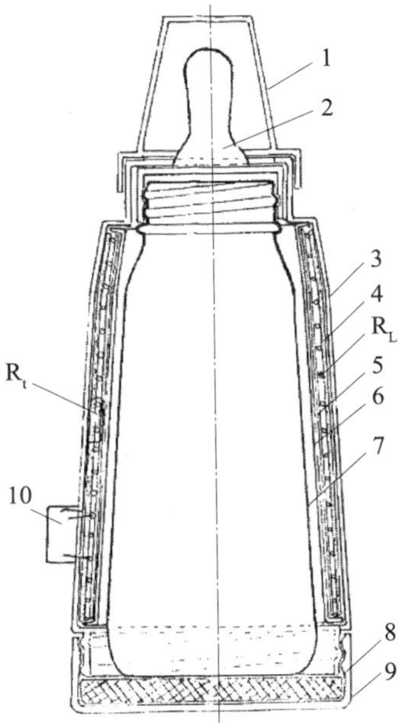

图 1

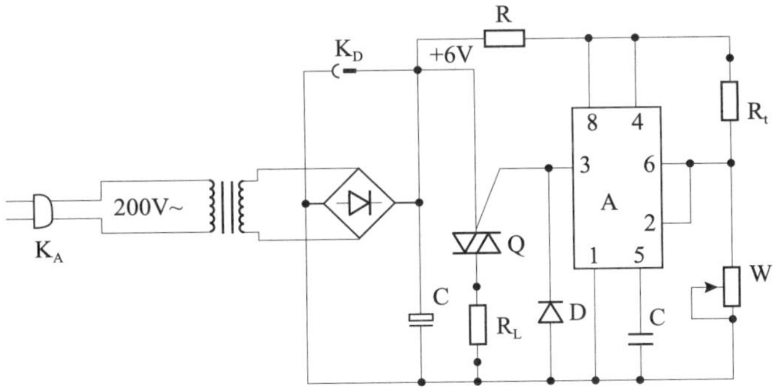

图 2

具体实施方式

本发明由吸乳头 2、吸乳头罩 1 及瓶体 7 组成，在瓶体 7 周围包有电保温外壳，电保温外壳中的电热器 R_L 绕置于内衬料 5 上后固定在紧靠瓶体 7 的内固定架 6 上，在电热器 R_L 外层包有一层保温材料 4，最外层由外罩 3 罩住。在瓶体 7 外的内固定架 6 上罩有一个热敏器件 R_t，热敏器件 R_t 及电热器 R_L 的 4 个电引脚接到装于外罩 3 上的一个四芯接插件 10 内，四芯接插件 10 的 4 个电引脚接到奶瓶外的加热电源器中。图 2 所示的为加热电源器的电原理图的一个实施例，当电位器 W 调在使电热器 R_L 恒温在相当人体温度 35～40℃所需电阻值时，如果热敏电阻 R_t 受热超过 40℃时，集成电路 A 可使可控硅 Q 不导通，电热器 R_L 断电，瓶内代乳液温度可降低。如果降到低于 35℃时，集成电路 A 使可控硅 Q 导通，电热器 R_L 通电。如此反复，使代乳液恒温在 35～40℃之间。婴儿吸奶时可拔下四芯接插件（环境温度较高时），也可不拔。电源加热器有交流接插件 K_A，也有直流接插件 K_D，用 6V 的交直流两用电源，安全、可靠。底盖 9 与外罩 3 的底部用螺纹连接，瓶体 7 的底部与底盖 9 之间置有一个软底垫 8，为方便

维修电热器 R_L，内固定架6的上下端用卡口活络卡在外罩3的内表面。

使用本奶瓶哺乳婴儿时，因代乳液温度始终恒温在人体自然温度，因此，婴儿吸吮代乳液没有副作用，有利于婴儿吸收营养，使婴儿健康生长。本奶瓶清洗、维修很方便，使用安全。

举一个实施例，做一个如图1、图2所示的婴儿保温奶瓶及电源加热器，电热器 R_L 用镍铬电阻丝，保温材料用金属棉，底部软底垫用塑料海绵。电源加热器中集成电路用NE555。

2. **对比文件2**

申请人：刘××

公开日：2015年6月22日

说明书（节选）：

技术领域

本发明涉及一种日常生活用品—保温奶瓶。

背景技术

目前，市场上销售的奶瓶种类很多，有立式玻璃奶瓶、塑料奶瓶或卧式奶瓶。中国发明专利88205167.9公开了一种奶瓶保温罐，由罐体外壳、罐体内衬、罐盖外壳和罐盖内衬组成，将奶瓶放入保温罐中保温。这种保温罐与奶瓶是分体结构，无测温设施，用起来麻烦又不卫生，大人口尝试温易将流行病传染给婴儿，对婴儿成长不利。

发明内容

本发明的目的是提供一种结构简单、能显示奶瓶中牛奶的温度、使用携带方便、卫生保温的一种保温奶瓶。

本发明的内容简述：保温奶瓶由瓶盖罩、奶嘴瓶口箍、瓶体组成，其特征在于：瓶体为内外双层结构，内壳和外壳之间留有空腔，空腔中部设有温度计，温度计用橡胶吸盘固定在内壳上，外壳分上下两段结合成一个瓶体，上下两段结合部位各有互相匹配的螺纹、环形凸台或卡扣连接。

本发明的特点是温度显示直观，结构简单，携带方便，保温时间长，卫生适用。

附图说明

图1为保温奶瓶结构示意图。

图2为橡胶吸盘示意图。

实施例1：

图中瓶盖罩1罩在奶嘴瓶口箍2上，奶嘴瓶口箍2内侧有螺纹与瓶口外侧螺纹相匹配，瓶体内壳5用无毒塑料或玻璃材质制成，瓶体内壳5和瓶体外壳4之间为空腔结构，空腔中也可以充填保温棉3，温度计6用橡胶吸盘7固定在内壳5上，置于空腔中，外壳4分上下两段结合而成，结合部位以互相匹配的螺纹连接。瓶内盛奶时，温度计6显示出奶的温度，决定其食用与否。保温棉3可使奶保温10小时以上。

实施例2：

将表示温度的刻度盘粘在空腔中内壳5上，温度计置于刻度盘正中位置，上下两段结合部位以互相匹配的环状凸台8连接，其余同实施例1。

实施例3：

上下两段结合部位以卡扣形式连接，在结合部位的圆周上等距离设置互相匹配的卡扣，其余同实施例1。

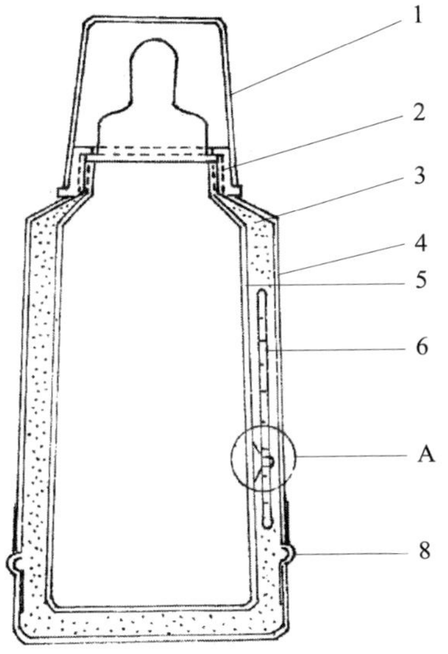

图1

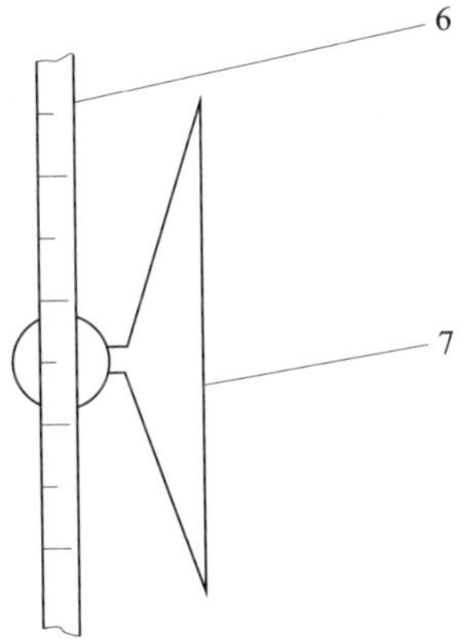

图2

3. **对比文件3**

申请人：陈××

公开日：2018年10月9日

说明书（节选）：

技术领域

本发明涉及一种奶瓶，特别是一种不碎保温奶瓶。

背景技术

现有的奶瓶一般不能保温，只能即冲即喝。还有一种是将调好的牛奶倒入奶瓶，再放入一个由泡沫制成的保温桶进行保温，这种方式既麻烦，又不能达到保温的目的。另一种用双层玻璃做成的真空保温奶瓶，易碎、危险。还有一种用电驱动的保温座，它是将奶瓶放入保温座内，插入直流电源以保温，该方式携带使用不方便。

发明内容

本发明的目的是提供一种携带、使用方便，又可达到保温目的双层不锈钢高真空保温奶瓶。

本发明包括瓶体、瓶盖、奶嘴，瓶体顶端与奶嘴之间有一活动保温塞；瓶盖、奶嘴、活动保温塞可插装成一体；其瓶体用不锈钢材料制成双层结构。双层之间抽高真空；瓶体外壳上可覆盖一层隔热材料。

本发明与现有技术相比，瓶体顶端与奶嘴之间增加一活动保温塞，可防止热量的流失，瓶体采用不锈钢双层结构，双层间抽高真空处理，以达到24小时保温，其保温效果显著。瓶盖、奶嘴、活动保温塞可活动插装成一体，防止部件散乱、丢失，使用方便、卫生。本发明解决了奶瓶既要保温，又要携带使用方便的问题，同时也解决了保温玻璃奶瓶易碎、危险的缺陷。

附图说明

下面结合附图对本发明进行详述：

图1是本发明的剖面图。

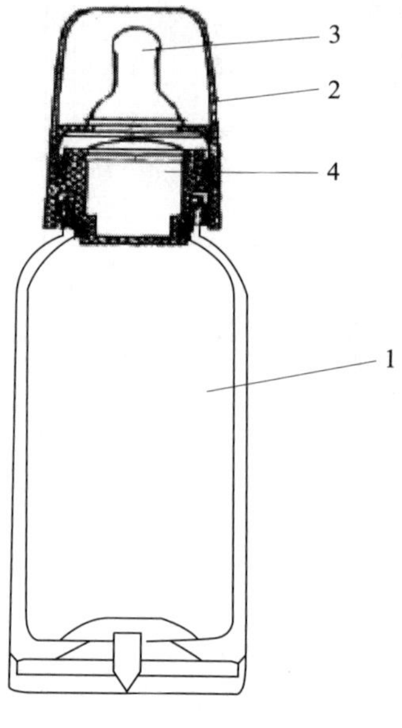

图1

如图1所示，本发明包括瓶体1、瓶盖2、奶嘴3、保温塞4，保温塞4可活动旋紧于瓶体1的顶端，奶嘴3既可活动旋紧于保温塞4的顶端，也可活动旋紧于瓶体1的顶端。使用时，旋开保温塞4，倒入加热的奶液，再旋上保温塞4，即可保温。需要饮用时，旋开保温塞4，旋上奶嘴即可喂食。瓶盖2、奶嘴3、保温塞4可分成每件零散部件，也可活动插装成一体。瓶体1用不锈钢制成双层结构，其双层之间真空处理，以达到保温效果，既可装饰，又可保护瓶体。瓶体1的内、外壳之间也可充填一层隔热材料。

（三）新颖性判断方法

1. 确定发明专利申请权利要求的技术方案

阅读该发明专利申请的说明书，确定发明的技术领域、所解决的技术问题和技术效果，在阅读说明书的内容时应参考附图，借助附图容易理解发明的技术方案。在理解了说明书公开内容的基础上，确定该专利申请权利要求书中请求保护的技术方案，该权利要求书要求保护的是一种保温奶瓶，共有 3 项权利要求，其中 1 项为独立权利要求，另 2 项为从属权利要求。

2. 分解权利要求中技术方案的技术特征

将独立权利要求 1 中要求保护的技术方案分解成各个技术特征。

3. 分析对比文件的技术特征

分析对比文件中一个完整技术方案的全部技术特征。

4. 制订特征分析表

将该发明专利申请的技术领域、所解决的技术问题、独立权利要求 1 经分解的技术特征、发明所达到的技术效果，以及各项从属权利要求中的附加技术特征均列在特征分析表 6－0－5 中，同时将对比文件中相应的内容也列在特征分析表中。

表 6－0－5　特征分析表（五）

对比项目		该申请权利要求 1	对比文件 1	对比文件 2	对比文件 3
技术领域		日用品，奶瓶	日用品，奶瓶 √	日用品，奶瓶 √	日用品，奶瓶 √
所解决的技术问题		对牛奶保温	对牛奶保温 √	对牛奶保温 √	对牛奶保温 √
权利要求 1	技术特征 1	奶瓶	瓶体（7）√	瓶体 √	瓶体（1）√
	技术特征 2	奶嘴	吸乳头（2）√	奶嘴 √	奶嘴（3）√
	技术特征 3	瓶盖	吸乳头罩（1）√	瓶盖罩（1）√	瓶盖（2）√
	技术特征 4	瓶盖与瓶体口部机械连接	瓶盖与瓶体口部机械连接 √	瓶盖罩（1）与奶嘴瓶口箍（2）螺纹连接 √	瓶盖（2）与瓶体口部机械连接 √
	技术特征 5	瓶体的壁为双层空心壁	瓶体（7）周围包有电保温外壳 ×	瓶体为内外双层结构，内壳和外壳之间留有空腔 √	瓶体（1）用不锈钢材料制成双层结构，构成保温层 √
权利要求 2 技术特征		双层空心壁的内部呈真空状态	×	×	瓶体的壁为双层结构，双层之间抽高真空 √

续表

对比项目	本申请权利要求1	对比文件1	对比文件2	对比文件3
权利要求3技术特征	双层空心壁的内部填充合适的保温材料	×	瓶体为内外双层结构，内壳与外壳之间充填保温棉 √	瓶体（1）的内外层之间充填隔热材料 √

特征分析：

① 该发明权利要求1中的特征4虽然在对比文件1和3的文字部分未记载，但是从对比文件的附图中可以直接地、毫无疑义地确定。

② 虽然从对比文件2的附图1中看，双层结构之间有填充物，但是从该对比文件的说明书文字部分可以看到，实质上公开了有填充物和没有填充物的两个技术方案。

5. 结论

① 对比文件1是申请日在该发明专利申请的申请日之前，公开日在其申请日之后的中国专利申请，因此，对比文件1从形式上看有可能成为该发明专利申请的抵触申请。根据特征分析，可以确定该发明专利申请权利要求1的技术方案与对比文件1公开的技术方案存在区别技术特征，该发明权利要求1的瓶体的外壁为双层结构，对比文件1的外壁有电保温外壳，因此，对比文件1不破坏该发明专利申请权利要求1的新颖性。

该发明专利申请权利要求1的技术方案分别与对比文件2或3实质上相同，并且其技术领域、所解决的技术问题和达到的技术效果完全相同，可以得出独立权利要求1中请求保护的技术方案已经分别被对比文件2和3公开，不具备新颖性的结论。

② 对比文件2中公开瓶体为内、外双层结构，内壳与外壳之间充填保温棉，保温棉是保温材料的下位概念，因此该发明专利申请权利要求3的技术方案已经被对比文件2公开，权利要求3不具备新颖性。对比文件3中公开瓶体（1）的壁为双层结构，双层之间抽高真空，瓶体的壁的内、外壁之间可以充填隔热材料。保温材料与隔热材料仅仅是文字的表述不同，实质上是相同的，表明该发明专利申请权利要求2和3的技术方案均被对比文件3公开，因此不具备新颖性。

（四）案例评析

① 对比文件1从形式上看有可能构成该发明专利申请的抵触申请，因此应根据特征分析，进一步判断该对比文件公开的技术方案与该发明专利申请权利要求1的技术方案是否实质上相同。由于权利要求1和对比文件1存在区别，因此对比文件1不破坏该发明专利申请的新颖性。

② 对比文件2公开了该发明专利申请权利要求1和3的技术方案。

③ 对比文件3公开了该发明专利申请权利要求1～3的技术方案。

由此可见，对比文件2和3均可用作破坏该发明专利申请新颖性的对比文件，在此情况下，考虑到对比文件3单篇就可以破坏该发明专利申请权利要求书中全部权利要求1～3的新颖性，因此在审查中采用对比文件3更好。

第七章　优先权审查

教学目的

通过对本章的学习，了解优先权的概念、优先权成立的条件及效力，掌握优先权核实的一般原则及方法。

第一节　优先权的概念

一、优先权的由来

1883 年在巴黎签订的《巴黎公约》中首次提出了优先权的概念。具体地，在《巴黎公约》第 4 条中这样规定："已经在本联盟的一个国家正式提出专利、实用新型注册、外观设计注册或商标注册的申请的任何人，或其权利继受人，为了在其他国家提出申请，在以下规定的期间内应享有优先权。""上述优先权的期间，对于专利和实用新型应为十二个月，对于外观设计和商标应为六个月。"

上述优先权的含义在于任一特定申请人在任一缔约国提出第一次正规申请后，若在一定期限内就相同主题向其他缔约国申请保护，则在后的申请可以被认为是在第一次申请的申请日提出的。也就是说，申请人提出的在后申请相对于在第一次申请的申请日以后就相同主题所提出的其他申请都享有优先的地位。

作为《巴黎公约》的基本原则之一，优先权是为了便利缔约国国民在其本国或其他缔约国提出专利或者商标申请后再向另外的缔约国提出申请而设立的。各国（除个别国家外）专利法都采用先申请原则，对于同样的发明创造，只对最先申请的人授予专利权，并且各国专利法规定授予专利权的内容应当具有新颖性和创造性，而几乎所有国家的专利法都规定判断新颖性和创造性的时间界限是申请日。这意味着，如果希望就同一内容在几个国家均获得专利保护，申请人必须尽量同时在这些国家提出申请，否则，可能会由于他人抢先申请或者发明内容被公开，造成在某些国家其专利申请新颖性和/或创造性的丧失，最终不能在这些国家获得专利保护。然而，申请人就同一内容同时在几个国家，特别是不同语种的国家提出专利申请的难度较大。而且，申请人在决定向其他国家申请专利以前，需要时间考虑有关发明创造的应用价值如何，是否有必要向外国申请专利，以及向哪些国家申请专利等问题。因此，《巴黎公约》中有关优先权的规定，对缔约国国民希望或者准备在其他缔约国取得专利权来讲至关重要。

中国于1985年3月19日加入《巴黎公约》。中国作为《巴黎公约》的缔约国，其《专利法》中对优先权的规定与《巴黎公约》相一致。

二、优先权的相关概念

（一）外国优先权和本国优先权

优先权的概念最初仅仅是《巴黎公约》规定的，适用于《巴黎公约》的各缔约国之间。随着专利制度的发展和知识产权保护水平的提高，优先权原则不再局限于对外国申请人提供优惠，而是进一步扩展到适用于本国申请人，即有些国家规定，申请人就发明或者实用新型在本国第一次提出专利申请之日起的一定期限内，又向本国专利局就相同主题提出专利申请的，也可以享有优先权。为区别于《巴黎公约》规定的优先权，人们一般将上述给予本国申请的优先权称为本国优先权或国内优先权，而将依照《巴黎公约》规定或国家之间互惠条约等给予外国申请的优先权称为外国优先权。

《专利法》第29条中明确规定：

“申请人自发明或者实用新型在外国第一次提出专利申请之日起十二个月内，或者自外观设计在外国第一次提出专利申请之日起六个月内，又在中国就相同主题提出专利申请的，依照该外国同中国签订的协议或者共同参加的国际条约，或者依照相互承认优先权的原则，可以享有优先权。

“申请人自发明或者实用新型在中国第一次提出专利申请之日起十二个月内，或者自外观设计在中国第一次提出专利申请之日起六个月内，又向国务院专利行政部门就相同主题提出专利申请的，可以享有优先权。”

依照上述第1款所产生的优先权，即在第一次申请是向外国提出的情况下所产生的优先权，称为外国优先权。依照上述第2款所产生的优先权，即在第一次申请是向本国提出的情况下所产生的优先权，称为本国优先权。

（二）优先权日

上述第一次申请的申请日（即作为要求优先权基础的在先申请的申请日）称为依法享有优先权的在后申请的优先权日。

（三）优先权期限

《专利法》第29条中规定的期限称为优先权期限，即对于发明和实用新型专利申请来说，为自优先权日起12个月；对于外观设计专利申请来说，为自优先权日起6个月。

《专利法实施细则》第5条规定：“专利法和本细则规定的各种期限开始的当日不计算在期限内，自下一日开始计算。期限以年或者月计算的，以其最后一月的相应日为期限届满日；该月无相应日的，以该月最后一日为期限届满日；期限届满日是法定休假日的，以休假日后的第一个工作日为期限届满日。”

《巴黎公约》第4条中有关期限的规定为：“（1）上述优先权的期间，对于专利和实用新型应为十二个月，对于外观设计和商标应为六个月。（2）这些期间应自第一次申请的申请日开始；申请日不应计入期间之内。（3）如果期间的最后一日在请求保护地国家是法定假日或者是主管局不接受申请的日子，期间应延至其后的第一个工作日。”

《专利法实施细则》第36条规定：“申请人超出专利法第二十九条规定的期限，向国务院专利行政部门就相同主题提出发明或者实用新型专利申请，有正当理由的，可以在期限届满之日起2个月内请求恢复优先权。”也就是说，申请人未在《专利法》第29条规定的12个月期限内向专利局提出专利申请，有正当理由的，可以在期限届满之日起2个月内请求恢复优先权。需要注意的是，予以恢复优先权的限于发明和实用新型，外观设计不适用该规定。

《专利法实施细则》第37条规定：“发明或者实用新型专利申请人要求了优先权的，可以自优先权日起16个月内或者自申请日起4个月内，请求在请求书中增加或者改正优先权要求。”增加优先权要求是指新增一项或者多项优先权要求。改正优先权要求主要是指对优先权的申请日、申请号和原受理机构名称进行改正。优先权增加或改正也限于发明和实用新型。申请人请求增加或改正优先权要求，应当符合自优先权日起16个月内或自申请日起4个月内的时间要求。

（四）相同主题的发明创造

1. 相同主题的发明和实用新型

相同主题的发明或者实用新型，是指技术领域、所解决的技术问题、技术方案和预期的效果相同的发明或者实用新型。但应注意这里所谓的相同，并不意味在文字记载或者叙述方式上完全一致。

如果要求优先权的发明或者实用新型的在后申请与其要求作为优先权基础的在先申请所记载的技术内容完全相同，或者仅仅是简单的文字变换，则该在后申请与在先申请属于相同主题的发明或者实用新型。

优先权概念中的“相同主题的发明或者实用新型”是指在后申请和在先申请的技术内容完全相同，排除了新颖性概念中包括在“同样的发明和实用新型”里的“上位概念与下位概念”、“惯用手段的直接置换”和“数值范围交叉或部分重叠”等情况。

2. 相同主题的外观设计

相同主题的外观设计指形状、图案或者其结合以及色彩与形状、图案的结合相同的工业品外观设计。

（五）首次申请

作为优先权基础的在先申请必须是针对相同主题提出的或记载相同主题的第一次

申请，即首次申请。

作为优先权基础的专利申请必须是针对相同主题的第一次申请，这是为了防止申请人就同一主题依次提出一连串相继的优先权要求，从而大大延长优先权期限而规定的。如果申请人在向中国提出专利申请之前就相同主题已经分别向若干个国家或政府间组织提出了几次专利申请，则他只能以第一次提出的专利申请为基础要求外国优先权。在《巴黎公约》的一个缔约国或政府间组织提出专利申请后，就不能以在同一或者另一国家或政府间组织就同一主题提出的在后申请作为优先权的基础。

这里所说的“第一次申请”并不是绝对的。按照《巴黎公约》的规定，关于在同一国家或政府间组织就与“第一次申请”同样的主题所提出的在后申请，如果在提出该在后申请时在先申请已被撤回、放弃或驳回，并且没有提供公众阅览，也没有遗留任何权利，而且在先申请还没有成为要求优先权的基础，则该在后申请应认为是第一次申请，其申请日可以作为优先权期限的起算日。在这以后，在先申请不得作为要求优先权的基础。

还有，例如，如果继首次申请和在后申请之后，申请人又提出第二件在后申请，其中：首次申请中仅记载了技术方案 A1；第一件在后申请中记载了技术方案 A1 和 A2；第二件在后申请记载了技术方案 A1、A2 和 A3。当然，对于第一件在后申请中的技术方案 A1，可以要求首次申请的优先权。在此基础上，对于第二件在后申请，其中技术方案 A2 可以要求第一件在后申请的优先权；而对于技术方案 A1 来说，由于第一件在后申请已不是“首次申请”，因此不能要求第一件在后申请的优先权，但可以要求首次申请的优先权。

此外，按照《专利审查指南 2023》第 1 部分第 1 章第 6.2.1.1 节的规定，在初步审查中，对于在先申请是否是《巴黎公约》定义的第一次申请不予审查，除非该第一次申请明显不符合《巴黎公约》的有关规定或者在先申请与在后申请的主题明显不相关。

（六）正规申请

作为优先权基础的在先申请必须是正规的国家申请。所谓“正规的国家申请”是指该申请是按照受理国或政府间组织的专利法规提交，并被正式受理，给予了申请日的申请。至于该申请是否已被授予专利权，或者是否已被撤回、驳回、分案或视为撤回，都不影响该申请作为“正规的国家申请”产生优先权。只要受理作为第一次申请的在先申请的国家或政府间组织证明曾有这样的申请存在并给予了申请日，则该申请就可以作为在中国要求外国优先权的基础。《巴黎公约》规定，依照缔约国本国法或缔约国间相互签订的双边或多边条约所提出的，与正规的国家申请相当的任何申请（如依照 PCT 提出的国际申请、依照《欧洲专利公约》提出的欧洲申请、发明人证书申请等），都应认为能够产生优先权。

（七）部分优先权

《巴黎公约》及《专利法》中都要求作为优先权基础的在先申请和要求优先权的在后申请是相同主题的发明创造，如果在后申请中仅有一部分主题与在先申请的相同，即在后申请中仅有一部分主题被在先申请清楚地记载了，则该在后申请所能够享有的优先权为部分优先权。此时，在后申请内容未被在先申请清楚地记载的主题不能享有优先权，不能被视为在在先申请的申请日提出的。

若申请人提出在先申请后，对其发明创造作了进一步的改进和完善，在在后申请中增加了在先申请没有的技术方案或内容，并且这些增加的内容并不影响在先申请其他部分的完整性，则应当允许在后申请中已被原申请清楚地叙述过的那部分权利要求享有优先权。

要求外国优先权的申请中，除包括作为外国优先权基础的申请中记载的技术方案，还可以包括一个或多个新的技术方案。例如，中国在后申请中除记载了外国首次申请的技术方案，还记载了对该技术方案进一步改进或者完善的新技术方案，如增加了反映说明书中新增实施方式或实施例的从属权利要求，或者增加了符合单一性的独立权利要求，在这种情况下，审查员不得以中国在后申请的权利要求书中增加的技术方案未在外国首次申请中记载为理由，拒绝给予优先权，或者将其驳回，而应当对于该中国在后申请中所要求的与外国首次申请中相同主题的发明创造给予优先权，有效日期为外国首次申请的申请日，即优先权日，其余的则以中国在后申请之日为申请日。该中国在后申请中有部分技术方案享有外国优先权，故称为外国部分优先权。

中国在后申请中有部分技术方案享有本国优先权的，称为本国部分优先权。一件中国在后申请中记载了技术方案A和实施例a1、a2，技术方案A和实施例a1已经记载在中国首次申请中，则在后申请中技术方案A和实施例a1可以享有本国优先权，实施例a2则不能享有本国优先权。应当指出，该款情形在技术方案A要求保护的范围仅靠实施例a1支持是不够的时候，申请人为了使方案A得到支持，可以提交还包含实施例a2的中国在后申请。但是，如果实施例a2在中国在后申请提出时已经是现有技术，则应当删除实施例a2，并将方案A限制在由实施例a1支持的范围内。

值得注意的是，一项权利要求限定的完整的技术方案是可以享有优先权的最小单位，而构成技术方案的技术特征则不能享有优先权。例如，在先申请仅记载了一个技术方案：包括组分a1、a2和a3的产品A，在后申请权利要求中要求保护包括组分a1、a2、a3和a4的产品A′。对于这种情况，由于在先申请并未记载产品A′的技术方案，因此产品A′不能享有优先权。如果认为由于在先申请中记载了技术特征a1、a2和a3，因此在后申请中的部分技术特征a1、a2和a3可以享有优先权，则是错误的。

（八）多项优先权

《专利法实施细则》第35条第1款中规定，“申请人在一件专利申请中，可以要求一项或者多项优先权”。所谓多项优先权，是指在后申请包含多个技术方案，这些技术方案分别以不同的在先申请中的技术方案为根据，分别要求各在先申请的优先权。只要该在后申请符合发明或实用新型单一性的条件，则该在后申请就若干符合条件的在先申请所享有的优先权，称为多项优先权。享有多项优先权的申请的技术方案有不同的优先权日。

多项优先权有利于申请人将在外国或本国提出的多件在先申请中已清楚记载的部分，在满足单一性和有关条件（例如优先权期限等）的前提下，合并向中国提出一件专利申请并分别要求优先权。

要求多项优先权的专利申请的优先权期限自作为要求优先权基础的各件在先申请中最早的申请日（即最早的优先权日）起计算。

要求多项优先权的专利申请，应当符合《专利法》第31条及《专利法实施细则》第39条关于单一性的规定。

作为多项优先权基础的多件在先申请可以是在不同国家或政府间组织提出的。

如果作为多项优先权基础的在先申请都是在外国提出的，则要求优先权的在后申请所享有的优先权就是外国多项优先权。同样，如果作为多项优先权基础的在先申请都是在本国提出的，则要求优先权的在后申请所享有的优先权就是本国多项优先权。

第二节　优先权成立的条件及效力

要求优先权的专利申请只有满足一定的形式条件和实质条件，才能依法享有优先权。对于外国优先权和本国优先权，上述条件有所不同。

一、享有外国优先权的条件

申请人在中国提出专利申请时，要求享有其在外国提出的在先申请的优先权的，需要满足下述形式条件和实质条件。

（一）形式条件

享有外国优先权的形式条件，包括申请人提出在先申请的国家、在先申请是否为首次申请、申请人以及时间期限。

1. 关于申请的原属国

作为要求优先权基础的在先申请必须是在《专利法》第29条规定的外国（即国家或政府间组织）提出的。即作为优先权基础的在先申请必须是在符合下列条件的国家或政府间组织提出的：同中国签订有互相承认优先权的双边协议的国家或政府间组织，或者是同中国共同参加有优先权规定的国际条约的国家或政府间组织，或者是依照互相承认优先权的原则，可以对中国国民给予优先权的国家或政府间组织。需要注意的是，即使申请人的所属国是上述的任何国家或政府间组织，只要其在先申请不是在上述国家或政府间组织提出的，则该申请人在中国提出专利申请时便不能享有上述在先申请的优先权。

《专利法》第29条中所述的共同参加的国际条约实际上是指《巴黎公约》。也就是说，当申请人向专利局提出一件专利申请并要求外国优先权时，审查员应当审查作为要求优先权基础的在先申请是否是向《巴黎公约》成员国或政府间组织提出的。如果作为要求优先权基础的在先申请来自非《巴黎公约》成员国或政府间组织，则应当审查在先申请国家或政府间组织是否为承认中国优先权的国家或政府间组织。

2. 关于在先申请

作为要求优先权基础的在先申请可以是发明、实用新型或外观设计，在先申请必须是首次申请和正规申请。

3. 关于申请人

《巴黎公约》规定，有权要求优先权的申请人必须是根据公约规定可适用公约的人，即公约缔约国的国民和虽非缔约国的国民，但在缔约国内有住所或有真实有效的工商营业所的人。该条件必须在提出作为优先权基础的申请时和在行使优先权时都具备，但不必在整个优先权期限内都具备。

根据《专利审查指南2023》的规定，应当审查要求优先权的申请人是否有权享有《巴黎公约》给予的权利，即申请人是否是《巴黎公约》成员国的国民或者居民，或者申请人是否为承认中国优先权的国家的国民或者居民。

缔约国的国民首先在另一缔约国提出专利申请，以后又在其本国提出同样的专利申请的，其本国也可以给予优先权。

依照《专利法实施细则》第34条第3款及《专利审查指南2023》中的相应规定，要求优先权的在后申请的申请人与在先申请文件副本记载的申请人应当一致，或者是在先申请文件副本中记载的申请人之一。申请人完全不一致且在先申请的申请人将优先权转让给在后申请的申请人的，应当在提出在后申请之日起3个月内提交由在先申请的全体申请人签字或者盖章的优先权转让证明文件。

4. 关于时间期限

按照《巴黎公约》和《专利法》第29条的规定，对于发明和实用新型，优先权期限为自优先权日起12个月（根据《专利法实施细则》第36条规定恢复优先权的除外）；对于外观设计，优先权期限为自优先权日起6个月。要求多项优先权的专利申请的优先权期限自作为要求优先权基础的各件在先申请中最早的申请日（即最早的优先权日）起计算。

（二）实质条件

1. 基本原则

《专利法》第29条中对享有优先权的在后申请在实质方面的要求是它与作为优先权基础的在先申请是“相同主题的发明创造”。如上所述，相同主题的发明或者实用新型，是指技术领域、所解决的技术问题、技术方案和预期的效果相同的发明或者实用新型。但应注意这里所谓的相同，并不意味在文字记载或者叙述方式上完全一致。对于中国在后申请在权利要求中限定的技术方案，只要已记载在外国在先申请中就可享有该在先申请的优先权，而不必要求其包含在该在先申请的权利要求书中。优先权成立的实质条件为：作为优先权基础的在先申请清楚地记载了要求优先权的在后申请中的技术方案，特别是在后申请中各项权利要求限定的技术方案。

根据《巴黎公约》第 4 条之 H 的规定，不得以要求优先权的发明中某些要素没有包含在原属国申请列举的权利要求中为理由，而拒绝给予优先权，但以申请文件从全体看已经明确地写明这些要素为限。这一规定是基于各国专利法关于专利权的主题范围以及申请的说明书和权利要求书的撰写方面的规定不尽相同的事实而作出的。

在《专利审查指南 2023》中规定，审查员应当把在先申请作为一个整体进行分析研究，只要在先申请文件（说明书和权利要求书，不包括摘要）清楚地记载了在后申请权利要求所限定的技术方案，就应当认定该在先申请与在后申请涉及相同的主题。审查员不得以作为优先权基础的在先申请的权利要求书中没有包含该技术方案为理由，而拒绝给予优先权。

2. 判断方法

根据上述基本原则，在实践中判断中国在后申请是否能够享有外国在先申请的优先权，要注意如下要点。

① 享有优先权的最小单位是在后申请中记载的完整技术方案，特别是在后申请中各项权利要求限定的技术方案，而不是其中一个或者几个技术特征。

② 对比的对象是：要求优先权的在后申请中记载的技术方案，特别是在后申请中各项权利要求限定的技术方案，与作为要求优先权基础的在先申请的说明书和权利要求书中记载的技术方案。

③ 判断的原则是：作为优先权基础的在先申请的说明书和权利要求书中是否清楚地记载或包含了要求优先权的在后申请中的技术方案，特别是在后申请中各权利要求限定的技术方案，而不要求记载或叙述方式完全相同。但笼统或含糊的内容不能作为要求优先权的基础。

④ 上述“清楚地记载”以所属技术领域的技术人员能从中直接地、毫无疑义地确定为准。

二、享有本国优先权的条件

（一）形式条件

享有本国优先权的专利申请应当满足以下条件。

① 本国优先权的规定适用于发明、实用新型和外观设计专利申请。

② 申请人就相同主题的发明或者实用新型在中国第一次提出专利申请后又向专利

局提出专利申请。

③ 就发明和实用新型而言，中国在后申请之日不得迟于中国首次申请之日起12个月（根据《专利法实施细则》第36条规定恢复优先权的除外）。就外观设计而言，中国在后申请之日不得迟于中国首次申请之日起6个月。

④ 要求优先权的在后申请的申请人可以是中国人，也可以是外国人，其与在先申请中记载的申请人应当一致；不一致的，在后申请的申请人应当在提出在后申请之日起3个月内提交由在先申请的全体申请人签字或盖章的优先权转让证明文件。

此外，《专利法实施细则》第35条第2款中规定："发明或者实用新型专利申请人要求本国优先权，在先申请是发明专利申请的，可以就相同主题提出发明或者实用新型专利申请；在先申请是实用新型专利申请的，可以就相同主题提出实用新型或者发明专利申请。外观设计专利申请人要求本国优先权，在先申请是发明或者实用新型专利申请的，可以就附图显示的设计提出相同主题的外观设计专利申请；在先申请是外观设计专利申请的，可以就相同主题提出外观设计专利申请。"

中国在先申请的主题有下列情况之一时，不得作为要求本国优先权的基础。

① 已经要求外国优先权或者本国优先权的，不得作为要求本国优先权的基础，但要求过外国优先权或者本国优先权而未享有优先权的除外。这是因为作为优先权基础的申请应当是第一次申请，而享有过外国或者本国优先权的申请，已经不是相关主题的第一次申请。

② 已经被授予专利权的，不得作为要求本国优先权的基础。因为这可能会造成重复授权（《专利法》第9条）。

③ 依照《专利法实施细则》第48条规定提出的分案申请，不得作为要求本国优先权的基础。因为实质上分案申请不是相关主题的第一次申请，第一次申请应该是原申请。

最后，需要注意，根据《专利法实施细则》第35条第3款的规定，当申请人要求本国优先权时，作为本国优先权基础的中国在先申请，自中国在后申请提出之日起即被视为撤回。这是为了避免重复授权。但是外观设计专利申请人要求以发明或者实用新型专利申请作为本国优先权基础的除外。

（二）实质条件

至于享有本国优先权的实质条件，即对"相同主题的发明创造"的要求，与上述享有外国优先权的实质条件一致，在此不再赘述。

三、优先权的效力

优先权是为申请人继在先申请后、在优先权期限届满前，在中国就相同主题提出的申请所提供的一种法律上的保护。其效力主要表现在下述几个方面。

① 在优先权期限内，任何出版物公开、使用公开或者以其他方式公开的技术，都

不构成《专利法》第22条第5款所称的现有技术。

② 任何单位或者个人在优先权期限内就相同主题向中国提出的专利申请不能获得专利权。

③ 在优先权期限内，他人（指除前后申请的申请人之外的人）就与在先申请相同主题的发明创造所进行的行为，如实施或使用，均不能产生他人的任何权利，如先用权。

具体对外国优先权而言，申请人在外国第一次提出专利申请后，在优先权期限内向中国提出的相同主题的发明创造专利申请，都看作在该外国第一次申请的申请日所提出的，不会因为在优先权期间内，即第一次申请的申请日与在后申请的申请日之间任何单位或者个人提出了相同主题的申请，或者公布、利用这种发明创造而失去效力。此外，由于有作为优先权基础的外国在先申请的存在，从外国在先申请的申请日起至中国在后申请的申请日之间、由任何单位或个人向中国提出的相同主题的专利申请因失去新颖性而不能被授予专利权。

本国优先权除具有上述外国优先权的效力，还可以给申请人带来便利。例如，在符合单一性要求的条件下，申请人可以利用本国优先权将若干在先申请合并到一份在后的申请中提出，以减少以后所需要缴纳的专利年费；申请人还可以在优先权期限内通过发明和实用新型专利申请的互相转换实现对发明创造的合理保护等。

第三节 优先权的审查

一、要求优先权的手续

① 申请人要求优先权的，应当在提出专利申请的同时在请求书中提出书面声明，并在要求优先权声明中写明作为优先权基础的在先申请的申请日、申请号和原受理机构名称。未写明或者错写在先申请日、申请号和原受理机构名称中的一项或者两项内容，而申请人已在规定的期限内提交了在先申请文件副本的（对于要求本国优先权的，则不要求提交在先申请文件副本），审查员应当发出办理手续补正通知书，期满未答复或者补正后仍不符合规定的，审查员应当发出视为未要求优先权通知书。

② 在先申请文件副本应当在优先权日（要求多项优先权的，指最早优先权日）起16个月内提交。在先申请文件副本（包括请求书、说明书及附图、权利要求书、或外观设计的图或者照片，以及受理机关出具的载明申请日的证明）的格式应当符合国际惯例，至少应当表明原受理机构、申请人、申请日、申请号；不符合规定的，审查员应当发出办理手续补正通知书，期满未答复或者补正后仍不符合规定的，视为未提交在先申请文件副本，审查员应当发出视为未要求优先权通知书。

要求本国优先权的，在先申请文件副本由专利局根据规定制作。申请人要求本国优先权并且在请求书中写明了在先申请的申请日和申请号的，视为提交了在先申请文件副本。

③ 按规定在缴纳申请费的同时缴纳优先权要求费，期满未缴纳或者未缴足的，视为未要求优先权。

应该注意的是，被视为未要求优先权的专利申请，只是该申请不享有优先权，或者说丧失优先权，但并未失去取得专利的权利。即是否享有优先权，只涉及该申请申请日的确定，在优先权成立的情况下，优先权日的效力与该申请在中国的申请日相同；在丧失优先权的情况下，以该申请的实际提出日为在中国的申请日。

申请人要求优先权之后，可以撤回优先权要求。申请人要求多项优先权之后，可以撤回全部优先权要求，也可以撤回其中某一项或者某几项优先权要求。申请人要求撤回优先权要求的，应当提交全体申请人签字或者盖章的撤回优先权声明。

二、实质审查阶段优先权的核实

（一）需要核实优先权的情形

在初审阶段，主要审查优先权的形式条件是否得到满足，对于优先权的实质条件一般不作审查。在实审阶段，审查员应当在检索后确定是否需要核实优先权的有效性。当检索得到的所有对比文件的公开日都早于申请人所要求的优先权日时，不必核实优先权。只有出现下列情形之一时，才需要核实优先权（其中，本申请为待审查的申请）。

① 对比文件公开了与本申请的主题相同或密切相关的内容，而且该对比文件的公开日在本申请申请日和所要求的优先权日之间，即该对比文件构成PX类或PY类文件（参见图7-3-1）。

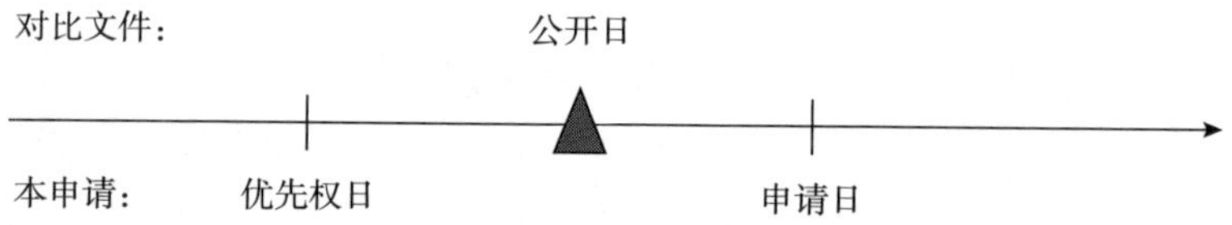

图7-3-1　优先权核实情形（一）

② 任何单位或个人在专利局的申请所公开的内容与本申请的全部主题相同，或者与部分主题相同，且该申请的申请日在本申请的申请日和所要求的优先权日之间，而该申请的公布或者公告日在本申请的申请日或者申请日之后，即任何单位或者个人在专利局的申请构成PE类文件（参见图7-3-2）。

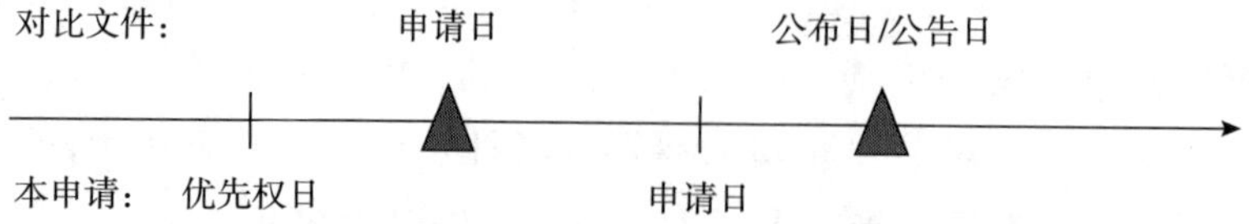

图7-3-2　优先权核实情形（二）

③ 任何单位或个人在专利局的申请所公开的内容与本申请的全部主题相同，或者与部分主题相同，该申请所要求的优先权日（视为在中国的申请日）在本申请的申请日和所要求的优先权日之间，而该申请的公布或者公告日在本申请的申请日或者申请日之后，即任何单位或者个人在专利局的申请构成 PE 类文件（参见图 7－3－3）。

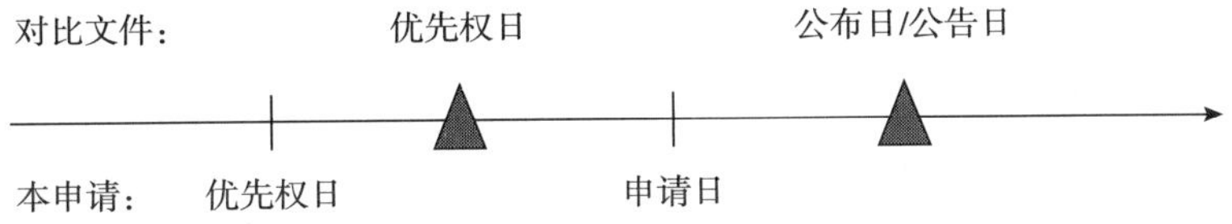

图 7－3－3　优先权核实情形（三）

对于第①种情形，通过核实，如果本申请的优先权成立，则本申请被看作在其优先权日提出的，该对比文件不构成本申请的现有技术；如果本申请的优先权不成立，则该对比文件的公开日在本申请的申请日之前，该对比文件影响本申请的新颖性或与其他对比文件结合影响本申请的创造性。

对于第②种情形，通过核实，如果本申请的优先权成立，则本申请被看作在其优先权日提出的，而该对比文件的申请日在本申请的优先权日之后，所以该对比文件不能构成本申请的抵触申请，不能影响本申请的新颖性；如果本申请的优先权不成立，则该对比文件的申请日在本申请的申请日之前，公开日在本申请的申请日或申请日之后，该对比文件构成本申请的抵触申请，影响本申请的新颖性。

对于第③种情形，应当首先核实所审查的本申请的优先权，当本申请不能享有优先权时，还应当核实作为对比文件的任何单位或者个人在专利局的申请的优先权。当本申请的优先权不成立，而对比文件的优先权成立时，该对比文件构成本申请的抵触申请，影响本申请的新颖性。

（二）优先权核实的一般原则

一般来说，核实优先权是指核查申请人要求的优先权是否能依照《专利法》第 29 条的规定成立。为此，审查员应当在初审及流程管理部门审查的基础上核实：

① 作为要求优先权基础的在先申请是否涉及与要求优先权的在后申请相同的主题；

② 该在先申请是否是记载了同一主题的第一次申请；

③ 对于发明和实用新型而言，在后申请的申请日是否在在先申请的申请日起 12 个月内（根据《专利法实施细则》第 36 条规定恢复优先权的除外）。

进行上述第①项核实，即判断在后申请中各项权利要求所限定的技术方案是否清楚地记载在上述在先申请的文件（说明书和权利要求书，不包括摘要）中。为此，审查员应当把在先申请作为一个整体进行分析研究，只要在先申请文件清楚地记载了在后申请权利要求所限定的技术方案，就应当认定该在先申请与在后申请涉及相同的主题。审查员不得以在先申请的权利要求书中没有包含该技术方案为理由，而拒绝给予优先权。

所谓“清楚地记载”，并不要求在叙述方式上完全一致，只要阐明了申请的权利要求所限定的技术方案即可。但是，如果在先申请对上述技术方案中某一或者某些技术特征只作了笼统或者含糊的阐述，甚至仅仅只有暗示，而要求优先权的申请增加了对这一或者这些技术特征的详细叙述，以至于所属技术领域的技术人员认为该技术方案不能从在先申请中直接和毫无疑义地得出，则该在先申请不能作为在后申请要求优先权的基础。

在某些情况下，应当对上述第②项进行核实。例如，一件申请A以申请人的另一件在先申请B为基础要求优先权，在对申请A进行检索时，审查员找到了该申请人的又一件在申请A的申请日和所要求的优先权日之间公开的专利申请文件或专利文件C，文件C中已公开了申请A的主题，且文件C的申请日早于申请A所要求的优先权日，即早于申请B的申请日，因此，可以确定在先申请B并不是该申请人提出的记载了申请A的相同主题的首次申请，因此申请A不能要求以在先申请B的申请日为优先权日。

在核实优先权时，审查员应当对部分优先权和多项优先权的情况予以注意。

（三）部分优先权的核实

由于对在先申请中的发明作进一步的改进或者完善，申请人在其在后申请中，可能会增加在先申请中没有的技术方案。在这种情况下，审查员核实优先权时，不能以在后申请增加内容为理由断定优先权要求不成立，而应当对在后申请中被在先申请清楚记载过的相同主题给予优先权，即给予部分优先权。具体地说，在在后申请中，技术方案已在在先申请中清楚记载的权利要求可以享有优先权；而技术方案未在在先申请中记载的权利要求则不能享有优先权，应当视为在在后申请的申请日提出的。就整个申请而言，这种情况称为部分优先权，即该申请的部分主题享有优先权。

（四）多项优先权的核实

如果申请人对一件具有单一性的申请要求了多项优先权，审查员在核实优先权时，应当检查该申请的权利要求书中所反映的各技术方案，是否分别在作为优先权基础的多件外国或者本国的专利申请中已有清楚的记载。此外，审查员还要核实所有的在先申请的申请日是否都在在后申请的优先权期限之内。满足上述两个条件的，在后申请的多项优先权可以成立，并且其记载上述各技术方案的各项权利要求具有不同的优先权日。如果某些权利要求不满足上述条件，但其他权利要求满足上述条件，则不满足上述条件的那些权利要求的优先权不能成立，而满足上述条件的其他权利要求的优先权成立。

如果作为优先权基础的多件外国或者本国的专利申请，分别记载了不同的技术特征，而在后申请的权利要求是这些特征的组合，则多项优先权不能成立。

（五）优先权核实后的处理程序

经核实，申请的优先权不成立的，审查员应当在审查意见通知书中说明优先权不成立的理由，并以新确定的优先权日（在没有其他优先权时，以申请日）为基础，进行后续审查。在该申请被授予专利权时，审查员应当在著录项目变更通知单中对其优先权作出变更。

思考题

1. 《巴黎公约》中规定的优先权有何意义？
2. 部分优先权和多项优先权的具体含义是什么？
3. 在实审过程中需要核实优先权时，应注意什么问题？
4. 对优先权的形式审查应考虑哪几个方面？
5. 优先权的效力表现在哪些方面？

第八章　创造性审查

教学目的

对发明创造性的审查是实质审查的主要内容之一，也是重点和难点之一。

本章主要介绍创造性的基本概念和审查原则，重点讲解创造性的审查基准以及创造性判断的一般方法，对《专利审查指南2023》中所列举的不同类型的发明的创造性判断进行阐述，并进一步介绍发明创造性判断时需要考虑的其他因素，最后对判断创造性应当注意的问题进行说明。

通过对本章的学习，能够掌握创造性的法律概念、审查原则、审查基准，基本掌握发明创造性的一般判断方法和发明创造性判断时需要考虑的其他因素，了解发明创造的几种不同的类型，并能掌握不同类型的发明创造性的判断方法。

第一节　创造性的概念

创造性是发明和实用新型被授予专利权的必要条件之一。发明和实用新型必须不同于现有技术，即具有新颖性，但是发明或者实用新型仅仅与现有技术有区别还不够，这种区别应当达到一定程度，应当使发明或者实用新型具备创造性。

《专利法》第22条第3款规定："创造性，是指与现有技术相比，该发明具有突出的实质性特点和显著的进步，该实用新型具有实质性特点和进步。"本书主要涉及发明的创造性判断，对实用新型的创造性判断暂不涉及。要正确判断发明的创造性，首先应当理解和掌握发明创造性定义中所涉及的基本术语。

一、现有技术

《专利法》第22条第5款规定，《专利法》第22条第3款所述的现有技术，是指申请日以前在国内外为公众所知的技术。《专利审查指南2023》第2部分第3章第2.1节对现有技术作了解释："现有技术包括在申请日（有优先权的，指优先权日）以前在国内外出版物上公开发表、在国内外公开使用或者以其他方式为公众所知的技术。"审查员在判断创造性时所用到的现有技术，主要是指审查员检索到的在申请日以前已公开的专利文献和非专利文献。

需要注意的是，在审查新颖性时，不仅要考虑现有技术，还要考虑“抵触申请”；而在审查创造性时，是要看发明相对于现有技术是否具有突出的实质性特点和显著的进步，“抵触申请”不是申请日之前公开的技术，不属于现有技术，在评价创造性时不予考虑。

二、所属技术领域的技术人员

一项发明的特点与技术效果是客观存在的，但其相对于现有技术是否具有突出的实质性特点和显著的进步，需要由人作出主观的判断。因此，一项发明相对于同样的现有技术而言，是否具备创造性，不同的人依据自己的知识和能力，可能会得出相反的结论：本领域的专家可能认为发明在现有技术的基础上是显而易见的，不具有突出的实质性特点和显著的进步，因而不具备创造性；而本领域的一般技术人员则可能有相反的观点。同样，不同的审查员依据各自的知识和能力也可能得出不一样的结论。

为使创造性的判断尽可能达到客观统一的结果，需要不同的判断者站在同一技术水平线上作出判断。为此引入了“所属技术领域的技术人员”这种假想的人，并对这种假想的“人”的知识和能力进行了“规定”。在进行创造性判断时，不论是审查员，还是法官，抑或是其他人，都应基于所属技术领域的技术人员的知识和能力进行判断，而不是依据各自自身的实际知识和能力。

所属技术领域的技术人员，也可称为本领域的技术人员，假定他具有以下知识和能力：

第一，知晓申请日或者优先权日之前发明所属技术领域所有的普通技术知识；

第二，能够获知该领域中所有的现有技术；

第三，具有应用申请日或者优先权日之前常规实验的手段和能力，但他不具有创造能力；

第四，如果发明所要解决的技术问题能够促使所属技术领域的技术人员在其他技术领域寻找解决该技术问题的技术手段，则他也应具有从该其他技术领域中获知该申请日或优先权日之前的相关现有技术、普通技术知识和常规实验手段的能力。

关于第四点假定，可作以下理解：随着技术的发展，涉及多领域的发明创造越来越多，解决一个技术问题，对发明人来说，在本领域或其他领域寻找解决手段是自然的事。这里所述的其他领域是指与本发明所要解决的技术问题密切相关的技术领域。比如要解决锁的报警问题，即便是机械领域的发明人，也会很自然地想到去电子领域寻找电子报警电路。因此，假定所属技术领域的技术人员，除具有本领域的知识和能力，还应具有从其他有关技术领域中获知该申请日或优先权日之前的相关现有技术、普通技术知识和常规实验手段的能力。

三、突出的实质性特点

如上所述，一项发明相对于现有技术是否具有突出的实质性特点，是由发明本身决定的，但发明本身并不能自动表明这一点，需要由人作出判断。为此对“突出的实质性特点”作进一步说明，以便审查员进行具体判断。按照《专利审查指南2023》的解释，发明具有突出的实质性特点，是指对所属技术领域的技术人员来说，要求保护的发明相对于现有技术是非显而易见的。如果发明是所属技术领域的技术人员在现有技术的基础上仅仅通过合乎逻辑的分析、推理或者有限的试验可以得到的，则该发明是显而易见的，不具备突出的实质性特点。

对发明是否具有突出的实质性特点的审查，是创造性审查的重点和难点。从某种意义上说，发明是否具有创造性，主要取决于发明是否具有突出的实质性特点。实际审查过程中，审查员通常是在检索的基础上，确定与发明最接近的现有技术，并在此基础上进一步分析，相对于所属技术领域的技术人员而言，该发明是否显而易见。具体判断方法将在后面专门进行介绍。

四、显著的进步

对“显著的进步”进行判断，主要考虑发明的技术效果。按照《专利审查指南2023》的解释，发明具有显著的进步，是指发明与现有技术相比能够产生有益的技术效果。例如，发明克服了现有技术中存在的缺点和不足，具有更好的技术效果，或者为解决某一技术问题提供了一种不同构思的技术方案，或者代表某种新的技术发展趋势，或者尽管发明在某些方面有负面效果，但在其他方面具有明显有益的技术效果。可见，发明是否具有显著的进步，主要应当考虑发明是否具有有益的技术效果。

在创造性的定义中，要求发明应当具有“显著的进步”，即提出“进步性”的要求，是我国《专利法》立法的一个特点。相比较而言，国际上许多国家或专利组织对创造性采用的是“非显而易见性”标准，即如果一项发明与现有技术相比，对所属技术领域的技术人员来说是非显而易见的，则该发明具备创造性，基本上与我国创造性标准中的“突出的实质性特点”相当。为与国际标准相协调，同时也使创造性标准与中国技术发展水平相适应，《专利审查指南2023》对《专利法》中提出的“显著的进步”要求，给予了比较切合实际的解释。

第二节　发明创造性的审查

创造性的审查是在分析发明与现有技术区别的基础上进行的，如果二者是同样的发明，则不具备新颖性，也就无创造性可言。因此，一项发明是否具备创造性，只有在其具备新颖性之后才予以考虑。

一、审查原则

在判断发明是否具备创造性时，审查员不仅要考虑发明的技术方案本身，而且还要考虑发明所属技术领域、所解决的技术问题和所产生的技术效果，将其作为一个整体看待。

创造性的审查原则与新颖性的审查原则不同。审查新颖性所关注的是发明是否属于“现有技术”，或者是否有“同样的发明或实用新型”构成“抵触申请”，因此采用的是“单独对比”原则。而发明是否具备创造性，是相对于现有技术整体而言的。因此审查创造性时，可以将一份或者多份现有技术中的技术内容组合在一起对要求保护的发明进行评价。

二、审查基准

判断发明是否有创造性，应当以《专利法》第22条第3款为基准。创造性的审查就是要判断发明是否具有突出的实质性特点和显著的进步。关于创造性判断的一般判断方法，首先应判断发明是否具有突出的实质性特点。如果发明不具有突出的实质性特点，则发明不具备创造性；如果具有突出的实质性特点，则进一步审查是否具有显著的进步，如果这一条件也能满足，则发明具备创造性。

（一）突出的实质性特点的判断

判断发明是否具有突出的实质性特点，就是判断发明的技术方案相对于现有技术，对本领域的技术人员来说是否非显而易见。如果要求保护的发明相对于现有技术是显而易见的，则不具有突出的实质性特点；反之，如果对比的结果表明要求保护的发明相对于现有技术是非显而易见的，则具有突出的实质性特点。

判断过程通常可以分为以下三个步骤。

1. 确定最接近的现有技术

在检索的基础上确定最接近的现有技术。最接近的现有技术，是指现有技术中与要求保护的发明最密切相关的一个技术方案，它是判断发明是否具有突出的实质性特点的基础。最接近的现有技术，例如可以是，与要求保护的发明技术领域相同，所要解决的技术问题、技术效果或者用途最接近和/或公开了发明的技术特征最多的现有技术，或者虽然与要求保护的发明技术领域不同，但能够实现发明的功能，并且公开发明的技术特征最多的现有技术。应当注意的是，在确定最接近的现有技术时，应首先考虑技术领域相同或相近的现有技术。其中，要优先考虑与发明要解决的技术问题相关联的现有技术。对于产品发明，最接近的现有技术通常是另一件功能或用途相同或者接近的产品；对于方法发明，最接近的现有技术通常是类似的方法。

2. 确定发明的区别特征和发明实际解决的技术问题

发明实际解决的技术问题，是指发明在最接近的现有技术的基础上，客观上所解决的技术问题。在确定发明实际解决的技术问题时，首先是将发明的技术方案与最接近的现有技术对比，找出区别特征，然后根据说明书中所记载的内容，判断这些区别特征能够使发明实际解决什么技术问题。从这个意义上说，发明实际解决的技术问题，是指发明改进最接近的现有技术以获得更好技术效果的技术任务。

在审查过程中，由于审查员所认定的最接近的现有技术可能不同于申请人在说明书中所描述的背景技术，因此，基于最接近的现有技术重新确定的该发明实际解决的技术问题可能不同于说明书中所描述的技术问题。这种情况下，应当根据审查员所认定的最接近的现有技术重新确定发明实际解决的技术问题。

重新确定的技术问题可能要依据每项发明的具体情况而定。作为一个原则，发明的任何技术效果都可以作为重新确定技术问题的基础，只要本领域的技术人员从该申请说明书中所记载的内容能够得知该技术效果即可。对于功能上彼此相互支持、存在相互作用关系的技术特征，应整体上考虑所述技术特征和它们之间的关系在要求保护的发明中所达到的技术效果。特殊情况下，当发明的所有技术效果与最接近的现有技术均相当时，重新确定的技术问题是提供一种不同于最接近的现有技术的可供选择的技术方案。

重新确定的技术问题应当与区别特征在发明中所能达到的技术效果相匹配，不应当被确定为区别特征本身，也不应包含对区别特征的指引或暗示。

3. 判断要求保护的发明对本领域的技术人员来说是否显而易见

在该步骤中，要在最接近的现有技术以及所确定的发明实际解决的技术问题的基础上，判断发明对本领域的技术人员来说是否显而易见。具体地说，就是要确定现有技术整体上是否存在某种技术启示，即现有技术中是否给出将上述区别特征应用到该最接近的现有技术以解决其存在的技术问题（即发明实际解决的技术问题）的启示。这种启示会使本领域的技术人员在面对所述技术问题时，有动机改进该最接近的现有技术并获得要求保护的发明。如果现有技术中存在这种技术启示，则发明是显而易见的，不具有突出的实质性特点。

在判断现有技术中是否存在技术启示的过程中，首先要明确的是，发明为解决上述技术问题所采用的技术手段在其他现有技术中是否已经披露；如果已经披露，则需要分析该技术手段的作用是否与其在本发明中为实际解决的技术问题所起的作用相同，如果作用相同，则可以认为该现有技术中存在技术启示。

按照这一思路，下述情况，认为存在技术启示。

① 所述区别特征为公知常识，例如，本领域中解决该重新确定的技术问题的惯用手段，或教科书或者技术词典、技术手册等工具书中披露的解决该重新确定的技术问题的技术手段。

② 所述区别特征为与最接近的现有技术相关的技术手段，例如，同一份对比文件其他部分披露的技术手段，该技术手段在该其他部分所起的作用与该区别特征在要求保护的发明中为解决该重新确定的技术问题所起的作用相同。

③ 所述区别特征为另一份对比文件中披露的相关技术手段，该技术手段在该对比文件中所起的作用与该区别特征在要求保护的发明中为解决该重新确定的技术问题所起的作用相同。

（二）显著的进步的判断

发明是否具有显著的进步，主要应当考虑发明是否具有有益的技术效果。以下情况，通常应当认为发明具有有益的技术效果，具有显著的进步。

① 发明与现有技术相比具有更好的技术效果，例如，质量改善、产量提高、节约能源、防治环境污染等。

② 发明提供了一种技术构思不同的技术方案，其技术效果能够基本上达到现有技术的水平。

③ 发明代表某种新技术发展趋势。

④ 尽管发明在某些方面有负面效果，但在其他方面具有明显积极的技术效果。

三、创造性判断举例

【案例1】

（一）专利申请文件

1. 权利要求1

一种家用保险箱，包括箱体（4）和螺栓（1），其特征在于：通过螺栓（1）将箱体（4）同建筑物墙体（3）固定在一起，螺栓从墙的另一侧通过垫板、墙体穿入箱体内，并在箱体内用螺母（5）固定。

2. 说明书（节选）

本发明涉及一种家用保险箱。该保险箱是利用机械的方法将保险箱箱体与墙壁固定在一起，以防止保险箱被搬动，而实现保险目的。由于机械联接的可拆卸部位位于保险箱内部，所以在未打开保险箱门的时候，是很难拆开的。如图1所示的联接机构中，螺栓1通过条钢2将墙壁3及保险箱4联接在一起，螺母5及垫圈6均在保险箱4内部，因螺栓1是圆柱头的，所以在外面很难拆开。条钢2的作用是加大接触面，提高联接强度。

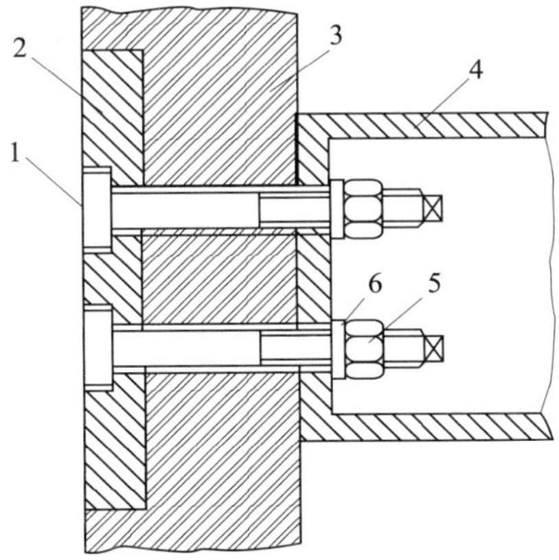

图1

（二）现有技术

1. 对比文件1

公开了一种壁式家用保险箱装置（参见图1），由保险箱和固定连接装置组成，该保险箱固定于墙上，固定连接由膨胀螺母1、膨胀管2、垫圈3和螺钉4组成。这种保险箱不需要专门的固定面，直接固定在墙上，它不占地面，不影响室内有效空间的使用，为它在室内的放置带来极大方便。同时这种固定使关闭后的保险箱对于盗贼难以搬走，打开保险箱主人则可方便地拆卸更换固定位置。

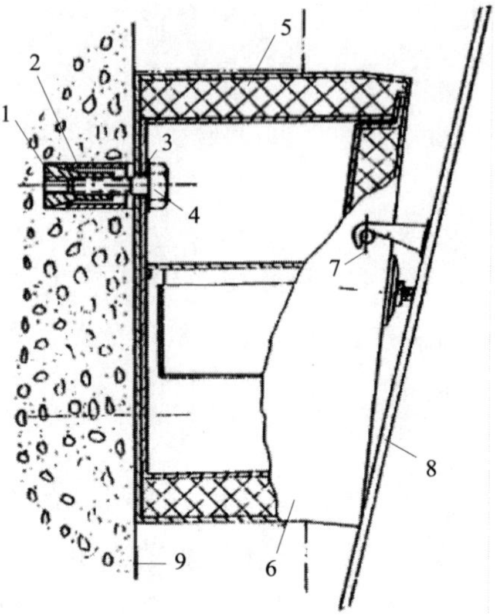

图1

2. 对比文件2

公开了一种宾馆用保险箱（参见图1），其中螺栓从衣柜后壁11的另一侧通过垫板47、板体穿入保险箱箱体内，并在箱体内用螺母51固定，使保险箱不易被搬走。

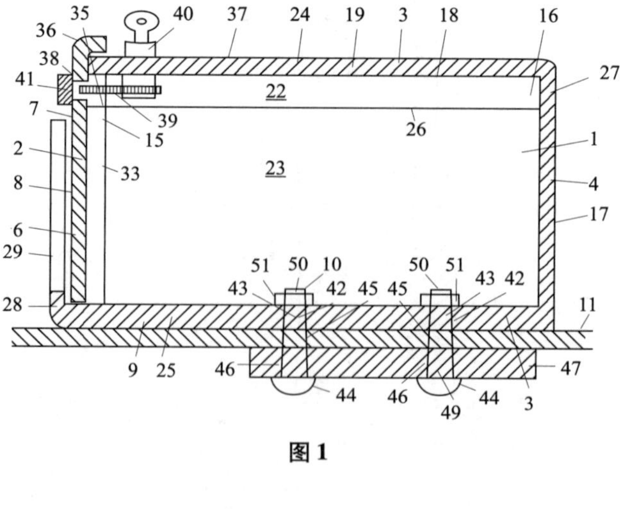

图1

（三）创造性分析

权利要求 1 不具备《专利法》第 22 条第 3 款规定的创造性。

对比文件 1 和 2 与该申请均属于家用保险箱领域，对比文件 1 和 2 所要解决的技术问题与该申请所要解决的技术问题相同，都是为防止保险箱被搬动。但对比文件 1 和该申请都是固定到不能移动的墙体上的保险箱，而对比文件 2 是固定到可移动的家具上的保险箱，对比文件 1 解决的技术问题与该申请更相关联，因而确定对比文件 1 作为最接近的现有技术。具体而言，对比文件 1 公开了一种家用保险箱，并具体公开了以下技术特征："包括箱体和膨胀螺栓（螺栓的下位概念），通过膨胀螺栓将箱体同建筑物墙体固定在一起，并可在箱体内进行拆卸更换"；该权利要求与对比文件 1 的区别特征在于："螺栓从墙的另一侧通过垫板、墙体穿入箱体内，并在箱体内用螺母（5）固定。"该区别特征所能达到的技术效果是防止保险箱被移动，而将保险箱与墙进行固定在对比文件 1 中已经公开，只是由于采用的是膨胀螺栓，没有穿透墙，从固定牢固性上来说，权利要求 1 的技术方案比对比文件 1 的技术方案有更好的技术效果。因此，权利要求 1 所要保护的技术方案实际解决的技术问题是提高箱体与固定物体之间的固定牢固性。

对比文件 2 公开了一种宾馆用的保险箱，其中螺栓是从家具背板另一侧通过垫板、背板穿入箱体内的连接装置。一方面，尽管在对比文件 2 中螺栓从家具背板另一侧通过垫板、背板穿入箱体内，而并非从墙体的另一侧通过垫板、背板穿入箱体内，但是由于将保险箱固定在墙体上已经被对比文件 1 公开，因而可以认定对比文件 2 中所公开的以穿透性螺栓从板材一侧通过垫板、背板穿入箱体内这样的技术手段已经给出了获得上述权利要求 1 与对比文件 1 的区别特征的技术启示。且该技术手段在对比文件 2 技术方案中的作用是提高箱体与所能固定的固定体之间的牢固性，即上述区别特征在对比文件 2 的技术方案中所起的作用与其在权利要求 1 的技术方案中所起的作用是相同的，因此本领域的技术人员有动机在对比文件 1 的基础上对其连接方式进行改进，将对比文件 2 中的箱体与固定体之间的连接手段应用于对比文件 1 中，从而得到该权利要求 1 所述的技术方案。从另一方面来说，对比文件 2 给出了将上述区别特征（螺栓穿过固定体的联接方式）应用到该最接近的现有技术（即对比文件 1）中以解决其存在的技术问题（固定牢固性不足）的启示。这种启示会使本领域的技术人员在面对所述技术问题时，有动机改进该最接近的现有技术并获得上述权利要求 1 要求保护的技术方案，因而在对比文件 1 的基础上结合对比文件 2 得到该权利要求 1 所要求保护的技术方案，对所属技术领域的技术人员来说是显而易见的，因此该权利要求不具备创造性。

一项发明相对于选定的几篇对比文件是否具备创造性应当是客观的，但是在审查实践中，得出是否具备创造性的结论是审查员分析的结果。对于有些申请，以某篇对比文件为最接近的现有技术来分析确定"技术问题"，然后再分析其他对比文件中是否存在“技术启示”，可以顺理成章得出结论，而以另一篇对比文件作为最接近的现有技术，则可能无法进行这种分析。所以从这个意义上说，正确选择最接近的现有技术，有利于得出正确的评价结论。

从最接近的现有技术的概念可以看出一些确定最接近的现有技术的原则。一般地，在确定最接近的现有技术时，应当首先考虑技术领域相同或相近的现有技术，其中要优先考虑与发明要解决的技术问题相关联的现有技术。该案例中所述的专利申请涉及一种固定于墙体上的保险箱，对比文件1也是一种固定于墙体上的保险箱。因此，以对比文件1作为最接近的现有技术，而以对比文件2作为判断这种改进是否已在现有技术中存在“技术启示”的现有技术，更合乎发明创造活动本身的发展规律。除此之外还要明确的是，具体选择哪一篇对比文件作为最接近的现有技术，应当以能够容易地确定“技术问题”为宜，而且更重要的应当以利于在其他对比文件中找出“技术启示”从而顺利地进行三个步骤的判断为宜。

【案例2】

（一）专利申请文件

1. 权利要求1

一种平焰烧嘴，由可燃气体喷嘴（1）、吸入口（2）、混合管（3）、扩压管（4）和旋流器（6）组成，其特征在于：该可燃气体喷嘴有一根与高压气源相通的中心管（5）。

2. 说明书（节选）

本发明涉及一种助喷－喷射式平焰烧嘴，目前国内外的加热炉普遍使用喷射式烧嘴。该烧嘴燃烧时不用风机鼓风，凭借煤气喷射引进煤气燃烧时所需要的空气。但此种烧嘴煤气消耗量大，炉子升温速度慢，炉温低，难以满足加工工艺要求。而最近出现的煤气平焰烧嘴虽比前者燃料消耗量低，炉子升温快，但需要鼓风，消耗鼓风电能，且噪声较大。针对上述两种烧嘴出现的问题，提出在旋流器入口处设置一个喷射器与其连接，因而不用鼓风机鼓风，火焰呈平面形状。为了防止回火，在旋流器中设置火焰稳定器；同时在喷射器的喷嘴内设置一个中心管，通入压缩空气帮助煤气引射空气。

图1为助喷－喷射式平焰烧嘴剖面示意图。

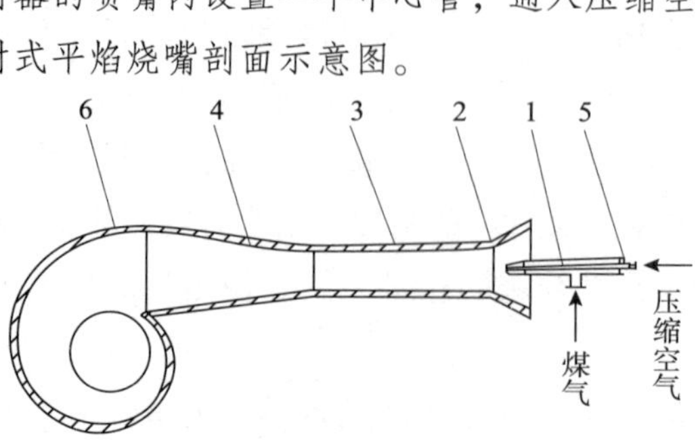

图1

喷射式平焰烧嘴，是由喷射器、旋流器6组成。喷射器包括喷嘴1、吸入口2、混合管3、扩压管4。压力较高的煤气从喷嘴1中高速喷出，通过吸入口2从环境中引射空气，在混合管3中与煤气混合，经扩压管4升压后进入旋流器6。在旋流器6中可燃混合气体形成旋转气流进入烧嘴砖燃烧，并形成平面火焰。在喷射式平焰烧嘴1的内部设置一个中心管5组成助喷－喷射式平焰烧嘴。当煤气压力较低时，从吸入口2引射的空气较少或燃用高热值煤气时，需要的空气量较多。这时引射的空气量满足不了燃烧的需要，因而会出现不完全燃烧现象。所以让少量的压缩空气从中心管5中高速喷出，形成附加抽力，帮助煤气引射空气，使燃烧完全。根据燃烧的需要，调节压缩空气，便可达到控制炉内气氛的目的。煤气和空气的预混燃烧极易回火，为此在旋流器6中设置一个火焰稳定器。上下移动火焰稳定器的位置，便可改变混合气流出口的截面积，从而使混合气体的流速发生变化。当混合气体的流出速度大于火焰传播速度时，便可防止回火，使燃烧稳定。

（二）现有技术

1. 对比文件1

公开了一种喷射式平焰烧嘴（参见图1），由可燃气体喷嘴1、吸入口2、混合管3、扩压管4和旋流器5组成。

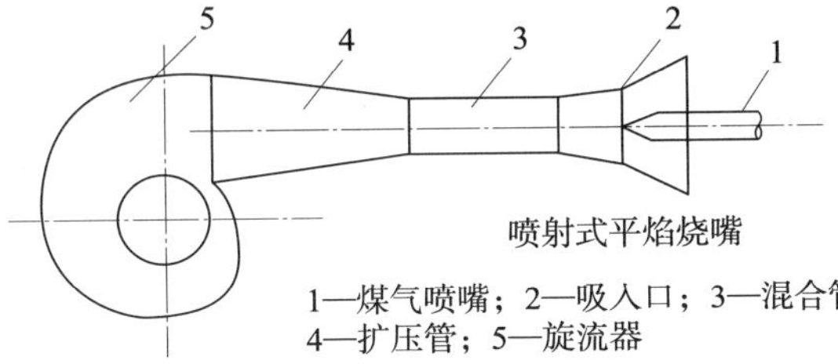

图1

2. 对比文件2

公开了一种烧嘴（参见图1），该烧嘴在其可燃气体喷嘴8的中心有一根与高压气源相通的中心管9。中心管9的作用是调节火焰长度。

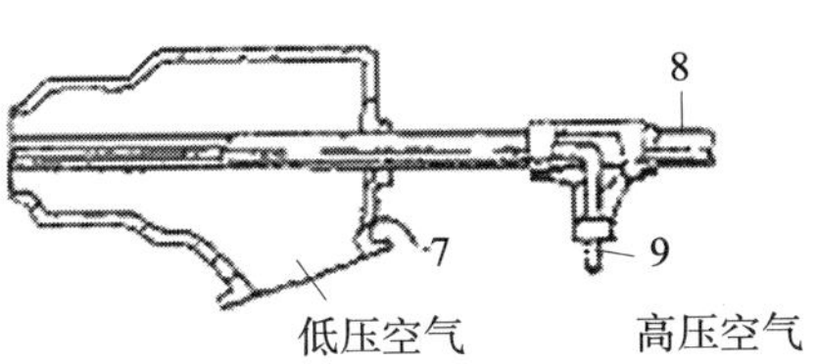

图1

（三）创造性分析

对比文件1和2与该发明均属于喷射式－平焰烧嘴的技术领域，根据对比文件1记载的技术内容，本领域的技术人员可以认识到对比文件1存在着本发明要解决的技术问题，而对比文件2虽然公开了喷嘴中具有中心管，但其与该发明要解决的技术问题不同，同时对比文件1公开的技术特征最多，故选择对比文件1作为最接近的现有技术。具体而言，对比文件1公开了一种平焰烧嘴，并公开了如下特征：该平焰烧嘴由可燃气体喷嘴1、吸入口2、混合管3、扩压管4和旋流器5组成。该权利要求与对比文件1的区别特征在于："可燃气体喷嘴有一根与高压气源相通的中心管。"该区别特征所能达到的技术效果是：当引射的空气量满足不了燃烧的需要时，让少量的压缩空气从中心管中高速喷出，形成附加抽力，帮助煤气引射空气，使燃烧完全，通过调节压缩空气，达到控制炉内气氛的目的。权利要求1的技术方案比对比文件1的技术方案有更好地控制炉内气氛的技术效果。因此，权利要求1所要保护的技术方案实际解决的技术问题是：使煤气燃烧完全，更好地控制炉内气氛。对比文件2中可燃气体喷嘴8的中心也有一根与高压气源相通的中心管，但其与该申请的中心管所起的作用不一样。对比文件2中设置中心管的目的是调节火焰长度，因而在增加中心管中高压气流量的同时，减少低压气体的流量，空气和气体燃料的重量比保持不变，不存在利用气体燃料喷嘴内部的中心管解决该发明实际要解决的技术问题的启示。因此，本领域的技术人员在面对使煤气燃烧完全、更好地控制炉内气氛的技术问题时，没有动机将对比文件2的中心管应用到对比文件1上。从而，在对比文件1的基础上，结合对比文件2以得到权利要求1所要求保护的技术方案对所属技术领域的技术人员来说不是显而易见的。同时，发明与现有技术相比具有煤气燃烧完全、更好地控制炉内气氛的有益技术效果。因此，权利要求1具有突出的实质性特点和显著的进步，符合《专利法》第22条第3款有关创造性的规定。

【案例3】

（一）专利申请文件

1. 权利要求1

一种辉光放电开关启动器，备有放电容器（1），该容器是以气密的方式封闭的并且具有壁（2），有一对导电体（3a、3b）穿过该放电容器的一部分壁（2b），在该放电容器中还有双金属元件（4a），它与导电体（3a、3b）之一（3a）电气相连，该放电容器装有可电离填充物，其特征在于，至少导电体穿过的那部分壁（2b）由含至少5%（重量）BaO的玻璃制成。

2. 说明书（节选）

本发明涉及一种备有具有壁的气密放电容器的辉光放电开关启动器，有一对导电体穿过该放电容器壁的一部分，在该容器中还有与该导电体之一电气相连的双金属元件，该放电容器充有可电离填充物。

希望辉光放电开关启动器的电极获得电压的时刻与发生辉光放电的时刻之间经

历的时间要短，通常少于1秒。为此目的，在已知的辉光放电开关启动器的放电容器中存在一种氢气吸收剂，这种吸气剂包含一种钯与锆的合金。然而，不利的是，这样做就要求实施额外的操作，特别是投配和施用该吸气剂的操作。放射性元素，也可用来作为可电离填充物的一种成分，或者用于放电容器壁上。该措施同样涉及额外的操作，特别是出于安全的原因，因放射性元素需要格外谨慎地对待所带来的额外操作。

本发明要解决的技术问题是提供一种辉光放电开关启动器，它具有点火延时短、不需要诸如施用氢气吸收剂或使用放射性元素之类额外措施等特点。

按照本发明，用于该目的的辉光放电开关启动器应具有如下特征：至少穿过导电体的那部分壁由包含至少5%（重量）BaO的玻璃制成。本发明人在实验中发现，按照本发明的辉光放电开关启动器不但点火延时短，而且不需要上述种种额外措施。在这些实验中还发现，用于制造放电容器壁其余部分的材料并不重要。关于按照本发明的辉光放电开关启动器点火延时短的一种解释是，在构成所述部分容器壁的玻璃中含有的BaO具有发射活性。

具有这样组成的玻璃易于加工，因为它的结晶温度低，而且软化区间宽。这种玻璃可采用硫酸钠进行净化，因此它可能含有至多0.1%（重量）的额外SO_3。该玻璃还可含有重量百分含量很小的来自玻璃制造原料中碱性物质的杂质。例如，该玻璃中可含有至多0.02%Fe_2O_3。该玻璃另外还可含有少量，如0.01%～1.0%（重量）的CeO。

如图1所示，放电容器1，它是以气密的方式封闭的，同时它还具有壁2。放电容器1中装有可电离填充物，在给出的实施方案中为一种彭宁混合物。在室温下的填充压力为26.6毫巴。放电容器的壁2包括外套部分2a和凹进部分2b。有一对导电体3a、3b穿过凹进部分2b。导电体3a、3b系由Ni－Fe合金构成的内核以及Cu构成的外鞘所组成。4a代表放电容器1中的双金属元件，它与导电体之一3a电气地相连。另一个元件4b，在这里也是双金属元件，它与导电体3b连接。该另一个双金属元件4b具有自由端部分4b′并被弯曲成V字形，尖端指向双金属元件4a。这里的双金属元件4a具有直的自由端部分4a′。双金属元件4a和4b包括一个由Ni20、Fe74、Mn6［重量百分比］合金构成的主动侧，以及由Ni36、Fe64（重量百分比）合金构成的被动侧。例如在一种替代的实施方案中，该主动侧可以由Ni10、Cu18、Mn72合金构成。双金属元件的两侧均可涂布一种借助电化学方法形成的锌发射体层。放电容器1的壁2的至少被导电体穿过的那部分壁2b，在这里即凹进部分2b，由含至少5%（重量）BaO的玻璃构成。（下略）

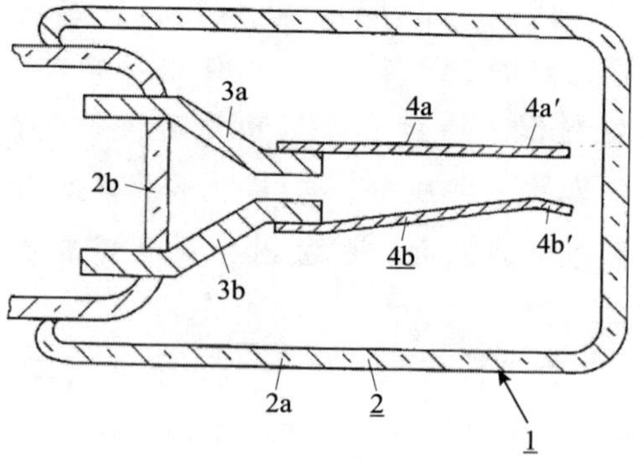

图1

（二）现有技术

1. 对比文件1

公开了一种辉光放电启动器（参见图1），该辉光放电启动器具有气密封闭的外壳12；引线导体22和24穿过外壳12的玻璃珠部分18；封闭在外壳12内的双金属电极14和对置电极16分别与引线导体22和24相连接；外壳12内封闭有可电离介质填充物。

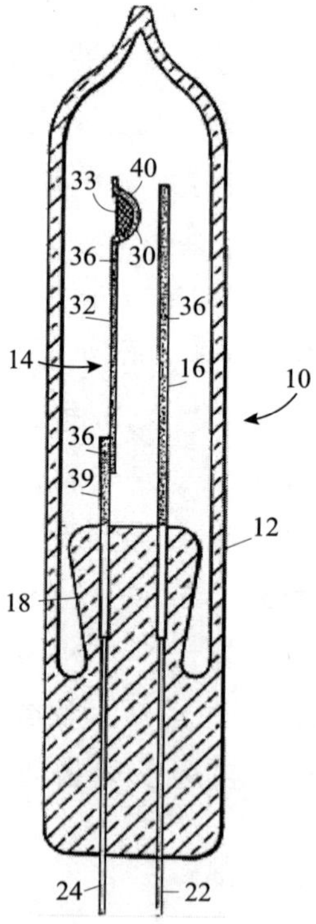

图1

2. **对比文件2**

公开了一种用于电灯玻璃部件的玻璃组合物，该玻璃组合物中含有7%～11%的BaO（重量百分比）。在玻璃组分中加入7%～11%的BaO，可以提高玻璃的电阻数值，同时降低玻璃的软化温度，以使该玻璃能够达到含铅玻璃的电阻和软化温度的属性。

（三）创造性分析

对比文件1和权利要求1均涉及辉光放电启动器，技术领域相同，对比文件1中存在该发明要解决的技术问题，与该发明的技术问题相关联，且对比文件1也公开了较多的技术特征。对比文件2涉及一种玻璃组合物，该组合物可用于电灯玻璃部件，与该发明属于相近的技术领域，其要解决的技术问题与该发明的技术问题也不相关联。从技术领域、技术问题优先考虑的角度，确定对比文件1为该发明最接近的现有技术。

对比文件1公开了一种辉光放电开关启动器，并公开了如下特征：备有放电容器（由外壳12封闭），该容器是以气密的方式封闭的并且具有外壳12（构成壁），有一对引线导体22和24（构成导电体）穿过该放电容器的一部分外壳，在该放电容器中还有双金属元件14，它与引线导体22和24之一电气相连，该放电容器装有可电离介质填充物。可见，对比文件1中的外壳12、引线导体22和24、玻璃珠部分18、双金属元件14、可电离介质填充物分别相当于权利要求1中涉及的放电容器（1）的壁（2）、导电体（3a、3b）、壁（2b）、双金属元件（4a）、可电离填充物。权利要求1与对比文件1相比，区别特征为“至少导电体穿过的那部分壁（2b）由含至少5%（重量）BaO的玻璃制成”。该区别特征所能达到的技术效果是：使导电体穿过的那部分壁的玻璃具有发射活性，缩短启动器的点火时间。权利要求1的技术方案与对比文件1的技术方案相比，具有使导电体穿过的那部分壁的玻璃具有发射活性，从而缩短启动器的点火时间的技术效果。因此，权利要求1所要保护的技术方案实际解决的技术问题是：使该处的玻璃具有发射活性，可以缩短启动器的点火时间。对比文件2中公开的玻璃组分中加入了7%～11%的BaO，但目的是提高玻璃的电阻数值，同时降低玻璃的软化温度，以使该玻璃能够达到含铅玻璃的电阻和软化温度的属性。加入BaO在对比文件2的技术方案和权利要求1的技术方案中所起的作用并不相同，本领域的技术人员不能从对比文件2中得到通过提高玻璃的电阻数值、降低玻璃的软化温度来改善玻璃的发射活性的技术启示，同时发射活性与玻璃的电阻和软化温度之间是否存在必然联系也不是本领域的技术人员的公知常识。因此，在对比文件1的基础上，结合对比文件2以得到权利要求1所要求保护的技术方案对本领域的技术人员来说不是显而易见的。同时，该发明与现有技术相比具有点火延时短、不需要诸如施用氢气吸收剂或使用放射性元素之类额外措施的有益的技术效果，因而权利要求1具有突出的实质性特点和显著的进步，符合《专利法》第22条第3款有关创造性的规定。

第三节　几种不同类型发明的创造性判断

本节中所列举的发明类型的划分，主要是依据发明与最接近的现有技术的区别特征的特点，并参考发明的技术效果作出的。从客观上来说，对于这些类型的发明，参考发明的技术效果判断创造性，有助于准确作出判断。但要注意的是，此处发明类型的划分仅是参考性的，而且也只列举部分类型的发明，因此，审查员在审查申请案时，不要生搬硬套，而要根据每项发明的具体情况，客观地作出判断。

一、开拓性发明

一种全新的技术方案，在技术史上未曾有过先例，它为人类科学技术在某个时期的发展开创了新纪元，这种发明称为开拓性发明。

开拓性发明与现有技术相比，具有突出的实质性特点和显著的进步，具备创造性，例如，中国的四大发明——指南针、造纸术、印刷术和火药。此外，开拓性发明还有：蒸汽机、白炽灯、收音机、雷达、激光器、利用计算机实现汉字输入等。

二、组合发明

组合发明，是指将某些技术方案进行组合，构成一项新的技术方案，以解决现有技术客观存在的技术问题。在对组合发明的创造性进行判断时通常需要考虑：组合后的各技术特征在功能上是否彼此相互支持、组合的难易程度、现有技术中是否存在组合的启示以及组合后的技术效果等。

如果要求保护的发明仅仅是将某些已知产品或方法组合或连接在一起，各产品及方法仍然以其常规的方式工作，而且总的技术效果是各组合部分效果之总和，组合后的各技术特征之间在功能上无相互协同作用关系，仅仅是一种简单的叠加，则这种组合发明不具备创造性。此外，如果组合仅仅是公知结构的变型，或者组合处于常规技术继续发展的范围之内，而没有取得预料不到的技术效果，则这样的组合发明也不具备创造性。如果组合的技术方案的各技术特征在功能上彼此支持，并且组合的技术方案取得了新的技术效果，或者说组合后的技术方案的技术效果比每个技术特征的技术效果的总和更优越，则这种组合具有突出的实质性特点和显著的进步，发明具备创造性。

三、选择发明

选择发明，是指从现有技术公开的宽范围中，有目的地选出现有技术中未提到的窄范围或个体的发明。如果选择发明的技术方案能够取得预料不到的技术效果，则该选择发明具有突出的实质性特点和显著的进步，具备创造性。例如，在一份制备硫代氯甲酸的现有技术对比文件中，催化剂羧酸酰胺和/或尿素相对于每1mol的原料硫醇，其用量为>0至100%（mol）；在给出的例子中，催化剂用量为2%（mol）～13%（mol），并且指出催化剂用量从2%（mol）起，产率开始提高；此外，一般专业人员为提高产率，也总是采用提高催化剂用量的办法。一项制备硫代氯甲酸方法的选择发明，采用了较少的催化剂用量［0.02%（mol）～0.2%（mol）］，提高产率11.6%～35.7%，大大超出了预料的产率范围，并且还简化了对反应物的处理工艺。这说明，该发明选择的技术方案，产生了预料不到的技术效果，因而具备创造性。

如果发明仅是从一些已知的可能性中进行选择，或者发明仅是从一些具有相同可能性的技术方案中选出一种，并且没有产生预料不到的技术效果，或者发明是在可能的、有限的范围内选择具体的尺寸、温度范围或者其他参数，而这些选择可以由所属技术领域的技术人员通过常规手段得到，而且没有取得预料不到的技术效果，或者发明是可以从现有技术中直接推导出来的选择，则不具备创造性。

判断选择发明的技术方案能否取得预料不到的技术效果要站在本领域的技术人员的立场上。

四、转用发明

转用发明，是指将某一技术领域的现有技术转用到其他技术领域中的发明。在进行转用发明的创造性判断时通常需要考虑：转用的技术领域的远近、是否存在相应的技术启示、转用的难易程度、是否需要克服技术上的困难、转用所带来的技术效果等。

① 如果转用是在类似的或者相近的技术领域之间进行的，并且未产生预料不到的技术效果，则这种转用发明不具备创造性。例如，将用于柜子的支撑结构转用到桌子的支撑上，这种转用发明不具备创造性。

② 如果这种转用能够产生预料不到的技术效果，或者克服了原技术领域中未曾遇到的困难，则这种转用发明具有突出的实质性特点和显著的进步，具备创造性。

例如，现有技术中潜艇在潜入水中时是靠自重和水对它产生的浮力相平衡停留在任意点上，上升时靠操纵水平舱产生浮力，而飞机在航行中完全是靠主翼产生的浮力浮在空中。一项潜艇副翼的发明，借鉴了飞机中的技术手段，将飞机的主翼用于潜艇，使潜艇在起副翼作用的可动板作用下产生升浮力或沉降力，从而极大地改善了潜艇的升降性能。由于将空中技术运用到水中需要克服许多技术上的困难，且该发明取得了极好的效果，所以该发明具备创造性。

五、已知产品的新用途发明

已知产品的新用途发明，是指将已知产品用于新的目的的发明。在进行已知产品新用途发明的创造性判断时通常需要考虑：新用途与现有用途技术领域的远近、新用途所带来的技术效果等。如果产品的新用途利用了已知产品新发现的性质，并且能够产生预料不到的技术效果，则这种用途发明具有突出的实质性特点和显著的进步，发明具备创造性。例如，将作为木材杀菌剂的五氯酚制剂用作除草剂而取得了预料不到的技术效果，要求保护“五氯酚制剂作为除草剂的应用”的该用途发明具备创造性。

但是，如果新的用途仅仅是使用了已知材料的已知的性质，则不具备创造性。例如，将作为润滑油的已知组合物在同一技术领域中用作切削剂，则不具备创造性。

六、要素变更的发明

要素变更的发明包括要素关系改变、要素替代以及要素省略的发明。在进行要素变更发明的创造性判断时通常需要考虑：要素关系的改变、要素替代和省略是否存在技术启示，其技术效果是否可以预料等。

要素关系改变的发明，是指发明与现有技术相比，其形状、尺寸、比例、位置及作用关系等发生了变化。如果要素关系的改变没有导致发明效果、功能及用途的变化，或者发明效果、功能及用途的变化是可预料到的，则发明不具备创造性。如果要素关系的改变导致发明产生了预料不到的技术效果，则发明具有突出的实质性特点和显著的进步，具备创造性。

要素替代的发明，是指已知产品或方法的某一要素由其他已知要素替代的发明。如果发明是相同功能的已知手段的等效替代，或者是为解决同一技术问题，用已知最新研制出的具有相同功能的材料替代公知产品中的相应材料，或者是用某一公知材料替代公知产品中的某材料，而这种公知材料的类似应用是已知的，且没有产生预料不到的技术效果，则该发明不具备创造性。如果要素的替代能使发明产生预料不到的技术效果，则该发明具有突出的实质性特点和显著的进步，具备创造性。

要素省略的发明，是指省去已知产品或者方法中的某一项或多项要素的发明。如果发明省去一项或多项要素后其功能也相应地消失，则该发明不具备创造性。如果发明与现有技术相比，发明省去一项或多项要素（例如，一项产品发明省去了一个或多个零、部件或者一项方法发明省去一步或多步工序）后，依然保持原有的全部功能，或者带来了预料不到的技术效果，则具有突出的实质性特点和显著的进步，该发明具备创造性。

第四节　判断发明创造性时需考虑的其他因素

发明是否具备创造性，通常应当依据前述审查基准进行判断。这种判断方法具有比较强的可操作性。为有助于创造性的判断，下面从发明技术方案本身之外的其他方面考虑，列举了一些判断发明创造性时需考虑的其他因素。当申请属于以下情形时，审查员应当予以考虑，不应轻易作出发明不具备创造性的结论。

一、发明解决了人们一直渴望解决但始终未能获得成功的技术难题

对于某个科学技术领域中的技术难题，人们长久渴望解决，但一直没有解决，如果一项发明解决了这一问题，则该发明具有突出的实质性特点和显著的进步，具备创造性。例如，一项“回转式齿轮输油泵”的发明，同现有的节点中心圆弧齿轮相比，省去了用于支承主齿轮、从动齿轮的支承轴承，从而减少齿轮泵的零件数量。自20世纪50年代起人们就在这方面作过努力，但是在此之前该领域的技术人员认为这种泵中轴承是必不可少的零件，如果取消支承轴承就无法保证泵的性能符合使用要求，因而不仅没有取消该支承轴承，反而采用专门为这种泵设计的滑动专用轴承。该“回转式齿轮输油泵”的发明以试验结果证实不设置支承轴承也能使泵的性能满足工艺要求。该发明的技术方案正是解决了技术人员在此之前一直渴望解决、而长期没有解决的技术难题，因此，该发明具备创造性。

二、发明克服了技术偏见

技术偏见，是指在某段时间内、某个技术领域中，技术人员对某个技术问题普遍存在的、偏离客观事实的认识，它引导人们不去考虑其他方面的可能性，阻碍人们对该技术领域的研究和开发。技术偏见通常会影响人们在某些方面的技术考虑。如果发明克服了技术偏见，采用了人们由技术偏见而舍弃尝试的技术手段，从而解决了技术问题，则这种发明具有突出的实质性特点和显著的进步，具备创造性。

例如，一项“稻桩窝里种植法”的发明的核心内容是“将种苗种植在稻桩窝内”，虽然也属于一种免耕种植法，但和已有的技术的显著区别在于直接将种苗种植于稻桩窝内。由于这一区别，该发明所述的种植方法克服了在窝里开穴困难、费工，会给种植带来不便的技术偏见，能有效地解决渍水烂种和死苗问题，充分地利用腐烂稻桩作为肥料，以简单易行的方式达到克服秋雨危害、充分利用光热水土资源的发明目的，取得显著增产的效果。该发明克服了技术偏见，具备创造性。

对于克服技术偏见的发明，需要注意以下问题：

① 在申请日（有优先权的，优先权日）之前在该领域是否确实普遍存在该种技术偏见；

② 这种技术偏见是否确实是一种技术上偏离客观事实的认识；

③ 是否在先有克服这种技术偏见的不同认识公之于众；

④ 新的技术方案与技术偏见之间的差别以及为克服技术偏见采用的技术手段是否公开完整。

三、发明取得了预料不到的技术效果

发明取得了预料不到的技术效果，是指发明同现有技术相比，其技术效果产生“质”

的变化，具有新的性能；或者产生“量”的变化，超出人们预期的想象。对这种“质”的或者“量”的变化来说，所属技术领域的技术人员，事先无法预测或者推理出来。当发明产生了预料不到的技术效果时，一方面说明发明具有显著的进步，另一方面也反映出发明的技术方案是非显而易见的，具有突出的实质性特点，具备创造性。

对发明技术效果的分析，是判断发明创造性时需考虑的因素。如果发明与现有技术相比具有预料不到的技术效果，则可以确定发明具备创造性，但并不是说发明必须“产生预料不到的技术效果”才具备创造性。

有益的技术效果和有预料不到的技术效果是两个不同的概念，有益的技术效果重在其效果在客观上是否对社会有益，而预料不到的技术效果重在对效果主观预料的难度。

四、发明在商业上获得成功

当发明的产品在商业上获得成功时，如果这种成功是发明的技术特征直接导致的，则一方面反映了发明具有有益效果，另一方面也说明了发明是非显而易见的，因而这类发明具有突出的实质性特点和显著的进步，具备创造性。但是，如果商业上的成功是由于其他原因所致，例如由于销售技术的改进或者广告宣传造成的，则不能作为判断创造性的依据。

证明发明的产品获得了专利法意义上的商业成功首先要证明该产品获得了商业上的成功，这通常比较容易；其次应证明这种商业上的成功是由发明的技术特征直接导致的，这种证明非常困难，商业成功对创造性判断的影响在实践中非常有限。

第五节　审查发明创造性时应当注意的问题

一、创立发明的途径

绝大多数发明是发明者创造性劳动的结晶，是长期科学研究或者生产实践的总结，但是也有一部分发明是偶然作出的。不管发明者在创立发明的过程中是历尽艰辛，还是唾手可得，都不应当影响对该发明创造性的评价。

二、避免“事后诸葛亮”

在审查发明的创造性时，由于审查员是在了解了发明内容之后才作出判断，因而容易对发明的创造性估计偏低，从而犯“事后诸葛亮”的错误。应当注意，对创造性的判断由发明所属技术领域的技术人员依据申请日以前的现有技术与发明进行比较而作出的，应当尽量减少和避免个人主观因素的影响。

三、对预料不到的技术效果的考虑

在创造性的判断过程中，考虑发明的技术效果有利于正确评价发明的创造性。如果发明与现有技术相比具有预料不到的技术效果，则不必再怀疑其技术方案是否具有突出的实质性特点，可以确定发明具备创造性。但是，应当注意的是，如果判断出发明的技术方案对所属技术领域的技术人员来说是非显而易见的，且能够产生有益的技术效果，则发明具有突出的实质性特点和显著的进步，具备创造性，此种情况不应强调发明必须具有预料不到的技术效果。

四、对要求保护的发明进行审查

在专利审查中，对发明是否具备创造性的判断是针对要求保护的发明而言的，因此，对发明创造性的评价应当针对权利要求限定的技术方案进行。发明对现有技术作出贡献的技术特征，比如，使发明产生预料不到的效果的技术特征，或者体现发明克服技术偏见的技术特征，应当写入权利要求中；否则，即使说明书中有记载，评价发明的创造性时也不予考虑。此外，创造性的判断，应当针对权利要求限定的技术方案整体进行评价，即评价技术方案是否具备创造性，而不是评价某一技术特征是否具备创造性。

五、对从属权利要求的审查

如果一项独立权利要求具备创造性，则一般不再审查该独立权利要求的从属权利要求的创造性。这是因为从属权利要求一般是对独立权利要求中技术特征的进一步限定或增加了新的技术特征，它包括了独立权利要求中的全部技术特征，所以针对相同的现有技术，当独立权利要求具备创造性时，包括其全部技术特征的从属权利要求自然也应该具备创造性。但是，某些情况下并非如此，例如，当专利申请要求优先权时，如果独立权利要求的优先权成立，而从属权利要求的优先权不成立，则有些中间文件虽然不能影响独立权利要求的创造性，但其可能影响从属权利要求的创造性。另外，如果独立权利要求不具备创造性，那么应该对从属权利要求是否具备创造性作出客观的判断。

思考题

1. 所属技术领域的技术人员的含义是什么？
2. 重新确定发明实际解决的技术问题的基础是什么？
3. 突出的实质性特点和显著的进步之间的关系。
4. 发明具有预料不到的技术效果和具备创造性之间的关系。

第九章　创造性案例分析

第一节　机械领域中创造性判断的案例分析

一、"活塞气环"案例

（一）专利申请文件

1. 权利要求书

1. 一种活塞气环，其包括一个带一开口的主气环、一个带一开口的副气环，该主气环与该副气环依光滑面接触配合而叠置，并且各自的开口相互错开一角度，其特征在于：该主气环与该副气环之间的光滑接触面为斜锥面，该主气环与该副气环的各光滑接触面与各自的外周面的相交处形成一储油结构，所述主气环与副气环上设置一对相互配合的定位销和定位孔。

2. 如权利要求1所述的活塞气环，其特征在于：所述储油结构为一凹槽。

3. 如权利要求2所述的活塞气环，其特征在于：所述储油凹槽由至少一条通道与所述主气环的下密封面相连通。

4. 如权利要求3所述的活塞气环，其特征在于：所述主气环的下密封面中设有一环形凹槽连通通道。

2. 说明书（节选）

活塞气环

技术领域

本发明涉及一种活塞气环，尤其是涉及一种用于内燃发动机气缸活塞上气环槽中的活塞气环。

背景技术

活塞气环是装在内燃发动机气缸活塞上的活塞气环槽中的密封件，通过其与气缸套接触而使气缸保持密封。当活塞在气缸中做往复运动时，活塞气环随活塞一起在气缸中运动，从而活塞气环与气缸套以及活塞气环与气环槽之间产生滑动摩擦造成磨损。

现有技术中提出了一种组合气环，用于减轻气环磨损，提高活塞气环的使用寿命。

该组合气环由两个主体环和一个衬环构成，它们的形状均为开口圆环，衬环由耐磨材料制成，夹在两个主体环之间，一同被放置在一个活塞气环槽内，环口相互错开。但这种组合气环的润滑性能欠佳。

发明内容

为克服上述缺陷，本发明所要解决的技术问题是提供一种能自动润滑且耐磨损的活塞气环。

采用本发明的活塞气环，具有如下效果：

1. 自动增加了环槽、活塞气环、缸套之间的润滑，减少了环槽、活塞气环、缸套之间的磨损，提高了活塞气环的使用寿命；

2. 自动调节环槽、活塞气环、缸套之间的径向和轴向间隙，减少了泄漏，提高了发动机的动力性和经济性。

附图说明

图 1 为带本发明的活塞气环的活塞安装在气缸内的结构简图；

图 2 为每一道本发明的活塞气环安装在活塞上的气环槽内时的开口方位配置图；

图 3 为图 2 所述活塞气环的 A – A（纵向）截面图；

图 4 为示出本发明的活塞气环的另一实施方式的局部纵截面图。

其中，1. 活塞；2. 油环；3. 活塞销孔；4. 副气环；5. 主气环；6. 气环；7. 气缸；8. 凹槽；9. 开口；10. 上密封面；11. 连通通道；12. 环形凹槽；13. 下密封面。

说明书附图

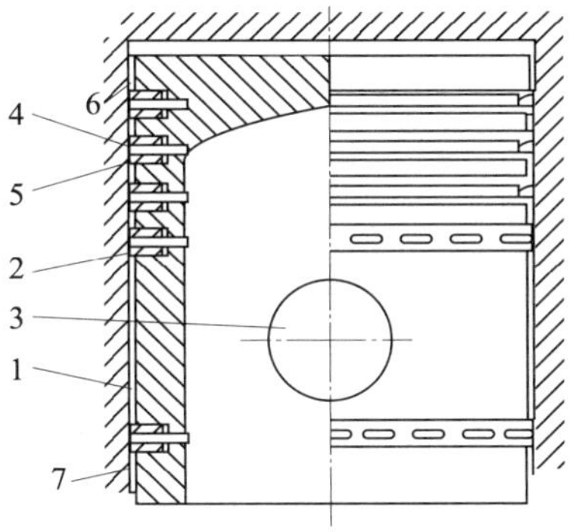

图 1

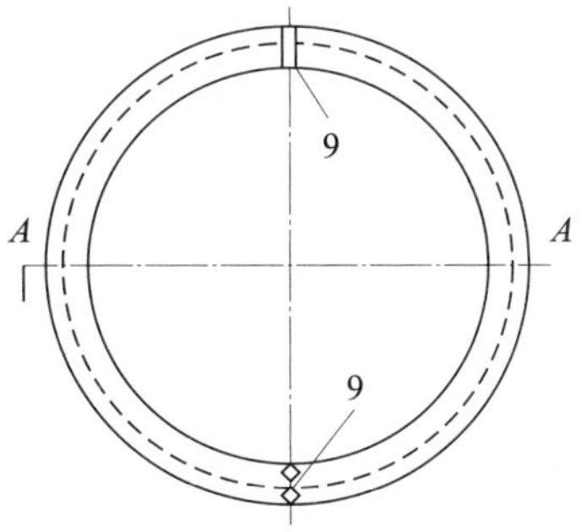

图 2

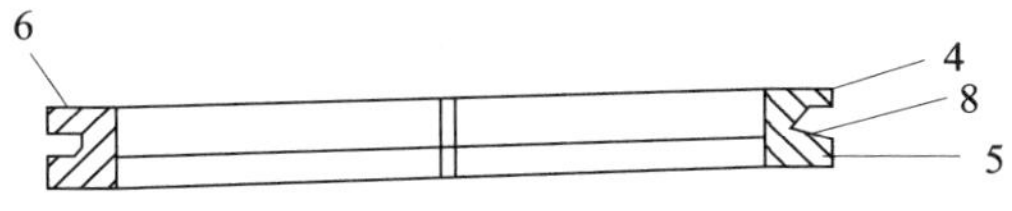

图 3

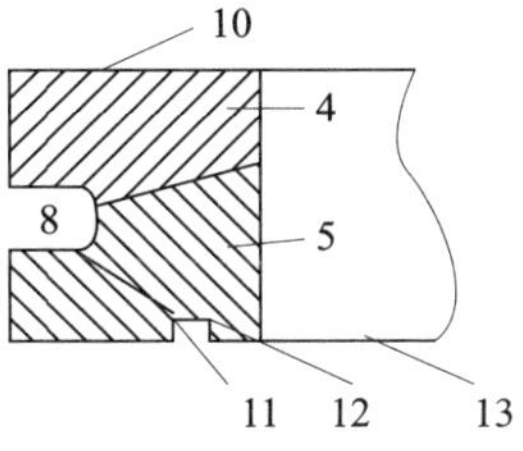

图 4

（二）现有技术

1. 对比文件1

对比文件1公开了一种内燃发动机气缸活塞上气环槽中的活塞气环，如图1～图4所示，该活塞气环由上、下叠置的两气环部件5组成。该上、下气环部件各带有一个开口，如图4所示，此上、下叠置气环部件的开口相互错开180度，该两气环部件之间为光滑平面接触配合，在该两气环部件与缸套1相接触的外圆周表面上涂有一层耐磨层13，其外圆周表面的纵剖面为带圆弧形端头的三角形，如图2所示，在此两气环部件接触面与其外圆周表面相交处形成一个储油结构，因而具有良好的自动润滑性能。说明书中明确公开采用这种结构的活塞气环所能达到的技术效果是可具有良好的自动润滑性能，改善气环与缸套之间的耐磨性以及气环开口处的泄漏。

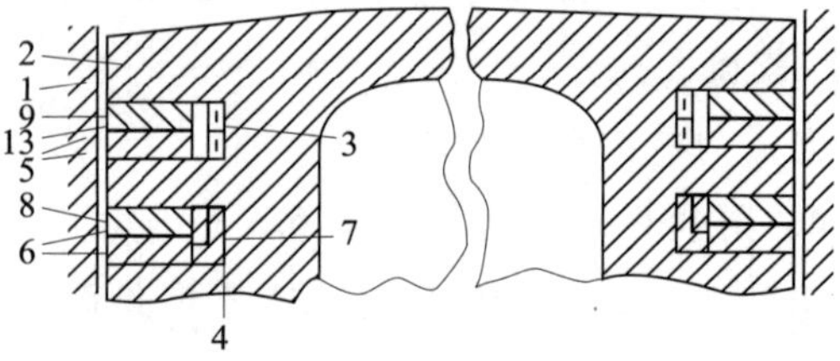

图1

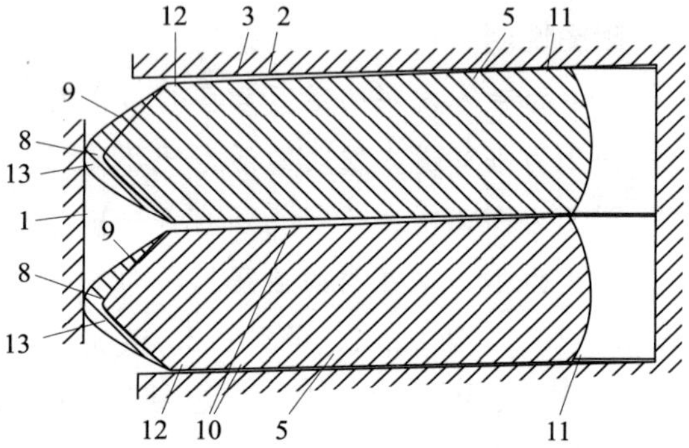

图2

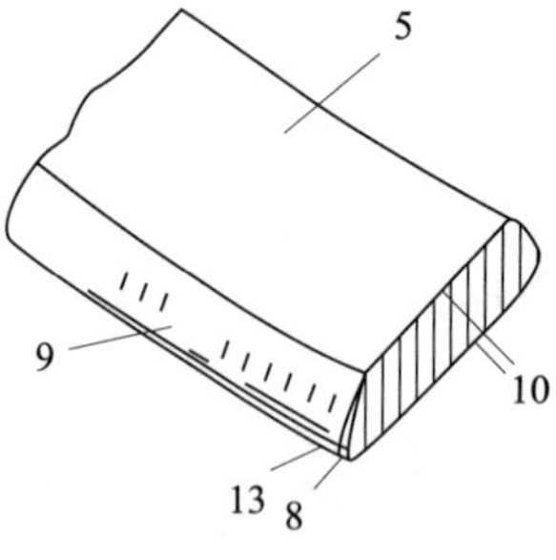

图3

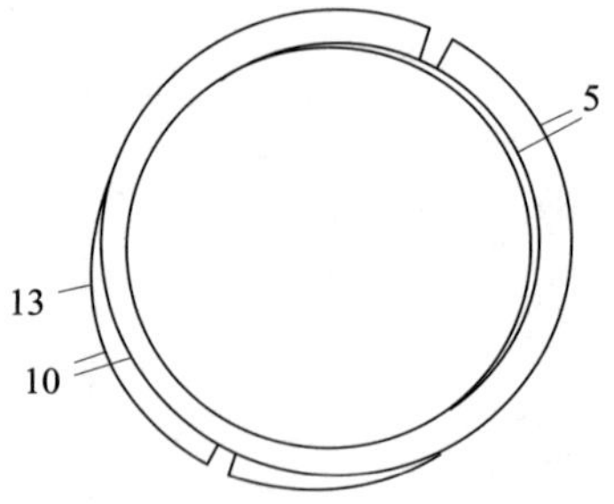

图4

2. 对比文件2

对比文件2披露了一种气环，如图1和图2所示，它包括两个上、下叠置的主副气环5、4，它们各带有一个开口9，彼此布置得相互错开180度，该两气环部件之间为光滑平面接触配合，该主气环与副气环上设置一对相互配合的并使该主气环与副气环沿周向定位的定位销30和定位孔40。所要解决的技术问题是提供一种用于活塞式机械如内燃机和空气压缩机中的、密封性能良好的组合式活塞环。说明书中称在现有气环的两个环体之间没有周向定位装置，因此，主、副环体之间可能会产生相对转动。在活塞机械运行中，由于主环体与副环体相互转动，当其端部间隙相互接近或重合时，其间隙仍然会产生严重的漏气、漏油现象，以致活塞机械无法正常运行。

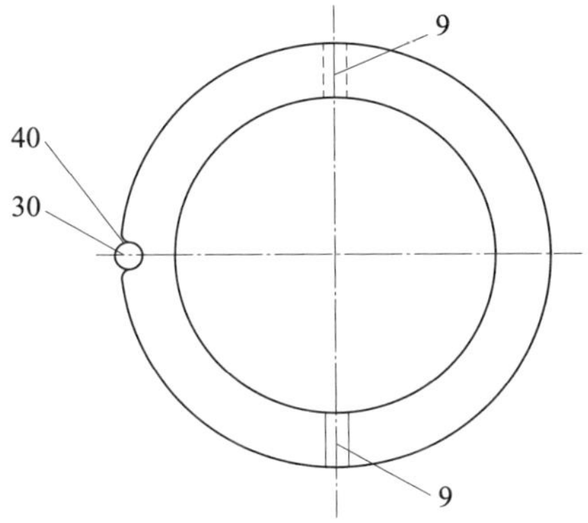

图 1

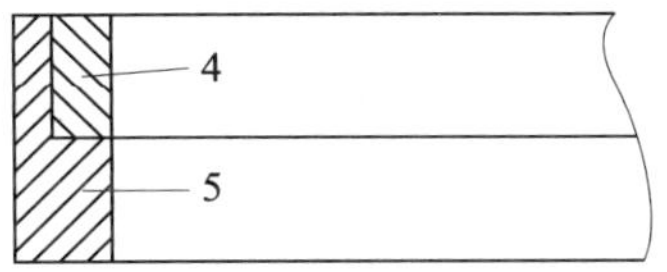

图 2

该专利由于采用了在该主气环与副气环上设置一对相互配合的并使该主气环与副气环沿周向定位的定位销 30 和定位孔 40 的技术手段，主环体与副环体不会相互转动，不会造成端部间隙相互接近或重合，不会因此产生漏气、漏油现象。

（三）创造性判断

1. 确定发明专利申请权利要求的技术方案

阅读该发明专利申请的说明书，确定发明的技术领域、所要解决的技术问题。在理解了说明书公开内容的基础上，确定该专利申请权利要求书中请求保护的技术方案。该权利要求书请求保护的是一种内燃发动机气缸活塞上气环槽中的活塞气环，属于产品权利要求，共有 4 项权利要求，其中 1 项为独立权利要求，3 项为从属权利要求。

2. 分解权利要求中技术方案的技术特征

首先将独立权利要求 1 中请求保护的技术方案分解成各个技术特征。根据权利要求 1，可以将其技术方案分解成 8 个技术特征。

① 一种活塞气环（主题名称）；

② 一个带一开口的主气环；

③ 一个带一开口的副气环；

④ 该主气环与该副气环依光滑面接触配合而叠置；

⑤ 该主气环与该副气环各自的开口相互错开一角度；

⑥ 该主气环与该副气环之间的光滑接触面为斜锥面；

⑦ 该主气环与该副气环的各光滑接触面与各自的外周面的相交处形成一储油结构；

⑧ 所述主气环与副气环上设置一对相互配合的定位销和定位孔。

3. 分析对比文件

分析对比文件一个完整技术方案中全部清楚记载和隐含公开的技术特征，包括附图中明示的技术特征。同时，要考虑对比文件中描述的技术方案的技术领域、所要解决的技术问题和所能达到的技术效果。

4. **制订特征分析表**

将独立权利要求1经分解的技术特征列在特征分析表9－1－1中，同时将对比文件中相应的内容也列在特征分析表9－1－1中。

表9－1－1　特征分析表（一）

技术特征	该发明 权利要求1的技术特征	是否在对比文件1中公开	是否在对比文件2中公开
1	活塞气环（主题名称）	√	√
2	一个带一开口的主气环	√	主气环5 √
3	一个带一开口的副气环	√	副气环4 √
4	该主气环与该副气环依光滑面接触配合而叠置	√	√
5	该主气环与该副气环各自的开口相互错开一角度	各自的开口相互错开180度 √	各自的开口相互错开180度 √
6	该主气环与该副气环之间的光滑接触面为斜锥面	×	×
7	该主气环与该副气环的各光滑接触面与各自的外周面的相交处形成一储油结构	√	×
8	该主气环与该副气环上设置一对相互配合的定位销和定位孔	×	主气环与副气环上设置一对相互配合的定位销30和定位孔40 √

5. **创造性分析**

（1）确定最接近的现有技术

首先，应当理解和分析对比文件1和2，即对比文件1和2所涉及的技术领域、所要解决的技术问题、具体的技术方案和技术效果，并在特征分析表中列出对比文件1和2公开的相关技术特征。依据技术领域是否与该发明的技术领域相同或相近，所要解决的技术问题、技术效果或者用途是否最接近和/或是否公开了发明的技术特征最多，来确定最接近的现有技术。在确定最接近的现有技术时，应首先考虑技术领域相同或相近的现有技术，其中，要优先考虑与发明要解决的技术问题相关联的现有技术。通过分析可见，该发明与对比文件1和对比文件2的技术领域相同，都涉及发动机活塞气环；该发明所要解决的技术问题在于提供一种能自动润滑且耐磨损的活塞气环，对比文件1通过在两气环与缸套的接触面形成储油结构而具有良好的自动润滑性能并改善了耐磨性，对比文件 2 通过定位机构，不会产生漏气和漏油现象。可见，对比文件 1 在一定程度上解决了该发明要解决的技术问题，其技术问题与该发明所要解决的技术问题最接近，即提供自动润滑从而改进耐磨性能，因而从与发明所要解决的技术问题最相关联的角度考虑，应选定对比文件 1 作为与该发明最接近的现有技术。

（2）确定发明的区别特征和发明实际解决的技术问题

分析该发明权利要求 1 的技术方案与最接近的现有技术即对比文件 1 相比有哪些区别特征，然后，根据区别特征使该发明所能达到的技术效果来确定该发明实际解决的技术问题。

对比文件 1 公开了一种活塞气环，该活塞气环由上下叠置的两气环部件 5 组成，对应于权利要求 1 中的带一开口的主气环和副气环，该主气环与该副气环依光滑面接触配合而叠置，并且各自的开口相互错开 180 度，该主气环与该副气环的各光滑接触面与各自的外周面的相交处形成一储油结构。

由于审查员所认定的最接近的现有技术不同于申请人在说明书中所描述的现有技术，并且该最接近的现有技术即对比文件 1 解决了申请人在说明书背景技术部分提及的活塞气环的耐磨和润滑的技术问题，因此，“提供一种能自动润滑且耐磨损的活塞气环”已不是该发明实际解决的技术问题。此时，该发明实际解决的技术问题应当由该发明权利要求 1 的技术方案与对比文件 1 的区别特征所达到的技术效果来确定。其中，该发明权利要求 1 的技术方案与对比文件 1 的区别特征为：①该主气环与该副气环之间的光滑接触面为斜锥面；②所述主气环与副气环上设置一对相互配合的定位销和定位孔。由于该发明的权利要求 1 的技术方案中采用了上述区别特征，解决了因活塞气环的接触面为水平面，从而在气环和缸体之间的预压力作用下不能进行气环与缸体之间的间隙调节，以及定位不准而导致密封效果不理想的技术问题。因此，根据该最接近的现有技术即对比文件 1，重新确定该发明实际解决的技术问题为“提供一种能够自动调隙且定位准确密封性能好的活塞气环”。

（3）判断是否显而易见

判断要求保护（权利要求 1 限定）的发明对本领域的技术人员而言是否显而易见，即从最接近的现有技术即对比文件 1 和发明实际解决的技术问题出发，判断要求保护的发明对本领域的技术人员来说是否显而易见。

该发明权利要求 1 的技术方案与对比文件 1 的区别特征为“主气环与副气环上设置一对相互配合的定位销和定位孔”和“该主气环与该副气环之间的光滑接触面为斜锥面”。前一区别特征的作用在于保证主气环与副气环各自的开口相互错开一定的角度，然而，该区别特征已被对比文件 2 公开，并且其在对比文件 2 中所起的作用与该区别特征在该发明权利要求 1 的技术方案中为解决重新确定的技术问题所起的作用相同，即定位准确、密封性能好。因此，对比文件 2 给出了将该区别特征用于对比文件 1

以解决其技术问题的启示；后一区别特征的作用在于自动调节环槽、活塞气环、缸套之间的径向和轴向间隙，以减少泄漏、提高润滑和密封效果。对比文件1和2既没有公开这一区别特征，也没有给出获得该区别特征以解决上述技术问题的启示，而且该区别特征也不是本领域的公知常识，因此，在对比文件1的基础上结合对比文件2以得到权利要求1所要求保护的技术方案对本领域技术人员来说是非显而易见的。同时，该发明与现有技术相比具有减少泄漏、提高润滑和密封效果的有益技术效果。

（4）结论

在对比文件1的基础上结合对比文件2以得到权利要求1所要求保护的技术方案对本领域技术人员来说是非显而易见的。同时，该发明与现有技术相比具有有益的技术效果。因而，权利要求1要求保护的技术方案具有突出的实质性特点和显著的进步，符合《专利法》第22条第3款有关创造性的规定。由于权利要求2～4为权利要求1的从属权利要求，在权利要求1具有创造性的前提下，从属权利要求2～4也具有创造性。

6. 案例启示

① 在确定最接近的现有技术时，除关注对比文件的技术领域与该发明的技术领域是否相同外，还要优先考虑与发明所要解决的技术问题相关联的现有技术。

② 一项技术方案相对于最接近现有技术所作的改进，是确定其客观上能够解决的技术问题的基础。在审查过程中，有时审查员所认定的最接近的现有技术可能不同于申请人在说明书中所描述的背景技术，因而实际解决的技术问题可能也会不同于申请人在说明书中所述的要解决的技术问题。

二、"锥角螺旋卸料三相离心分离机"案例

（一）专利申请文件

1. 权利要求书

1. 一台锥角螺旋卸料三相离心分离机，包括一个螺旋式固体和液体分离装置，所述装置是由一个圆筒部分（1a）和连到此部分的一个倾斜部分（1b）形成的离心机转筒以及一个同轴安装在离心机转筒内的螺旋推进器组成，螺旋推进器的周缘部位与离心机转筒的内壁接触，其特征在于：在邻接圆筒部分区域内的倾斜部分的圆锥角（X）比较大，而在前端区域内倾斜部分圆锥角（Y）比较小，与倾斜部分相对的圆筒部分的端部有一个重液体排出口（8）和一个轻液体排出口（9），所述重液体排出口（8）设置在靠近离心机转筒内壁处，所述轻液体的排出口（9）设置在离心机转筒内靠近液面处，在圆筒部分内的液体部分有足够的深度，保持重、轻液体之间的界面稳定。

2. 说明书（节选）

锥角螺旋卸料三相离心分离机

技术领域

本发明涉及把一种由轻、重液体和固体物质组成的流体分离成轻、重液体和固体的装置。

背景技术

至今，用来把混有重、轻液体和大于重液体比重的固体的流体分离成重液体、轻液体、固体这三种状态的装置如离心式分离机已被采用。如图 3 所示，离心分离机 20 由一个离心机转筒 21 和一个螺旋推进器组成。离心机转筒 21 包括一个圆筒形部分 21a 和与它邻接的圆锥形部分 21b，螺旋推进器同轴地安装在离心机转筒 21 内，它的周缘部分与离心机转筒的内壁之间具有很小的间距。其中，当离心机转筒 21 以高速旋转时，注入离心机转筒 21 内的固体和液体的混合流体（箭头 A′所示）分别被分离成由箭头 B′表示的固体和由箭头 C′和 D′表示的轻、重液体。为了有效地排出固体，圆锥形部分的圆锥角 θ 要求做得很小。由于考虑到安装空间和其他因素，通常离心分离机 20 的总长度不可能做得过长。由于总长度 L_0 受到限制，为了保持圆筒形部分 21a 的长度 L_2，故此圆锥形部分 21b 的长度 L_1 不可能做得很长。因此，圆锥形部分的这个短的长度 L_1 及其小圆锥角 θ 就必然使得离心机转筒 21 内液体的深度 D 很浅。由于离心机转筒内的流体深度 D 很浅并且流体产生紊流，所以，离心分离机不可能充分地分离两种状态的液体（即重、轻液体）。

因此，为了有效地分离液体，传统使用的三种状态分离装置为，先使用一台离心机或过滤器把固体从流体中分离后，再用一台圆盘式离心机（分离平板式离心机）把液体分成重、轻液体。上述这种方法需要两台离心机，需要两道高能耗的加工处理，结果导致设备和操作费用高。

用一台两态分离离心机和圆盘式离心机（分离平板式离心机）进行上述重复分离处理所得到的试验结果数据的一个例子表示在图 4 的方框图中。

发明内容

本发明所要解决的技术问题是提供一台锥角螺旋卸料三相离心分离机，使其能够对包含有重、轻液体及固体的流体进行严格有效的三态分离；同时又不会造成离心分离机过于庞大。

附图说明

图 1 是本发明一个实施例的纵向剖视图；

图 2 是本发明装置的三态分离数据的方框图；

图 3 是现有技术中的一种离心分离机的纵向剖视图；

图 4 是现有技术中的一种离心分离机的数据方框图。

具体实施方式

图1是本发明实施例的纵向剖视图。如图1中所示，离心机转筒1由一个圆筒部分1a和一个连到圆筒部分1a的倾斜部分1b组成，在离心机转筒1内轴向安装一个螺旋推进器2，在螺旋推进器2的周缘和离心机转筒1的内壁之间稍有间距。倾斜部分1b在Z处分成不同倾斜角度的两部分，邻接圆筒部分1a的这部分有一个比较大的倾斜角X，它大于与其相连的前端的倾斜角Y。角度X最好是10°～80°，而角度Y是2°～15°。3表示流体表面。倾斜部分可以有多于两个以上的不同倾斜角度的部分，或者可以是一个曲面。在液面3下面的倾斜部分处可以设置集料槽，以便防止颗粒下沉，也就是说，防止超过液面被输送的固体倒流到液体内。在与离心机转筒1的倾斜部分1b相对的圆筒部分1a的端部1c处，配置有一个重液体排出口8和一个轻液体排出口9。重液体排出口8设置在靠近离心机转筒1的内表面上，即液体底面上；而轻液体的排出口9设置在靠近液面处，即液体的上面。由于形成了两个不同的圆锥角，所以，本发明可以在总长度L_0不增加的情况下，提供圆筒部分1a较长的长度L_2，同时随着倾斜部分1b的长度L_1的缩短，液面3下的液体深度D增大。

当离心机转筒1和螺旋推进器2以高速转动时，混合流体按箭头P所示的方向进入离心机转筒1内。在离心力的作用下从混合流体中分离出来的固体7立即从液面3下的部位沿着倾斜部分1b的逐渐倾斜而输送到液面3以上的部位上。用这种装置从液体中分离固体时，下沉的固体颗粒7受到由液体和液面下的固体颗粒7之间比重不同引起的离心力的作用，同时受到与液面以上固体颗粒7的比重成比例的离心力作用。因此，即使在液面3下的倾斜部分的圆锥角做得大，也能运送固体颗粒7，以达到排出固体颗粒7。但是，由于加到液体平面上的固体颗粒的离心力的作用相当大，为促进固体颗粒的输送，液面以上部分的圆锥角就要做得较小。这种装置能够构成一种小尺寸的设备，而在排出下沉的固体颗粒方面保持较高的性能，并且在从含有悬浮物的液体中分离出固体这方面获得满意的结果。例如有效的沉淀物，具有1.02～1.04的比重，也就是接近于水的比重，它由小颗粒组成，并且在提取水之后表现出一种布丁状或浆糊状，从而形成极易受塑性变形影响的块状物。此装置，因其是依据上述原理而设计的，故其与大小类似的现有装置相比，可以具有较深的液体深度和较长的直线圆筒有效长度。因此，该装置可以有效地保证所容纳的液体量几乎是现有技术装置的两倍。此外，排出固体后的液体在离心力的作用下又分离成重液体5和轻液体6。位于较深位置的重液体5从靠近离心机转筒1的内壁的重液体排出口8流出，而轻液体6则从靠近液面的轻液体排出口9流出，两者的流出如箭头A和B所示，即由浮渣管抽出。这样，从远离液面3的深部位抽出重液体5，从靠近液面3的部位抽出轻液体6，重液体5、轻液体6之间的交界面4可以保持稳定，致使在超过规定的时间时，重液体5和轻液体6之间的分离可以有效地进行，并得到良好的结果。与此同时，通过保持长久的时间，可以极好地进行固体7的分离，同时由于液体深度较深从而可以减少紊流，因此，在三态分离时可得到明显的结果。

在鱼粉厂内，本发明装置的实际试验结果用数据表示在图2中。在现有技术中轻液体要通过一台分离平板式离心机再次进行分离，而本发明所描述的装置则不再需要用分离平板式离心机进行精加工。此外，用现有技术的离心机得到的重液体含有丰富的残余油，它降低了具有高商业价值的鱼油的获取量，而且含有许多固体块的重液体还会使冷凝罐阻塞。因此，现有技术装置阻碍了实际使用。相反，本发明的装置可只使用一台设备来实现相当于或优于现有技术装置的分离作用。在现有技术的装置中，用一台传统螺旋式离心机（或过滤器）分离出固体块之后，再通过一台平板式分离离心机将液体进一步分离成重液体和轻液体。

说明书附图

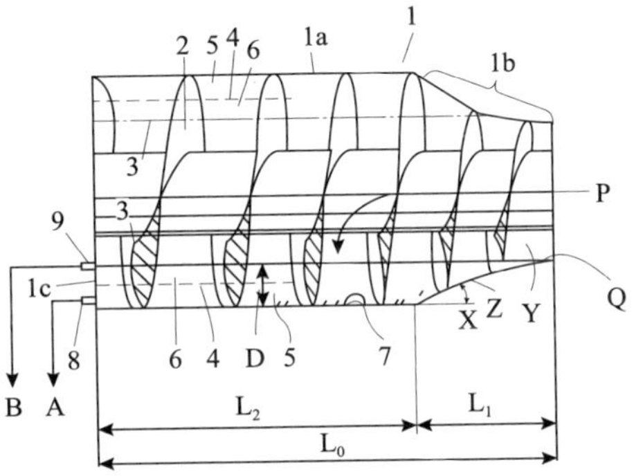

图1

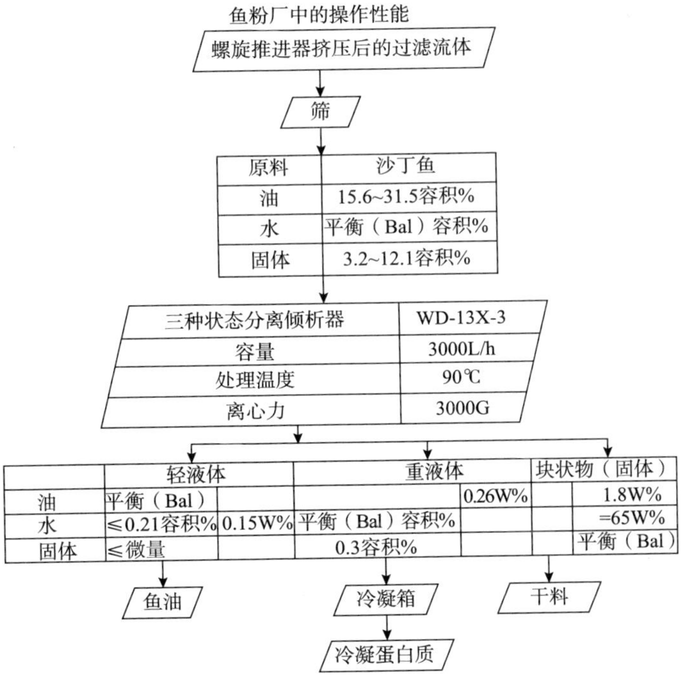

图2

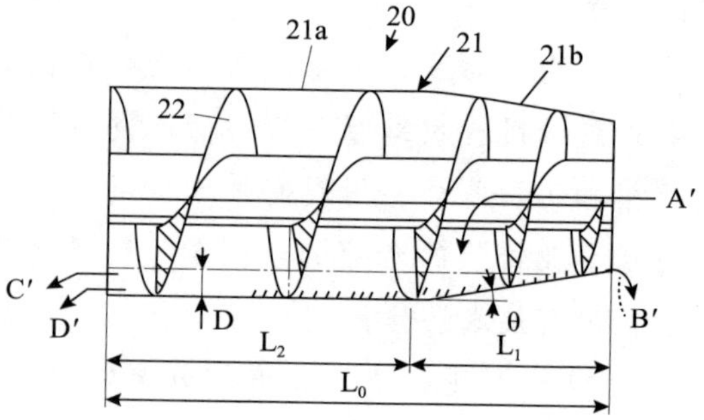

图 3

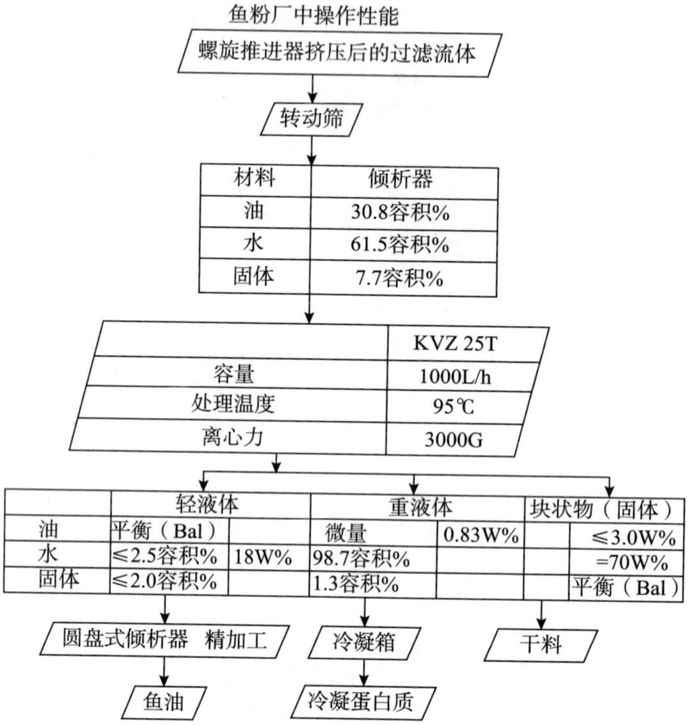

图 4

（二）现有技术

1. 对比文件 1

对比文件 1 公开了一种将由轻、重液体和固体物质组成的流体分离成重液体、轻液体、固体这三种状态的螺旋输送三相离心式分离机，如图 1～图 3 所示，离心机转筒 10 由一个圆筒部分 16 和一个连到圆筒部分 16 的倾斜部分 26 组成，在离心机转筒 10 内轴向安装一个螺旋推进器 22，在螺旋推进器 22 的周缘和离心机转筒 10 的内壁之间稍有间距。其中，当离心机转筒 10 以高速旋转时，注入离心机转筒 10 内的固体和液体的混合流体在离心力的作用下分别被分离成固体和轻、重液体。从混合流体中分离出来的固体沿着倾斜部分26的逐渐倾斜而输送到液面以上的部位上，并从固体排放口30排出。而轻、重液体经各自的排放口排出。其中，重液体排出口90和轻液体排出口80设置在与离心机转筒10的倾斜部分26相对的圆筒部分16的端部。重液体排出口90设置在靠近离心机转筒10的内表面上，即液体底面上；而轻液体的排出口80设置在靠近液面处，即液体的上面。

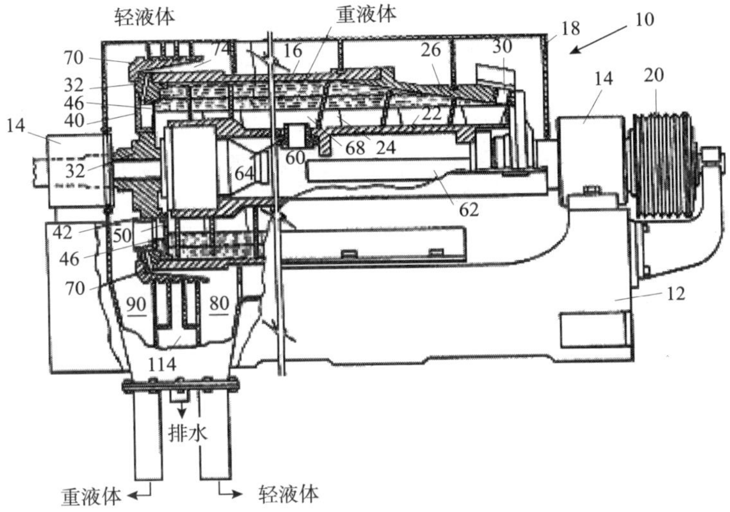

图1

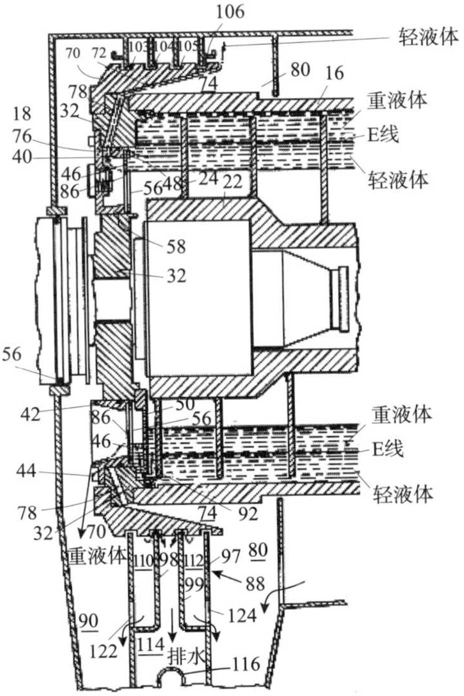

图2

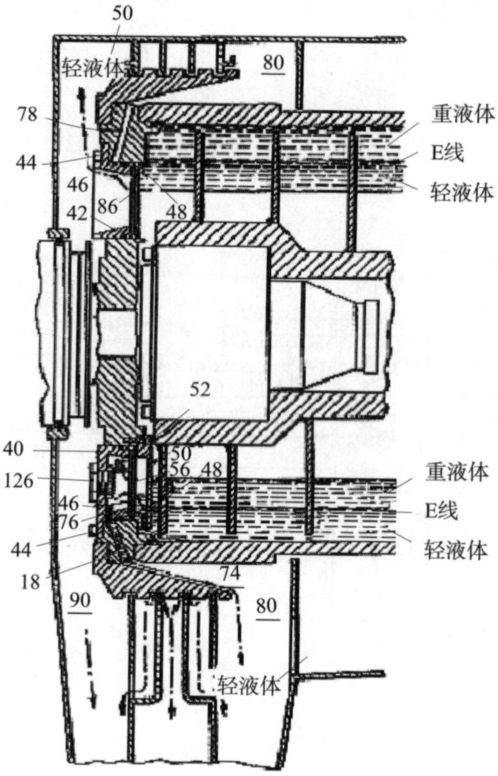

图3

2. **对比文件2**

对比文件2公开了一种将由液体和固体物质组成的流体分离成轻液体和固体两种状态的螺旋输送两相离心式分离机，该装置由一个圆筒形部分（21）和连到此部分的一个倾斜部分（圆锥形部分21a）形成的离心机转筒以及一个同轴安装在离心机转筒内的螺旋推进器组成，螺旋推进器的周缘部位与离心机转筒的内壁接触（参见图1），圆锥形部分21a形成的两种圆锥角X和Y，其中，与圆筒形部分21邻接部分的圆锥角X做得较大，而下一部分的圆锥角Y做得较小，角度X最好是10°～80°，而角度Y是2°～15°。这种设计使得圆筒内流体的深度相当深。

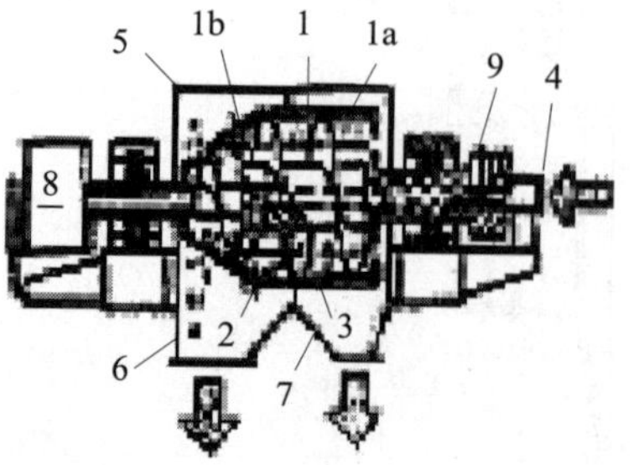

图1

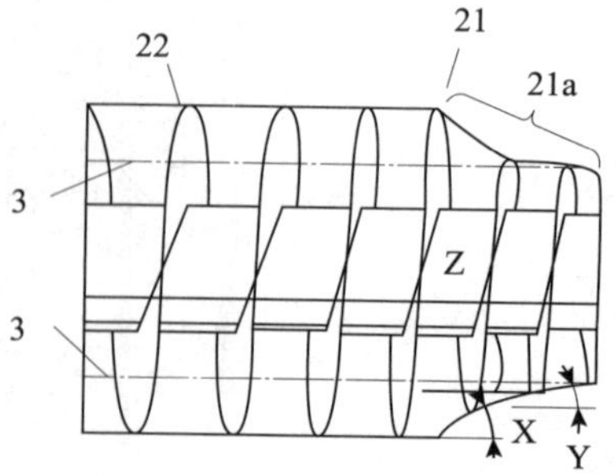

图2

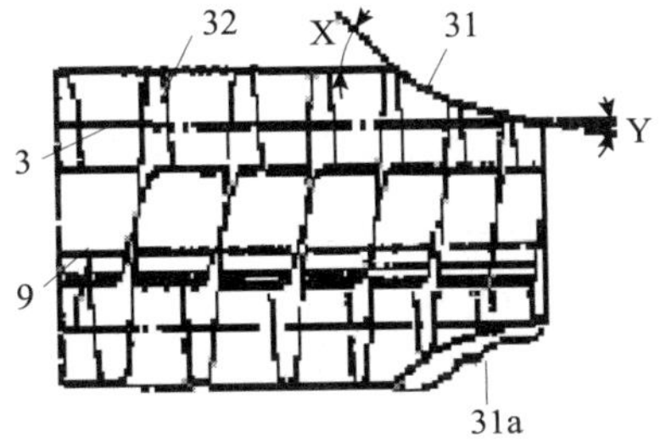

图3

（三）创造性判断

1. 确定发明专利申请权利要求的技术方案

阅读该发明专利申请的说明书，确定发明的技术领域、所要解决的技术问题，在阅读说明书的内容时应参考附图，借助附图容易理解发明的技术方案。在理解了说明书公开内容的基础上，确定该专利申请权利要求书中请求保护的技术方案。该权利要求书请求保护的是一种锥角螺旋卸料三相离心分离机，属于产品权利要求，共有一项权利要求。

2. 分解权利要求中技术方案的技术特征

将独立权利要求1中请求保护的技术方案分解成各个技术特征，具体地，可以将其技术方案分解成以下7个技术特征：

① 锥角螺旋卸料三相离心分离机（主题名称）；

② 一个圆筒部分和连到此部分的一个倾斜部分形成的离心机转筒；

③ 一个同轴安装在离心机转筒内的螺旋推进器；

④ 螺旋推进器的周缘部位与离心机转筒的内壁接触；

⑤ 与倾斜部分相对的圆筒部分的端部有一个重液体排出口和一个轻液体排出口，上述重液体排出口设置在靠近离心机转筒内壁处；上述轻液体的排出口设置在离心机转筒内靠近液面处；

⑥ 在邻接圆筒部分区域内的倾斜部分的圆锥角比较大，而在前端区域内倾斜部分圆锥角比较小；

⑦ 在圆筒部分内的液体部分有足够的深度，保持重、轻液体之间的界面稳定。

3. 分析对比文件的技术特征

分析对比文件一个完整技术方案中全部清楚记载和隐含公开的技术特征，包括附图中明示的技术特征。同时，要考虑对比文件所述技术方案的技术领域、所要解决的技术问题和所能达到的技术效果。

4. 制订特征分析表

将独立权利要求1经分解的技术特征列在特征分析表9－1－2中，同时将对比文件中相应的内容也列在特征分析表9－1－2中。

表9-1-2　特征分析表（二）

技术特征	该发明权利要求1的技术特征	是否在对比文件1中公开	是否在对比文件2中公开
1	锥角螺旋卸料三相离心分离机（主题名称）	√	螺旋输送两相离心式分离机×
2	一个圆筒部分和连到此部分的一个倾斜部分形成的离心机转筒	一个圆筒部分16和连到此部分的一个倾斜部分形成的离心机转筒10√	一个圆筒形部分21和连到此部分的一个圆锥形部分21a（参见图1）√
3	一个同轴安装在离心机转筒内的螺旋推进器	一个同轴安装在离心机转筒内的螺旋推进器22√	一个同轴安装在离心机转筒内的螺旋推进器（参见图1）√
4	螺旋推进器的周缘部位与离心机转筒的内壁接触	√	√
5	与倾斜部分相对的圆筒部分的端部有一个重液体排出口和一个轻液体排出口，上述重液体排出口设置在靠近离心机转筒内壁处，上述轻液体的排出口设置在离心机转筒内靠近液面处	与倾斜部分相对的圆筒部分的端部有一个重液体排出口90和一个轻液体排出口80，上述重液体排出口设置在靠近离心机转筒内壁处，上述轻液体的排出口设置在离心机转筒内靠近液面处√	只有液体和固体两个排放口×
6	在邻接圆筒部分区域内的倾斜部分的圆锥角比较大，而在前端区域内倾斜部分圆锥角比较小（双锥角）	单锥角×	在邻接圆筒部分区域内的倾斜部分的圆锥角X比较大，而在前端区域内倾斜部分圆锥角比较小Y（双锥角）√
7	在圆筒部分内的液体部分有足够的深度，保持重、轻液体之间的界面稳定	×	在圆筒部分内的液体部分有足够的深度√

5. 创造性分析

（1）确定最接近的现有技术

该发明所要解决的技术问题是提供一台锥角螺旋卸料三相离心分离机，使其能够作为相对较小尺寸的离心分离机对包含有重、轻液体及固体的流体进行有效的三态分离。针对检索得到的对比文件 1 和 2，应理解和分析对比文件 1 和 2 所涉及的技术领域、所要解决的技术问题、具体的技术方案和技术效果，以及所公开的技术特征。依据对比文件技术领域是否与该发明的技术领域相同或相近，对比文件所要解决的技术问题、技术效果或者用途是否最接近和/或对比文件是否公开了发明的技术特征最多，来确定最接近的现有技术。在确定最接近的现有技术时，应首先考虑技术领域相同或相近的现有技术，其中，要优先考虑与发明要解决的技术问题相关联的现有技术。

该发明权利要求 1 的技术方案中，与对比文件 1 相同的技术特征为：均为螺旋输送三相离心式分离机；由一个圆筒部分和连到此部分的一个倾斜部分形成的离心机转筒以及一个同轴安装在离心机转筒内的螺旋推进器组成，螺旋推进器的周缘部位与离心机转筒的内壁接触；与倾斜部分相对的圆筒部分的端部有一个重液体排出口和一个轻液体排出口，上述重液体排出口设置在靠近离心机转筒内壁处，上述轻液体的排出口设置在离心机转筒内靠近液面处。

通过分析可见，对比文件 1 与该发明权利要求 1 的技术方案技术领域相同，均是三相离心分离机，且对比文件 1 存在着本发明要解决的轻、重液体分离界面稳定的技术问题，即对比文件 1 和该发明所要解决的技术问题相关联且公开了发明的技术特征最多。因此，确定对比文件 1 作为与该发明最接近的现有技术。

（2）确定发明的区别特征和发明实际解决的技术问题

分析该发明与最接近的现有技术即对比文件 1 相比有哪些区别特征，然后，根据这些区别特征所能达到的技术效果来确定该发明实际解决的技术问题。

该发明权利要求 1 的技术方案与最接近的现有技术即对比文件 1 相比，其区别特征在于：在邻接圆筒部分区域内的倾斜部分的圆锥角比较大，而在前端区域内倾斜部分圆锥角比较小；在圆筒部分内的液体部分有足够的深度，保持重、轻液体之间的界面稳定。

采用该发明权利要求 1 的具有上述区别特征的技术方案能够对包含有重、轻液体及固体的流体进行有效的三态分离，同时又不会造成离心分离机过于庞大。因此，审查员所认定的最接近的现有技术与申请人在该发明说明书背景技术部分所描述的相一致。因此，该发明实际要解决的技术问题仍然为申请人在说明书发明内容部分中所描述的技术问题，即在对轻液体、重液体和固体进行有效的三相分离的同时，不使离心机过于庞大。

（3）判断是否显而易见

从最接近的现有技术即对比文件 1 和发明实际解决的技术问题出发，判断要求保护的发明对本领域的技术人员来说是否显而易见。

对比文件1公开了一种螺旋输送三相离心式分离机，其公开了权利要求1的大部分技术特征。对于所述结构的螺旋输送三相离心式分离机，由于纵向总尺寸的限定，圆锥形部分不可能做得很长，因此离心机转筒内的深度很浅，不能在不造成离心分离机过于庞大的情况下，有效地建立重、轻液体之间的分界面，所以不能对液体进行有效的分离，克服该缺点便是本发明实际解决的技术问题。

对比文件2公开了一种螺旋输送固液二相离心式分离机。该对比文件2明确指出，为使离心分离机体积不过于庞大、使圆筒部分具有深的液体深度，采用了邻接圆筒部分区域内的倾斜部分的圆锥角较大而在前端区域倾斜部分圆锥角较小的结构，可保持液体与固体之间的界面稳定。根据本领域的公知常识可知，当圆筒部分具有深的液体深度时显然轻、重液体界面的稳定性会更好。因此，对比文件2披露的该技术手段在该对比文件2的技术方案中所起的作用与上述区别特征在要求保护的发明中为解决该重新确定的技术问题所起的作用相同，都是通过加深圆筒的液体深度，使被分离物体界面稳定，从而提高分离效果。因而对比文件2给出了将上述区别特征应用到对比文件1的技术方案中以解决其实际解决的技术问题的启示，这种启示会使本领域的技术人员在面对所述技术问题时，有动机利用对比文件2来改进对比文件1的技术方案，并由此获得要求保护的本发明。

（4）结论

因此，在对比文件1的基础上结合对比文件2和本领域的公知常识以得到权利要求1所要求保护的技术方案对本领域技术人员来说是显而易见的。因而权利要求1不具有突出的实质性特点，不符合《专利法》第22条第3款有关创造性的规定。

6. 案例启示

权利要求1的技术方案是对对比文件1所公开的现有技术的改进，而改进所采用的技术手段已被同一技术领域的对比文件2所公开，该技术手段在对比文件2中所起的作用与上述区别特征在要求保护的发明中为解决该重新确定的技术问题所起的作用相同。由于现有技术存在这种技术启示，因此，在对比文件1的基础上结合对比文件2和本领域的公知常识得出该权利要求所要求保护的技术方案，对所属技术领域的技术人员来说是显而易见的，因此，该权利要求不具有突出的实质性特点，不具备创造性。

需要注意的是，如果所述的另一篇对比文件，仅仅公开区别特征本身，尚不足以认定给出了利用上述区别特征改进最接近的现有技术的启示，还应考虑所述区别特征在该另一篇对比文件中所起到的作用与其在该发明中所起到的作用是否相同。

第二节　电学领域中创造性判断的案例分析

一、“带斜线槽的叠片组合磁元件及其生产方法”案例

（一）专利申请文件

1. 权利要求书

1. 一种用于构成电机定子的方法，它包括：提供具有歪斜角度的层叠导向机构，在所述层叠导向机构上多层叠加磁性金属薄片以构成组合件，从而使各薄片具有与所述歪斜角度相等的歪斜度，紧固所述组合件防止移动，在所述组合件的外表面上加工导向元件，以及依靠导向构件与所述导向元件的啮合而把所述组合件装配在定子框架中。

2. 说明书（节选）

带斜线槽的叠片组合磁元件及其生产方法

技术领域

本发明涉及由许多磁性金属薄片层叠构成的电动发电机的制造方法。

背景技术

本发明涉及一种大型发电机的制造方法，由于电机运行中产生的交变磁场会使定子铁心产生涡流损耗，为此，采用把薄的硅钢片叠装成定子铁心的结构来减小涡流损耗。该叠装过程通常采用这样的工艺：

在每个硅钢片的外周上加工出燕尾槽，在叠装时，将各个硅钢片的燕尾槽嵌入也具有燕尾形的键条上，依次叠装，在叠装成叠片组后，沿轴向加压并保持一段时间，形成刚性叠片组件。参见下图：

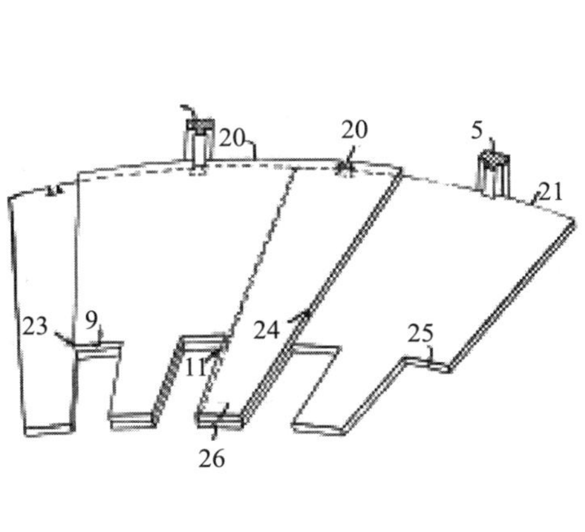

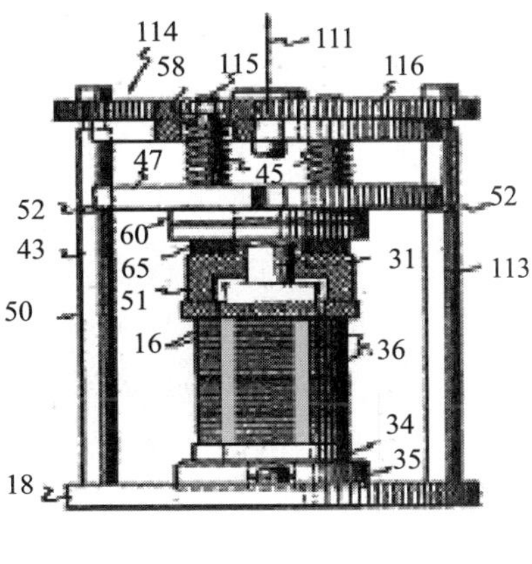

但是，如果采用与轴线平行设置的转子槽，就会在槽中放置的导线构成的线圈所流过的电路中产生齿谐波，而引起性能降低。为了解决该问题，一般使用斜槽结构，即将转子槽扭斜预定角度，来抑制齿谐波的产生。当在上述叠装工艺中使用扭斜步骤时，使其键条歪斜来进行叠装，然后进行加压。但这样所能歪斜的程度是有限的，不一定能达到所要求的歪斜度，而且，当歪斜度较大时，由于轴向加压与键条导向的方向之间存在的角度，而不利于形成足够刚性的叠片组。

虽然可以将本发明用于构成发电机的一个固定或旋转构件，但是，为具体说明起见，以下针对大型发电机环形定子的装配进行说明。有关电动机相应各元件的装配与之是极相似的，因此，本领域的技术人员以本发明所公开的内容作为参考，将完全能够把本发明用于这种装置。大型发电机通常使用实心锻造的、由直流电源激励的转子以产生磁场。通过加到其上的转矩使转子旋转，借此该磁场也旋转。转子在磁性金属环所构成的定子的范围内旋转，所述定子包括置于各槽中的若干导线条。各导线条通过末端匝互相连接以构成若干线圈。随着转子的磁场穿过定子的各导线条，在各导线条中感应出交变电流。

如果未采取预防措施，那么，构成定子的磁性金属中磁通量的迅速换向将在那里感应出很大的涡流，从而引起相当大的电阻损耗。为了把这种涡流损耗减少到最低限度，按常规，该定子是由许多高阻磁性材料（例如，硅钢）的薄（0.014 英寸）片层叠而构成的。

按常规，这种层叠是通过把附加在定子框架里面的一个或多个燕尾形键条嵌入各单个薄片的燕尾形槽中来进行的。当进行定子多层叠加时，将各薄片的燕尾形嵌入各燕尾形键条上。当构成定子时，将轴向压力加到叠片组合件的端部，并且保持相当长的一段时间，以便将那些薄片压成刚性组件。

计划使用一个或多个从薄片外部周边径向向外伸展的翼片取代燕尾形接合元件。附加到定子框架上的一个或多个键条各自包含用于与从各薄片伸展的翼片接合的槽。对于本发明的目的来说，用于在层叠定子组件时对准各薄片的这两种技术，彼此很相似并且具有一些相同的缺点，而这正是本发明要设法克服的。

众所周知，与发电机定子轴平行设置的各导线引起齿谐波。对该问题的一种解决办法是使定子内部各槽相对于定子轴线歪斜。这已通过使燕尾形的键条或开槽条歪斜来实现，以致当在其上进行薄片的层叠时，供导线条用的各槽也同样地歪斜。这种歪斜的导向所产生的问题是限制了能够容许的歪斜度。

引起问题的原因是：加到处理过程中的定子端部的压力是沿着平行于环形物轴的方向施加的。各导向构件（各键条或开槽键条）是相对于定子的轴歪斜的。对于直至4度左右的歪斜度，仍可接受加压角度与导向角度之间的差异，利用加工公差和材料变形仍可得到令人满意的组件。而在歪斜角度超过4度左右时，所施加的压力的角度（轴向）与各薄片的导向角度（歪斜的）之间的差异造成薄片在键条或开槽键条上受阻。因为这种阻碍就不可能在各薄片上得到足以产生基本上刚性的定子组合件的压力。

发明内容

本发明旨在提供一种克服现有技术各种缺点的装配层叠组件的方法。

附图说明

图 1 是电动发电机定子的端视图，其上省略了不妨碍理解发明的不需要的所有元件；

图 2 是电动发电机定子的侧视图，示出了为使各薄片结合对其施加压力的状态；

图 3 是层叠夹具的断面图，示出了在该夹具上形成部分叠片组的状态；

图 4 是完整的叠片组的侧视图，其中已加工有若干燕尾槽；

图 5 是按照本发明方法制作的定子的侧视图，图中以虚线表明在定子的内部各导线条的槽之一的位置。

具体实施方式

首先参照图 1，以叠片 12 构成的环形组合件的形式构成定子 10。各叠片 12 是由高电阻率磁性金属（通常是硅钢）制成的薄片（例如，约为 0.014 英寸）。各薄片与其上下邻片电绝缘，以便迫使在那里感应的任何涡流在叠片 12 中流经比较长的路径。若干键条 14 配置在定子框架（未另外示出）内。每根键条 14 包含燕尾部分 16，嵌于叠片 12 的外周边上的燕尾槽 18 中。各叠片 12 在其内边缘包含若干导线槽 20。组成一层的叠片 12 的数量可按不同的电机而变化。通用的数量包括 6 和 12 片。同样，键条 14 和导线槽 20 的数量也是可变化的。这种变化并不会影响到本发明。

下面参照图 2，图上示出叠片 12，而省略了键条 14（图 1），以便展现对于介绍来说是必要的元件。正如在介绍本发明的背景情况时所提出的，最好使处于导线槽 20 中导线相对于定子 10 的中心轴歪斜一个角度（未示出）。按常规，这借助相对于轴歪斜的键条 14 来达到。于是，当用导向键条 14 来构成该组合件时，导线槽 20 也获得相应的歪斜度。在通常的装配工序中，将由叠片 12 组成的层置于定子 10 的成型架中直至数英寸深度为止。然后，涂上例如像环氧树脂胶一类的结合材料，并将压力加到当时存在的那部分组合件上。该压力要持续保持相当长的一段时间，直到结合材料硬化或凝固为止。于是，再重新开始层叠。可以利用例如有若干杆 26 穿在其间的第一端板 22 和第二端板 24 来施加压力。每根杆 26 用螺帽 28 拧紧，该螺帽有助于加上如图中的箭头 30 所示的轴向压力。由于键条 14 歪斜的结果，导向力也如歪斜的导向箭头 32 所示是歪斜的。箭头 30 所示的轴向压力与箭头 32 所示的导向力之间的角度就是燕尾槽 18 与导线槽 20 之间的歪斜角。

从实际出发，实验证明在歪斜角超过 4 度左右时，就会阻碍足以产生一个表现得像是单个实心金属件的定子 10 的压紧和黏合。造成这种未能得到实心的组合件的原因，往往是由于力的箭头 30 和歪斜的导向箭头 32 的方向之间差异而使燕尾槽 18 在鸠尾部分 16 上受阻。

下面参照图3，图上示出层叠夹具34，该夹具允许定子10的组件具有所需要的歪斜角，而不会因燕尾槽18在鸠尾部分16上受阻而受到限制。中间的心轴36包含若干歪斜的突出物38，该突出物对心轴36中心轴的歪斜角等于所需要的导线槽20的歪斜角。底板40在叠片12被置于层叠夹具34中时支撑住它们。外导向圈42确定了环形体或组44的外径。在歪斜突出物38的引导下，叠片组44是在导线槽20沿着歪斜的突出物38的歪斜角而行的情况下构成。当在层叠夹具34中构成完整的叠片组44后，将其从层叠夹具34中取出，同时，保持在层叠夹具34中装配时所形成的相对关系，在该叠片组上加工出与其轴平行的若干燕尾槽18。

说明书附图

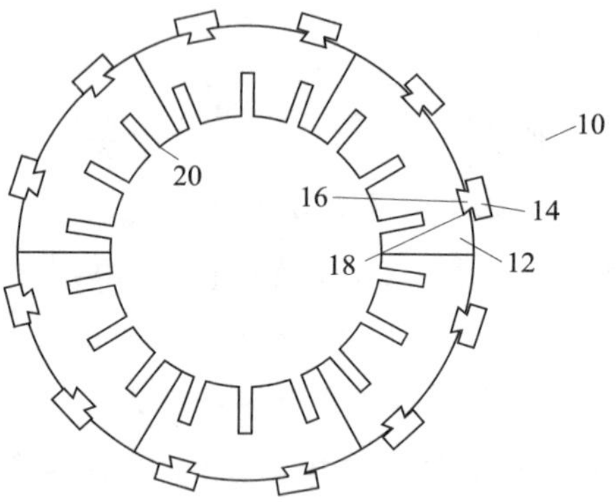

图1

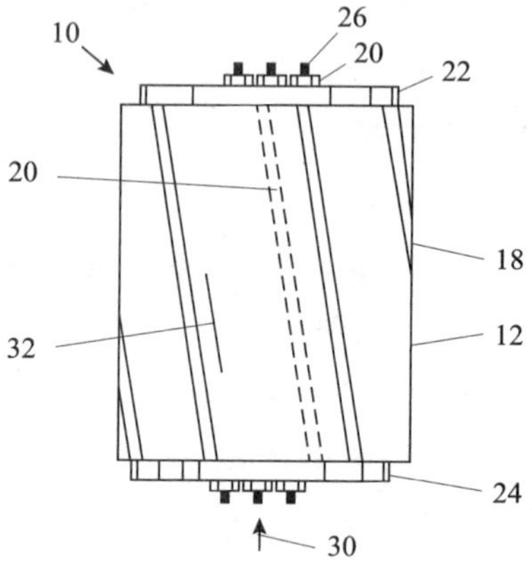

图2

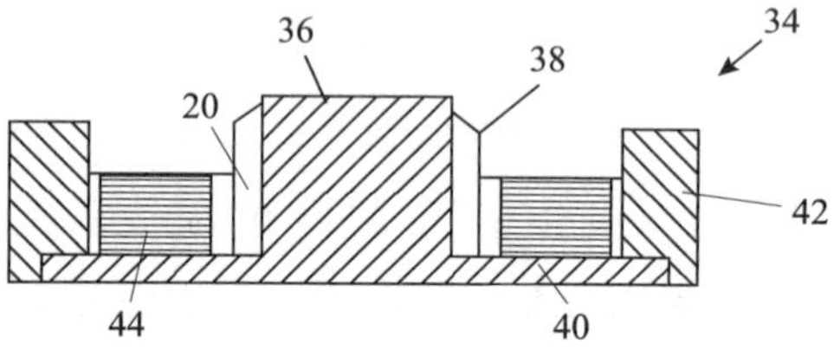

图3

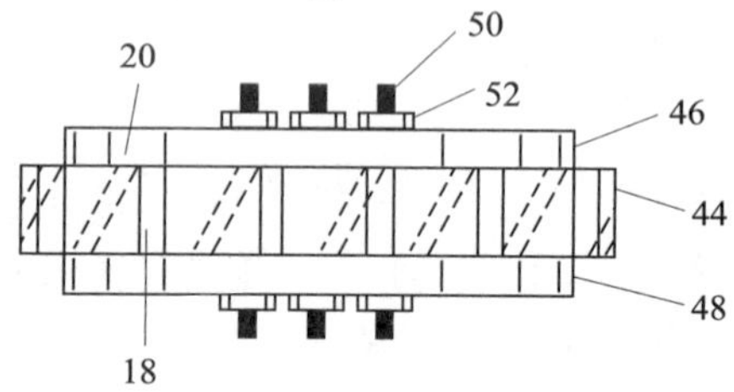

图4

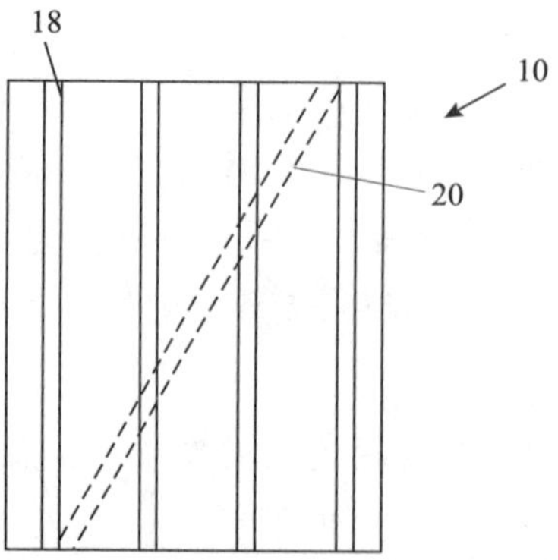

图5

（二）现有技术

1. 对比文件1

一种层状电机部件及其制造方法，所述电机部件例如为转子和定子，要解决的技术问题是避免齿谐波并增强层状电机构件的牢固度。如图1～图3所示，说明书公开了该电机部件的叠装对准夹具30，包括一个圆柱形叠装对准心轴31，在该心轴31的圆柱外周上布置齿条32，根据电动机的要求，该齿条32相对于心轴31的轴线33平行或者呈螺旋形。在硅钢片15叠装的过程中，使螺旋形的齿条32嵌入硅钢片15的槽18中，依次叠装硅钢片15，从而形成具有预定歪斜角度的斜槽的叠片组36。然后，通过压紧夹具40把该叠片组夹紧来保持叠装后的各硅钢片的对准位置不变。

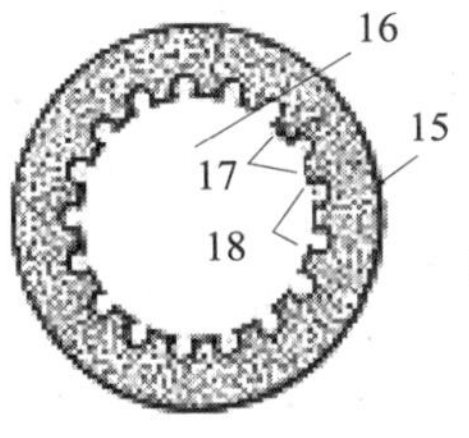

图1

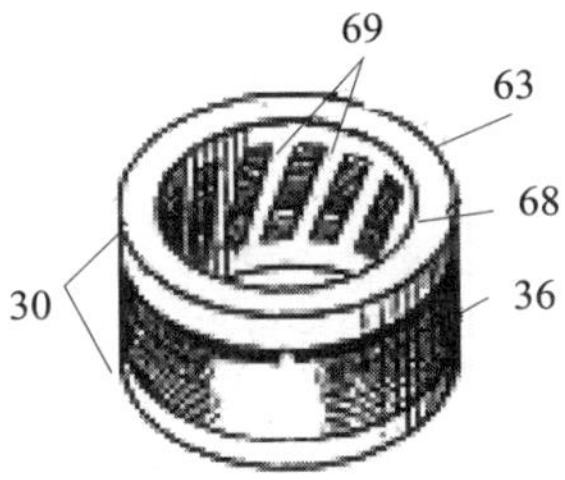

图2

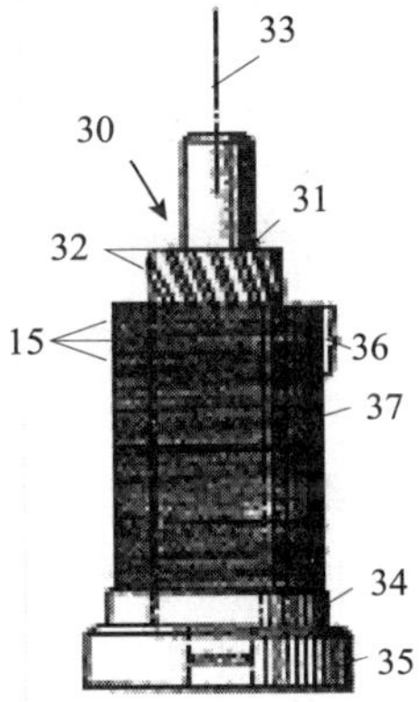

图3

2. 对比文件2

一种叠装电机1的铁心及其叠装方法，如图1和图2所示，在圆柱形的叠片组10外周上设置多个燕尾槽29，这些燕尾槽29与位于电机框架内周上的键条4、5相配合而把叠片组夹持在适当的位置上。依靠起导向的构件键条4、5与所述燕尾槽29的啮合而把所述叠片组10装配在定子框架中。要解决的技术问题是为叠片组提供足够刚性。

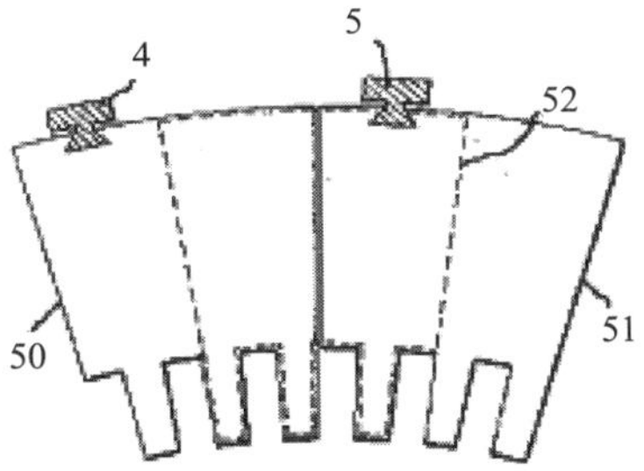

图1

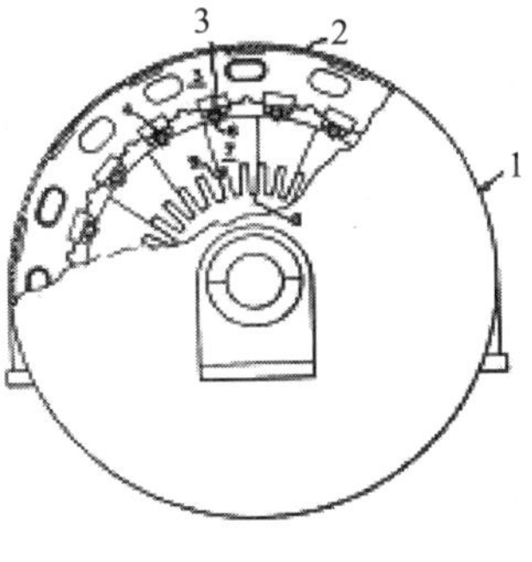

图2

（三）创造性判断

1. 确定发明专利申请权利要求的技术方案

阅读该发明专利申请的说明书，确定发明的技术领域、所要解决的技术问题，在阅读说明书的内容时应参考附图，借助附图容易理解发明的技术方案。在理解了说明书公开内容的基础上，确定该专利申请权利要求书中请求保护的技术方案。该权利要求书请求保护的是一种用于构成电机定子的方法，属于方法权利要求，共有一项权利要求。

2. 分解权利要求中技术方案的技术特征

将权利要求1中请求保护的技术方案分解成各个技术特征，具体地，可以将其技术方案分解成以下6个技术特征：

① 一种用于构成电机定子的方法（主题名称）；

② 包括提供具有歪斜角度的层叠导向机构；

③ 在所述层叠导向机构上多层叠加磁性金属薄片以构成组合件，从而使各薄片具有与所述歪斜角度相等的歪斜度；

④ 紧固所述组合件防止移动；

⑤ 在所述组合件的外表面上加工导向元件；

⑥ 依靠导向构件与所述导向元件的啮合而把所述组合件装配在定子框架中。

3. 分析对比文件的技术特征

分析对比文件一个完整技术方案中全部清楚记载和隐含公开的技术特征，包括附图中明示的技术特征。同时，要考虑对比文件所述技术方案的技术领域、所要解决的技术问题，和所能达到的技术效果。

4. 制订特征分析表

将独立权利要求1经分解的技术特征列在特征分析表9-2-1中，同时将对比文件中相应的内容也列在特征分析表9-2-1中。

表9-2-1 特征分析表（一）

技术特征	该发明 权利要求1的技术特征	是否在对比文件1中公开	是否在对比文件2中公开
1	一种用于构成电机定子的方法（主题名称）	一种层状电机部件及其制造方法，所述电机部件例如为转子和定子	一种叠装电机铁心及其叠装方法
2	包括具有歪斜角度的层叠导向机构	具有导向作用的成歪斜角度的齿条32（层叠导向机构的下位概念）√	×

续表

技术特征	该发明 权利要求 1 的技术特征	是否在对比文件 1 中公开	是否在对比文件 2 中公开
3	在所述层叠导向机构上多层叠加磁性金属薄片以构成组合件，从而使各薄片具有与所述歪斜角度相等的歪斜度	在所述齿条 32 上多层叠加硅钢片 15（磁性金属薄片的下位概念）以构成叠片组 36（即组合件），从而，使各薄片具有与所述歪斜角度相等的歪斜度 √	×
4	紧固所述组合件防止移动	通过压紧夹具 40 紧固所述叠片组 36 以防止移动 √	×
5	在所述组合件的外表面上加工导向元件	×	在所述叠片组 10 的外表面上加工燕尾槽 29（加工导向元件的下位概念）√
6	依靠导向构件与所述导向元件的啮合而把所述组合件装配在定子框架中	×	靠键条 4、5（导向构件的下位概念）与所述燕尾槽 29 的啮合而把所述叠片组 10 装配在定子框架中 √

5. 创造性分析

（1）确定最接近的现有技术

该发明所要解决的技术问题是在定子铁芯中能够得到所需要的转子槽的扭斜度的同时得到足够刚性的叠片组。根据《专利审查指南 2023》第 2 部分第 4 章第 3. 2. 1. 1 节的相关规定，最接近的现有技术，是指现有技术中与要求保护的发明最密切相关的一个技术方案，它是判断发明是否具有突出的实质性特点的基础。在确定最接近的现有技术时，应首先考虑技术领域相同或相近的现有技术，其中，要优先考虑与发明要解决的技术问题相关联的现有技术。对比文件 1 和对比文件 2 均涉及电机定子的安装，属于相同的技术领域，但对比文件 1 涉及该发明要解决的技术问题产生的基础，而对比文件 2 并未披露该发明所存在问题的基础，因而对比文件 1 与该发明的技术问题更关联，因此，对比文件 1 与要求保护的发明技术领域相同，所要解决的技术问题相关联，且公开了该发明的技术特征最多，确定对比文件 1 作为最接近的现有技术。

（2）确定发明的区别特征和发明实际解决的技术问题

权利要求 1 与对比文件 1 的区别特征在于：在所述组合件的外表面上加工导向元件，以及依靠导向构件与所述导向元件的啮合而把所述组合件装配在定子框架中。这些不是用于叠装工艺中的扭斜步骤，而是为了把定子铁芯固定到外壳框架上所采取的措施。该区别特征的技术效果是实现定子铁芯在外壳框架上的牢固固定。因而，基于上述区别特征，权利要求1实际解决的技术问题是：如何提高定子铁芯在外壳框架上的固定牢固性。

（3）判断是否显而易见

对比文件2公开了一种叠装电机1的铁心及其叠装方法，在圆柱形的叠片组10（对应于组合件）外周上设置多个燕尾槽29（对应于导向元件），这些燕尾槽29与位于电机框架内周上的键条4、5（对应于导向构件）相配合而把叠片组夹持在适当的位置上。依靠起导向的构件键条4、5与所述燕尾槽29的啮合而把所述叠片组10装配在定子框架中。因而对比文件2公开了该区别特征，而该特征在对比文件2中的作用为：提高定子铁芯在外壳框架上的固定牢固性。这与该区别特征在该发明中所起的作用相同。因此，本领域的技术人员面对对比文件1需要提高定子铁芯在外壳框架上的固定牢固性的技术问题时，有动机采用对比文件2固定定子铁芯的技术手段来改进对比文件1，将对比文件1和对比文件2相结合，从而显而易见地得到权利要求1所述的技术方案。

（4）结论

在对比文件1的基础上，结合对比文件2以得到权利要求1所要求保护的技术方案对本领域技术人员来说是显而易见的。因而，权利要求1不具有突出的实质性特点，不符合《专利法》第22条第3款有关创造性的规定。

6. 案例启示

在判断权利要求的特征是否被对比文件所公开时，要正确使用上位概念以及下位概念来进行判断。下位概念即具体概念的公开导致上位概念即一般概念被公开，例如，由下位概念“螺旋形的齿条32”的公开导致了上位概念“导向机构”被公开；由下位概念“燕尾槽29和键条4、5”的公开导致了上位概念“导向元件和导向构件”被公开。

二、“一种高速电机转子的缠绕护环”案例

（一）专利申请文件

1. 权利要求书

1. 一种高速电机转子的缠绕护环，它由护环体（1）和黏接固化剂（2）组成，其特征在于：护环体（1）为非铁磁性金属丝用缠绕的方式顺序排布于转子（3）表面的螺旋体，在护环体（1）的非铁磁性金属丝中存在拉应力，黏接固化剂（2）均匀分布于螺旋体上。

2. 说明书（节选）

一种高速电机转子的缠绕护环

技术领域

一种高速电机转子的缠绕护环，它是电机转子的一个零件，适用于各种高转速电动机或发电机转子。

背景技术

在各种高速电动机和发电机中，由于转子工作在高转速下，受很大的离心力作用，为避免转子中镶嵌的线圈、磁体等被甩出，多使用在转子外缘加护环的方法。现在常用的护环有两种，一种是用无纬玻璃丝带在转子外缠绕后固化而成，另一种是使用非铁磁金属制造的薄壁筒体套在转子的外缘。虽然使用这两种方法可以满足一定转速下的保护要求，但在高转速下，护环受力后发生变形，有一定的变形量，这时转子中的镶嵌物没有受护环压力的作用，它的离心力还是由镶嵌物紧固件或是黏接剂承受，在离心力较大时，可能发生破坏，使镶嵌物发生相对移动，多次启动与停止产生的来回移动对转子的使用寿命有很大影响。

技术内容

本发明所要解决的技术问题是提供一种适用于高速电机转子的缠绕护环，该缠绕护环对被保护镶嵌物产生预压作用力，可以减小在高速下保护镶嵌物的连接紧固件或黏接物中的拉应力，使之适应更高转速的转子。

附图说明

图 1 为本发明的结构示意图，图中有护环体 1、黏接固化剂 2、转子 3、镶嵌物 4。

具体实施方式

本发明使用非铁磁性金属丝组成的螺旋体作为护环体，其内存在拉应力，因而对转子中的镶嵌物产生一个压力。在工作时，由于转子的旋转，镶嵌物产生离心力。这时镶嵌物的紧固件或黏接剂所受的力为离心力与护环产生的压力之差。因而在同样条件下，紧固件或黏接件所受的拉力小于普通护环条件下的拉力，使采用本发明的转子有更长的使用寿命，也可以适用于更高的转速。

本发明的非铁磁性金属可以是不锈钢合金或是钛合金等，黏接固化剂可以使用热固型常温固化的环氧树脂，并有一定的绝缘作用。使用黏接固化剂的目的是保持本发明护环体 1 中的拉应力状态，防止金属丝间的松动，有效地防止护环体 1 的涡流损耗。本发明护环体 1 中的拉应力可以采用在加工中产生。加工时，采用一固定器使非铁磁体金属丝的一端与转子固定，然后以一定拉力使金属丝顺序排列缠绕排布于转子表面。在排布中，同时涂上黏接固化剂。排布满要求的宽度后，再使用一个固定器使非铁磁体金属丝的末端与转子固定，并保持拉力，在常温下或加温使黏接固化剂固化。然后取下两端的固定器，切去两端的多余非铁磁性金属丝头。本发明中护环体 1 内的拉应力值，可以根据所用转子的工作转速确定，一般也可以根据所用材料的抗拉强度确定，一般是屈服强度的 20%～30%。

说明书附图

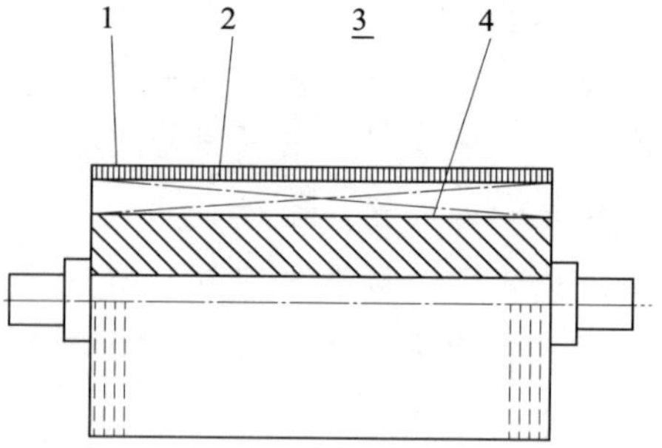

图1

（二）现有技术

1. **对比文件1**

一种带永久磁体的转子，提供一种把永久磁体安装在转子外壁的技术，在现有技术中是用黏接剂把永久磁体黏接在转子铁芯的外壁上，但是对于作为伺服电机所要求的高加减速和高速运转，不足以抵抗离心力和高加减速时的剪切应力，而且，黏接剂在较长时间后会产生老化，使电机的可靠性降低。为解决该问题，如图1和图2所述，在永久磁体3装在转子铁芯2上的状态下，在转子的外壁上一边施加张力一边卷绕细的金属线材4，用任意措施（例如，通过点焊等把相邻的金属线材之间进行固定）进行固定，该金属线材4可以使用强磁性体、钢材、不锈钢、坡莫合金等机械强度大的线材。

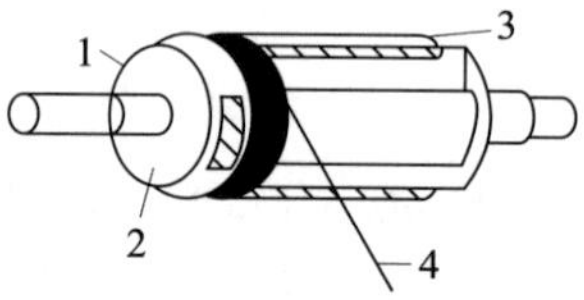

图1

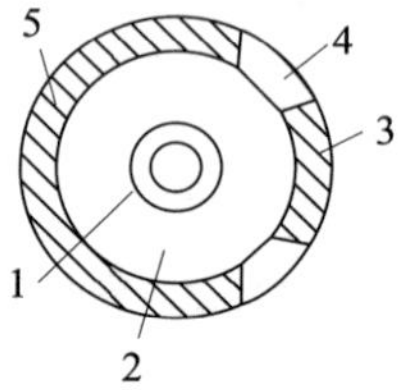

图2

2. **对比文件2**

一种高速永磁体转子，已有的高速永磁体转子因线材较细，只能允许较低速度的旋转。为获得更高速的转速（90000rpm），如图1～图9所述，把多个金属圆环4叠成一个圆筒5，在加热后套在带有永磁体3的转子1的外周上，冷却后获得紧套转子的高的预应力。该圆筒5也可以用一个由金属带材9卷绕成的单一的套筒7构成，在卷绕的过程中，通过制动器10拉紧带材9来施加预应力，带材9之间可以通过点焊11来进行固定，也可以使用其他适当的方式，例如铜焊、黏接、夹紧等来获得更高强度的连接。

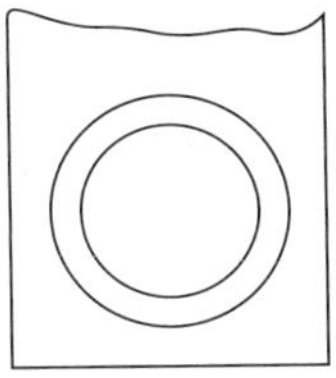

图 1

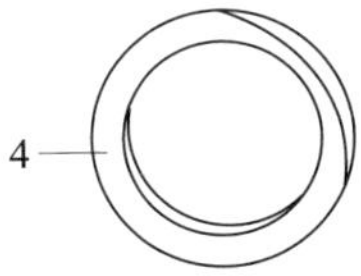

图 2

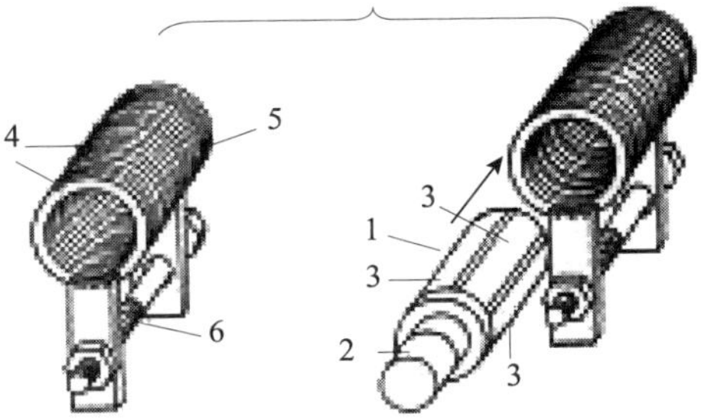

图 3

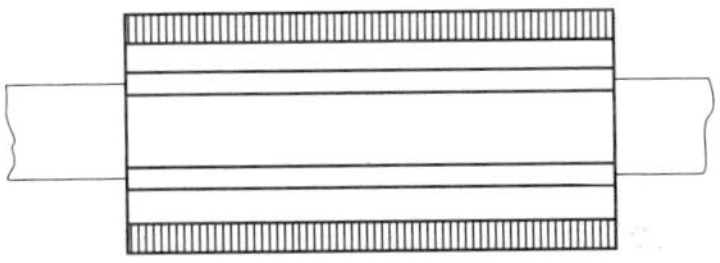

图 4

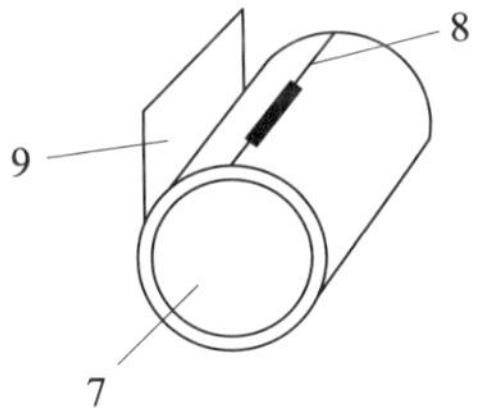

图 5

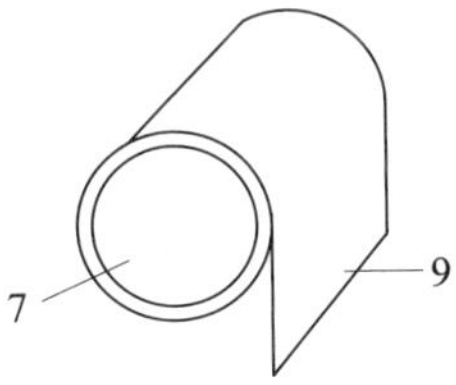

图 6

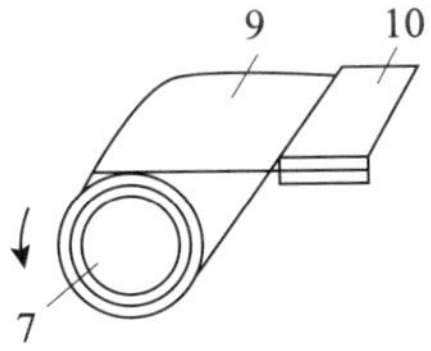

图 7

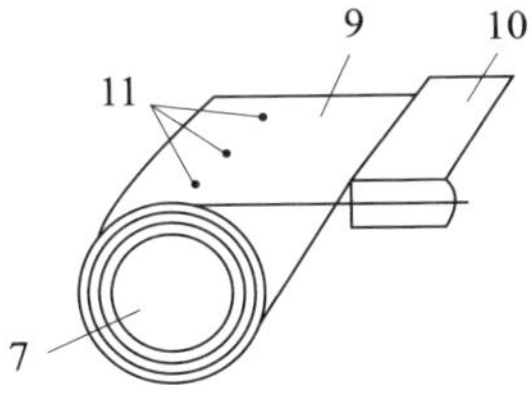

图 8

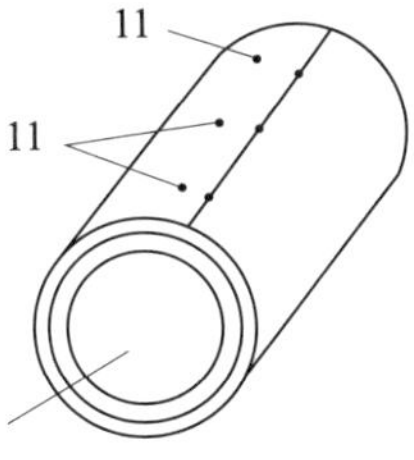

图 9

（三）创造性判断

1. 确定发明专利申请权利要求的技术方案

阅读该发明专利申请的说明书，确定发明的技术领域、所要解决的技术问题。在理解了说明书公开内容的基础上，确定该发明申请权利要求书中请求保护的技术方案。该权利要求书请求保护的是一种高速电机转子的缠绕护环，属于产品权利要求，有一项权利要求。

2. **分解权利要求中技术方案的技术特征**

将权利要求1中请求保护的技术方案分解成各个技术特征，具体地，可以将其技术方案分解成以下5个技术特征：

① 一种高速电机转子的缠绕护环（主题名称）；

② 由护环体1和黏接固化剂2组成；

③ 护环体1为非铁磁性金属丝用缠绕的方式顺序排布于转子（3）表面的螺旋体；

④ 在护环体1的非铁磁性金属丝中存在拉应力；

⑤ 黏接固化剂2均匀分布于螺旋体上。

3. **分析对比文件的技术特征**

分析对比文件一个完整技术方案中全部清楚记载和隐含公开的技术特征，包括附图中明示的技术特征。同时，要考虑对比文件所述技术方案的技术领域、所要解决的技术问题，和所能达到的技术效果。

4. **制订特征分析表**

将独立权利要求1经分解的技术特征列在特征分析表9-2-2中，同时将对比文件中相应的内容也列在特征分析表9-2-2中。

表9-2-2 特征分析表（二）

技术特征	该发明 权利要求1的技术特征	是否在对比文件1中公开	是否在对比文件2中公开
1	高速电机转子的缠绕护环（主题名称）	高速电机转子的缠绕护环 √	高速电机转子的护环
2	由护环体1和黏接固化剂2组成	只包括护环体 ×	√
3	护环体为非铁磁性金属丝用缠绕的方式顺序排布于转子表面的螺旋体	护环体为不锈钢丝，一边施加张力一边卷绕在转子的外壁上 √	护环体为带材卷绕成的单一套筒，卷绕时施加预应力 ×
4	在护环体的非铁磁性金属丝中存在拉应力	√	套筒中存在拉应力 ×
5	黏接固化剂均匀分布于螺旋体上	用任意措施（例如点焊）固定相邻金属线材 ×	带材之间通过点焊、黏结等方式连接固定 ×

5. **创造性分析**

（1）确定最接近的现有技术

该发明请求保护一种高速电机转子的缠绕护环，其所要解决的技术问题是如何减小转子外缘护环在转子高速旋转下发生的变形，从而更好地保护转子中的镶嵌物。对比文件1公开了一种带永久磁体的高速电机转子的缠绕护环，其中公开了以下特征：

护环体为不锈钢丝（非铁磁性金属丝的下位概念），用缠绕的方式顺序排布于转子表面的螺旋体，在护环体的非铁磁性金属丝中存在拉应力。即该对比文件1公开了一种通过在永磁转子外周上缠绕具有一定拉力的金属线来把永久磁体固定在转子铁芯外壁上的技术手段，进而解决了在较高速度以及较高加减速的运转状况下，护环体变形，永久磁体不能很好固定的技术问题。对比文件2公开了一种高速永磁体转子的护环，它由带材9卷绕成的套筒7构成，其中带材9卷绕时施加预应力，并可通过黏接固定。对比文件2所要解决的也是在较高速度运转状况下，护环体变形，永久磁体不能很好固定的问题。比较而言，对比文件1、2均与该发明的技术领域相同，所要解决的技术问题相同，但对比文件1公开的技术特征更多，并且对比文件1所采用的非铁磁性金属丝缠绕形成护环的技术手段与该发明解决技术问题的手段更接近。相比之下，虽然对比文件2公开了形成套筒7的带材9之间可以通过黏接增加连接强度，但黏接是将带材9边缘固定连接，与该发明的黏接固化剂均匀分布于金属丝缠绕形成的螺旋体上技术手段不同。因此，确定对比文件1为该发明最接近的现有技术。

（2）确定发明的区别特征和发明实际解决的技术问题

权利要求1与对比文件1的区别在于，权利要求1是通过均匀分布的黏接剂来进行相邻金属线的固定，而对比文件1是通过点焊来进行相邻金属线的固定。基于该区别特征，该发明实际解决的技术问题是如何增强金属线间的固定连接。

（3）判断是否显而易见

对比文件2公开了一种高速永磁体转子，在其说明书中明确公开了带材9之间可以通过点焊进行固定，也可以使用黏接等方式来获得更高强度的连接。可见，对比文件2教导了用黏接方式比用点焊方式可以获得更高的连接强度，因而，当本领域技术人员面对对比文件1中存在的需要提高金属线间的固定连接强度的技术问题时，其有动机用对比文件2教导的黏接方式来替代对比文件1中的点焊方式。在使用黏接方式进行固定连接时，为得到更好的黏结效果，且便于施加黏接剂，而将黏接固化剂均匀分布于物体表面，这属于本领域的公知常识。因此，本领域的技术人员有动机在对比文件1和对比文件2相结合的基础上，进一步结合本领域的公知常识，得到本发明的技术方案。因此，该技术方案对于本领域的技术人员来说是显而易见的。

（4）结论

在对比文件1的基础上，结合对比文件2和本领域的公知常识以得到权利要求1所要求保护的技术方案对本领域技术人员来说是显而易见的。因而，该发明权利要求1不具有突出的实质性特点，不符合《专利法》第22条第3款有关创造性的规定。

6. 案例启示

① 在两篇对比文件所涉及的技术领域、所要解决的技术问题都相同的情况下，应选择解决技术问题的技术手段与该发明相同或相似的对比文件作为最接近的现有技术。

② 在判断权利要求的特征是否被对比文件所公开时，要正确使用上位概念以及下

位概念来进行判断。上位概念的公开不能导致下位概念的被公开，例如，上位概念“用任意措施进行固定”的公开不能导致下位概念“通过黏接进行相互固定”被公开。

第三节　化学领域中创造性判断的案例分析

一、“碘硒强化食盐”案例

（一）发明专利申请文件

1. 权利要求书

1. 一种强化食盐，其特征是：在食盐中加入一定量的碘和硒强化剂，制成碘硒强化食盐，使碘硒强化食盐中含碘10～100mg/kg，含硒3～10mg/kg，余量为氯化钠。

2. 说明书

碘硒强化食盐

技术领域

本发明涉及一种食用盐，特别涉及一种碘和硒的强化食用盐。

背景技术

碘是人体所必需的微量元素，由于缺碘引起的人类碘缺乏病越来越引起人们的广泛重视，如何补碘成为科学家们研究的课题，目前最简单和最经济的办法是食用碘强化食盐。由于盐是人类赖以生存的必需品，人们每日均需食用一定量的食盐。在盐中放入碘强化剂制成碘盐，确实可使人们从每日的食盐摄入中得到一定量碘的补充，但由于碘不是一种孤立于其他元素而易被人体吸收的微量元素，尽管在食盐中加入一定量的碘强化剂制成碘盐，但当人体硒缺乏时，仍不能很好地吸收利用碘，即使食用碘强化食盐也不能达到补碘的目的。

发明内容

本发明的目的在于提供一种新型含微量元素的食盐——碘硒强化食盐，使人体易于吸收利用碘并补充一定量的硒元素。

本发明所提出的新型含微量元素的盐，是在食盐中加入一定量的碘和硒强化剂使食盐中含碘10～100mg/kg，含硒3～10mg/kg，余量为氯化钠。

由于上述碘硒强化食盐是在盐中加入碘和硒强化剂，使碘和硒含量符合国际控制碘缺乏病委员会和中国营养学会的标准，食用这种盐可保证人体得到很好的碘和硒的补充。由于硒对人体碘的吸收利用起促进作用，当人体在碘硒双缺的情况下，食用碘硒强化食盐不但能使人体硒缺乏得到很好的补充，而且硒还可促进人体甲状腺激素代谢正常，使碘易于被人体吸收利用，从而达到补充碘的目的。碘缺乏遍布我国29个省

（市、自治区），而我国三分之二以上地区又属缺硒区，硒碘缺乏地区大多数重叠。世界上，有些国家也存在硒碘缺乏区，在这些地区，人们为消除碘缺乏病，除补碘还必须补硒，最简单和最经济的办法是食用碘硒强化食盐，从而达到补碘的目的。

下面具体说明：

碘是甲状腺激素（TH）3，5，3′，5′-四碘甲腺原氨酸（T4）和3，5，3′-三碘甲腺原氨酸（T3）的重要组成成分，当碘摄入不足时，会引起体内TH代谢异常，导致碘缺乏病（IDD）。

近年来研究表明，硒为人体TH代谢所必需。当硒缺乏时催化TH代谢的5′-脱碘酶活性降低，Ⅱ型5′-脱碘酶是一种含硒酶，硒缺乏直接影响该酶活性。硒对Ⅱ型5′-脱碘酶活性有间接作用，低硒引起血清T4升高，抑制了Ⅱ型5′-脱碘酶活性，使T4向T3转化受阻。因此人或动物碘摄入量不足时，如果硒营养不良，碘缺乏会加重；如果人或动物处在硒碘双重缺乏状态，单纯补碘收效甚微，当缺碘人群补充碘保持正常的TH水平时，必须考虑硒供应是否充足。

实验表明：硒缺乏的大鼠，肝脏、肾脏中Ⅰ型5′-脱碘酶活性下降90%，血浆T4浓度增加100%，而T3下降约20%，由此表明硒对甲状腺激素代谢具有重要作用。为保证T3和T4正常水平，即保证正常的甲状腺激素水平，必须既有充足的碘，又有充足的硒，在硒碘双缺情况下，单纯补碘是不行的。

碘硒强化食盐的具体生产方法如下：

加入亚硒酸钠（或硒酸钠）的方法与生产碘盐时加入碘酸钾的方法相同。

实施例

例1　食盐中加入碘酸钾20～50mg/kg（或碘化钾30～70mg/kg）和亚硒酸钠7～11mg/kg（或硒酸钠8～12mg/kg）即制成了碘硒强化食盐。

例2　食盐中加入碘酸钾25mg/kg和亚硒酸钠11mg/kg即制成了碘硒强化食盐，其中碘硒强化食盐中含碘15mg/kg和含硒5mg/kg。

例3　食盐中加入碘酸钾17mg/kg和硒酸钠7mg/kg即制成了碘硒强化食盐，其中碘硒强化食盐中含碘10mg/kg和含硒3mg/kg。

例4　食盐中加入碘化钾131mg/kg和亚硒酸钠22mg/kg即制成了碘硒强化食盐，其中碘硒强化食盐中含碘100mg/kg和含硒10mg/kg。

（二）现有技术

对比文件1

本发明涉及一种具有保健功能的调味品。

人们服用的普通食盐，含99%以上的氯化钠，摄钠过多，会引起高血压，继而引起心脑系统疾病，甚至危及生命。经有关研究资料表明，人体的血压与夜尿钠排出量呈正相关。近年来某些国家（如美国、日本、德国、芬兰等）以减钠补钾的方法制成食盐，因此这些国家高血压发病率显著降低。但氯化钾比较昂贵，价格通常是氯化钠的5倍，中国市场上也出现过“低钠盐”及“精制自然盐”，食用后均有降钠的作用。但“低钠盐”中含有硫酸镁，食用时有苦涩味，咸度低，口感差，难以为人们所接受，不易推广。“精制自然盐”，其中含有3200ppm的镁，仍略带苦味，其中含钾量仅1016ppm，对人体不足以达到降钠补钾作用，其含硒量不明。上述的“硒力口服液”“硒茶”“酵母片”“硒盐”等食用后有补硒作用，但不能起到同时限钠补钾的作用，更由于这类含硒制品在大面积人群推广中有一定局限性，因此，不是每一个城镇居民每天都需要或者能够服用这类饮料或酵母片。

本发明的目的是提供一种易于大面积推广、方便食用的含有适量剂量的钾及安全剂量的硒或同时具有安全剂量的碘的食用保健盐。

大量的调查资料表明，高血压、心脑血管系统疾病主要与人体的钠钾比值及缺硒有关。致癌因素十分复杂，广泛存在于人体内外及周围的生活、生产环境中，人们每天都可能或多或少地接触某种致癌因素，那么防癌因素也必须每天起作用。因此，一种简单易行、增强人类对癌症的抗衡能力的方法是十分必要的。食盐（NaCl）是每个人日常生活中必需的调味品，每个人每日对食盐的摄入量也大体稳定，而且价格便宜。正是基于这种情况，本发明的含钾硒的复合保健盐将具有防病作用的人体必需元素及微量元素加入氯化钠中。在大量科学实验和动物筛选试验的基础上，确定了本发明的保健盐的科学配方，如氯化钾的含量越高，Na/K比值的降低，有利于预防高血压、心脑血管系统疾病的发生。但中国是缺钾资源的国家，钾盐价格高于钠盐的5倍，必然提高保健盐的成本。价格高的保健盐，不易被人群接受，过低钾含量不能起到补钾的效果。保健盐中的硒含量既具有补硒的作用，还必须是安全剂量。据调查资料记载：中国人的食盐量为10～30g/人·日，平均为15g/人·日左右。每人每天随盐摄入的硒超不过安全剂量。因此，本发明的保健盐是一种同时含有安全剂量的微量元素硒或硒和碘及适量的钾的食用复合保健盐。

本发明的保健盐，根据有效、安全、经济等综合因素考虑，由氯化钠、20～50mg/kg碘酸钾、15mg/kg亚硒酸钠、25（重量）%氯化钾组成。

本发明的保健盐的制作方法步骤是：将氯化钠、氯化钾、亚硒酸钠和碘酸钾按组成比在固体混合器中搅拌混匀15～20分钟，也可以将组成比的亚硒酸钠配成30%～40%的水溶液加入氯化钠和氯化钾中，在不锈钢式搪瓷衬里的固体混合器中搅拌混匀。然后抽样检验，控制亚硒酸钠或硒酸钠含量达到要求即可，如达不到此要求，再继续搅拌均匀，直到达到要求含量为止。

本发明的保健盐保持了与普通的食用精盐相同的色（白色）、味、咸度和调味性能，无任何异味，同样可用于各类食品的调味。

因此本发明的保健盐方便服用，在人们正常的膳食中使用此保健盐代替普通盐作调味品，即能达到防治多种病的保健效果。尤其在某些缺硒地区及食盐量较多的地区（如中国的北方各省及四川、云南、贵州、湖南等省），普遍推广用此保健盐代替普通食盐，由于限钠、补钾、补硒的作用，将对人群预防各种疾病及人体的保健效果起积极的作用。

（三）创造性判断方法

1. 理解该发明权利要求 1 中的技术方案

阅读说明书，根据说明书公开的内容，理解权利要求书中要求保护的技术方案。该发明权利要求书中仅包括一项权利要求，为产品权利要求，属于组合物发明。

2. 分解权利要求 1 中技术方案的技术特征

对权利要求 1 进行技术特征分解，将技术方案的诸特征列于对比表中。

3. 分析对比文件的技术特征

分析对比文件一个完整技术方案中全部清楚记载和隐含公开的技术特征，包括附图中明示的技术特征。同时，要考虑对比文件所述技术方案的技术领域、所要解决的技术问题，以及所能达到的技术效果。

4. 制订特征分析表

将独立权利要求 1 经分解的技术特征列在特征分析表 9 – 3 – 1 中，同时将对比文件中相应的内容也列在特征分析表 9 – 3 – 1 中。

表 9 – 3 – 1　特征分析表（一）

技术特征	该发明权利要求 1 的技术特征	对比文件 1 中公开
1	氯化钠	氯化钠 √
2	碘 10 ～ 100mg/kg	碘酸钾 20 ～ 50mg/kg，相当于碘 11.9 ～ 29.6mg/kg √
3	硒 3 ～ 10mg/kg	亚硒酸钠 15mg/kg，相当于硒 6.85mg/kg √
4	—	氯化钾 25（重量）%

特征分析结论如下所述。

① 权利要求 1 的限定方式为"……含碘 10 ～ 100mg/kg，含硒 3 ～ 10mg/kg，余量为氯化钠"，因此，该权利要求是含有碘化合物、硒化合物和氯化钠的三组分封闭式组合物；对比文件 1 公开的组合物的限定方式为"由氯化钠、20 ～ 50mg/kg 碘酸钾、15mg/kg 亚硒酸钠、25（重量）% 氯化钾组成"，是四组分封闭式组合物。对于封闭式权利要求，组合物中只包括所指出的组分而排除所有其他组分。由于权利要求 1 中不含有对比文件 1 中的氯化钾，因此，权利要求 1 显然具有新颖性。

② 将权利要求 1 与对比文件 1 公开的组合物相比，权利要求 1 中的技术特征 1 的组分与对比文件 1 完全相同，权利要求 1 中的技术特征 2 的组分与对比文件 1 完全相同，对比文件 1 的数值范围落在权利要求 1 中的技术特征 2 的数值范围之内；权利要求 1 中的技术特征 3 的组分与对比文件 1 完全相同，对比文件 1 的具体数值落在权利要求 1 中的技术特征 3 的数值范围之内；对比文件 1 中还含有 25（重量）% 的氯化钾。

5. 创造性分析

（1）确定最接近的现有技术

该发明涉及一种碘硒强化食盐，要解决的技术问题是提供便于人体吸收利用碘并补充一定量硒的食用盐。对比文件1公开了一种食盐组合物，提供了一种含有适量剂量的钾及安全剂量的硒和碘的食用保健盐。对比文件1与该发明权利要求1的技术方案的技术领域相同，所要解决的技术问题相关联，因此确定该篇对比文件为最接近的现有技术。

（2）确定发明的区别特征和发明实际解决的技术问题

从上述特征比较可以看出，权利要求1与对比文件1的区别特征仅在于该发明权利要求1的技术方案中未采用氯化钾，该发明相对于最接近的现有技术来说，实际解决的技术问题是现有技术中含有氯化钾的食盐生产成本高的问题。

（3）判断是否显而易见

对于本领域的技术人员来说，氯化钾的价格要比氯化钠高是本领域公知的，省略现有技术中的氯化钾自然就能够降低生产成本，同时氯化钾在对比文件1中的组合物中所具有的减钠补钾的作用也相应消失。因此，权利要求1省略氯化钾的技术方案是显而易见的。

（4）结论

对于本领域的技术人员而言，在对比文件1的基础上结合本领域的公知常识得到权利要求1的技术方案是显而易见的。因此，该发明权利要求1不具备《专利法》第22条第3款规定的创造性。

6. 案例启示

该发明为要素省略的发明，如果发明省略一项或多项要素后，其功能也相应地消失，则该发明不具备创造性。

二、"超高分子量聚烯烃组合物的制造方法"案例

（一）发明专利申请文件

1. 权利要求书

1. 一种超高分子量聚烯烃组合物的制造方法，其特征在于，将10%～80%（重量）特性黏度〔η〕为5～30dl/g的超高分子量聚烯烃的粉末与90%～20%（重量）常温为固体、且熔点比超高分子量聚烯烃低的流动性改良剂，在流动性改良剂熔点以上至超高分子量聚烯烃熔点以下的温度下进行搅拌混合，其中超高分子量聚烯烃的粉末粒径为1～200μm，然后在超高分子量聚烯烃熔点以上的温度进行熔融混炼。

2. 根据权利要求1超高分子量聚烯烃组合物的方法，其特征在于，在混合时加入作为热稳定剂的空间位阻性苯酚。

2. 说明书（节选）

超高分子量聚烯烃组合物的制造方法

技术领域

本发明涉及具有优良延伸成形性的超高分子量聚烯烃组合物的制造方法。

背景技术

众所周知，聚烯烃是由小分子烯烃单体在催化剂作用下经聚合反应生成的，是常规塑料中的一种，如聚乙烯、聚丙烯等，其特点是在特定温度范围内能反复加热软化和冷却硬化。聚烯烃的分子量一般为2.5万～30万。超高分子量聚烯烃的分子量高于常规聚烯烃，超高分子量聚烯烃的分子量为50万～500万，熔融温度为130～140℃。除具有一般聚烯烃的性能外，超高分子量聚、烯烃还有优异的耐磨性、抗冲击性和自润滑性，它的机械性能、热稳定性、化学稳定性和电性能均很好，缺点是不易加工。特性黏度是表征聚合物分子量的一种参数，用η表示。

现有技术中主要有两类加工方法，一种是溶剂溶解法，使用溶剂将超高分子量聚烯烃溶解制成低浓度的溶液，超高分子量聚烯烃的浓度为3%～8%（重量），缺点是在使用中要处理大量的溶剂，并且生产率不高；另一种是加入流动性改良剂，使用混炼机和螺杆挤出机加工制造成型物，其缺点是混合不均匀，产品质量不好。

发明内容

本发明克服了上述现有技术中流动性改良剂方法的缺陷，提供一种超高分子量聚烯烃组合物的制备方法。该方法包括将超高分子量聚烯烃的粉末，在比其熔点还低的温度下，与常温为固体的流动性改良剂进行混合，从而制成分散体，再将此分散体进行熔融混炼，可制得具有延伸性、贮存稳定性、输送性优良的超高分子量聚烯烃的组合物。该组合物可用于制造具有延伸性的单丝等。

本发明涉及一种超高分子量聚烯烃组合物的制造方法。该方法是将10%～80%（重量）特性黏度（η）为5～30dl/g以上的超高分子量聚烯烃的粉末与90%～20%（重量）常温为固体、且熔点比超高分子量聚烯烃的熔点低的流动性改良剂，在流动性改良剂熔点以上至超高分子量聚烯烃熔点以下的温度下进行搅拌混合，其中超高分子量聚烯烃的粉末粒径为1～300μm，然后在超高分子量聚烯烃熔点以上的温度进行熔融混炼。

在本发明中，超高分子量聚烯烃是乙烯的均聚物或乙烯的共聚物。本发明所用的流动性改良剂是常温为固体，而且其熔点比超高分子量聚烯烃的熔点低，同时与超高分子量聚烯烃分散性好的低分子化合物，流动性改良剂的熔点为30～120℃，最好选用脂肪蜡。

除上述组分外，本发明的超高分子量组合物还可任选含有用于聚烯烃的常规添加剂。例如，可向该组合物添加稳定剂、颜料、染料、滑移剂、抗静电剂等，只要添加剂用量不足以产生不利影响即可。其中稳定剂有抗氧剂，例如使用空间位阻酚，其浓度为0.07%～1.0%。

本发明的方法是将常温为固体的流动性改良剂加热使其熔融，将超高分子量聚烯烃在流动性改良剂中分散混合，所以能够制备出均匀的混合物。

本发明的超高分子量聚烯烃组合物在模塑期间具有优异热稳定性，同时具备长期热稳定性。将其模塑为分子取向的制品（如纤维和带材）时，几乎不会出现由热引起的劣化现象。因此，这种组合物适用于制备具有高拉伸强度和高拉伸模量等性能的分子取向模塑制品。

实施例1

将超高分子量聚乙烯（η=7.42dl/g，平均粒径=200μm）的粉末和热稳定剂［浓度为0.1%（重量）的3，5-二-丁基-4-羟基甲苯］一起加入保持在100℃下的熔融脂肪蜡（熔点=69℃，分子量=460）中，搅拌10分钟，制得30%（重量）浓度的分散体。在100℃时熔融的脂肪蜡的黏度为5.3厘泊，分散体中的超高分子量聚乙烯的膨胀率为1.08倍。然后将该分散体用同向旋转的双螺杆挤压机进行熔融混炼，旋转速度为100rpm，停留时间为1分钟，所得组合物在常温下保管10天，测得的延伸物性能见表1。

实施例2和3（略）。

实施例1～3组合物的性能见表1。

表1　组合物性能

实施例	特性黏度（η）［dl/g］	拉伸模量［GPa］	拉伸强度［GPa］	伸长率［%］
1	8.14	91	2.53	4.31
2	8.05	89	2.48	4.25
3	8.16	90	2.54	4.33

（二）现有技术

1. 对比文件1

一种用于拉伸制品的超高分子量聚乙烯组合物和该组合物的制造方法。该组合物含有超高分子量聚乙烯和流动性改良剂，其中，超高分子量聚乙烯是乙烯的均聚物或乙烯的共聚物，用量为15%～80%（重量），优选20%～60%（重量）。颗粒直径为250～350μm。流动性改良剂是脂肪蜡，用量为85%～20%（重量），优选80%～40%（重量）。脂肪蜡的熔点为40～120℃，分子量为Wm=230～2000。热稳定剂用量为1%～4 %（重量）。

该方法包括，将特性黏度（η）为5～30dl/g以上的超高分子量聚乙烯与流动性改良剂以及热稳定剂搅拌混合，混合温度为25～120℃，然后在180～280℃，优选180～250℃的温度进行熔融混炼。熔融混炼在单螺杆或双螺杆挤出机中进行，熔融混炼1～30分钟，将此熔融混炼物挤压成形为成形品，再挤压成形品进行延伸，在成形品延伸前、延伸中或延伸后将流动性改良剂从成形品除去，从而成为超高分子量聚烯烃延伸成形物。

实施例1～3（略）。

实施例1～3组合物的性能见表2。

表2　组合物性能

实施例	特性黏度（η）(dl/g)	拉伸模量（GPa）	拉伸强度（GPa）	伸长率（%）
1	8.10	90	2.51	4.32
2	8.02	88	2.50	4.30
3	7.60	86	2.30	4.10

2. 对比文件2

一种聚烯烃树脂组合物的制备方法。该组合物由聚乙烯、聚丙烯和稳定剂混合熔炼而成，所述的稳定剂包括酚类稳定剂，如空间位阻性苯酚，用量为0.05%～2.0%（重量）。

（三）创造性判断方法

1. 理解权利要求1中的技术方案

阅读说明书，根据说明书公开的内容，理解权利要求书中要求保护的技术方案。

2. 分解权利要求1中技术方案的技术特征

对权利要求1进行特征分解，分析各特征在发明中的作用，将技术方案的诸特征列于特征分析表中。

3. 分析对比文件的技术特征

分析对比文件一个完整技术方案中全部清楚记载和隐含公开的技术特征，包括附图中明示的技术特征。同时，要考虑对比文件所述技术方案的技术领域、所要解决的技术问题，和所能达到的技术效果，将其中的相关特征列于表内。

4. 制订特征分析表

将独立权利要求1经分解的技术特征列在特征分析表9－3－2中，同时将对比文件中相应的内容也列在特征分析表9－3－2中。

表9－3－2　特征分析表（二）

该发明			是否在对比文件1中公开	是否在对比文件2中公开
独立权利要求1的技术特征	主题名称	超高分子量聚烯烃组合物的制造方法	用于拉伸制品的超高分子量聚乙烯组合物的制备方法	聚烯烃树脂组合物的制备方法
	特征1	将超高分子量聚烯烃粉末与流动性改良剂在流动性改良剂的熔点以上至超高分子量聚烯烃熔点以下的温度下进行搅拌混合	将超高分子量聚乙烯与流动性改良剂在25℃至120℃下搅拌混合 √	×

续表

该发明			是否在对比文件1中公开	是否在对比文件2中公开
独立权利要求1的技术特征	特征2	然后在超高分子量聚烯烃熔点以上的温度进行熔融混炼	然后在180～280℃下熔融混炼 √	×
	特征3	超高分子量聚烯烃粉末： 〔η〕=5～30dl/g 10%～80%（重量）	超高分子量聚乙烯： 〔η〕=5～30dl/g， 15%～80%（重量）√	×
	特征4	粒径为1～200μm	粒径为250～350μm ×	×
	特征5	流动性改良剂： 90%～20%（重量） 常温为固体 熔点比超高分子量聚烯烃粉末低	流动性改良剂为脂肪蜡： 85%～20%（重量） 熔点为40～120℃ √	×
从属权利要求2的附加技术特征		在混合时加入作为热稳定剂的空间位阻性苯酚	在混合时加入热稳定剂	由聚乙烯、聚丙烯和稳定剂混合熔炼，稳定剂为空间位阻性苯酚 √

特征分析结论如下所述。

将权利要求1与对比文件1比较可以看出：

① 特征1被对比文件1公开。对比文件1中的超高分子量聚乙烯是超高分子量聚烯烃的下位概念，其熔点为130～140℃，对比文件1中流动性改良剂是脂肪蜡，其熔点为约40～120℃，对比文件1公开的搅拌混合的温度范围为25～120℃，可见，对比文件1公开了搅拌混合温度在流动性改良剂的熔点以上至超高分子量聚烯烃熔点以下的情形。

② 特征2被对比文件1公开。对比文件1公开的熔融混炼的温度范围为180～280℃，明显高于超高分子量聚烯烃的熔点。

③ 特征3被对比文件1公开。超高分子量聚烯烃是超高分子量聚乙烯的上位概念；权利要求1的含量范围与对比文件1部分重叠且具有相同的端点；二者特性黏度的数值范围完全相同。

④ 特征4没有被对比文件1公开。该发明权利要求1的超高分子量聚烯烃的粉末粒径为1～200μm，而对比文件1的粒径为250～350μm，二者没有任何重叠部分。

⑤ 特征5被对比文件1公开。流动性改良剂是脂肪蜡的上位概念；权利要求1的含量范围与对比文件1部分重叠且具有相同的端点；对比文件1脂肪蜡的熔点为

40～120℃，表明其在常温下为固体，并且其熔点比超高分子量聚烯烃粉末的低。

将权利要求1与对比文件2比较可以看出：对比文件2公开的制备方法与该发明利用流动性改良剂的具体制备方法相异较大。

5. **创造性分析**

（1）确定最接近的现有技术

该发明、对比文件1和对比文件2均属于制造超高分子量聚乙烯组合物的领域。该发明涉及制造具有延伸性、贮存稳定性、输送性优良的超高分子量聚烯烃组合物。对比文件1要解决的技术问题是制造具有延伸性和热稳定性的超高分子量聚烯烃的组合物。对比文件2要解决的技术问题是提供具有稳定性的聚烯烃组合物。综合考虑技术领域、要解决的技术问题、公开的技术特征等方面，确定对比文件1为该发明最接近的现有技术。

（2）确定发明的区别特征及其实际解决的技术问题

从上述特征比较可以看出，该发明权利要求1与对比文件1的区别特征仅在于组合物制备方法中所用超高分子量聚烯烃的粉末粒径不同。通过阅读该发明和对比文件1的说明书可知其所得组合物产品的性能相当。因此，该发明相对于最接近的现有技术来说，实际解决的技术问题是提高超高分子量聚烯烃熔融速度。

（3）判断是否显而易见

关于独立权利要求1，对于本领域的技术人员来说，减小超高分子量聚烯烃粉末粒径，使其在熔融混炼步骤中更容易熔融，从而提高生产效率，这是本领域的公知常识。因此，为制备与现有技术性能相当的超高分子量聚烯烃组合物，在保持各原料组分及其用量不变的条件下，稍微减小聚烯烃原料粉末粒径，采用粒径为1～200μm的超高分子量聚烯烃代替粒度较大的超高分子量聚烯烃，使超高分子量聚烯烃粉末在熔融混炼步骤中更容易熔融，从而提高生产效率。而提高生产效率是本领域的共同追求，因而，本领域技术人员有动机采用更小粒径的粉末，从而获得权利要求1请求保护的技术方案，这对于本领域的技术人员来说是显而易见的。

关于从属权利要求2，从属权利要求2对权利要求1作了进一步的限定，其附加技术特征为：在混合时加入作为热稳定剂的空间位阻性苯酚。对比文件2公开了在聚烯烃树脂组合物的混合熔炼过程中加入空间位阻性苯酚作为稳定剂。由于在该发明和对比文件2中加入空间位阻性苯酚稳定剂所起的抗氧作用均相同，并且对比文件2与该发明属于相同的技术领域，因此，现有技术中存在将对比文件2中的空间位阻性苯酚应用到对比文件1的启示。

（4）结论

对本领域技术人员而言，在对比文件1的基础上结合本领域的公知常识获得权利要求1的技术方案是显而易见的，在对比文件1的基础上结合对比文件2以及本领域的公知常识获得权利要求2的技术方案也是显而易见的，因此，权利要求1～2不具备

《专利法》第22条第3款规定的创造性。

6. 案例启示

（1）结合公知常识评价创造性

当结合公知常识评价创造性时应当注意，所引用的公知常识应当是确凿的，必要时，应当提供相应的证据予以证明或说明理由。在该案例中，就是通过分析说理，说明了为提高熔融速度，采用较小粒径的粉末是本领域的常规技术手段，属于本领域的公知常识。

（2）用两篇对比文件评价创造性

用两篇对比文件评价创造性应当注意，两篇对比文件之间是否有关联性，或者说对比文件是否有启示能够将两篇对比文件相结合。如果二者没有关联，也没有启示，则不能将两篇对比文件结合在一起评价创造性。

就该案例而言，对比文件1教导了在制备超高分子量聚乙烯组合物时使用稳定剂，对比文件2教导了在制备聚烯烃树脂组合物中使用空间位阻性苯酚稳定剂。对于稳定剂的使用，两篇对比文件均有启示，二者能够结合评价该发明权利要求2的创造性。如果对比文件1没有指明使用稳定剂，但是，对比文件2中指明在聚烯烃中使用空间位阻性苯酚作为稳定剂，对比文件2的启示也足以使本领域技术人员有动机将两篇对比文件结合评价该发明权利要求2的创造性。如果对比文件1有启示使用稳定剂，但是，对比文件2的苯酚不是稳定剂，所起作用不是抗氧的稳定作用，而是例如用作涂料的阻燃剂（假设），则本领域的技术人员没有动机将对比文件2的苯酚用于对比文件1，因而不能结合评价该发明权利要求2的创造性。

第四节　物理领域中创造性判断的案例分析

一、“双层结构的纸碗”案例

（一）发明专利申请文件

1. 权利要求书

1. 一种双层结构的纸碗，是由碗体、碗底组成，其特征在于：所述的碗底为一圆形板体，碗底边缘向下折；其碗体为筒状体，其下部圆的直径与碗底直径相配合，包容碗底边缘，内折180度形成底座；碗体上端部外翻折为大于360度的完全卷边；在碗体的外侧黏附有一隔热纸板层；底座的内侧黏压有平行滚花痕迹，以增加其黏合度。

2. 说明书

双层结构的纸碗

技术领域

本发明涉及一种纸碗。

背景技术

现有的快餐盒多为有机聚合物制成，使用后易造成环境污染，因而已被禁用。具有良好回收功能的纸制餐具应运而生，但一些纸餐具的强度较小，碗体隔热效果较差，且上碗口部分强度低、接触面积小，与碗盖扣合时易变形。

发明内容

本发明所要解决的技术问题是提供一种结构强度高、碗体隔热效果好、制作方便的新型结构的纸碗。

本发明是这样实现的：

- 纸碗主要是由碗体和碗底组成；
- 碗底为一圆形板体；
- 碗底边缘向下弯折；
- 碗体为筒状体；
- 碗体下部圆的直径与碗底直径相配合，包容碗底边缘，内折 180 度形成底座；
- 碗体上端部为向外翻折大于 360 度的完全卷边；
- 在碗体的外侧黏附有一隔热纸板层；
- 底座的内侧压有平行滚花痕迹，以增加碗体和碗底的黏合度。

附图说明

图 1 为符合本发明的纸碗的正视剖视图。

具体实施方式

如图 1 所示，本发明选用 PE 淋膜纸作为原材料，碗底 2 为一圆形板体，碗底边缘 21 向下折 85 度；其碗体 1 为扇形纸板，卷筒重叠通过超声波进行熔化，而后施压黏合成筒状体，在碗体 1 的外侧还黏附有一隔热纸板层 3；碗体 1 下部圆的直径与碗底 2 的直径相同，包容碗底边缘 21，内折 180 度形成底座，在底座的内侧黏压有平行滚花痕迹 12，以增加其黏合度。碗体 1 上端部外翻折为大于 360 度的完全卷边 11，其直径为 5 毫米。

说明书附图

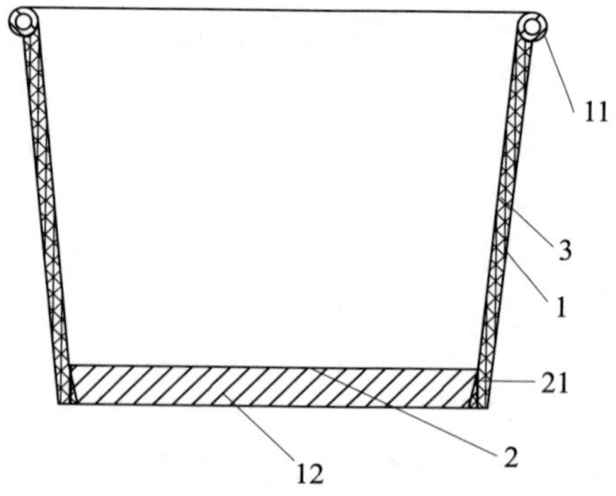

图1

（二）现有技术

1. 对比文件1

对比文件1要解决的技术问题是，提供一种用涂覆有热熔性树脂的纸板和普通的纸代替塑料和发泡树脂而制造出的既隔水又隔热的纸碗，从而减少污染，降低成本。说明书公开了一种纸碗，如图1～图2所示，该纸碗由碗体和隔热层构成，碗体1由涂有无毒热熔性树脂的一片扇形纸板和一片圆形纸板构成，隔热层2是一个带皱褶的纸板，它黏附在碗体周围的外表面上。隔热层上皱褶的最佳形状是波浪形或矩形。根据图2，碗体上边缘有一翻边，以增加碗口的强度。

图1

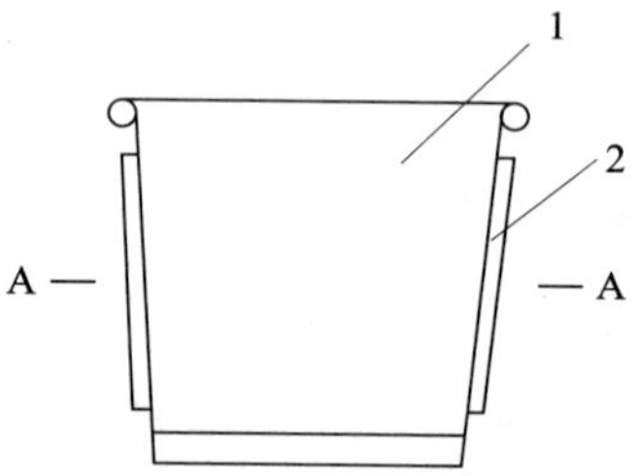

图2

2. 对比文件2

对比文件2公开了一种用涂覆有聚乙烯黏接剂的纸板制造出的既隔水又隔热的纸杯，美观实用，杯底和杯体的连接强度高。如图1～图2所示，说明书公开了该纸杯由杯体15和杯底16构成，杯体15为一片扇形纸片，两面涂有聚乙烯黏接剂，将该扇形纸片卷起，使两侧边缘重叠，通过加热与加压使黏接剂熔化黏合形成杯体，该杯体的下边缘向内翻折一定角度，把杯底16翻折相应角度，然后将杯底嵌入杯体下边缘翻折形成的凹槽内，再由滚花轮R从杯底内侧在加热条件下滚压使杯底和杯体黏合，并在杯底内侧形成热压滚花条纹。

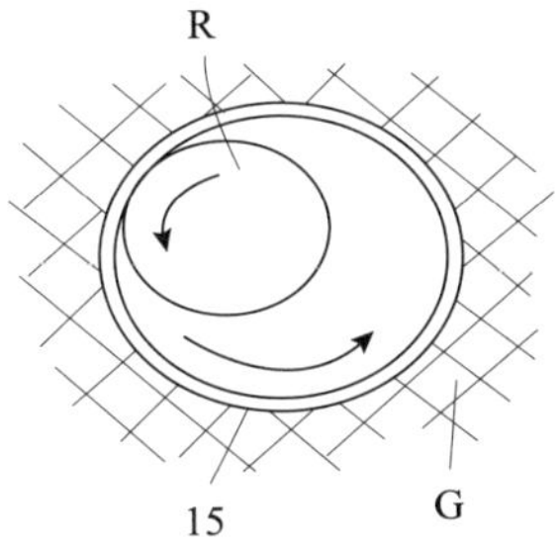

图 1

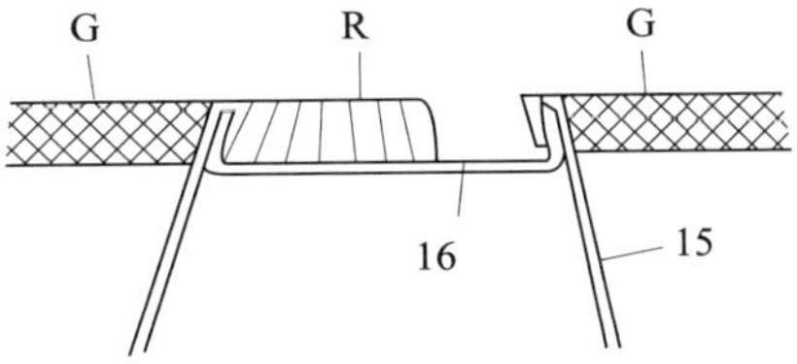

图 2

（三）创造性判断

1. 确定发明专利申请权利要求的技术方案

阅读该发明专利申请的说明书，确定发明的技术领域、所要解决的技术问题，在阅读说明书的内容时应参考附图，借助附图容易理解发明的技术方案。但应注意发明的保护范围以其权利要求限定的内容为准，说明书及附图仅用于解释权利要求的内容，不能将说明书实施例中的具体构件理解为权利要求所限定的保护范围。在理解了说明书公开内容的基础上，确定该发明权利要求请求保护的技术方案。该权利要求请求保护的是一种纸碗，属于产品权利要求，只有一项权利要求。

2. 分析权利要求中技术方案的技术特征

将权利要求 1 中请求保护的技术方案分解成各个技术特征，具体地，可以将其技术方案分解成以下 9 个技术特征：

① 一种纸碗（主题名称）；

② 由碗体、碗底组成；

③ 所述的碗底为一圆形板体；

④ 碗底边缘向下折；

⑤ 其碗体为筒状体；

⑥ 碗体下部圆的直径与碗底直径相配合，包容碗底边缘，内折 180 度形成底座；

⑦ 碗体上端部外翻折为大于 360 度的完全卷边；

⑧ 在碗体的外侧黏附有一隔热纸板层；

⑨ 底座的内侧黏压有平行滚花痕迹，以增加其黏合度。

3. 分析对比文件的技术特征

分析对比文件中一个完整技术方案的全部清楚记载和隐含公开的技术特征，包括附图中明示的技术特征。同时要考虑对比文件所述技术方案的技术领域、所要解决的技术问题，和所能达到的技术效果。

4. 制订特征分析表

将独立权利要求 1 经分解的技术特征列在特征分析表 9－4－1 中，同时将对比文件中相应的内容也列在特征分析表 9－4－1 中。

表9-4-1 特征分析表（一）

技术特征	该发明 权利要求1的技术特征	是否在对比文件1中公开	是否在对比文件2中公开
1	纸碗（主题名称）	纸碗	纸杯
2	由碗体、碗底组成	扇形片（其构成碗体），圆形片（其构成碗底）√	杯体和杯底
3	所述的碗底为一圆形板体	√	√
4	碗底边缘向下折	×	杯底边缘翻折 √
5	其碗体为筒状体	√	√
6	碗体下部圆的直径与碗底直径相配合，包容碗底边缘，内折180度形成底座	×	杯体下部圆的直径与杯底直径相配合，包容杯底边缘，内折一定角度形成底座 √
7	碗体上端部外翻折为大于360度的完全卷边	碗体上端部外翻折为大于360度的翻边（参见图2）√	×
8	在碗体的外侧黏附有一隔热纸板层	√	×
9	底座的内侧黏压有平行滚花痕迹，以增加其黏合度	×	√

5. **创造性分析**

（1）确定最接近的现有技术

该发明所要解决的技术问题是提高纸杯的强度和隔热效果。针对检索到的对比文件1和对比文件2，应当理解和分析对比文件1和对比文件2所涉及的技术领域、所要解决的技术问题、具体的技术方案和技术效果，以及所公开的技术特征。依据对比文件技术领域是否与该发明的技术领域相同或相近，对比文件所要解决的技术问题、技术效果或者用途是否最接近和/或对比文件是否公开了发明的技术特征最多，来确定最接近的现有技术。应当注意的是，在确定最接近的现有技术时，应首先考虑技术领域相同或相近的现有技术，其中，要优先考虑与发明要解决的技术问题相关联的现有技术。

对比文件1提供了一种既隔水又隔热的纸碗，并公开了权利要求1中的如下特征：纸碗，包括扇形片（其构成碗体）、圆形片（其构成碗底）和隔热层（即隔热纸板层），碗体为筒状体，上边缘有一翻边（与碗体上端部外翻折的卷边实质上相同）。

对比文件2为纸杯，并具体公开了权利要求1中的如下技术特征：该纸杯由杯体和杯底构成，杯体为一片扇形纸片，杯底边缘翻折，杯体下边缘向内折，然后将杯底嵌入杯体下边缘翻折形成的凹槽内，再由滚花轮从杯底内侧在加热条件下滚压使两者黏合，同时在杯底内侧形成滚花条纹。

由上可知，对比文件 1 与该发明均为纸碗，该对比文件的技术方案解决了纸碗隔热差、碗口强度低的问题，并公开了权利要求 1 技术方案的 9 个特征中的 6 个。

对比文件 2 是纸杯，从所要解决的技术问题来看，对比文件 2 解决了杯底和杯体的连接强度差的问题，并公开了该发明权利要求 1 技术方案的 9 个特征中的 6 个。

《专利审查指南 2023》第 2 部分第 4 章第 3. 2. 1. 1 节中指出："在确定最接近的现有技术时，应首先考虑技术领域相同或相近的现有技术，其中，要优先考虑与发明要解决的技术问题相关联的现有技术。"由于对比文件 1 和对比文件 2 均与该发明属于相同或相近的技术领域，而对比文件 1 解决了和该发明相关联的两个技术问题，对比文件 2 解决了一个技术问题，因此将对比文件 1 确定为最接近的现有技术。

（2）确定发明的区别特征和发明实际解决的技术问题

对比文件 1 公开了一种纸碗，包括扇形片（其构成碗体）、圆形片（其构成碗底）和隔热层（即隔热纸板层），碗体为筒状体，上边缘有一翻边（与碗体上端部外翻折的卷边实质上相同）。将该发明的技术方案与最接近的现有技术即对比文件 1 相比后发现，由于最接近现有技术的纸碗（对比文件 1）具有技术特征"隔热纸板层"和"上边缘有一 360 度翻边"，因此，对比文件 1 与该发明一样都解决了纸碗的碗体隔热差及碗口强度低的问题。因此，纸碗的碗体隔热差及碗口强度低的问题已不是该发明实际要解决的技术问题。那么，相对于对比文件 1，该发明的区别特征在于：碗底边缘向下折，碗体下部圆的直径与碗底直径相配合，包容碗底边缘，内折 180 度形成底座，底座的内侧粘压有平行滚花痕迹，以增加其黏合度。因而，相对于对比文件 1，该发明实际解决的技术问题为提高碗底和碗体的连接强度。

（3）判断是否显而易见

对比文件 2 公开了一种纸杯，杯体下边缘向内翻折一定角度，杯底翻折相应角度，杯体和杯底相互嵌合，然后在底座内侧用滚花轮碾压黏接，形成滚花条纹。采用该技术手段的作用是使杯底和杯体的连接强度高，从而增强其结构强度。尽管对比文件 2 的说明书文字部分没有公开"180 度"这一具体数值，但是在附图中可以直接地、毫无疑义地确定杯体下边缘也是内折 180 度形成底座的，因此，可以认为上述内折角度已在对比文件 2 中公开。此外，纸杯的制造方法和纸碗的制造方法是非常类似的，特别是对于影响结构强度的这种碗体和碗底的连接关系与杯体和杯底的连接关系是完全一致的。因此，对比文件 2 中杯体与杯底的连接结构所起的作用与上述区别特征在该发明权利要求 1 中为解决重新确定的技术问题所起的作用相同。为提高对比文件 1 中碗体与碗底的连接强度，本领域的技术人员有动机按照对比文件 2 中公开纸杯的杯体与杯底的连接方式对对比文件 1 中的纸碗进行相同的加工，这是无须付出创造性劳动的，也就是说，将纸杯的加工方式应用于纸碗上是显而易见的。

（4）结论

对比文件2公开了该发明的区别特征，且该特征在对比文件2中的作用与在该发明中相同，都是用于提高容器底部结构强度，因此，对比文件2给出了将区别特征应用于对比文件1的技术启示，这种启示会使本领域的技术人员在面对所述技术问题时，有动机改进该最接近的现有技术并获得要求保护的发明。由于纸杯（对比文件2）与纸碗（对比文件1）都属相同或相近的技术领域，纸杯与纸碗同为用纸加工而成的一次性容器，两者的加工设备与加工工艺基本上相同，本领域技术人员能够非常容易地、无须创造性劳动地就将对比文件2中的连接结构应用于对比文件1的纸碗加工上，从而得到该发明权利要求1的技术方案。

6. 案例启示

对比文件公开的技术内容不仅包括明确记载在对比文件中的内容，而且包括对于所属技术领域的技术人员来说，隐含的且可直接地、毫无疑义地确定的技术内容。对比文件包括附图的，可以引用附图。虽然某些技术特征未在对比文件的说明书文字部分公开，但如果从附图中可以直接地、毫无疑义地确定出，则可以认为该内容已被对比文件公开。

二、“用于连接光纤和光波导的结构”案例

（一）专利申请文件

1. 权利要求书

1. 一种光纤和波导连接结构，其特征在于包含：

一光波导器件，其面上包括在基片的表面上突出出来的波导；及一组装平台，其结构使得每个光纤的中心都能与光波导器件的波导芯的中心相对，并具有用于光纤的凹槽和用于光波导器件的突出部分的凹槽；

当光波导器件被固定到组装平台上时，非突出的基片部分充当将光纤固定到组装平台上的罩；而且

组装平台还包含一支座，当光纤被固定到凹槽上时其用于支撑从凹槽延伸出的光纤部分。

2. 根据权利要求1所述的光纤和波导连接结构，其特征在于：

光波导中心到基片表面的高度等于光纤半径；

用于光纤的凹槽从槽表面到一深度的高度为光纤截面半径，该深度为当将光纤放入光纤凹槽中时，此处正好与光纤的中心一致；

用于光波导器件的凹槽从槽表面到一深度的高度等于光纤截面半径，该深度为当将波导放入波导凹槽中时，此处正好与波导芯的中心一致。

3. 一种光纤和波导连接结构，其特征在于包含：

一光波导器件，其面上包括在基片的表面上突出出来的波导；及

一组装平台，其结构使得每个光纤的中心都能与光波导器件的波导芯的中心相对，并具有用于光纤的V形槽和用于光波导器件的突出部分的凹槽，还包括一支座，用于当光纤被固定到V形槽上时支撑延伸出的光纤部分。

2. **说明书（节选）**

用于连接光纤和光波导的结构

技术领域

本发明涉及将光纤和光波导相互连接的结构，更具体地，涉及这样一种光纤和光波导连接结构，其中光波导和光纤在组装平台上彼此无源连接。

背景技术

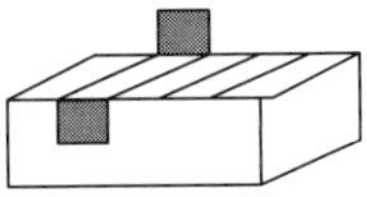

光纤是由同轴分布的具有不同折射率的透明材料制成的细丝（如右上图），包括芯区（白色部分）和包层（灰色部分）。由于材料光学性质和结构所决定，光在进入光纤后便以一定的模式沿着光纤传播下去。光波导是平面基片上的矩形波导，是集成光路的基本形式（如右下图）。平面光波导在工艺上可以形成比光纤尺寸更小的较复杂光路。平面波导上还可以被施加电场、磁场等物理影响，对其传播特性实施控制。

光纤与光纤之间有时需要通过光波导器件进行耦合。这时，光波导器件作为光路中的一个转接器，用来进行预定的光信号分配。这类耦合装置通常的结构是：

光纤阵列模块——多根光纤平行排列固定在一起，且光纤的耦合端面经过抛光处理；

光波导器件——即转接器，一般是在平面基片上通过沉积、蚀刻、掺杂等多道工艺而形成的矩形波导，与模块上的光纤端面相耦合的波导两侧断面进行抛光处理，波导断面外侧的基片上具有容纳光纤阵列模块的凹槽；

连接方式——将光纤阵列模块放入凹槽内，并使光纤的耦合端面与光波导的断面彼此对准，然后将两者固定在一起（例如，用折射率匹配的黏合剂黏合，或通过机械结构固定），实现彼此之间的光耦合。然而，在光纤与光波导的耦合端面进行光学对准时，需要在其中一侧光纤的远端输入光束，在波导器件的另一侧断面或另一侧光纤的远端，对输出的光束进行监测，并输出监测得到的光量大小值，同时使光纤与光波导相对移动，当移动至光量的输出值为最大时表明光纤端面和波导断面已经对准，此时实施连接固定。在这样的光学对准过程中存在的问题是：需要设置光源、光探测器；对光纤与光波导的相对位置进行精确调整的过程需要耗费时间。

发明内容

本发明提供一种光纤与光波导连接结构，这种结构能够确保在光纤与光波导的连接过程中无需光源和光探测器，不必进行对准调整，就可使光纤阵列模块与光波导器

件快速连接且达到较好的光耦合效果。因而本发明提供了一种光纤和波导连接结构，其包含：一光波导器件，其面上包括在基片的表面上突出出来的波导；及一组装平台，其结构使得每个光纤的中心都能与光波导器件的波导芯的中心相对，并具有用于光纤的凹槽和用于光波导器件的突出部分的凹槽；当光波导器件被固定到组装平台上时，非突出的基片部分充当将光纤固定到组装平台上的罩；而且组装平台还包含一支座，当光纤被固定到凹槽上时其用于支撑从凹槽延伸出的光纤部分。

附图说明

图1为根据本发明实施例的光纤和光波导连接结构的透视图；

图2为根据本发明一实施例的光纤和光波导连接结构的透视图。

具体实施方式

参考图1，光纤和光波导连接结构包含：光纤200；光波导器件210；及组装平台220。图2示出了将要连接到光波导器件210的输入部分的光纤201及装到使通过光波导的信号输出的部分中的光纤202。在输出部分的光纤202的数量取决于光波导器件210的分支数。对光波导器件进行蚀刻直到包含光波导芯的突出部分从基片212的表面突出出来为止。在其上设置并连接有光纤200和光波导器件210的组装平台220，具有用于设置光纤200的凹槽222及用于容纳光波导器件210的突出部分211的凹槽221，所述的组装平台形成在具有一定厚度的基片上。用于设置光纤200的凹槽222的深度必须等于或略小于光纤的截面直径。在其中置入光波导器件210的突出部分211的凹槽221的深度必须等于光纤200的凹槽222的深度。

当在平台220上将光纤200和光波导器件210彼此相连设置时，每个光纤的中心（即每个光纤的芯的中心）必须准确地接触到光波导器件210的中心（即光波导芯的中心）。在蚀刻组装平台的深度时必须事先准确地计算此种连接，从而完成准确的蚀刻。光波导器件210的基片212作为将光纤200与组装平台220上的光波导器件210相固定的罩。当在组装平台上将光纤200与光波导器件210彼此固定并相连时，光纤200通过光波导器件210的基片212固定，即光波导器件210未被蚀刻掉的基片部分212。光波导器件210的突出部分211插入组装平台220的凹槽221中。这里，从光波导器件210的基片212到波导芯中心的高度必须等于光纤200的截面半径。图2示出根据本发明一实施例的光纤和光波导器件的连接结构，其包括：光纤300；一光波导器件310；及一组装平台320。光纤300和光波导器件310和图2中的相同。在平台320的结构中，用于将光纤300与光波导器件310相连的组装部分322存在于用于支撑光纤的平板321之上。

说明书附图

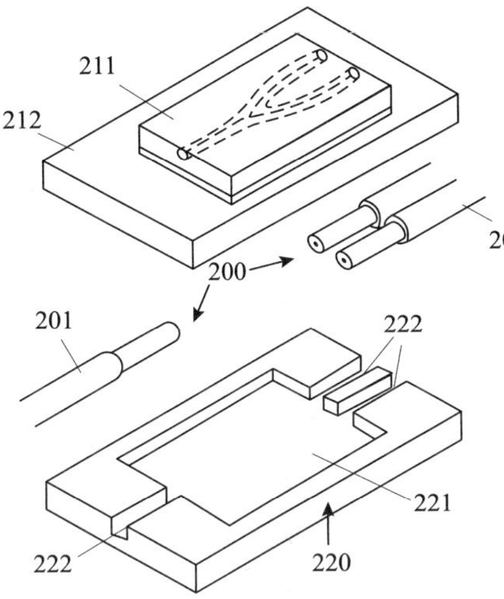

图 1

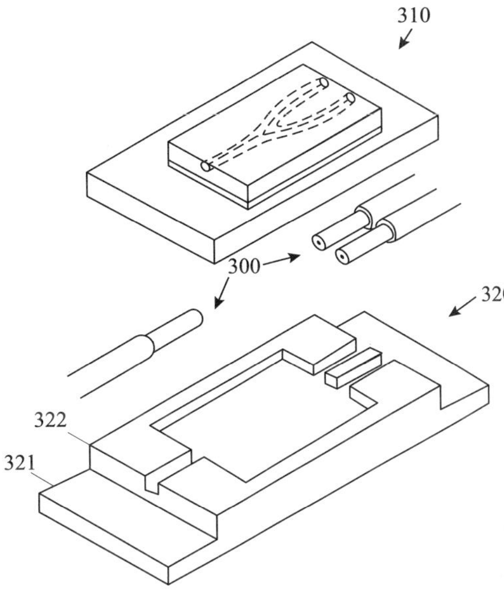

图 2

（二）现有技术

1. 对比文件 1

对比文件 1 公开了一种光波导与光纤连接装置，解决的技术问题是如何无须对准调节地连接光波导与光纤。说明书中公开了：带有突出光波导的基板 1，有光波导嵌入凹槽、光纤固定槽的组装基板 6；说明书中明确公开了图 1 和图 2 中光纤直径为 0.125mm，光纤槽深 0.062mm，光波导突出面与其凹槽相对深度为 0.062mm。

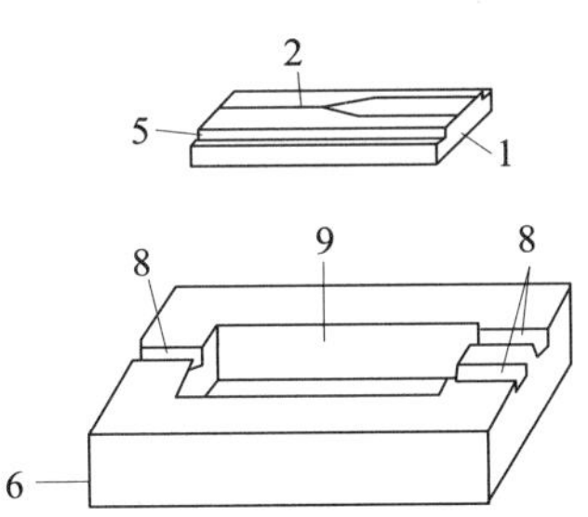

图 1

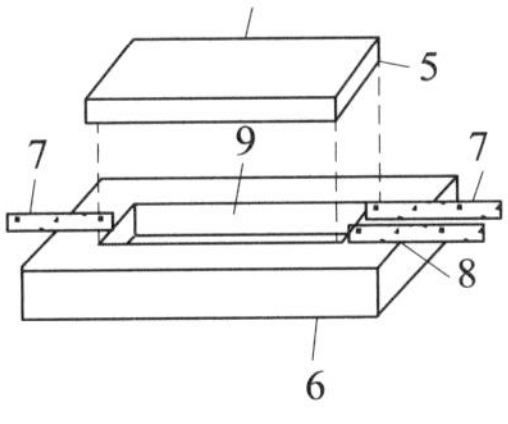

图 2

2. 对比文件 2

对比文件 2 公开了一种光纤与光波导连接组件，解决的技术问题是提供一种在各种不同的变化环境条件下，易于将纤芯和器件波导进行直线对准并保持对准状态的、能耗低、耐冲击的光纤连接器组件。说明书中公开了：基座上形成的光纤槽，光纤槽外侧的基座表面（图 1 中的 16 和 18）用来安置延伸的光纤，从而为连接光纤的引出端获得可靠的外保护，单独的光波导器件，具有凸台的上盖。

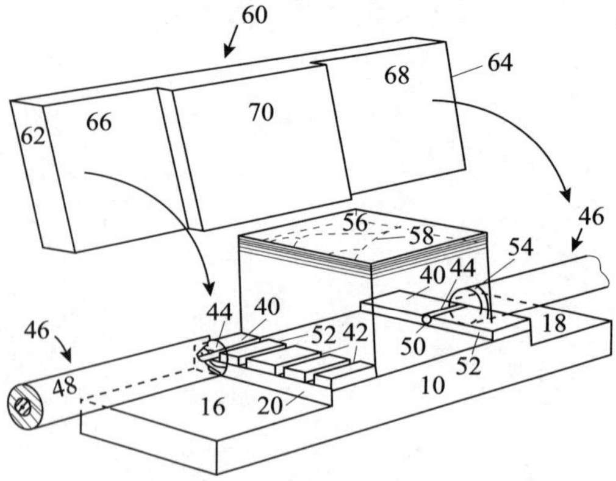

图1

3. **对比文件3**

对比文件3公开了一种光耦合结构参见图1，解决的技术问题包括如何无须对准调节地连接光波导与光纤。说明书公开了：有光纤凹槽、波导凹槽的第一部件7，带有突出的光波导11的第二部件10，第二部件的两端部分提供了光纤罩10a，第一部件中间放置光波导的凹槽9深度为光纤半径且与第二部件上光波导突出的程度相对应，光纤槽深度等于光纤直径。

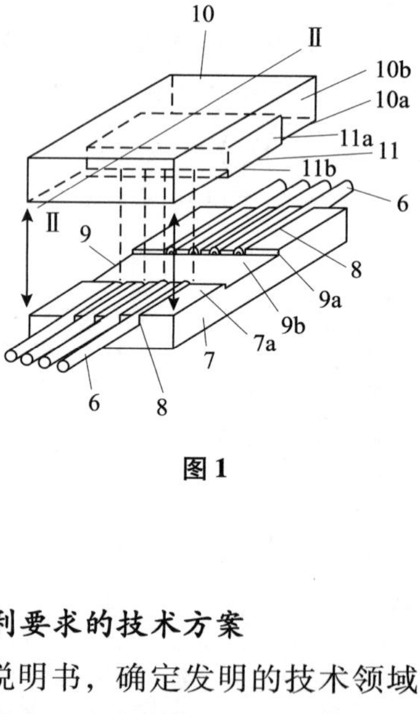

图1

（三）创造性判断

1. **确定发明专利申请权利要求的技术方案**

阅读该发明专利申请的说明书，确定发明的技术领域、所要解决的技术问题，在阅读说明书的内容时应参考附图，借助附图容易理解发明的技术方案。在理解了说明书公开内容的基础上，确定该专利申请权利要求书中请求保护的技术方案。该权利要求书请求保护的是一种光纤和波导连接结构，属于产品权利要求，共有3项权利要求。

2. **分解权利要求中技术方案的技术特征**

将权利要求中请求保护的技术方案分解成各个技术特征。

对于独立权利要求1，将其分解成以下5个技术特征：

① 光纤和波导连接结构（主题名称）；

② 基片表面上有突出的光波导的光波导器件；

③ 组装平台，带有用于光纤的凹槽，和用于突出光波导的凹槽，使得光纤中心与光波导芯的中心相对；

④ 基片的非突出部分作为光纤罩；

⑤ 组装平台还有一个光纤支座。

对于从属权利要求2，将其附加技术特征分解成以下3个技术特征：

⑥ 从基片表面到光波导中心的高度等于光纤截面半径；

⑦ 用于光纤的凹槽从槽表面到一深度的高度为光纤截面半径；

⑧ 光波导器件凹槽从槽表面到一深度的高度等于光纤截面半径。

对于独立权利要求3，将其分解成以下技术特征：

① 光纤和波导连接结构（主题名称）；

② 基片表面上有突出的光波导的光波导器件；

③ 组装平台，带有用于光纤的凹槽，和用于突出光波导的凹槽，使得光纤中心与光波导芯的中心相对；

④ 组装平台还有一个光纤支座；

⑤ 光纤槽是V形槽。

3. 分析对比文件的技术特征

分析对比文件一个完整技术方案中全部清楚记载和隐含公开的技术特征，包括附图中明示的技术特征。同时，要考虑对比文件所述技术方案的技术领域、所要解决的技术问题，以及所能达到的技术效果。

4. 制订特征分析表

将独立权利要求1经分解的技术特征列在特征分析表9－4－2中，同时将对比文件中相应的内容也列在特征分析表9－4－2中。

表9－4－2　特征分析表（二）

该发明			是否在对比文件1中公开	是否在对比文件2中公开	是否在对比文件3中公开
独立权利要求1的技术特征	1	光纤和波导连接结构（主题名称）	光纤和波导连接结构√	光纤与光波导连接组件√	连接光纤与光波导的光耦合结构√
	2	光波导器件，其面上包括在基片的表面上突出出来的波导	带有突出光波导2的基板1√	单独的光波导器件56 ×	带有突出的光波导11的第二部件10√

续表

该发明			是否在对比文件1中公开	是否在对比文件2中公开	是否在对比文件3中公开
独立权利要求1的技术特征	3	组装平台，其结构使得每个光纤的中心都能与光波导器件的波导芯的中心相对，并具有用于光纤的凹槽和用于光波导器件的突出部分的凹槽	有光波导嵌入凹槽、光纤固定槽的组装基板6 √	基座上形成光纤槽42和光波导槽（图示）√	有光纤凹槽、波导凹槽的第一部件7 √
	4	光波导器件被固定导组装平台上时，非突出的基片部分充当将光纤固定到组装平台上的罩	×	有凸台的上盖60 ×	第二部件的两端部分提供了光纤罩10a √
	5	组装平台还包含一支座，当光纤被固定到凹槽上时其用于支撑从凹槽延伸出的光纤部分	×	光纤槽外侧的基座表面16和18 √	×
从属权利要求2的附加技术特征	6	光波导中心到基片表面的高度等于光纤半径	√	×	第一部件中间放置光波导的凹槽9深度为光纤半径且与第二部件上光波导突出的程度相对应 √
	7	用于光纤的凹槽从槽表面到一深度的高度为光纤截面半径	光纤槽深0.062mm，光纤直径0.125mm √	×	光纤槽深度等于光纤直径 √

续表

该发明			是否在对比文件1中公开	是否在对比文件2中公开	是否在对比文件3中公开
从属权利要求2的附加技术特征	8	用于光波导器件的凹槽为从槽表面到一深度的高度等于光纤截面半径，当光波导器件放入其凹槽时，波导与光纤的中心相配合	光波导突出面与其凹槽相对深度为0.062mm √	×	放置光波导的凹槽9深度为光纤半径，光纤槽深度等于光纤直径，当光波导器件放入其凹槽时，波导与光纤的中心相配合 √
独立权利要求3的技术特征	1	光纤和波导连接结构（主题名称）	光纤和波导连接结构 √	光纤与光波导连接组件 √	连接光纤与光波导的光耦合结构 √
	2	光波导器件，其面上包括在基片的表面上突出出来的波导	带有突出光波导的基板1 √	未突出的光波导器件56 ×	带有突出的光波导11的第二部件10 √
	3	组装平台，其结构使得每个光纤的中心都能与光波导器件的波导芯的中心相对，并具有用于光纤的凹槽和用于光波导器件的突出部分的凹槽	有光波导嵌入凹槽、光纤固定槽的组装基板6 √	基座上形成的光纤槽42和光波导槽（图示）√	有光纤凹槽、波导凹槽的第一部件7，光纤的中心能与光波导器件的波导芯的中心相对 √
	4	还包括一支座，用于当光纤被固定到凹槽上时支撑延伸出的光纤部分	×	光纤槽外侧的基座表面16和18 √	×
	5	光纤的凹槽为V形槽	×	×	×

5. **创造性分析**

（1）确定最接近的现有技术

该发明与对比文件1～3均属于光波导领域，均涉及光纤和光波导的连接。该发明、对比文件1和对比文件3要解决的技术问题均是实现光波导与光纤无须对准调节的连接。对比文件2要解决的技术问题是提供一种在各种不同的变化环境条件下易于将纤芯和器件波导进行直线对准并保持对准状态的、能耗低、耐冲击的光纤连接器组件。可见，对比文件1～3均与该发明要解决的技术问题相关联，其中，对比文件1公开了权利要求1的3个技术特征，公开了权利要求3的3个技术特征；对比文件2公开了权利要求1的3个技术特征，公开了权利要求3的3个技术特征；对比文件3公开了权利要求1的4个技术特征，公开了权利要求3的3个技术特征。由于对比文件3的技术领域与该发明的技术领域相同，与该发明要解决的技术问题相关联，且公开了最多的技术特征，因此，确定对比文件3为最接近的现有技术。

（2）确定发明的区别特征和发明实际解决的技术问题

对比文件3公开了一种无须进行光学对准即能与光纤连接的光波导装置，并具体包括：有光纤凹槽、波导凹槽的第一部件7，带有突出的光波导11的第二部件10，第二部件的两端部分提供了光纤罩10a，第一部件中间放置光波导的凹槽9深度为光纤半径且与第二部件上光波导突出的程度相对应，光纤槽深度等于光纤直径，光纤中心与光波导中心相对。根据附图可以直接地、毫无疑义地确定，第二部件被组装到第一部件上时，非突出的两端部分10a提供了光纤罩。

该发明权利要求1与对比文件3相比，其区别在于：组装平台还有一个光纤支座，以支撑从连接端延伸出来的光纤。基于该区别特征，该发明权利要求1实际解决的技术问题为：连接光纤的引出端易损坏。

该发明权利要求3与对比文件3相比，其区别在于：用于支撑延伸出的光纤部分的光纤支座和V形光纤槽。基于该区别特征，确定该发明权利要求3实际解决的技术问题是：连接光纤的引出端易损坏，以及提供一种具体的光纤引导槽。

（3）判断是否显而易见

该发明权利要求1的技术方案与对比文件3的区别特征已经被对比文件2公开：基座表面16和18用来安置延伸的光纤且该区别特征在对比文件2中所起作用与其在本发明中为解决重新确定的技术问题所起的作用相同，都是为连接光纤的引出端获得可靠的外保护。也就是说，对比文件2给出了将上述区别特征应用到最接近现有技术以解决其存在的技术问题的启示。在对比文件3的基础上，本领域技术人员面对连接光纤的引出端易损坏的问题时，根据从对比文件2中获得的技术启示，有动机将该对比文件2中的用于安置延伸光纤的基座表面结构直接应用于对比文件3的装置中，从而得出权利要求1的技术方案。

从属权利要求2的技术方案进一步限定了使光纤中心与光波导中心相对的具体结

构：从基片表面到光波导中心的高度等于光纤截面半径；用于光纤的凹槽从槽表面到一深度的高度为光纤截面半径；光波导器件凹槽从槽表面到一深度的高度等于光纤截面半径。对比文件 3 公开：第一部件中间放置光波导的凹槽 9 深度为光纤半径且与第二部件上光波导突出的程度相对应（即，光波导突出基片的高度为光纤半径），光纤槽深度等于光纤直径（显然存在高度为光纤半径的深度，当光波导器件放入其凹槽时，波导与光纤的中心相配合）。可见，从属权利要求 2 的附加技术特征已被对比文件 3 公开。在权利要求 1 不具备创造性基础上，获得从属权利要求 2 的技术方案也是显而易见的。

该发明权利要求 3 的技术方案与对比文件 3 的区别特征为：用于支撑延伸出的光纤部分的光纤支座和 V 形槽。如前所述，用于支撑延伸出的光纤部分的光纤支座已经被对比文件 2 公开，而采用易于固定的 V 形槽来安装光纤是本领域的公知常识。因此，在对比文件 3 的基础上结合对比文件 2 和本领域公知常识以获得权利要求 3 的技术方案也是显而易见的。

（4）结论

综上所述，对本领域技术人员来说，在对比文件 3 的基础上结合对比文件 2 以获得该发明的权利要求 1 ～ 2 的技术方案是显而易见的，在对比文件 3 的基础上结合公知常识以获得权利要求 3 的技术方案也是显而易见的，因此，权利要求 1 ～ 3 不具有突出的实质性特点，因而不具备《专利法》第 22 条第 3 款所规定的创造性。

6. 案例启示

① 最接近的现有技术，可以是与本发明的技术领域相同，所要解决的技术问题、技术效果或者用途最接近和公开了发明的技术特征最多的现有技术。在确定最接近的现有技术时应首先考虑技术领域相同或相近的现有技术，其中，要优先考虑与发明要解决的技术问题相关联的现有技术。在该案例中，对比文件 3 解决了该发明要解决的光纤中心与光波导中心对准的技术问题，采取的技术手段与该发明相同，且公开的技术特征最多，因此，确定对比文件 3 为最接近的现有技术。

② 一件发明具有多个独立权利要求时，应当逐个分别进行分析比较。

③ 从属权利要求由于是在其引用的独立权利要求基础上经进一步限定而得到的技术方案，因此，可以采用引述对在前独立权利要求评述的方式，作进一步的评述。

④ 当区别特征为本领域的公知常识时，通常认为现有技术中存在技术启示。

⑤ 对比文件中公开的技术内容不仅包括明确记载在说明书中的内容，而且包括对本领域技术人员来说，隐含地且可直接地、毫无疑义地确定的技术内容。能够从附图中直接地、毫无疑义地确定的技术特征属于对比文件公开的内容。

第十章　单一性与分案申请的审查

教学目的

本章的目的在于使学员能够正确理解有关单一性的基本概念，掌握单一性的审查原则和方法以及分案申请的审查。

第一节　单一性的概念

一、单一性的立法宗旨

《专利法》第31条第1款规定，一件发明或者实用新型专利申请应当限于一项发明或者实用新型。属于一个总的发明构思的两项以上的发明或者实用新型，可以作为一件申请提出。这就是发明的单一性规定，设立该规定的目的是解决是否允许申请人在一件专利申请中提出多项发明的问题。上述单一性规定针对的是一件专利申请中是否包含了过多的发明，而不是针对发明技术水平的高低。通俗地讲，单一性涉及的是发明创造的数量而不是质量。

在允许将过多的没有任何关联的发明集中在一件专利申请中提出的情况下，在经济方面，专利申请费、审查费和年费等费用以申请的件数为单位收取，因此会导致收费的不公平和不合理，造成有些申请人只支付一件专利的费用而获得几项不同发明创造的专利保护；同时，在技术方面，会给专利的分类、检索、审查工作造成困难。因此，应当对一件专利申请中可以包含的发明的数量进行限制。

一方面，要求一件专利申请限于一项发明，这便于对专利申请进行检索和审查，也便于日后专利权人行使权利、承担义务。另一方面，如果将一件专利申请中可以包含的发明的数量严格限制为一项，而不允许将技术上密切关联的多项发明合并在一起申请，会给申请人带来较重的经济负担，也会降低专利审批工作的效率。

因此，综合考虑上述情况，为平衡各方利益，《专利法》第31条第1款及《专利法实施细则》第39条对发明或者实用新型专利申请的单一性作了规定。《专利法实施细则》第48条、第49条对不符合单一性的专利申请的修改或分案作了规定。

如果一件申请不符合上述规定，审查员可以据此驳回该申请（参见《专利法实施细则》第 59 条)。但是，由于不具有单一性的专利申请授权后并不会给公众利益带来直接损害，因此，缺乏单一性不是请求宣告专利权无效的理由（参见《专利法实施细则》第 69 条)。

二、总的发明构思

“属于一个总的发明构思”是国际公认的单一性审查标准。这一标准直接出自立法本意，其本身很简单，容易理解，但是该标准主观性较强，在实际操作过程中，当具体判断几项发明是否属于一个总的发明构思时，不同的人从不同的角度出发可能会得出不同的结论，容易造成审查标准的不统一，因此，需要制定出相对客观、便于操作、统一的单一性审查标准。

《专利法实施细则》第 39 条对“属于一个总的发明构思”进行了解释，属于一个总的发明构思的两项以上的发明或者实用新型，应当在技术上相互关联，包含一个或多个相同或者相应的特定技术特征，其中特定技术特征是指每一项发明或者实用新型作为整体，对现有技术作出贡献的技术特征，从而将“属于一个总的发明构思”与“具有一个或多个相同或者相应的特定技术特征”等价起来。

“特定技术特征”是专门为评定专利申请单一性而提出的一个概念。通过基于现有技术确定的“特定技术特征”来评价单一性，可以降低单一性审查中主观因素的影响，使单一性的审查尽可能地客观，从而解决了单一性审查标准不统一的问题。

三、特定技术特征

《专利法实施细则》第 39 条中规定：“特定技术特征是指每一项发明或者实用新型作为整体，对现有技术作出贡献的技术特征。”因此，特定技术特征不仅一定是区别于现有技术的技术特征，而且还是对现有技术作出贡献，使发明相对于现有技术具有新颖性和创造性的技术特征。

如果一项发明不具有新颖性或创造性，则其技术方案中就不可能具有特定技术特征；如果一项发明具有新颖性和创造性，那么其技术方案中肯定包含特定技术特征。这时，对于其中哪个（或哪些）具体的技术特征是特定技术特征，则要求本领域技术人员基于现有技术，并从发明的整体上进行考虑，判断哪个（或哪些）技术特征体现了该发明对现有技术作出的贡献，使得该发明相对于现有技术具有新颖性和创造性。

需要注意的是，确定特定技术特征，要结合现有技术，从整体上考虑发明的技术方案和所解决的技术问题，合理划分技术特征。“特定技术特征”是为进行单一性判断而专门引入的概念，因此，在审查过程中应当避免不分情况、不分主次地将发明的技术方案机械地拆分成过于琐碎的技术特征，因为这样做不利于从整体上考虑发明的技术方案。

下面用一个简单案例来说明单一性的概念。

【案例1】

权利要求1：一种灯丝A。

权利要求2：一种用灯丝A制成的灯泡B。

权利要求3：一种探照灯，装有用灯丝A制成的灯泡B和旋转装置C。

与现有技术公开的用于灯泡的灯丝相比，灯丝A具有新颖性和创造性。

可以推测，申请人在一件申请中提出这3项权利要求时，主观上应该是围绕着仅有的相同技术特征——灯丝A而构思的，但这并不直接使得它们属于专利法意义上的一个总的发明构思。要判断它们之间是否具有单一性，需要相对于现有技术，从发明的整体上考虑。

由于与现有技术公开的灯丝相比，灯丝A具有新颖性和创造性，灯丝A就是体现该发明对现有技术作出贡献的技术特征，即特定技术特征。这3项独立权利要求包含了这个相同的特定技术特征，在技术上相互关联，因此可以认为它们属于一个总的发明构思，具有单一性，符合《专利法》第31条第1款的规定，可以作为一件申请提出。

进一步分析该案例，当通过全面检索，确定与现有技术文献公开的用于灯泡的灯丝相比，灯丝A具备新颖性和创造性之后，包含灯丝A这一特定技术特征的灯泡、探照灯在现有技术中也不可能被公开和获得启示，也必然有新颖性和创造性，用一次检索的结果即可完成对这些发明的实质内容的审查，而不需要再针对灯泡、探照灯中的其他技术特征进行检索。因此，审查这样一件包括多项发明的专利申请与审查一件仅涉及灯丝的专利申请所付出的工作量相近，允许它们在一件申请中提出符合单一性的立法宗旨。

第二节　单一性的审查

一、单一性的审查原则

1. 单一性审查以特定技术特征为依据、以要求保护的技术方案为对象

根据《专利法》第31条第1款、《专利法实施细则》第39条以及《专利审查指南2023》所规定的内容，发明专利申请单一性的审查，就是针对权利要求中记载的技术方案，判断其实质性内容是否属于一个总的发明构思，即判断这些权利要求中是否包含使它们在技术上相互关联的一个或多个相同或者相应的特定技术特征。这一判断是根据权利要求的内容来进行的，必要时可以参照说明书和附图的内容。但是应当注意，单一性审查针对的是要求保护的发明，即权利要求书的内容，仅在说明书中记载的内容不是单一性审查的对象。

2. 单一性审查与权利要求的撰写方式和排列顺序无关

单一性审查要判断的是要求保护的发明之间的相互关系，其审查方法和判断结果与权利要求的撰写方式和排列顺序无关。无论两项以上的发明是在各自的独立权利要求中要求保护，还是在同一项权利要求中作为并列选择的技术方案要求保护，都应当按照相同的标准判断单一性。也就是说，针对在同一项权利要求中要求保护的各个并列选择的技术方案，也需要进行单一性审查，有可能针对一项权利要求提出不具有单一性的审查意见。

如果一件申请在一项权利要求中限定多个并列的可选择要素，则构成“马库什”权利要求。关于马库什权利要求单一性的审查，适用《专利审查指南2023》第2部分第10章第8.1节的规定。

3. 从属权利要求与其所从属的独立权利要求之间不存在缺乏单一性的问题

在一般情况下，审查员只需要考虑独立权利要求之间的单一性，从属权利要求与其所从属的独立权利要求之间不存在缺乏单一性的问题。

二、单一性的审查方法

单一性审查，就是判断多项发明所要求保护的技术方案是否存在一个或多个相同或者相应的特定技术特征。如果多项发明所要求保护的技术方案都包含一个或多个相同或者相应的特定技术特征，那么这几项发明在技术上相互关联，属于一个总的发明构思，具有单一性，符合《专利法》第31条第1款的规定，可以作为一件申请提出；否则它们在技术上不相互关联，不属于一个总的发明构思，不具有单一性，不能作为一件申请提出。

单一性审查的关键在于确定特定技术特征，而特定技术特征是体现发明对现有技术作出贡献的技术特征，是相对于现有技术而言的。只有考虑了现有技术之后，通常是经过检索之后才能具体确定特定技术特征。但是这并不意味着所有的单一性审查都必须先经过检索。对于某些申请在检索之前通过适当的分析就可以直接判断其单一性。

1. 检索前单一性的判断

对包含在一件申请中的两项以上发明进行检索之前，应当首先判断它们之间是否明显不具有单一性。如果这几项发明没有包含相同或相应的技术特征，或所包含的相同或相应的技术特征均属于本领域惯用的技术手段，则它们不可能包含相同或相应的体现发明对现有技术作出贡献的特定技术特征，因而明显不具有单一性。例如：

【案例2】

权利要求1：一种除草剂，其特征在于A。

权利要求2：一种割草机，其特征在于B。

说明：由于两者之间没有任何相同或者相应的技术特征，更不可能有相同或者相应的特定技术特征，因而无须检索就可以得出权利要求1和权利要求2之间明显不具有单一性的结论。

【案例3】

权利要求1：一种控制电路，所说的电路具有特征A。

权利要求2：一种控制电路，所说的电路具有特征B。

权利要求3：一种设备，其包括具有特征A的控制电路。

权利要求4：一种设备，其包括具有特征B的控制电路。

技术特征A和B既不相同也不相应。

说明：对于这4项独立权利要求，虽然权利要求1和3包含相同的技术特征A，权利要求2和4包含相同的技术特征B，但是权利要求1、3与权利要求2、4之间没有任何相同或者相应的技术特征，因此，无须检索就可以确定权利要求1、3与权利要求2、4之间明显不具有单一性。

对于权利要求1与3以及权利要求2与4之间是否具有单一性则需要检索之后才能确定。

【案例4】

权利要求1：一种汽车，包括4个车轮和方向控制器A。

权利要求2：一种汽车，包括4个车轮和发动机B。

技术特征A和B既不相同也不相应。

说明：权利要求1和2仅有的相同或相应的技术特征为“4个车轮”，无须检索就可以判定该技术特征属于本领域惯用的技术手段，不可能是体现发明对现有技术作出贡献的技术特征，因而，权利要求1和2不可能包含相同或相应的体现发明对现有技术作出贡献的特定技术特征，因此权利要求1和2之间明显不具有单一性。

2. 检索后单一性的判断

对于不明显缺乏单一性的两项以上发明，则需要经过检索才能判断它们的单一性。通过检索确定相关的现有技术之后，可以采用以下方法分析单一性。

第一步：将第一项发明（通常为权利要求1）的主题与相关的现有技术进行比较，确定体现发明对现有技术作出贡献的“特定技术特征”。

第二步：判断第二项发明中是否存在一个或多个与第一项发明相同或者相应的特定技术特征，从而确定这两项发明是否在技术上相互关联。

第三步：如果在这两项发明之间存在一个或多个相同或者相应的特定技术特征，即存在技术上的关联，则可以得出它们属于一个总的发明构思的结论；相反，如果不存在一个或多个相同或者相应的特定技术特征，那么各项发明之间不存在技术上的关联，则可以作出它们不属于一个总的发明构思的结论，进而确定它们不具有单一性。

【案例5】

权利要求1：一种化合物X。

权利要求2：一种制备化合物X的方法，其特征为A。

权利要求3：化合物X作为杀虫剂的应用。

化合物 X 是这 3 项权利要求仅有的相同或相应的技术特征。

说明：如果经过检索，确定化合物 X 与现有技术相比具有新颖性和创造性，那么权利要求 1～3 包含相同的特定技术特征化合物 X，属于一个总的发明构思，具有单一性。

如果经过检索，发现化合物 X 与现有技术相比不具有新颖性或创造性。在这种情况下，权利要求 2 和 3 之间的相同的技术特征仍为化合物 X，但是，由于化合物 X 没有体现发明对现有技术作出贡献，不是特定技术特征，同时，权利要求 2 和 3 之间也没有其他相同或者相应的技术特征，因此，权利要求 2 和 3 之间不存在相同或者相应的特定技术特征，不属于一个总的发明构思，不具有单一性。

应当注意，当申请与现有技术比较后，在否定了第一独立权利要求的新颖性或创造性的情形下，与其并列的其余独立权利要求之间是否还属于一个总的发明构思，应当重新确定。

3. 单一性判断流程

如图 10－2－1 所示，用框图对单一性判断流程概括如下。

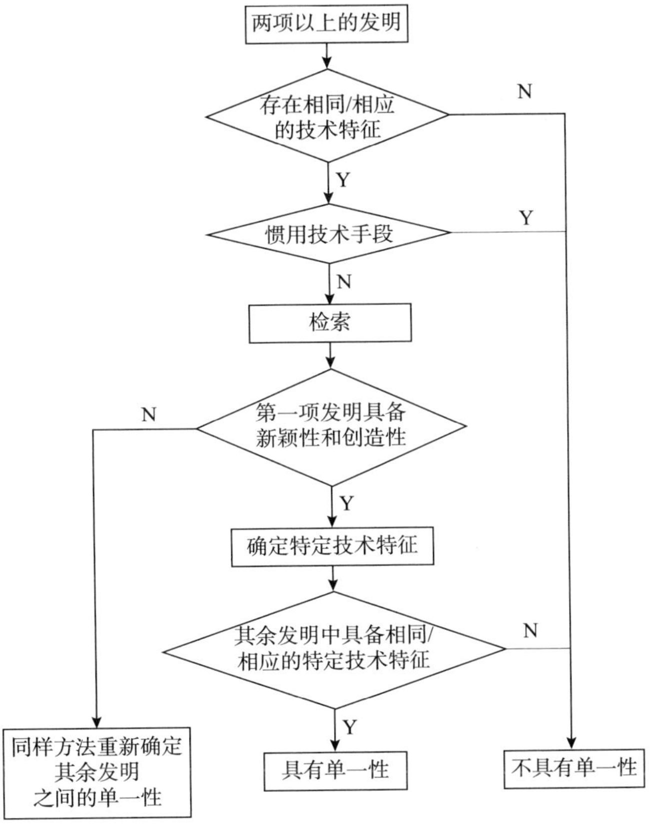

图 10－2－1　单一性判断流程

三、从属权利要求单一性的判断

在一般情况下，只需要考虑独立权利要求之间的单一性，从属权利要求与其所从属的权利要求之间不存在缺乏单一性的问题，即使该从属权利要求还包含着另外的发明。

对于形式上为从属权利要求、实质上是独立权利要求的情况，应当按照前述审查原则和方法进行单一性的判断。

在一项独立权利要求由于缺乏新颖性、创造性等原因而不能被授予专利权的情况下，其并列的从属权利要求之间有可能存在缺乏单一性的问题。

【案例6】

权利要求1：一种显示器，具有特征A和B。

权利要求2：如权利要求1所述的显示器，具有另一特征C。

权利要求3：如权利要求1所述的显示器，具有另一特征D。

相对于对比文件1和2的结合，权利要求1所述的显示器不具有创造性，而特征C和D分别是体现发明对现有技术作出贡献的技术特征，并且两者完全不相关。

说明：权利要求1为仅有的独立权利要求，权利要求2、3分别引用权利要求1，是权利要求1的并列的从属权利要求。由于权利要求1不具有创造性而不能被授予专利权，其并列的从属权利要求2和3实际上应视为并列的独立权利要求来确定它们之间是否具有单一性。此时，权利要求2中的特定技术特征C与权利要求3中的特定技术特征D既不相同也不相应，因此，从属权利要求2和3之间没有单一性。

对于独立权利要求缺乏新颖性或创造性，其并列的从属权利要求的附加技术特征为公知常识或者也已经被检索到的对比文件所公开的情形，应该继续使用新颖性、创造性条款评述这些从属权利要求，而不必指出单一性缺陷。

第三节　单一性审查示例

一、常见组合方式的单一性判断示例

在专利申请审批过程中，经常会遇到以下六种组合方式的权利要求：

① 不能包括在一项权利要求内的两项以上产品或者方法的同类独立权利要求；

② 产品和专用于制造该产品的方法的独立权利要求；

③ 产品和该产品的用途的独立权利要求；

④ 产品、专用于制造该产品的方法和该产品的用途的独立权利要求；

⑤ 产品、专用于制造该产品的方法和为实施该方法而专门设计的设备的独立权利

要求；

⑥ 方法和为实施该方法而专门设计的设备的独立权利要求。

权利要求通常分为两种类型，即产品权利要求和方法权利要求，上述第①种方式中所述的“同类”是指独立权利要求的类型相同，即一件专利申请中所要求保护的两项以上发明仅涉及产品发明，或者仅涉及方法发明。按第①种方式撰写的权利要求很常见，例如前述的灯丝、灯泡及探照灯。只要有一个或多个相同或者相应的特定技术特征使多项产品类独立权利要求之间或者多项方法类独立权利要求之间在技术上相关联，则允许在一件专利申请中包含多项同类独立权利要求。

【案例7】

权利要求1：一种插头，特征为A。

权利要求2：一种插座，特征与A相应。

现有技术中没有公开和暗示具有特征A的插头及相应的插座，这种插头和插座不是显而易见的。

说明：权利要求1与权利要求2具有相应的特定技术特征，其要求保护的插头和插座是相互关联且必须同时使用的两种产品，因此有单一性。

【案例8】

权利要求1：一种发射器，特征在于视频信号的时轴扩展器。

权利要求2：一种接收器，特征在于视频信号的时轴压缩器。

权利要求3：一种传送视频信号的设备，包括权利要求1的发射器和权利要求2的接收器。

现有技术中既没有公开也没有暗示在本领域中使用时轴扩展器和时轴压缩器，这种使用不是显而易见的。

说明：权利要求1的特定技术特征是视频信号时轴扩展器，权利要求2的特定技术特征是视频信号时轴压缩器，它们之间相互关联不能分开使用，两者是彼此相应的特定技术特征，权利要求1与权利要求2有单一性；权利要求3包含了权利要求1和权利要求2两者的特定技术特征，因此它与权利要求1或与权利要求2均有单一性。

即使不要求保护权利要求3，仅有权利要求1和权利要求2，也不会影响单一性判断的结果。

【案例9】

权利要求1：一种树脂组合物，包括树脂A、填料B及阻燃剂C。

权利要求2：一种树脂组合物，包括树脂A、填料B及抗静电剂D。

本领域中树脂A、填料B、阻燃剂C及抗静电剂D分别都是已知的，且树脂A和填料B的组合不体现发明对现有技术的贡献，而树脂A和填料B及阻燃剂C的组合形成了一种性能良好的不易燃树脂组合物，树脂A和填料B及抗静电剂D的组合也形成了一种性能良好的防静电树脂组合物，它们分别具有新颖性和创造性。

说明：尽管这两项权利要求都包括相同的树脂A和填料B，但是树脂A、填料B及二者的组合都不体现发明对现有技术的贡献，权利要求1的特定技术特征是树脂A、填料B和阻燃剂C的组合，权利要求2的特定技术特征是树脂A、填料B和抗静电剂D的组合，两者不相同也不相应，因此，权利要求2与权利要求1没有单一性。此案例更加说明，确定特定技术特征，要结合现有技术，从整体上考虑发明的技术方案的要点和所要解决的技术问题，合理划分技术特征。

【案例10】

权利要求1：一种制造产品A的方法，其特征在于用氧化法。

权利要求2：一种制造产品A的方法，其特征在于用加氢法。

权利要求3：一种制造产品A的方法，其特征在于用水解法。

与现有技术相比，产品A是新的并具有创造性。

说明：产品A是上述3项方法权利要求的相同的特定技术特征，这3项方法之间有单一性。当然，产品A本身还可以有一项产品权利要求。如果产品A是已知的，则其不能作为特定技术特征，这时应重新判断这3项方法权利要求的单一性。

上述第②～⑥种方式涉及的是两项以上不同类独立权利要求的组合。对于产品与专用于生产该产品的方法独立权利要求的组合，该“专用”方法使用的结果就是获得该产品，两者之间在技术上相关联。但“专用”并不意味该产品不能用其他方法制造。对于产品与该产品用途独立权利要求的组合，该用途必须是由该产品的特定性能决定的，它们在技术上相关联。对于方法与为实施该方法而专门设计的设备独立权利要求的组合，除了该“专门设计”的设备能够实施该方法，该设备对现有技术作出的贡献还必须与该方法对现有技术作出的贡献相对应。但是“专门设计”的含义并不是指该设备不能用来实施其他方法，或者该方法不能用其他设备来实施。

【案例11】

权利要求1：一种高强度、耐腐蚀的不锈钢带，主要成分为（按%重量计）Ni＝2.0～5.0，Cr＝15～19，Mo＝1～2及平衡量的Fe，带的厚度为0.5～2.0mm，其伸长率为0.2%时屈服强度超过50kg/mm^2。

权利要求2：一种生产高强度、耐腐蚀不锈钢带的方法，该带的主要成分为（按%重量计）Ni＝2.0～5.0，Cr＝15～19，Mo＝1～2及平衡量的Fe，该方法包括以下次序的工艺步骤：

（1）热轧至2.0～5.0mm的厚度；

（2）退火该经热轧后的带子，退火温度为800～1000℃；

（3）冷轧该带子至0.5～2.0mm厚度；

（4）退火：温度为1120～1200℃，时间为2～5分钟。

与现有技术相比，伸长率为0.2%时屈服强度超过50kg/mm^{2}的不锈钢带具有新颖性和创造性。

说明：权利要求1与权利要求2之间有单一性。该产品权利要求1的特定技术特征是伸长率为0.2%时屈服强度超过50kg/mm^2。方法权利要求2中的工艺步骤正是为生产出具有这样的屈服强度的不锈钢带而采用的加工方法，虽然在权利要求2的措词中没有体现出这一点，但是从说明书中可以清楚地看出。因此，这些工艺步骤就是与产品权利要求1所限定的强度特征相应的特定技术特征。

【案例12】

权利要求1：一种燃烧器，其特征在于，混合燃烧室有正切方向的燃料进料口。

权利要求2：一种制造燃烧器的方法，其特征在于，其中包括使混合燃烧室形成具有正切方向燃料进料口的步骤。

权利要求3：一种制造燃烧器的设备，其特征在于，该设备有一个装置X，该装置使燃料进料口按正切方向设置在混合燃烧室上。

现有技术公开了具有非切向的燃料进料口和混合室的燃烧器，从现有技术来看，带有正切方向的燃料进料口的燃烧器既不是已知的，也不是显而易见的。

说明：权利要求1、2、3之间有单一性，它们的特定技术特征都涉及正切方向的燃料进料口。

【案例13】

权利要求1：一种制造方法，包括步骤A和B。

权利要求2：为实施步骤A而专门设计的设备。

权利要求3：为实施步骤B而专门设计的设备。

没有检索到任何与权利要求1方法相关的现有技术文献，步骤A和B分别为体现发明对现有技术作出贡献的特定技术特征，并且A、B既不相同也不相应。

说明：步骤A和B分别为两个体现发明对现有技术作出贡献的特定技术特征，权利要求1与2或者权利要求1与3之间有单一性。权利要求2与3之间由于不存在相同的或相应的特定技术特征，因而没有单一性。

尽管单一性的判断原则本身不受撰写方式和顺序的影响，但《专利审查指南2023》中在列举出上述六种组合方式同时也引导申请人注意权利要求的适当排列次序，即先产品后专用制造方法，或先方法后专门设计的设备等，也就是说申请人应当首先提出主要发明，这样的权利要求撰写顺序有利于审查员理解和确定发明对现有技术作出的贡献，有效、合理地进行检索和正确地判断各项发明之间的单一性。如果申请人不按照上述组合方式撰写权利要求，即没有首先提出主要发明，则审查员可以从这几项发明的相同或者相应的技术特征出发对第一独立权利要求进行检索，进而判断单一性，这样可以提高审查效率。

二、其他组合方式的单一性判断示例

以上列举了六种可允许包括在一件申请中的两项以上同类或不同类独立权利要求

的组合方式及适当的排列次序，但是所列六种方式并非穷举。也就是说，在属于一个总的发明构思的前提下，除上述排列组合方式外，还允许有其他的方式。

【案例14】

权利要求1：一种含有防尘物质X的涂料。

权利要求2：应用权利要求1所述的涂料涂布制品的方法，包括以下步骤：(1) 用压缩空气将涂料喷成雾状；(2) 将雾状的涂料通过一个电极装置A使之带电后再喷涂到制品上。

权利要求3：一种喷涂设备，包括一个电极装置A。

与现有技术相比，含有物质X的涂料是新的并具有创造性，电极装置A也是新的并具有创造性。但是，用压缩空气使涂料雾化以及使雾化涂料带电后再直接喷涂到制品上的方法是已知的。

说明：权利要求1与权利要求2有单一性，其中含X的涂料是它们相同的特定技术特征；权利要求2与权利要求3也有单一性，其中，电极装置A是它们相同的特定技术特征。但权利要求1与权利要求3缺乏单一性，因为它们之间缺乏相同或者相应的特定技术特征。

【案例15】

权利要求1：一种处理纺织材料的方法，其特征在于，用涂料A在工艺条件B下喷涂该纺织材料。

权利要求2：根据权利要求1的方法喷涂得到的一种纺织材料。

权利要求3：权利要求1方法中用的一种喷涂机，其特征在于，有一喷嘴C能使涂料均匀分布在纺织材料上。

现有技术中公开了用涂料处理纺织品的方法，但是，没有公开权利要求1的用一种特殊的涂料A在特定的工艺条件B下（例如温度、辐照度等）喷涂的方法，而且，权利要求2的纺织材料具有预想不到的特性。喷嘴C是新的并具有创造性，且其与工艺条件B（例如温度、辐照度等）无相关性。

说明：权利要求1的特定技术特征是由于选用了特殊的涂料而必须相应地采用的特定的工艺条件；而在采用该特殊涂料和特定工艺条件处理之后得到了权利要求2所述的纺织材料，因此，权利要求1与权利要求2具有相应的特定技术特征，有单一性。权利要求3的喷涂机与权利要求1或2无相同或相应的特定技术特征，因此权利要求3与权利要求1或2均无单一性。

【案例16】

权利要求1：一种燃烧器，其特征在于，混合燃烧室有正切方向的燃料进料口。

权利要求2：一种制造燃烧器的方法，其特征在于，其中包括使混合燃烧室形成具有正切方向燃料进料口的步骤。

权利要求3：一种制造燃烧器的方法，其特征在于，浇铸工序。

权利要求4：一种制造燃烧器的设备，其特征在于，该设备有一个装置X，该装置使燃料进料口按正切方向设置在混合燃烧室上。

权利要求5：一种制造燃烧器的设备，其特征在于，有一个自动控制装置D。

权利要求6：一种用权利要求1的燃烧器制造碳黑的方法，其特征在于，其中包括使燃料从正切方向进入燃烧室的步骤。

现有技术公开了具有非切向的燃料进料口和混合室的燃烧器，从现有技术来看，带有正切方向的燃料进料口的燃烧器既不是已知的，也不是显而易见的。

说明：权利要求1、2、4与6有单一性，它们的特定技术特征都涉及正切方向的进料口。而权利要求3或5与权利要求1、2、4或6之间不存在相同或相应的特定技术特征，所以权利要求3或5与权利要求1、2、4或6之间无单一性。同时，权利要求3与5之间也无单一性。

此外，还有一种特殊的权利要求撰写方式，这就是通过在一项权利要求中限定多个并列的可选择要素，从而构成“马库什”权利要求。关于“马库什”权利要求单一性的审查，可参考《专利审查指南2023》有关化学领域发明专利申请单一性的一些具体规定，此处不再详述。

总之，各种组合方式的权利要求之间都有可能具有单一性，也有可能不具有单一性，权利要求的组合方式、排列次序以及数量多少都不会影响单一性的判断结果。各项发明之间包含一个或多个相同或相应的特定技术特征才是这些发明满足单一性的充分必要条件。

第四节　分案申请

分案是指在一件专利申请中包括两项以上的发明时，申请人将其中一部分分出来另行申请；通过分案所提交的申请为分案申请。分案申请不同于普通申请，分案申请可以保留原申请日，原申请享有优先权的，分案申请可以保留原优先权日。

一、分案的几种情况

一件申请有下列不符合单一性情况的，审查员应当要求申请人对申请文件进行修改（包括分案处理），使其符合单一性要求。

（1）原权利要求书中包含不符合单一性规定的两项以上发明

原始提交的权利要求书中包含不属于一个总的发明构思的两项以上发明的，应当要求申请人将该权利要求书限制至其中一项发明（一般情况是权利要求1所对应的发明）或者属于一个总的发明构思的两项以上的发明，对于其余的发明，申请人可以提交分案申请。

（2）在修改的申请文件中所增加或替换的独立权利要求与原权利要求书中的发明之间不具有单一性

在审查过程中，申请人在修改权利要求时，将原来仅在说明书中描述的发明作为独立权利要求增加到原权利要求书中，或者在答复审查意见通知书时修改权利要求，将原来仅在说明书中描述的发明作为独立权利要求替换原独立权利要求，而该发明与原权利要求书中的发明之间缺乏单一性。在此情况下，审查员一般应当要求申请人将后增加或替换的发明从权利要求书中删除。申请人可以对该删除的发明提交分案申请。

（3）独立权利要求之一缺乏新颖性或创造性，其余的权利要求之间缺乏单一性

某一独立权利要求（通常是权利要求1）缺乏新颖性或创造性，导致与其并列的其余独立权利要求之间，甚至其从属权利要求之间失去相同或者相应的特定技术特征，即缺乏单一性，因此需要修改。对于因修改而删除的主题，申请人可以提交分案申请。例如，一件包括产品、制造方法及用途的申请，经检索和审查发现，产品是已知的，其余的该产品制造方法独立权利要求与该产品用途独立权利要求之间显然不可能有相同或者相应的特定技术特征，因此它们需要修改。

上述情况的分案，可以是申请人主动要求分案，也可以是申请人按照审查员要求而分案。审查员可以采用向申请人发出“分案通知书”或者“审查意见通知书”的方式通知申请人申请不具有单一性。对于检索前可以确定的单一性缺陷，可以发“分案通知书”；对于检索后确定的单一性缺陷，一般通过“审查意见通知书”指出，具体处理方式参见本书第十一章“实质审查程序”的相关内容。

应当指出，由于提出分案申请是申请人自愿的行为，所以审查员只须要求申请人将不符合单一性要求的两项以上发明改为一项发明，或者改为属于一个总的发明构思的两项以上发明，至于修改后其余的发明是否提出分案申请，完全由申请人自己决定。另外，申请人可以针对一件申请提出一件或者一件以上的分案申请，还可以针对一件分案申请以原申请为依据再提出一件或者一件以上的分案申请。

二、分案申请应当满足的要求

分案申请应当满足如下几个方面的要求。

1. 分案申请的文本

分案申请应当在其说明书的起始部分，即发明所属技术领域之前，说明本申请是哪一件申请的分案申请，并写明原申请的申请日、申请号和发明创造名称。

2. 分案申请的内容

分案申请的内容不得超出原申请记载的范围。否则，应当以不符合《专利法实施细则》第49条第1款或者《专利法》第33条规定为理由驳回该分案申请。

3. 分案申请的说明书和权利要求书

分案以后的原申请与分案申请的权利要求书应当分别要求保护不同的发明；而它

们的说明书可以允许有不同的情况。例如，分案前原申请有 A、B 两项发明；分案之后，原申请的权利要求书若要求保护 A，其说明书可以仍然是 A 和 B，也可以只保留 A；分案申请的权利要求书若要求保护 B，其说明书可以仍然是 A 和 B，或者也可以只是 B。

4. 分案申请的递交时间

申请人最迟应当在收到专利局对原申请作出“授予专利权通知书”之日起 2 个月期限（即办理登记手续的期限）届满之前提出分案申请。上述期限届满后，或者原申请已被驳回，或者原申请已撤回，或者原申请被视为撤回且未被恢复权利的，一般不得再提出分案申请。

对于审查员已发出驳回决定的原申请，自申请人收到驳回决定之日起 3 个月内，不论申请人是否提出复审请求，均可以提出分案申请；在提出复审请求以后的复审期间、收到复审决定之日起 3 个月内以及对复审决定不服提起的行政诉讼期间，申请人也可以提出分案申请。

对于已提出过分案申请，申请人需要针对该分案申请再次提出分案申请的，再次提出的分案申请的递交时间仍应当根据原申请审核。再次分案的递交日不符合上述规定的，不得分案。但是因审查员发出“分案通知书”或“审查意见通知书”中指出分案申请存在单一性的缺陷，申请人按照审查员的审查意见再次提出分案申请的，再次提出分案申请的递交时间应当以该存在单一性缺陷的分案申请为基础审核。不符合规定的，不得以该分案申请为基础进行分案，审查员应当发出分案申请视为未提出通知书，并作结案处理。

【案例 17】

一件原始的发明专利申请，申请日为 2004 年 1 月 8 日。

2006 年 8 月 8 日，经过实质审查，审查员驳回了该申请。申请人于 2006 年 8 月 23 日收到驳回决定，且未在法定期限内提出复审请求。

2006 年 3 月 8 日，针对原始申请，申请人递交了分案申请甲。

2006 年 10 月 8 日，针对原始申请，申请人递交了分案申请乙。

2007 年 1 月 8 日，针对上述分案申请乙，申请人递交了分案申请丙。

试分析这些分案申请的递交时机是否合适？

说明：对于分案申请递交时间的审查，参见如图 10－4－1 所示的时间轴。

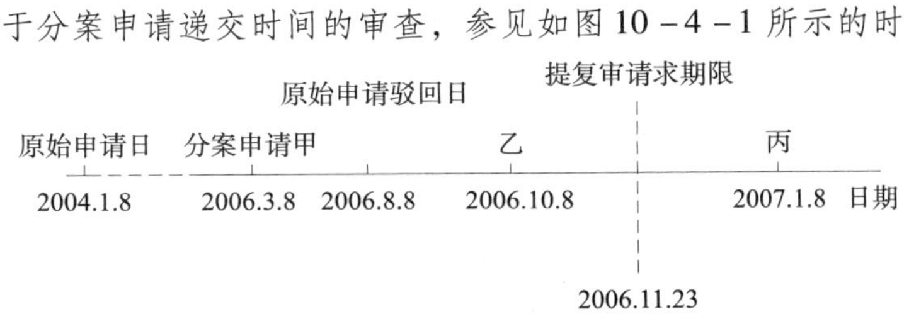

图 10－4－1　分案申请递交时间的审查时间轴

分案申请甲、乙的递交时间符合要求。

如果分案申请丙是申请人主动递交的分案申请，其递交时间应当根据原申请审核，由于原申请已被驳回且提复审请求的期限届满，因此不管分案申请乙的状态如何，分案申请丙的递交时间都不符合要求。

如果分案申请丙是按照审查员针对分案申请乙的分案通知书（或者指出单一性缺陷的审查意见通知书）的审查意见再次提出分案申请的，则其递交时间应当以该存在单一性缺陷的分案申请乙为基础审核，这种情况下分案申请丙的递交时间符合要求。

5. 分案申请的类别

分案申请的类别应当与原申请的类别一致，例如原申请是发明专利申请的，只能提出发明专利分案申请。

6. 分案申请的申请人和发明人

分案申请的申请人应当与提出分案申请时原申请的申请人相同。针对分案申请提出再次分案申请的申请人应当与该分案申请的申请人相同。不符合规定的，审查员应当发出分案申请视为未提出通知书。

分案申请的发明人应当是原申请的发明人或者是其中的部分成员。针对分案申请提出的再次分案申请的发明人应当是该分案申请的发明人或者是其中的部分成员。对于不符合规定的，审查员应当发出补正通知书，通知申请人补正。期满未补正的，审查员应当发出视为撤回通知书。

三、分案的审查

在一件申请需要分案的情况下，对分案的审查包括对分案申请的审查以及对分案以后的原申请的审查，应当依据《专利法实施细则》第48条和第49条进行。

① 根据《专利法实施细则》第49条第1款的规定，分案申请的内容不得超出原申请记载的范围。否则，审查员应当要求申请人进行修改。如果申请人不修改或者进一步修改的内容超出原申请说明书和权利要求书记载的范围，则审查员可以根据《专利法实施细则》第59条第（3）项的规定，以分案申请不符合《专利法实施细则》第49条第1款规定或修改不符合《专利法》第33条规定为理由驳回该分案申请。

② 根据《专利法实施细则》第48条第2款的规定，一件申请不符合《专利法》第31条第1款和《专利法实施细则》第39条规定的，应当通知申请人在指定期限内对其申请进行修改。也就是说，在该期限内将原申请改为一项发明或者属于一个总的发明构思的几项发明。同时，应当提醒申请人注意：无正当理由期满未答复的，则该申请被视为撤回；无充分理由不将原申请改为具有单一性的申请的，审查员可以以申请不符合《专利法》第31条第1款的规定为理由驳回该申请。同样，对于原申请的分案申请不符合单一性规定的，也应当按照上述方式处理。

③ 除了依据《专利法实施细则》第48条和第49条进行审查，其他的审查与对一般申请的审查相同。

思考题

1. 发明专利申请应当符合单一性要求的主要原因是什么？
2. 什么是特定技术特征？
3. 是否可以依据一件专利申请中权利要求的数量、组合方式、排列次序以及所属技术领域来判断权利要求之间的单一性？
4. 简要叙述针对一件申请进行单一性审查的流程。
5. 申请人提交分案申请的时间有哪些限制？

第十一章　实质审查程序

教学目的

本章的目的在于使读者了解实质审查的基本内容与方式，基本掌握实质审查的程序和步骤，能够在审查过程中正确遵循审查原则并运用恰当的审查策略。

第一节　实质审查的目的和实质审查程序的启动

法律程序，是指人们进行法律行为所必须遵循的法定的时间与空间上的步骤和形式，是实现实体权利和义务的合法方式和必要条件。[1]

实质审查程序，是对发明专利申请作出实质审查结论所必须经过的法律程序，是按照一定的顺序、方式和步骤作出审查结论的过程，是发明专利实质审查赖以合法进行的重要保证。只有建立健全并且严格遵守规范的实质审查程序，才能客观、公正、准确和及时地完成对发明专利的实质审查。

一、实质审查的目的

实质审查的目的在于确定发明专利申请是否应当被授予专利权，特别是确定其是否符合《专利法》有关“新颖性、创造性和实用性”的规定。

二、实质审查程序的启动

《专利法》第 35 条规定了实质审查程序启动的方式。根据《专利法》第 35 条第 1 款的规定，实质审查程序通常由申请人提出请求后启动。根据该条第 2 款的规定，必要时，实质审查程序也可以由国务院专利行政部门自行启动。

---

[1] 张文显. 法理学［M］. 北京：法律出版社，1997：386.

第二节　实质审查程序概要及若干基本原则

一、实质审查程序概要

（一）实质审查程序中主要环节的简要介绍

1. 实质审查程序的起止

实质审查程序从实质审查部门提取申请文档开始，到实质审查部门作出驳回发明专利申请的决定且该决定生效，或者发出授予发明专利权的通知书，或者因发明专利申请被视为撤回，或者因申请人主动撤回其发明专利申请而终止。

2. 发出审查意见通知书

根据《专利法》第 37 条的规定，在对发明专利申请进行实质审查后，审查员认为该申请不符合《专利法》及其实施细则的有关规定的，应当通知申请人，要求其在指定的期限内陈述意见或者对其申请文件进行修改。应当注意的是，审查员发出通知书（审查意见通知书、分案通知书或提交资料通知书等）和申请人答复可能反复多次，直到申请被授予专利权、被驳回、被撤回或者被视为撤回。

此外，根据需要，审查员还可以按照《专利审查指南 2023》的规定，在实质审查程序中采用会晤、电话讨论和现场调查等辅助手段。

3. 作出驳回决定

根据《专利法》第 38 条的规定，对于发明专利申请经申请人陈述意见或者进行修改后，仍然存在通知书中指出的属于《专利法实施细则》第 59 条所列情形的缺陷的，审查员应当予以驳回。

4. 发出授予专利权的通知书

根据《专利法》第 39 条的规定，发明专利申请经实质审查没有发现驳回理由或者经申请人陈述意见或修改后消除了原有缺陷的，审查员应当发出授予发明专利权的通知书。

5. 视为撤回

申请人无正当理由对“审查意见通知书”、“分案通知书”或者“提交资料通知书”等逾期不答复的，专利局应当发出“视为撤回通知书”。

（二）实质审查流程

实质审查的主要流程如图11－2－1所示。

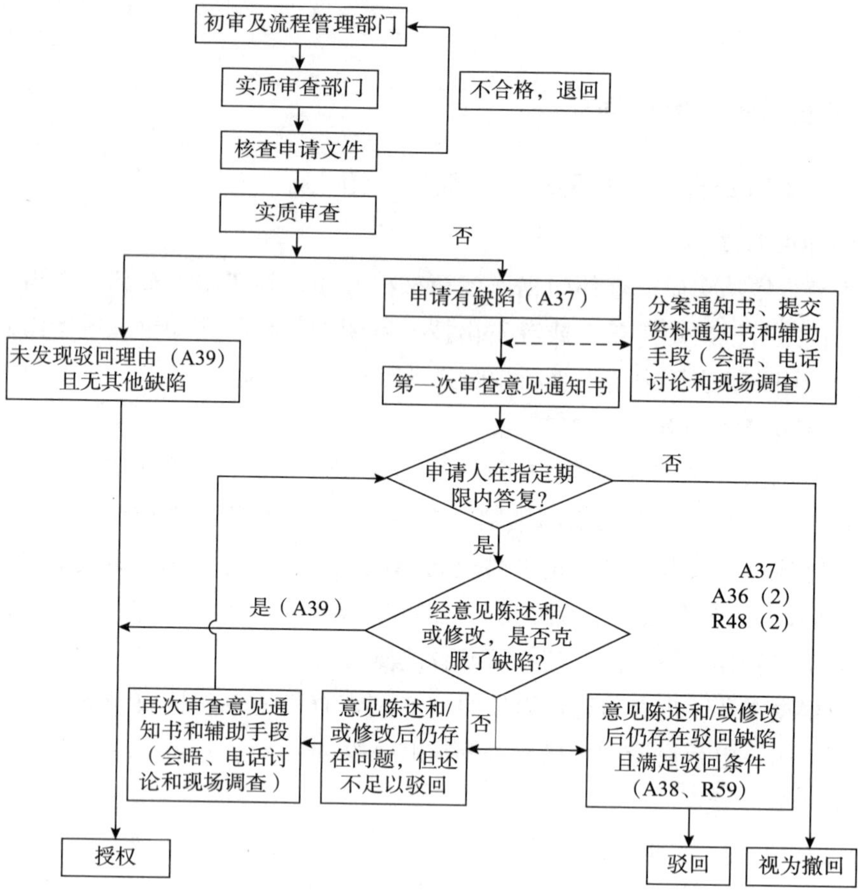

图11－2－1　实质审查的主要流程❶

二、实质审查程序中的基本原则

1. 请求原则

除《专利法》及其实施细则另有规定外，实质审查程序只有在申请人提出实质审查请求的前提下才能启动。审查员只能根据申请人依法正式呈请审查（包括提出申请时、依法提出修改时或者答复“审查意见通知书”时）的申请文件进行审查。

例如，某申请人在实质审查程序中的法定期限内提交了经修改的权利要求，则审查员应当以该修改文本作为审查文本。如果审查员没有以该修改文本作为审查文本，而是以申请日提交的权利要求书作为审查文本进行审查，甚至直接根据申请日提交的

❶　A××（×）意为《专利法》第××条第×款。R××（×）意为《专利法实施细则》第××条第×款。后文同。

权利要求作出授权决定，则违反了请求原则。

2. **听证原则**

在实质审查过程中，审查员在作出驳回决定之前，应当给申请人提供至少一次针对驳回所依据的事实、理由和证据陈述意见和/或修改申请文件的机会，即审查员在作出驳回决定时，其决定中所涉及的驳回所依据的事实、理由和证据应当在之前的“审查意见通知书”中已经告知过申请人。

例如，“第一次审查意见通知书”中指出权利要求无创造性而不能被授权，申请人修改权利要求，增加原始申请文件中未记载的某技术特征而使得权利要求具有创造性。在此情况下，审查员应当发出“第二次审查意见通知书”，指出修改超范围的缺陷。如果审查员以修改超范围为由直接作出驳回决定，则违反了听证原则。

3. **程序节约原则**

为了提高依法行政的效率，在对发明专利申请进行实质审查时，审查员应当尽可能地缩短审查过程。换句话说，审查员要设法尽早地结案。因此，除非确认申请根本没有被授权的前景，通常情况下，审查员应当进行全面审查，在“第一次审查意见通知书”中将申请中不符合《专利法》及其实施细则规定的所有问题通知申请人，要求其在指定期限内对所有问题给予答复，尽量地减少与申请人通信的次数以节约程序。

例如，在所审查的权利要求书中，一部分权利要求不具备新颖性或创造性，而另一部分权利要求不存在《专利法实施细则》第59条所列情形的缺陷，这时即属于具有授权前景的情形。在此情形下，审查员应当对申请作全面审查，将其中不符合《专利法》及其实施细则规定的所有问题通知申请人，以便申请人在答复“审查意见通知书”时尽可能一次性地克服所有的缺陷，尽量减少发通知书的次数，以利尽早结案。

但是，程序节约原则应当服从于请求原则和听证原则，即审查员不得以节约程序为理由而违反请求原则和听证原则。

4. **公正合法原则**

在实质审查过程中，审查员应当严格遵守《专利法》及其实施细则以及《专利审查指南2023》的规定，尤其要注意《专利法》第21条、第80条及《专利法实施细则》第42条的规定；应当按照客观、公正、准确、及时的要求，依法进行实质审查；不得徇私枉法、滥用职权；在实质审查过程中需要回避时，应当自行回避。

第三节　实质审查的内容

一、实质缺陷的审查

实质审查的重点是审查发明专利申请是否存在实质性缺陷，即是否存在《专利法实施细则》第59条所列的足以导致驳回的缺陷。

1. 是否符合发明的定义

审查发明专利申请是否符合《专利法》第2条第2款的规定，即是否为对产品、方法或者其改进所提出的新的技术方案。

2. 是否属于不授予专利权的申请

审查发明专利申请是否属于《专利法》第5条或者第25条所述的不授予专利权的申请，即发明专利申请是否违反法律、社会公德或者妨害公共利益；是否属于违反法律、行政法规的规定获取或者利用遗传资源，并依赖该遗传资源完成的发明创造；是否属于科学发现；是否属于智力活动的规则和方法；是否属于疾病的诊断和治疗方法；是否属于动物和植物品种；是否属于原子核变换方法以及用原子核变换方法获得的物质。

审查发明专利申请是否符合《专利法实施细则》第11条的规定，即审查专利申请是否遵循诚实信用原则，是否以真实发明创造活动为基础，是否弄虚作假。

3. 是否具有实用性

审查发明专利申请是否符合《专利法》第22条第4款有关实用性的规定，即审查发明是否能够制造或者使用，并且能够产生积极效果。

4. 申请的说明书是否充分公开了请求保护的主题

审查发明专利申请是否符合《专利法》第26条第3款的规定，即申请的说明书是否对发明作出清楚、完整的说明，使得所属技术领域的技术人员能够实现。

5. 是否具有新颖性和创造性

审查发明专利申请是否符合《专利法》第22条第2款有关新颖性的规定，即该发明是否属于现有技术；是否有任何单位或者个人就同样的发明或者实用新型在申请日以前向国务院专利行政部门提出过申请，并记载在申请日（含申请日）以后公布的专利申请文件中或者公告的专利文件中。

审查发明专利申请是否符合《专利法》第22条第3款有关创造性的规定，即同现有技术相比，该发明是否具有突出的实质性特点和显著的进步。

其中，现有技术是指在申请日（有优先权的，指优先权日）以前在国内外为公众所知的技术。

6. 申请的权利要求是否以说明书为依据

审查发明专利申请是否符合《专利法》第26条第4款规定的权利要求书应当以说明书为依据。

7. 权利要求书是否清楚、简要

审查权利要求书是否符合《专利法》第26条第4款规定的权利要求书应当清楚、简要地限定要求保护的范围。

8. 独立权利要求所限定的技术方案是否完整

审查独立权利要求是否符合《专利法实施细则》第23条第2款的规定，即独立权利要求是否从整体上反映发明的技术方案，记载解决技术问题的必要技术特征。

9. **是否具有单一性**

审查发明专利申请是否符合《专利法》第31条第1款有关单一性的规定，即是否限于一项发明，或者是否属于一个总的发明构思。

10. **申请的修改或者分案申请是否超范围**

审查发明专利申请文件的修改是否符合《专利法》第33条的规定，或者分案申请是否符合《专利法实施细则》第49条第1款的规定。即审查申请文件的修改或者分案申请的提出是否超出原申请权利要求书和说明书记载的范围。

11. **依赖遗传资源完成的发明创造是否说明来源**

对于依赖遗传资源完成的发明创造，需要审查申请文件是否符合《专利法》第26条第5款的规定，即申请人是否在申请文件中说明了该遗传资源的直接来源和原始来源。对于无法说明原始来源的，是否陈述理由。

12. **是否进行保密审查**

如果有理由认为申请所涉及的发明是在中国完成且向外国申请专利之前未报经专利局进行保密审查，则应当审查申请是否符合《专利法》第19条第1款的规定。

13. **是否存在重复授权的可能**

审查发明专利申请如果授权后是否符合《专利法》第9条的规定，即发明专利申请授权是否是同样的发明创造仅授予了一项专利权；两个以上的申请人分别就同样的发明创造申请专利的，专利权是否授予最先申请的人。

二、形式缺陷的审查

在实质审查过程中，除了进行上述实质性缺陷的审查，还应当审查发明专利申请是否存在形式缺陷，即其撰写的形式是否符合《专利法》及其实施细则的有关规定。

1. **说明书的形式审查**

审查发明专利申请的说明书是否符合《专利法实施细则》第3条第1款和第20条的规定。

2. **说明书附图的审查**

对于有附图的发明专利申请，审查提交的说明书附图是否符合《专利法实施细则》第21条的规定。

3. **权利要求书的审查**

审查权利要求书的撰写是否符合《专利法实施细则》第3条第1款，第22条，第23条第1款、第3款，第24条以及第25条的规定。

4. **说明书摘要的审查**

审查说明书摘要的撰写是否符合《专利法实施细则》第26条的规定。

三、全面审查和不全面审查

在实质审查过程中，对于有授权前景的申请一般要进行全面审查，包括实质方面和形式方面的审查；对于存在严重的实质性缺陷、根本无授权前景的申请，可不进行全面审查，只审查起主导作用的实质性缺陷即可；对于授权前景尚无把握的，一般要进行全面审查，以便节约审查程序，尽早结案。

判断有无授权前景，主要审查专利申请是否存在《专利法实施细则》第59条所列的实质性缺陷且对该实质性缺陷是否可能通过合法修改而加以克服。

1. 不全面审查

只有在申请根本无授权前景的情况下，才不需要对其进行全面审查——此时仅指出起主导作用的实质性缺陷即可，再指出次要的缺陷和/或形式方面的缺陷是没有实际意义的。下述三类实质性缺陷可能导致专利申请根本没有授权前景。

① 全部的主题均属于不授予专利权的范围，即不符合《专利法》第2条第2款的规定，或者属于《专利法》第5条或第25条所述的情形。

② 请求保护的主题在说明书中均未充分公开，即不符合《专利法》第26条第3款的规定。

③ 申请文件公开的全部主题均无新颖性、创造性或实用性，即不符合《专利法》第22条的规定。

对于这三种情况，一般不需要审查申请是否符合《专利法》第26条第4款、第31条和《专利法实施细则》第23条第2款有关实质方面的规定，更不需要审查申请是否符合《专利法实施细则》第3条第1款和第20～26条有关形式方面的规定。

2. 全面审查

为了节约审查程序，对于不能根本上否认其授权前景的申请，包括对其授权前景无把握的申请，一般要进行全面审查，即审查专利申请是否符合《专利法》及其实施细则有关实质方面和形式方面的一切规定。审查的重点是与《专利法实施细则》第59条所列情形有关的实质性缺陷，同时兼顾与《专利法实施细则》第3条第1款和第20～26条有关的形式方面的缺陷。

第四节　实质审查工作步骤

一、申请文件的核查与实质审查准备

（一）核对申请的国际专利分类号

分类号不仅为分配审查案件提供了依据，而且为检索数据库提供了相应的标引数据。

审查员接到申请案后，不管近期是否进行审查，都应当首先核对申请的国际专利分类号。

当发现有不属于自己负责审查的分类范围的申请案时，审查员应当根据专利分类协调的规定及时处理，以免延误审查。当发现分类号不确切，但仍属于自己的审查范围时，审查员应当自行改正分类号。

（二）查对申请文档

审查员对属于自己负责审查的分类范围的申请案或者调配给自己的申请案，不管近期是否进行审查，都应当及时查对申请文档。对于应由其他部门处理的手续文件以及与实质审查无关的其他文件，审查员应当及时转交相应的部门，以免延误。

1. 查对启动程序的依据

（1）文件

申请文档中是否有“实质审查请求书”和“发明专利申请公布及进入实质审查程序通知书”（或“发明专利申请进入实质审查程序通知书”）；专利局自行决定对发明专利申请进行实质审查的，是否有经局长签署的通知书和已经通知申请人的记录。

（2）期限

“实质审查请求书”提交的时间是否在自申请日起3年之内。

2. 查对申请文件

核查实质审查需要的文件是否齐全。

① 有无原始的申请文件。

② 有无公布的申请文件。

③ 如果申请人根据《专利法实施细则》第45条以援引在先申请文件的方式进行了补交，有无补交的文件。

④ 如果申请人进行了主动修改或在初审期间应专利局的要求作过修改，有无修改的申请文件。

3. 查对涉及优先权的资料

（1）声明

申请人要求本国或外国优先权的，在申请文档中是否有要求优先权声明。

（2）副本

申请人要求本国或外国优先权的，在申请文档中是否有在中国第一次提出的专利申请文件的副本或者由受理在先申请的国家或政府间组织的主管部门出具的在先申请文件的副本。

（3）优先权恢复、增加和改进

申请人根据《专利法实施细则》第37条的规定请求增加或者改正优先权要求的，或者根据《专利法实施细则》第6条的规定请求恢复要求优先权的权利的，在申请文档中是否有与优先权恢复、增加、改正等相关的文件。

4. 查对其他有关文件

① 申请人已在外国提出过专利申请的，申请人是否提交了该国为审查其申请而进行检索的资料或者审查结果的资料。

② 查对申请文档中是否有公众意见。

（三）查对后的处理

在对申请文档进行查对后，根据查对结果的不同，进行下述不同的处理。

1. 进行实质审查

经查对申请文档，如果文档完整，上述各项资料齐全，即可进行实质审查。

2. 返回初审及流程管理部门

如果发现申请文档中缺少上述（二）之1～3中任何一项所述的依据、文件或资料，或者某些文件不符合《专利法》及其实施细则的规定，则审查员应当将申请案返回初审及流程管理部门并且说明理由。

3. 发出"提交资料通知书"

如果发现申请文档中缺少上述（二）之4（1）所述的资料而且确信申请人已获得这样的资料，则审查员可以填写"提交资料通知书"，要求申请人在指定的两个月期限内提交有关资料；申请人无正当理由逾期不提交的，该申请被视为撤回。

此外，在实质审查前，审查员最好能初阅申请文件，查看是否需要申请人提交有关的参考资料；如果需要，可填写"提交资料通知书"，通知申请人在指定的两个月期限内提交。

（四）建立个人审查档案

审查员查对申请文档之后，可以着手建立个人审查档案，记载本人审查的案件的重要数据（例如是否使用了X、Y类文件等）并在此后的审查过程中补充有关信息，以便随时掌握各申请案的审查过程及其基本情况。

（五）审查的顺序

1. 一般原则

对于发明专利申请，在符合启动实质审查程序的其他条件前提下，一般应当按照提交实质审查请求书并缴纳实质审查费的先后顺序启动实质审查；另有规定的除外。如果需要，对于技术内容、申请人或发明人相互关联的专利申请可以合并审查。

2. 优先审查

对涉及国家、地方政府重点发展或鼓励的产业，对国家利益或者公共利益具有重大意义的申请，或者在市场活动中具有一定需求的申请等，由申请人提出请求，经批准后，可以优先审查并在随后的审查过程中予以优先处理。

3. 延迟审查

申请人可以对专利申请提出延迟审查请求。发明专利申请延迟审查请求应当由申请人在提出实质审查请求的同时提出，但发明专利申请延迟审查请求自实质审查请求生效之日起生效，延迟期限为自延迟审查请求生效之日起1年、2年或者3年。延迟期限届满前，申请人可以请求撤回延迟审查请求。

4. 专利局自行启动

对于专利局自行启动实质审查的专利申请，审查员可以优先处理。

二、实质审查

（一）实质审查文本的确定

在开始进行实质审查时，审查员首先需要确定实质审查所依据的文本；在确定审查文本时，应注意在坚持请求原则的基础上兼顾程序节约原则。

审查员只能将申请人依法正式呈请审查的申请文件作为审查文本。审查员首次审查所使用的文本通常是申请人按照《专利法》及其实施细则规定提交的原始申请文件或者应专利局初步审查部门要求补正后的文件。

按照规定以援引在先申请文件的方式补交的权利要求书或说明书的内容是原始申请文件的一部分。审查员应当在初审及流程管理部门审查的基础上核实补交的内容是否被完全包含在在先申请文件副本和其中文译文之中，对未被包含的应当重新确定申请日，以后补交文件的日期为申请日；重新确定申请日之前，应当发出审查意见通知书，给申请人至少一次陈述意见的机会。

当申请人在《专利法实施细则》第57条第1款规定的时间内提交修改文本时，应当尊重申请人修改文件的权利，以其最后一次提交的文本作为审查文本。即申请人在提出实质审查请求时，或者在收到专利局发出的“发明专利申请进入实质审查阶段通知书”之日起的3个月内，对发明专利申请进行主动修改的，无论修改的内容是否超出原说明书和权利要求书记载的范围，均应当以申请人提交的经过该主动修改的申请文件作为审查文本。申请人在上述规定期间内多次对申请文件进行主动修改的，应当以最后一次提交的申请文件为审查文本。申请人在《专利法实施细则》第57条第1款规定的时间外对发明专利申请进行的主动修改一般不予接受，其提交的经修改的申请文件不应作为审查文本。审查员应当在“审查意见通知书”中告知此修改文本不作为审查文本的理由，并以之前的能够接受的文本作为审查文本。如果审查员在阅读该经修改的文件后认为其消除了原申请文件存在的应当消除的缺陷，又符合《专利法》第33条的规定，且在该修改文本的基础上进行审查将有利于节约审查程序，则可以接受该经修改的申请文件作为审查文本。

（二）阅读申请文件、理解发明

如果说确定审查文本是进行实质审查的形式基础，那么准确地理解发明内容则是进行实质审查的实体基础。审查员要仔细阅读申请文件，并充分了解背景技术的整体状况，力求准确地理解发明。重点在于了解发明所要解决的技术问题，理解为解决所述技术问题而采取的技术方案和该技术方案所能带来的技术效果，并且明确该技术方案的全部必要技术特征，特别是其中区别于背景技术的特征，进而明确发明相对于背景技术所作出的改进。

审查员在准确理解发明内容的同时，可以作必要的记录与归纳，以便确定检索的领域、方式和进行进一步的审查。

（三）检索前的审查及其处理方式

在确定是否需要进行检索之前，先进行下述审查与判断。

① 确定申请的主题是否属于《专利法》第5条或者第25条规定的不授予专利权的情形。

② 确定申请的主题是否属于《专利法》第2条第2款规定的技术方案。

③ 确定申请的主题是否具有《专利法》第22条第4款规定的实用性。

④ 确定说明书是否符合《专利法》第26条第3款的规定，对发明作出清楚、完整的说明，使得所属技术领域的技术人员能够实现。

⑤ 确定申请的主题是否明显缺乏《专利法》第31条第1款规定的单一性。

在完成第①~④项的审查后，如果发现申请的全部主题明显不符合《专利法》及其实施细则的有关规定，则审查员不必检索即可发出“第一次审查意见通知书”。在完成第⑤项审查后，如果发现申请的主题明显缺乏单一性的，审查员也可以暂缓进行检索而直接发出“分案通知书”。

如果确定的审查文本为一个修改文本或者审查的是一件分案申请，则首先要进行的审查是确定申请人对申请文件的修改是否符合《专利法》第33条的规定以及申请人依照《专利法实施细则》第48条的规定提出的分案申请是否符合《专利法实施细则》第49条第1款或者《专利法》第33条的规定，即审查对申请文件的修改及分案申请是否超出原申请说明书和权利要求书记载的范围。

（四）检索

除前述不必进行检索的情况之外，其他情况下均应当对发明专利申请进行检索。

检索是发明专利申请被授予专利权之前的一个必要环节。检索质量对于实质审查的结果和质量具有决定性的影响。准确理解发明是进行检索的基础。在阅读申请文件、理解发明后，可以初步确定检索的领域和方式。检索与审查是交错互动的过程，不能截然分开。通过检索可以更好地理解发明，而更好地、准确地理解发明又将有助于进一步改进检索过程，完善检索结果，并且促进检索效率的提高。

（五）检索后的审查

1. 优先权的核实

出现下列情况之一时，需要核实优先权。

① 对比文件公开了与申请的主题相同或密切相关的内容，而且对比文件的公开日在本申请的申请日和所要求的优先权日之间（该对比文件构成 PX 类或 PY 类文件）。如图 11－4－1 所示。

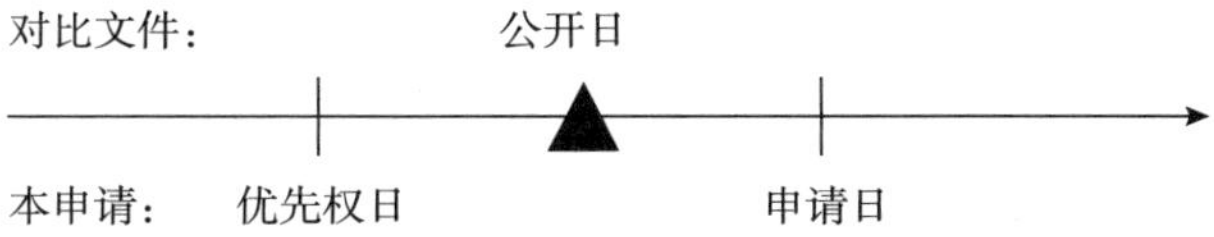

图 11－4－1 优先权核实情形（一）

② 任何单位或者个人在专利局的申请所公开的内容与本申请的全部主题相同，或者与部分主题相同，前者的申请日在后者的申请日和所要求的优先权日之间，而前者的公布日或公告日在后者的申请日或申请日之后（任何单位或者个人在专利局的申请构成 PE 类文件）。如图 11－4－2 所示。

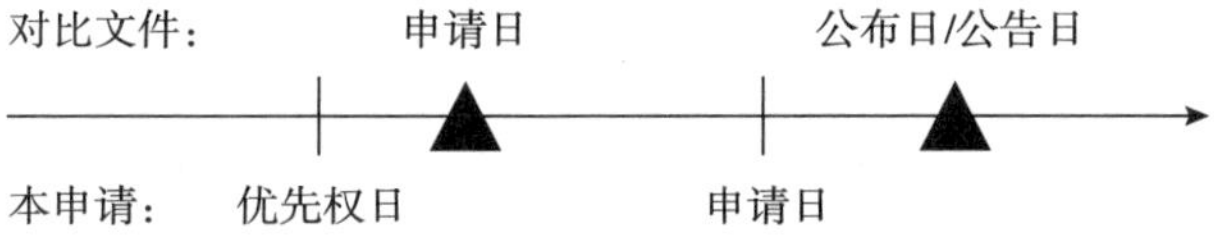

图 11－4－2 优先权核实情形（二）

③ 任何单位或者个人在专利局的申请所公开的内容与申请的全部主题相同，或者与部分主题相同，前者所要求的优先权日在后者的申请日和所要求的优先权日之间，而前者的公布日或公告日在后者的申请日或申请日之后（任何单位或者个人在专利局的申请均构成 PE 类文件）。此时，应当首先核实所审查的申请的优先权；当所审查的申请不能享有优先权时，还应当核实作为对比文件的任何单位或者个人在专利局的申请的优先权。如图 11－4－3 所示。

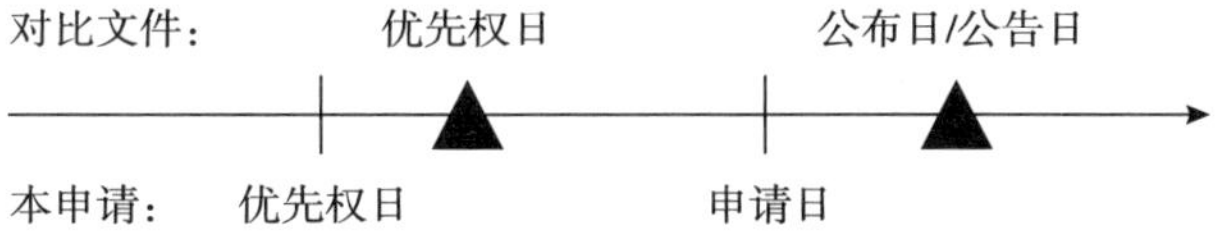

图 11－4－3 优先权核实情形（三）

经核实，申请的优先权不成立的，审查员应当在"审查意见通知书中"说明优先权不成立的理由，并以新确定的优先权日（在没有其他优先权时，即为申请日）为基础，进行后续审查。

2. 检索后缺乏单一性申请的处理

专利申请缺乏单一性的缺陷有时是明显的，有时要通过检索与审查后才能确定。这种缺乏单一性的缺陷既可能存在于相互并列的独立权利要求之间，也可能因所引用的独立权利要求不具备新颖性或创造性而存在于相互并列的从属权利要求之间，还可能存在于一项权利要求的多个并列技术方案之间。

单一性是专利审查中经常遇到的问题。考虑到单一性涉及的仅仅是发明的数量而不是质量，其并非一个真正意义上的实质性条件，因此在单一性的处理方面可以采取一种较为宽松和灵活的方式，只要授权的权利要求书中不存在明显单一性缺陷即可。

一般地，审查员在审查过程中，对于单一性问题可以根据审查工作量的情况灵活掌握，既可以同时检索和处理缺乏单一性的申请，也可以待申请人克服单一性缺陷后再进行审查。但应注意的是，一旦申请人修改后克服了单一性缺陷，审查员就应当继续进行审查。

对于检索后才能确定申请主题缺乏单一性的，审查员可以视情况决定是暂缓进一步检索和审查还是继续进一步检索和审查，一般可以采用如下的审查方式。

① 第一独立权利要求或其从属权利要求（第一项发明）具有授权前景，而其他独立权利要求与该有授权前景的权利要求之间缺乏单一性时，可以暂缓对其他独立权利要求进行检索和审查，在"第一次审查意见通知书"中只针对第一项发明提出审查意见，同时要求申请人删除或修改权利要求，以克服申请缺乏单一性的缺陷。

② 第一独立权利要求和其从属权利要求（第一项发明）没有授权前景，而其他的独立权利要求之间缺乏单一性时，可以暂缓对其他独立权利要求进行检索和审查，在"第一次审查意见通知书"中指出该第一项发明没有授权前景的同时，指出该专利申请缺乏单一性的缺陷。当然，审查员也可以继续检索和审查其他独立权利要求，尤其是当检索领域非常接近或者在很大程度上重叠时，可以同时检索和审查，在"第一次审查意见通知书"中同时指出单一性缺陷和其他缺陷，要求申请人删除或修改权利要求，以克服申请缺乏单一性的缺陷。

③ 独立权利要求不具备新颖性或创造性而导致其相互并列的从属权利要求之间无单一性的，可以参照前述方式①或②进行处理。

3. 权利要求书实质方面的审查

一般情况下，在确定申请的主题不属于《专利法》第5条、第25条规定的不授予专利权的情形，符合《专利法》第2条第2款的规定，具有《专利法》第22条第4款所规定的实用性，且说明书充分公开了请求保护的主题后，应当进一步审查权利要求书的下列内容。

① 审查独立权利要求是否具备新颖性和创造性。如果经审查，认为独立权利要求不具备新颖性或创造性，则应当进一步审查从属权利要求是否具备新颖性和创造性。如果经审查，认为全部独立权利要求和从属权利要求均不具备新颖性或创造性，而且说明书中也没有可授权的实质性内容，则这时可初步判定该申请没有授权前景，属于不全面审查的情况，对权利要求书不必再继续进行审查。

如果经审查，认为独立权利要求具备新颖性和创造性，或者虽然独立权利要求不具备新颖性或创造性，但是从属权利要求不存在《专利法实施细则》第59条所列情形的缺陷，则该申请有被授予专利权的前景，属于应进行全面审查的情况；审查员应当遵循程序节约的原则，对权利要求书进行下述的审查。

② 审查权利要求书中的全部权利要求是否得到说明书（及其附图）的支持，并清楚、简要地限定了要求专利保护的范围。

③ 审查独立权利要求是否表述了一个针对发明所要解决的技术问题的完整的技术方案，是否记载了解决上述技术问题的全部必要技术特征。

④ 对于经审查有授权前景的申请，如果检索出任何单位或个人在同一申请日向专利局提交的属于同样的发明创造的对比文件，应当注意避免重复授权。

应当注意的是，上述所列审查内容，其审查顺序并不是绝对的。审查员应当根据具体案情灵活运用，确保不产生逻辑上的矛盾。例如，对于权利要求所限定的技术方案是否清楚，按照其严重程度大致可分为两种情况：一是其严重程度导致保护范围无法被予以准确界定，从而无法对其新颖性和创造性进行有意义的审查，此时，首要的是应审查并指出申请存在权利要求保护范围不清楚的缺陷；二是权利要求虽然不清楚，但其保护范围基本上可以予以界定，这种不清楚不会妨碍对其进行新颖性和创造性的审查，此时，可按照前述的一般审查顺序进行审查。当然，在审查实践中，第一种情况比较少见，最常见的则是第二种情况。

4. 权利要求书形式方面的审查

权利要求形式方面的审查包括下列内容。

① 审查权利要求书是否符合《专利法实施细则》第 3 条第 1 款的规定，即权利要求书中的科技术语是否规范、是否译成中文。

② 审查权利要求书是否符合《专利法实施细则》第 22 条的规定，即权利要求是否用阿拉伯数字顺序编号，科技术语是否与说明书中的一致，权利要求中的技术特征是否引用说明书附图中相应的标记，附图标记是否放在相应的技术特征后并置于括号内等。

③ 审查独立权利要求是否符合《专利法实施细则》第 24 条第 1 款的规定，即是否划分了前序部分和特征部分。

④ 审查权利要求书是否符合《专利法实施细则》第 24 条第 3 款的规定，即一项发明是否只有一个独立权利要求，并写在同一发明的从属权利要求之前。

⑤ 审查从属权利要求是否符合《专利法实施细则》第 23 条第 3 款及第 25 条的规定，即从属权利要求是否对引用的权利要求作了进一步限定，是否引用在前的权利要求，是否写明引用权利要求的编号及主题名称，是否存在“非择一引用”和“多项引用多项”的情况。

5. 说明书和摘要的审查

根据《专利法》第 26 条第 3 ～ 4 款的规定，说明书（及其附图）应当清楚、完整地公开发明，使所属技术领域的技术人员能够实现，并作为权利要求的依据。根据《专利法》第 64 条第 1 款的规定，在确定专利权的保护范围时，说明书及其附图可以用于解释权利要求。因此，在确定了说明书已符合《专利法》第26条第3款的规定之后，需要对说明书和附图进行下列内容的审查。

① 审查说明书中记载的技术方案是否与权利要求所限定的相应技术方案的表述相一致。

② 审查说明书是否包含《专利法实施细则》第20条规定的相关内容，是否按规定的方式和顺序撰写，是否用词规范、语句清楚。当发明的性质用其他方式或者顺序撰写能节省说明书的篇幅并使他人能更好地理解其发明时，说明书也可不按《专利法实施细则》第20条的规定撰写。

③ 发明专利申请包含一个或多个核苷酸或氨基酸序列的，应审查说明书是否包括符合规定的序列表。

④ 对于有附图的申请，应当审查附图是否符合《专利法实施细则》第21条的规定。在不需要附图的申请中，其说明书可以不包括《专利法实施细则》第20条第1款第4项的内容。

⑤ 审查说明书中所用的科技术语是否规范；外国人名、地名和科技术语尚无标准中文译文的，是否注明了原文等。

对于说明书摘要，审查员应当审查下列内容。

① 审查摘要是否写明《专利法实施细则》第26条涉及的各项内容，是否写明发明名称和所属技术领域并清楚地反映了发明所要解决的技术问题、解决该问题的技术方案的要点以及发明的主要用途。

② 说明书有附图的，是否指定了一幅最能反映发明技术方案的主要技术特征的说明书附图作为摘要附图。

③ 审查摘要附图在缩小到4厘米×6厘米时，是否仍能清楚地分辨出图中的各个细节。

④ 审查摘要文字部分（包括标点符号）是否超过300字，是否使用了商业性宣传用语。

6. 审查其他实质性缺陷

对于依赖遗传资源完成的发明创造，审查员还应当审查申请人是否提交了专利局制定的“遗传资源来源披露登记表”，该“遗传资源来源披露登记表”中是否说明了该遗传资源的直接来源和原始来源，对于未说明原始来源的，是否说明了理由。

如果审查员有理由认为申请所涉及的发明是在中国完成，且向外国申请专利之前未报经专利局进行保密审查，应当审查申请是否符合《专利法》第19条的规定。

如果审查员有证据或充分理由认为申请过程中存在《专利法实施细则》第11条规定的情形，应当予以审查。

三、实质审查程序中的处理方式及其时机

在实质审查过程中，审查员应根据审查的进程适时选择恰当的处理方式，其中常

见的处理是发出“审查意见通知书”。

“审查意见通知书”是审查员对专利申请审查结果的记载和反映，是与申请人进行交流和沟通的主要方式和桥梁，是实质审查程序中与申请人联系的极为重要的工具。“审查意见通知书”的作用、意义、组成及撰写要求参见本书第十二章。

（一）第一次审查意见通知书

审查员对申请首次进行实质审查后，通常以“第一次审查意见通知书”的形式，将首次审查的意见和倾向性结论通知申请人。

为了加快审查程序，应尽可能减少“审查意见通知书”的次数。因此，除申请存在严重实质性缺陷而无授权前景或者审查员因申请缺乏单一性而暂缓继续审查之外，“第一次审查意见通知书”应当写明审查员对申请的实质方面和形式方面的全部意见。此外，在审查文本不符合《专利法》第33条规定的情况下，审查员也可以针对该审查文本之外的其他文本提出审查意见以供申请人参考。

1. 全面审查后发出“第一次审查意见通知书”

正如前述，对于有授权前景的专利申请，或者对其前景尚无把握的专利申请，为了节约审查程序，应当进行全面审查。在全面审查后，应当将全部的审查意见（包括实质方面的审查意见和形式方面的审查意见）以通知书的方式告知申请人。

2. 不全面审查后发出“第一次审查意见通知书”

对于根本没有授权前景的专利申请，在“审查意见通知书”中仅需指出导致申请不能授权的主导性缺陷即可，无需再指出其他次要的实质缺陷和/或形式缺陷。

（二）答复

对专利局发出的“审查意见通知书”，申请人应当采用专利局规定的“意见陈述书”或“补正书”的方式在通知书指定的期限内作出答复。申请人答复“第一次审查意见通知书”的期限为4个月。申请人可以在期限届满前请求专利局延长指定的答复期限。专利局收到申请人的答复之后即可以开始后续的审查程序，不必等到答复期限届满再确认答复文本并进行审查。这主要是因为申请人在答复期限内是否会提交多次答复不可预知，同时也兼顾行政审批效率。如果后续审查程序的审查意见或结论已经作出，对于此后在原答复期限内申请人再次提交的答复，审查员不予考虑。

（三）继续审查

在申请人针对审查员发出的审查意见通知书进行意见陈述和/或提交修改文件后，审查员应当继续进行审查。

如果审查员在撰写“第一次审查意见通知书”之前，已对申请进行了全面审查，则在继续审查阶段应当把注意力集中在申请人对通知书正文中提出的各审查意见的反应上，特别应当注意申请人针对全部或者部分审查意见进行争辩时所陈述的事实、理由和提交的证据。

1. 对“意见陈述书”的审查

① 审查申请人提交的“意见陈述书”是否由初审及流程管理部门确认合格，对不合格的答复不予考虑。直接提交给审查员的“意见陈述书”文件不具备法律效力。

② 审查“意见陈述书”上是否正确、完整地签署申请人或代理师和代理机构的名章，对签署不合格的“意见陈述书”应当退回初审及流程管理部门处理。

2. 对修改的审查

如果申请人在陈述意见的同时提交了修改文本，审查员首先应当按照《专利法实施细则》第57条第3款和《专利法》第33条的规定，对申请人提交的修改文本进行相应的审查。

① 修改的方式是否按照“审查意见通知书”的要求进行，即是否符合《专利法实施细则》第57条第3款的规定。

② 修改的内容是否超出原说明书和权利要求书记载的范围，即是否符合《专利法》第33条的规定。

3. 补充检索的情形

在继续审查过程中，为了获得更合适的对比文件，在下列情况下应进行补充检索。

① 申请人修改了权利要求，原来的检索没有覆盖修改后的权利要求的保护范围。

② 在申请人澄清了某些内容后，审查员意识到原先的检索不完整或者不准确。

③ 审查员自己主动意识到原来对发明的理解不够准确，导致“第一次审查意见通知书”以前的检索不完整或者不准确。

④ 审查意见的改变使得已经作出的检索不完整或者不准确而需要增加或者改变检索领域。

⑤ 对于可能构成抵触申请的指定中国的国际专利申请文件，在对申请发出“授予专利权的通知”之前，应当通过补充检索确定其是否进入了中国国家阶段并作出了中文公布。

4. 继续审查后的处理

审查员继续审查申请后，视不同情况，可作如下的处理。

① 申请人根据审查员的意见对申请作了修改，消除了可能导致被驳回的缺陷，使修改后的申请有可能被授予专利权。如果申请仍存在某些缺陷，则审查员应当再次通知申请人消除这些缺陷；必要时，还可以采用辅助审查手段来加快审查程序。除了审查员对明显错误进行依职权修改的情况外，不论采用什么方式提出修改意见，最终都必须以申请人正式提交的书面修改文件为依据。

② 申请经申请人陈述意见或者进行修改后，仍然存在原“审查意见通知书”中指出的、属于《专利法实施细则》第59条规定情形的缺陷的，在符合听证原则的前提下，审查员可以驳回该申请。

③ 申请经过修改或者申请人陈述意见后已经符合《专利法》及其实施细则的有关

规定的，审查员应当发出“授予发明专利权通知书”。

5. 再次发出“审查意见通知书”的情形

在继续审查过程中，出现下述情况之一时，应当再次发出“审查意见通知书”。

① 审查员发现与申请主题更加相关的对比文件，需要对权利要求进行重新评价。

② 在前一阶段的审查中，审查员未对某项或某几项权利要求提出审查意见，经继续审查后，发现其中有不符合《专利法》及其实施细则规定的情况。

③ 经申请人陈述意见和/或进行修改之后，审查员认为有必要提出新的审查意见。

④ 修改后的申请有可能被授予专利权，但仍存在不符合《专利法》及其实施细则规定的缺陷。这些缺陷可能是修改后出现的新缺陷、审查员新发现的缺陷以及已经通知过申请人但仍未被完全消除的缺陷。

⑤ 审查员拟驳回申请，但在此前的“审查意见通知书”中未向申请人明确指出驳回所依据的事实、理由或证据。

（四）辅助审查手段

在实质审查过程中，为了加快审查程序，可以根据需要而采取辅助审查手段。

1. 会晤

在实质审查过程中，审查员可以约请申请人会晤，以加快审查程序。申请人亦可以要求会晤。此时，只要通过会晤能达到有益的目的，有利于澄清问题、消除分歧、促进理解，审查员就应当同意申请人提出的会晤要求。某些情况下，审查员可以拒绝会晤要求，例如通过书面方式、电话讨论等，双方意见已经表达充分、相关事实认定清楚的。

（1）约定会晤的方式

不管是审查员约请的还是申请人要求的会晤，都应当预先约定。可以采取下述方式来约定会晤。

① 书面约定，应发出“会晤通知书”。

② 电话约定，应填写“约定会晤的电话记录”。

（2）会晤的地点和参加人

会晤应当在专利局指定的地点进行。审查员不得在其他地点同申请人就有关申请的问题进行会晤。会晤由负责审查该申请的审查员主持。申请人委托了专利代理机构的，会晤必须有代理师参加；申请人也可以与代理师一起参加会晤。申请人没有委托专利代理机构的，申请人应当参加会晤。必要时，发明人受申请人的指定或委托，可以同代理师一起参加会晤，或者在申请人未委托代理机构的情况下受申请人的委托代表申请人参加会晤。参加会晤的申请人或代理师等的总数一般不得超过两名。

（3）会晤的准备

在会晤之前，应当事先确定所要讨论的问题。如果审查员或者申请人准备在会晤中提出新的文件，则应当事先提交给对方。

（4）会晤记录

在会晤中，一般仅讨论已事先确定的问题和文件。如果申请人提出了新的文件，而会晤前审查员没有收到这些文件，则审查员可以决定中止会晤。

会晤结束后，应当填写“会晤记录”，一式两份，双方签字，一份交给申请人，另一份留在申请文档中。

通常，在“会晤记录”中应当写明讨论的问题、结论或者同意修改的内容。

即使在会晤中，双方就如何修改申请达成了一致的意见，申请人也必须重新提交正式的修改文件。“会晤记录”不能代替申请人的正式书面答复或者修改。会晤后，需要申请人重新提交修改文件或者作出书面意见陈述的，如果对原定答复期限的监视还继续存在，则该答复期限可以不因会晤而改变，或者视情况延长一个月；如果对原定答复期限的监视已不再存在，则审查员应当在会晤记录中另行指定提交修改文件或意见陈述书的期限。

如果在会晤中，对申请文件的修改没有取得一致意见，审查工作将通过书面方式继续进行。

2. 电话讨论

在实质审查过程中，审查员与申请人可以就对发明和现有技术的理解、申请文件中存在的问题等进行电话讨论，也可以通过视频会议、电子邮件等其他方式与申请人进行讨论。必要时，审查员应当记录讨论的内容，并将其存入申请文档。

对于讨论中审查员同意的修改内容，属于可以依职权修改的范围的，审查员可以对明显错误进行依职权修改。除审查员可依职权修改的内容以外，对审查员同意的修改内容均需要申请人正式提交经过该修改的书面文件。审查员应当根据该书面修改文件作出审查结论。

3. 取证和现场调查

在实质审查过程中，根据案情，可能需要进行取证或者现场调查。

① 申请人不同意审查员的意见，并且决定提供证据来支持其主张的，审查员一般应当给予申请人一个适当的机会，使其能提供有关的证据。该证据可以是书面文件或者实物模型。

② 申请中的某些问题，需要审查员到现场调查方能得到解决的，由申请人提出要求并经批准后，可以去现场调查。

（五）审查决定

审查员应当在尽可能短的时间内完成对申请的实质审查。通常，在发出一次或者两次审查意见通知书后，审查员就可以作出驳回决定或者发出授权通知书。决定或者通知书一经发出，即对申请人的任何呈文、答复和修改均不再予以考虑。

1. **授权通知书**

（1）发出授权通知书的条件

对经实质审查没有发现驳回理由的申请，审查员应当发出“授予发明专利权通知书”。获授权的文本必须是经申请人以书面形式最后确认的文本。

（2）授权通知书发出前的检查及文档处理

授权通知书发出前，应当对授权的申请文件作仔细检查。对于申请文件中的某些明显错误，审查员可以依职权进行修改。审查员所作的这些依职权修改应当通知申请人。审查员可以依职权修改的范围如下。

① 说明书：修改不适当的发明名称、发明所属技术领域；改正错别字以及错误的符号、标记等；修改明显不规范的用语；增补说明书各部分所遗漏的标题；删除附图中不必要的文字说明等。

② 权利要求书：改正错别字、错误的标点符号、错误的附图标记、附图标记增加括号。但是，可能引起保护范围变化的修改不属于依职权修改的范围。

③ 摘要：修改摘要中不适当的内容及明显的错误。

在授权通知书发出前，应当进行如下文档处理。

核对分类号，发生改变的，需经分类裁决负责人核定；确定授权的文本；如果对发明的名称进行了修改或者优先权经核实有变化的，应当进行著录项目变更；如果存在需要避免重复授权情形，应当进行避免重复授权结论确认。

2. **驳回决定**

（1）驳回申请的条件

审查员在作出驳回决定之前，应当将其经实质审查认定申请属于《专利法实施细则》第 59 条规定的应予驳回情形的事实、理由和证据通知申请人，并给申请人至少一次陈述意见和/或进行修改的机会。

驳回决定一般应当在“第二次审查意见通知书”之后才能作出。如果申请人在“第一次审查意见通知书”指定的期限内未针对通知书指出的可驳回缺陷提出有说服力的意见陈述和/或证据，也未针对该缺陷对申请文件进行修改或者仅是改正了错别字或更换了表述方式而技术方案没有实质上的改变，则可以在“第一次审查意见通知书”之后直接作出驳回决定。

如果申请人对申请文件进行了修改，即使修改后的申请文件仍然存在用已通知过申请人的理由和证据予以驳回的缺陷，只要驳回所针对的事实改变，就应当给申请人再一次陈述意见和/或修改申请文件的机会。但对于此后再次修改涉及同类缺陷的，如果修改后的申请文件仍然存在足以用已通知过申请人的理由和证据予以驳回的缺陷，则审查员可以直接作出驳回决定，无须再次发出“审查意见通知书”，以兼顾听证原则与程序节约原则。

（2）驳回的种类

按照《专利法实施细则》第59条的规定，发明专利申请经申请人陈述意见和/或修改后，还存在下述情况的，可以作出驳回决定。

① 属于《专利法》第5条或第25条所述情形，即发明专利申请的主题违反法律、社会公德或者妨害公共利益；或是违反法律、行政法规的规定获取或者利用遗传资源，并依赖该遗传资源完成的；或者申请的主题属于《专利法》第25条规定的不授予发明专利权的客体。

② 违反《专利法》第2条第2款的规定，即发明专利申请不是对产品、方法或者其改进所提出的新的技术方案。

③ 违反《专利法》第19条的规定，即专利申请所涉及的发明在中国完成，且向外国申请专利前未报经专利局进行保密审查的。

④ 违反《专利法实施细则》第11条的规定，申请专利过程中违反诚实信用原则，不以真实发明创造活动为基础，弄虚作假的。

⑤ 违反《专利法》第22条的规定，即专利申请的发明不具备新颖性、创造性或实用性。

⑥ 违反《专利法》第26条第3款、第4款的规定，即发明专利申请没有充分公开请求保护的主题；或者权利要求未以说明书为依据；或者权利要求未清楚、简要地限定要求专利保护的范围。

⑦ 违反《专利法》第26条第5款的规定，即专利申请是依赖遗传资源完成的发明创造，申请人在专利申请文件中没有说明该遗传资源的直接来源和原始来源；对于无法说明原始来源的，也没有陈述理由。

⑧ 违反《专利法》第31条第1款的规定，即专利申请不符合《专利法》关于发明专利申请单一性的规定。

⑨ 违反《专利法》第9条的规定，即依照“先申请原则”，申请的发明不能取得专利权，或者申请不符合“一发明创造，一专利”的规定。

⑩ 违反《专利法实施细则》第23条第2款的规定，即独立权利要求缺少解决技术问题的必要技术特征。

⑪ 违反《专利法》第33条或者《专利法实施细则》第49条第1款的规定，即申请的修改或者分案的申请超出原说明书和权利要求书记载的范围。

（3）驳回决定的组成

驳回决定主要包括标准表格与决定正文两部分。关于其填写方式及撰写要求，参见本书第十二章的规定。

四、实质审查程序的终止、中止和恢复

1. 程序的终止

发明专利申请的实质审查程序，因审查员作出驳回决定且决定生效，或者发出授

予专利权的通知书，或者因申请人主动撤回申请，或者因申请被视为撤回而终止。

2. 程序的中止

实质审查程序可能因专利申请权归属纠纷的当事人根据《专利法实施细则》第103条第1款的规定提出请求而中止或因财产保全而中止。

3. 程序的恢复

专利申请因不可抗拒的事由或正当理由耽误《专利法》及其实施细则规定的期限或者专利局指定的期限造成被视为撤回而导致程序终止的，根据《专利法实施细则》第6条第1款和第2款的规定，申请人可以向专利局请求恢复被终止的实质审查程序；权利被恢复的，专利局恢复实质审查程序。

对于因专利申请权归属纠纷当事人的请求而中止的实质审查程序，在专利局收到发生法律效力的调解书或判决书后，凡不涉及权利人变动的，应及时予以恢复；涉及权利人变动的，在办理相应的著录项目变更手续后予以恢复。若自上述请求中止之日起一年内，专利申请权归属纠纷未能结案，请求人又未请求延长中止的，专利局将自行恢复被中止的实质审查程序。

五、复审前置审查与复审后的继续审查

1. 前置审查

审查员应当对转送的“复审请求书”进行前置审查并作出前置审查意见。

在前置审查中，审查员可以坚持驳回决定，也可以因同意复审请求人提出的复审请求理由，或者复审请求人提交的申请文件修改文本克服了申请中存在的缺陷，而同意在修改文本的基础上撤销驳回决定。前置审查具体的类型、要求及注意事项等参见本书第十三章。

2. 复审后的继续审查

复审和无效审理部门作出撤销驳回决定的复审决定后，审查员应当对该专利申请进行继续审查。在继续审查过程中，审查员不得以同一事实、理由和证据作出与复审决定意见相反的驳回决定。

第五节　有关申请文件修改的审查

在实质审查程序中，申请人可以对其专利申请文件进行修改。判断申请文件修改是否合法是一项集程序法规定与实体法规定为一体的工作。因此，本节专门介绍如何判断申请文件修改的时机与方式符合《专利法实施细则》第57条的规定以及修改的内容与范围符合《专利法》第33条的规定。

一、修改的要求

《专利法实施细则》第57条对修改的时机和方式作出了规定，而《专利法》第33条则对修改的内容与范围作出了规定。这是修改本身应当满足的要求。

在实质审查程序中，为了使申请符合《专利法》及其实施细则规定的要求，对申请文件的修改可能会进行多次。审查员对修改进行审查时，不仅要注意修改的时机和方式是否符合《专利法实施细则》第57条的规定，而且要严格掌握《专利法》第33条的规定，即申请人对申请文件的主动修改或者按照“审查意见通知书”的要求进行的修改都不得超出原说明书和权利要求书记载的范围。

1. 对修改的时机与方式的要求

《专利法实施细则》第57条第1款规定，申请人在提出实质审查请求时以及在收到专利局发出的“发明专利申请进入实质审查阶段通知书”之日起的3个月内，可以对发明专利申请主动提出修改。

而申请人在答复“审查意见通知书”时对申请文件进行修改应当符合《专利法实施细则》第57条第3款的规定，即应当针对通知书指出的缺陷进行修改。

如果申请人在答复“审查意见通知书”时所进行的修改的方式不符合上述规定，则这样的修改文本一般不予接受。审查员应当发出“审查意见通知书”，说明不接受该修改文本的理由，要求申请人在指定期限内提交符合《专利法实施细则》第57条第3款规定的修改文本。同时应当指出，到指定期限届满日为止，申请人所提交的修改文本如果仍然不符合《专利法实施细则》第57条第3款的规定或者出现其他不符合《专利法实施细则》第57条第3款规定的内容，审查员将针对修改前的文本继续审查，如作出授权或者驳回决定。

然而，对于虽然修改的方式不符合《专利法实施细则》第57条第3款的规定，但其内容与范围满足《专利法》第33条的要求的，只要经修改的文件消除了原申请文件存在的缺陷，并且具有被授权的前景，这种修改就可以被视为针对“审查意见通知书”指出的缺陷进行的修改，因而经此修改的申请文件可以接受。这样处理有利于节约审查程序。

但是，当出现下列情况时，即使修改的内容没有超出原说明书和权利要求书记载的范围，由于不利于节约审查程序，也不能被视为针对通知书指出的缺陷进行的修改，因而不予接受。

① 主动删除独立权利要求中的技术特征，导致扩大了该权利要求请求保护的范围。

② 主动改变独立权利要求中的技术特征，导致扩大了请求保护的范围。

③ 主动将仅在说明书中记载的与原来要求保护的主题缺乏单一性的技术内容作为修改后权利要求的主题。

④ 主动增加了新的独立权利要求，该独立权利要求限定的技术方案在原权利要求

书中未出现过。

⑤ 主动增加了新的从属权利要求，该从属权利要求限定的技术方案在原权利要求书中未出现过。

2. 对修改的内容与范围的要求

《专利法》第 33 条规定：对发明和实用新型专利申请文件的修改不得超出原说明书和权利要求书记载的范围。

原说明书和权利要求书记载的范围包括原说明书和权利要求书文字记载的内容和根据原说明书和权利要求书文字记载的内容，以及根据说明书附图能直接地、毫无疑义地确定的内容。申请人在申请日提交的原说明书和权利要求书记载的范围，是审查上述修改是否符合《专利法》第 33 条的依据。申请人向专利局提交的申请文件的外文文本和优先权文件的内容不能作为判断申请文件的修改是否符合《专利法》第 33 条规定的依据，但进入国家阶段的国际申请的原始提交的外文文本除外。

如果修改的内容与范围不符合《专利法》第 33 条的规定，则这样的修改不能被允许。

二、允许的修改

这里所说的“允许的修改”，主要指符合《专利法》第 33 条规定的修改。

（一）对权利要求书的修改

对权利要求书的修改主要包括：通过增加或变更独立权利要求的技术特征，或者通过变更独立权利要求的主题类型或主题名称以及其相应的技术特征，来改变该独立权利要求请求保护的范围；增加或者删除一项或多项权利要求；修改独立权利要求，使其相对于最接近的现有技术重新划界；修改从属权利要求的引用部分，改正其引用关系，或者修改从属权利要求的限定部分，以清楚地限定该从属权利要求请求保护的范围。对于上述修改，只要经修改后的权利要求的技术方案已清楚地记载在原说明书和权利要求书中，就应该允许。

允许的对权利要求书的修改，包括下述各种情形。

① 在独立权利要求中增加技术特征，对独立权利要求作进一步的限定，以克服原独立权利要求无新颖性或创造性、缺少解决技术问题的必要技术特征、未清楚地限定要求专利保护的范围或者未以说明书为依据等缺陷。只要增加了技术特征的独立权利要求所述的技术方案未超出原说明书和权利要求书记载的范围，这样的修改就应当被允许。

② 变更独立权利要求中的技术特征，以克服原独立权利要求未清楚地限定要求专利保护的范围、未以说明书为依据或者无新颖性或创造性等缺陷。只要变更了技术特征的独立权利要求所述的技术方案未超出原说明书和权利要求书记载的范围，这种修改就应当被允许。

对于含有数值范围技术特征的权利要求中数值范围的修改，只有在修改后数值范围的两个端值在原说明书和/或权利要求书中已确实记载且修改后的数值范围在原数值范围之内的前提下，才是允许的。

③ 变更独立权利要求的类型、主题名称及相应的技术特征，以克服原独立权利要求类型错误或者缺乏新颖性或创造性等缺陷。只要变更后的独立权利要求所述的技术方案未超出原说明书和权利要求书记载的范围，就可允许这种修改。

④ 删除一项或多项权利要求，以克服原第一独立权利要求和并列的独立权利要求之间缺乏单一性，或者两项权利要求具有相同的保护范围而使权利要求书不简要，或者权利要求未以说明书为依据等缺陷，这样的修改不会超出原权利要求书和说明书记载的范围，因此是允许的。

⑤ 将独立权利要求相对于最接近的现有技术正确划界。这样的修改不会超出原权利要求和说明书记载的范围，因此是允许的。

⑥ 修改从属权利要求的引用部分，改正引用关系上的错误，使其准确地反映原说明书中所记载的实施方式或实施例。这样的修改不会超出原权利要求书和说明书的记载范围，因此是允许的。

⑦ 修改从属权利要求的限定部分，清楚地限定该从属权利要求的保护范围，使其准确地反映原说明书中所记载的实施方式或实施例，这样的修改不会超出原说明书和权利要求书记载的范围，因此是允许的。

（二）对说明书及其摘要的修改

说明书的修改主要有两种情况：一种是针对说明书中本身存在的不符合《专利法》及其实施细则规定的缺陷作出的修改，另一种是根据修改后的权利要求书作出的适应性修改。上述两种修改只要不超出原说明书和权利要求书记载的范围，则都是允许的。

允许的说明书及其摘要的修改包括下述各种情形。

① 修改发明名称，使其准确、简要地反映要求保护的主题的名称。如果独立权利要求的类型包括产品、方法和用途，则这些请求保护的主题都应当在发明名称中反映出来。发明名称应当尽可能简短，一般不得超过25个字，必要时可不受此限，但也不得超过60个字。

② 修改发明所属技术领域。该技术领域是指该发明在《国际专利分类表》中的分类位置所反映的技术领域。为便于公众和审查员清楚地理解发明和其相应的现有技术，应当允许修改发明所属技术领域，使其与《国际专利分类表》中最低分类位置涉及的领域相关。

③ 修改背景技术部分，使其与要求保护的主题相适应。独立权利要求按照《专利法实施细则》第24条的规定撰写的，说明书背景技术部分应当记载与该独立权利要求前序部分所述的现有技术相关的内容，并引证反映这些背景技术的文件。如果审查员通过检索发现了比申请人在原说明书中引用的现有技术更接近所要求保护的主题的对

比文件，则应当允许申请人修改说明书，将该文件的内容补入这部分，并引证该文件，同时删除描述不相关的现有技术的内容。应当指出，这种修改实际上使说明书增加了原申请的权利要求书和说明书未曾记载的内容，但由于修改仅涉及背景技术而不涉及发明本身，且增加的内容是申请日前已经公知的现有技术，因此是允许的。

④ 修改发明内容部分中与该发明所解决的技术问题有关的内容，使其与要求保护的主题相适应，即反映该发明的技术方案相对于最接近的现有技术所解决的技术问题。当然，修改后的内容不应超出原说明书和权利要求书记载的范围。

⑤ 修改发明内容部分中与该发明技术方案有关的内容，使其与独立权利要求请求保护的主题相适应。如果独立权利要求进行了符合《专利法》及其实施细则规定的修改，则允许该部分作相应的修改；如果独立权利要求未作修改，则允许在不改变原技术方案的基础上，对该部分进行理顺文字、改正不规范用词、统一技术术语等修改。

⑥ 修改发明内容部分中与该发明的有益效果有关的内容。只有在某（些）技术特征在原始申请文件中已清楚地记载，而其有益效果没有被清楚地提及，但所属技术领域的技术人员可以直接地、毫无疑义地从原始申请文件中推断出这种效果的情况下，才允许对发明的有益效果作合适的修改。

⑦ 修改附图说明。申请文件中有附图，但缺少附图说明的，允许补充所缺的附图说明；附图说明不清楚的，允许根据上下文作出合适的修改。

⑧ 修改最佳实施方式或者实施例。这种修改中允许增加的内容一般限于补入原实施方式或者实施例中具体内容的出处以及已记载的反映发明的有益效果数据的标准测量方法（包括所使用的标准设备、器具）。如果由检索结果得知原申请要求保护的部分主题已成为现有技术的一部分，则申请人应当将反映这部分主题的内容删除，或者明确写明其为现有技术。

⑨ 修改附图。删除附图中不必要的词语和注释，可将其补入说明书文字部分之中；修改附图中的标记使之与说明书文字部分相一致；在文字说明清楚的情况下，为使局部结构清楚，允许增加局部放大图；修改附图的阿拉伯数字编号，使每幅图使用一个编号。

⑩ 修改摘要。通过修改使摘要写明发明的名称和所属技术领域，清楚地反映所要解决的技术问题、解决该问题的技术方案的要点以及主要用途；删除商业性宣传用语；更换摘要附图，使其最能反映发明技术方案的主要技术特征。

⑪ 修改由所属技术领域的技术人员能够识别出的明显错误，即语法错误、文字错误和打印错误。对这些错误的修改必须是所属技术领域的技术人员能从说明书的整体及上下文看出的唯一的正确答案。

三、不允许的修改

作为一个原则，凡是对说明书（及其附图）和权利要求书作出不符合《专利法》

第33条规定的修改，均是不允许的。

具体地说，如果申请的内容通过增加、改变和/或删除其中的一部分，致使所属技术领域的技术人员看到的信息与原申请记载的信息不同，而且不能从原申请记载的信息中直接地、毫无疑义地确定，那么，这种修改就是不允许的。

这里所说的申请内容，是指原说明书（及其附图）和权利要求书记载的内容，不包括任何优先权文件的内容。

（一）不允许的增加

不能允许的增加内容的修改，包括下述几种。

① 将某些不能从原说明书（包括附图）和/或权利要求书中直接明确认定的技术特征写入权利要求和/或说明书。

② 为使公开的发明清楚或者使权利要求完整而补入不能从原说明书（包括附图）和/或权利要求书中直接地、毫无疑义地确定的信息。

③ 增加的内容是通过测量附图得出的尺寸参数技术特征。

④ 引入原申请文件中未提及的附加组分，导致出现原申请没有的特殊效果。

⑤ 补入了所属技术领域的技术人员不能直接从原始申请中导出的有益效果。

⑥ 补入实验数据以说明发明的有益效果，和/或补入实施方式和实施例以说明在权利要求请求保护的范围内发明能够实施。

⑦ 增补原说明书中未提及的附图，一般是不允许的；如果增补背景技术的附图，或者将原附图中的公知技术附图更换为最接近现有技术的附图，则应当允许。

（二）不允许的改变

不能允许的改变内容的修改，包括下述几种。

① 改变权利要求中的技术特征，超出了原权利要求书和说明书记载的范围。

【案例1】原权利要求限定了一种一个把手的茶杯，附图中也只给出了一幅一个把手茶杯的视图。如果申请人后来把权利要求修改成“至少一个把手的茶杯”，而原说明书中又没有任何地方提到过“一个以上的把手”，那么，这种改变，超出了原权利要求书和说明书记载的范围。

【案例2】原权利要求涉及制造磁性材料粉末的成分，不能将其改成制造金属材料的成分，除非原说明书已经清楚地指明。

【案例3】原权利要求请求保护一种自行车闸，后来申请人把权利要求修改成一种车辆的闸，而从原权利要求书和说明书不能直接得到修改后的技术方案。这种修改也超出了原权利要求书和说明书记载的范围。

【案例4】原权利要求中记载的是具体的或下位概念的技术特征，后修改成较宽的一般表达，而从原始申请文件中不能直接得出该较宽的一般表达。例如用不能从原申请文件中直接得出的“功能性术语+装置”的方式，来代替具有具体结构特征的零件或者部件。这种修改超出了原权利要求书和说明书记载的范围。

② 由不明确的内容改成明确具体的内容而引入原申请文件中没有的新的内容。

【案例5】一件有关合成高分子化合物的发明专利申请，原申请文件中只记载在“较高的温度”下进行聚合反应。当申请人看到审查员引证的一份对比文件中记载了在40℃下进行同样的聚合反应后，将原说明书中“较高的温度”改成“高于40℃的温度”。虽然“高于40℃的温度”的表述包括在“较高的温度”范围内，但是所属技术领域的技术人员并不能从原申请文件中理解到“较高的温度”是指“高于40℃的温度”。因此，这种修改引入了新内容。

③ 将原申请文件中的几个分离的特征，改变成一种新的组合，而原申请文件没有明确提及这些分离的特征彼此间的关联。

④ 改变说明书中的某些特征，使得改变后反映的技术内容完全不同于原申请文件记载的内容，超出了原说明书和权利要求书记载的范围。

【案例6】一件有关多层层压板的发明专利申请，其原申请文件中描述了几种不同的层状安排的实施方式，其中一种结构是外层为聚乙烯。如果申请人修改说明书，将外层的聚乙烯改变为聚丙烯，那么这种修改是不允许的。因为修改后的层压板，完全不同于原来记载的层压板。

【案例7】原申请文件中记载了“例如螺旋弹簧支持物”的内容，说明书经修改后改变为“弹性支持物”，导致将一个具体的螺旋弹簧支持方式，扩大到一切可能的弹性支持方式，使所反映的技术内容超出了原说明书和权利要求书记载的范围。

【案例8】原申请文件中限定温度条件为10℃或者300℃，后来说明书中修改为10～300℃。如果根据原申请文件记载的内容不能直接地、毫无疑义地得到该温度范围，则该修改超出了原说明书和权利要求书记载的范围。

【案例9】原申请文件中限定组合物的某成分的重量百分含量为5%或者45%～60%，后来说明书中修改为5%～60%。如果根据原申请文件记载的内容不能直接地、毫无疑义地得到该含量范围，则该修改超出了原说明书和权利要求书记载的范围。

（三）不允许的删除

不能允许的删除某些内容的修改，包括下述几种。

① 从独立权利要求中删除在原申请中明确认定为发明的必要技术特征的那些技术特征，即删除在原说明书中始终作为发明的必要技术特征加以描述的那些技术特征；或者从权利要求中删除一个与说明书记载的技术方案有关的技术术语；或者从权利要求中删除在说明书中明确认定的关于具体应用范围的技术特征。

例如，将“有肋条的侧壁”改成“侧壁”。又例如，原权利要求是“用于泵的旋转轴密封……”，修改后的权利要求是“旋转轴密封”。上述修改都是不允许的，因为在原说明书中找不到依据。

② 从说明书中删除某些内容而导致修改后的说明书超出了原说明书和权利要求书

记载的范围。

【案例10】一件有关多层层压板的发明专利申请，其说明书中描述了几种不同的层状安排的实施方式，其中一种结构是外层为聚乙烯。如果申请人修改说明书，将外层的聚乙烯这一层去掉，那么这种修改是不允许的，因为修改后的层压板完全不同于原来记载的层压板。

③ 如果在原说明书和权利要求书中没有记载某特征的原数值范围的其他中间数值，而鉴于对比文件公开的内容影响发明的新颖性和创造性，或者鉴于当该特征取原数值范围的某部分时发明不可能实施，申请人采用具体“放弃”的方式，从上述原数值范围中排除该部分，使得要求保护的技术方案中的数值范围从整体上看来明显不包括该部分，由于这样的修改超出了原说明书和权利要求书记载的范围，因此除非申请人能够根据申请原始记载的内容证明该特征取被“放弃”的数值时，本发明不可能实施，或者该特征取经“放弃”后的数值时，本发明具备新颖性和创造性，否则这样的修改不能被允许。

【案例11】要求保护的技术方案中某一数值范围为 $X_1=600\sim10000$，对比文件公开的技术内容与该技术方案的区别仅在于其所述的数值范围为 $X_2=240\sim1500$。因为 X_1 与 X_2 部分重叠，故该权利要求不具备新颖性。申请人采用具体“放弃”的方式对 X_1 进行修改，排除 X_1 中与 X_2 相重叠的部分，即 $600\sim1500$，将要求保护的技术方案中该数值范围修改为 $X_1>1500$ 至 $X_1=10000$。如果申请人不能根据原始记载的内容和现有技术证明该发明在 $X_1>1500$ 至 $X_1=10000$ 的数值范围相对于对比文件公开的 $X_2=240\sim1500$ 具有创造性，也不能证明 X_1 取 $600\sim1500$ 时，该发明不能实施，则这样的修改不能被允许。

思考题

1. 实质审查的基本内容包括哪些？其中哪些属于实质性缺陷？
2. 确定审查文本时，应当注意哪些原则，符合哪些主要法律条款？
3. 审查员可以依职权修改的范围是什么？

第十二章　审查意见通知书、授予发明专利权通知书和驳回决定

教学目的

通过本章的学习，使学员了解审查意见通知书、授予发明专利权通知书和驳回决定的作用、组成及要求，基本掌握审查意见通知书和驳回决定的撰写。

第一节　审查意见通知书的作用、组成及要求

一、审查意见通知书的作用

审查意见通知书作为实质审查过程中的法律文书，其主要作用如下。

1. 通知和交流作用

在通常情况下，审查员以书面形式和申请人进行交流。

审查员应通过审查意见通知书将申请文件中不符合《专利法》及其实施细则的缺陷和倾向性结论告知申请人，以便申请人有针对性地陈述意见和/或对申请文件进行修改。

2. 证据作用

审查意见通知书和申请人对于审查意见通知书的意见陈述以及申请文件的修改文本将被保存在申请文档中，以备可能的后续程序（例如复审、无效宣告、侵权诉讼等）使用或供公众查阅。

3. 体现请求原则

实质审查程序一般是在申请人提出实质审查请求的前提下启动的。审查只能根据申请人依法正式呈请审查的申请文件进行。因此，在审查意见通知书中，审查员应当明确指出审查所依据的文本，以体现请求原则。

4. 体现听证原则

审查员在作出驳回决定之前，应当给申请人提供至少一次针对驳回所依据的事实、理由和证据陈述意见和/或修改申请文件的机会。即审查员作出驳回决定时，决定中涉

及的驳回所依据的事实、理由和证据应当在之前的审查意见通知书中已经告知过申请人。因此，听证原则是通过审查意见通知书来体现的。

二、审查意见通知书的组成

审查意见通知书包括标准表格、审查意见通知书正文和附件。

（一）标准表格

1. “第一次审查意见通知书”表格

对于国家申请和进入国家阶段的PCT申请，“第一次审查意见通知书”需要使用不同的标准表格。

2. 再次审查意见通知书表格

如果在申请人答复了“第一次审查意见通知书”后，申请文件中仍然存在缺陷，审查员可发出“第二次审查意见通知书”。根据案情的不同，有时候需要多次发出审查意见通知书进行交流。

审查意见通知书表格和填写方式将在下文中作详细介绍。

（二）审查意见通知书正文

审查意见通知书正文是审查意见通知书的重要组成部分。这部分内容的撰写要求和撰写形式将在下文作详细介绍。

（三）附件

附件通常是在通知书正文中引用的对比文件以及其他提供给申请人的参考文件。

三、对审查意见通知书的要求

1. 认定事实清楚、说理充分、结论明确、适用法律正确

认定事实清楚，是指应当正确认定审查结论所基于的事实，通常包括正确确定审查所依据的文本，正确认定申请人要求保护的发明、申请文件中存在的不符合《专利法》及其实施细则的缺陷和本领域公知常识或对比文件所公开的技术内容等。

说理充分，是指在评述申请文件存在的缺陷时，应从事实和证据出发进行分析，必要时应进行合乎逻辑的推理，使审查意见有理有据、令人信服。

结论明确，是指应将审查结论明确地告知申请人，使其能够清楚地了解申请文件中存在的缺陷、克服所述缺陷的可能性以及如何进行恰当的答复。

适用法律正确，是指应当正确引用与审查结论对应的法律条款，向申请人完整、清楚地说明所引用法律条款的具体规定并适当地进行解释。

2. 条理清晰、主次分明、用语规范

条理清晰，一方面是指在撰写每条审查意见时，应当意思明确、符合逻辑，另一方面是指审查意见通知书正文的总体结构应当简明清晰、前后一致，不能相互矛盾。

主次分明，是指当申请文件中存在多类缺陷时，一般情况下，先评述权利要求中存在的缺陷，后评述说明书中存在的缺陷；在评述权利要求中存在的缺陷时，先评述独立权利要求存在的缺陷，后评述从属权利要求存在的缺陷。从缺陷类型上来说，先评述实质性缺陷，后评述形式缺陷；在评述实质性缺陷时，先评述起主导性作用的实质性缺陷，后评述其他实质性缺陷。

用语规范，是指要正确使用法律规范用语，不使用不规范的缩略语；要使用书面用语，不使用口头用语；要客观公正地进行评述，不使用带有个人感情色彩的情绪化措词。

3. 遵循程序节约原则

在对发明专利申请进行实质审查时，审查员应当在不违反请求原则和听证原则的前提下，尽可能地缩短审查过程，即应当在遵循请求原则和听证原则的基础上兼顾程序节约原则。

当申请属于《专利审查指南2023》第2部分第8章第4.8节规定的不全面审查的情况时，在通知书中仅指出对审查结论起主导作用的实质性缺陷即可。此时进一步指出其他次要的实质性缺陷和/或形式缺陷是没有实际意义的。

当申请属于《专利审查指南2023》第2部分第8章第4.7节规定的全面审查的情况时，在“第一次审查意见通知书”中应将申请中存在的不符合《专利法》及其实施细则规定的所有缺陷通知申请人，使申请人尽可能一次克服所有的缺陷，尽量减少发通知书的次数，以利于尽早结案。另外，还应当从整体上考虑程序节约，即不仅要考虑实质审查程序的节约，而且要顾及后续程序的节约。对于有授权前景的发明专利申请，如果在实质审查阶段通过再发一次通知书、电话讨论或依职权修改即可以解决其中存在的问题，则应在实质审查阶段进行处理，以利于该申请尽早获授权，而不应在申请人答复后立即将其驳回，使其不必要地进入复审程序，造成整体程序拖延。

4. 正确使用和填写审查意见通知书标准表格

审查意见通知书标准表格是审查意见通知书必不可少的组成部分。应当正确选用表格，并且在表格中填写的内容应与正文中的相关表述一致。如果表格填写错误，有可能导致申请人不能进行有意义的答复。

第二节　审查意见通知书的撰写

一、审查意见通知书正文的主要撰写方式

根据申请的具体情况和检索结果，审查意见通知书正文可以按照如下五种方式

撰写。

1. **不必检索即可发出审查意见通知书**

《专利审查指南2023》第2部分第8章规定了专利申请的全部主题明显属于该部分第7章第10节情形的，即申请属于《专利法》第5条或第25条规定的不授予专利权的范围、申请不具备《专利法》第22条第4款规定的实用性、申请不符合《专利法》第2条第2款的规定、申请的说明书和权利要求书未对该申请的主题作出清楚完整的说明以致所属技术领域的技术人员不能实现而不符合《专利法》第26条第3款的规定的，则审查员不必检索即可发出“第一次审查意见通知书”。在这种情况下，审查意见通知书正文只需指出主要缺陷并说明理由、结论和法律依据，并在最后指明该申请没有授权前景即可，而不必指出申请文件中可能存在的其他缺陷。

2. **申请虽然可以被授予专利权，但还存在某些不严重的缺陷**

基于节约程序原则，审查员应在审查意见通知书中尽可能全面地指出存在的缺陷，必要时还可以提出供申请人参考的修改建议并进行说明。需要注意的是，审查员在提出修改建议时应当慎重，避免提出错误或不恰当的建议。

3. **申请虽然可以被授予专利权，但还存在较严重的缺陷，而且这些缺陷既涉及权利要求书，又涉及说明书**

审查意见通知书正文一般按照审查意见重要性的顺序撰写。通常，首先阐述对独立权利要求的审查意见，其次是对从属权利要求的审查意见，最后是对说明书及其附图和摘要的审查意见。对说明书的审查意见可以按照《专利法实施细则》第20条规定的顺序加以评述。

独立权利要求必须进行修改的，通常应当要求申请人对说明书的有关部分作相应的修改。如果审查员检索到比申请人在说明书中引证的背景技术更相关的对比文件，则应当允许申请人对说明书背景技术部分作相应的修改，补入该文件的内容。

对于改进型发明，审查员如果检索到一份更恰当的与要求保护的发明技术方案最接近的现有技术文件，则应当要求申请人对独立权利要求重新划界，同时对说明书进行相应的修改。

4. **申请由于不具备新颖性或创造性而不可能被授予专利权**

审查员在通知书正文中，必须对每项权利要求的新颖性或者创造性提出反对意见，首先评述独立权利要求，然后一一评述从属权利要求。但是，在权利要求较多或者审查意见的理由相同的情况下，也可以将从属权利要求分组评述，最后指出说明书中也没有可以取得专利权的实质内容。在这种情况下，审查员在通知书正文中不必指出次要的缺陷和形式方面的缺陷，也不必要求申请人作任何修改。正文中引用的对比文件的内容应当指出其在对比文件中的具体位置。

5. **申请存在单一性缺陷**

① 审查员在阅读申请文件时，立即能判断出申请的主题之间明显缺乏单一性的，

可发出“分案通知书”，要求申请人修改申请文件，并明确告知待申请克服单一性缺陷后再进行审查。

② 审查员在检索后才能确定申请的主题之间缺乏单一性的，如果第一独立权利要求或其从属权利要求具有授权前景，则在通知书正文中应阐述针对第一独立权利要求及其从属权利要求的审查意见，同时指出该申请缺乏单一性的缺陷。

③ 审查员检索后发现第一独立权利要求和其从属权利要求不具备新颖性和创造性，而其他独立权利要求之间缺乏单一性的，在“第一次审查意见通知书”中可先指出第一独立权利要求和其从属权利要求没有授权前景，并同时指出该申请缺乏单一性的缺陷；也可以继续检索和审查其他独立权利要求并给出相应的审查意见。

二、审查意见通知书正文

（一）“第一次审查意见通知书”的内容及要求

即使是简短的审查意见也应有审查意见通知书正文。

审查意见通知书正文一般按照三段式格式撰写，包括起始部分、评述部分和结论部分。

1. 起始部分

起始部分应包括如下内容。

（1）审查依据的文本

起始部分应首先明确审查依据的文本。如果审查依据的文本是申请人原始提交的文本或最后一次提交的修改文本，则因为在审查意见通知书标准表格中已经予以明确标明，所以在正文的起始部分可省略确认审查文本的内容。如果申请人最后一次提交的修改文本不能被接受，在正文的起始部分应具体说明原因；如果申请人提交的多个修改文本均不能被接受，则需要一一指出。最后应明确指出审查所依据的文本。

（2）发明的主题和发明要解决的技术问题

通常，在起始部分应当写明发明的主题和要解决的技术问题。这部分内容一般在说明书中都有明确的记载。如果没有明确记载或者仅有笼统的描述，则审查员应在阅读理解说明书的基础上对上述内容进行确认。

2. 评述部分

评述部分是“第一次审查意见通知书”的核心，主要评述权利要求书和说明书中属于《专利法实施细则》第 59 条所列情形的缺陷；有授权前景时，还应当评述其他形式缺陷。

（1）评述的重点

对发明专利申请进行实质审查的主要任务是确定发明专利申请是否应当被授予专利权以及授予多大范围的专利权，而专利权的保护范围以其权利要求的内容为准，因此，权利要求所要求保护的技术方案是审查的重点。例如，评述发明是否具备新颖性或创造性等均是针对权利要求所要求保护的技术方案进行的。即使评述说明书不符合《专利法》第26条第3款的规定时，针对的也是说明书中对权利要求所要求保护的技术方案没有作出清楚、完整的说明以致所属技术领域的技术人员无法实现的那些内容而言的。

（2）评述的顺序

《专利审查指南2023》第2部分第8章第4.7节对一般情况下的实质审查顺序作了规定。例如，说明书是权利要求的依据。在确定审查文本后应当首先审查说明书是否充分公开了权利要求所要求保护的技术方案，然后再对请求保护的技术方案是否具备新颖性或创造性进行审查。在撰写审查意见通知书正文时，对申请中所存在缺陷的评述顺序通常也应当与审查顺序一致。但是，有时也可以根据具体案情对审查顺序进行调整。例如，当权利要求严重不清楚以致审查员无法确定要求保护的技术方案时，就应当先指出该权利要求不清楚的缺陷。

（3）评述的层次

通常，《专利法实施细则》第59条规定的应当予以驳回的情形属于实质性缺陷。除此之外，申请文件中往往还存在一些形式缺陷，例如说明书的撰写不符合《专利法实施细则》第20条的规定。在评述层次上，应当先评述实质性缺陷，再评述形式缺陷。如果申请中存在的缺陷较多，可采用集中评述同类缺陷的方式撰写审查意见，以便于申请人理解和答复。

3. 结论部分

结论部分是对审查意见的总结，同时表明审查员对整个申请的倾向性意见。通过阅读结论部分，申请人可对其发明申请是否具有授权前景、如何答复意见和进行修改有一个总体把握。如果审查员认为所述缺陷可通过修改而得以克服，则在结论部分还应当提醒申请人注意对申请文件的修改应当符合《专利法》第33条的规定，不得超出原说明书和权利要求书记载的范围。

（二）对各种实质性缺陷的评述方法

1. 评述方法

对于审查意见通知书正文中指出的每一个缺陷，一般可以采用两种方式进行评述。一种方式是首先认定事实，然后进行说理和分析，最后得出结论并阐明法律依据。另一种方式是首先给出审查结论和法律依据，然后认定事实，最后进行说理和分析。无论采用哪种方式，评述中都必须包括事实、理由、证据、结论和法律依据。

2. 对几种典型缺陷的评述

（1）有关新颖性的评述

评述时一般应包括如下内容。

① 简要描述所评述权利要求的主题。

② 描述对比文件的相关内容，包括指出对比文件所披露的技术方案以及所引用的内容在对比文件中的具体位置。

③ 将被评述的权利要求与对比文件的相关内容进行对比，客观地指出两者的技术方案、技术领域、所解决的技术问题和预期效果相同或实质上相同；或者将被评述的权利要求与对比文件的相关内容进行对比，客观地指出其技术方案相同或实质上相同，根据所述技术方案可确定两者适用于相同的技术领域，解决相同的技术问题，并具有相同的预期效果。

④ 明确指出所评述的权利要求不具备新颖性，不符合《专利法》第22条第2款的规定。

如果对比文件是抵触申请，还应当在评述中具体说明其构成抵触申请的理由。

（2）有关创造性的评述

评述时一般应包括如下内容。

① 简要描述所评述权利要求的主题。

② 描述构成最接近的现有技术的对比文件的相关内容，包括指出该对比文件所披露的技术方案以及所引用内容的具体位置。

③ 将权利要求与该对比文件公开的技术方案进行对比，指出区别技术特征，根据由该区别技术特征在要求保护的发明中所能达到的技术效果确定的发明实际要解决的技术问题评述在现有技术中存在技术启示，使得所属技术领域的技术人员显而易见地将所述区别技术特征应用到最接近的现有技术以解决所述技术问题、获得要求保护的技术方案。

④ 明确指出所评述的权利要求不具有突出的实质性特点，不符合《专利法》第22条第3款有关创造性的规定。

需要注意的是，在评述创造性缺陷时，审查员在审查意见通知书中引用的本领域的公知常识应当是确凿的。如果申请人对审查员引用的公知常识提出异议，审查员应当能够提供相应的证据予以证明或说明理由。在审查意见通知书中，审查员将权利要求中对技术问题的解决作出贡献的技术特征认定为公知常识时，通常应当提供证据予以证明。

另外，针对选择发明的创造性进行评述时，通常要针对其技术效果进行分析，进而说明该发明的效果对于所属技术领域的技术人员而言为什么是可预料的。

（3）对于说明书未清楚、完整地公开发明的评述

评述时一般应包括如下内容。

① 概述权利要求所描述的技术方案及该方案所解决的技术问题。

② 针对该方案所要解决的技术问题，指出说明书缺少哪部分内容或哪部分内容描

述得不清楚。

③ 分析所缺少的或不清楚的内容导致所属技术领域的技术人员无法实现其要求保护的发明的原因。

④ 明确指出说明书未清楚和/或完整地公开要求保护的发明，导致所属技术领域的技术人员无法实现该发明，不符合《专利法》第26条第3款的规定。

（4）对于权利要求书没有以说明书为依据的评述

1）权利要求概括得不恰当

如果概括的权利要求包含了申请人推测的内容，而其效果又难于预先确定和评价，则认为这样的概括不恰当，得不到说明书公开内容的支持。如果概括的权利要求使所属技术领域的技术人员有理由怀疑其中的一个或多个并列的技术方案不能解决发明所要解决的技术问题并达到相同的技术效果，则认为该权利要求得不到说明书公开内容的支持。需要注意的是，说明书中的具体实施方式不是对权利要求保护范围的穷举。申请人可以在具体实施方式的基础上进行合理的概括，而这样的概括应当是以现有技术和申请文件中公开的内容为基础的。因此，审查员应当根据实际情况，在充分了解现有技术和本申请公开内容的前提下进行评述。

评述权利要求概括不恰当导致不符合《专利法》第26条第4款的规定时，一般应包括如下内容。

① 简要描述所评述权利要求的主题和所述发明要解决的技术问题。

② 指出权利要求中概括不恰当的技术特征。

③ 结合现有技术指出权利要求概括不恰当，所属技术领域的技术人员无法预见其中某些实施方式也能解决所述技术问题并达到相同或相近的技术效果；或所属技术领域的技术人员可预期其中某些实施方式不能解决所述技术问题。

④ 明确指出该权利要求没有以说明书为依据，不符合《专利法》第26条第4款的规定。

2）权利要求中不恰当地使用了功能性限定的评述

评述权利要求使用功能性限定不恰当导致不符合《专利法》第26条第4款的规定时，一般应包括如下内容。

① 简要描述所评述权利要求的主题和所述发明要解决的技术问题。

② 指出权利要求中不恰当的功能性限定的技术特征。

③ 具体分析所限定的功能是以说明书实施例中记载的特定方式完成的，所属技术领域的技术人员不能明了此功能还可以采用说明书中未提到的其他替代方式来完成；或所属技术领域的技术人员有理由怀疑该功能性限定所包含的一种或几种特定方式不能解决发明要解决的技术问题并达到相同的技术效果。

④ 明确指出该权利要求没有以说明书为依据，不符合《专利法》第26条第4款的

规定。

（5）权利要求不清楚或不简要的评述

评述时一般应包括如下内容。

① 指出权利要求中存在的不清楚或不简要的内容。

② 分析该内容为何导致权利要求未清楚和/或简要地限定要求保护的范围，使申请人明确克服所述缺陷的修改方向。

③ 明确指出所述权利要求的保护范围不清楚和/或不简要，不符合《专利法》第26条第4款的规定。

（6）独立权利要求缺乏必要技术特征的评述

评述时一般应包括如下内容。

① 简要描述所评述权利要求的主题和所述发明要解决的技术问题。

② 根据背景技术和说明书中记载的其他相关内容进行分析，指出哪些技术特征是解决技术问题所必需的，为什么缺少这些技术特征就无法解决所述的技术问题。

③ 指出独立权利要求缺乏必要技术特征，不符合《专利法实施细则》第23条第2款的规定。

④ 要求申请人将缺少的必要技术特征补入该独立权利要求中。

（7）不符合发明定义的评述

《专利法》所称的发明，是对产品、方法或者其改进所提出的新的技术方案。技术方案是对要解决的技术问题所采取的、利用了自然规律的技术手段的集合。在评述要求保护的方案不是《专利法》第2条第2款规定的技术方案时，首先要针对权利要求书并参考说明书对要求保护的方案进行分析，指出其未采用技术手段，或者未利用自然规律，或者未解决技术问题和产生技术效果。简言之，就是从技术问题、技术手段或技术效果的角度加以否定。最后得出所评述的发明专利申请不属于《专利法》第2条第2款规定的技术方案，不是专利保护的客体。

（8）属于《专利法》第5条规定的情形的评述

根据《专利法》第5条的规定，发明创造的公开、使用、制造违反了法律、社会公德或者妨害了公共利益的，以及违反法律、行政法规的规定获取或者利用遗传资源，并依赖该遗传资源完成的发明创造，不能被授予专利权。《专利审查指南2023》第2部分第1章第3节对上述各种情形进行了定义并给出了判断条件。

评述时一般应包括如下内容。

① 根据《专利审查指南2023》中的相关定义和判断条件进行分析，说明申请文件中记载的相关内容为何属于《专利法》第5条规定的不授予专利权的发明创造。

② 指出申请文件中记载的相关内容分别是《专利法》第5条哪一项规定的情形，不能被授予专利权。

（9）属于《专利法》第25条规定的情形的评述

《专利法》第25条第1款规定了六种不授予专利权的客体，即科学发现，智力活动的规则和方法，疾病的诊断和治疗方法，动物和植物品种，原子核变换方法以及用该方法获得的物质和对平面印刷品的图案、色彩或者二者的结合作出的主要起标识作用的设计。在实质审查过程中较常见的情形是智力活动的规则和方法、疾病的诊断和治疗方法。

1）智力活动的规则和方法

《专利审查指南2023》第2部分第1章第4.2节对智力活动的规则和方法作了定义，即指导人们进行思维、表述、判断和记忆的规则和方法。

在评述智力活动的规则和方法时，一般应包括如下内容。

① 简述权利要求要求保护的主题。

② 针对权利要求书并参考说明书来具体分析所述的方案。

③ 根据智力活动的规则和方法的定义进行分析推理，说明所述方案为什么属于智力活动的规则和方法。

④ 指出该权利要求请求保护的方案是智力活动的规则和方法，属于《专利法》第25条第1款第（2）项规定的情形，不能被授予专利权。

2）疾病的诊断和治疗方法

《专利审查指南2023》第2部分第1章第4.3节对疾病的诊断和治疗方法进行了定义，即以有生命的人体或者动物体为直接实施对象，进行识别、确定或消除病因或病灶的过程。

在评述疾病的诊断或治疗方法时，一般应包括如下内容。

① 简述权利要求要求保护的主题。

② 针对权利要求书并参考说明书具体分析要求保护的方案采用了什么手段。

③ 根据《专利审查指南2023》中的相关定义和判断条件进行分析推理，说明所述方案为何属于疾病的诊断或治疗方法。

④ 指出该权利要求请求保护的方案是疾病的诊断方法或疾病的治疗方法，属于《专利法》第25条第1款第（3）项规定的情形，不能被授予专利权。

（10）有关实用性的评述

《专利审查指南2023》第2部分第5章第3.2节对发明或者实用新型专利申请不具备实用性的六种主要情形作出了规定。在评述时，重点是分析要求保护的技术方案属于这六种情形之一，通常应包括如下内容。

① 简述权利要求要求保护的主题。

② 依据权利要求和说明书公开的整体技术内容、具体实施方式，从设计原理或工作原理的角度分析说明所述技术方案为何属于《专利审查指南2023》第2部分第5章

第3.2节规定的不具备实用性的六种主要情形之一。

③ 明确指出所评述的权利要求不具有实用性，不符合《专利法》第22条第4款的规定。

《专利法》第22条第4款中所述的“能够制造或者使用”是分别对产品和方法而言的。权利要求的主题是产品，所述产品必须能够在产业中制造；权利要求的主题是方法，所述方法必须能够在产业中使用。因此，应该根据针对的主题在评述时加以区别对待。

应当注意，发明不能够制造或者使用而不具备实用性是出于客观性的原因。发明由于公开不充分而不能实现，通常是由于主观性的撰写申请文件失误或未完成发明造成的。在评述发明不具备实用性时应注意上述不同，在措词上不要产生混淆。

（11）有关单一性的评述

评述单一性问题的重点在于指出所评述的权利要求之间没有相同或相应的特定技术特征。

对于独立权利要求之间明显不具有单一性的情形，应当在评述时着重指出它们没有记载相同或相应的技术特征，或所包含的相同或相应的技术特征均属于本领域的惯用技术手段，因此不可能存在相同或相应的特定技术特征，然后得出结论并阐明法律依据，即这些权利要求在技术上没有相互关联，不满足《专利法》第31条第1款有关单一性的规定。

对于在检索后才判定权利要求之间不具有单一性的情形，如果第一项独立权利要求具备新颖性和创造性，则在评述时首先根据检索到的现有技术指出第一项独立权利要求的特定技术特征，再指出其他独立权利要求不存在与之相同或相应的特定技术特征，最后得出结论并阐明法律依据；如果第一项独立权利要求及其从属权利要求不具备新颖性和/或创造性，而其他独立权利要求彼此之间不具有单一性，则先评述该第一项独立权利要求及其从属权利要求的新颖性或创造性问题，然后指出其他独立权利要求之间存在的单一性问题。

审查员在通知书中可以进一步告知申请人可以选择的各种弥补缺陷的处理方式，例如修改或删除权利要求。申请人可将所删除的发明进行分案申请。

（12）有关修改超出原说明书和权利要求书记载范围的评述

评述时一般应包括如下内容。

① 指出权利要求书或说明书中哪些修改的内容超出了原说明书和权利要求书记载的范围。

② 在与原申请文件对比的基础上分析说明所修改（增加、改变、删除）的内容未记载在原说明书和权利要求书之中，以及为何不能从原说明书和权利要求书记载的内容直接地、毫无疑义地确定。

③ 指出所修改的内容超出了原权利要求书和说明书记载的范围，不符合《专利法》第33条的规定。

（13）有关避免重复授权的评述

《专利法》第9条第1款规定，同样的发明创造只能授予一项专利权。对于发明或者实用新型，重点在于分析两件或者两件以上申请（或者专利）的权利要求书所限定的技术方案，指出它们的所属技术领域、所解决的技术问题和技术方案相同，预期效果相同，保护范围完全相同，是同样的发明创造。适用《专利法》第9条第1款时，根据不同的情况，评述略有不同。

1）两件专利申请

申请人相同的情形，即同一申请人同日（指申请日，有优先权的指优先权日）就同样的发明创造提出两件专利申请。评述时一般应包括如下内容。

① 将本申请的权利要求与申请人提交的另一件专利申请的权利要求的内容进行比较，指出它们是同样的发明创造。

② 根据《专利法》第9条第1款的规定，要求申请人对保留哪一份申请进行选择，确定要求保留哪一件专利申请；或者对本申请进行修改。

③ 告知申请人，期满不答复的，申请将被视为撤回。经申请人陈述意见或进行修改后，如果两件申请仍然存在保护范围相同的权利要求，两件申请均将被驳回。

申请人不同的情形，即不同申请人同日（指申请日，有优先权的指优先权日）就同样的发明创造分别提出专利申请。评述时一般应包括如下内容。

① 将本申请的权利要求与另一申请人提交的另一件发明专利申请的权利要求的内容进行比较，指出它们是同样的发明创造。

② 根据《专利法实施细则》第47条第1款的规定，通知申请人与另一申请的申请人双方自行协商，确定最后的申请人。

③ 告知申请人，期满不答复的，申请将被视为撤回；如果协商意见不一致，或者任何一方拒绝协商，协商不成，或者经申请人陈述意见或进行修改后，两件申请仍然存在保护范围相同的权利要求，则两件申请将均被驳回。

2）一件专利申请和一项专利权

比较常见的情况是，在对一件专利申请的审查过程中，发现同一申请人同日（指申请日，有优先权的指优先权日）就同样的发明创造提出的另一件专利申请已经被授予专利权。评述一般应包括如下内容。

① 将本申请的权利要求与申请人的另一件专利的权利要求的内容进行比较，指出它们是同样的发明创造。

② 根据《专利法》第9条第1款的规定，告知申请人对本申请进行修改。

③ 告知申请人，期满不答复的，本申请将被视为撤回；经申请人陈述意见或进行

修改后，如果仍然存在保护范围相同的权利要求，本申请将被驳回。

还存在一种特例情况是，如果同一申请人同日（仅指申请日）对同样的发明创造既申请实用新型又申请发明专利的，在先获得的实用新型专利权尚未终止，并且申请人在申请时分别作出说明的，除通过修改发明专利申请外，还可以通过放弃实用新型专利权避免重复授权。评述一般应包括如下内容。

① 将本申请的权利要求与申请人的另一件实用新型专利的权利要求的内容进行比较，指出它们是同样的发明创造。

② 根据《专利法》第 9 条第 1 款的规定，通知申请人进行选择或者修改。

③ 告知申请人，期满不答复的，本申请将被视为撤回；经申请人陈述意见或进行修改后，如果仍然存在保护范围相同的权利要求，本申请将被驳回。如果申请人选择放弃已经授予的实用新型专利权的，应当在答复审查意见通知书时附交放弃实用新型专利权的书面声明。此时，对那件符合授权条件、尚未授权的发明专利申请，应当发出授权通知书，并将放弃上述实用新型专利权的书面声明转至有关审查部门，由专利局予以登记和公告，公告上注明上述实用新型专利权自公告授予发明专利权之日起终止。

（三）申请中几种缺陷并存时通知书的撰写

当一件申请存在多种不符合《专利法》或《专利法实施细则》规定的缺陷时，应当本着“法律条款的引用应便于申请人理解和有针对性地答复”这一原则撰写审查意见通知书。

在“第一次审查意见通知书”中，对于审查员认为不存在实质性缺陷的申请，应当尽可能全面地指出其存在的所有缺陷；对于没有授权前景或授权前景尚不明朗的申请，可以仅评述主导性的实质性缺陷，对次要的实质性缺陷和形式方面的缺陷暂不进行评述。

（1）当一项权利要求存在“不清楚”缺陷的同时还存在其他实质性缺陷

① 如果权利要求严重不清楚以致根本无法确定其所限定的技术主题和保护范围，不能对其进行有意义的检索和审查，则只需针对“不清楚”缺陷进行评述。

② 如果权利要求虽然存在例如措词不恰当或语句不通顺等缺陷，但并不影响对其新颖性或创造性进行评价，或者审查员根据对说明书内容的理解可以合理地判断出申请人实际请求保护的范围时，则应当先评述主导性的实质性缺陷问题，例如不具备新颖性或创造性，再根据申请的授权前景决定是否对“不清楚”缺陷提出审查意见。例如，权利要求存在“不清楚”缺陷但不影响对其技术方案的理解，检索审查后发现其还存在不具有创造性的缺陷，如果该缺陷导致整个申请没有授权前景，则在审查意见通知书中可以只评述“不具备创造性”的缺陷，不必再指出其他缺陷，因为该申请已无授权前景，所以对权利要求中“不清楚”缺陷提出审查意见是没有实际意义的；如果申请人可以通过修改克服“不具备创造性”的缺陷而使得该申请仍有授权的可能，

则在通知书中应先评述不具有创造性的缺陷，再评述“不清楚”缺陷，便于申请人答复及修改，利于尽早结案。

（2）当权利要求同时存在“不具备新颖性或创造性”和“缺少必要技术特征”的缺陷

如果补充相应必要技术特征后，所述技术方案相对于现有技术具备新颖性和创造性，则审查员可根据案情选择适当的审查策略，但一般应在审查意见中指出该独立权利要求的不具备新颖性和/或创造性的缺陷。

（3）当权利要求的一个技术方案同时存在“不具备新颖性或创造性”和“得不到说明书的支持”的缺陷

不宜同时指出这两种缺陷，因为这样做往往会造成审查意见前后矛盾。

（四）再次审查意见通知书正文的内容及要求

需要发出再次审查意见通知书的情形，参见《专利审查指南2023》第2部分第8章第4.11.3.1节。

上述关于“第一次审查意见通知书”正文的撰写方式和要求同样适用于再次审查意见通知书正文的撰写。

需要注意的是，在再次审查意见通知书的起始部分，应说明所提出的审查意见是审查员在认真考虑了申请人陈述的意见和/或修改的申请文件的基础上作出的；评述应针对申请人的意见陈述和/或修改进行，对于前次审查中暂缓评述的缺陷应根据情况继续评述，对于已在前次审查意见通知书中指出但是申请人尚未完全克服的缺陷可根据情况简要说明。

三、审查意见通知书标准表格及其填写方式

（一）“第一次审查意见通知书”标准表格

1. 表头

<table>
<tr><td colspan="2"></td><td>发文日：</td></tr>
<tr><td>申请号：</td><td colspan="2">发文序号：</td></tr>
<tr><td colspan="3">申请人：</td></tr>
<tr><td colspan="3">发明创造名称：</td></tr>
</table>

2. 表格

（1）实质审查的法律依据

表格第1项首先明确了启动实质审查的法律依据。

> 1. □应申请人提出的实质审查请求，根据专利法第 35 条第 1 款的规定，国家知识产权局对上述发明专利申请进行实质审查。
> □根据专利法第 35 条第 2 款的规定，国家知识产权局决定自行对上述发明专利申请进行实质审查。

（2）优先权

表格第 2 项涉及优先权。

> 2. □申请人要求以其在：
> ______专利局的申请日____年____月____日为优先权日，
> ______专利局的申请日____年____月____日为优先权日，
> ______专利局的申请日____年____月____日为优先权日。
> □申请人已经提交了经原受理机构证明的第一次提出的在先申请文件的副本。
> □申请人尚未提交经原受理机构证明的第一次提出的在先申请文件的副本，根据专利法第 30 条的规定视为未要求优先权要求。

如果申请人未要求优先权，则此项不作任何填写。

如果申请人要求了优先权，选中第 1 选项框，并将相关数据填写在下面的输入框中。审查员应将其与请求书中相应的内容进行核对，检查优先权数据是否填写完整、正确。审查员同时应检查文件资料中是否有经原受理机构证明的、第一次提出的在先申请文本的副本，根据情况选中第 2 选项框或第 3 选项框。

（3）对修改文件的审查

表格第 3 项涉及对修改文件的审查。

> 3. □经审查，申请人于____提交的修改文件，不符合专利法实施细则第 57 条第 1 款的规定，不予接受。

该栏仅填写不符合《专利法实施细则》第 57 条第 1 款且不予接受的主动修改文本。

（4）审查文本的确认

表格第 4 项涉及审查文本的确认。

> 4. 审查针对的申请文件：
> □原始申请文件。□分案申请递交日提交的文件。□下列申请文件：
> 申请日提交的原始申请文件的权利要求____、说明书____、附图____、□摘要、□摘要附图；
> 分案申请递交日提交的权利要求____、说明书____、附图____、□摘要、□摘要附图；
> ____年____月____日提交的权利要求____、说明书____、附图____、□摘要、□摘要附图；
> ____年____月____日提交的权利要求____、说明书____、附图____、□摘要、□摘要附图；
> ____年____月____日提交的权利要求____、说明书____、附图____、□摘要、□摘要附图。

该栏中，权利要求以“项”为单位填写、说明书以“段”为单位填写，而附图以

“幅”为单位填写。如果审查依据的是原始申请文件，选中第1选项框。如果审查针对的申请文件并非全部由申请日提交的文件组成，选中第3选项框，并在输入框中填写相应的内容。表格中填写的日期和申请文件各项应完整、准确。

在填写权利要求的项数时应当注意，提交的替换页上涉及的权利要求，无论是否实际改动，均应视为进行了修改。例如，申请人仅修改了权利要求书第2页上的权利要求3，但是提交的替换页上还包括权利要求2和权利要求4的一部分或全部，应当认定为在该日提交了权利要求2～4；说明书替换段落的填写方式与上述权利要求填写方式相同。

（5）检索和引用的对比文件

5. □本通知书是在未进行检索的情况下作出的。

□本通知书是在进行了检索的情况下作出的。

□本通知书引用下列对比文件（其编号在今后的审查过程中继续沿用）：

编号	文件号或名称	公开日期 （或抵触申请的申请日）
		年　月　日
		年　月　日

如果通知书是在未进行检索的情况下作出的，选中第1选项框。

如果通知书是在进行了检索的情况下作出的，选中第2选项框。在通知书正文中引用了对比文件的，还应选中第3选项框，并在下面的文字输入框中填写相关内容。对比文件及其编号应与通知书正文中引用的对比文件及其编号一致。

（6）审查的结论性意见

这一部分总结了审查意见通知书正文中所引用的法律条款，因此，各项填写应当与正文相应内容一致。如果正文的评述中引用的法律条款不在模板所列范围之内，则应当在空白的选项框和文字输入框中填写。

6. 审查的结论性意见：

关于说明书：

□申请的内容属于专利法第5条规定的不授予专利权的范围。

□说明书不符合专利法第26条第3款的规定。

□说明书不符合专利法第33条的规定。

□说明书的撰写不符合专利法实施细则第20条的规定。

□

关于权利要求书：

□权利要求________不符合专利法第2条第2款的规定。

□权利要求________不符合专利法第9条第1款的规定。

□权利要求________不具备专利法第22条第2款规定的新颖性。

续表

□权利要求________不具备专利法第 22 条第 3 款规定的创造性。 □权利要求________不具备专利法第 22 条第 4 款规定的实用性。 □权利要求________属于专利法第 25 条规定的不授予专利权的范围。 □权利要求________不符合专利法第 26 条第 4 款的规定。 □权利要求________不符合专利法第 31 条第 1 款的规定。 □权利要求________不符合专利法第 33 条的规定。 □权利要求________不符合专利法实施细则第 22 条的规定。 □权利要求________不符合专利法实施细则第 23 条的规定。 □权利要求________不符合专利法实施细则第 24 条的规定。 □权利要求________不符合专利法实施细则第 25 条的规定。 □____________ □申请不符合专利法第 26 条第 5 款或者专利法实施细则第 29 条的规定。 □申请不符合专利法第 19 条第 1 款的规定。 □申请不符合专利法实施细则第 11 条的规定。 □分案申请不符合专利法实施细则第 49 条第 1 款的规定。 上述结论性意见的具体分析见本通知书的正文部分。

（7）对整个申请的倾向性意见

这部分内容与审查意见通知书正文的“结论部分”相一致，用于明确告知申请人审查员对整个申请的倾向性意见。

7. 基于上述结论性意见，审查员认为： □申请人应当按照通知书正文部分提出的要求，对申请文件进行修改。 □申请人应当在意见陈述书中论述其专利申请可以被授予专利权的理由，并对通知书正文部分中指出的不符合规定之处进行修改，否则将不能授予专利权。 □专利申请中没有可以被授予专利权的实质性内容，如果申请人没有陈述理由或者陈述理由不充分，其申请将被驳回。 □

当申请具有授权前景时，选中第 1 选项框。

当需要申请人陈述意见或修改后才能确定申请是否具有授权前景时，选中第 2 选项框。

当申请不具有授权前景时，选中第 3 选项框。

如果审查员认为表格中的倾向性意见不能满足需要，还可以在空白的选项框和文字输入框中填写。

（8）申请人的注意事项

这部分内容为告知申请人的注意事项，无须填写。

8. 申请人应注意下列事项： （1）根据专利法第37条的规定，申请人应在收到本通知书之日起的4个月内陈述意见，如果申请人无正当理由逾期不答复，其申请被视为撤回。 （2）申请人对其申请的修改应当符合专利法第33条的规定，不得超出原说明书和权利要求书记载的范围，同时申请人对专利申请文件进行的修改应当符合专利法实施细则第57条第3款的规定，按照本通知书的要求进行修改。 （3）申请人的意见陈述书和/或修改文本应邮寄或递交国家知识产权局专利局受理处，凡未邮寄或递交给受理处的文件不具备法律效力。 （4）未经预约，申请人和/或代理师不得前来国家知识产权局专利局与审查员举行会晤。 （5）对进入实质审查阶段的发明专利申请，在第一次审查意见通知书答复期限届满前（已提交答复意见的除外），主动申请撤回的，可以请求退还50%的专利申请实质审查费。

（9）对正文和附件的说明

如果只有正文，没有附件，则只需填写正文的总页数。

如果有附件，当附件是引用的对比文件时，应当选中相应的选项框并填入对比文件的份数和总页数。当附件是或者还包括提供给申请人参考的文献、申请文件中存在缺陷的标识页等文件，则将相应文件的份数和总页数填写在后面的空白输入框中并选中相应的选项框。表格中所述的份数指的是文件的篇数。

9. 本通知书正文部分共有____页，并附有下述附件： □引用的对比文件的复印件共____份____页。 □____________

3. **署名**

表格最后一页填写审查员的姓名、联系电话和审查部门。

“第一次审查意见通知书”标准表格的空白样表如表12-2-1所示。

表 12－2－1　第一次审查意见通知书

中 华 人 民 共 和 国 国 家 知 识 产 权 局

	发文日：
申请号：	发文序号：
申请人：	
发明创造名称：	

第一次审查意见通知书

1. □应申请人提出的实质审查请求，根据专利法第 35 条第 1 款的规定，国家知识产权局对上述发明专利申请进行实质审查。

□根据专利法第 35 条第 2 款的规定，国家知识产权局决定自行对上述发明专利申请进行实质审查。

2. □申请人要求以其在：

____________________专利局的申请日____年____月____日为优先权日，

____________________专利局的申请日____年____月____日为优先权日，

____________________专利局的申请日____年____月____日为优先权日。

□申请人已经提交了经原受理机构证明的第一次提出的在先申请文件的副本。

□申请人尚未提交经原受理机构证明的第一次提出的在先申请文件的副本，根据专利法第 30 条的规定视为未要求优先权要求。

3. □经审查，申请人于____提交的修改文件，不符合专利法实施细则第 57 条第 1 款的规定，不予接受。

4. 审查针对的申请文件：

□原始申请文件。□分案申请递交日提交的文件。□下列申请文件：

申请日提交的原始申请文件的权利要求____、说明书____、附图____、□摘要、□摘要附图；

分案申请递交日提交的权利要求____、说明书____、附图____、□摘要、□摘要附图；

____年____月____日提交的权利要求____、说明书____、附图____、□摘要、□摘要附图；

____年____月____日提交的权利要求____、说明书____、附图____、□摘要、□摘要附图；

____年____月____日提交的权利要求____、说明书____、附图____、□摘要、□摘要附图。

5. □本通知书是在未进行检索的情况下作出的。

□本通知书是在进行了检索的情况下作出的。

□本通知书引用下列对比文件（其编号在今后的审查过程中继续沿用）：

编号	文件号或名称	公开日期（或抵触申请的申请日）
		年　月　日
		年　月　日
		年　月　日

6. 审查的结论性意见：

关于说明书：

□申请的内容属于专利法第 5 条规定的不授予专利权的范围。

□说明书不符合专利法第 26 条第 3 款的规定。

续表

中华人民共和国国家知识产权局

□说明书不符合专利法第33条的规定。
□说明书的撰写不符合专利法实施细则第20条的规定。
□

关于权利要求书：
□权利要求________不符合专利法第2条第2款的规定。
□权利要求________不符合专利法第9条第1款的规定。
□权利要求________不具备专利法第22条第2款规定的新颖性。
□权利要求________不具备专利法第22条第3款规定的创造性。
□权利要求________不具备专利法第22条第4款规定的实用性。
□权利要求________属于专利法第25条规定的不授予专利权的范围。
□权利要求________不符合专利法第26条第4款的规定。
□权利要求________不符合专利法第31条第1款的规定。
□权利要求________不符合专利法第33条的规定。
□权利要求________不符合专利法实施细则第22条的规定。
□权利要求________不符合专利法实施细则第23条的规定。
□权利要求________不符合专利法实施细则第24条的规定。
□权利要求________不符合专利法实施细则第25条的规定。
□

□申请不符合专利法第26条第5款或者专利法实施细则第29条的规定。
□申请不符合专利法第19条第1款的规定。
□申请不符合专利法实施细则第11条的规定。
□分案申请不符合专利法实施细则第49条第1款的规定。
上述结论性意见的具体分析见本通知书的正文部分。

7. 基于上述结论性意见，审查员认为：
□申请人应当按照通知书正文部分提出的要求，对申请文件进行修改。
□申请人应当在意见陈述书中论述其专利申请可以被授予专利权的理由，并对通知书正文部分中指出的不符合规定之处进行修改，否则将不能授予专利权。
□专利申请中没有可以被授予专利权的实质性内容，如果申请人没有陈述理由或者陈述理由不充分，其申请将被驳回。
□

8. 申请人应注意下列事项：
（1）根据专利法第37条的规定，申请人应在收到本通知书之日起的4个月内陈述意见，如果申请人无正当理由逾期不答复，其申请被视为撤回。
（2）申请人对其申请的修改应当符合专利法第33条的规定，不得超出原说明书和权利要求书记载的范围，同时申请人对专利申请文件进行的修改应当符合专利法实施细则第57条第3款的规定，按照本通知书的要求进行修改。
（3）申请人的意见陈述书和/或修改文本应邮寄或递交国家知识产权局专利局受理处，凡未邮寄或递交给受理处的文件不具备法律效力。
（4）未经预约，申请人和/或代理师不得前来国家知识产权局专利局与审查员举行会晤。
（5）对进入实质审查阶段的发明专利申请，在第一次审查意见通知书答复期限届满前（已提交答复意见的除外），主动申请撤回的，可以请求退还50%的专利申请实质审查费。

9. 本通知书正文部分共有____页，并附有下述附件：
□引用的对比文件的复印件共____份____页。
□__________

审查员　　　　联系电话　　　　审查部门

（二）“第一次审查意见通知书”（进入国家阶段的 PCT 申请）标准表格

该标准表格与普通申请的“第一次审查意见通知书”标准表格的区别主要是第 4 项。审查员应根据具体情况进行填写。

4. □审查是针对原始提交的国际申请的中文文本或中文译文进行的。 □审查是针对下列申请文件进行的： □按进入中国国家阶段时提交的国际申请的中文文本或中文译文， 权利要求____、说明书____、附图____、□摘要、□摘要附图。 □按国际初步审查报告的附件提交的，权利要求____、说明书____、附图____。 □依据专利合作条约第 19 条提交的修改，权利要求____。 □依据专利合作条约第 28 条或者第 41 条提交的修改， 权利要求____、说明书____、附图____。 □依据专利法实施细则第 57 条第 1 款规定进行的修改， 权利要求____、说明书____、附图____、□摘要、□摘要附图。 □下列申请文件： ____年____月____日提交的权利要求____、说明书____、附图____、□摘要、□摘要附图； ____年____月____日提交的权利要求____、说明书____、附图____、□摘要、□摘要附图； ____年____月____日提交的权利要求____、说明书____、附图____、□摘要、□摘要附图。

此外，由于 PCT 申请在国际阶段已经进行了国际检索，因此，在该表格第 5 项中无确认是否进行过检索的选项框。

“第一次审查意见通知书”（进入国家阶段的 PCT 申请）标准表格的空白样表如表 12 - 2 - 2 所示。

表12-2-2　第一次审查意见通知书（进入国家阶段的PCT申请）

中华人民共和国国家知识产权局

	发文日：
申请号：	发文序号：
申请人：	
发明创造名称：	

第一次审查意见通知书
（进入国家阶段的PCT申请）

1. □应申请人提出的实质审查请求，根据专利法第35条第1款的规定，国家知识产权局对上述发明专利申请进行实质审查。
□根据专利法第35条第2款的规定，国家知识产权局决定自行对上述发明专利申请进行实质审查。
2. □申请人要求以其在：
________专利局的申请日____年____月____日为优先权日，
________专利局的申请日____年____月____日为优先权日，
________专利局的申请日____年____月____日为优先权日。
3. □经审查，申请人于____提交的修改文件，不符合专利法实施细则第57条第1款的规定，不予接受。
4. □审查是针对原始提交的国际申请的中文文本或中文译文进行的。
□审查是针对下列申请文件进行的：
□按进入中国国家阶段时提交的国际申请的中文文本或中文译文，
权利要求____、说明书____、附图____、□摘要、□摘要附图。
□按国际初步审查报告的附件提交的，权利要求____、说明书____、附图____。
□依据专利合作条约第19条提交的修改，权利要求____。
□依据专利合作条约第28条或者第41条提交的修改，
权利要求____、说明书____、附图____。
□依据专利法实施细则第57条第1款规定进行的修改，
权利要求____、说明书____、附图____、□摘要、□摘要附图。
□下列申请文件：
____年____月____日提交的权利要求____、说明书____、附图____、□摘要、□摘要附图；
____年____月____日提交的权利要求____、说明书____、附图____、□摘要、□摘要附图；
____年____月____日提交的权利要求____、说明书____、附图____、□摘要、□摘要附图。
5. □本通知书引用下列对比文献（其编号在今后的审查过程中继续沿用）：

编号	文件号或名称	公开日期（或抵触申请的申请日）
		年　月　日
		年　月　日
		年　月　日
		年　月　日

续表

中华人民共和国国家知识产权局

6. 审查的结论性意见：

关于说明书：

□申请的内容属于专利法第 5 条规定的不授予专利权的范围。
□说明书不符合专利法第 26 条第 3 款的规定。
□说明书不符合专利法第 33 条的规定。
□说明书的撰写不符合专利法实施细则第 20 条的规定。
□＿＿＿＿＿＿

关于权利要求书：

□权利要求＿＿＿＿不符合专利法第 2 条第 2 款的规定。
□权利要求＿＿＿＿不符合专利法第 9 条第 1 款的规定。
□权利要求＿＿＿＿不具备专利法第 22 条第 2 款规定的新颖性。
□权利要求＿＿＿＿不具备专利法第 22 条第 3 款规定的创造性。
□权利要求＿＿＿＿不具备专利法第 22 条第 4 款规定的实用性。
□权利要求＿＿＿＿属于专利法第 25 条规定的不授予专利权的范围。
□权利要求＿＿＿＿不符合专利法第 26 条第 4 款的规定。
□权利要求＿＿＿＿不符合专利法第 31 条第 1 款的规定。
□权利要求＿＿＿＿不符合专利法第 33 条的规定。
□权利要求＿＿＿＿不符合专利法实施细则第 22 条的规定。
□权利要求＿＿＿＿不符合专利法实施细则第 23 条的规定。
□权利要求＿＿＿＿不符合专利法实施细则第 24 条的规定。
□权利要求＿＿＿＿不符合专利法实施细则第 25 条的规定。
□＿＿＿＿＿＿

□申请不符合专利法第 26 条第 5 款或者专利法实施细则第 29 条的规定。
□申请不符合专利法第 19 条第 1 款的规定。
□申请不符合专利法实施细则第 11 条的规定。
□分案申请不符合专利法实施细则第 49 条第 1 款的规定。

上述结论性意见的具体分析见本通知书的正文部分。

7. 基于上述结论性意见，审查员认为：

□申请人应当按照通知书正文部分提出的要求，对申请文件进行修改。

□申请人应当在意见陈述书中论述其专利申请可以被授予专利权的理由，并对通知书正文部分中指出的不符合规定之处进行修改，否则将不能授予专利权。

□专利申请中没有可以被授予专利权的实质性内容，如果申请人没有陈述理由或者陈述理由不充分，其申请将被驳回。

□＿＿＿＿＿＿

8. 申请人应注意下列事项：

（1）根据专利法第 37 条的规定，申请人应当在收到本通知书之日起的 4 个月内陈述意见，如果申请人无正当理由逾期不答复，其申请将被视为撤回。

（2）申请人对其申请的修改应当符合专利法第 33 条的规定，不得超出原说明书和权利要求书记载的范围，同时申请人对专利申请文件进行的修改应当符合专利法实施细则第 57 条第 3 款的规定，按照本通知书的要求进行修改。

（3）申请人的意见陈述书和/或修改文本应当邮寄或递交国家知识产权局专利局受理处，凡未邮寄或递交给受理处的文件不具备法律效力。

（4）未经预约，申请人和/或代理师不得前来国家知识产权局与审查员举行会晤。

（5）对进入实质审查阶段的发明专利申请，在第一次审查意见通知书答复期限届满前（已提交答复意见的除外），主动申请撤回的，可以请求退还 50% 的专利申请实质审查费。

9. 本通知书正文部分共有＿＿页，并附有下列附件：

□引用的对比文件的复印件共＿＿份＿＿页。
□＿＿＿＿＿＿

审查员　　　　　　　　联系电话　　　　　　　　审查部门

（三）再次审查意见通知书标准表格

再次审查意见通知书标准表格与“第一次审查意见通知书”标准表格的区别在于下述各项。

1. 确认继续审查的基础

第　次审查意见通知书
1. □审查员已经收到申请人于____年____月____日、____年____月____日提交的意见陈述书，在此基础上审查员对上述专利申请继续进行实质审查。 □根据国家知识产权局于____年____月____日作出的复审决定，审查员对上述专利申请继续进行实质审查。 □

如果继续审查是在前一次审查意见通知书和申请人答复之后进行的，选中第1选项框，并在文字输入框中填写申请人提交“意见陈述书”的日期。

如果继续审查是在国家知识产权局撤销在前的驳回决定、案卷发回实质审查部门后进行的，选中第2选项框，并填写复审决定作出的日期。

2. 对修改文件的审查

表格第2项涉及对修改文件的审查。

2. □经审查，申请人于________提交的修改文件，不符合专利法实施细则第57条第3款的规定，不予接受。

如果申请人在答复审查意见通知书时提交的修改文件中全部或部分修改不是针对通知书指出的缺陷作出的，且这些修改不能被审查员接受，则选定该复选框并填写此修改文件提交的日期。

3. 申请文件的确认

3. 继续审查是针对下列申请文件进行的： □上述意见陈述书中所附的经修改的申请文件。 □前次审查意见通知书所针对的申请文件以及上述意见陈述书中所附的经修改的申请文件替换文件。 □前次审查意见通知书所针对的申请文件。 □上述复审决定所确定的申请文件。 □

当申请人在“意见陈述书”的附件中重新提交了全部申请文件的修改替换页时，选中第1选项框；

当申请人在“意见陈述书”的附件中提交了部分申请文件的修改替换页时，审查文本由前一次审查意见通知书认定的申请文件中未被替换的部分和这些替换页共同组成，选中第 2 选项框；

当申请人仅进行了意见陈述没有进行修改时，选中第 3 选项框；

当审查是根据复审决定继续进行时，选中第 4 选项框。

当继续审查针对的文本不属于上述四种情形时，选中第 5 个选项框，并进行必要的描述。

4. 引用的对比文件

4. □本通知书未引用新的对比文件。

□本通知书引用下列对比文件（其编号续前，并在今后的审查过程中继续沿用）：

编号	文件号或名称	公开日期 （或抵触申请的申请日）
		年　月　日
		年　月　日
		年　月　日
		年　月　日

如果在继续审查过程中没有引用新的对比文件，选中第 1 选项框。

如果在继续审查过程中引用了新的对比文件，选中第 2 选项框，并将引用的对比文件填写在下面的文字输入框中。如果在前的审查意见通知书中引用过对比文件的，新对比文件的编号续前。

再次审查意见通知书标准表格的空白样表如表 12－2－3 所示。

表12-2-3　再次审查意见通知书表格

中华人民共和国国家知识产权局

	发文日：
申请号：	发文序号：
申请人：	
发明创造名称：	

第　次审查意见通知书

1. □审查员已经收到申请人于____年____月____日提交的意见陈述书，在此基础上审查员对上述专利申请继续进行实质审查。

□根据国家知识产权局于____年____月____日作出的复审决定，审查员对上述专利申请继续进行实质审查。

□

2. □经审查，申请人于____提交的修改文件，不符合专利法实施细则第57条第3款的规定，不予接受。

3. 继续审查是针对下列申请文件进行的：

□上述意见陈述书中所附的经修改的申请文件。

□前次审查意见通知书所针对的申请文件以及上述意见陈述书中所附的经修改的申请文件替换文件。

□前次审查意见通知书所针对的申请文件。

□上述复审决定所确定的申请文件。

□

4. □本通知书未引用新的对比文件。

□本通知书引用下列对比文件（其编号续前，并在今后的审查过程中继续沿用）：

编号	文件号或名称	公开日期（或抵触申请的申请日）
		年　月　日
		年　月　日
		年　月　日
		年　月　日

5. 审查的结论性意见：

关于说明书：

□申请的内容属于专利法第5条规定的不授予专利权的范围。

□说明书不符合专利法第26条第3款的规定。

□说明书的修改不符合专利法第33条的规定。

□说明书的撰写不符合专利法实施细则第20条的规定。

□

续表

中华人民共和国国家知识产权局

关于权利要求书：

□权利要求________不符合专利法第 2 条第 2 款的规定。

□权利要求________不符合专利法第 9 条第 1 款的规定。

□权利要求________不具备专利法第 22 条第 2 款规定的新颖性。

□权利要求________不具备专利法第 22 条第 3 款规定的创造性。

□权利要求________不具备专利法第 22 条第 4 款规定的实用性。

□权利要求________属于专利法第 25 条规定的不授予专利权的范围。

□权利要求________不符合专利法第 26 条第 4 款的规定。

□权利要求________不符合专利法第 31 条第 1 款的规定。

□权利要求________的修改不符合专利法第 33 条的规定。

□权利要求________不符合专利法实施细则第 22 条的规定。

□权利要求________不符合专利法实施细则第 23 条的规定。

□权利要求________不符合专利法实施细则第 24 条的规定。

□权利要求________不符合专利法实施细则第 25 条的规定。

□

□申请不符合专利法第 26 条第 5 款或者专利法实施细则第 29 条的规定。

□申请不符合专利法第 19 条第 1 款的规定。

□申请不符合专利法实施细则第 11 条的规定。

□分案申请不符合专利法实施细则第 49 条第 1 款的规定。

上述结论性意见的具体分析见本通知书的正文部分。

6. 基于上述结论性意见，审查员认为：

□申请人应当按照通知书正文部分提出的要求，对申请文件进行修改。

□申请人应当在意见陈述书中论述其专利申请可以被授予专利权的理由，并对通知书正文部分中指出的不符合规定之处进行修改，否则将不能授予专利权。

□专利申请中没有可以被授予专利权的实质性内容，如果申请人没有陈述理由或者陈述理由不充分，其申请将被驳回。

□

7. 申请人应注意下列事项：

（1）根据专利法第 37 条的规定，申请人应在收到本通知书之日起的 2 个月内陈述意见，如果申请人无正当理由逾期不答复，其申请被视为撤回

（2）申请人对其申请的修改应当符合专利法第 33 条的规定，不得超出原说明书和权利要求书记载的范围，同时申请人对专利申请文件进行的修改应当符合专利法实施细则第 57 条第 3 款的规定，按照本通知书的要求进行修改。

（3）申请人的意见陈述书和/或修改文本应当邮寄或递交国家知识产权局专利局受理处，凡未邮寄或递交给受理处的文件不具备法律效力。

（4）未经预约，申请人和/或代理师不得前来国家知识产权局与审查员举行会晤。

8. 本通知书正文部分共有____页，并附有下列附件：

□引用的对比文件的复印件共____份____页。

□

审查员　　　　联系电话　　　　审查部门

第三节 授予发明专利权通知书

一、授予发明专利权通知书的作用

1. 告知申请人发明专利申请经实质审查符合授权条件

《专利法》第39条规定，发明专利申请经实质审查没有发现驳回理由的，国务院专利行政部门应当作出授予专利权的决定。因此，授予发明专利权通知书实际上是一份授权决定。

2. 表明实质审查程序终止

审查员发出“授予发明专利权通知书”，表明本申请的实质审查程序终止。但是，“授予发明专利权通知书”的发出并不等于发明专利的申请人已经获得了专利权。只有在申请人按期办理完登记手续且公告之后，专利权才真正生效。

3. 确定授予专利权的文本

“授予发明专利权通知书”对授权文本进行了确认。该文本是后续程序（如无效宣告程序、侵权诉讼）中的重要法律文件。

二、授予发明专利权通知书标准表格

“授予发明专利权通知书”为标准表格，无正文部分。

（一）“授予发明专利权通知书”标准表格及其填写方式

1. 表头

<table>
<tr><td></td><td>发文日：</td></tr>
<tr><td>申请号：</td><td>发文序号：</td></tr>
<tr><td colspan="2">申请人：</td></tr>
<tr><td colspan="2">发明创造名称：</td></tr>
</table>

2. 表格

（1）授予发明专利权的法律依据和提醒申请人需要办理相关手续

授予发明专利权通知书
1. 根据专利法第39条及专利法实施细则第60条的规定，上述发明专利申请经实质审查，没有发现驳回理由，现作出授予专利权的通知。

续表

> 申请人收到本通知书后，还应当依照办理登记手续通知书的内容办理登记手续。
>
> 申请人按期办理登记手续后，国家知识产权局将作出授予专利权的决定，颁发发明专利证书，并予以登记和公告。
>
> 期满未办理登记手续的，视为放弃取得专利权的权利。
>
> 法律、行政法规规定相应技术的实施应当办理批准、登记等手续的，应依照其规定办理。

（2）授权文本的确认

> 2. 授予专利权的上述发明专利申请是以下列申请文件为基础的：
>
> □原始申请文件。□分案申请递交日提交的文件。□下列申请文件：
>
> 申请日提交的原始申请文件的权利要求____、说明书____、附图____、□摘要、□摘要附图；
>
> 分案申请递交日提交的权利要求____、说明书____、附图____、□摘要、□摘要附图；
>
> ____年____月____日提交的权利要求____、说明书____、附图____、□摘要、□摘要附图；
>
> ____年____月____日提交的权利要求____、说明书____、附图____、□摘要、□摘要附图；
>
> ____年____月____日提交的权利要求____、说明书____、附图____、□摘要、□摘要附图。

如果授权依据的文本是原始申请文件，则选中第 1 选项框。如果授权依据的文本并非全部由申请日提交的文件组成，则选中第 3 选项框，并填写提交日期与相应的内容。表格中填写的日期和申请文件各项应完整、准确。

在填写权利要求的项数时应当注意，提交的替换页上涉及的权利要求，无论是否实际进行过改动，均应视为进行了修改。例如，申请人仅修改了权利要求书第 2 页上的权利要求 3，但是提交的替换页上还包括权利要求 2 和权利要求 4 的一部分或全部，应当认定为在该日提交了权利要求 2 ～ 4；说明书替换段落的填写方式与上述权利要求填写方式相同。

（3）发明名称修改

> 3. 授予专利权的上述发明专利申请的名称：
>
> □未变更。
>
> □由____________________变更为上述发明创造名称。

如果发明名称未修改，选中第 1 选项框；

如果发明名称进行过修改，选中第 2 选项框，在后面的文字输入框中填写修改之前的发明名称。

（4）“放弃专利权声明”的处理

> 4. □申请人于____年____月____日提交专利号为____________________的“放弃专利权声明”，经审查：
>
> □进入放弃专利权的程序。
>
> □未进入放弃专利权的程序。理由是：申请人声明放弃的专利与本发明专利申请不属于相同的发明创造。

为满足《专利法》第9条第1款的规定，同一申请人同日（仅指申请日）对同样的发明创造既申请实用新型又申请发明专利的，在先获得的实用新型专利权尚未终止，并且申请人在申请时分别作出说明的，除通过修改发明专利申请外，还可以通过放弃实用新型专利权避免重复授权。申请人选择放弃已经授予的实用新型专利权的，应当在答复审查意见通知书时附交放弃实用新型专利权的书面声明。

在该项第一行的两个文字输入框中分别填写放弃专利权声明所提交的日期和被放弃专利权的专利号。

如果通过放弃专利权，本专利申请满足了《专利法》第9条的规定，应选中第1选项框，进入放弃专利权的程序；如果申请人在提交放弃专利权声明后，又修改了本专利申请的权利要求，使其与被放弃的专利权不属于相同的发明创造，应选中第2选项框，不进入放弃专利权的程序。

（5）依职权修改

5. □审查员依职权对申请文件修改如下：

审查员根据《专利审查指南2023》第2部分第8章第6.2.2节的规定依职权进行的修改既要在授权文本上作出，也要填写在该项的文字输入框中，明确地告知申请人。

（6）告知申请人，其在申请日后补交的实验数据未包含在授权公告文本中，而且本通知发出后不再受理主动修改

6. □申请人在申请日后补交了实验数据，该数据未包含在授权公告文本中。
注：在本通知书发出后收到的申请人主动修改的申请文件，不予考虑。

普通申请的“授予发明专利权通知书”标准表格的空白样表如表12－3－1所示。

表 12－3－1 授予发明专利权通知书

中华人民共和国国家知识产权局

	发文日：
申请号：	发文序号：
申请人：	
发明创造名称：	

授予发明专利权通知书

1. 根据专利法第 39 条及专利法实施细则第 60 条的规定，上述发明专利申请经实质审查，没有发现驳回理由，现作出授予专利权的通知。
   申请人收到本通知书后，还应当依照办理登记手续通知书的内容办理登记手续。
   申请人按期办理登记手续后，国家知识产权局将作出授予专利权的决定，颁发发明专利证书，并予以登记和公告。
   期满未办理登记手续的，视为放弃取得专利权的权利。
   法律、行政法规规定相应技术的实施应当办理批准、登记等手续的，应依照其规定办理。
2. 授予专利权的上述发明专利申请是以下列申请文件为基础的：
   □原始申请文件。□分案申请递交日提交的文件。□下列申请文件：
   申请日提交的原始申请文件的权利要求____、说明书____、附图____、□摘要、□摘要附图；
   分案申请递交日提交的权利要求____、说明书____、附图____、□摘要、□摘要附图；
   ____年____月____日提交的权利要求____、说明书____、附图____、□摘要、□摘要附图；
   ____年____月____日提交的权利要求____、说明书____、附图____、□摘要、□摘要附图；
   ____年____月____日提交的权利要求____、说明书____、附图____、□摘要、□摘要附图。
3. 授予专利权的上述发明专利申请的名称：
   □未变更。
   □由____________________变更为上述发明创造名称。
4. □申请人于____年____月____日提交专利号为____________________的“放弃专利权声明”，经审查：
   □进入放弃专利权的程序。
   □未进入放弃专利权的程序。理由是：申请人声明放弃的专利与本发明专利申请不属于相同的发明创造。
5. □审查员依职权对申请文件修改如下：

6. □申请人在申请日后补交了实验数据，该数据未包含在授权公告文本中。
   注：在本通知书发出后收到的申请人主动修改的申请文件，不予考虑。

审查员　　　　　　　　　　　　　　审查部门
联系电话

（二）“授予发明专利权通知书”（进入国家阶段的PCT申请）标准表格及其填写方式

该标准表格与普通申请的“授予发明专利权通知书”标准表格的区别主要是第2项对授权文本的确认，应根据实际情况填写。

2. 授予专利权的上述发明专利申请是以下列申请文件为基础的：		
□原始提交的国际申请的中文文本或中文译文进行的。		
□针对下列申请文件进行的：		
	□说明书	第____页，按照进入中国国家阶段时提交的国际申请文件的中文文本；
		第____页，按照专利性国际初步报告附件的中文文本；
		第____页，按照依据专利合作条约第28条或第41条规定所提交的修改文件；
		第____页，按照依据专利法实施细则第57条第1款规定所提交的修改文件；
		第____页，按照____年____月____日所提交的修改文件。
	□	
	□权利要求	第____项，按照进入中国国家阶段时提交的国际申请文件的中文文本；
		第____项，按照依据专利合作条约第19条规定所提交的修改文件的中文文本；
		第____页，按照专利性国际初步报告附件的中文文本；
		第____项，按照依据专利合作条约第28条或第41条规定所提交的修改文件；
		第____项，按照依据专利法实施细则第57条第1款规定所提交的修改文件；
		第____项，按照____年____月____日所提交的修改文件。
	□	
	□附图	第____页，按照进入中国国家阶段时提交的国际申请文件的中文文本；
		第____页，按照专利性国际初步报告附件的中文文本；
		第____页，按照依据专利合作条约第28条或第41条规定所提交的修改文件；
		第____页，按照依据专利法实施细则第57条第1款规定所提交的修改文件；
		第____页，按照____年____月____日所提交的修改文件。
	□	

进入国家阶段的PCT申请的“授予发明专利权通知书”标准表格的空白样表如表12－3－2所示。

表 12－3－2　授予发明专利权通知书（进入国家阶段的 PCT 申请）

中华人民共和国国家知识产权局

	发文日：
申请号：	发文序号：
申请人：	
发明创造名称：	

授予发明专利权通知书
（进入国家阶段的 PCT 申请）

1. 根据专利法第 39 条及专利法实施细则第 60 条的规定，上述发明专利申请经实质审查，没有发现驳回理由，现作出授予专利权的通知。

申请人收到本通知书后，还应当依照办理登记手续通知书的内容办理登记手续。

申请人按期办理登记手续后，国家知识产权局将作出授予专利权的决定，颁发发明专利证书，并予以登记和公告。期满未办理登记手续的，视为放弃取得专利权的权利。

2. 授予专利权的上述发明专利申请是以下列申请文件为基础的：

□原始提交的国际申请的中文文本或中文译文进行的。

□针对下列申请文件进行的：

□说明书　第____页，按照进入中国国家阶段时提交的国际申请文件的中文文本；
第____页，按照专利性国际初步报告附件的中文文本；
第____页，按照依据专利合作条约第 28 条或第 41 条规定所提交的修改文件；
第____页，按照依据专利法实施细则第 57 条第 1 款规定所提交的修改文件；
第____页，按照____年____月____日所提交的修改文件。

□

□权利要求第____项，按照进入中国国家阶段时提交的国际申请文件的中文文本；
第____项，按照依据专利合作条约第 19 条规定所提交的修改文件的中文文本；
第____项，按照专利性国际初步报告附件的中文文本；
第____项，按照依据专利合作条约第 28 条或第 41 条规定所提交的修改文件；
第____项，按照依据专利法实施细则第 57 条第 1 款规定所提交的修改文件；
第____项，按照____年____月____日所提交的修改文件。

□

□附图　第____页，按照进入中国国家阶段时提交的国际申请文件的中文文本；
第____页，按照专利性国际初步报告附件的中文文本；

续表

中华人民共和国国家知识产权局

第____页，按照依据专利合作条约第28条或第41条规定所提交的修改文件；

第____页，按照依据专利法实施细则第57条第1款规定所提交的修改文件；

第____页，按照____年____月____日所提交的修改文件。

□

3. 授予专利权的上述发明专利申请的名称：

□未变更。

□由____________________变更为上述发明创造名称。

4. □申请人于____年____月____日提交专利号为____________________的“放弃专利权声明”，经审查：

□进入放弃专利权的程序。

□未进入放弃专利权的程序。理由是：申请人声明放弃的专利与本发明专利申请不属于相同的发明创造。

5. □审查员依职权对申请文件修改如下：

6. □申请人在申请日后补交了实验数据，该数据未包含在授权公告文本中。

注：在本通知书发出后收到的申请人主动修改的申请文件，不予考虑。

审查员　　　　　　　　　　　　审查部门

联系电话

三、发出授予发明专利权通知书时应做的工作

在发出授予专利权的通知书前，对于申请文件中的某些明显错误，审查员可以依职权进行修改并将所作的修改通知申请人。另外，审查员还应当依次做好下述工作：核对分类号，发生改变的，需经分类裁决负责人核定；确定授权文本；如果发明名称进行了修改或者优先权经核实有变化的，应当进行著录项目变更；如果存在需要避免重复授权的情形，应当进行避免重复授权结论确认。

第四节　驳回决定

一、驳回决定的作用、组成和要求

（一）驳回决定的作用

1. 告知和提示作用

以书面形式告知申请人申请被驳回并说明驳回的理由，提示申请人如果不服可以在法定期限内向专利局复审和无效审理部提出复审请求。

2. 结束实质审查作用

当审查意见通知书中已经指出的申请中存在的不符合《专利法实施细则》第59条规定的缺陷经申请人意见陈述和/或修改后仍未能克服时，审查员根据《专利法》第38条的规定作出驳回决定。如果申请人在法定3个月期限内未提出复审请求，则实质审查程序终止。

3. 证据作用

驳回决定还将保存在申请案件文件资料中，提供给可能出现的后续程序使用或供公众查阅。

（二）驳回决定的组成

驳回决定包括标准表格和驳回决定正文。

（三）对驳回决定的要求

① 驳回必须符合听证原则，并且一般应当在发出“第二次审查意见通知书”之后才能作出。

② 驳回的理由必须属于《专利法实施细则》第59条所列的情形。

③ 审查意见通知书的撰写要求均适用于驳回决定的撰写。此外的要求参见下面的“驳回决定正文”部分。

二、驳回决定正文

驳回决定正文包括案由、驳回的理由和决定三个部分。

（一）案由

案由应当按照时间顺序简要叙述申请的审查过程，特别是与驳回决定有关的情况，一般包括历次的审查意见（包括所采用的证据）和申请人答复的概要、申请所存在的导致被驳回的缺陷以及驳回决定所针对的申请文本。如果驳回的理由是权利要求无新颖性和/或创造性，则一般至少要写出驳回决定所针对的独立权利要求。

案由部分的重点是叙述导致申请被驳回的缺陷，应体现与之对应的事实、理由和证据在实质审查过程中已经给过申请人陈述意见和/或修改申请文件的机会，符合听证原则。

案由部分的撰写要简明扼要、详略得当，对整个审查过程进行清楚完整的归纳和概括。既不能原文照抄历次审查意见通知书和意见陈述书，也不能只叙述历次发出审查意见通知书和提交意见陈述书的时间而不叙述其中涉及的主要观点。

（二）驳回的理由

在驳回的理由部分，审查员应当详细论述驳回决定所依据的事实、理由和证据，尤其应当注意下列各项要求。

① 正确选用法律条款。当可以同时依据《专利法》及其实施细则的不同条款驳回申请时，应当选择其中最为合适、占主导地位的条款作为驳回的主要法律依据，同时，对存在的其他导致驳回的实质性缺陷进行简要评述。例如，当可以同时根据《专利法》第22条第3款和《专利法》第26条第4款驳回申请时，可以选择《专利法》第22条第3款作为占主导地位的法律依据进行评述，同时简要地指出本申请中不符合《专利法》第26条第4款规定的缺陷。

② 以令人信服的事实、理由和证据作为驳回的依据，而且对于这些事实、理由和证据的听证已经符合驳回申请的条件。即如果申请人对申请文件进行了修改，即使修改后的申请文件仍然存在用已通知过申请人的理由和证据予以驳回的缺陷，但只要驳回所针对的事实改变，就应当给申请人再一次陈述意见和/或修改申请文件的机会。但对于此后再次修改涉及同类缺陷的，如果修改后的申请文件仍然存在足以用已通知过申请人的理由和证据予以驳回的缺陷，则审查员可以直接作出驳回决定，无须再次发出审查意见通知书，以兼顾听证原则与程序节约原则。

③ 对于不符合《专利法》第22条规定并且即使经过修改也不可能被授予专利权的申请，应当逐一地对每项权利要求进行分析。首先，由于驳回决定的一个主要作用是告知申请人其申请被驳回，并告知其驳回的理由。因此，只有明确告知申请中存在的缺陷，并根据认定的事实进行充分说理，才有助于申请人理解案情和更好地决定如何应对，或是认同审查员的意见接受被驳回的审查结果，或是对驳回决定不服而提出复审。其次，驳回决定是一个完整的法律文件，是可能进入的后续程序的基础法律文件，因此应独立成篇。即使驳回依据的事实、理由、证据与在前审查意见通知书中的

相应内容相同，也应当在驳回理由中进行详细评述，而不能采取直接引用在前审查意见通知书的撰写方式。

驳回的理由部分是审查员在经过与申请人充分交流后作出的审查意见，因此应当满足充分完整、说理透彻、逻辑严谨、措辞恰当的要求，并且，应当对申请人的争辩意见进行简要评述，不能只援引法律条款或只作出断言。

（三）决定

在决定部分，审查员应当写明驳回的理由属于《专利法实施细则》第59条第×项的情形，并根据《专利法》第38条的规定引出驳回该申请的结论。同时告知申请人相应的救济途径。

三、驳回决定标准表格

（一）对于国家申请的驳回决定的标准表格

1. 表头

	发文日：
申请号：	发文序号：
申请人：	
发明创造名称：	

2. 表格

（1）驳回依据的法律条款

驳　回　决　定
1. 根据专利法第38条及专利法实施细则第59条的规定，决定驳回上述专利申请，驳回的依据是：
□申请不符合专利法第2条第2款的规定。
□申请属于专利法第5条或者第25条规定的不授予专利权的范围。
□申请不符合专利法第9条第1款的规定。
□申请不符合专利法第19条第1款的规定。
□申请不符合专利法第22条第2款的规定。
□申请不符合专利法第22条第3款的规定。
□申请不符合专利法第22条第4款的规定。
□申请不符合专利法第26条第3款或者第4款的规定。
□申请不符合专利法第26条第5款或者专利法实施细则第29条的规定。
□申请不符合专利法第31条第1款的规定。

续表

□申请的修改不符合专利法第33条的规定。 □申请不符合专利法实施细则第11条的规定。 □申请不符合专利法实施细则第23条第2款的规定。 □分案申请不符合专利法实施细则第49条第1款的规定。 □ 详细的驳回理由见驳回决定正文部分（共____页）。

（2）驳回文本的确认

2. 本驳回决定是针对下列申请文件作出的： □原始申请文件。□分案申请递交日提交的文件。□下列申请文件： 申请日提交的原始申请文件的权利要求____、说明书____、附图____、□摘要、□摘要附图； 分案申请递交日提交的权利要求____、说明书____、附图____、□摘要、□摘要附图； ____年____月____日提交的权利要求____、说明书____、附图____、□摘要、□摘要附图； ____年____月____日提交的权利要求____、说明书____、附图____、□摘要、□摘要附图； ____年____月____日提交的权利要求____、说明书____、附图____、□摘要、□摘要附图。

（3）告知申请人可请求复审

告知申请人可根据《专利法》第41条和《专利法实施细则》第65条的规定请求复审。

3. 根据专利法第41条及专利法实施细则第65条的规定，申请人对本驳回决定不服的，可以在收到本决定之日起3个月内向专利局复审和无效审理部请求复审。根据专利法实施细则第113条的规定，复审费应在上述期限内缴纳，期满未缴纳或者未缴足的，视为未提出请求。

对于国家申请的驳回决定的标准表格空白样表如表12-4-1所示。

表 12-4-1　驳回决定

中华人民共和国国家知识产权局

	发文日：
申请号：	发文序号：
申请人：	
发明创造名称：	

驳　回　决　定

1. 根据专利法第 38 条及专利法实施细则第 59 条的规定，决定驳回上述专利申请，驳回的依据是：

□申请不符合专利法第 2 条第 2 款的规定。

□申请属于专利法第 5 条或者第 25 条规定的不授予专利权的范围。

□申请不符合专利法第 9 条第 1 款的规定。

□申请不符合专利法第 19 条第 1 款的规定。

□申请不符合专利法第 22 条第 2 款的规定。

□申请不符合专利法第 22 条第 3 款的规定。

□申请不符合专利法第 22 条第 4 款的规定。

□申请不符合专利法第 26 条第 3 款或者第 4 款的规定。

□申请不符合专利法第 26 条第 5 款或者实施细则第 29 条的规定。

□申请不符合专利法第 31 条第 1 款的规定。

□申请的修改不符合专利法第 33 条的规定。

□申请不符合专利法实施细则第 11 条的规定。

□申请不符合专利法实施细则第 23 条第 2 款的规定。

□分案申请不符合专利法实施细则第 49 条第 1 款的规定。

□

详细的驳回理由见驳回决定正文部分（共____页）。

2. 本驳回决定是针对下列申请文件作出的：

□原始申请文件。□分案申请递交日提交的文件。□下列申请文件：

申请日提交的原始申请文件的权利要求____、说明书____、附图____、□摘要、□摘要附图；

分案申请递交日提交的权利要求____、说明书____、附图____、□摘要、□摘要附图；

____年____月____日提交的权利要求____、说明书____、附图____、□摘要、□摘要附图；

____年____月____日提交的权利要求____、说明书____、附图____、□摘要、□摘要附图；

____年____月____日提交的权利要求____、说明书____、附图____、□摘要、□摘要附图。

3. 根据专利法第 41 条及专利法实施细则第 65 条的规定，申请人对本驳回决定不服的，可以在收到本决定之日起 3 个月内向专利局复审和无效审理部请求复审。根据专利法实施细则第 113 条的规定，复审费应在上述期限内缴纳，期满未缴纳或者未缴足的，视为未提出请求。

审查员　　　　　　　　审查部门

联系电话

（二）对于进入国家阶段的PCT申请的驳回决定的标准表格

该标准表格与普通国家申请的驳回决定标准表格的区别主要是第2项驳回文本的确认，审查员应根据具体情况进行填写。

2. 本驳回决定是针对下列申请文件作出的：
□原始提交的国际申请的中文文本或中文译文进行的。
□下列申请文件进行的：
□按进入中国国家阶段时提交的国际申请的中文文本或中文译文，
权利要求____、说明书____、附图____、□摘要、□摘要附图。
□按国际初步审查报告的附件提交的，权利要求____、说明书____、附图____。
□依据专利合作条约第19条提交的修改，权利要求____。
□依据专利合作条约第28条或者第41条提交的修改，
权利要求____、说明书____、附图____。
□依据专利法实施细则第57条第1款规定进行的修改，
权利要求____、说明书____、附图____、□摘要、□摘要附图。
□下列申请文件：
____年____月____日提交的权利要求____、说明书____、附图____、□摘要、□摘要附图；
____年____月____日提交的权利要求____、说明书____、附图____、□摘要、□摘要附图；
____年____月____日提交的权利要求____、说明书____、附图____、□摘要、□摘要附图。

对于进入国家阶段的PCT申请的驳回决定的标准表格空白样表如表12－4－2所示。

表 12-4-2　驳回决定（进入国家阶段的 PCT 申请）

中华人民共和国国家知识产权局

	发文日：
申请号：	发文序号：
申请人：	
发明创造名称：	

驳　回　决　定
（进入国家阶段的 PCT 申请）

1. 根据专利法第 38 条及专利法实施细则第 59 条的规定，决定驳回上述专利申请，驳回的依据是：

□申请不符合专利法第 2 条第 2 款的规定。

□申请属于专利法第 5 条或者第 25 条规定的不授予专利权的范围。

□申请不符合专利法第 9 条第 1 款的规定。

□申请不符合专利法第 19 条第 1 款的规定。

□申请不符合专利法第 22 条第 2 款的规定。

□申请不符合专利法第 22 条第 3 款的规定。

□申请不符合专利法第 22 条第 4 款的规定。

□申请不符合专利法第 26 条第 3 款或者第 4 款的规定。

□申请不符合专利法第 26 条第 5 款或者实施细则第 29 条的规定。

□申请不符合专利法第 31 条第 1 款的规定。

□申请的修改不符合专利法第 33 条的规定。

□申请不符合专利法实施细则第 11 条的规定。

□申请不符合专利法实施细则第 23 条第 2 款的规定。

□分案申请不符合专利法实施细则第 49 条第 1 款的规定。

□

详细的驳回理由见驳回决定正文部分（共____页）。

2. 本驳回决定是针对下列申请文件作出的：

□原始提交的国际申请的中文文本或中文译文进行的。

□下列申请文件进行的：

□按进入中国国家阶段时提交的国际申请的中文文本或中文译文，

权利要求____、说明书____、附图____、□摘要、□摘要附图。

续表

中华人民共和国国家知识产权局

□按国际初步审查报告的附件提交的，权利要求____、说明书____、附图____。
□依据专利合作条约第19条提交的修改，权利要求____。
□依据专利合作条约第28条或者第41条提交的修改，
权利要求____、说明书____、附图____。
□依据专利法实施细则第57条第1款规定进行的修改，
权利要求____、说明书____、附图____、□摘要、□摘要附图。
□下列申请文件：
____年____月____日提交的权利要求____、说明书____、附图____、□摘要、□摘要附图；
____年____月____日提交的权利要求____、说明书____、附图____、□摘要、□摘要附图；
____年____月____日提交的权利要求____、说明书____、附图____、□摘要、□摘要附图。

3. 根据专利法第41条及专利法实施细则第65条的规定，申请人对本驳回决定不服的，可以在收到本决定之日起3个月内向专利局复审和无效审理部请求复审。根据专利法实施细则第113条的规定，复审费应在上述期限内缴纳，期满未缴纳或者未缴足的，视为未提出请求。

审查员　　　　　　　　　　　　　　审查部门
联系电话

第五节　审查意见通知书和驳回决定示例

本节通过一个具体的示例说明审查意见通知书和驳回决定的撰写。

一、要审查的申请文件

（1）申请号：××××××××××

（2）公开号：CN××××××××××

（3）分类号：B22D 35/00

（4）发明名称：混铁车

（5）摘要及摘要附图

一种混铁车，由走行装置、台架、倾翻机构、罐体构成，其特点是罐体外形中间为圆筒，两端各有一支撑圆筒，两者之间用圆锥筒焊接而成。支撑圆筒内装有可拆卸的端盖，支撑圆筒外装有承重滚圈，传动侧装有链轮，链条与倾翻机构连接，每辆车的台架座在两套走行装置上，罐体由两端支撑圆筒下的台架托起，倾翻机构装在传动侧台架上。本发明传动平稳、振动噪声小、传动效率高，打开两侧端盖，易于空气流通和拆砖机进入罐体操作，缩短维修时间。

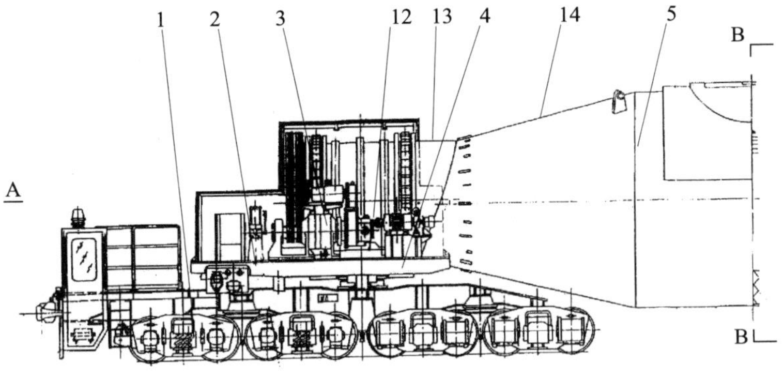

续表

权利要求书

1. 一种混铁车，由走行装置（1）、台架（2）、倾翻机构（7）、罐体（5）组成，每辆车有两组台架（2），台架（2）安放在两套走行装置上，罐体（5）由两端台架（2）托起，倾翻机构（7）装在传动侧台架（2）上，其特征在于上述罐体（5）外形中间为圆筒，两端各有一个支撑圆筒（13），两者之间用圆锥筒（14）连接焊在一起而成，两端支撑圆筒（13）内装有可拆卸的端盖（11），支撑圆筒（13）外装有承重滚圈（6），传动侧支撑圆筒（13）外装有链轮（10），链轮（10）用链条（9）连接倾翻机构（7）。
2. 根据权利要求1所述的一种混铁车，其特征在于倾翻装置（7）布置在支撑圆筒（13）的两侧，每侧分别至少由一台以上电动机（3）、减速机（4）传动，减速机（4）的输出轴链轮（8）分别从两侧用链条（9）与罐体（5）上的链轮（10）连接。

续表

说明书

混铁车

技术领域

［0001］混铁车是冶金企业运送高炉铁水至炼钢厂或炼铁厂进行炼钢或浇注铁块的专用车辆，又可当混铁炉作为脱硫容器，它是一种冶金车辆。

背景技术

［0002］现有的混铁车是一种鱼雷型混铁车，它主要由罐体装置，倾翻机构，主、从动端台架装置和走行装置组成。罐体制成鱼雷型，中间有一开口，是用来浇注铁水的罐口，罐体的两端焊有耳轴，耳轴承受罐体、耐火砖和铁水重量，罐体两端耳轴通过滑动轴承座与主、从动端台架连在一起，主动端台架上装有倾翻装置，它由电动机、减速机传动，减速机输出轴的直齿轮与罐体端部齿轮啮合而转动罐体，就可从罐口浇注铁水。主、从动端台架下面各装有一套走行装置，构成了鱼雷型混铁车。

［0003］上述的鱼雷型混铁车有如下缺点，倾翻机构采用直齿开啮合传动，其工作时噪声和振动较大，对中心距啮合条件的要求也严格，倾翻旋转是通过耳轴与轴承座滑动摩擦实现的，从而加大了摩擦力，降低了传动效率。

［0004］鱼雷型罐体由于两端不能开盖通风，车体内的高温在短时间内不能冷却，而且维修时罐体内的拆砖、废砖运出和新砖运入基本上靠人工体力劳动，无法实现机械化操作，使维修时间过长，作业条件恶劣。

发明内容

［0005］本发明的目的在于提供一种新型混铁车，以改善混铁车操作使用环境，减少倾翻阻力，提高传动效率，降低维修劳动强度，缩短维修时间。

［0006］本发明所设计的新型混铁车，由走行装置、台架、倾翻机构、罐体组成，每辆车有两组台架，台架安放在两套走行装置上，罐体由台架托起，倾翻机构装在传动侧台架上，其特征在于上述罐体外型中间为圆筒，两端各有一个支撑圆筒，中间圆筒与支撑圆筒两者之间用圆锥筒连接焊在一起而成，两端支撑圆筒内装有可拆卸的端盖，支撑圆筒外装有承重滚圈，传动侧支撑圆筒外装有链轮，链轮用链条连接倾翻机构。

续表

［0007］上述倾翻机构传动采用内导式齿形链，链条通过大小链轮把整个装置连接在一起，它有传动平稳、振动和噪声低的优点，特别是倾翻机构布置在支撑圆筒的两侧，每侧至少由一台以上电动机、减速机传动，减速机的输出轴链轮分别从两侧用链条与罐体上的链轮连接传动。

［0008］罐体两端的支撑圆筒的直径最小800mm，最大可做成3000mm，罐体两端的支撑圆筒装有可拆卸的端盖，维修时打开端盖，使空气流通，罐内温度下降快，便于检修，拆砖机杆可以通过两端伸进罐体进行拆砖，小型皮带运输机也可进入罐内进行运送砖块，实现了用机器操作代替人工作业，缩短了维修时间。

［0009］罐体两端的支撑圆筒外部装有滚圈，罐体通过滚圈座放在台架上的马鞍座上，转动罐体使铁水从罐口倒出，滚圈同罐体一起转动，其承载接触是滚子在马鞍座上滚动，减少了倾翻摩擦阻力，提高了传动效率。

［0010］本发明的效果是：

［0011］本发明所提供的筒型混铁车，混铁车的罐体做成筒型，两端支撑圆筒内有可拆卸的端盖，而原有的鱼雷型混铁车，罐体做成鱼雷型，两端设有端盖。

［0012］本发明所提供的筒型混铁车，罐体两端的支撑圆筒上装有滚圈，转动罐体时，是滚圈的滚子在马鞍座上滚动承载，而原有的鱼雷型混铁车是罐体两端装的耳轴，耳轴用轴承座固定在台架上，转动罐体时，耳轴与轴承座滑动摩擦。

［0013］本发明所提供的筒型混铁车，旋转罐体用的倾翻机构是采用内导式齿形链，而鱼雷型混铁车，旋转罐体的倾翻机构是采用直齿开式传动。

［0014］本发明所提供的筒型混铁车，有利于维修时机械化操作，作业环境条件改善，缩短了罐体维修时间。

附图说明

［0015］本发明有如下附图：

［0016］图1为混铁车的主视图；

［0017］图2为混铁车的俯视图；

［0018］图3为混铁车的侧视图。

实施例

续表

[0019] 实施例 1

本发明所述的筒型混铁车，每辆车有两套走行装置 1，在它们上部有台架 2，台架 2 上各有一个马鞍座 12，罐体 5 外形中间为圆筒，两端各有一个支撑圆筒 13，两者之间用圆锥筒 14 连接焊在一起而成，支撑圆筒 13 内的两端装有可拆卸的端盖 11，端盖 11 是用螺栓与支撑圆筒连接的，检修时，可以打开两侧端盖，支撑圆筒外有两个槽，槽内都装有滚圈 6，滚圈 6 由四瓣弧形滚圈用螺栓组装成圆形，传动侧支撑圆筒 13 外装有链轮 10，罐体 5 通过支撑圆筒 13 上的滚圈 6 座在与其对应的马鞍座 12 上，传动侧台架 2 上装有倾翻机构 7，倾翻机构 7 布置在支撑圆筒的两侧，每侧分别由电动机 3、减速机 4 传动，并用螺栓固定在台架 2 上，减速机 4 的输出轴小链轮 8 分别从两侧用链条 9 与罐体 5 上的大链轮 10 连接传动。

[0020] 实施例 2

本发明所述的筒型混铁车，它的走行装置 1、台架 2 及罐体 5 与上述实施例 1 相同。倾翻机构 7 布置在支撑圆筒 13 的两侧，所不同的是每侧分别由两台、三台、四台以上电动机 3、减速机 4 传动，它们分别固定在传动侧台架 2 上，减速机 4 的输出轴小链轮 8 分别从两侧用与其连接的二根、三根、四根以上链条 9 与罐体 5 上的大链轮 10 连接传动。

[0021] 实施例 3

本发明所述的筒型混铁车，它的走行装置 1、台架 2 及罐体 5 与上述实施例 1 相同。所不同的是倾翻机构 7 布置在支撑圆筒 13 的一侧，由一台、二台、三台以上电动机 3、减速机 4 传动，它们分别用螺栓固定在传动侧台架 2 上，减速机 4 的输出轴小链轮 8 用一根、两根或三根以上链条 9 与罐体 5 上装的大链轮 10 连接传动。

[0022] 实施例 4

本发明所述的筒型混铁车，它的走行装置 1、台架 2、倾翻机构 7 与上述实施例 1 相同。所不同的是罐体 5 与支撑圆筒 13 外有一个槽、三个槽或四个以上槽，槽内均装有滚圈 6，滚圈 6 可由二根、三根以上弧型滚圈用螺栓组装成圆形，罐体 5 通过支撑圆筒 13 上的滚圈 6 座在与其对应的马鞍座 12 上。

续表

说明书附图

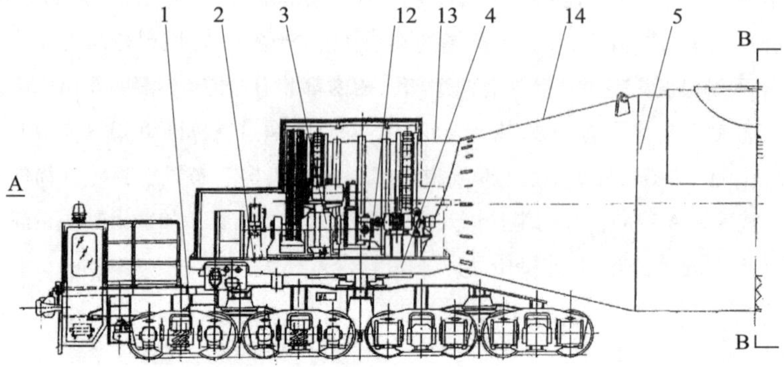

图1

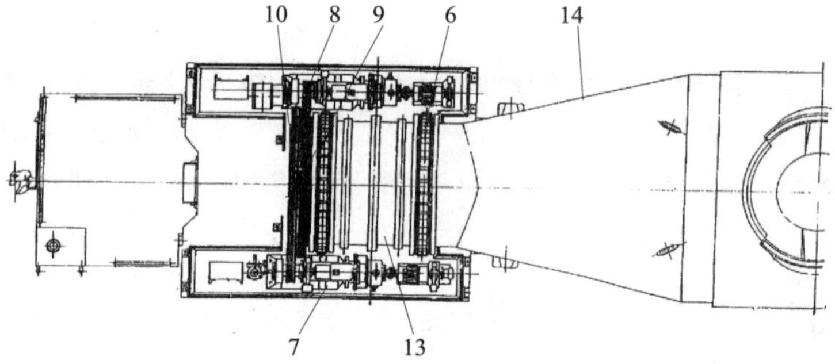

图2

续表

A向

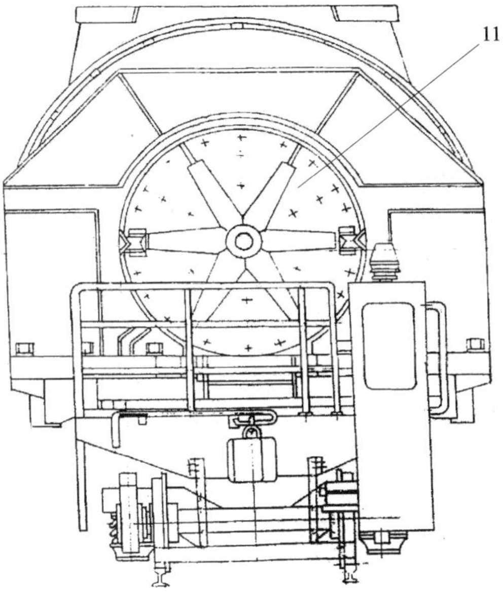

图3

二、对比文件

（1）申请号：××××××××××

（2）公开号：CN×××××××××

（3）分类号：B61D 5/06

（4）发明名称：运送铁水用的铁水罐车

（5）摘要及摘要附图

一种铁水罐车，其全长几乎是同直径的圆筒状结构，其炉体两端有可取下的盖板，利用多轴转向台车支撑炉体两端；多轴转向台车的心盘上载着两组连接梁，包围该台车外侧的主台框架的两端搭载在两组连接梁各组的中央上部的心盘上，在主台框架的心盘上，分别载有支撑台。在支撑筒部的外周嵌入轴承，该轴承装在有多根轴的支撑环上。利用支撑台的圆弧状凹槽承受面支撑该轴承。在一侧的支撑筒部的外侧固定链轮，在和另一侧支撑筒部成为一体的框架的两侧设置驱动装置，设置在该驱动装置输出轴上的链轮和支撑筒部的链轮之间有驱动链连接。

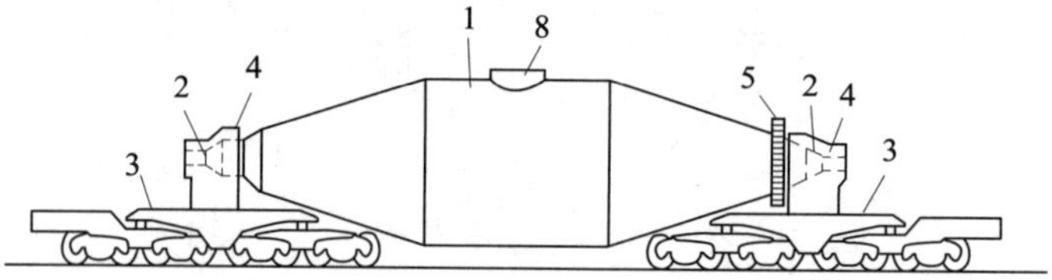

续表

权利要求书
1. 一种铁水罐车，其全长几乎是同直径的圆筒状结构，其炉体两端有可取下的盖板，利用多轴转向台车支撑炉体两端；所述多轴转向台车的心盘上载着两组连接梁，其包围所述多轴转向台车外侧的主台框架的两端搭载在两组连接梁各组的中央上部的心盘上，在所述主台框架的心盘上，分别载有支撑台；在支撑筒部的外周嵌入轴承，所述轴承装在有多根轴的支撑环上；利用所述支撑台的圆弧状凹槽承受面支撑所述轴承；在一侧的所述支撑筒部的外侧固定链轮，在和另一侧所述支撑筒部成为一体的框架的两侧设置驱动装置，设置在所述驱动装置输出轴上的链轮和所述支撑筒部的链轮之间有驱动链连接。

续表

说 明 书

运送铁水用的铁水罐车

技术领域

［0001］本发明涉及一种运送铁水用的铁水罐车，其用途是将高炉铁水运送到转炉等设备。

背景技术

［0002］通常使用的铁水罐车称为鱼雷罐车。该鱼雷罐车如附图1所示，在两端长的圆锥形的鱼雷状的炉体1的两端设置耳轴2，利用多轴转向台车3上的轴承4支撑，在一侧耳轴2上，固定炉体的倾动使用齿轮5完成，该齿轮5如附图2所示，其和台车3上的驱动装置6的小齿轮7啮合，利用驱动装置6的运转，使炉体1倾动，从炉口8流出铁水。通常的鱼雷罐车结构如上所述，是炉体两端移向极端的鱼雷状结构，所以铺砌在其内侧的耐火砖形状需求多样，且砌炉作业极其困难。当炉渣附在耐火砖内面时，有效容积的减少极其明显。铁水罐车的铁水载积量大大降低。铁水温度最高可达1500℃，由于长期使用导致炉体1变形时，倾动用齿轮5也会发生变形，严重影响其与小齿轮的啮合。炉体1的上部中央的炉口8是唯一的开口部，更换耐火砖等维修作业必须全部从炉口8进行。作业环境非常恶劣，作业效率也不高。从铁水从炉体1排出后到温度下降到作业温度需要很长的散热时间，在耐火砖砌筑作业完成后，烘炉时间也很长，存在很多问题。

［0003］日本专利JP49－34326和JP55－32762中描述的铁水罐车如附图3所示。在多轴转向台车11上，载有细长的几乎为圆筒状的炉体12，在两端设置可以取下的闭锁盖13，在更换耐火砖时，取下闭锁盖13从而打开炉体12的两端，而且炉体12内为圆筒状，没有锥状部分，因此需要的耐火砖种类很少，更换耐火砖的作业简单容易，优于鱼雷型的鱼雷罐车。由于炉体12整体位于台车上方，与附图1所示中央部低于台车的鱼雷罐车的炉体1相比，如果两者的炉体和台车的总高度以及炉体长度分别相等，则炉体12的内容积比炉体1的内容积要小，并且存在重心变高的问题。

发明内容

［0004］本发明要解决的技术问题是解决上述铁水罐车的容积问题和炉体倾动驱动手段问题。

［0005］本发明提供一种铁水罐车，其全长几乎是同直径的圆筒状结构，其炉体两端有可取下的盖板，利用多轴转向台车支撑炉体两端，所述多轴转向台车的心盘上载着两组连接梁，包围该多轴转向台车外侧的主台框架的两端搭载在两组连接梁各组的中央上部的心盘上，同时，在该主台框架的心盘上，分别载有支撑台。上述炉体砌筑耐火砖直至可自由取下的盖板的内侧，从盖板内侧至外侧作为支撑筒部，在该支撑筒部的外周嵌入轴承，该轴承装在有多根轴的支撑环上，转动自由，有充分的间隙。利用前述支撑台的圆弧状凹槽承受面支撑该轴承，使之自由回转。在一侧的支撑筒部的外侧固定链轮，在和另一侧支撑筒部成为一体的框架的两侧设置驱动装置，设置在该驱动装置输出轴上的链轮和支撑筒部的链轮之间有驱动链连接。

续表

[0006] 本发明由于采用上述结构，就与前述具有两端可打开的圆筒状炉体的铁水罐车一样，使用的耐火砖种类少，耐火砖的更换作业简单容易，并且还获得了如下本发明特有的效果。

[0007] 在本发明中，承受沉重炉体的多轴转向台车和通常的台车结构完全不同，即，利用连接梁连接二轴或三轴等台车，但是利用主台框架把外侧围起来，能够降低该主台框架的在轨道上的位置。用主台框架支撑的炉体高度也能降低。因此，和附图3所示的通常的铁水罐车相比，车辆的全高被控制在规定的界限内，增大了炉体直径，增加了炉体内容积。

[0008] 炉体的形状全长几乎是同一直径的圆筒形，其两端为开口，用可以自由取下的盖板闭锁，在其内侧砌筑耐火砖。采用本发明，两端部砌筑耐火砖部分的外侧部分设置成中空的支撑筒部，铁水不会进入其内部。因此，即使高温铁水进入炉体内，支撑筒部温度不会过高，因此不会发生高温引起的膨胀、热应变引起的变形。

[0009] 另外，在支撑筒部的外侧，按一定间隔将多根辊装在支撑环上，装在环上的轴承嵌入时有充分的间隙。由于利用主台框架上的支撑台弧状凹槽承受面支撑轴承，因此，即使炉体散热发生膨胀和变形，进而使支撑筒部变形，也不会影响炉体的回转。

[0010] 另外，炉体另一端的外侧，在和链轮成一体的框架上的两侧，一对驱动装置的输出轴上安装的链轮与炉体支撑筒部外侧的链轮之间挂着传动链条，因此，即使万一发生炉体变形，炉体的链轮也变形，也不会影响炉体的驱动。

附图说明

[0011] 图1为称为鱼雷罐车的通常的铁水罐车侧视图。

[0012] 图2为鱼雷罐车的端部平面图。

[0013] 图3为众所周知的鱼雷罐车改造后的铁水罐车的侧视图。

[0014] 图4为本发明的铁水罐车实施例的侧视图。

[0015] 图5为本发明的铁水罐车的剖面图。

[0016] 图6为炉体端部的局部放大剖面侧视图。

[0017] 图7为多轴转向台车的放大侧视图。

[0018] 图8为台车平面图。

续表

［0019］图9为炉体支撑部的部分剖面正视图。

［0020］图10为放大的纵向剖面正视图。

［0021］图11为轴承的部分斜视图。

［0022］其中数字编号的含义如下。

31：	炉体；	32：	多轴转向台车；	34：	支撑筒部；
36、66：	链轮；	39：	盖板；	40：	耐火砖；
43：	二轴台车；	44：	连接梁；	45：	主台框架；
46、50、53：	心盘；	54：	支撑台；	56：	凹槽承受面；
57：	轴承；	58：	支撑环；	59：	辊子；
65：	驱动装置；	67：	传动链；		

具体实施方式

［0023］下面根据附图4至附图11说明本发明的实施例。

［0024］在附图4中，31为炉体，32为支撑该炉体31的两端的多轴转向台车。炉体31为全长几乎同直径的圆筒状结构，两端部为较短的圆锥部33，有若干缩径，圆筒形的中空支撑筒部34整体设置在其外侧，在该筒部34，如附图5、6所示，按一定间隔，将多个台环35固定在圆周方向。另外，另一侧的筒部34作为驱动侧要长一些，在外侧固定宽度较大的链轮36。

［0025］在圆锥部33内，如附图6所示，固定有开口37的端板38，关闭该开口37的盖板39，利用止固螺栓等可取出的手段，固定在端板38上。

［0026］附图6中的40为固定在炉体内的耐火砖，从炉体31的内周到端板38、盖板39的内面均砌筑耐火砖。另外，在炉体31的中央上部设置流出口42。如图所示，两端的多轴转向台车32分别为八轴。该台车的结构如附图7、8所示，把2轴台车43连接在连接梁44的两端为四轴，两组连接梁利用主台框架连接为八轴。

［0027］二轴台车43为通常的台车，连接梁44如附图7、8所示，也是众所周知的，该接梁44的两端载在台车43的心盘46上，能自由回转，并且把轴47从连接梁44两端中央的孔放入心盘48的中央孔内。

续表

［0028］主台框架45如附图8所示，侧部框架48和端部框架49组成方框架形状，搭载在连接端部框架中央的连接梁44的中央上部的心盘50上，把轴51从端部框架49的中央孔放入心盘50的中央孔。 ［0029］把连接梁44的中央部向下方弯曲，尽量降低心盘50的位置，把主台框架48的侧部48位移到台车43的外侧，尽可能降低高度。 ［0030］在主台框架45的中央的梁52的中心，设置心盘53，利用心盘53支撑，支撑台54的中央，转动自由。把轴55从支撑台54的中央孔放入心盘53的中央孔内。 ［0031］在各支撑台54上，如附图9所示，形成弧形凹槽成轴面56。嵌入前述炉体31的支撑筒部34外侧的轴承57，利用承受面支撑。轴承57如附图11所示，在左右一对的支撑环58之间，利用轴60按一定间隔安装大径的多根辊子59，辊径大于环58的半径方向的宽度，回转自由。辊子59的外周面从支撑环59的内外周突出。 ［0032］另外，上述轴承57，如附图10所示，一定间隙地嵌入固定在支撑筒部34的外周的台环38之间。这种间隙不仅仅是位于左右的环35间的间隙，而且是在圆周方向留有充分的间隙。另外，图示中虽作了省略，但是在承受面56上的适当部位，设置多个凸起（齿圈），在该凸起（齿圈）的侧面固定可自由装卸的滑板（滑板由易滑动的材料制造），利用该滑板，支撑台环35的侧面，阻止轴向移动。 ［0033］附图10中的61为在外侧台环35内周全周形成的槽，在该槽61上，连接支撑台54两侧的弧型凸缘62，防止支撑筒部34的上浮。在吊出炉体31时，能将支撑台54和轴55一起吊出。 ［0034］在各支撑台的外周，如附图4、5所示，固定有框架63，在该框架63上，有覆盖前述轴承57等部件的盖板64。 ［0035］链轮36一侧的框架63及盖板很长，在该侧框架63上的两侧设置一对驱动装置65，各驱动装置65由可逆电机和减速机构成。在其输出轴上固定的链轮66和前述链轮36之间，连接无声链式的传动链67。 ［0036］从上述实施例中可以看出，通过取出炉体31两端盖板39，除去内侧的耐火砖40，能够打开炉体31的两端，更换炉体内的耐火砖极其容易。并且，由于支撑筒部34设置在该盖板39的外侧，炉体内的铁水热量很难传导到筒部34，因此其很少发生热变形。即使万一发生支撑筒部变形，由于筒部34和轴承57之间有充分的间隙，轴承57紧紧搭载在支撑台54的弧型凹槽承受面上，所以不影响炉体31的回转。 ［0037］另外，由于筒部34和驱动装置65用传动链67驱动，所以即使链轮36和筒部34多少发生一些变形，如果在链67允许的伸缩范围内，也不会产生影响。 ［0038］另外，多轴转向台车的结构和向上方加载的方式不一样，虽然用连接梁44连接台车43，但是由于用主台框架45将两组梁外侧围起来，在主台框架上又设置了炉体31的两侧支撑机构，所以，能尽量降低轨道面到炉体31的中心之间的距离。因此，尽管炉体31为圆筒状，但是和通常的圆筒状铁水罐车比较，在高度限制范围内，能够获得充分的容量。 ［0039］另外，在实施例中，用8轴的多轴转向台车32支撑炉体31的两端，但是，要进一步增加容量时，可通过把任意一台2轴台车43替换为3轴台车，用9轴以上的多轴转向台车实现。

续表

说明书附图

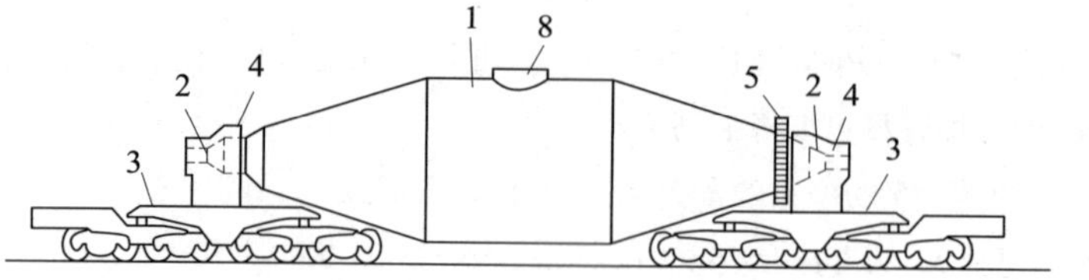

图1

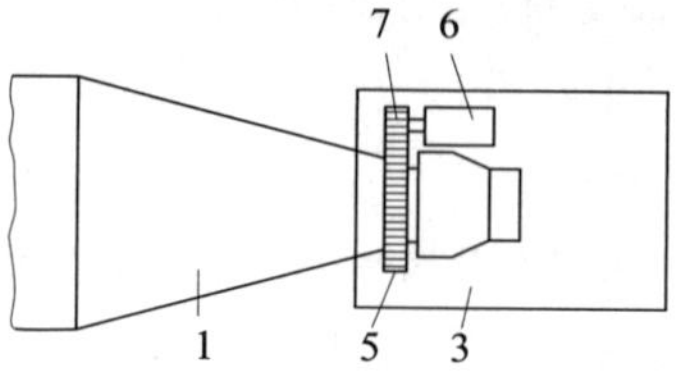

图2

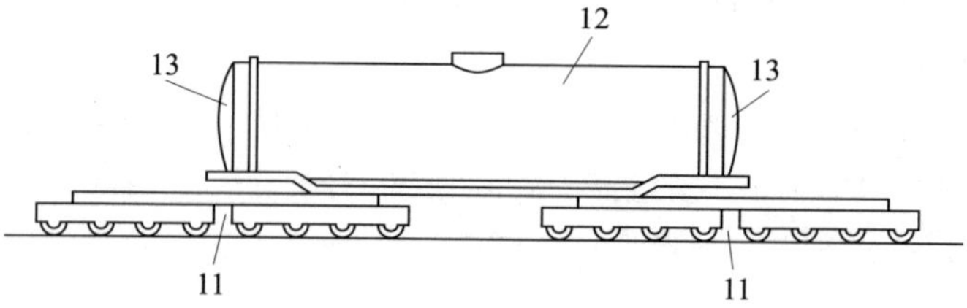

图3

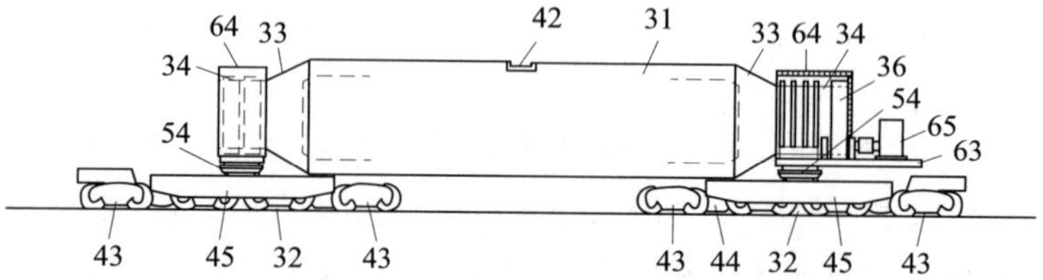

图4

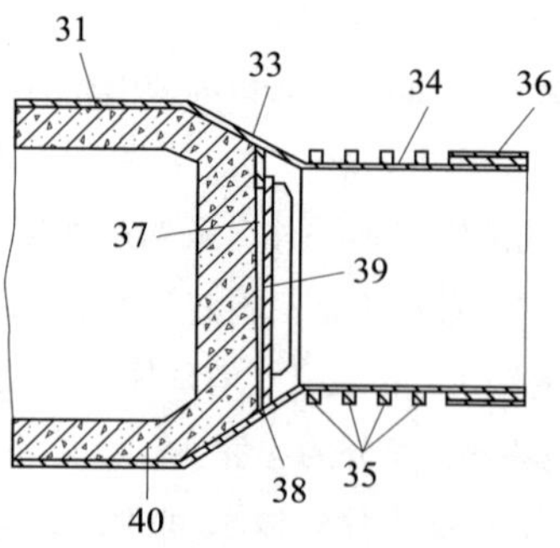

图5

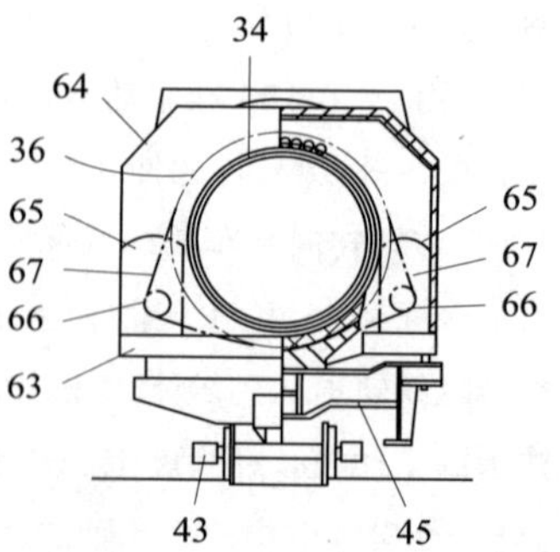

图6

续表

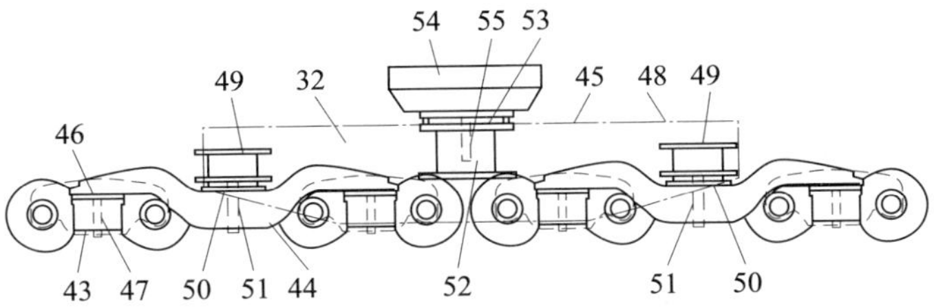

图 7

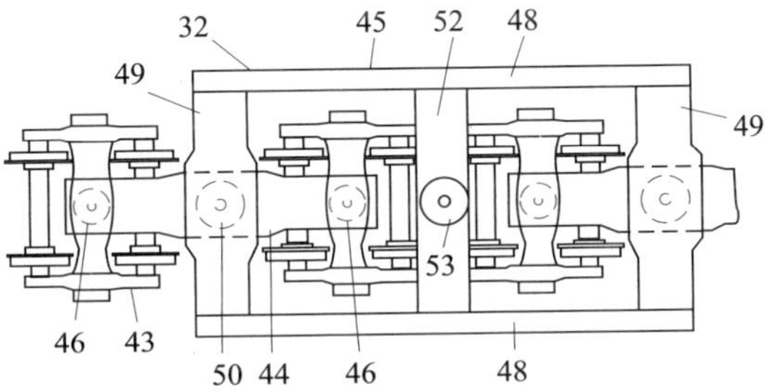

图 8

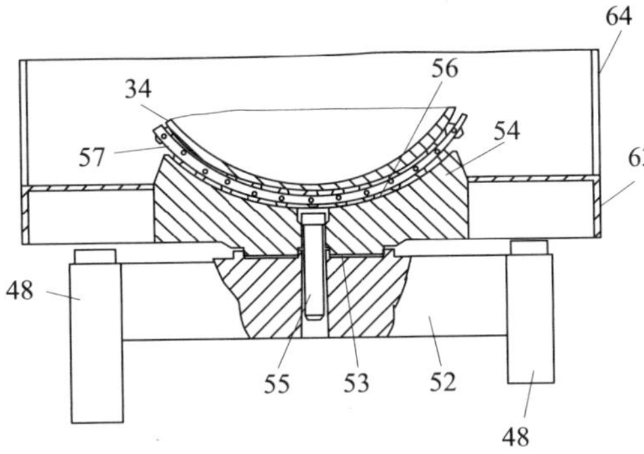

图 9

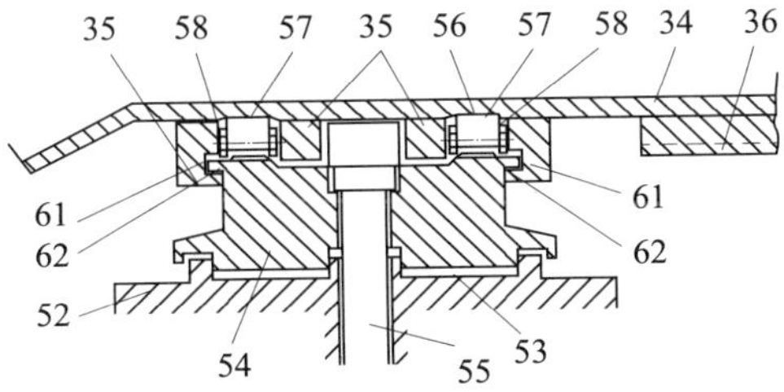

图 10

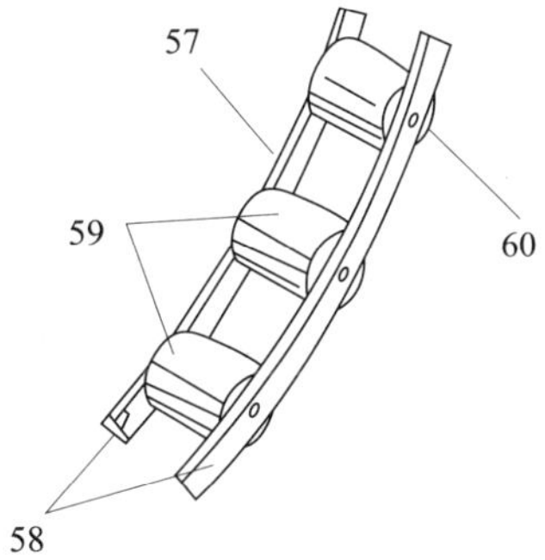

图 11

中华人民共和国国家知识产权局

××××××××××	发文日：×××××××××××
申请号：××××××××××	发文序号：××××××××××
申请人：××××××××××	
发明创造名称：混铁车	

第一次审查意见通知书

1. ☒应申请人提出的实质审查请求，根据专利法第35条第1款的规定，国家知识产权局对上述发明专利申请进行实质审查。

□根据专利法第35条第2款的规定，国家知识产权局决定自行对上述发明专利申请进行实质审查。

2. □申请人要求以其在：

____________专利局的申请日____年____月____日为优先权日，
____________专利局的申请日____年____月____日为优先权日，
____________专利局的申请日____年____月____日为优先权日。

□申请人已经提交了经原受理机构证明的第一次提出的在先申请文件的副本。

□申请人尚未提交经原受理机构证明的第一次提出的在先申请文件的副本，根据专利法第30条的规定视为未要求优先权要求。

3. □经审查，申请人于____提交的修改文件，不符合专利法实施细则第57条第1款的规定，不予接受。

4. 审查针对的申请文件：

☒原始申请文件。□分案申请递交日提交的文件。□下列申请文件：
申请日提交的原始申请文件的权利要求____、说明书____、附图____、□摘要、□摘要附图；
分案申请递交日提交的权利要求____、说明书____、附图____、□摘要、□摘要附图；
____年____月____日提交的权利要求____、说明书____、附图____、□摘要、□摘要附图；
____年____月____日提交的权利要求____、说明书____、附图____、□摘要、□摘要附图；
____年____月____日提交的权利要求____、说明书____、附图____、□摘要、□摘要附图。

5. □本通知书是在未进行检索的情况下作出的。

☒本通知书是在进行了检索的情况下作出的。

☒本通知书引用下列对比文件（其编号在今后的审查过程中继续沿用）：

编号	文件号或名称	公开日期（或抵触申请的申请日）
1	CN××××××××××	××××年××月××日

6. 审查的结论性意见：

关于说明书：

□申请的内容属于专利法第5条规定的不授予专利权的范围。
□说明书不符合专利法第26条第3款的规定。
□说明书不符合专利法第33条的规定。
□说明书的撰写不符合专利法实施细则第20条的规定。
□

续表

中华人民共和国国家知识产权局

关于权利要求书：

□权利要求________不符合专利法第 2 条第 2 款的规定。

□权利要求________不符合专利法第 9 条第 1 款的规定。

□权利要求________不具备专利法第 22 条第 2 款规定的新颖性。

☒权利要求__1，2__不具备专利法第 22 条第 3 款规定的创造性。

□权利要求________不具备专利法第 22 条第 4 款规定的实用性。

□权利要求________属于专利法第 25 条规定的不授予专利权的范围。

□权利要求________不符合专利法第 26 条第 4 款的规定。

□权利要求________不符合专利法第 31 条第 1 款的规定。

□权利要求________不符合专利法第 33 条的规定。

□权利要求________不符合专利法实施细则第 22 条的规定。

□权利要求________不符合专利法实施细则第 23 条的规定。

□权利要求________不符合专利法实施细则第 24 条的规定。

□权利要求________不符合专利法实施细则第 25 条的规定。

□

□申请不符合专利法第 26 条第 5 款或者专利法实施细则第 29 条的规定。

□申请不符合专利法第 19 条第 1 款的规定。

□申请不符合专利法实施细则第 11 条的规定。

□分案申请不符合专利法实施细则第 49 条第 1 款的规定。

上述结论性意见的具体分析见本通知书的正文部分。

7. 基于上述结论性意见，审查员认为：

□申请人应当按照通知书正文部分提出的要求，对申请文件进行修改。

□申请人应当在意见陈述书中论述其专利申请可以被授予专利权的理由，并对通知书正文部分中指出的不符合规定之处进行修改，否则将不能授予专利权。

☒专利申请中没有可以被授予专利权的实质性内容，如果申请人没有陈述理由或者陈述理由不充分，其申请将被驳回。

□

8. 申请人应注意下列事项：

（1）根据专利法第 37 条的规定，申请人应在收到本通知书之日起的 4 个月内陈述意见，如果申请人无正当理由逾期不答复，其申请被视为撤回。

（2）申请人对其申请的修改应当符合专利法第 33 条的规定，不得超出原说明书和权利要求书记载的范围，同时申请人对专利申请文件进行的修改应当符合专利法实施细则第 57 条第 3 款的规定，按照本通知书的要求进行修改。

（3）申请人的意见陈述书和/或修改文本应邮寄或递交国家知识产权局专利局受理处，凡未邮寄或递交给受理处的文件不具备法律效力。

（4）未经预约，申请人和/或代理师不得前来国家知识产权局专利局与审查员举行会晤。

（5）对进入实质审查阶段的发明专利申请，在第一次审查意见通知书答复期限届满前（已提交答复意见的除外），主动申请撤回的，可以请求退还 50% 的专利申请实质审查费。

9. 本通知书正文部分共有__×__页，并附有下述附件：

☒引用的对比文件的复印件共__1__份__×__页。

□____________

审查员 × × ×　　　　联系电话 × × × × × ×　　　　审查部门 × × ×

续表

第一次审查意见通知书正文

申请号：×××××××××

本申请涉及一种混铁车。如本申请说明书所述，其要解决的技术问题是改善混铁车操作使用环境，减少炉体的倾翻阻力，提高传动效率，降低维修的劳动强度，缩短维修时间。经审查，现提出如下审查意见。

1. 权利要求1请求保护一种混铁车。对比文件1（CN××××××××××，公开日：××××××××××，参见其说明书第［0024］段至第［0039］段、附图1—11）公开了一种铁水罐车，包括：

作为走行装置的两组多轴转向台车32；

设置在每组台车32上的主台框架和由心盘和支撑台构成的支撑机构作为台架用于支撑铁水罐两端；

铁水罐由全长几乎同直径的圆筒状炉体31、较短的圆锥部33和圆筒形中空支撑筒部34构成，在圆锥部33内装有可取下的盖板39；

支撑筒部34的外周嵌入轴承（即权利要求1中的承重滚圈），利用支撑台的圆弧状凹槽承受面支撑该轴承，使之自由回转；

在一侧的支撑筒部的外侧固定链轮，在和另一侧支撑筒部成为一体的框架的两侧设置驱动装置（即权利要求1中的倾翻机构），设置在该驱动装置输出轴上的链轮和支撑筒部的链轮之间有驱动链连接（这与权利要求1中的"传动侧支承圆筒13外部装油链轮10，链轮10用链条9连接倾翻机构"结构相同）。

权利要求1所要求保护的技术方案与对比文件1公开的内容相比，区别技术特征在于权利要求1中可拆卸端盖设置在支撑圆筒内，而对比文件1中可拆卸端盖设置在圆锥部。由此可以确定权利要求1实际解决的技术问题是在增大炉体容积的同时便于维修操作。然而，在不改变铁水罐直径的情况下，通过增大其轴向长度来扩大炉体内部容积，并且将端盖设置得靠近铁水罐的两端，更便于维修操作是本领域的常用技术手段。在此教导下，所属技术领域的技术人员为了解决该技术问题，很容易想到通过增大铁水罐的轴向长度，即将可拆卸端盖设置得更靠近铁水罐的两端，例如设置在支撑圆筒内，以扩大炉体容积，同时使得端盖更靠近铁水罐的两端，以便维修和操作。因此，所属技术领域的技术人员在对比文件1的基础上结合上述公知常识得到权利要求1所要求保护的技术方案是显而易见的，该技术方案不具有突出的实质性特点。因此，该权利要求不符合专利法第22条第3款有关创造性的规定。

2. 权利要求2的附加技术特征对权利要求1所述混铁车的倾翻机构作了进一步限定。对比文件1（参见其说明书第［0035］段、附图4和5）进一步公开了驱动装置65设置在支撑筒部34的两侧，并由可逆电机和减速机构成，其输出轴上固定的链轮66分别从两侧通过传动链67与炉体31的支撑筒部34上的链轮36连接。其中，驱动装置65和传动链67分别对应于权利要求2中的倾翻机构和链条。由此可见，权利要求2的附加技术特征已经在对比文件1中公开，在其引用的权利要求1不具备创造性的情况下，该权利要求所限定的技术方案对于所属技术领域的技术人员而言是显而易见的，不具有突出的实质性特点，因此，该权利要求不符合专利法第22条第3款有关创造性的规定。

基于上述事实、证据和理由，本申请的所有权利要求均不具备专利法第22条第3款规定的创造性，同时说明书中也没有记载其他可以授予专利权的实质性内容，因而，即使申请人对权利要求进行重新组合和/或根据说明书记载的内容进一步的限定，本申请也不具备被授予专利权的前景。如果申请人不能在本通知书规定的答复期限内提出表明本申请具有创造性的充分理由，本申请将被驳回。

审查员姓名：×××

审查员代码：×××

意见陈述书

请按照"注意事项"正确填写本表各栏

①专利申请或专利	申请号或专利号×××××××××	本框由国家知识产权局填写 递交日
	发明创造名称　　混铁车	申请号条码
	申请人或专利权人×××××××××	挂号条码

②陈述事项：关于费用的意见陈述请使用意见陈述书（关于费用）

以下选项只能选择一项

☒针对国家知识产权局于××××年××月××日发出的 第一次审查意见 通知书（发文序号××××××××××）陈述意见。

☐针对国家知识产权局于____年____月____日发出的____________通知书（发文序号____________）补充陈述意见。

☐针对国家知识产权局于____年____月____日发出的药品专利权期限补偿审查意见通知书（发文序号____________）陈述意见。

☐主动提出修改（根据专利法实施细则第57条第1款、第2款的规定）

☐公布公告事项

☐其他事宜

③ 陈述的意见：

尊敬的审查员：

具体陈述意见请参见意见陈述书附页。

④附件清单

☐已备案的证明文件备案编号：____________

☐____________

⑤当事人或专利代理机构签字或者盖章	⑥国家知识产权局处理意见
××××××××××专利代理事务所（普通合伙） ××××年××月××日	 年　月　日

续表

尊敬的审查员：

感谢您对本申请进行的认真细致的审查。申请人认真研读了第一次审查意见通知书和对比文件1，现陈述意见如下。

对比文件1公开的铁水罐车，罐车用多轴转向台车支撑炉体两端部，炉体为全长几乎同径的圆筒状结构，两端部为较短的圆锥部，有若干缩径，圆筒形的中孔支撑筒部整体设置在圆锥部的外侧，在圆锥部内，固定有开口的端板，关闭盖开口的盖板用止固螺栓等可取出的手段固定在端板上。由此可知，对比文件1公开的铁水罐车盛装铁水部分仅为中间圆筒部分；将端盖设置在圆锥筒内导致整体结构复杂，安装精度要求高，检修更换困难；为了防止支撑筒因容纳铁水而受热变形影响罐车的倾翻操作，端盖只能安装在圆锥部内，否则该铁水罐车不能正常工作。

然而，本发明所述的混铁车结构与对比文件1的铁水罐车结构不同，主要区别在于端盖安装在支撑圆筒内。该结构使得本发明混铁车的中间圆筒、圆锥筒和支撑圆筒三部分均可容纳铁水，扩大了混铁车的有效容量；端盖设置在支撑筒内，更靠近整个罐体的端部，更便于检修操作；克服了现有技术中端盖不能安装在支撑筒内的技术偏见，支撑圆筒内承载铁水后没有对倾翻操作产生任何不利影响。

综上所述，权利要求1所述的混铁车与对比文件1的铁水罐车相比，克服了现有技术中存在的偏见并取得了有益的技术效果。因此，权利要求1具有专利法第22条第3款规定的创造性。在独立权利要求1具有创造性的基础上，其从属权利要求2也具有创造性。

请审查员在上述意见陈述的基础上继续审查。申请人愿意积极配合审查员的工作。如审查员持不同意见，希望能够再给申请人一次意见陈述和修改的机会。

××××专利代理事务所（普通合伙）

代理师：×××

中华人民共和国国家知识产权局

××××××××××	发文日： ××××××××××

申请号：××××××××××　　发文序号：××××××××××

申请人：××××××××××

发明创造名称：混铁车

第二次审查意见通知书

1. ☒审查员已经收到申请人于××××年××月××日提交的意见陈述书，在此基础上审查员对上述专利申请继续进行实质审查。

☐根据国家知识产权局于____年____月____日作出的复审决定，审查员对上述专利申请继续进行实质审查。

☐

2. ☐经审查，申请人于____提交的修改文件，不符合专利法实施细则第57条第3款的规定，不予接受。

3. 继续审查是针对下列申请文件进行的：

☐上述意见陈述书中所附的经修改的申请文件。

☐前次审查意见通知书所针对的申请文件以及上述意见陈述书中所附的经修改的申请文件替换文件。

☒前次审查意见通知书所针对的申请文件。

☐上述复审决定所确定的申请文件。

☐

4. ☒本通知书未引用新的对比文件。

☐本通知书引用下列对比文件（其编号续前，并在今后的审查过程中继续沿用）：

编号	文件号或名称	公开日期 （或抵触申请的申请日）

5. 审查的结论性意见：

关于说明书：

☐申请的内容属于专利法第5条规定的不授予专利权的范围。

☐说明书不符合专利法第26条第3款的规定。

☐说明书的修改不符合专利法第33条的规定。

☐说明书的撰写不符合专利法实施细则第20条的规定。

☐

关于权利要求书：

☐权利要求________不符合专利法第2条第2款的规定。

☐权利要求________不符合专利法第9条第1款的规定。

☐权利要求________不具备专利法第22条第2款规定的新颖性。

续表

☒权利要求__1，2__不具备专利法第22条第3款规定的创造性。
☐权利要求________不具备专利法第22条第4款规定的实用性。
☐权利要求________属于专利法第25条规定的不授予专利权的范围。
☐权利要求________不符合专利法第26条第4款的规定。
☐权利要求________不符合专利法第31条第1款的规定。
☐权利要求________的修改不符合专利法第33条的规定。
☐权利要求________不符合专利法实施细则第22条的规定。
☐权利要求________不符合专利法实施细则第23条的规定。
☐权利要求________不符合专利法实施细则第24条的规定。
☐权利要求________不符合专利法实施细则第25条的规定。
☐

☐申请不符合专利法第26条第5款或者专利法实施细则第29条的规定。
☐申请不符合专利法第19条第1款的规定。
☐申请不符合专利法实施细则第11条的规定。
☐分案申请不符合专利法实施细则第49条第1款的规定。

上述结论性意见的具体分析见本通知书的正文部分。

6. 基于上述结论性意见，审查员认为：

☐申请人应当按照通知书正文部分提出的要求，对申请文件进行修改。

☐申请人应当在意见陈述书中论述其专利申请可以被授予专利权的理由，并对通知书正文部分中指出的不符合规定之处进行修改，否则将不能授予专利权。

☒专利申请中没有可以被授予专利权的实质性内容，如果申请人没有陈述理由或者陈述理由不充分，其申请将被驳回。

☐

7. 申请人应注意下列事项：

（1）根据专利法第37条的规定，申请人应当在收到本通知书之日起的2个月内陈述意见，如果申请人无正当理由逾期不答复，其申请将被视为撤回。

（2）申请人对其申请的修改应当符合专利法第33条的规定，不得超出原说明书和权利要求书记载的范围，同时申请人对专利申请文件进行的修改应当符合专利法实施细则第57条第3款的规定，按照本通知书的要求进行修改。

（3）申请人的意见陈述书和/或修改文本应当邮寄或递交国家知识产权局专利局受理处，凡未邮寄或递交给受理处的文件不具备法律效力。

（4）未经预约，申请人和/或代理师不得前来国家知识产权局与审查员举行会晤。

8. 本通知书正文部分共有_×_页，并附有下列附件：

☐引用的对比文件的复印件共____份____页。
☐

审查员×××　　　　联系电话××××××××　　　　审查部门×××

续表

第二次审查意见通知书正文

申请号：×××××××××

申请人于××××年××月××日提交了意见陈述，审查员在阅读了上述文件后，对本申请继续审查，提出如下审查意见。

申请人在意见陈述中指出，本申请涉及的混铁车克服了现有技术存在的端盖只能安装在圆锥部内，而不能安装于支撑筒内，否则铁水罐车的支撑筒会由于容纳铁水而受热变形，影响罐车的倾翻操作的技术偏见。

对于克服了技术偏见的发明，应当在说明书中对现有技术存在的技术偏见有所记载，或者有其他证据证明存在技术偏见，并解释为什么该发明克服了偏见，新的技术方案与偏见之间的差距以及为克服所述偏见所采用的技术手段。

对于申请人所述的“端盖只能安装在圆锥部”的技术偏见，在本申请的说明书中并未记载，本申请要解决的技术问题也不在于克服该技术偏见。其次，申请人在意见陈述中也没有提供其他证据证明确实客观存在这样的技术偏见，而仅根据对比文件1没有采用将端盖安装在支撑筒内的技术方案也不足以证明现有技术中存在所述技术偏见。由此可见，本申请不属于克服技术偏见的情形。

因此，在对比文件1的基础上，结合本领域的公知常识，将端盖从圆锥部内移动到支撑筒内，使得炉体的轴向长度增加，以扩大整个罐体容纳铁水的空间，从而使得端盖更靠近铁水罐的两端，以便于维修操作，这对于所属技术领域的技术人员而言是容易想到的。这种改变不具有突出的实质性特点，也没有取得任何预料不到的技术效果。因此，权利要求1和2不具有专利法第22条第3款规定的创造性。针对权利要求1和2不具备创造性的具体评述理由参见××××年××月××日第一次审查意见通知书的相应内容。

基于上述理由，本申请的所有权利要求均不具备专利法第22条第3款规定的创造性，同时说明书中也没有记载其他可以被授予专利权的实质性内容，因而，即使申请人对权利要求进行重新组合和/或根据说明书记载的内容进一步的限定，本申请也不具备被授予专利权的前景。如果申请人不能在本通知书规定的答复期限内提出表明本申请具有创造性的充分理由，本申请将被驳回。

审查员姓名：×××

审查员代码：×××

意见陈述书

请按照“注意事项”正确填写本表各栏

<table>
<tr><td rowspan="3">①专利申请或专利</td><td>申请号或专利号××××××××××</td><td rowspan="3">本框由国家知识产权局填写
递交日

申请号条码

挂号条码</td></tr>
<tr><td>发明创造名称　混铁车</td></tr>
<tr><td>申请人或专利权人××××××××××</td></tr>
<tr><td colspan="3">②陈述事项：关于费用的意见陈述请使用意见陈述书（关于费用）
以下选项只能选择一项
☒针对国家知识产权局于××××年××月××日发出的 第二次审查意见 通知书（发文序号×××××××××××）陈述意见。
☐针对国家知识产权局于____年____月____日发出的____________通知书（发文序号____________）补充陈述意见。
☐针对国家知识产权局于____年____月____日发出的药品专利权期限补偿审查意见通知书（发文序号____________）陈述意见。
☐主动提出修改（根据专利法实施细则第57条第1款、第2款的规定）
☐公布公告事项
☐其他事宜</td></tr>
<tr><td colspan="3">③ 陈述的意见：

尊敬的审查员：
具体陈述意见请参见意见陈述书附页。</td></tr>
<tr><td colspan="3">④附件清单
☐已备案的证明文件备案编号：____________
☐____________</td></tr>
<tr><td colspan="2">⑤当事人或专利代理机构签字或者盖章
××××××××××专利代理事务所（普通合伙）

××××年××月××日</td><td>⑥国家知识产权局处理意见

年　月　日</td></tr>
</table>

续表

尊敬的审查员：

感谢您对本申请进行的认真细致的审查。申请人认真研读了第二次审查意见通知书和对比文件1，针对审查员提出的审查意见，现作出如下意见陈述。

根据对比文件1公开的铁水罐车的结构，其端盖必须设置在圆锥筒内进而将铁水限制在炉体中，以保证支撑筒不受热变形。由此可见，现有技术确实存在技术偏见，即铁水不能容纳在支撑筒内，否则易使支撑筒变形，影响倾翻操作。

而本申请权利要求1所述的混铁车结构与对比文件1的铁水罐车结构完全不同，将端盖安装在支撑筒内，不但扩大了容纳铁水的容积，更便于维修操作，取得了有益的效果，而且更有利于提高罐体的整体结构强度，降低罐体锥形筒两侧根部的应力和变形，保证了倾翻操作的正常进行，克服了现有技术存在的技术偏见。

因此，本申请具有创造性，符合专利法第22条第3款的规定。

请审查员在上述意见陈述的基础上继续审查。申请人愿意积极配合审查员的工作。如审查员不同意申请人的意见陈述，希望能够再给申请人一次意见陈述和修改的机会。

××××专利代理事务所（普通合伙）

代理师：×××

中华人民共和国国家知识产权局

××××××××× [条形码] [条形码]	发文日： ×××××××××
申请号：×××××××××	发文序号：×××××××××
申请人：×××××××××	
发明创造名称：混铁车	

驳 回 决 定

1. 根据专利法第38条及专利法实施细则第59条的规定，决定驳回上述专利申请，驳回的依据是：

□申请不符合专利法第2条第2款的规定。

□申请属于专利法第5条或者第25条规定的不授予专利权的范围。

□申请不符合专利法第9条第1款的规定。

□申请不符合专利法第19条第1款的规定。

□申请不符合专利法第22条第2款的规定。

☒申请不符合专利法第22条第3款的规定。

□申请不符合专利法第22条第4款的规定。

□申请不符合专利法第26条第3款或者第4款的规定。

□申请不符合专利法第26条第5款或者专利法实施细则第29条的规定。

□申请不符合专利法第31条第1款的规定。

□申请的修改不符合专利法第33条的规定。

□申请不符合专利法实施细则第11条的规定。

□申请不符合专利法实施细则第23条第2款的规定。

□分案申请不符合专利法实施细则第49条第1款的规定。

□

详细的驳回理由见驳回决定正文部分（共×页）。

2. 本驳回决定是针对下列申请文件作出的：

☒原始申请文件。□分案申请递交日提交的文件。□下列申请文件：

申请日提交的原始申请文件的权利要求____、说明书____、附图____、□摘要、□摘要附图；

分案申请递交日提交的权利要求____、说明书____、附图____、□摘要、□摘要附图；

____年____月____日提交的权利要求____、说明书____、附图____、□摘要、□摘要附图；

____年____月____日提交的权利要求____、说明书____、附图____、□摘要、□摘要附图；

____年____月____日提交的权利要求____、说明书____、附图____、□摘要、□摘要附图。

3. 根据专利法第41条及专利法实施细则第65条的规定，申请人对本驳回决定不服的，可以在收到本决定之日起3个月内向专利局复审和无效审理部请求复审。根据专利法实施细则第113条的规定，复审费应在上述期限内缴纳，期满未缴纳或者未缴足的，视为未提出请求。

审查员××× 审查部门××× 联系电话××××××××

续表

驳　回　决　定

申请号：×××××××××

本驳回决定涉及申请人×××××××××于××××年××月××日提交的申请号为×××××××××，发明名称为“混铁车”的发明专利申请。

一、案由

本申请包括一项独立权利要求和一项从属权利要求。其独立权利要求的内容如下：

“1. 一种混铁车，由走行装置（1）、台架（2）、倾翻机构（7）、罐体（5）组成，每辆车有两组台架（2），台架（2）安放在两套走行装置上，罐体（5）由两端台架（2）托起，倾翻机构（7）装在传动侧台架（2）上，其特征在于上述罐体（5）外形中间为圆筒，两端各有一个支撑圆筒（13），两者之间用圆锥筒（14）连接焊在一起而成，两端支撑圆筒（13）内装有可拆卸的端盖（11），支撑圆筒（13）外装有承重滚圈（6），传动侧支撑圆筒（13）外装有链轮（10），链轮（10）用链条（9）连接倾翻机构（7）。”

应申请人提出的实质审查请求，审查员对上述申请进行了实质审查，并于××××年××月××日发出了第一次审查意见通知书，指出：权利要求1—2相对于对比文件1（CN×××××××××，公开日××××年××月××日）不具备专利法第22条第3款规定的创造性。

申请人于××××年××月××日针对第一次审查意见通知书仅提交了意见陈述书，未提交修改的申请文件，并指出对比文件1公开的铁水罐车存在下述缺陷：a. 将端盖设置在圆锥部内，使得铁水罐盛装铁水的部分仅为中间圆筒部分，其容纳的铁水较少，并且该结构设计使得端盖离铁水罐两端较远，不便于检修和更换；b. 为了防止支撑筒由于容纳铁水而受热变形，从而影响罐车的倾翻操作，端盖只能安装在圆锥筒内，而不能安装在支撑筒内。本申请所述的混铁车，其端盖设置在支撑圆筒内，扩大了铁水容量，更便于维修操作，同时克服了现有技术中“端盖不能安装在支撑筒内，只能安装在圆锥部内”的技术偏见，因此本申请具备创造性。

审查员于××××年××月××日发出了第二次审查意见通知书，指出现有技术不存在“端盖不能安装在支撑筒内，只能安装在圆锥部内”的技术偏见，本申请不属于克服技术偏见的情形。权利要求1和2相对于对比文件1不具备专利法第22条第3款规定的创造性。

申请人于××××年××月××日针对第二次审查意见通知书仅提交了意见陈述书，未提交修改的申请文件，并指出从对比文件1可知，端盖必须设置在圆锥筒内进而将铁水限制在炉体中，以保证支撑筒不受热变形，现有技术确实存在这样的技术偏见。本申请权利要求1所述的混铁车将端盖安装在支撑筒内，不但扩大了容纳铁水的容积，更便于维修操作，取得了有益的效果，而且更有利于提高罐体的整体结构强度，降低罐体锥形筒两侧根部的应力和变形，保证了倾翻操作的正常进行，是克服了现有技术存在的技术偏见的有效手段。

在上述工作的基础上，审查员认为本案事实已经清楚，因此针对本案××××年××月××日提交的权利要求第1—2项、说明书第1—22段、说明书附图图1—图3、摘要以及摘要附图作出本驳回决定。

二、驳回理由

1. 权利要求1请求保护一种混铁车。对比文件1（CN×××××××××，公开日××××年××月××日，参见其说明书第［0024］段至第［0039］段，附图1—11）公开了一种铁水罐车，包括：

作为走行装置的两组多轴转向台车32；

设置在每组台车32上的主台框架和由心盘和支撑台构成的支撑机构作为台架用于支撑铁水罐两端；

铁水罐由全长几乎同直径的圆筒状炉体31、较短的圆锥部33和圆筒形中空支撑筒部34构成，在圆锥部33内装有可取下的盖板39；

续表

支撑筒部34的外周嵌入轴承（即权利要求1中的承重滚圈），利用支撑台的圆弧状凹槽承受面支撑该轴承，使之自由回转；

在一侧的支撑筒部的外侧固定链轮，在和另一侧支撑筒部成为一体的框架的两侧设置驱动装置（即权利要求1中的倾翻机构），设置在该驱动装置输出轴上的链轮和支撑筒部的链轮之间有驱动链连接（这与权利要求1中的“传动侧支承圆筒13外部装油链轮10，链轮10用链条9连接倾翻机构”结构相同）。

权利要求1请求保护的技术方案与对比文件1公开的内容相比，区别技术特征在于权利要求1中可拆卸端盖设置在支撑圆筒内，而对比文件1中可拆卸端盖设置在圆锥部。由此可以确定权利要求1实际解决的技术问题是在增大炉体容积的同时便于维修操作。然而，在不改变铁水罐直径的情况下，通过增大其轴向长度来扩大炉体内部容积，并且将端盖设置得靠近铁水罐的两端，更便于维修操作是本领域的常用技术手段。在此教导下，所属技术领域的技术人员为了解决该技术问题，很容易想到通过增大铁水罐的轴向长度，即将可拆卸端盖设置得更靠近铁水罐的两端，例如设置在支撑圆筒内，以扩大炉体容积，同时使得端盖更靠近铁水罐的两端，以便维修和操作。因此，所属技术领域的技术人员在对比文件1的基础上和结合上述公知常识得到权利要求1所要求保护的技术方案是显而易见的，该技术方案不具有突出的实质性特点。因此，该权利要求不符合专利法第22条第3款有关创造性的规定。

2. 权利要求2的限定部分对权利要求1所述混铁车的倾翻机构作了进一步限定。对比文件1（参见其说明书第［0035］段，附图4和5）进一步公开了驱动装置65设置在支撑筒部34的两侧，并由可逆电机和减速机构成，其输出轴上固定的链轮66分别从两侧通过传动链67与炉体31的支撑筒部34上的链轮36连接。其中，驱动装置65和传动链67分别对应于权利要求2中的倾翻机构和链条。由此可见，权利要求2的限定部分的附加技术特征已经在对比文件1中公开，在其引用的权利要求1不具备创造性的情况下，该权利要求所限定的技术方案对于所属技术领域的技术人员而言是显而易见的，不具有突出的实质性特点，因此，该权利要求不符合专利法第22条第3款有关创造性的规定。

3. 申请人在意见陈述中强调了权利要求1和2具备创造性的理由，指出权利要求1所述的混铁车将端盖安装在支撑圆筒内，不但扩大了容纳铁水的容积，更便于维修操作，取得了有益的效果，而且端盖设置在支撑圆筒内有利于提高罐体的整体结构强度，降低罐体锥形筒两侧根部的应力和变形，保证了倾翻操作的正常进行，克服了现有技术存在的“端盖不能安装在支撑筒内，只能安装在圆锥部内”的技术偏见。

经审查，本申请的说明书中并未记载现有技术中存在所述技术偏见，本申请要解决的技术问题也不在于克服该技术偏见，申请人也没有提供任何证据证明确实客观存在这样的技术偏见，而仅根据对比文件1没有采用将端盖安装在支撑筒内的技术方案也不足以证明所述技术偏见的客观存在。因此，本申请不属于克服技术偏见的情形。对于所属技术领域的技术人员而言，本申请混铁车的“在支撑圆筒内装有端盖”这一区别技术特征没有带来突出的实质性特点和显著的进步。因此，申请人的理由不足以证明权利要求1和2相对于现有技术具备创造性。

三、决定

综上所述，本发明专利申请不符合专利法第22条第3款有关创造性的规定，属于专利法实施细则第59条第（2）项的情况，因此根据专利法第38条予以驳回。

根据专利法第41条第1款的规定，申请人如果对本驳回决定不服，可以在收到本驳回决定之日起三个月内，向专利局复审和无效审理部请求复审。

审查员姓名：×××

审查员代码：×××

第十三章　复审程序

教学目的

本章教学的目的是使学员在了解复审案件审理机构的基础上全面了解复审程序，知晓复审案件的种类、受理条件、审查流程以及后续司法救济程序，基本理解复审程序适用的审查原则以及复审程序和前审程序的区别，掌握“前置审查意见书”的撰写要领。

第一节　审理机构

一、复审审理机构的设立及组成

《专利法》第41条第1款规定：专利申请人对国务院专利行政部门驳回专利申请的决定不服的，可以自收到通知之日起3个月内向国务院专利行政部门请求复审。国务院专利行政部门复审后，作出决定，并通知专利申请人。根据该规定，专利复审案件实际由国家知识产权局内设专门部门进行审理。

《专利审查指南2023》第4部分第1章第1节规定：根据专利法第41条的规定，复审和无效审理部对复审请求进行受理和审查，并作出决定。复审和无效审理部由专利局指定的技术专家和法律专家组成，设复审员和兼职复审员。

二、复审和无效审理部的主要任务

复审和无效审理部的主要任务有以下五个方面。

1. 专利申请复审请求的审查

根据《专利法》第41条的规定，复审和无效审理部对被驳回专利申请的申请人提出的复审请求进行受理、审查、作出决定并通知申请人。

2. 专利权无效宣告请求的审查

根据《专利法》第45条的规定，复审和无效审理部对宣告专利权无效的请求进行受理、审查、作出决定并通知各方当事人。

3. 集成电路布图设计登记申请复审请求的审查

根据《集成电路布图设计保护条例》第19条的规定，复审和无效审理部对被驳回的布图设计登记申请人提出的复审请求进行受理、审查、作出决定并通知申请人。

4. **集成电路布图设计专有权撤销案件的审查**

根据《集成电路布图设计保护条例》第20条的规定，复审和无效审理部发现布图设计的登记不符合该条例及其实施细则的规定应当被撤销的，应予以立案、审查、作出决定、通知当事人并予以公告。

5. **行政诉讼**

当事人对复审和无效审理部作出的行政决定不服，依法向人民法院起诉的，国家知识产权局作为行政被告参加诉讼。

此外，复审和无效审理部还参与专利、集成电路布图设计确权和侵权技术判定的研究工作，以及接受人民法院和管理专利的部门委托，对专利确权和专利侵权案件的处理提供咨询意见。

三、复审和无效审理部针对复审、无效案件的审查原则

复审和无效审理部在复审程序和无效宣告程序中普遍适用六个审查原则。

1. **合法原则**

复审和无效审理部应当依法行政。复审案件和无效宣告案件的审查程序和审查决定应当符合法律、法规、规章等有关规定。

2. **公正执法原则**

复审和无效审理部以客观、公正、准确、及时为原则，坚持以事实为根据，以法律为准绳，独立地履行审查职责，不徇私情，全面、客观、科学地分析判断，作出公正的决定。

3. **请求原则**

复审程序和无效宣告程序均应当基于当事人的请求而启动。

请求人在复审和无效审理部作出复审请求或者无效宣告请求审查决定前撤回其请求的，其启动的审查程序终止。但对于无效宣告请求，复审和无效审理部认为根据已进行的审查工作能够作出宣告专利权无效或者部分无效决定的除外。

审查决定的结论已宣布或者书面决定已经发出之后撤回请求的，不影响审查决定的有效性。

4. **依职权审查原则**

复审和无效审理部可以对所审查的案件依职权进行审查，而不受当事人提出的理由、证据的限制。

5. **听证原则**

在作出审查决定之前，应当给予审查决定对其不利的当事人针对审查决定所依据的理由、证据和认定的事实陈述意见的机会，即审查决定对其不利的当事人已经通过通知书、转送文件或者口头审理被告知过审查决定所依据的理由、证据和认定的事实，

并且具有陈述意见的机会。

在作出审查决定之前，根据人民法院或者地方知识产权管理部门作出的生效的判决或者调解决定而已经变更专利申请人或者专利权人的，应当给予变更后的当事人陈述意见的机会。

6. 公开原则

除根据国家法律、法规等规定需要保密的案件（包括专利申请人不服初审驳回而提出复审请求的案件）以外，其他各种案件的口头审理应当公开举行，审查决定应当公开。

四、复审和无效审理部针对复审、无效案件的审查方式

复审和无效审理部对复审、无效宣告请求的审查通常采用合议审查的方式进行，特殊情况下可采用独任审查的方式进行。

（一）合议审查

复审和无效审理部合议审查的案件，应当由 3 人或 5 人组成的合议组负责审查，其中包括组长 1 人、主审员 1 人、参审员 1 人或 3 人。

对于下列案件，应当组成 5 人合议组。

① 在国内或者国外有重大影响的案件。

② 涉及重要疑难法律问题的案件。

③ 涉及重大经济利益的案件。

需要组成 5 人合议组的，由复审和无效审理部部门负责人（以下简称“部门负责人”）决定，或者由有关处室负责人或者合议组成员提出后，按照规定的程序报部门负责人审批。

由 5 人组成合议组审查的案件，在组成 5 人合议组之前没有进行过口头审理的，应当进行口头审理。

1. 合议组的组成

复审和无效审理部根据专业分工、案源情况以及参加同一专利申请案件在先程序审查人员的情况，按照规定的程序确定案件的合议组成员。

复审和无效审理部各申诉处负责人具有合议组组长资格；其他人员经部门负责人批准后获得合议组组长资格。

复审员、兼职复审员可以担任主审员或者参审员。

对于审查决定被人民法院的判决撤销后重新审查的案件，一般应当重新成立合议组。

2. 合议组成员的职责分工

组长负责主持复审、无效宣告程序的全面审查，主持口头审理，主持合议会议及其表决，确定合议组的审查决定是否需要部门负责人审批。

主审员负责案件的全面审查和案卷的保管，起草审查通知书和审查决定，负责合

议组与当事人之间的事务性联系，准备需要出版的专利权部分无效的公告文本。

参审员参与审查并协助组长和主审员工作。

3. 合议组审查意见的形成

合议组依照少数服从多数的原则对审查所涉及的证据是否采信、事实是否认定以及理由是否成立等进行表决，作出审查决定。

（二）独任审查

对于简单的案件，可以由一人单独承担审查工作。

五、复审和无效审理部的回避与更正制度

（一）回避制度

合议组成员有《专利法实施细则》第42条规定情形之一的，应当自行回避；合议组成员应当自行回避而没有回避的，当事人有权请求其回避。

当事人请求合议组成员回避的，应当以书面方式提出，并且说明理由，必要时附具有关证据。

复审和无效审理部对当事人提出的回避请求，应当以书面方式作出决定，并通知当事人。

（二）更正制度

复审和无效审理部设立更正制度，更正需经部门负责人批准。

1. 受理的更正

复审、无效宣告请求属于应当受理而不予受理的，或者已经受理而属于不予受理的，经部门负责人批准后进行更正，并且通知当事人。

2. 通知书的更正

复审和无效审理部对发出的各种通知书中存在的错误，发现后需要更正的，经部门负责人批准后进行更正，并且通知当事人。

3. 审查决定的更正

对于复审、无效宣告请求审查决定中的明显文字错误，发现后需要更正的，经部门负责人批准后进行更正，并以通知书随附替换页的形式通知当事人。

4. 视为撤回的更正

对于已经按照视为撤回处理的复审请求或者无效宣告请求，一旦发现不应被视为撤回的，经部门负责人批准后进行更正，复审或者无效宣告程序继续进行，并且通知当事人。

5. 其他处理决定的更正

复审和无效审理部作出的其他处理决定需要更正的，经部门负责人批准后进行更正。

第二节　复审程序概述

一、复审程序设立的法律依据

《专利法》第41条第1款规定：专利申请人对国务院专利行政部门驳回申请的决定不服的，可以自收到通知之日起3个月内向国务院专利行政部门请求复审。基于该规定，复审程序是专利申请被驳回后由申请人启动的行政救济程序，同时也是专利行政审批程序的一种延续。

二、复审程序设立的目的

复审程序设立的目的主要体现在以下四个方面。

第一，保护发明创造是专利法的立法宗旨之一，复审程序的设立进一步给予被驳回专利申请的申请人充分发表意见的机会，是专利法立法宗旨的体现。

第二，我国专利申请的初步审查和实质审查程序均采取独任审查方式，驳回决定的作出都是由一个审查员独立完成，而专利审查经常涉及最新技术和复杂的法律问题，故难以保证每一个驳回决定在程序和实体方面都是恰当的。设立采取合议审查方式的复审程序对驳回决定进行再次审查，有利于更好地保证审查的合法性及合理性。

第三，专利申请经过初步审查或者实质审查后，总会有一部分申请因为形式缺陷或者实质性缺陷被驳回，这些缺陷中有些是可以通过诸如修改专利申请文件等方式被克服的，设立复审程序为申请人提供了克服这些缺陷的机会。

第四，复审程序中设有前置审查程序，为可能通过修改文件、补充证据或陈述理由而克服驳回缺陷的申请人提供了一种能使驳回决定及时撤销的快捷补救途径。

三、复审程序的特点

1. 非必经程序

复审程序不是专利申请的必经程序，而是专利申请被驳回后，专利申请人不服驳回决定而向国家知识产权局提出复审请求而启动的程序。

2. 单方当事人参与的程序

复审程序在形式上只有一方当事人即复审请求人（即专利申请人）参与，表现在提出请求、陈述意见、答复审查意见以及出席口头审理等。负责前置审查的审查员要针对复审请求书作出前置审查意见书，但该前置审查意见书并不转送复审请求人。

3. 非全面审理

复审程序中，复审和无效审理部一般仅针对驳回决定所依据的理由和证据进行审查，不承担全面审查的义务。然而，在某些特殊情形下，为了提高专利授权的质量，避免不合理地延长审批程序，复审和无效审理部可以依职权对驳回决定未提及的明显实质性缺陷进行审查。

4. **合议审查方式**

复审案件的审理一般采取合议组合议审查的方式进行。

四、复审程序的审查流程

复审程序的基本审查流程包括对复审请求进行形式审查，合格后送交审查部门进行前置审查，前置审查坚持驳回决定时，复审和无效审理部将成立合议组进行合议审查。具体流程如图13－2－1所示。

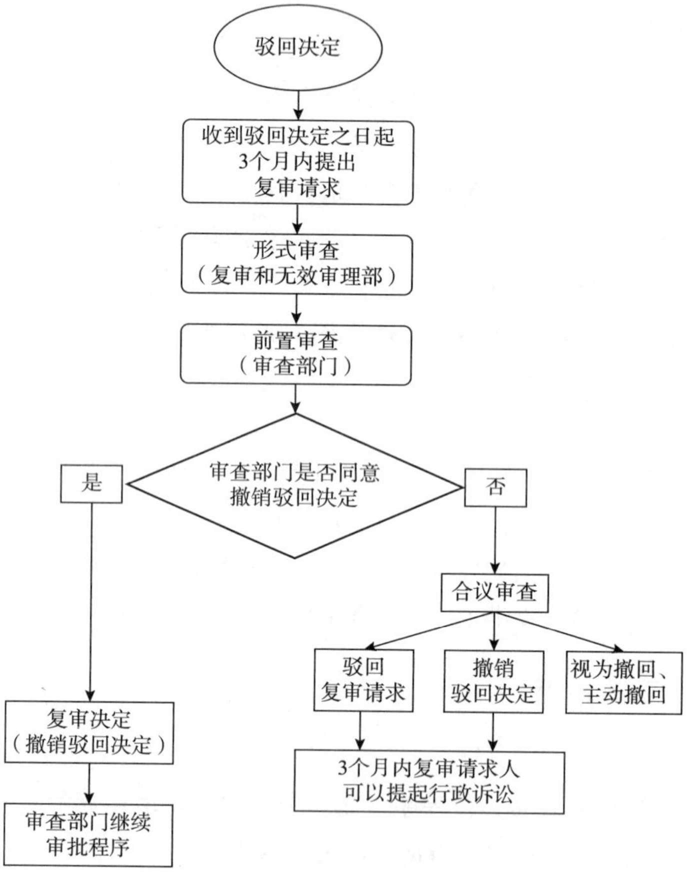

图13－2－1　复审案件审查基本流程

五、复审程序的中止、终止

1. **复审程序的中止**

《专利审查指南2023》第5部分第7章第7节对中止程序作出了具体规定。有关复审程序的中止详见本书第一章。

2. **复审程序的终止**

复审请求因期满未答复而被视为撤回的，复审程序终止。

在作出复审决定前，复审请求人撤回其复审请求的，复审程序终止。

已受理的复审请求因不符合受理条件而被驳回请求的，复审程序终止。

六、复审程序与审查程序的区别

复审程序和审查程序（包括初步审查程序及实质审查程序）都是专利行政审批程序的组成部分，但两者属于不同的法律程序，其区别主要包括以下八个方面。

第一，从审级上看，审查程序为在先审级，复审程序为在后审级。

第二，从获得专利权的过程看，审查程序是所有专利申请必经的程序，而复审程序只是被驳回的专利申请可能经历的程序。

第三，从程序的启动条件看，初步审查、实质审查和复审程序具有不同的对启动时间、费用和请求文件的要求。

第四，从审查机构看，审查程序的执行机构为专利申请的初步审查部门和实质审查部门，复审程序的执行机构为复审和无效审理部。

第五，从审查方式看，审查程序一般采用独任审查方式，而复审程序一般采用合议审查方式。

第六，从审查原则看，复审程序除遵循审查程序的所有原则外，还具有依职权调查原则等一些专门适用的原则。

第七，从审查范围看，审查程序一般为全面审查，而复审程序的审查范围通常取决于驳回决定和复审请求的范围。

第八，从后续法律程序看，审查程序的后续程序可能是行政复议程序、复审程序或者行政诉讼程序，其中，当事人对专利局驳回专利申请决定不服的，后续程序只能是复审程序；而当事人对专利局其他行政决定不服的，后续程序可以选择行政复议程序或者行政诉讼程序。当事人对复审和无效审理部作出的复审决定不服的，仅可以向人民法院提起行政诉讼。

第三节　复审请求的审查

一、案件种类

根据审查程序的不同和被驳回专利申请类型的不同，复审请求案件包括以下五种类型。

① 对发明专利申请初步审查驳回决定不服而提出的复审请求。

② 对实用新型专利申请初步审查驳回决定不服而提出的复审请求。

③ 对外观设计专利申请初步审查驳回决定不服而提出的复审请求。

④ 对发明专利申请实质审查驳回决定不服而提出的复审请求。

⑤ 对集成电路布图设计登记申请初步审查驳回决定不服而提出的复审请求。

二、形式审查

（一）形式审查的内容

复审和无效审理部收到“复审请求书”后，主要从以下方面对其进行形式审查。

1. 复审请求的客体

对驳回决定不服的，专利申请人可以向复审和无效审理部提出复审请求。复审请求不是针对驳回决定的，不予受理。

2. 复审请求人的资格

被驳回申请的申请人可以向复审和无效审理部提出复审请求。复审请求人不是被驳回申请的申请人的，其复审请求不予受理。

被驳回申请的申请人属于共同申请人的，如果复审请求人不是全部申请人，则复审和无效审理部应当通知复审请求人在指定期限内补正；期满未补正的，其复审请求视为未提出。

3. 期限

① 在收到驳回决定之日起3个月内，专利申请人可以向复审和无效审理部提出复审请求；提出复审请求的期限不符合上述规定的，复审请求不予受理。

② 提出复审请求的期限不符合上述规定，但在复审和无效审理部作出不予受理的决定后，复审请求人提出恢复权利请求的，如果该恢复权利请求符合《专利法实施细则》第6条和第116条第1款有关恢复权利的规定，则允许恢复，且复审请求应当予以受理；不符合该有关规定的，不予恢复。

③ 提出复审请求的期限不符合上述规定，但在复审和无效审理部作出不予受理的决定前，复审请求人提出恢复权利请求的，可对上述两请求合并处理。该恢复权利请求符合《专利法实施细则》第6条和第116条第1款有关恢复权利的规定的，复审请求应当予以受理；不符合该有关规定的，复审请求不予受理。

4. 文件形式

① 复审请求人应当提交复审请求书，说明理由，必要时还应当附具有关证据。

② 复审请求书应当符合规定的格式，不符合规定格式的，复审和无效审理部应当通知复审请求人在指定期限内补正；期满未补正或者在指定期限内补正但经两次补正后仍存在同样缺陷的，复审请求视为未提出。

5. 费用

① 复审请求人在收到驳回决定之日起 3 个月内提出了复审请求，但在此期限内未缴纳或者未缴足复审费的，其复审请求视为未提出。

② 在复审和无效审理部作出视为未提出决定后，复审请求人提出恢复权利请求的，如果恢复权利请求符合《专利法实施细则》第 6 条和第 116 条第 1 款有关恢复权利的规定，则允许恢复，且复审请求应当予以受理；不符合上述规定的，不予恢复。

③ 在收到驳回决定之日起 3 个月后才缴足复审费，且在复审和无效审理部作出视为未提出决定前提出恢复权利请求的，可对上述两请求合并处理。该恢复权利请求符合《专利法实施细则》第 6 条和第 116 条第 1 款有关恢复权利的规定的，复审请求应当予以受理；不符合该有关规定的，复审请求视为未提出。

6. 委托手续

① 复审请求人委托专利代理机构请求复审或者解除、辞去委托的，应当参照《专利审查指南 2023》第 1 部分第 1 章第 6.1 节的规定在专利局办理手续。但是，复审请求人在复审程序中委托专利代理机构，且委托书中写明其委托权限仅限于办理复审程序有关事务的，其委托手续或者解除、辞去委托的手续应当参照上述规定在复审和无效审理部办理，无需办理著录项目变更手续。

复审请求人在复审和无效审理部办理委托手续，但提交的委托书中未写明委托权限仅限于办理复审程序有关事务的，复审和无效审查部应当通知其在指定期限内补正；期满未补正的，视为未委托。

② 复审请求人与多个专利代理机构同时存在委托关系的，应当以书面方式指定其中一个专利代理机构作为收件人；未指定的，复审和无效审理部将在复审程序中最先委托的专利代理机构视为收件人；最先委托的专利代理机构有多个的，复审和无效审理部将署名在先的视为收件人；署名无先后（同日分别委托）的，复审和无效审查部应当通知复审请求人在指定期限内指定；未在指定期限内指定的，视为未委托。

③ 对于根据《专利法》第 18 条第 1 款规定应当委托专利代理机构的复审请求人，如果其未按规定委托专利代理机构，其复审请求不予受理。

（二）形式审查通知书

复审和无效审理部对复审请求进行形式审查后，发出的通知书有如下四种。

1. 补正通知书

复审请求经形式审查不符合《专利法》及其实施细则和《专利审查指南 2023》有关规定需要补正的，复审和无效审理部应当发出“补正通知书”，要求复审请求人在收到通知书之日起 15 日内补正。

2. 视为未提出通知书

复审请求经形式审查视为未提出的，复审和无效审理部应当发出“复审请求视为未提出通知书”，通知复审请求人。

3. 不予受理通知书

复审请求经形式审查不予受理的，复审和无效审理部应当发出“复审请求不予受理通知书”，通知复审请求人。

4. 受理通知书

复审请求经形式审查符合《专利法》及其实施细则和《专利审查指南2023》有关规定的，复审和无效审理部应当发出“复审请求受理通知书”，通知复审请求人。

三、前置审查

前置审查程序是针对复审案件专门设置的内部程序，由负责前置审查的部门（以下简称“审查部门”）针对复审请求是否成立、驳回决定指出的缺陷是否克服等提出前置审查意见，供复审和无效审理部参考。

（一）前置审查程序的启动

复审请求书（包括附具的证明文件和修改后的申请文件）经形式审查合格后，复审和无效审理部将其转交给审查部门进行前置审查，并由审查部门提出前置审查意见。

（二）前置审查意见的类型和效力

前置审查意见分为下列三种类型。

① 复审请求成立，同意撤销驳回决定。

② 复审请求人提交的申请文件修改文本克服了申请中存在的缺陷，同意在修改文本的基础上撤销驳回决定。

③ 复审请求人陈述的意见和提交的申请文件修改文本不足以使驳回决定被撤销，因而坚持驳回决定。

前置审查意见属于上述第①种或者第②种类型的，复审和无效审理部不再进行合议审查，应当根据前置审查意见作出复审决定，通知复审请求人，并且由原审查部门继续进行审批程序。前置审查意见属于上述第③种类型的，复审和无效审理部将组成合议组，对该复审案件进行合议审查。

（三）前置审查意见的具体要求

① 审查部门应当说明其前置审查意见属于上述何种类型。坚持驳回决定的，应当对所坚持的各驳回理由及其涉及的各缺陷详细说明意见；所述意见和驳回决定相同的，可以简要说明，不必重复。

② 复审请求人提交修改文本的，审查部门应当按照复审请求的合议审查中有关修改文本审查的规定进行审查，对修改是否符合《专利法》第33条和《专利法实施细则》第66条的规定发表意见。经审查，审查部门认为修改符合上述规定的，应当以修改文本为基础进行前置审查。审查部门认为修改不符合上述规定的，应当坚持驳回决定，并且在详细说明修改不符合上述规定的意见的同时，说明驳回决定所针对的申请

文件中未克服的各驳回理由所涉及的缺陷。

③ 复审请求人提交新证据或者陈述新理由的，审查部门应当对该证据或者理由进行审查。

④ 审查部门在前置审查意见中不得补充驳回理由和证据，但下列情形除外：

第一，对驳回决定和前置审查意见中主张的公知常识补充相应的技术词典、技术手册、教科书等所属技术领域中的公知常识性证据。

第二，认为申请存在驳回决定未指出，但足以用已告知过申请人的事实、理由和证据予以驳回的缺陷的，应当在前置审查意见中指出该缺陷。例如，原审查部门在审查意见通知书中曾指出原权利要求 1 不符合《专利法》第 22 条第 3 款的规定，但最终以修改不符合《专利法》第 33 条的规定为由作出驳回决定。在复审请求人将申请文件修改为原申请文件的情况下，如果审查部门认为上述不符合《专利法》第 22 条第 3 款规定的缺陷依然存在，则属于本情形，此时应当在前置审查意见中指出该缺陷。

第三，认为驳回决定指出的缺陷仍然存在的，如果发现申请还存在不符合《专利法实施细则》第 11 条规定的缺陷、与驳回决定所指出缺陷性质相同的缺陷或者驳回决定未指出的其他明显实质性的缺陷，可以一并指出。需要注意的是，如果驳回决定指出的缺陷已经被克服，即使申请还存在以上三种类型的缺陷，前置审查意见也应当撤销驳回决定。

（四）前置审查为内部程序

前置审查为内部程序，前置审查意见仅供复审和无效审理部参考，“前置审查意见书”不属于向复审请求人转送的文件，前置审查部门也不得未经复审和无效审理部作出复审决定而直接进行审批程序。

四、合议审查

（一）审查范围

《专利法实施细则》第 67 条第 1 款规定：“国务院专利行政部门进行复审后，认为复审请求不符合专利法和本细则有关规定或者专利申请存在其他明显违反专利法和本细则有关规定情形的，应当通知复审请求人，要求其在指定期限内陈述意见。”根据以上规定，在复审程序中，合议组一般仅针对驳回决定所依据的理由和证据进行审查，不承担全面审查的义务，但特殊情况下可以依职权对驳回决定未提及的理由和证据进行审查。

根据《专利审查指南 2023》第 4 部分第 2 章第 4.1 节的规定，除驳回决定所依据的理由和证据外，合议组发现申请中存在下列缺陷的，可以对与之相关的理由及其证据进行审查，并且经审查认定后，应当依据该理由及其证据作出维持驳回决定的审查决定。

① 申请不符合《专利法实施细则》第 11 条的规定。

② 申请存在足以用在驳回决定作出前已告知过申请人的其他理由及其证据予以驳回的缺陷。

③ 申请存在与驳回决定所指出缺陷性质相同的缺陷。

例如，驳回决定指出权利要求1因存在含义不确定的用语，导致保护范围不清楚。当其他权利要求同样因存在此类用语而导致保护范围不清楚时，合议组在复审程序中应一并指出上述缺陷。

又如，驳回决定指出权利要求1相对于对比文件1和公知常识不具备创造性。当从属权利要求2～6进一步限定的附加技术特征也属于公知常识，且权利要求1～6均不具备创造性时，合议组一并指出权利要求1～6相对于对比文件1和公知常识不符合《专利法》第22条第3款的规定。

④ 申请存在驳回决定未指出的其他明显实质性缺陷。

例如，驳回决定指出权利要求1不具备创造性。当该权利要求请求保护的明显是永动机时，合议组指出该权利要求不符合《专利法》第22条第4款的规定。

又如，驳回决定指出权利要求1对技术方案的某处限定导致其工作原理不清楚，不符合《专利法》第26条第4款的规定。当上述问题的根源在于说明书缺乏解决技术问题的技术手段时，合议组指出本申请不符合《专利法》第26条第3款的规定。

再如，驳回决定指出权利要求1不具备创造性。当权利要求1保护范围不清楚影响创造性审查对区别特征的准确认定时，合议组指出权利要求1不符合《专利法》第26条第4款的规定。

在合议审查中，对于与驳回决定指出缺陷相关的证据，合议组可以适当调整其使用方式。例如，在驳回决定依据的证据基础上变更最接近的现有技术或缺省其中的某份证据。比如，驳回决定以对比文件1作为最接近的现有技术，结合对比文件2认为权利要求1不具备创造性。合议组经审查，认为对比文件2更适合作为最接近的现有技术，以其本身公开的内容或者结合对比文件1的教导可以显而易见地获得权利要求1的技术方案，此时可以指出权利要求1相对于对比文件2，或者对比文件2和对比文件1的结合不具备创造性。

在合议审查中，合议组可以引入所属技术领域的公知常识，或者补入相应的技术辞典、技术手册、教科书等所属技术领域中的公知常识性证据。

（二）审查方式

复审程序中，合议组可以采取书面审理、口头审理或书面审理与口头审理相结合的方式进行审查。

1. 复审通知书及其答复

对大多数复审请求的审查是以书面方式进行的，合议组的审查意见通过复审通知书告知复审请求人。

应当发出复审通知书的情形包括以下四种。

① 复审决定将驳回复审请求。

② 需要复审请求人依照《专利法》及其实施细则和《专利审查指南 2023》的有关规定修改申请文件，才有可能撤销驳回决定。

③ 需要复审请求人进一步提供证据或者对有关问题予以说明。

④ 需要引入驳回决定未提出的理由或者证据。

复审请求人应当在收到复审通知书之日起 1 个月（或者被批准的延长期限）内针对复审通知书指出的缺陷进行书面答复。期满未进行书面答复的，其复审请求被视为撤回。

2. 口头审理通知书及其答复

复审案件存在需要发出复审通知书的情形的，合议组可以根据案情需要进行口头审理。确定需要进行口头审理的，合议组应当向复审请求人发出“口头审理通知书”，通知进行口头审理的日期、地点以及口头审理拟调查的事项。

合议组认为专利申请不符合《专利法》及其实施细则有关规定的，可以随“口头审理通知书”将专利申请不符合有关规定的具体事实、理由和证据告知复审请求人。针对该通知书，复审请求人应当在口头审理过程中进行意见陈述，或者在收到该通知书之日起 1 个月内针对通知书指出的缺陷进行书面答复。如果该通知书已指出申请不符合《专利法》及其实施细则和《专利审查指南 2023》有关规定的事实、理由和证据，而复审请求人未参加口头审理且期满未进行书面答复的，则复审请求被视为撤回。

（三）修改文本的审查

在复审程序中，复审请求人可以修改专利申请文件，但修改内容应当符合《专利法》第 33 条的规定，修改时机和方式应当符合《专利法实施细则》第 66 条的规定。

1. 修改时机

在提出复审请求、答复复审通知书（包括复审请求口头审理通知书）或者参加口头审理时，复审请求人可以对申请文件进行修改。

2. 修改方式

《专利法实施细则》第 66 条规定：请求人在提出复审请求或者在对国务院专利行政部门的复审通知书作出答复时，可以修改专利申请文件；但是，修改应当仅限于消除驳回决定或者复审通知书指出的缺陷。

《专利审查指南 2023》第 4 部分第 2 章第 4.2 节进一步规定，下列情形通常认为不符合《专利法实施细则》第 66 条的规定。

① 修改后的权利要求相对于驳回决定针对的权利要求扩大了保护范围。

② 将与驳回决定针对的权利要求所限定的技术方案缺乏单一性的技术方案作为修改后的权利要求。

③ 改变权利要求的类型或者增加权利要求。

④ 针对驳回决定指出的缺陷未涉及的权利要求或者说明书进行修改。但修改明显

文字错误，或者修改与驳回决定所指出缺陷性质相同的缺陷的情形除外。例如，如果专利申请因缺乏创造性而被驳回，则复审请求人提出复审请求时提交的修改文件中针对说明书附图的修改通常不符合上述规定。

五、复审请求审查决定

（一）决定的构成

复审请求审查决定（以下简称“复审决定”）一般包括著录项目、法律依据、决定要点、案由、决定理由和决定结论六个部分。

1. 著录项目

复审决定的著录项目通常包括决定号、决定日、发明创造名称、国际专利分类号（或者国际外观设计分类号）、复审请求人、申请号、申请日、发明专利申请的公开日和合议组成员。

2. 法律依据

复审决定的法律依据是指审查决定的理由所涉及的法律、法规条款。

3. 决定要点

决定要点是决定正文中理由部分的实质性概括和核心论述，是针对该案争论点或者难点所采用的判断性标准。决定要点应当对所适用的《专利法》及《专利法实施细则》条款作进一步解释，并尽可能地根据该案的特定情况得出具有指导意义的结论。

4. 案由

案由部分可以按照时间顺序叙述复审请求的提出、范围、理由、证据、受理，文件的提交、转送，审查过程以及主要争议等情况；也可以用归纳的方式简要记载作出审查决定所需的重要事项。这部分内容应当客观、真实，与案件中的相应记载一致，能够正确地、概括性地反映案件的审查过程和争议的主要问题。

案由部分应当用简明、扼要的语言对复审请求人和前置审查的意见进行归纳和概括，清楚、准确地反映其观点。

在针对发明或者实用新型专利申请的复审请求的复审决定中，应当写明审查决定所涉及的权利要求的内容。对于撤销驳回决定的复审决定，可以简化或者省略案由部分。

5. 决定理由

决定理由部分应当阐明复审决定所依据的法律、法规条款的规定，得出审查结论所依据的事实，并且具体说明所述条款对该案件的适用。这部分内容的论述应当详细到足以根据所述规定和事实得出审查结论的程度。

6. 决定结论

结论部分应当给出具体的审查结论，并且应当对后续程序的启动、时限和受理单位等给出明确、具体的指示。

（二）决定的类型

复审和无效审理部经过合议审查，作出的复审决定有以下三种类型。

① 复审请求不成立，驳回复审请求。

② 复审请求成立，撤销驳回决定。

③ 专利申请文件经复审请求人修改，克服了驳回决定所指出的缺陷，在修改文本的基础上撤销驳回决定。

下列情形属于复审请求成立，应当撤销驳回决定的情形。

① 驳回决定适用法律错误。例如，驳回决定鉴于用于医疗的麻醉品可被违法滥用而认为专利申请不符合《专利法》第 5 条第 1 款规定的。

② 驳回理由缺少必要的证据支持。例如以缺乏创造性为由作出驳回决定，但使用申请日后公开的出版物作为现有技术的。

③ 审查违反法定程序。例如驳回决定以申请人放弃的申请文本或者不要求保护的技术方案为依据，违反请求原则的；在审查程序中没有给予申请人针对驳回决定所依据的理由、证据或者认定的事实陈述意见的机会，违反听证原则的；驳回决定没有评价申请人提交的与驳回理由有关的证据，以致可能影响公正审理的。

④ 驳回理由不成立的其他情形。

（三）决定的审批

合议组应当对复审决定的事实认定、法律适用、结论以及决定文件的形式和文字负全面责任。

合议组作出的复审决定，属于下列情形的，须经部门负责人审核批准。

① 组成 5 人合议组审查的案件。

② 合议组的表决意见不一致的案件。

③ 审查决定被人民法院的判决撤销后，重新作出决定的案件。

（四）决定的送达

根据《专利法》第 41 条第 1 款的规定，复审决定作出后，应当送达复审请求人。

（五）决定的公开

复审决定的正文，除所针对的专利申请未公开的情况以外，应当全部公开。

六、决定的约束力

驳回决定被撤销后，专利申请将由审查部门继续进行审查。审查部门应当执行复审决定，不得以同样的事实、理由和证据作出与该复审决定意见相反的决定。

七、不服复审决定的司法救济

根据《专利法》第 41 条第 2 款的规定，复审和无效审理部作出驳回复审请求的复审决定后，复审请求人不服该复审决定的，可以在收到复审决定之日起3个月内向北京知识产权法院提起行政诉讼。

思考题

1. 专利申请被授权之前可能遇到哪些行政或者司法审查程序?

2. 复审程序和审查程序主要有哪些区别?

3. 复审请求案件的种类有哪些?

4. 提出复审请求应当具备什么条件才能被受理?

5. 在复审程序中，复审请求人修改专利申请文件应符合哪些要求?

6. 复审请求人提交修改文件的，撰写前置审查意见书应注意哪些问题?

7. 审查部门在前置审查阶段发现申请存在何种缺陷可以在前置意见中补充理由和证据?

8. 驳回决定指出的缺陷已被克服的情况下，审查部门是否可以在前置阶段对驳回决定表示坚持?

9. 如何理解复审和无效审理部作出的复审决定对原审查部门的约束力?

第十四章 《专利合作条约》及国际申请的程序

教学目的

本章旨在介绍《专利合作条约》（以下简称“条约”）以及按照条约建立的国际申请体系（通常称该体系为 PCT 申请体系），着重介绍 PCT 申请程序的两个阶段——国际阶段和国家阶段。希望通过本章的学习能够对 PCT 申请程序的全过程有基本了解。

第一节 《专利合作条约》

《专利合作条约》（PCT）于 1970 年在华盛顿缔结，是世界知识产权组织（WIPO）管理的 26 个国际条约之一。

一、《专利合作条约》的产生和发展

由一个国家或一个地区组织授予的专利权具有严格的地域性，被授予的专利权在该国（或该地区组织成员国）管辖的区域之外不具有法律效力。十七八世纪在欧洲各国及美国纷纷建立起了专利制度，但是各国的专利制度仅限于保护本国申请人的专利权，却不能给予外国人以相同的待遇。随着国际市场的形成，这样的专利制度便显现出其局限性。

1883 年签订的《巴黎公约》为申请人在外国寻求专利保护提供了可能性。依据该公约规定的国民待遇原则和优先权原则，方便申请人向外国申请专利的《巴黎公约》申请体系被建立起来。

1966 年，保护工业产权国际联盟提请保护知识产权联合国际局（BIRPI，即世界知识产权组织的前身）研究就同一发明向多国提出申请的情况下如何减少申请人和各国专利局重复劳动的问题。经 BIRPI 拟定草案，多次专家会议讨论、修改，1970 年 6 月各方在华盛顿举行的外交会议上签订了《专利合作条约》。条约的第Ⅰ章和第Ⅱ章分别于 1978 年 1 月和 3 月生效，PCT 申请体系于当年 6 月在最初的 18 个成员国开始运行，即开始受理根据条约提出的国际申请（以下简称“PCT 申请”）。

条约是按照《巴黎公约》第 19 条制定的专门协定，因此仅《巴黎公约》成员国可

以加入该条约。加入条约的国家组成联盟，被称为“国际专利合作联盟”。

截至2024年5月，条约缔约国的数量已增至157个。根据WIPO的统计，1978年按照PCT提出的国际申请只有459件，而发展至2023年，全年PCT申请量已达到27.26万件。

近年来，美国、日本、韩国、欧洲等国家和地区组织纷纷提出关于PCT的改革方案，其目的在于进一步加强在专利领域中的国际合作的力度，向国际化的方向发展，进一步减少在专利申请、专利审批过程中的重复劳动，从而减轻申请人和各国专利局的负担。WIPO为此成立了PCT改革委员会，安排了研究PCT改革的工作日程，未来《专利合作条约》还将不断修订、不断发展。

二、《专利合作条约》简介

（一）《专利合作条约》的内容和主要目标

概括地说，《专利合作条约》主要涉及在缔约国之间对专利申请的提出、检索和审查等方面的合作，其目标是建立起PCT申请体系。该条约规定申请人只需按照PCT的要求以一种语言向一个专利局（受理局）提出一份申请（国际申请），并且在申请中指定条约缔约国（指定国），要求这些国家在该申请的基础上对发明给予保护，该申请自国际申请日起在所有被指定的缔约国具有与其本国申请同等的效力。

该条约还规定由一个专利局（受理局）对国际申请进行形式审查，由一个专利局（国际检索单位）对国际申请进行检索并制定国际检索报告和国际检索单位书面意见。所有的国际申请及其国际检索报告都由WIPO下设的国际局进行统一的国际公布，并由国际局将公布的文件以电子形式传送给指定局。如果申请人提出要求，再由一个专利局（国际初步审查单位）对国际申请请求保护的发明是否具有专利性提出初步的、无约束力的意见，制定一份专利性国际初步报告供申请人及申请人选定的成员国参考。

条约没有涉及专利申请的授权，授予专利权的任务仍由被指定给予保护的每个缔约国的专利局完成。授予专利的实质性条件包括关于现有技术的标准和应当适用于该国国内法的规定。条约没有实现授权程序的国际合作，所以就目前而言，按照条约只能提出国际申请，而不可能产生“国际专利”。

（二）条约等法律文件的内容

《专利合作条约》共8章，涉及国际申请程序的规定主要在前3章。条约第Ⅰ章是关于提出国际申请、进行国际检索、随后完成国际公布的规定。凡是符合要求的国际申请都要历经第Ⅰ章规定的程序。条约第Ⅱ章是关于国际初步审查程序的规定。由于该程序是根据申请人的请求才启动的，因此第Ⅱ章条款的适用是可选择的、非强制性的。条约第Ⅲ章是对各程序都适用的共同规定。

条约附有《专利合作条约实施细则》（以下简称《PCT实施细则》），该实施细则对条约中明文规定按该实施细则办理的事项作出补充规定，对有关管理的要求和程序作出了规定，对贯彻该条约规定中的具体细节作出了规定。

按照《PCT实施细则》的规定，WIPO总干事颁布《专利合作条约行政规程》（以下简称《PCT行政规程》），对该实施细则中明文规定按该行政规程办理的事项作出补充规定，对适用该实施细则的具体细节作出规定。

条约及其实施细则、行政规程是PCT申请体系运作的法律依据。

另外，为帮助受理局、国际检索单位、国际初步审查单位执行条约为其规定的任务，WIPO出版了《PCT受理局指南》《PCT国际检索和国际初步审查指南》。为帮助申请人正确利用PCT申请体系并向申请人提供必要的信息，WIPO出版了《PCT申请人指南》。上述指南仅提供指导和参考，不是法律法规性文件。当上述指南与正式法律法规发生抵触时，要以条约、实施细则、行政规程的规定为准。

三、PCT申请体系

（一）PCT申请体系简介

条约向申请人提供了一条新的向国外申请专利的途径，即PCT申请体系。PCT申请程序通常被分为两个阶段，第一阶段被称为PCT申请程序的“国际阶段”，包括国际申请的提出、形式审查、国际检索和国际公布；如果申请人要求，国际阶段还要包括国际初步审查（发明可专利性的审查）。由于一件国际申请的上述程序分别由一个特定的专利局代表申请中指定的所有国家统一完成，并且依据的是条约中规定的统一标准，具有明显的国际化的特征，因此称为“国际阶段”程序。第二阶段是PCT申请程序的“国家阶段”，主要指授权程序。在国际阶段程序完成之后，申请人必须按照各指定国的规定履行进入国家阶段的手续，从而启动国家阶段的程序。条约没有关于对“国际申请”授权的规定，是否授予专利的决定仍由申请中指定寻求保护的各个国家（或地区组织）的专利局独立完成，对发明专利性的最终判断仍依据各国（或地区组织）的专利法的规定。授予的专利权是在各国有效的国家专利（或地区专利）。由于这一阶段仍保留了传统申请程序的特征，因此被称为“国家阶段”程序。

（二）PCT申请体系中的职能机构

PCT申请程序要由多个职能机构参与完成，下面对这些机构作一一介绍。

1. 受理局

受理国际申请的国家局或政府间组织被称为受理局（RO）。其中，国家局是指缔约国授权发给专利的政府机关，政府间组织是指地区专利条约的成员国授权发给地区专利的政府间机关，如欧洲专利局、欧亚专利局、非洲地区工业产权组织、非洲知识产权组织等。多数国家加入条约后，其国家局成为接受本国国民或居民提交的国际申请的受理局。同时国际局作为受理局可以接受任何条约缔约国的国民或居民提交的国际申请。

2. **国际检索单位**

负责对国际申请进行国际检索的国家局或政府间组织被称为国际检索单位（ISA），其任务是对作为国际申请主题的发明提出现有技术的文献检索报告，同时对作为国际申请主题的发明是否具有新颖性、创造性和工业实用性提出初步的、无约束力的意见，即书面意见。国际检索单位由国际专利合作联盟大会指定。截至2024年5月，被大会指定的国际检索单位共有24个，它们分别是：奥地利专利局、澳大利亚专利局、中国国家知识产权局、欧洲专利局、西班牙专利商标局、日本特许厅、韩国知识产权局、俄罗斯联邦知识产权专利商标局、瑞典专利注册局、美国专利商标局、加拿大知识产权局、芬兰国家专利与注册委员会、北欧专利协作组织、印度专利局、巴西国家工业产权局、智利国家工业产权局、埃及专利局、以色列专利局、菲律宾知识产权局、新加坡知识产权局、土耳其专利商标局、乌克兰国家知识产权局、维谢格拉德专利局、欧亚专利局。

3. **国际初步审查单位**

负责对国际申请进行国际初步审查的国家局或政府间组织被称为国际初步审查单位（IPEA），其任务是对作为国际申请主题的发明是否具有新颖性、创造性和工业实用性提出初步的、无约束力的意见，出具专利性国际初步报告。国际初步审查单位由国际专利合作联盟大会指定。截至2024年5月，被大会指定的国际初步审查单位共有24个。上面列举的国际检索单位同时也是国际初步审查单位。

4. **国际局**

国际局是指世界知识产权组织国际局（IB）。国际局对条约的实施承担中心管理的任务。国际局负责保存全部依据条约提出的国际申请文件正本；负责国际申请的公布出版；负责在申请人、受理局、国际检索单位、国际初步审查单位以及指定局（或选定局）之间传递国际申请和与国际申请有关的各种文件。此外，国际局还负责受理国际申请。

5. **指定局和选定局**

申请人在国际申请中指定的、要求对其发明给予保护的那些缔约国即为指定国。被指定的国家的国家局被称为指定局。

申请人按照条约第Ⅱ章选择了国际初步审查程序，在国际初步审查要求书中所指明的预定使用国际初步审查结果的缔约国被称为选定国，选定国的国家局即为选定局。选定应限于已被指定的国家。

国际检索单位、国际初步审查单位、指定局或选定局除了是国家局外，也可以是加入PCT的地区性专利组织的政府间机关。

（三）与《巴黎公约》途径比较，利用PCT申请程序的好处

① 简化提出申请的手续，及时获得在各指定国均为有效的国际申请日。

② 推迟决策的时间。PCT申请的申请人可以在自优先权日起30个月内决定需要进

入其国家阶段程序的指定国的名单，与传统的《巴黎公约》途径相比，给申请人延长了 18 个月的时间做出决定。

③ 准确地投入资金。国家阶段的花费比起国际阶段的花费要多得多，是申请过程中的主要投入。PCT 申请程序可以使大量资金的投入被推迟到最后阶段，使其更为准确，减少盲目性，从某种意义上说也是经费上的节省。

④ 完善申请文件。在 PCT 申请程序的国际阶段，申请人有多次修改申请文件的机会。特别是在国际初步审查过程中，申请人可以在审查员的指导下进行修改，使申请文件更为完善。

⑤ 减轻成员国国家局的负担。进入国家阶段后，各国家局可以参考或利用国际阶段的检索或初步审查结果，减少重复劳动。

应该说明的是，《巴黎公约》申请体系与 PCT 申请体系不是竞争关系。《巴黎公约》申请体系更适合申请人只想获得 1 ～ 2 个国家专利的保护的情况。而 PCT 申请体系则适合申请人希望获得更多国家专利的保护。

四、中国加入和利用《专利合作条约》的情况

中国于 1994 年 1 月 1 日正式成为条约缔约国。从该日起，中国国家知识产权局成为 PCT 受理局，同时还被指定为国际检索单位和国际初步审查单位，从同一日起接受中国国民或居民提出的国际申请。

自 1994 年至今，中国国家知识产权局受理的国际申请的数量在逐年增长，仅 2023 年一年就达到 69610 件，连续多年位居世界第一。同时，外国的申请人越来越多地利用 PCT 途径寻求中国的专利保护。进入中国国家阶段的 PCT 申请仅 2022 年一年就达到 10 万余件。

我国在《专利法》及其实施细则中对国际申请作出了相关规定。《专利法实施细则》第 11 章针对进入中国国家阶段的国际申请的处理和审查作出了特别规定。

第二节 PCT 申请

在条约缔约国，按照条约第 I 章的要求提出的保护发明的申请被称为 PCT 申请。条约对提出国际申请的申请人的资格、申请应当使用的语言、申请文件的内容和形式、应当缴纳的费用等作了详细的规定，在任何缔约国提出的国际申请都必须遵守。本节将对这些要求逐一加以说明。

一、国际申请的申请人

条约规定缔约国的任何国民或者居民都可以作为申请人提出国际申请。申请人在

国际申请的请求书中应当如实填写作为其国籍的国家的名称和作为其长期居所的国家的名称。确定申请人是否属于请求书中所填写的国家的国民和居民要依据该国的法律，并且由受理局审核确定。

另外，条约还规定，如果国际申请中有两个或两个以上申请人，只要其中一人是条约缔约国的国民或者居民，该国际申请就被认为是符合要求的。

与国家申请不同，当几个申请人共同提出一件国际申请时，不同的申请人可以分别对应于不同的指定国，即分别作为不同指定国的申请人。例如某公司与其雇员，即该发明的发明人，共同作为国际申请的申请人，发明人可以作为美国的申请人，而该公司作为除美国以外其他指定国的申请人。

二、主管受理局

国际申请应当向规定的受理局提交。除少数例外，一般来说，条约缔约国的国民和居民作为申请人时，其本国的国家局应当是主管受理局。这少数例外是指一些法语非洲国家和斯里兰卡等委托国际局作为其本国国民或居民的主管受理局，列支敦士登委托瑞士国家局作为其本国国民或居民的主管受理局。如果申请人的国籍和居所分属于不同缔约国，可以由申请人从中选择一个国家局作为国际申请的受理局。另外，不管是哪个缔约国的国民或居民，除可以向本国国家局提交申请外，还可以向国际局提交国际申请。以地区组织加入条约的《欧洲专利公约》组织、《欧亚专利公约》组织、非洲地区工业产权组织和非洲知识产权组织等的成员国的居民和国民还可以分别向欧洲专利局、欧亚专利局、非洲地区工业产权局或非洲知识产权局提交申请。

三、国际申请的语言

申请人必须使用受理局接受的语言提出国际申请。受理局规定的申请语言可能是一种，也可能是几种。如果受理局规定了几种接受的语言时，申请人可以从中选择一种。受理局在规定可以接受的语言时，主要考虑以下三个方面因素。

① 负责对该受理局接受的国际申请进行国际检索的主管国际检索单位能够接受的语言。

② 国际公布允许使用的语言。

③ 作为受理局的国家局的工作语言。

由于中国国家知识产权局既是受理局又是国际检索单位，上述①、③两方面因素完全统一，同时其官方语言中文又是国际公布使用的语言，所以选择中文完全符合上述三个方面的要求。另外，考虑到英文在我国已经被多数人掌握，而且中国国家知识产权局的审查员完全有能力使用英文进行审查，英文又是国际公布规定的几种语言之一，所以中国国家知识产权局作为受理局接受的申请语言为中文和英文，申请人可以从两种语言中任意选择一种。申请人选择使用其中一种语言提出申请后，在国际阶段的全部程序中都应使用这种语言，包括申请人随后提交的各种文件（直接向国际局提交的文件除外）以及由中国国家知识产权局发出的各种通知。相对来说，向中国国家知识产权局提交国际申请的语言问题是比较简单的。

对于某些不作为国际检索单位、只作为受理局的国家局，同时该国的官方语言不是国际公布使用的语言，那么申请语言的问题就要复杂一些，因为前面所述三个方面的条件不可能统一。对此，条约规定，每个受理局接受的申请语言中至少有一种要符合以下两个条件，即使这种语言不是受理局所在国的官方语言。

① 主管国际检索单位能够接受的语言。

② 国际公布允许使用的语言。

除此之外，受理局也可以再接受一种（或几种）不符合上面两个条件的申请语言，例如本国的官方语言。使用后一种语言提出国际申请后，为了国际检索的目的，申请人在规定的期限内还必须提交一份使用符合以上两个条件的语言的申请文件的译文。

还有一种情况，即如果国际申请使用的语言是受理局和主管国际检索单位接受的语言但不是国际公布使用的语言，条约规定，为了国际公布，在申请提出之后，申请人还要提供英文译文。

国际局作为受理局接受以任何语言提出的国际申请。如果作为受理局的国家局收到的国际申请使用了该局不予接受的语言，则可以将其转送给国际局。

四、国家的指定和保护类型的选择

2002 年，PCT 联盟大会讨论并通过了对《PCT 实施细则》中有关“指定”概念的修改。修改后的《PCT 实施细则》规定，自 2004 年 1 月 1 日起，国际申请一经提出，申请人自动指定在国际申请日受条约约束的所有成员国。自动指定不仅包括某个缔约国，而且包括地区专利组织，如非洲地区工业产权组织专利（AP）、欧亚专利组织专利（EA）、欧洲专利组织专利（EP）、非洲知识产权组织专利（OA）等。需要注意的是，上述地区专利组织中的部分成员国对 PCT 申请关闭了国家途径，例如欧洲专利组织中的比利时、塞浦路斯、法国、希腊、爱尔兰、立陶宛、拉脱维亚、摩纳哥、黑山、马耳他、荷兰、斯洛文尼亚、圣马力诺及非洲地区工业产权组织中的伊斯瓦蒂尼，即要想获得上述国家的专利保护只能通过地区专利途径，而不能通过国家专利途径。另外，非洲知识产权组织的成员国大多没有国家专利，所以只能利用该地区专利途径获得在所有成员国的保护。当然，对于 AP、EA、EP 相关的三个地区组织中的其他成员国，申请人既可以利用地区专利途径，也可以利用国家专利途径。

对于专利保护类型，条约规定，国际申请是指保护“发明”的申请，可以被解释为适用于发明专利、发明人证书、实用新型证书、实用新型和各种增补专利和增补证书等的申请。不属于上述范围的其他形式的工业产权的申请，例如外观设计，不能作为 PCT 意义上的国际申请提出。申请人对不同的指定国可以要求不同类型的保护，对保护类型的选择可以推迟到进入国家阶段时再作出。各缔约国可以给予的保护类型由该国现行的本国法确定。申请人可以通过国际局的出版物《PCT 申请人指南》了解到有关信息。

五、优先权要求

国际申请可以要求一项或几项主题相同的在先申请的优先权。关于优先权要求的条件和效力，条约第 8 条规定，应当按照《巴黎公约》第 4 条的规定，即在先申请应当是在《巴黎公约》缔约国提出（或对该缔约国有效）的首次正规申请；在后的国际申请应当在要求其优先权的申请提出日起 12 个月内被提出。由于国际申请在每一个指定国中具有正规的国家申请的效力，所以按照《巴黎公约》原则，在先的国际申请也可以作为主题相同的在后申请的优先权基础。在先申请可以是国家申请，也可以是地区申请（如 AP、EA、EP 或 OA 等），或者是国际申请。在先申请还可以是 WTO 成员中的申请。要求优先权的国际申请应当在请求书中包含优先权声明，声明的内容包括在先申请的提交日、在先申请的申请号和受理在先申请的国家等。如果由于申请人的疏忽，在提出国际申请时没有包含要求享有在先申请优先权的书面声明，或者虽然作出了书面声明但是声明的内容有错误，条约规定，允许申请人在优先权日起 16 个月或申请日起 4 个月内（以后到期者为准）增加被遗漏的优先权要求或者改正要求优先权的书面声明中的缺陷。

申请人在作出要求优先权的书面声明后，应当向受理局或者直接向国际局提交作为要求优先权基础的在先申请的副本（即优先权文件）。如果在先申请是在该受理局提交的，申请人可以直接在请求书中作出标记，请求受理局准备优先权文件并将该文件送交国际局。申请人提交优先权文件的期限是自优先权日起 16 个月，该文件最迟应当在国际公布日之前到达国际局。如果国际局可以从电子图书馆取得优先权文件，则申请人可以不提交优先权文件，而是请求国际局从该电子图书馆取得该优先权文件。

六、申请文件格式与内容的标准化

条约对国际申请文件的格式和内容的撰写方式规定了统一的标准。申请人准备的申请文件只要符合该标准，就应当被受理局接受，也就意味着可以被所有的指定国接受。条约规定，任何缔约国的法律在国际申请的形式和内容方面不能提出与条约不同的或额外的要求。申请文件的标准化是 PCT 申请程序的优点之一。

《PCT 实施细则》和《PCT 行政规程》对申请文件的格式和内容的标准作出了具体的规定。《PCT 申请人指南》第 I 卷对此作了通俗易懂的介绍。

（一）请求书

与我国国家申请的请求书相比，条约对国际申请请求书的要求有如下特点。

① 请求书中必须包含申请人请求按条约规定处理该国际申请的明确说明。

② 请求书中应当写明申请人的国籍和居所，以便对申请人是否有权提出国际申请进行审查。

③ 请求书中可以对不同的指定国填写不同的申请人，也允许对不同的指定国填写不同的发明人。

④ 如果国际申请要求优先权的在先申请是在受理局被提出的，申请人可以在请求书中作出标记，请求受理局为其准备优先权文件并传送到国际局。

⑤ 如果国际申请可以有两个或两个以上主管国际检索单位，则申请人应当从中选择并在请求书中指明。

⑥ 为了在不同的缔约国不至于对请求书的内容产生歧义，条约对填写格式作了十分具体的规定，例如日期必须按照日、月、年的顺序书写，姓名必须按照姓在前、名在后的顺序书写，表明国家时填写的代码应当使用 WIPO 标准 ST. 3 等。

随着计算机技术的发展，请求书除了可以填写在印刷表格上（PCT/RO/101 表），还可以选择使用专利业务办理系统 PCT 申请模块生成电子格式的请求书与申请文件一起提交。

（二）说明书

《PCT 实施细则》第 5 条对说明书的撰写方式作出了规定，主要有以下要求。

① 应当按照“技术领域”、“背景技术”、“发明内容”、“附图说明”、“本发明的最佳实施方式”（或“本发明的实施方式”）、“工业实用性”六个部分的方式和顺序撰写，并建议在每一部分前加上相应的标题。

② 如果国际申请中包含对核苷酸或氨基酸序列的公开，则说明书中应当包括序列表。该序列表应当符合《PCT 行政规程》附件 C 规定的标准。按照该标准，序列表应作为说明书的单独部分提交，加上标题“序列表”字样。如果序列表部分包含行政规程规定的内容，该内容还应写入说明书的主要部分，标题为“序列表内容”。

多数国际检索单位为完成国际检索目的，还要求提供计算机可读形式的序列表。《PCT 行政规程》附件 C 对其格式作出了规定。依据 WIPO 标准 ST. 26 的要求，序列表要展示为 XML 文件的形式，意味着它只能以电子形式提供。建议使用 WIPO SEQUENCE 或等同的软件准备序列表，以验证序列表内容的形式和内容。

（三）权利要求书

条约第 6 条及其实施细则第 6 条对权利要求书的撰写作出了规定，主要有以下四个方面的内容。

① 权利要求要得到说明书的充分支持，应当确定要求保护的内容。

② 权利要求在说明发明的技术特征时，除非绝对必要，不得依赖引用说明书或者附图。

③ 适当的情况下，权利要求应由陈述部分和特征部分两部分组成，即包括对现有

技术的指明和对请求保护的技术特征的表述。

④ 多项从属权利要求不能被另一多项从属权利要求所引用。

如果国际申请权利要求书的撰写不符合《PCT 实施细则》第 6.4 条关于从属权利要求的规定写法，并且也不符合作为国际检索单位的国家局的本国法的规定，则国际检索单位根据条约第 17（2）（b）条有理由对该项权利要求不作检索。

另外，条约还规定一件国际申请应只涉及一项发明或由一个总的发明构思联系在一起的一组发明，即说明书的撰写应遵守发明单一性的要求。关于符合发明单一性要求的具体标准在《PCT 行政规程》附件 B 中作出规定。该标准既适用于国际检索单位、国际初步审查单位，在进入国家阶段程序后也同样适用于指定局和选定局。

（四）附图

条约规定在对理解发明必要的情况下，国际申请必须包含附图。流程图和图表应当作为附图。化学式或数学式可以作为说明书、权利要求书的内容，也可以作为附图提交。除绝对必要时附图中可以包含几个字，一般情况下附图中不应当有文字内容。

（五）摘要

《PCT 实施细则》第 8 条对摘要的撰写作出了规定。摘要应当是对说明书、权利要求书及附图所包含的公开内容的概括。摘要应当在内容允许的情况下尽可能简明，用英文书写或译成英文时最好在 50 ~ 150 个词。摘要的撰写原则是使其成为特定技术领域中科研人员、工程技术人员进行检索的有效查阅工具。

摘要不能使用含意不清的词句，不能包含对要求保护的发明的优点、价值或属于推测性的应用的说明。

如果国际申请包含附图，申请人可以在请求书规定栏目中注明其建议与摘要一起公布的某幅图的编号。

《PCT 实施细则》第 11 条对申请文件的形式作出了规定，例如对纸张、版式、字体的要求，对页码编写的规定，对附图绘制的要求等，要求申请文件满足这些形式规定，可以使国际申请的国际公布达到统一，同时具有标准化形式的国际申请更有利于各指定国对其内容的理解。

除上述统一规定外，中国国家知识产权局作为受理局规定，提出国际申请时只需提交一份申请文件。

七、国际申请应缴纳的费用

前面已经提到，PCT 申请程序分为国际阶段和国家阶段。申请人为一份国际申请需要投入的费用也是分两个阶段付出的。下面主要讲述国际阶段中与缴费有关的问题，进入国家阶段所需的费用介绍见本章第四节。

申请人提出国际申请应当缴纳以下费用。

① 传送费：传送费由受理局收取，是为了受理局对国际申请所完成的工作要求申请人支付的费用。支付传送费的货币种类及数额由受理局制定。2018 年 6 月 15 日国家知识产权局发布的第 272 号公告中规定，中国国家知识产权局停征 PCT 申请收费（国际阶段部分）中的传送费。

② 检索费：检索费由国际检索单位收取，是为了国际检索单位完成国际检索、提供国际检索报告要求申请人支付的费用。支付检索费的货币种类及数额由国际检索单位制定。中国国家知识产权局作为国际检索单位以人民币收取检索费 2100 元。

③ 国际申请费：国际申请费由国际局收取，是为了国际局对国际申请完成国际公布、文件传送等各项任务要求申请人支付的费用。国际申请费的标准由国际局制定，在《PCT 实施细则》附件费用表中公布以瑞士法郎收取国际申请费的数额。以其他国际局可自由兑换成瑞士法郎的货币缴纳国际费的数额标准在《PCT 公报》上定期发布。2022 年生效的《PCT 实施细则》规定的国际申请费为 1330 瑞士法郎。

目前国际申请费与申请文件页数有关，申请文件超过 30 页，申请人还应缴纳国际申请附加费。

国际申请费由受理局代国际局收取，受理局每月一次将代收的费用转送给国际局。国际局要求必须使用在其总部能够自由兑换成瑞士法郎的货币，并要求受理局列出转账清单。根据国家知识产权局与世界知识产权组织签订的《关于〈专利合作条约〉费用汇交的谅解备忘录》，自 2021 年 12 月 1 日起，国家知识产权局将按世界知识产权组织公布的人民币标准代世界知识产权组织国际局收取 PCT 申请国际阶段费用，不再以瑞士法郎标准进行折算。

上述三种费用都应当向接受国际申请的受理局缴纳，然后由受理局将检索费转寄给国际检索单位（当二者不是一个局的情况下），由受理局将国际申请费转寄给国际局。

如果申请人在请求书中标明请受理局为其准备优先权文件并将文件转交给国际局，则受理局可以为此收取优先权文件费。中国国家知识产权局作为受理局收取的优先权文件费以人民币收取，为每项优先权文本 150 元。

国际局关于减缴国际费的规定如下。

如果 PCT 申请的所有申请人是自然人且所有申请人均属于国际局发布的符合费用减免条件国家清单（国际局发布的清单可从网址 http：//www. wipo. int/pct/en/fees/index. html 下载）中所列国家的国民和居民，国际申请费和手续费可减缴 90%。我国（包括香港、澳门和台湾地区）在此列。

只有在提交国际申请时申请人是或所有申请人都是该申请的真实且唯一的所有人，且其没有义务将发明中的权利转让、授予、让与或许可给不符合费用减缴条件的其他方时，申请人才有权获得国际申请费的减缴。

如果有多个申请人，则每一个申请人都必须满足上述条件。如果申请人有权或所有申请人都有权获得国际申请费的减缴，该减缴会根据请求书第Ⅱ栏和第Ⅲ栏中写明的姓名、国籍和居所自动适用，不需要提出专门的请求。

如果PCT申请按照《PCT行政规程》的规定以下列形式提交，国际申请费按照以下数额减少。

① 如果使用电子方式提交PCT申请，且满足《PCT行政规程》第7部分和附录F的要求，但以电子方式提交的说明书、权利要求和摘要未采用字符代码格式（例如PDF格式）的，可减缴200瑞士法郎。

② 如果使用电子方式提交PCT申请，且满足《PCT行政规程》第7部分和附录F的要求，若以电子方式提交的说明书、权利要求和摘要均采用字符代码格式（例如XML格式），则可减缴300瑞士法郎。

如果申请人在适当的时候提出国际初步审查的要求，届时还需缴纳相应费用。后面的有关章节将提及这些费用。

八、向中国国家知识产权局提出国际申请的有关规定

发明人准备向中国国家知识产权局提出国际申请时，除了考虑前面提到的问题，还要注意以下两项规定。

依据《专利法》第19条的规定，中国单位和个人就其在本国完成的发明创造提出国际申请的，应当由中国国家知识产权局进行保密审查。如果保密审查不合格，该申请将不被作为国际申请处理。

依据《专利法》第18条的规定，在中国没有经常居所或者营业所的外国人、外国企业或者外国其他组织提出国际申请时，应当委托依法设立的专利代理机构办理。中国单位或个人提出国际申请时，可以委托依法设立的专利代理机构办理。

第三节　PCT申请的国际阶段程序

PCT申请被提出后，由主管受理局确定国际申请日并进行形式审查和费用审查，由国际检索单位制定国际检索报告和书面意见，随后由国际局完成国际公布，按照申请人的要求，必要时由国际初步审查单位制定专利性国际初步报告，上述过程被称为国际阶段程序。

一、受理局的程序

（一）国际申请送达受理局的方式

1. 面交或邮寄

不论使用面交还是邮寄的方式，均以申请文件到达作为受理局的中国国家知识产

权局之日为收到日。

2. 网上在线递交

国家知识产权局已于2023年1月11日开通“专利业务办理系统”（网址为https：//cponline. cnipa. gov. cn）。申请人可以通过该系统（网页版或客户端）PCT申请模块制作并提交电子形式的PCT申请。同年1月10日，PCT电子申请网站、CEPCT离线电子申请客户端案卷提交功能停止服务。

（二）受理局的主要任务

1. 确定国际申请日

依据条约第11（1）条规定，国际申请只要满足下列要求，受理局应当作出决定，以收到国际申请之日作为国际申请日。

① 申请人的国籍或居所表明其具有提交国际申请的权利，以及表明国际申请应当向该受理局提交。

② 国际申请使用规定的语言撰写。

③ 国际申请至少包括下列项目：

（a）说明是作为国际申请被提出的；

（b）至少指定一个缔约国；

（c）写明申请人姓名，足以用来对申请人进行确认；

（d）有一个看起来像是说明书的部分；

（e）有一个看起来像是一项或几项权利要求的部分。

如果由于国籍、居所或申请语言的原因，将申请转交国际局的，作为受理局的国际局视原国家局（或地区局）收到国际申请的日期为实际收到日。

各缔约国均规定了作为受理局时可以接受的语言，如果国际申请没有使用规定的语言，按照条约第11（1）条，不能给予国际申请日，但是按照《PCT实施细则》第19.4条，只要申请所使用的语言是国际局作为受理局所接受的语言，那么收到申请的国家局（或地区局）同样应当将申请转交国际局，由国际局受理。由于国际局接受所有缔约国的官方语言，所以因语言缺陷而不给予国际申请日的情况基本不会发生。

受理局经审查发现国际申请存在其他不符合条约第11（1）条的缺陷时，应当通知申请人在指定的期限内改正，如果申请人在规定的期限内提交了改正文件，克服了原有的缺陷，则受理局应当确定收到改正文件之日为国际申请日。如果申请人没有在规定的期限内提交改正文件，或者虽然提交了文件但仍未满足条约的要求，受理局应当分别通知申请人和国际局，该申请将不作为国际申请处理。

此外，还有以下两种情况也会影响国际申请日的确定。

一是通知申请人在规定期限内改正。受理局确定收到据称为国际申请的文件是否满足条约第11（1）条的要求时，若发现条约第11（1）条的要求没有被满足，或者看起来没有被满足，应迅速通知申请人，并让其作出选择：提交遗漏部分使申请文件完整而改变国际申请日，或保留国际申请日而忽略遗漏部分。通过提交遗漏部分使据称的国际申请完整方面，申请人提交给受理局的根据条约第11（2）条必要的改正是在据称的国际申请收到日之后，但是后提交日是在根据《PCT实施细则》第20.7条适用的期限内的，受理局应当记录后提交日为国际申请日并且根据《PCT实施细则》第20.2（b）条和第20.2（c）条的规定处理。

二是主动补交文件。受理局没有发出通知，申请人声称在首次提交的国际申请中缺少说明书、权利要求书或者附图的某一页或某几页，如果后交文件是在首次提交文件收到日起2个月内收到的，则受理局以收到后交文件的日期为国际申请日；如果后交文件是在2个月之后收到的，将不予考虑。

不管哪种情况，受理局应当在后收到的每一页上标明实际收到日，在指定或规定的期限之后收到的每一页上应当标明“不予考虑”的字样。

受理局确定的国际申请日被所有指定国承认，自该日起，国际申请在所有指定国具有正规国家申请的效力。

受理局收到每件据称的国际申请后，应当按照《PCT行政规程》的统一规定给出国际申请号。国际申请号包括字母“PCT”、斜线、受理局的双字母代码、首次收到文件年份的四位数字、斜线和按照国际申请收到的先后顺序分配的六位数字。例如，中国国家知识产权局作为受理局在2024年接受的第一件申请的国际申请号是：PCT/CN2024/000001。国际局作为受理局时的双字母代码为“IB”。受理局在申请文件的每一页上都要标注国际申请号。另外，中国国家知识产权局作为受理局受理的电子形式的申请，其国际申请号在编号上有特殊的规定，即后六位数的前两位为“07”及“07”以上的两位数，例如PCT/CN2024/070001。如果受理局作出决定，对收到的申请不作为国际申请处理，应当将申请文件中所标注的国际申请号中的字母“PCT”加以删除并通知国际局该号码不再作为国际申请号使用。凡是经审查给予国际申请日的申请，受理局应当向申请人和国际局发出“国际申请号和国际申请日通知书”。国际申请日以日、月、年的顺序并以两种方式表示。例如，在中文申请上标注为“15.5月2024（15.05.2024）”或者在英文申请上标注为“15 May.2024.（15.05.2024）”。

2. 国际申请的形式审查

本节所述的形式审查是指受理局检查国际申请中是否存在条约第14（1）（a）条所列的缺陷，以及检查国际申请中的优先权要求是否有不符合《PCT实施细则》第4.10条规定的缺陷。对这些缺陷的及时改正不会影响已经确定的国际申请日。

（1）按条约第14（1）（a）条所作的形式审查

条约第14（1）（a）条列出的缺陷有：

① 缺少申请人签字；

② 缺少发明名称和摘要；

③ 未按规定载明申请人的情况；

④ 其他不符合《PCT 实施细则》第11 条要求的形式缺陷，主要指申请文件没有满足国际公布时出版的要求，例如对纸张、文字书写、编页、附图的线条、图号、图中所注文字等的要求。

当受理局发现申请文件中存在以上缺陷时，应当通知申请人在指定的期限内改正；期限一般为1～2个月。只要申请人在指定的期限内提交改正文件，改正页或改正的内容将替换首次提交的存在缺陷的相应页或相应的内容，国际申请日不作更改。但是如果申请人在指定的期限内没有提交改正文件，受理局将宣布该国际申请被视为撤回。如果申请人认为在受理局指定的期限内无法完成改正，可以请求延长期限。

为了节省程序，在某些情况下，受理局可以依职权自行改正国际申请中的形式缺陷，并将作出的改正告知申请人。如果申请人不同意改正，可以向受理局提出。但是受理局不能任意地对申请文件进行依职权改正，允许依职权进行改正的特定情况由《PCT 行政规程》限定，例如改正请求书中前后自相矛盾的微小缺陷、改正不符合规定的日期表示方法、改正请求书的文件清单一栏中的错填页数等。依职权改正时必须使原内容仍然清晰可见，并在该页边缘注明改正由受理局作出。

（2）根据《PCT 实施细则》第4.18 条通过援引方式加入遗漏或错误提交的部分或项目

申请人可以在根据《PCT 实施细则》第20.7 条适当的期限内向受理局提交一份书面通知，确认根据《PCT 实施细则》第4.18 条援引加入国际申请的项目或者部分。遗漏或错误提交了某些项目或部分可以通过援引在先申请中相应部分的方式加入，而保留原国际申请日。这里提到的“项目”是指全部说明书或全部权利要求，“部分”是指部分说明书、部分权利要求或部分附图。

这一条款适用的条件是：①在先申请中应包含这些遗漏或错误提交的项目或部分（《PCT 实施细则》第20.6 条）；②申请人在递交国际申请的请求书中应包含关于援引加入的说明（《PCT 实施细则》第4.18 条）；③申请人应当在规定的期限内及时确认援引加入的项目或部分（《PCT 实施细则》第20.6 条和第20.7 条）。

该条款适用的期限为申请人递交国际申请之日起2个月或受理局发出改正通知的发文日起2个月（《PCT 实施细则》第20.7 条）。

利用此条款时，申请人需要递交的文件包括：①一份确认援引加入的书面通知，用来确认根据《PCT 实施细则》第4.18 条援引加入国际申请的项目或部分；②遗漏或错误提交项目或部分的相应页；③在先申请文件的副本；④如果优先权文件与国际申请语言不同时，还需要提交译文；⑤此外，还需指明遗漏或错误提交部分在优先权文件中的位置。

如果上述条件没有全部满足的话，那么受理局将以后提交文件的日期来重新确定国际申请日，或者申请人可以请求对遗漏或错误提交部分不予考虑而保留原国际申请日。通过援引加入的内容将与国际申请一起公布。

需要注意的是，受理局或指定局均可对此条款作出保留。根据WIPO网站上公布的信息（截至2024年5月），作为受理局对此条款予以保留的国家和地区组织包括：古巴、捷克、德国、印度尼西亚、韩国、墨西哥等。作为指定局对此条款予以保留的国家和地区组织包括：古巴、捷克、澳大利亚、印度尼西亚、韩国、墨西哥、土耳其等。

中国国家知识产权局作为受理局和指定局目前都是接受这一条款的，但作为指定局曾经是予以保留的，直到2023年12月11日第三次修订的《专利法实施细则》第45条引入援引加入制度后才接受了这一条款，明确了当申请文件的权利要求书、说明书或者其部分内容被遗漏或者错误提交时，允许申请人在一定条件下通过援引在先申请文件的方式将遗漏或者正确内容补入申请文件，从而保留原申请日，给予申请人在遗漏或者错误提交申请文件时的救济机会。

（3）改正优先权要求中的缺陷

如果请求书中包含有要求优先权的声明，受理局应当检查以下内容：①在先申请是否在《巴黎公约》缔约国或世界贸易组织成员中提出；②提出在先申请的日期是否包含在国际申请日前12个月内；③优先权要求的声明中是否包含规定的事项，例如在先申请提出日期、在先申请的申请号、受理在先申请的国家（或地区局）等，以及是否按照规定的方式填写该事项；④要求优先权声明中填写的事项与优先权文件中的记载是否一致。

如果受理局发现优先权要求存在缺陷，应当通知申请人在规定的期限内改正，自国际申请日起申请人至少有4个月时间可以改正。如果申请人在规定的期限届满时仍然没有改正缺陷，受理局将作出优先权要求被视为未提出的决定。但是如果缺陷是没有提供在先申请号、优先权要求与优先权文件的内容不一致或国际申请日是在优先权期限届满日之后但在届满日起2个月内的，受理局不应作出优先权被视为未要求的决定，该缺陷应被保留到国家阶段程序中由指定局处理。

申请人在上述期限内可以主动向受理局或国际局提出改正或增加优先权要求的请求。

受理局对以下两个问题不作处理。

① 申请人在《PCT实施细则》规定的期限内没有提交优先权文件，也没有请求受理局准备和传送优先权文件的，受理局不应就此作出优先权被视为未要求的决定。按照PCT的规定，在申请进入国家阶段程序后，指定局必须给予补救的机会。

② 要求优先权的国际申请的申请人与在先申请的申请人不一致，国际申请中也没有包含申请人享有优先权的声明的，受理局不能因此作出优先权被视为未要求的决定，也无须要求申请人提供有关证明。在国家阶段程序中，指定局将根据本国法进行审查和处理。

（4）关于优先权的恢复

《PCT实施细则》第26条之二.3规定，对于没有能够在优先权期限内提交的国际申请，其国际申请日在自优先权期限届满之日后，但在自该日起2个月内的，依申请人的要求，受理局认为申请人提出的恢复优先权请求的理由满足了该局的适用标准，将给予恢复优先权。

这一条款适用的条件是：①国际申请的请求书中应当包含恢复优先权的要求；②国际申请日在优先权日起 14 个月内；③申请人需要说明在优先权期限内没有递交国际申请的原因；④受理局可以要求申请人提供相应证据或声明来支持其提交的原因说明；⑤按照受理局的要求缴纳一笔优先权恢复费。目前中国国家知识产权局作为受理局收取的费用是 1000 元人民币。

受理局可适用以下一种或两种标准作为允许恢复的理由：①尽管已经尽到了适当的注意义务，但仍出现了未能满足期限的疏忽；②误期是非故意的。

目前，恢复优先权的要求及受理局的决定将与国际申请一起公布。受理局恢复优先权的效力为：以理由①恢复时，应在所有指定国有效；以理由②恢复时，应在所有采用相同或更宽松标准的指定国有效。

对于这一条款，受理局和指定局均可以作出保留。根据 WIPO 网站上公布的信息（截至 2024 年 5 月），作为受理局对此条款予以保留的国家和地区组织包括：巴西、哥伦比亚、古巴、捷克、德国、阿尔及利亚、希腊、印度尼西亚、印度、韩国、菲律宾；作为指定局对此条款予以保留的国家和地区组织包括：巴西、加拿大、哥伦比亚、古巴、捷克、德国、阿尔及利亚、印度尼西亚、印度、韩国、墨西哥和菲律宾。

中国国家知识产权局作为受理局和指定局目前都是接受这一条款（两种理由都接受）的，但作为指定局曾经是予以保留的，直到 2023 年 12 月 1 日第三次修订的《专利法实施细则》第 36 条针对发明、实用新型专利申请增加了优先权恢复制度后才接受了这一条款，明确了在后申请是在其在先申请的申请日起 12 个月期限届满后提出的，有正当理由的，可以在期限届满之日起 2 个月内请求恢复优先权。

3. 费用的审查

申请人应当在受理局收到国际申请之日起 1 个月内缴纳传送费、检索费、国际申请费。受理局负责对申请人是否按时缴费以及缴纳数额是否符合标准进行检查。如果申请人在上述 1 个月期限届满时没有缴纳或缴足费用，受理局应当通知申请人在自通告之日起 1 个月内缴纳所欠费用，并且还要支付相当于所欠费用 50% 的滞纳金（滞纳金的最低数额为与传送费相等，最高为国际申请费 1330 瑞士法郎的 50%）。只要申请人在通知指定的期限内补缴了所欠费用及滞纳金，受理局应认为其满足了缴费要求，否则受理局将按照条约第 14（3）条作出申请被视为撤回的决定。

4. 向国际局和国际检索单位传送国际申请

如果受理局规定申请人提出国际申请时只需提交一份文件，则受理局要负责将文件复制成一式三份。受理局将申请人提交的申请文件转交国际局保存，在文件首页上方标注“登记本”字样，该登记本被视为国际申请的正本；将申请文件的一份副本留受理局保存，在文件首页上方标注“受理本”字样；另一份副本送国际检索单位，在文件首页上方标注“检索本”字样。如果申请是以传真方式提出的，传真机接收的文件为“登记本”，随后提交的传真文件的原件为“确认本”。登记本和确认本都要传送给国际局。

在我国，随着2007年1月E-PCT系统运行，传统的纸件检索本已经取消，承担受理局职责的审查员只需要将申请文件的电子文档（电子检索本）在规定的时间按部门或启动日传送给检索审查员。《PCT实施细则》规定，受理局应当保证登记本在优先权日起13个月届满时能够到达国际局。即使申请人在受理局传送登记本之前提出撤回申请的请求，该传送仍然应当完成。

国际局在收到登记本后，向申请人、受理局发出“收到登记本通知书”（PCT/IB/301通知）。

受理局向国际检索单位送交检索本的时间一般不迟于向国际局传送登记本的时间。但是如果申请人没有缴足检索费，则检索本不予传送，直到补足检索费后再传送。

受理局传送登记本和检索本时，申请文件中存在的形式缺陷可能还没有来得及改正，但形式缺陷的存在不应当影响传送的完成。受理局在传送之后收到申请人提交改正形式缺陷的替换页，应当在每页替换页上标注国际申请号及文件的收到日，再将替换页分别传送给国际局和国际检索单位。

二、国际检索

国际检索单位在收到检索本后，应当将收到的日期以“收到检索本通知书”（PCT/ISA/202通知）的形式告知申请人、国际局和受理局。由于中国国家知识产权局既是受理局又是国际检索单位，该日期也是将检索本送到负责对该申请作出国际检索的专利局审查部门的日期。

国际检索单位需要完成的主要任务是对国际申请进行国际检索，随后制定出包含现有技术文献检索结果的国际检索报告和书面意见。国际检索报告将传送给申请人、国际局，并与国际申请一并进行国际公布。如果申请人要求国际初步审查，国际检索报告也将提供给国际初步审查单位作为审查的基础。

国际检索单位的审查员在完成国际检索的同时，还要对该申请涉及的发明是否具备新颖性、创造性、工业实用性提供一份书面意见。书面意见和检索报告一起传送给申请人、国际局。对书面意见不予公布。如果申请人不要求国际初步审查，国际局将以国际检索单位的书面意见为基础形成“关于专利性的国际初步报告（PCT第Ⅰ章）”，自优先权日起30个月届满后将其传送给指定局参考。

国际检索依据的申请文本应当是申请人在国际申请日提交的原始申请，在国际检索程序中不接受申请人提出的对申请文件的修改（除非是对明显错误的更正）。

（一）主管国际检索单位的确定

各缔约国的国家局或地区局作为受理局，应当指定一个或几个国际检索单位负责对向该局提交的国际申请进行国际检索，所指定的国际检索单位被称为主管国际检索单位。关于各受理局所对应的主管检索单位的信息由国际局予以公布。

如果受理局指定了几个主管国际检索单位，申请人可以从中选择，并且在请求书中指明。

如果国际申请向作为受理局的国际局提出，主管国际检索单位应当如此确定，即按照申请人的国籍和居所，有权受理该国际申请的国家局（或地区局）所指定的主管国际检索单位为该申请的主管国际检索单位。有多个单位时，由申请人作出选择。

（二）国际检索程序中的几个问题

1. 检索前允许的改正和更正

申请人在收到国际检索报告之前一般不可以修改申请文件的内容。下面列举的是允许对申请文件内容作出改正和更正的三种特定情况。

（1）更正国际申请中的明显错误

国际检索单位的审查员发现或申请人主动发现申请文件中有明显的错误，这些错误是由于书写了某些明显的不是有意要写的内容而造成的，审查员可以通知申请人更正明显错误。申请人提出的更正也应当是明显的、唯一的，即本领域技术人员能够领会除更正的内容外不可能是指其他内容。审查员应当对申请人提出的明显错误更正请求进行确认，进而作出是否许可明显错误更正的决定。

（2）删除不应有的内容

国际检索单位发现申请中包含违反道德、违反公共秩序的用语和附图，或者贬低他人的内容，应当建议申请人删除上述不符合规定的内容。

（3）确定摘要和发明名称

《PCT 实施细则》对摘要和发明名称的内容和格式有明确的要求。如果国际检索单位审查员发现申请人提供的摘要不符合要求，审查员可以重新撰写摘要，并且将制定的摘要填写在检索报告的规定栏目中。自检索报告邮寄日起 1 个月内，申请人可以对检索审查员制定的摘要提出意见。在收到意见之后，审查员应当决定是否需要对摘要再次改动，如有变动，要将最后确定的摘要内容通知国际局。

如果国际检索单位审查员认为申请人确定的发明名称不够简洁、明确，也可以自行确定发明名称，并填写在检索报告的规定栏目中。

2. 宣布不作国际检索

只要申请人按照规定缴纳了费用，国际检索是每件国际申请必经的程序。但在以下四种情况下，国际检索单位可以拒绝对国际申请或国际申请中的部分权利要求进行检索。

（1）国际申请涉及的内容是《PCT 实施细则》第 39 条规定不要求国际检索单位检索的主题

如果国际检索单位按照其国内法的规定应当对上述某些主题进行检索，可以扩大国际检索的范围，但是任何国际检索单位不能依照其本国法缩小国际检索的范围。例如，按照中国专利法的规定，对原子核变换方法以及用原子核变换方法获得的物质不授予专利权，但是按照条约的规定，该主题内容没有被排除在国际检索之外，因此当中国国家知识产权局作为国际检索单位时仍然要对涉及这一内容的国际申请进行检索。

（2）说明书、权利要求书或附图的内容不符合规定的要求以至于不能进行有意义的检索

在说明书、权利要求书或附图的内容不符合规定的要求以至于不能进行有意义检索的情况下，国际检索单位可以拒绝对存在上述缺陷的国际申请的全部或部分权利要求进行国际检索。

（3）没有提供符合规定的书面形式或计算机可读形式的核苷酸或氨基酸序列表以至于不能进行有意义的检索

如果国际申请中包含核苷酸或氨基酸序列的公开，则说明书中应当包含相应的序列表部分。如果申请人提交的纸件形式的序列表不符合《PCT 行政规程》附件 C 规定的标准，或者申请人没有提供《PCT 行政规程》规定的计算机可读形式的序列表，审查员应当通知申请人改正。如果申请人在通知指定的期限内没有作出改正，以至于不能进行有意义的检索，国际检索单位可以不对该国际申请进行国际检索。

（4）权利要求的撰写方式不符合规定

如果国际申请中包含多项从属权利要求（即引用一个以上其他权利要求的从属权利要求），《PCT 实施细则》规定，该多项从属权利要求只能以择一的方式引用一个以上的其他的权利要求，并且不得为另一多项从属权利要求所引用。如果国际申请中权利要求书的撰写违反这一规定，并且作为国际检索单位的本国法也是如此规定的，则允许国际检索单位在检索报告中写明对该项权利要求不能进行有意义的检索。

国际检索单位对所有的权利要求不进行检索的情况下，可以宣布不制定国际检索报告。对仅仅对某些权利要求不能进行有意义检索的情况只需要在检索报告中加以说明，同时应当对其余的权利要求进行国际检索和作出书面意见。

不制定国际检索报告的事实并不影响国际申请的有效性，随后的程序可以继续进行，例如仍然可以继续在指定局的国家阶段的程序。

3. 缺乏发明单一性的处理程序

条约规定国际申请应该符合发明单一性的要求。《PCT 行政规程》附件 B 对单一性原则作了具体的解释。《PCT 行政规程》附件 B 所规定的确定国际申请是否符合单一性的标准既适用于国际检索单位、国际初步审查单位，在国家阶段程序中也适用于指定局和选定局。

要求申请符合发明单一性是为了便于检索和审查。对缺乏发明单一性的申请进行检索和审查所付出的劳动将成倍增加。对于缺乏单一性的申请，按照《专利法实施细则》的规定，中国国家知识产权局的做法是通知申请人提交分案申请，而条约的规定

有所不同。国际检索单位经过判断，认为国际申请不符合发明单一性要求的，将通知申请人在规定期限内缴纳附加检索费，以补偿检索中付出的额外劳动。如果申请人拒绝支付附加检索费，国际检索单位将只对主要发明部分制定国际检索报告。如果申请人在规定期限内支付了全部附加检索费，国际检索单位应当对全部发明进行检索并制定出国际检索报告。

如果申请人对国际检索单位通知缴纳附加费有不同意见，可以在支付费用的同时提出异议并缴纳异议费，说明认为申请符合单一性要求或审查员所要的费用过多的理由。该异议将由国际检索单位的三人委员会进行审查并作出裁决。如果最终结论是申请人的异议完全成立，将退还全部附加费和异议费。如果最终结论是申请人的异议部分成立，将退还部分附加费。由于申请人没有按照国际检索单位的要求缴纳附加费，导致国际申请中的某些部分没有被作出国际检索，这一事实本身在国际阶段并不影响申请的有效性。但是条约规定，指定国的国家法可以规定，只要该局认为国际检索单位的要求是正当的，申请人必须缴纳一笔特别费用，否则对该国而言，国际申请中未被检索的部分将被视为撤回。有一些国家作出了这样的规定，也就是说，在国际阶段的程序中没有满足要求，在这几个国家的国家阶段程序中将产生后果。

（三）制定国际检索报告和书面意见

《PCT 实施细则》规定，国际检索单位应当在自收到受理局传送的检索本之日起 3 个月内或者自优先权日起 9 个月内作出国际检索报告和书面意见，两个期限以后届满的期限为准。为了计算期限，当国际申请中不包含优先权要求时，优先权日是指国际申请日。按照上述规定，如果国际申请是在自优先权日起 12 个月期限临近届满时提出的，则国际检索单位的审查员只有 3 个月时间进行检索并完成报告和书面意见。如果国际申请没有优先权要求，则国际检索单位的审查员可以有较长的时间进行检索并完成报告和书面意见。这一期限的制定是为了保证在任何情况下国际检索报告都可以随申请文件一起自优先权日起 18 个月进行国际公布。

本书第十五章将对如何进行国际检索和制定国际检索报告及书面意见作更详细的说明。

三、向国际局提出修改权利要求书

按照条约第 19 条规定，申请人在收到国际检索报告后，如果认为有必要，可以有一次机会对申请文件中的权利要求提出修改。对此需要强调以下两点。

一是只有在收到国际检索报告后才可以作出上述修改。如果申请人收到的是按照条约第 17（2）条宣布不作出国际检索报告的决定，则不允许对权利要求书进行任何修改。

二是修改所针对的内容仅限于国际申请的权利要求书部分，其他如说明书、附图、摘要等内容不得变动。

（一）提出修改的期限、地点和语言

按照条约第19条的规定，对权利要求的修改应当在规定的期限内作出。规定的期限是自国际检索单位向申请人和国际局送交国际检索报告之日起2个月或者自优先权日起16个月，两个期限以后届满的期限为准。规定期限的目的是尽可能将修改后的权利要求书和原始提交的国际申请文件一起公布。

按照条约第19条的规定，对权利要求书的修改必须提交到国际局，修改文件必须使用该国际申请公布时应当使用的语言。由中国国家知识产权局受理的国际申请，其申请文件使用的语言就是国际公布的语言，所以对权利要求修改的文件使用的语言只要和该国际申请提出时使用的语言一致即可。

（二）修改文件的形式要求和内容要求

申请人按照条约第19条对权利要求书提出修改时必须符合规定的形式要求和内容要求，具体应当满足的要求有以下五项。

① 提供替换页。申请人应当提交一套完整的包含修改内容的权利要求书替换页。

② 对权利要求编号。经修改的全部权利要求要用阿拉伯数字连续编号。如果修改仅仅是删除一项或几项权利要求，则可以不对权利要求重新编号，只要在被删除的权利要求的原编号旁注明“删除”字样，但是如果申请人采取重新编号的方式，则编号必须是连续的。

③ 附有给国际局的信件。申请人向国际局提交修改时必须附有一封信件，说明原始提交的权利要求书与修改后的权利要求书之间的区别，并应指出由于修改导致哪些原始提交的权利要求被删除。

④ 修改声明。申请人在提交对权利要求的修改的同时可以提交一份声明，声明的内容主要是对修改加以解释，并指明该修改对说明书和附图可能产生的影响。声明只有在申请人认为必要时才提出，并将随修改内容一起被公布。

修改声明应当是简短的，用英文书写或译成英文时，不得超过500个词。在修改声明上方最好加上“根据条约第19（1）条所作的声明”的标题。

⑤ 修改不应超出原始提出的国际申请中公开的范围。不遵守这一要求，不会导致国际局拒绝接受该修改的后果，但是国际初步审查单位的审查员有可能拒绝接受该修改，在进入国家阶段程序也可能对申请人产生不利的后果。

没有在规定期限内提出的修改，或者不符合要求的修改，有可能不被国际局接受。没有被接受的修改将不予公布。

四、国际公布

（一）国际公布的时间、地点和语言

除本章第三节所述的例外情况，国际申请的国际公布应当在自优先权日起18个月

届满后迅速完成。

国际申请由国际局予以公布。

国际局通常在公布日前15天完成公布的技术准备工作，也就是说，在优先权日起17个半月内到达国际局的改正、更正、修改、变更等信息可以及时地包含在公布的内容中。

条约规定的公布语言有10种：中文、英语、法语、德语、日语、俄语、西班牙语、阿拉伯语、韩语和葡萄牙语。《PCT实施细则》规定，如果国际申请是用英语以外的语言公布的，则公布的某些内容，例如发明名称、摘要、摘要附图中的文字以及国际检索报告（或者宣布不作出国际检索报告的决定），要用该申请公布所使用的语言和英语两种语言同时公布。上述内容的英语译文由国际局负责准备。由于中国国家知识产权局受理的国际申请的语言——中文和英语都是条约规定的公布语言，所以申请提出时的语言就是申请的公布语言，但是以中文提出的申请在公布前需要将上述某些内容译成英文。

（二）国际公布的形式和内容

国际申请以国际公布文本和《PCT公报》两种形式公布。以纸件形式出版时，每件国际申请的公布内容自成一册，称为国际公布文本。国际公布文本出版的当日，在《PCT公报》第1部分包含了从所有该周被公布的国际申请国际公布文本扉页中摘出的相应内容。

1. 国际公布文本

国际局对每件被公布的国际申请给予一个国际公布号，并在国际公布文本上标明。国际公布号由双字母代码“WO”、表示年份的4位数字（公布的年份）、斜线“/”和6位数的流水号组成，例如WO 2024/000001。

国际公布文本在每周的特定日子以电子形式出版。

国际公布文本包括以下内容。

① 扉页。扉页中包括从请求书中摘出的有关事项、摘要和摘要一起公布的图，还包括一些其他信息，例如国际公布文本中是否带有国际检索报告、公布国际公布文本时按照条约第19条修改权利要求的期限尚未届满、按照《PCT实施细则》第4.17条规定的声明等信息。

② 说明书。

③ 权利要求书。如果按照条约第19条已经修改过权利要求，则国际公布文本中应同时包括原始提出的和修改后的权利要求书，如果有按条约第19（1）条所作的修改声明，也应当包括在内。

④ 附图（如果有）。

⑤ 说明书的序列表部分（如果有）。

⑥ 国际检索报告或者宣布不作出国际检索报告的决定。如果国际公布文本公布时

报告或者宣布尚未得到，应在扉页上加以说明，并在得到后另行公布扉页和国际检索报告（或者有关的宣布）。

⑦ 被拒绝的明显错误更正请求［按照《PCT实施细则》第91.3（d）条］。

⑧ 单独提交的有关生物材料保藏的信息的说明，以及国际局收到该说明的日期标记。

⑨ 申请人要求公布的有关优先权被视为未提出的信息［按照《PCT实施细则》第26条之二.2（d）］。

⑩ 申请人在规定期限内改正或增加的任何声明（按照《PCT实施细则》第26条之三.1）。

⑪ 申请人提交的恢复优先权请求及受理局作出的恢复优先权决定的信息（《PCT实施细则》第26条之二.3）。

2. PCT公报

国际局每周出版一期《PCT公报》，以电子形式在互联网上予以公布。《PCT公报》第1部分是从该周公布的每件国际申请国际公布文本的扉页中摘出的有关内容（《PCT行政规程》附件D）以及该扉页上的附图（如果有时）和摘要。公报以英文和法文两种语言出版。

（三）公布文件的传送

公布文件的传送包括向指定局送达和向公众提供。

条约规定，国际局要负责将国际申请、国际检索报告、按照条约第19条修改的权利要求书等送达每一个指定局。这种送达实际上是在国际公布之后进行的，具体的方式就是将公布的国际公布文本及时传送给指定局，国际局一般在自优先权日起18个月完成国际公布，并以电子形式传送。

一般情况下，指定局将公布的国际公布文本视为该国际申请的副本，但是当国际公布的语言不同于原始申请提出时使用的语言，并且指定局有疑问时，可以要求国际局提供使用申请语言的国际申请副本。国际局接到指定局的请求后，将向该局提供登记本的副本。

根据多数指定局的要求，公布文件主要以电子形式通过国际局的电子数据交换服务送达。自2003年7月起，国际局停止了纸件传送，仅提供电子形式的公布文件。

（四）国际公布的法律效力

条约第29条规定了国际公布在指定国的效力。该效力主要是指在国际公布之后申请人在指定国可能享有的临时保护。条约第29条首先规定，国际公布在指定国中的这种效力应当与指定国的本国法对未经审查的国家申请在国内强制公布所规定的效力相同。换言之，凡是实行早期公布延迟审查制的缔约国，只要其本国法规定，该国国家申请的申请人在申请公布后可以享有临时保护，那么指定该国的国际申请经国际公布之后，其申请人在该国也应得到同样的权利保护。

但是，对于国际公布在指定国的这种效力应从何时产生，条约第 29 条允许各国的本国法有以下三种不同的规定。

① 公布语言的限制。如果国际公布的语言不是指定国国家公布使用的语言，则指定国可以要求只有在使用该国规定语言的译本按其本国法公布、公开展示或向实施其发明的使用人送达之后，国际公布在该指定国的效力才能产生。例如，加拿大、德国、英国、西班牙、奥地利、日本、韩国、俄罗斯、瑞典、美国、中国等国都作了这样的规定。《专利法实施细则》第 132 条第 2 款规定，由国际局以中文以外的文字进行国际公布的，自中国国家知识产权局公布（公布其中文译文）之日起适用《专利法》第 13 条的规定（即申请人享有临时保护的规定）。

② 时间限制。如果根据申请人的要求，国际公布是在自优先权日起 18 个月期限届满前完成的，则可以规定只有在自优先权日起 18 个月期限届满之后，国际公布在该指定国的效力才能产生。

③ 公布副本送达的限制。规定只有在该国的国家局收到公布的国际申请副本——国际公布文本之后，国际公布在该指定国的效力才能产生，例如澳大利亚、美国（英文公布）等国作了这样的规定。

五、国际初步审查

条约第Ⅱ章是关于国际初步审查的规定。国际初步审查在申请人要求的前提下进行，不是强制性的程序。

国际初步审查的第一个目的是就国际申请中请求保护的发明判断是否具有新颖性、创造性和工业实用性提供初步的、无约束力的意见。所谓“初步的”“无约束力”的是指国际初步审查意见中不允许包含关于请求保护的发明按照某一国的本国法可否取得专利的说明，授予或不授予专利的结论只能由国家（或地区）局作出。选定国在确定申请中涉及的发明在该国是否可以获得专利保护时，可以依据其国家法自行使用附加的或不同的判断标准。第二个目的是再次确认国际申请是否存在形式和内容方面的缺陷，权利要求、说明书和附图是否清楚，或权利要求是否已由说明书充分支持。

（一）主管国际初步审查单位

每个受理局（国际局作为受理局除外）应当指定一个或几个国际初步审查单位负责对向该局提交的国际申请进行国际初步审查，被指定的国际初步审查单位被称为主管国际初步审查单位。如果申请是向作为受理局的国际局提出的，则主管国际初步审查单位应当是有权受理该申请的国家（或地区）局所指定的主管国际初步审查单位，例如，如果中国的申请人选择向国际局提出申请，则该申请的主管国际初步审查单位仍然是中国国家知识产权局。

（二）要求国际初步审查

国际申请不会自动进入国际初步审查程序，国际初步审查程序的启动必须以申请人的请求为前提。该请求以提交国际初步审查要求书（以下简称“要求书”）的方式作出。

1. 何人、何时、向何处提出国际初步审查要求

国际初步审查要求应当由国际申请的申请人提出，但不是所有的申请人都可以这样做，而是必须符合以下两个条件。

① 申请人或申请人之一是受条约第Ⅱ章约束的缔约国的国民或居民。

② 申请人已向受条约第Ⅱ章约束的缔约国的受理局提出国际申请。

《PCT实施细则》第54条之二规定，提交要求书的期限为：向申请人传送检索报告或宣布不作出国际检索报告的决定和书面意见之日起3个月或自优先权日起22个月，这两个期限以后届满的为准。期限届满之后提出的要求书将被视为未提出。

要求书应当被直接提交到主管国际初步审查单位。

2. 费用

提出国际初步审查要求应当缴纳两种费用。

① 初步审查费。用于进行国际初步审查，数额由国际初步审查单位规定。中国国家知识产权局作为国际初步审查单位收取的费用为1500元人民币。

② 手续费。为国际局的利益收取，数额由《PCT实施细则》规定。同时国际局规定：如果要求书中写明的申请人都是自然人且所有申请人均属于国际局发布的符合费用减免条件国家清单的，手续费可以减缴90%。

上述两种费用应当向主管国际初步审查单位缴纳。该单位负责将手续费转寄国际局。

《PCT实施细则》规定，如果在国际初步审查单位向国际局寄送要求书之前该要求书被撤回，或者要求书由于申请人无权提出而被视为未提出，国际初步审查单位应当将手续费退还申请人。退还初步审查费的条件由各国际初步审查单位自行制定。对于要求书被视为未提出的情况，所有国际初步审查单位都规定将全部退还初步审查费。

（三）国际初步审查程序中的几个问题

1. 修改

条约第34条规定，在专利性国际初步报告起草之前，申请人有权依照规定的方式，并在规定的期限内修改权利要求书、说明书和附图。申请人依据条约第34条规定作出的修改最早可以随要求书一起提交，申请人也可以在答复国际初步审查单位的书面审查意见时进行修改，还可以在国际初步审查启动之后、专利性国际初步报告起草之前的其他任何时候主动进行修改。在任何情况下，申请人修改申请文件都不是强制性的，申请人可以自行决定是否需要进行修改。如果作出了修改，条约规定，这种修改不应超出国际申请提出时对发明公开的范围。

一般情况下，国际初步审查单位应当充分考虑申请人提出的修改意见，同时《PCT实施细则》也规定，如果国际初步审查单位在已经起草专利性国际初步报告后收到修改文件，则该单位在报告中不必对修改加以考虑。鉴于这一规定，如果申请人准备修改申请文件，应当及早提出。

申请人按照条约第34条提出修改时应当提交说明书、权利要求书或附图的替换页并且附以说明替换页与被替换页间不同之处的信函，必要时还可以在信函中说明修改的理由。需要注意的是，如果修改的是权利要求书，则应当提交一套包含修改内容的完整的权利要求书的替换页。

申请人必须指明所作修改在原始提交的申请中的基础。如果未提交指明所作修改在原始提交申请中的基础的信件，国际初步审查单位可以视为该修改没有被提出。

2. 何时启动审查

除非申请人明确请求国际初步审查单位将国际初步审查的启动推迟至《PCT实施细则》第54条之二.1（a）所述提出要求书的期限届满（而不是等待该期限届满后才开始审查），一般情况下，只要具备下列条件就可以启动国际初步审查。

① 国际初步审查单位收到了要求书，或者如果要求书中有缺陷，但经申请人改正缺陷已经被克服。

② 国际初步审查单位收到了申请人应缴的费用。

③ 国际初步审查单位收到了国际检索报告以及书面意见。

但是也存在例外，在以下四种例外的情况下可以在不完全具备上述条件的情况下提前启动审查或者在已经具备上述条件时推迟审查。

① 如果主管国际初步审查单位与主管国际检索单位是同一国家局或者地区局，并且在要求书中没有关于推迟审查的声明，则只要具备上述①、②两项条件，国际初步审查与国际检索就可以同时启动。

② 如果要求书中关于修改的声明一栏中指明，根据条约第19条提出的修改应予以考虑，则国际初步审查单位必须在收到该修改的副本之后才可启动国际初步审查。

③ 如果要求书中关于修改声明一栏指明，根据条约第34条提出的修改应当作为国际初步审查的基础，但是实际上该修改并没有随要求书一起提交，则国际初步审查单位应当通知申请人补交。在收到修改之后，或者在通知申请人补交修改文件的期限届满之后（以先发生者为准），国际初步审查单位才可启动国际初步审查。

④ 如果要求书中关于修改的声明一栏指明，申请人希望将启动国际初步审查的时间推迟，那么，除非在自优先权日起22个月届满前收到申请人根据条约第19条提出的修改的副本或者表示无意提出修改的通知，否则启动国际初步审查的时间应当是自优先权日起22个月届满时。申请人要求推迟审查的声明往往是在较早提出要求书，但又要保留根据条约第19条规定进行修改的权利的情况下作出的。

对于作为国际初步审查基础的文本，应当按照要求书中关于修改的声明一栏中所指明的内容来确定。在没有修改的情况下，应当是原始提出的国际申请；在要求考虑根据条约第19条或第34条提出的修改的情况下，应当是经修改后的国际申请。

3. 不进行国际初步审查的情况

在按照PCT的标准对申请进行国际初步审查之前，首先要将按规定不进行国际初步审查的申请排除在外，主要有以下四种情况。

① 国际申请涉及的内容是按照《PCT实施细则》第67条规定不进行国际初步审查的主题。

在执行上述规定时，国际初步审查单位不应采取较之对国家申请更为严格的标准。实际上各国际初步审查单位在参照本国法的基础上，不进行国际初步审查的主题是各不相同的，但是只能在《PCT实施细则》第67条规定的基础上缩小范围，不能扩大范围；对于那些属于《PCT实施细则》第67条规定的范围，但是按照其国家法应当审查的主题内容仍将进行国际初步审查。我国也有类似的规定，《专利法》第25条规定，对于原子核变换方法以及用原子核变换方法获得的物质不授予专利权，但是《PCT实施细则》第67条的规定并没有将该主题列入不进行国际初步审查的范围，因此中国国家知识产权局在作为国际初步审查单位时，仍然要对涉及这一内容的主题进行国际初步审查。

如果国际申请中只有一部分权利要求的主题属于上述情形的，应当在专利性国际初步报告中加以指明，同时要对其余部分的权利要求进行国际初步审查。

② 说明书、权利要求书或附图存在严重缺陷以致无法审查。

在这种情况下，可能无法对请求保护的发明的新颖性、创造性或工业实用性形成有意义的审查意见，因此不可能进行国际初步审查。如果这种缺陷仅存在于部分要求保护的主题中，则应当在专利性国际初步报告中予以说明，同时尽可能对其他请求保护的主题进行审查。

③ 核苷酸、氨基酸序列表不符合要求以致无法审查此类申请，国际初步审查单位应当通知申请人提交符合要求的序列表或计算机可读形式的序列表。如果申请人在通知书指定的期限内仍然没有满足要求，并导致无法进行有意义的审查，则国际初步审查单位只在可能的范围内进行审查。

④ 宣布不指定国际检索报告的申请不要求进行国际初步审查。

4. 缺乏发明单一性的处理程序

如果国际初步审查单位认为国际申请不符合发明单一性的要求，一般在发出第一次书面意见之前先针对该问题发出通知书，在通知书中写明认为申请缺乏发明单一性的理由，并且要求申请人在规定的期限内作出选择，或者限制权利要求，或者缴纳国际初步审查附加费。如果申请人选择对权利要求加以限制以符合发明单一性的要求，国际初步审查单位将在修改后的文件的基础上进行审查。如果申请人在规定的期限内没有履行通知的要求，国际初步审查单位应当就申请中的主要发明部分作出专利性国际初步报告。如果申请人选择了缴纳附加费，在缴费的同时也可以就发明单一性问题提出异议。国际初步审查单位处理异议的程序和国际检索中处理有关发明单一性的异议的程序相似。

5. 书面意见

书面意见是国际初步审查单位在审查过程中寄给申请人的通知书。从2004年1月1日开始，一般情况下国际检索单位作出的书面意见应当作为国际初步审查的首次书面意见。如果审查员对修改后的说明书、权利要求书、附图以及国际检索报告中引用的相关文件进行研究，认为存在问题，则应当以再次书面意见的形式通知申请人。

申请人在接到书面意见后，可以作出书面答复，该答复可以包括修改或答辩。申请人有权通过电话、会晤等形式与国际初步审查单位联系。申请人也可以对书面意见不作任何答复，答复与否完全由申请人自行决定。

（四）制定专利性国际初步报告

完成专利性国际初步报告的期限是自优先权日起28个月或自启动审查之日起6个月，以后届满的期限为准。通常情况下，应当保证申请人在条约规定的进入选定国国家阶段的期限届满之前2个月得到报告，以便申请人根据报告提供的信息决定其申请是否需要进入国家阶段，并且有时间着手进行准备。

国际初步审查单位在制定出报告后，应迅速地分别将其传送给申请人和国际局，并且由国际局将报告的副本传送给所有的选定局。如果选定局需要，国际局随后还要向该局提供报告的英文译本。

本书第十五章将对如何进行国际初步审查作更详细的说明。

第四节 PCT申请进入国家阶段的条件和程序

国家阶段与国际阶段是互相衔接的，申请人提交国际申请后，应当在规定期限内办理国际申请进入国家阶段手续。

国家阶段只能在指定国或选定国中进行。如果在国际阶段申请人向受理局或国际局提出撤回国际申请，或者国际申请由于某种原因被视为撤回，那么国际申请在任何指定国的效力应当终止，任何国家阶段的程序不再继续。

国际申请的国家阶段不是由指定局或选定局自动开始的，申请人必须按照各指定或选定的国家的要求在规定的期限内履行一定的手续，国际申请在该国的国家阶段才开始启动。通常称规定的期限和应办理的手续为进入缔约国国家阶段的条件。如果在期限届满时，国际申请没有办理进入国家阶段的手续，则在该国的效力应当终止，其后果和该国的国家申请被撤回相同。

国际申请进入国家阶段时及进入国家阶段之后要满足各指定国规定的某些特别要求。特别要求是在条约允许的范围内由各缔约国的本国法规定的。

一、进入国家阶段的期限

条约第22条和第39条规定，申请人应在不迟于自优先权日起30个月届满之日，向指定局或选定局履行进入国家阶段的手续。同时条约又规定，任何缔约国的本国法可以另行规定期限，该期限可以在上述规定的期限之后届满。

申请人可以在指定国规定的期限之内的任何时候履行进入国家阶段的手续，作为指定局没有理由拒绝接受。但是条约第23条和第40条规定，除非申请人明确请求该指定局或选定局提前处理和审查国际申请，否则任何指定局或选定局不应当在自优先权日起30个月届满前启动国家阶段程序。如果申请人为了某种原因，确实希望在某个国家局的程序提前启动，只要提出请求，并且办理国家阶段的手续已经完成，指定局或选定局对该申请可以破例提前处理和审查，这也是申请人可以享有的权利。

中国采用了条约第22（1）条规定的进入国家阶段的期限，没有另行规定一个更迟届满的期限。但是《专利法实施细则》第120条规定，对于在上述期限内没有办理进入国家阶段手续的国际申请，可以给予2个月的宽限，条件是缴纳一定数额的宽限费。宽限期的规定是依据条约第48（2）条关于缔约国应当依据本国法对期限的延误予以宽恕的原则以及《专利法实施细则》第6条第2款规定的恢复程序而定的。同时，《专利法实施细则》第122条第2款也明确规定，如果申请人在宽限期届满时仍然没有履行进入中国国家阶段的手续或者手续没有满足要求，导致国际申请在中国的效力终止，则《专利法实施细则》第6条第2款规定的恢复程序对该申请不再适用，因为同一个救济条款不可能连续使用两次。如果申请人提出，宽限期的耽误是由于不可抗拒的事由造成，并且提出的理由及所附的证据均符合《专利法实施细则》第6条第1款的规定，恢复程序还是可以适用的。

二、进入国家阶段的手续

（一）条约的规定

条约第22条和第39条对于国际申请进入国家阶段应履行的手续作了基本的规定。如果申请人在适用的期限届满时没有按照某个指定国的规定履行全部手续，或者履行的手续不符合要求，将导致国际申请在该国的效力丧失。换言之，如果申请人此时想主动放弃对某个国家的指定，只要不履行进入该国国家阶段的手续即可，并不需要特别提出撤回指定的声明。

1. 缴纳国家费用

申请人履行进入国家阶段的手续之一是缴纳国家费用。国家费用主要是指申请费，有些国家称为基本国家费。除此以外，不同的国家还有其他不同的要求支付的费用。

国际申请进入国家阶段应当缴纳的费用项目与该国的国家申请提出时所需缴纳的费用项目基本相同。由于通常国际申请进入国家阶段已经带有国际检索报告，因此不少缔约国都有关于减缴费用的规定。条约对减缴费用没有强制性的要求，各国的规定也有很大的差异。

2. 提交国际申请译文

如果国际申请提出时使用的语言或者国际公布时使用的语言不是指定局的官方语言，则为进入该国国家阶段需要提交国际申请译文，即将国际申请文件翻译成指定局所要求的语言。如果国际申请使用的语言已经是指定局的官方语言，或者是官方语言之一，则不存在提供译文的问题。

《PCT 实施细则》第 49.5 条对译文应当包括的内容以及译文的形式要求作出规定。不同于条约关于国际阶段程序的规定，《PCT 实施细则》第 49.5 条的规定在作出原则性限制的前提下为各指定局提供了多种选择，各国有权在条约限定的范围内，对译文的内容和形式的要求作出具体规定，多数国家将这些规定列入该国的本国法中。

3. 提供国际申请副本和发明人信息

条约规定，指定局可以要求申请人提供国际申请的副本，但条件是指定局尚未收到国际局向该局传送的国际申请，否则不应再要求申请人提供。这种情况往往发生在申请人过早地履行进入国家阶段的行为，并且请求指定局提前处理和审查时。一般来说，国际局完成国际公布之后将迅速以电子形式向各指定局传送国际申请国际公布文本。在其后进入国家阶段的国际申请，申请人无须向任何指定局提交国际申请的副本。

在特定的情况下，国际申请提出时，请求书中可以不写明发明人的姓名和地址，条件是该申请中指定的所有指定国的本国法都不要求其国家申请提出时必须写明发明人事项。条约规定，上述国际申请的申请人在履行进入国家阶段行为的同时，应当向指定局提供发明人的姓名和地址。如果申请人没有及时提供，多数指定局将通知申请人补交。

（二）《专利法实施细则》中关于 PCT 申请的相关规定

《专利法实施细则》对有关国际申请进入中国国家阶段作出了规定，下面对这些规定作简要介绍。

1. 缴费的要求

进入中国国家阶段适用的期限届满时，申请人必须缴纳的费用有申请费、公布印刷费；如果利用宽限期，还必须缴纳宽限费。如果上述费用没有缴纳或者没有缴足，将导致其国际申请在中国的效力终止。

另外，在缴纳上述费用的同时，如果适用，则还要缴纳说明书附加费或权利要求附加费。这两种费用并非对所有国际申请都要求，只有在原提出的申请的译文中说明书及附图超过规定的页数以及权利要求超过规定的项数的情况下才需要缴纳。如果申请人在进入国家阶段的期限届满时没有缴纳规定的附加费，中国国家知识产权局专利局将通知申请人在适当的期限内补缴。

由中国国家知识产权局作为受理局受理并进行国际检索的国际申请进入中国国家阶段可以免缴申请费、申请附加费。

如果国际申请中含有优先权的，申请人应当自进入日起2个月内缴纳优先权要求费，期满未缴纳或未缴足的，视为未要求优先权。

2. 对译文的要求

如果国际申请是以中文以外的文字提出的，进入中国国家阶段必须提交其中文译文，因为中文是中国国家知识产权局唯一使用的官方语言。以下是对该译文的具体要求。

（1）提交进入国家阶段的书面声明

专利局不要求申请人提交国际申请的请求书的中文译文，但是专利局制定了专门的表格——国际申请进入中国国家阶段声明（以下简称“书面声明”）。申请人填写书面声明作用有两个，一是表明申请人请求该国际申请进入国家阶段的意愿，二是使用中文将原国际申请请求书中那些对指定局有用的信息填写在表格的相应栏目。没有准确表明国际申请进入国家阶段的意愿，应当认为没有满足必要的条件。

（2）必须提供说明书、权利要求书、附图中文字部分的中文译文

进入中国国家阶段提供的译文中必须包括原始申请的说明书部分和权利要求书部分，附图中有文字的，则还需提供该文字内容的中文译文。如果申请人是在进入中国国家阶段适用的期限届满时提交中文译文的，译文中缺少原提出的说明书或权利要求书部分将导致该申请在中国的效力终止。如果附图中的文字内容没有翻译，可以看作译文不完整，通过随后改正译文错误的程序来弥补。

（3）可以补交摘要的中文译文

进入中国国家阶段应当提供摘要的中文译文。摘要的内容以国际公布的内容为准。如果申请人提交的译文中缺少摘要，专利局将通知申请人在适当的期限内补交，只要及时补交摘要译文，申请的效力不会受到任何影响。

（4）要求提供附图副本

如果国际申请中有附图，进入中国国家阶段要求提供附图副本，当附图中有文字时，则要求将文字译成中文，并重新绘制该附图。不管是附图副本还是带有中文说明的重新绘制的附图，都必须符合《PCT实施细则》规定的形式要求，如不符合，专利局将通知申请人改正。不带有文字内容的附图副本是可以随后补交的，只要及时补交，不会对申请产生任何不利影响。

（5）应当翻译生物材料样品的保藏说明

涉及生物材料样品保藏的国际申请，如果是以PCT/RO/134表或者以单独的纸页形式提供保藏事项的说明，申请人应当提供该说明的中文译文，申请人没有及时提交的，专利局将通知其补交。

（6）关于国际申请的修改

凡是在国际阶段对申请文件提出过修改，并且修改被国际局或者国际初步审查单位所接受，同时申请人希望在中国国家阶段的审查中考虑修改的内容的，《专利法实施细则》第123条规定，在这种情况下申请人除提供原提出的国际申请的中文译文外，还要提供修改文件的中文译文，修改文件的中文译文包括按照条约第19条提出的修改后的权利要求的译文，以及按照条约第34条提出又被作为专利性国际初步报告附件的修改文件的译文，提交的期限是自履行进入国家阶段手续之日起2个月内。如果上述译文没有在期限内提供，专利局不发出通知，视为申请人已经放弃国际阶段作出的修改，该修改在国家阶段的审查中将不予考虑。

3. 对国际申请副本的要求

一般情况下，不要求申请人提供国际申请的副本，该副本应当从国际局得到。中国国家知识产权局以国际局传送的国际公布的文本作为原始提出的国际申请的副本。

《专利法实施细则》第129条规定，如果申请人在国际局完成公布文件的传送之前履行进入国家阶段手续并且请求提前处理和审查，则应当提供经确认的国际申请的副本。

三、特殊的国家要求

缴纳国家费用、提交译文以及在某些情况下提供国际申请的副本，这些是国际申请进入任何缔约国的国家阶段普遍适用的基本要求，而且，必须在适用的进入国家阶段的期限届满前完成。除此之外，各国的法律对专利申请还规定了其他需要满足的要求。由于各国的法律不同，需要满足的其他要求也有很大差异。为了和普遍适用的基本要求区分开，称这些其他要求为特殊的国家要求。尽管特殊的国家要求系依据缔约国的国家法而定，具有国家特色，但是条约第27条对国家要求进行了原则上的限定，即各国提出的国家要求必须在条约允许的范围之内。同时条约对满足国家要求的时限的规定也加以限制。

（一）条约允许的国家要求

1. 要求提供关于发明权、申请权、优先权的证明

条约规定，指定国一旦开始处理国际申请，按照其本国法的规定可以要求申请人提供支持申请中提出的主张的证明文件。在国际阶段不要求提供任何证明文件。即使申请人在国际阶段将此类证明交给受理局或国际局，受理局或国际局也仅仅是将文件存入档案，而不负责将其传送到指定局。申请人必须了解各国的规定，在国际申请进入国家阶段之后满足指定局的要求。允许要求的证明文件有：①关于发明人身份的文件，或者关于发明人资格的宣誓。②关于申请人对申请享有权利的声明的文件。③关于申请的权利转移或转让的文件。主要是指在申请提出之后，如果申请人发生变更，要求提供足以说明申请权的转移或转让情况的证明。④关于申请人在申请日有权要求优先权的证明。

《PCT实施细则》在2001年3月1日对第4.17条和第51条之二作出修改。按照修改后的细则规定，在国际申请提出时，为了满足一个或几个指定国的国家法的要求，申请人可以在请求书的规定栏目中就上述①～④的问题作出不同的声明，那么进入国家阶段程序，除非指定局有理由怀疑该声明的真实性，否则，一般情况下不应当再要求申请人按照其本国法提供有关证明。条约的这项修改一定程度上简化了申请人为满足特殊的国家要求需要履行的手续，即在国际阶段以统一的标准化的声明代替了国家阶段各国要求的独特的不同形式的文件。

2. 要求申请人委托代理人

条约规定，任何指定局适用的本国法可以要求申请人委托代理人作为其全权代表在该局办理事务，或者要求申请人为了接收通知的目的在指定国中有一个通信地址。对此，多数缔约国规定，如果申请人是居住在境外的，应当委托代理人。最好在履行进入国家阶段行为时就指定好代理人，指定代理人应当提交申请人签署的委托书。

3. 要求提供关于实质条件的证据

条约规定，缔约国的本国法可以要求申请人提供与专利实质性条件有关的证据，例如申请人在国际申请的请求书中作出过关于不影响新颖性的公开或缺乏新颖性的例外的声明，则在国家阶段程序中，指定局根据适用的本国法可以要求申请人就此提供证据。

4. 要求优先权文件的副本和译本

条约规定，如果申请人在国际阶段已经及时向受理局或国际局提交了优先权文件，进入国家阶段后指定局不应当要求申请人向该局提供优先权文件副本，优先权文件的副本应当由国际局向指定局提供。但是，如果申请人在国际阶段没有履行向受理局提交或请求受理局制作优先权文件的规定，那么指定局在国家阶段程序中可以要求申请人提交优先权文件。

当指定局认为必要时，可以要求申请人提供优先权文件的译本。但是2001年3月1日修改后的《PCT实施细则》作出了限定，只有当优先权要求与确定申请所涉及的发明的专利性有关时，才允许指定局要求优先权文件的译本。要求提供优先权文件译本的国家有巴西、瑞士、英国、韩国等。

5. 要求计算机可读形式的核苷酸或氨基酸序列表

如果国际申请的内容涉及核苷酸或氨基酸序列表，条约规定，指定局按照其适用的本国法可以要求申请人提供计算机可读形式的序列表。目前，大多数缔约国提出了这样的要求。

（二）进入中国国家阶段应当满足的特殊要求

《专利法实施细则》第121条、第124条和第126条规定了中国国家知识产权局作为指定局的特殊要求。这些要求是在条约允许的范围内参照《专利法》及其实施细则的其他条款的有关规定制定的。特殊要求主要有以下五项。

① 国际申请请求书中没有指明发明人的，应当在进入国家阶段的书面声明中指明发明人姓名。如果没有指明，专利局将通知申请人在指定期限内补正。期满未补正的，该申请被视为撤回。这项规定是参照《专利法》第26条第2款关于请求书应当写明发明人姓名的规定而制定的。

② 国际申请在国际阶段向国际局办理过申请人变更手续的，进入国家阶段必要时应当提供变更后的申请人享有申请权的证明材料。如果没有提供，专利局将通知申请人在指定期限内补正。期满未补正的，该申请被视为撤回。

③ 国际申请的申请人与作为优先权基础的在先申请的申请人不是同一人，或者在提出在先申请后更改姓名的，应当提供申请人享有优先权的证明材料。这是参照《专利法实施细则》第34条第3款关于要求申请人提交优先权转让证明材料的规定而制定的。但是按照条约的规定，如果申请人在请求书中已经作出关于在国际申请日有权要求在先申请优先权的声明，声明使用了规定的标准语句，并且经审查没有理由怀疑其声明的真实性，则专利局不再要求申请人提供享有优先权的证明材料。如果申请人既没有在国际阶段作出声明，又没有在进入国家阶段提供证明，专利局将发出办理手续补正通知书。期满未补正的，该优先权要求被视为未提出。

④ 国际申请请求书中作出过关于不影响新颖性的公开或缺乏新颖性的例外声明，并且声明所述的内容属于《专利法》第24条第（2）项或者第（3）项所列情况之一的，申请人应当在进入中国国家阶段的书面声明中予以说明，并自进入日起2个月内提交有关的证明文件。这是参照《专利法实施细则》第33条和第124条关于提供不丧失新颖性的宽限期声明的证明材料的规定而制定的。

⑤ 国际申请涉及的发明创造依赖遗传资源完成的，申请人在“书面声明”中应当予以说明，并填写遗传资源来源披露登记表。不符合规定的，专利局将通知申请人在指定的期限内补正。期满未补正的，该申请被视为撤回。这是根据《专利法》第5条第2款并参照《专利法实施细则》第29条第2款的规定而制定的。

（三）条约关于特殊国家要求的规定

条约规定，任何缔约国不得要求申请人在履行进入国家阶段手续的同时满足上述特殊的国家要求。如果在进入国家阶段适用的期限届满时尚未满足这些特殊的国家要求，则应当在期限届满后仍然给予申请人合适的机会以满足要求。

条约规定，任何缔约国的本国法不得就国际申请的形式或内容提出与条约和其实施细则的规定不同的或其他额外的国家要求。具体地说，进入国家阶段时，关于国际申请及其译文的形式以及内容的撰写是否符合要求，各指定局只能以《PCT实施细则》第5～11条的规定来衡量，不得制定另外的标准，不得有任何特殊的国家要求。

四、进入国家阶段后的程序

进入各指定局的国家阶段后，PCT申请的审查程序主要依据本国法设置，所以互不相同。但是以下几个问题在不少国家是具有共性的。

（一）国际申请译文错误的改正

条约第11条规定，国际申请在每个指定国内自国际申请日起具有正规国家申请的效力。在国际申请日向受理局提交的原申请文件是具有法律效力的文件，应当得到指定局的承认。进入国家阶段向指定局提交的国际申请译文应当忠实于原文是显而易见的道理。如果由于某种原因，国际申请译文与原文相比增加了新的内容，或者有所删改，应当允许根据原提出的国际申请文本改正译文中的错误，几乎所有缔约国的本国法中都有这样的规定。

允许改正国际申请译文中的错误，是国际申请在国家阶段特有的程序，在具体处理方式上可以分为授权前和授权后两个阶段。一般来说，在申请被授予专利权之前改正译文中的错误不会影响公众的利益。译文中的错误如果导致使用译文的国际申请超出使用原文的国际申请的范围，指定局可以要求申请人将该范围相应缩小。如果导致用译文书写的国际申请的公开范围小于使用原文的国际申请的范围，允许申请人通过改正译文扩大范围，但是不得超出原文所表达的范围。这是在多数缔约国普遍适用的原则。在申请被授予专利权之后，如果发现作为专利权基础的国际申请译文中存在错误，译文的改正有可能影响第三者的利益，情况就复杂一些，所以在条约第46条中仅仅规定，如果国际申请的不正确译文致使根据该申请授予的专利的范围超出了使用原语言的国际申请的范围，有关缔约国的主管当局可以相应地限制该专利的范围，并且对该专利超出使用原语言的国际申请范围的部分宣告无效，这种限制和无效宣告有追溯既往的效力。而对于因译文错误致使专利的保护范围小于原文所表达的范围的情况，PCT没有作出统一的规定。

《专利法实施细则》第131条和第135条分别对在授权前和授权后改正国际申请译文的错误作出了具体规定。

《专利法实施细则》第131条包含以下内容。

（1）允许申请人主动改正译文错误的期限

申请人可以有两个机会提出改正。一个是在专利局作好国家公布的准备工作之前。如果利用这个机会对译文中的错误作出改正，可以使公布的文件尽可能准确。另一个机会是在收到专利局发出的“申请进入实质审查阶段通知书”之日起3个月内。利用这个机会及时改正译文中的错误，可以保证实质审查使用的文本的准确性。

（2）应审查员的通知改正译文的错误

如果专利局的审查员发现译文存在缺陷或者错误并通知申请人改正，申请人应当及时与原文核对并在通知规定的期限内改正错误。

（3）改正译文错误应办理的手续

不管是主动提出改正还是应审查员通知改正译文，都需要缴纳一定的费用，并且提交改正后的国际申请译文的替换页。

《专利法实施细则》第135条重申了条约第46条关于对译文错误致使专利权的保护范围超出使用原文表达的国际申请的范围的部分加以限制的原则。另外规定，如果译文错误致使专利权的保护范围小于使用原文的国际申请所表达的范围，则仍旧以授权时的保护范围为准。不允许依据原文扩大范围。这一规定与授权前的处理原则不同。

（二）在国家阶段对国际申请的修改

尽管申请人在国际阶段有多次机会可以修改申请文件，按照条约第28条和第41条规定，其在国家阶段还可以向指定局或选定局提出对权利要求书、说明书或附图的修改。条约要求各指定局或选定局给予申请人这一修改的机会，其目的有两个：其一，为了使申请人在得到国际检索报告和专利性国际初步报告后，根据报告中提出的意见，将申请文件修改得尽可能符合授予专利权的条件；其二，为了使申请人有机会将申请文件修改得符合即将进入其国家阶段的指定国国家法的要求。

《PCT实施细则》第52条和第78条规定了申请人向指定局或选定局提出修改应当遵守的期限。其基本原则是：①在不需要特别请求即可开始处理或审查程序的指定国中，申请人提出修改的期限是自履行进入国家阶段手续之日起1个月；②在其本国法规定审查只能根据一项特别请求才能开始的指定国中，允许申请人提出上述修改的期限或时间应当和本国法为其本国申请规定的提出修改的期限或时间相同。

另外，条约还限定，在依据本国法规定的情况下，给予申请人的期限不得少于1个月。

各缔约国都明确规定在国家阶段允许对申请文件进行修改。但是由于各国的审查制度不同，本国法的规定不同，因此允许提出修改的期限的规定存在差异。多数国家规定在作出授权或驳回的决定之前可以提出修改，例如奥地利、加拿大、日本、瑞典、美国等。欧洲专利局规定在发出第一次审查通知书之前以及在答复该通知书的同时可以修改。俄罗斯则规定在履行进入国家阶段手续之日起1个月内提出修改是免费的，在1个月之后提出修改则要缴纳一定的费用。

《专利法实施细则》第130条规定了国际申请进入中国国家阶段后，申请人提出修改的适用期限。由于中国专利法对发明专利申请和实用新型专利申请规定了不同的审查制度，所以按照条约规定的原则，要求在中国获得实用新型保护的国际申请和要求在中国获得发明专利保护的国际申请在国家阶段提出修改所适用的期限有所不同。前者适用于自履行进入国家阶段手续之日起2个月的期限规定，后者应当适用于本国法——《专利法实施细则》第57条第1款的规定，即要求发明专利的申请的申请人在提出实质审查请求时以及在收到专利局发出的该申请进入实质审查阶段通知书之日起3个月内可以提出修改。

另外，各缔约国都要求，修改的内容不得超出原国际申请的权利要求书、说明书、附图所记载的范围。

（三）国家公布

尽管国际申请在进入国家阶段之前多数已由国际局在优先权日起18个月届满前完成国际公布，但是条约规定，如果国际公布使用的语言和在指定国按本国法公布所使用的语言不同，指定国可以规定，就权利的保护而言（指临时保护），公布的效力仅从使用后一种语言的译文按照本国法的规定予以公布后才产生。多数实行延迟审查制的缔约国对进入国家阶段的国际申请规定了国家公布的程序，例如奥地利、德国、英国、西班牙、日本、俄罗斯等国均如此规定。中国专利法规定对发明专利申请实行实质审查制，对实用新型专利申请实行初步审查制，所以《专利法实施细则》第132条规定的国家公布程序只适用于要求在中国获得发明专利权的国际申请，对于指定中国要求实用新型保护的国际申请并不适用。

国家公布主要是指国际申请译文的公布，一般在申请人履行进入国家阶段的行为并由指定局对译文进行初步审查后及时完成。还有一些国家局对使用本国文字的国际申请进入该国国家阶段后也要作简单的公布。国家公布的目的有两个，其一使公众得知该国际申请进入指定国国家阶段的信息，表明国际申请有可能获得该国的专利保护。如果指定该国的国际申请在规定的进入国家阶段的期限届满后的一段时间内没有完成国家公布的程序，则表明申请人已经放弃国际申请在该国的效力，其后果与撤回该国的国家申请是相同的；其二使得国际公布的语言不是指定国官方语言的那些国际申请在国家公布后获得该国的临时保护。同时，该国的公众也可以从公布的译文中得到用本国文字表述的技术情报。国家公布可以被看作是国际公布的延续。

《专利审查指南2023》中对国际申请进入中国国家阶段后的公布程序作了如下具体的规定。

1. 公布时间

指定中国要求获得发明专利保护的国际申请履行进入中国国家阶段的手续后，经初步审查认为合格的，专利局将及时对其进行国家公布的准备工作。

2. 公布形式

国家公布有两种形式。

① 在《发明专利公报》中登载。这种公布形式对于国际公布使用中文和外文的国际申请都适用。

② 发明专利申请单行本。这种公布形式适用于国际公布使用外文的国际申请和申请人请求提前处理并要求提前进行国家公布的以中文提出的国际申请。

3. 公布内容

（1）在《发明专利公报》中公布的内容

国际申请在《发明专利公报》上的公布主要由申请的著录项目、摘要和摘要附图几部分组成。著录项目包括：国际专利分类号、申请公布号、申请号、申请日、申请公布日、优先权数据、PCT申请进入国家阶段日、PCT申请的申请数据、PCT申请的公布数据、专利代理事项、申请人事项、发明人事项、发明名称和电子形式公布的核苷酸和/或氨基酸序列表信息等。

（2）发明专利申请单行本的内容

国际申请的发明专利申请单行本的内容包括扉页、说明书和权利要求的译文，摘要的译文，还可以包括附图及附图中文字的译文。必要时，包括核苷酸或氨基酸的序列表部分、记载有生物材料保藏事项的“关于微生物保藏的说明”（PCT/RO/134表）的译文、按照条约第19条进行修改的权利要求书的译文以及有关修改的声明的译文。扉页的内容与同时出版的《发明专利公报》中对该申请公布的内容完全一致。

（四）实质审查

国际申请在国家阶段是否启动实质审查、如何启动以及实质审查中判断国际申请是否符合专利性的标准，完全取决于指定国的本国法，条约对此没有统一的规定。一般来说，对其本国的国家申请实行实质审查制的缔约国对进入该国国家阶段的国际申请也要进行实质审查。反之，对本国的国家申请实行登记制的国家对国际申请也不会进行有关专利性的审查。按照中国专利法的规定，指定中国要求获得发明专利的国际申请进入中国国家阶段后，要经过实质审查才能确定其是否被授予专利权，而对于指定中国要求获得实用新型专利的国际申请则不需要启动实质审查程序。

实行延迟审查制的缔约国均规定实质审查程序只有经请求后才能启动，该请求应被以书面形式提出，并且要缴纳费用。各缔约国对于提出审查请求的期限的规定不完全一样，例如俄罗斯、日本规定审查请求必须在自申请日起3年内提出，加拿大、澳大利亚、韩国规定的期限是5年，德国规定的期限是7年，欧洲专利局则规定审查请求必须在国际局公布该国际申请的国际检索报告之后的6个月内，或者在条约规定的履行进入国家阶段行为的期限内提出且以后到期者为准。

按照中国专利法的规定，要求获得中国发明专利的国际申请进入国家阶段后必须在自申请日起（如果有优先权要求的，自优先权日起）3年之内提出审查请求。如果在该期限内没有提出审查请求，则认为申请人已放弃该申请，专利局将作出申请被视为撤回的决定。

关于国际申请进入中国国家阶段后的实质审查在本书第十六章作详细介绍。

思考题

1. PCT申请途径与《巴黎公约》途径主要有哪些不同？在寻求多国专利保护中，PCT申请途径有哪些优势？

2. PCT申请的国际阶段包括哪些主要程序及每一程序中涉及哪些重要期限？

3. 条约对进入国家阶段的期限及手续有哪些规定？国际申请进入中国国家阶段的条件是什么？

练习题

1. 名词解释：《专利合作条约》、受理局、国际检索单位、国际初步审查、指定局。

2. 在PCT申请的国际阶段有哪些修改申请文件的机会？条约对修改的内容、期限、提交地点有哪些规定？

3. 分别指明A、B两件PCT申请完成下列行为的期限。

（1）制定出国际检索报告（假定国际检索单位在申请日起1个月后收到检索本）。

（2）允许向国际局提交按照条约第19条作出的修改（假定国际检索报告在规定期限届满时发出）。

（3）国际公布。

① 优先权日为2022.1.10，申请日为2023.1.10

② 优先权日为2022.9.10，申请日为2023.1.10

4. 关于PCT申请进入中国国家阶段的期限，中国《专利法实施细则》作了哪些规定？申请人在上述期限内必须履行哪些行为？

第十五章　国际检索与国际初步审查

教学目的

通过本章的学习，使学员了解如何针对依据《专利合作条约》提出的国际专利申请进行国际检索和国际初步审查，了解国际检索的基本操作流程、特点，国际检索报告的填写，其与依照《巴黎公约》直接向国家知识产权局提出的发明专利申请（以下简称“国家申请”）检索的区别；以及国际初步审查的基本操作流程、特点，专利性国际初步报告的填写，其与国家申请实质审查的不同之处。

第一节　国际检索

条约第15（1）条和第15（2）条规定：“每一件国际申请都应经过国际检索”“国际检索的目的是发现有关的现有技术”。这些现有技术有助于确定所要求保护的发明是否具备新颖性或创造性，以及如果该发明是新的并且具备创造性则其程度如何。在一些情形下，由于权利要求的范围非常不确定或者该申请包含了排除在国际检索之外的主题，或者要求保护了多项发明，国际检索单位无须对所要求保护之主题中的一些或全部进行检索。[1]

为了作出国际检索报告，也鼓励国际检索单位引证那些可能有助于确定是否满足其他要求例如充分公开、支持和工业实用性的现有技术文件。[2]

国际检索的另一个目的在于避免或至少减少在国家阶段时的额外检索。[3]

在进行国际检索时，应当达到其检索结果可获得各指定国或选定国的充分理解和信赖的标准。在进行国际检索之前，在申请人没有作出明显错误更正、后提交文件或援引加入的情况下，国际检索必须在由受理局传送给国际检索单位的PCT申请的检索本的基础上进行。图15－1－1表示了国际检索单位的任务和完成这些任务的操作顺序。

---

[1] 《PCT国际检索和初步审查指南》第2.02段。

[2] 《PCT国际检索和初步审查指南》第15.02段。

[3] 《PCT国际检索和初步审查指南》第15.04段。

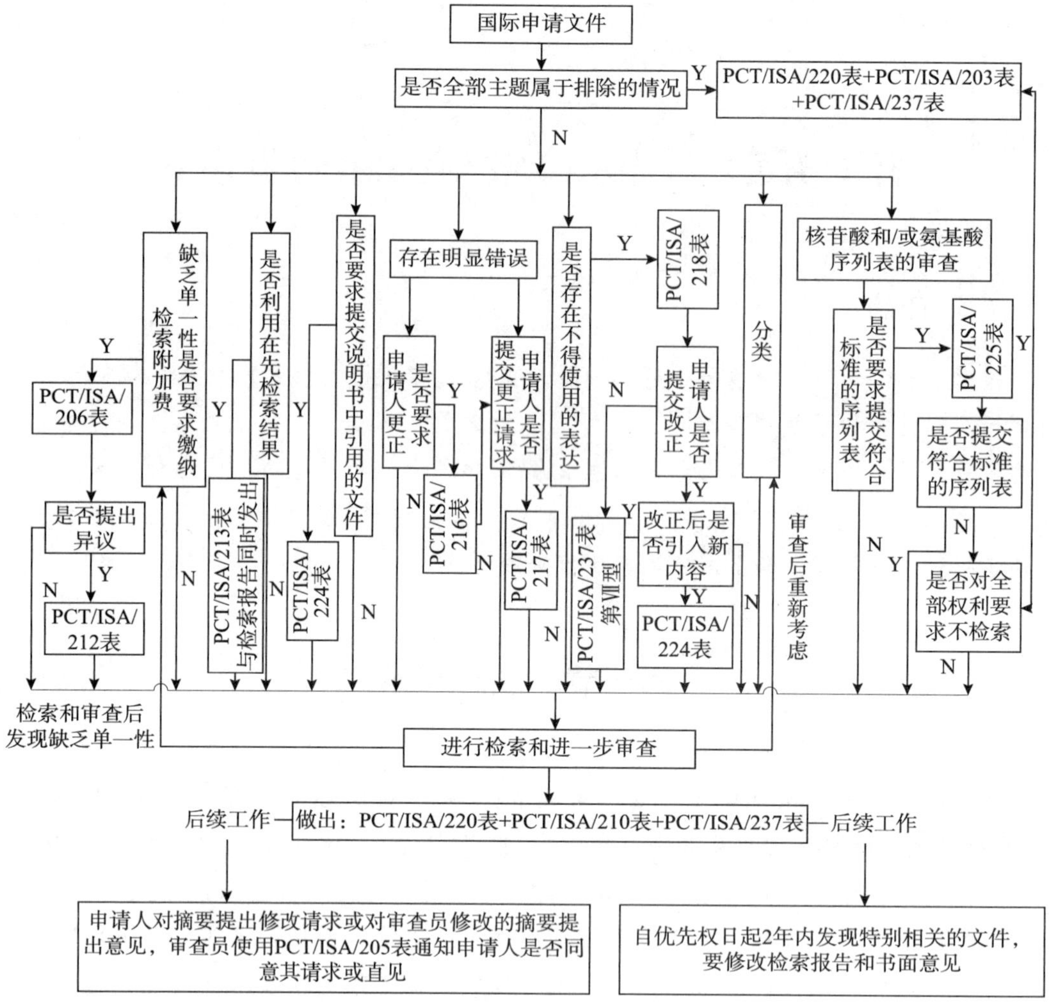

图15－1－1　国际检索阶段基本操作流程

如图15－1－1所示，国际检索单位的任务包括：

① 确定PCT申请是否满足发明的单一性要求。如果不具备单一性的话，则确定是否应该通知该申请人缴纳与额外发明相关的附加检索费。

② 确定是否采用由申请人在请求书中提到的与该申请相关的任何在先检索结果作出国际检索报告，并因此批准适当的退款。

③ 更正明显错误和改正申请文件缺陷。

④ 确定PCT申请的分类，尤其确定是否需要请教其他领域的审查员以确保进行正确的检索。可能必须根据更全面的因素来重新考虑该分类，但是在该PCT申请公布时必须给出确定的分类。

⑤ 如果PCT申请包括一个或多个核苷酸和/或氨基酸序列但未包括符合《PCT行政规程》附件C所规定的序列表，确定是否通知申请人提供序列表。

⑥ 进行国际检索以发现相关的现有技术[1]；考虑若存在国际检索单位没有义务检索的主题[2]，或者说明书、权利要求书或附图不符合规定的要求以至于不能进行任何有意义的检索[3]，或者权利要求涉及数个不同的发明且国际检索单位已通知申请人缴纳附加检索费而申请人尚未缴纳[4]，则国际检索单位没有义务对所述主题进行检索。

⑦ 作出国际检索报告，包括说明检索结果的某些其他信息[5]，或者宣布检索是没有必要的或者没有意义的[6]，还需要考虑摘要和发明名称是否合适，并且在某些情况下起草替换方案。

⑧ 在国际检索单位审查范围内，就该 PCT 申请是否具有新颖性、创造性、工业实用性及是否符合条约及其实施细则的其他要求作出书面意见。[7]

⑨ 修改摘要、修改国际检索报告和书面意见。

一、考虑对 PCT 申请是否进行检索

国际检索单位需要对 PCT 申请作必要的评价和分析，考虑对 PCT 申请是否进行检索。按照一般原则，在任何可能的情况下都应当进行检索。在国际检索阶段，如下四种情况属于限制检索[8]（restriction）的情况，均可导致对发明主题不进行检索：

① 权利要求涉及《PCT 实施细则》第 39.1 条定义的无需国际检索单位进行检索的主题。[9]

② 涉及的权利要求无法作出有意义的检索。[10]

③ 多项从属权利要求不符合《PCT 实施细则》第 6.4（a）条的要求。

④ 缺乏发明单一性。[11]

（一）关于无需国际检索单位进行检索的主题

根据《PCT 实施细则》第 39.1 条，无需国际检索单位进行检索的主题，即被排除的情况有以下六种。

① 科学和数学理论。

② 植物、动物品种或者主要是用生物学方法生产植物或者动物的方法，但微生物学方法和由该方法获得的产品除外。

③ 经营业务、纯粹智力活动或者游戏比赛的方案、规则或者方法。

④ 处置人体或者动物体的外科手术方法或者治疗方法，以及诊断方法。

⑤ 单纯的信息表述。

---

[1] 《PCT 国际检索和初步审查指南》第 11 章。

[2][6][9][10] 《PCT 国际检索和初步审查指南》第 9 章。

[3] 《PCT 国际检索和初步审查指南》第 9 章和第 15.29 段。

[4][11] 《PCT 国际检索和初步审查指南》第 10 章。

[5] 《PCT 国际检索和初步审查指南》第 16 章。

[7] 《PCT 国际检索和初步审查指南》第 17 章。

[8] 本节提及“限制”一词有不同含义，为作区分，以保留原文用词。下文不再赘述。

⑥ 计算机程序，在国际检索单位不具备条件检索与该程序有关的现有技术的限度内。

尽管上述主题可以被排除在国际检索之外，但并不要求必须排除。如果合理预期修改后的该主题不被排除在国际检索之外，那么审查员可以对其进行检索。

当全部主题属于被排除的情况时，则国际检索单位可以对PCT申请不进行任何检索，并根据条约第17（2）（a）（i）条宣布不制定国际检索报告。

需要注意的是，如果关于工业实用性的意见是否定的，则在国际检索报告中应当引证用于支持该意见的任何现有技术，而且要在书面意见中陈述理由。此外，如果可行，应当作出关于新颖性和创造性的说明。[1] 可见，不能仅以PCT申请涉及的主题不具备工业实用性为由，将其从国际检索中排除。例如，如果PCT申请是有关永动机的申请时，不需要将其从国际检索中排除，审查员应当努力进行检索，除非这类申请不清楚以至于不能够进行有意义的检索。

（二）判断是否能够进行有意义的检索

1. 无法进行有意义的检索的情况

PCT申请的说明书、权利要求或者附图不符合规定的要求（例如，清楚、简明或支持等），且不存在可以合理预期的技术主题，将会导致不能对发明主题进行有意义的检索。如果PCT申请包含一个或多个核苷酸和/或氨基酸序列的公开，但申请人没有提供符合《PCT行政规程》附件C所规定的序列表，也可能导致不能对其进行有意义的检索。

当对所有权利要求都不能进行有意义的检索时，国际检索单位对PCT申请不进行任何检索并根据条约第17（2）（a）（ii）条宣布不制定国际检索报告。

2. 对主题限制的情况[2]（limitations）

在某些情况下，即使PCT申请中的某些部分不符合规定，但是说明书、权利要求书和/或附图仍然可以被充分理解，也应当考虑不符合规定之处确定检索程度，并实施有意义的检索。这种对检索程度进行限制的情况称为“对主题的限制”（limitations）。

当PCT申请出现对主题限制的情形时，审查员应当考虑说明书和附图的内容以及相关技术领域的普通常识，根据通过修改可以合理预期的要求保护的技术主题确定检索的主题，然后对所确定的主题进行检索。

（三）多项从属权利要求不满足《PCT实施细则》第6.4（a）条规定的情况

当多项从属权利要求不满足《PCT实施细则》第6.4（a）条中“引用一个以上其他权利要求的从属权利要求（多项从属权利要求）只能择一地引用那些权利要求。多

---

[1] 《PCT国际检索和初步审查指南》第9.33段。

[2] “对主题的限制的情况”中的“限制”英文为“limitation”。

项从属权利要求不得作为另一多项从属权利要求的基础”的规定而导致不能对权利要求进行有意义的检索时，属于对发明主题不进行检索的情况。

（四）不满足单一性要求时不进行检索的情况

对于没有缴纳附加检索费的不满足单一性要求的发明可以排除在检索之外。

二、单一性问题的处理

1. 单一性

在考虑申请是否满足发明单一性要求之前，首先应当判断发明主题是否属于排除的情况，然后仅对那些不被排除的发明主题进行单一性判断。

PCT 申请国际阶段中对单一性问题的审查标准应该是相对宽松的，即在判断是否存在单一性的问题上存在模棱两可的情况时，审查员不应当提出不具有单一性的意见。

发明单一性的判断标准不因权利要求的撰写方式而受影响。也就是说，在确定一组发明是否相互关联以至于是否能够形成一个总的发明构思时，不应考虑这些发明是在一些独立的权利要求中被要求保护的，还是在单个的权利要求中作为选择项被要求保护的。

即使一项权利要求不是从属权利要求，也可以包括对另一项权利要求的引用，这时也应考虑该权利要求与其他独立权利要求之间是否具有单一性。如“实施权利要求 1 的方法的设备……”或“制造权利要求 1 的产品的方法……”，这类权利要求并不是从属权利要求。

在针对权利要求所保护的发明进行单一性评价时，首先必须考虑的是 PCT 申请的独立权利要求，而非从属权利要求。

通常，当国际检索单位确定 PCT 申请缺乏单一性时，应通知申请人缴纳附加检索费，说明申请存在缺乏单一性的缺陷和其理由，区分出不相关联的每个独立的发明，并明确发明的个数以及相对于这些发明所应缴纳的附加检索费数额。审查员还可以在通知缴纳附加检索费的表格中附上对权利要求中首次提到的发明先行检索的结果。如果申请人在规定的期限内没有缴纳附加检索费，则只针对该部分检索结果起草国际检索报告。如果申请人缴纳了附加检索费，国际检索单位应当对缴费的多个发明进行检索并起草国际检索报告。

在例外的情况下，国际检索单位能够用微不足道的额外劳动对一个或多个附加发明（尽管未缴纳附加检索费）进行国际检索并作出书面意见，特别是当发明在构思上非常接近时，国际检索单位也可以决定连同首先提到的发明一起完成附加发明的国际检索和书面意见。如果认为对所有附加发明进行检索均不需要付出过多的额外劳动而不要求申请人缴纳附加检索费，则所有检索结果都应当包括在国际检索报告中。对已检索的附加发明而言，无须通知申请人缴纳附加检索费，但应写明缺乏发明单一性的情况（参见图 15-1-2）。

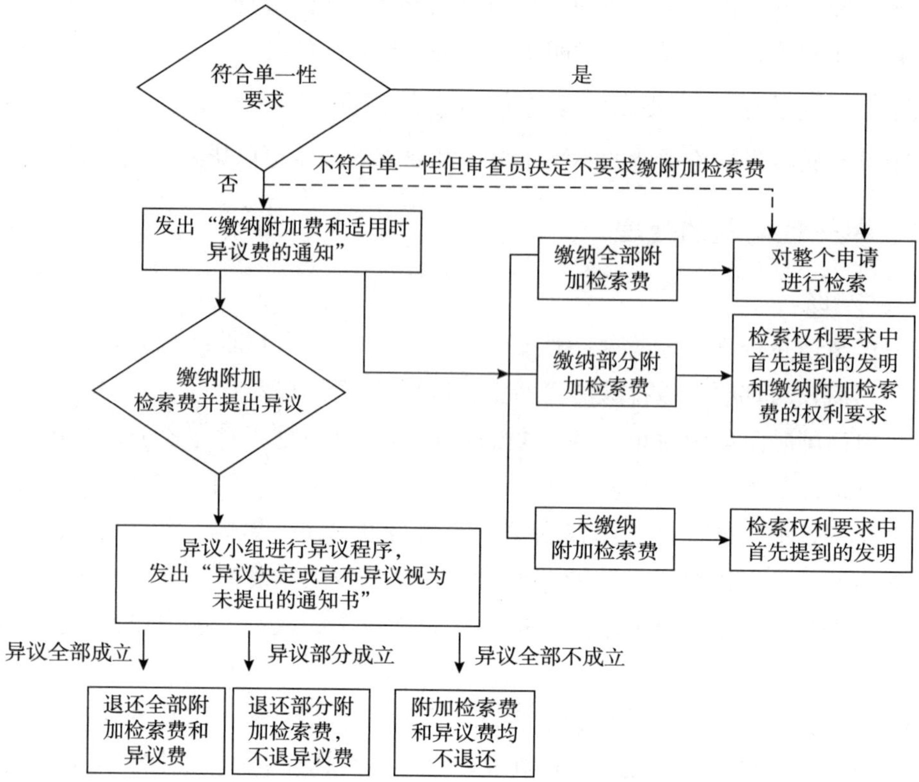

图15-1-2　国际检索阶段不满足单一性要求时的处理流程

国际检索与国家申请检索处理缺乏单一性申请的区别：对缺乏单一性申请是否进行国际检索取决于申请人是否缴纳了附加检索费，只要申请人对相互之间没有共同发明构思的多项发明缴纳了足够的费用，国际检索单位都要对其进行检索。而国家申请的检索则不以是否缴纳了附加检索费来处理单一性的问题，对于明显缺乏单一性的申请，审查员可以直接发出分案通知，要求申请人修改申请（包括分案处理），待克服该缺陷后再进行检索；对于不明显缺乏单一性的申请，审查员可以对其中一组发明（应当选择包括第一项独立权利要求的一组权利要求）进行检索，在发出“审查意见通知书”的同时指出单一性缺陷。

2. **异议**

申请人可以对缺乏发明单一性的主张或者对所要求缴纳的附加检索费数目过高提出异议，并要求退还已缴纳的附加检索费。当申请人提出异议并缴纳了附加检索费和异议费后，缴费清单及异议理由的陈述书将被传送给审查员。审查员应立即通知复核组的组长，成立异议小组并进行异议程序。若申请人明确表示不要求检索部分权利要求，则无须缴纳相关权利要求的附加检索费，在这种情况下也可以启动异议程序。如果异议小组认为异议全部成立，则将异议费退还申请人；若认为异议不成立或部分不成立，则不退还异议费。

三、考虑在先检索结果和要求申请人提交的资料

（一）在先检索结果

在先检索结果包括“由同一或其他国际检索单位或国家局作出的在先国际检索、国际式检索或者国家检索的结果”。申请人根据《PCT实施细则》第4.12条请求国际检索单位考虑在先检索结果，且满足《PCT实施细则》第12条之二.1的规定的情况下，如果在先检索是由同一国际检索单位，或者由作为国际检索单位的同一局作出，则国际检索单位在国际检索时应当尽可能地考虑那些检索结果；如果在先检索由其他国际检索单位，或者由不同于国际检索单位的其他局作出，则国际检索单位在国际检索时可以考虑那些检索结果；如果PCT申请要求优先权的一件或多件在先申请已经由同一国际检索单位或作为国际检索单位的同一局作出在先检索，则国际检索单位在进行国际检索时应尽可能地考虑任何此类在先检索结果。如果申请人提出了使用在先检索结果的请求但缺少在先检索相关资料，审查员可以要求申请人提供。

（二）要求申请人提交的资料

在国际检索阶段，如果审查员发现PCT申请中缺少相关资料或发现申请人提供的资料不符合PCT及其实施细则等有关规定，应要求申请人提供相关资料或符合规定的资料，例如要求申请人提交序列表、提交说明书中引用的未公开的文件、提交在先检索相关资料等。

1. 序列表

在包括一个或多个核苷酸和/或氨基酸序列的PCT申请缺少符合《PCT行政规程》附件C所规定的序列表时，国际检索单位应当通知申请人提交符合规定的序列表。如果申请人没有在规定的期限内提交序列表，或者提交的序列表不符合《PCT行政规程》附件C所规定的标准，或者未缴纳或足额缴纳后提交费，则会导致三种情况：①在可能的程度范围内作出有意义的检索；②对某些权利要求不能进行有意义的检索；③对所有权利要求不能进行有意义的检索。

2. 引用文件

如果在PCT申请中引用的文件是作为发明的出发点或作为表示现有技术或者作为相关问题的选择性方案而被引用，或者它们为正确理解申请所必需时，应当审查这些文件。如果PCT申请中引用了没有公布或者国际检索单位不能得到的文件，而该文件对正确理解发明是重要的，且不了解该文件内容就不可能作出有意义的国际检索时，审查员应首先通知申请人提供该文件的副本。如果在规定期限内没有收到该文件的副本，则审查员应尝试进行国际检索，并说明对某个（些）或全部技术方案不能进行有意义的检索。

3. 在先检索相关资料

如果申请人在请求书中提出要求考虑在先检索结果的请求，审查员需要申请人提

交相关在先申请的副本、在先检索结果的副本、在先检索结果中所引用任何文件的副本的，可以发出“提供与在先检索有关的文件的通知书”（PCT/ISA/238 表格）。如果在先申请的语言和/或在先检索结果的语言不是中文或英文，审查员还可以要求申请人提供在先申请和/或在先检索结果的中文或英文译文。如果在先检索是由国家知识产权局进行的，审查员不应要求提交任何副本或译文。

四、关于“明显错误”和“不得使用的表达”的处理

（一）对“明显错误”的处理

所谓“明显错误”[1]，是指在 PCT 申请原始文件或者后提交的其他文件中出现的非明显故意的错误（例如语言错误、拼写错误）。这种错误必须是“明显的”，即对主管单位而言，在合适的日期内以下事实是明显的：

① 非故意出现在相关文件中的；以及

② 除所提议的更正方式外不会再有其他的更正方式。

当说明书、权利要求书、附图或其改正文件中存在明显错误时，审查员可以通知申请人对可更正的明显错误提出更正请求。申请人可以根据审查员的通知提出更正请求，也可以主动提出更正请求。

审查员仅针对 PCT 申请的说明书、权利要求书、附图或其改正中存在明显错误的更正请求作出许可或拒绝的决定。审查员在考虑说明书、权利要求书或附图中的错误是否明显、是否可更正的时候，不能依赖任何外部文件且不应考虑优先权文件的内容。

（二）对“不得使用的表达”的处理

依据《PCT 实施细则》第 9.1 条的规定，PCT 申请中不应包括：①违反道德的用语和附图；②违反公共秩序的用语和附图；③贬低申请人以外任何特定人的产品或者方法的说法，或者贬低申请人以外的任何特定人的申请或专利的优点或有效性的说法（仅仅与现有技术比较本身不应认为是贬低行为）；④根据情况明显是无关或者不必要的说明或者其他事项。

当 PCT 申请中存在上述“不得使用的表达”时，审查员应当建议申请人在规定期限内自愿对 PCT 申请进行改正，但申请人的改正不得引入新的内容。如果申请人没有作出改正，则审查员应就可以预期的权利要求主题继续进行检索和审查。

五、确定国际专利分类号

审查员必须对每件 PCT 申请按照《国际专利分类表》进行分类，给出所有“发明信息”，并尽可能给出“附加信息”。

---

[1] 《PCT 国际检索和初步审查指南》第 8.01 段。

在确定一件专利文件不存在发明信息的情况下，审查员仍然必须给该专利文件至少一个国际专利分类号作为发明信息。在该情形中，分类应该以整体公开文本中确定为对检索最有用的部分为基础。

当发明范围不清楚时，应基于发明尽可能被理解的程度进行分类；不管发明是否缺乏单一性，对所有要求保护的发明必须全部进行分类；如果发现 PCT 申请与不要求检索的主题有关或者不能进行有意义的检索，不管怎样仍应尽可能进行分类。

六、进行检索

（一）与检索相关的某些内容

1. "现有技术的"概念

在国际阶段，为评价发明新颖性和创造性而采用的"现有技术"是指在"相关日"以前，在世界上任何地方，使公众通过书面公开（包括绘图和其他图解）的方式能够获得的一切事物。其不包括书面公开以外的、未经证实的口头公开、使用、展出或其他方式的非书面公开。所述的书面公开包括互联网上相关文件公开。

需要注意的是，在国家申请实质审查阶段所称的"现有技术"是指"在申请日以前在国内外为公众所知的技术"，不仅包括书面公开的内容，而且包括在国内外公开使用或者以其他方式为公众所知的内容。

2. 相关日

用于国际检索目的的"相关日"不同于用于书面意见及国际初步审查目的的"相关日"。

用于国际检索报告目的的"相关日"，是指"国际申请日"。

用于书面意见和国际初步审查目的的"相关日"，是指"PCT 申请的优先权日"，没有要求优先权或优先权无效时，指"国际申请日"。

3. 关于互联网上相关文件公开日的确定

在互联网或在线数据库中公开的现有技术被视为其他形式的书面公开。公开于互联网或在线数据库中的信息被视为在其被公布的当日即可为公众所获得。确立网页的公布日时，重要的是区分两类互联网公开，即在可信出版商网站上公开与在未知可信度的网站上公开。可信出版商网站的实例为在线科学刊物（其将纸件刊物的内容在线公开，或可以为独家的在线出版物）。报纸、期刊、电视和无线电台的网站通常也属于此列。未知可信度的网站的实例包括私营个体、私营团体（如俱乐部）的网站，商业网站（如广告）等。

（1）可信出版商网站上相关文件公开日的确定

对于在可信出版商网站上公开的相关文件，在无相反证据的情况下，对该相关文件所示的公布日不予置疑。审查员可以在国际检索报告中按照该公布日引证相关的公开文件。如果对该公布日存有疑虑，申请人负有相应的举证责任。

如果不能充分确定某一互联网公开文件的公布日在PCT申请的有效优先权日（无优先权日或优先权无效时，指国际申请日）之前还是之后，在这种情况下，审查员需要咨询网站的经营人以准确地确定公布日。

（2）未知可信度网站上相关文件公开日的确定

对于在未知可信度的网站上公开的相关文件，需采用技术手段以获得其公布日。这些技术手段包括：①对于日期信息有时隐藏在创建网站的程序中，但在浏览器的网页上看不见的情况，审查员可以根据内嵌在互联网公开文件自身的与公布日有关的信息获得日期。②审查员可以借助搜索引擎获得对该网页的索引日期。由于搜索引擎完成对新网站的索引通常需要一定时间，因此该索引日期通常晚于网页公开的实际公布日。③审查员可以通过商用互联网归档数据库网站的信息（例如“互联网归档路径回复器”）获得其公布日。

当审查员获得了确立互联网公布日的电子文件时，应制作该文件的打印信息件。该打印信息件必须述及相关互联网公开文件的统一资源定位器（URL）和该相关互联网公开文件的公布日。

（二）检索的范围

国际检索实质上是一种彻底、高质量和全面的检索。国际检索报告用于向申请人、公众（在该PCT申请公布的情况下）以及国际初步审查单位和各指定局提供相关现有技术的信息。由于各指定局对现有技术可能具有不同的定义，对申请能否获得授权的标准也可能不同，因此国际检索应该充分扩展以找到尽可能多的相关现有技术。

相关现有技术应包括在PCT申请日以前，在世界上任何地方，公众通过书面（包括绘图和其他图解）公开可以得到，并有助于确定发明的新颖性和创造性的一切资料。在国际检索中，口头公开、使用、展出或其他方式的公开，如果没有在国际申请日之前向公众公开的书面公开加以证实的情况下，都不属于相关现有技术。对于公布日在被检索的PCT申请的国际申请日之后或者同一日，而其申请日（有优先权的，指优先权日）在该PCT申请日之前的那些专利申请和专利，在检索中也应当加以注意。

国际检索应当满足《PCT实施细则》第34条规定的最低限度文献。具体内容参见本书第十四章相关内容。

（三）检索的主题和方向

国际检索针对由权利要求限定的发明，在解释上适当考虑说明书和附图（如果有的话），并且特别注重针对权利要求所涉及的发明构思。所检索的内容并不针对那些限制的主题。国际检索应覆盖权利要求所涉及的或者被合理预期修改后所涉及的全部主题。审查员无须对过分宽范围的或者推测的权利要求进行特别努力的检索，因为这样的权利要求超出了其说明书支持的范围。

为了确保国际检索能够尽可能地提供全面、完整的信息，审查员应当将注意力主要集中于任何可能与新颖性或创造性有关的现有技术，并且鼓励审查员引证任何可能有助于确定说明书在整个所要求保护的范围中的充分性，以及确定所要求保护的发明被说明书充分支持的现有技术。另外，审查员也应当注意那些由于其他原因可能是重要的文件，例如，对所要求的优先权有效性提出疑问的文件、有助于更好或者更正确地理解要求保护的发明的文件或者对技术背景作出描述的文件，但不应当花费时间检索这些文件，也不应当花费时间考虑这些事情，除非在特殊情况下有特殊原因要这样做。由于超过日期而没有被当作现有技术的文件，其仍然可以被引证用来显示普遍的事实，例如材料的特性或性能，或者具体的科学事实，或者用来显示出所属领域普通技术水平。

国际检索中需要对 PCT 申请保密。尽管有些情况下，国际检索是在 PCT 申请公布的情况下进行的，但是，大多数国际检索是在 PCT 申请还没有公布的情况下进行的。这时，使用不安全的互联网作为检索工具可能使该 PCT 申请的内容在公开之前被泄露，所以互联网检索存在不安全性。若相关数据库可通过访问互联网获得，但国际检索单位可以通过其他安全链接访问相同的数据库，则必须使用该安全链接。若国际检索单位在互联网上没有与数据库的安全链接，则必须使用表示与所要求保护的发明相关特征的组合的一般化检索词在互联网上进行检索。这些检索词已经显示出存在于现有技术中。

七、国际检索报告

（一）宣布不制定国际检索报告

如果 PCT 申请所有权利要求均涉及不需要进行检索的主题，或者均存在严重缺陷以致无法进行有意义的检索，除此之外又没有可进行有意义检索的内容，国际检索单位应当用 PCT/ISA/203 表格宣布不制定国际检索报告。

（二）制定国际检索报告

除宣布不制定国际检索报告的情况外，检索结束后，审查员应制定“国际检索报告”（PCT/ISA/210 表格）。同时，还要制定“国际检索单位书面意见”（PCT/ISA/237 表格）和“传送国际检索报告和国际检索单位书面意见或宣布的通知书”（PCT/ISA/220 表格）。当申请语言为中文时，国际检索报告和书面意见用中文作出；当申请语言为英文时，国际检索报告和书面意见用英文作出。

国际检索报告将传送给申请人和国际局。该国际检索报告由国际局公布，并作为专利性国际初步报告和由指定局或国际初步审查单位审查该 PCT 申请的基础。

（三）相关文献的类型

被引证的相关文献以字母方式表示其类型。所述类型依照该文献与涉及的权利要求的关系而定。国际检索报告中使用的字母“X”“Y”“P”“A”“T”所表达的含义与国家申请检索报告中的相似。国际检索报告中引证的相关文献的类型还包括“E”类、“O”类、“T”类、“D”类、“&”类、“L”类等文件。

字母“E”——表示任何申请日或优先权日早于（不包括同于）被检索的PCT申请的申请日（非优先权日），但公布在被检索的PCT申请的申请日当天或之后，且若它们在PCT申请日之前公布，其内容将构成影响新颖性的现有技术。“E”类文件不包括被检索的PCT申请的优先权文件本身。国际检索阶段的“E”类文件只是潜在的抵触申请文件，而在国家申请的检索中，“E”类文件是确定的抵触申请文件，限于向中国国家知识产权局提出的申请。审查员应当注意“E”类文件在国际检索阶段和国家申请检索阶段中的区别（参见表15-1-1）。

表15-1-1　E类文件在国家检索报告和国际检索报告的比较

项目	优先权日或者申请日是否可以同于待审专利申请的申请日	是否用于评述待审专利申请的新颖性	是否必须是向中国国家知识产权局提交的国家申请或者是进入中国国家阶段的PCT申请
国家检索报告	否	是	是
国际检索报告	是	否	否

字母“O”——当书面公开的内容提及了口头公开、使用、展示或者其他方式的非书面公开，公众通过这些非书面公开可以得到书面公开的内容，并且该非书面公开发生在PCT申请日以前，而该书面公开发生在PCT申请日的同一日或者之后，则国际检索报告应分别说明该非书面公开的种类和日期以及该书面公开的日期。国际检索报告中引用的任何文件涉及上述口头公开、使用、展示或者其他方式公开的，为“O”类文件。这种文件类型“O”经常伴有表明文件相关程度的符号，例如O，X；O，Y或O，A。国家申请的检索报告没有该文件类型，但是在国内外公开使用或者以其他方式为公众所知的技术构成该国家申请的现有技术。

字母“T”——表示在PCT申请日或优先权日当天或之后公布，且与申请不相抵触、用于理解发明的文件。引用它是为了表明该发明所依据的原理或理论，有助于更好地理解发明，确定请求保护的发明是否具有工业实用性，是否使本领域技术人员能够实现发明；或者引用它是为了表明该发明所根据的推理或事实是错误的。在国家申请的检索中，“T”类文件的含义与国际阶段类似，表示“申请日或优先权日当天或之后公布的，可以对所要求保护的发明的理论或原理提供清楚的解释的文件，或者可显示出所要求保护的发明的推理或事实不成立的文件”。

字母“D”——表示由申请人在申请中引用的文件。字母“D”应始终与一个表示引用文件相关性的类型相随，例如D，X。

符号“&”——表示国际检索报告中提及的文件的同族专利文件。

字母“L”——表示除X、Y、P、A、E、O、T、&、D之外的原因引用的文件，例如可能引起对 PCT 申请优先权要求质疑的文件；确定其他引用文件公开日期的文件；共同未决申请的文件，包括同日提交的申请的文件；申请日或优先权日（如果有）之前公布，用于表明发明所根据的推理或事实是错误的文件。

（四）修改发明名称和摘要

发明名称、摘要应分别符合《PCT 实施细则》第 4.3 条、第 8 条的规定。在下列情况中要求审查员给出发明名称和/或摘要：①PCT 申请缺少发明名称和/或摘要而且受理局没有要求申请人改正该缺陷；②申请人在规定的期限内没有答复受理局要求提供一个发明名称和/或摘要的通知，但是国际检索单位没有收到该申请被视为撤回的通知；③提供的发明名称和/或摘要有缺陷。

审查员可以通过填写国际检索报告表格（PCT/ISA/210 表格第 1 页第 4 项、第 5 项）确定发明名称和/或摘要。对于审查员确定的发明名称不需要获得申请人的同意。对于审查员确定的摘要，允许申请人自国际检索报告寄出之日起 1 个月内对审查员确定的摘要提出意见。审查员对申请人提出的意见给予考虑，如果审查员决定修改“国际检索报告“中确定的摘要，应当用 PCT/ISA/205 表格通知国际局和申请人；如果审查员不同意申请人的意见，则不必进行答复，但仍建议审查员用 PCT/ISA/205 表格将理由通知国际局和申请人。

八、国际检索单位的书面意见

国际检索单位在向国际局和申请人发出国际检索报告的同时，还要发出一份书面意见。书面意见的目的是向申请人提供国际检索单位认为申请中存在何种缺陷的初步说明，以便申请人能够采取最适当的行动，包括提交国际初步审查请求书或在作出专利性国际初步报告之前提交意见陈述或作出修改等。书面意见的主要作用是确定 PCT 申请所要求保护的发明是否具有新颖性、创造性（非显而易见性）和工业实用性，并对影响准确判断发明新颖性、创造性或工业实用性的某些实质性缺陷和该 PCT 申请形式方面的某些缺陷提出意见。

该书面意见一方面可被当作国际初步审查单位的第一次书面意见，另一方面可在申请人没有提出初步审查要求的情况下，被国际局用作转化成与其内容相同的“专利性国际初步报告（第Ⅰ章）”（PCT/IB/373 表格）。但是，如果国际检索与国际初步审查由同一个单位完成，申请人在国际检索单位准备作出书面意见之前已提交了进行国际初步审查的请求书，而且该 PCT 申请被认为满足了新颖性、创造性和工业实用性的要求，同时不存在其他实质性和形式上的缺陷，则国际检索单位不必作出国际检索单位书面意见，可直接作出“专利性国际初步报告（第Ⅱ章）”（PCT/IPEA/409 表格）。

对于书面意见，其“相关日”是指 PCT 申请的申请日，如果要求了优先权则指优先权日，除非优先权经过核实是无效的。

（一）书面意见的基础

由于国际检索单位的书面意见是与国际检索报告同时撰写的，因此该书面意见与国际检索所依据的文本相同，即在没有作出明显错误更正、后提交文件或援引加入的情况下，以原始申请或其译文为基础。

审查员应当仅针对那些已经作出国际检索报告的发明作出书面意见。如果申请存在单一性问题且申请人未遵照国际检索单位的通知缴纳所需的全部附加检索费，审查员应当对第一要求保护的发明（主发明）和已经缴纳附加检索费的那些发明作出书面意见。

（二）书面意见的形式

审查员需要填写 PCT/ISA/237 表格（“国际检索单位书面意见”）发出书面意见。

（三）书面意见的内容

书面意见主要包括以下八个项目：

① 意见的基础；

② 优先权；

③ 不作出关于新颖性、创造性和工业实用性的意见；

④ 缺乏发明的单一性；

⑤ 按照《PCT 实施细则》第43条之二.1（a）（i）关于新颖性、创造性或工业实用性的推断性声明，支持这种声明的引证和解释”；

⑥ 某些引用的文件；

⑦ PCT 申请中的某些缺陷；

⑧ 对 PCT 申请的某些意见。

（四）新颖性、创造性或工业实用性的评价

1. 新颖性的评价

在国际阶段的审查中，评价新颖性时不包括抵触申请的情况，也不包括针对书面公开以外的、未经证实的口头公开、使用、展示或其他方式公开的情况。

（1）关于新颖性

如果权利要求所定义的发明中的每一个要素或步骤都明确或者实质性公开在现有技术中，包括对所属领域技术人员来说隐含地公开在现有技术中，则该发明缺乏新颖性。

（2）现有技术的实质性或隐含公开

上述实质性公开要求审查员依据的外部证据应当清楚证明所引用文件中必然存在未被描述的内容，而且所属领域技术人员也会如此认识。例如，一份文件公开了橡胶的弹性，即使该文件未明确陈述橡胶为弹性材料，关于弹性材料的权利要求也是可以预期的，因为现有技术中教导的橡胶实质上是一种弹性材料。然而，实质性公开的成立并不取决于或然性或可能性。仅仅在给定的情形下可能产生某种结果是不充分的。

或者，在某种意义下缺乏新颖性是隐含的，即所属领域技术人员在实现现有技术文件的教导时，不可避免地达到属于权利要求范围的结果。审查员只有在对该现有技术教导的实施效果不存疑问时，才应指出此类由隐含公开导致丧失新颖性的问题。否则，应考虑创造性问题。判断新颖性时，无须考虑在现有技术中未公开的众所周知的等同物，因为等同物属于显而易见性（创造性）的范畴。

（3）新颖性的判断方法

评价新颖性时，审查员应当采用如下步骤：①评价所要求保护发明的要素；②确定所选择的文件是否构成现有技术的一部分；③以对比文件公开日时所属领域技术人员的标准，评判所要求保护的发明的各个要素或步骤是否被该文件从整体上明确或实质地公开。

（4）权利要求的解释

审查员应判断，权利要求中列出的对于目的或意图的用途的说明是否会导致要求保护的发明与现有技术在产品结构上有所不同（或对方法权利要求而言，在方法步骤上有所不同），对无限定作用的特殊意图的用途特征不予以考虑。例如，用作催化剂的物质 X 的权利要求与用作染料的已知相同物质相比，不具备新颖性，除非限定的用途隐含着该物质的某种特定形式（如存在某些添加剂），使之能够区别于具有已知形式的该物质。也就是说，应当考虑未被直接陈述但由特定用途所暗示的特征。例如，权利要求涉及“盛钢水的模盘”，则这意味着对该模盘的某种限定，由于制冰块的塑料模盘的熔点远低于钢水模盘，不落入该权利要求的范围，因此不破坏钢水模盘的新颖性。

（5）文件的结合

在考虑新颖性时，不允许将现有技术中分别记载的方案结合在一起，而应采用单独对比的原则。但是，在下列情况下，文件的结合是允许的。

① 如果一篇文件（主要对比文件）明确引用了第二篇文件（例如用来为某些特征提供更详细的信息），则可以根据主要对比文件的指示程度把第二篇文件的教导引入该主要对比文件中。

② 利用其他文件证明主要对比文件的内容。例如为解释主要对比文件中采用的专用术语相应于其公布日应如何理解，可以使用字典或类似的参考文件；可以利用其他文件作为证据证明主要对比文件的公开是充分的（例如化合物制备与分离的公开或天然产物分离的公开）[1]；可以利用另外文件作为证据证明，在主要对比文件的公布日，某特征虽未被记载但也实质地存在于该主要对比文件中。

（6）可选择方案

当权利要求包含可选择方案，如马库什权利要求 P1，P2，P3……Pn，如果现有技

[1] 《PCT 国际检索和初步审查指南》第 12.02 段。

术公开了可选择方案之一 P1，则破坏该权利要求的新颖性。

关于“具体概念与一般概念”和“数值和数值范围”的新颖性判断与国家申请实质审查阶段的新颖性判断相类似，审查员可以参照国家申请的相关内容。

2. 创造性的评价

（1）关于创造性

国际阶段的创造性概念为“一项要求保护的发明，如果考虑《PCT 实施细则》所定义的现有技术，在相关日对所属领域技术人员不是显而易见的，则认为其具有创造性”。

（2）关于显而易见

这里的“显而易见”是指不超越技术的正常发展进程，而仅仅是简单地或合乎逻辑地由现有技术得到，即不包括超出预期的所属领域技术人员具有的任何实践技能或能力。

（3）需考虑的基本因素

在判断创造性（非显而易见性）时，考虑的基本因素是：①必须从整体上考虑要求保护的发明。②必须从整体上考虑对比文件，并且所属领域技术人员必须有动机或受到启示去组合对比文件的教导，以得到要求保护的发明主题，包括考虑合理预期或成功的可能性。③考虑对比文件时，不能得益于所要求保护的发明内容而进行事后想象。审查员应当避免进行“事后诸葛亮”式的分析。即完成要求保护的发明的教导或暗示必须得自现有技术和/或所属领域技术人员的公知常识，而不应基于申请所公开的内容。

与判断新颖性不同，在考虑创造性时，可以借助以后（对比文件公开日以后和权利要求相关日以前）的知识解释任何已公开的文件，并考虑所属领域技术人员在权利要求的相关日能够普遍得到的所有知识。

（4）需考虑的辅助性因素

为了确立要求保护的发明具有创造性（非显而易见性），也应将下述因素作为辅助性因素加以考虑：①要求保护的发明是否满足了长期的需要；②要求保护的发明是否克服了科学偏见；③要求保护的发明是否是其他人曾试图完成而未完成的；④要求保护的发明是否产生了预料不到的结果；⑤要求保护的发明是否在商业上特别成功。

例如，当要求保护的发明具有极大的技术价值，特别是当技术优点是新的和预料不到的，并且可证实其与限定发明的权利要求中的一个或多个特征有关，审查员不应轻易作出缺乏创造性的决定。

仅仅是商业上的成功是不被认为具有创造性的。但是，如果提出了商业上的快速成功是与长期需要有直接关系的证明，使得审查员确信这种商业上的成功是来源于要求保护的发明的技术特征而不是来源于其他影响（如销售技术或广告宣传）时，可认为发明具有创造性。

国际阶段对创造性采用的是“非显而易见”的标准，并考虑上述五种辅助性因素。

虽然国际阶段与进入国家阶段的创造性的概念（“创造性是指与现有技术相比，该发明有突出的实质性特点和显著的进步”）有所不同，但并无实质上的差别。因此，关于创造性的评价可以参照《专利审查指南 2023》第 2 部分第 4 章的相关内容。

3. **工业实用性的评价**

从技术意义来说，如果要求保护的发明据其性质可以在任何一种工业中制造或使用，则认为其具有工业实用性。如果任何产品或方法的运行方式被认为是明显违背公认的自然规律，致使所属领域技术人员不能实现，则该发明不具有工业实用性。

注意：PCT 法律规范对于工业实用性并没有要求“积极效果”。而根据中国专利法关于实用性的规定，要求发明或者实用新型申请的主题不仅能够在产业上制造或者使用，而且能够产生积极效果。

九、国际检索阶段的后续工作

（一）修改国际检索报告和书面意见

在完成国际检索报告之后，有时国际检索单位可能发现更相关的文件（例如在后来为一件相关申请而作的检索中）。在国际局完成为公布国际检索报告而作的技术准备之前，审查员应当将这些相关文件加入国际检索报告中并相应修改书面意见，将其迅速发出。此后，如果自 PCT 申请的优先权日起 2 年内，审查员获知任何特别相关的文件，则应当修改国际检索报告和相应修改书面意见，并在报告上清楚地标明“已作修改”。然后国际检索单位应当将一份修改后的报告副本传送给申请人，并将另一份修改后的报告副本传送给国际局，以便国际局随后将报告副本传送给指定局和国际初步审查单位。

（二）收到申请人修改摘要的请求或对审查员修改摘要的意见

如果申请人自国际检索报告发文日起 1 个月内提出修改摘要的请求或者对报告中审查员制定的摘要提出修改请求和/或进行意见陈述，审查员应使用 PCT/ISA/205 表格通知申请人国际检索单位考虑了申请人的请求或意见，并作出同意或不同意申请人意见的决定。

（三）收到申请人更正明显错误的请求

在国际检索中，在审查员发出检索报告后，申请人提交了更正明显错误的请求，该明显错误的更正将不被国际检索单位为了国际检索的目的考虑，但审查员也应当作出许可或拒绝的决定（PCT/ISA/217 表格）。

第二节　国际初步审查

国际初步审查的目的是对 PCT 申请或修改后的 PCT 申请作出是否具有新颖性、创造性和工业实用性的初步的、无约束力的意见，同时指出PCT申请是否存在形式或内容方面的缺陷，例如权利要求书、说明书和附图是否清楚，或者权利要求是否得到说明书的充分支持等。

所谓“初步的、无约束力的意见”是指专利性国际初步报告不涉及请求保护的发明是否可在某国或某地区获得授权的内容，授予或不授予专利权的结论只能由国家（或地区）局的审查员根据国家（或地区）专利法作出。

图15－2－1表示了国际初步审查的任务、完成这些任务的操作顺序。

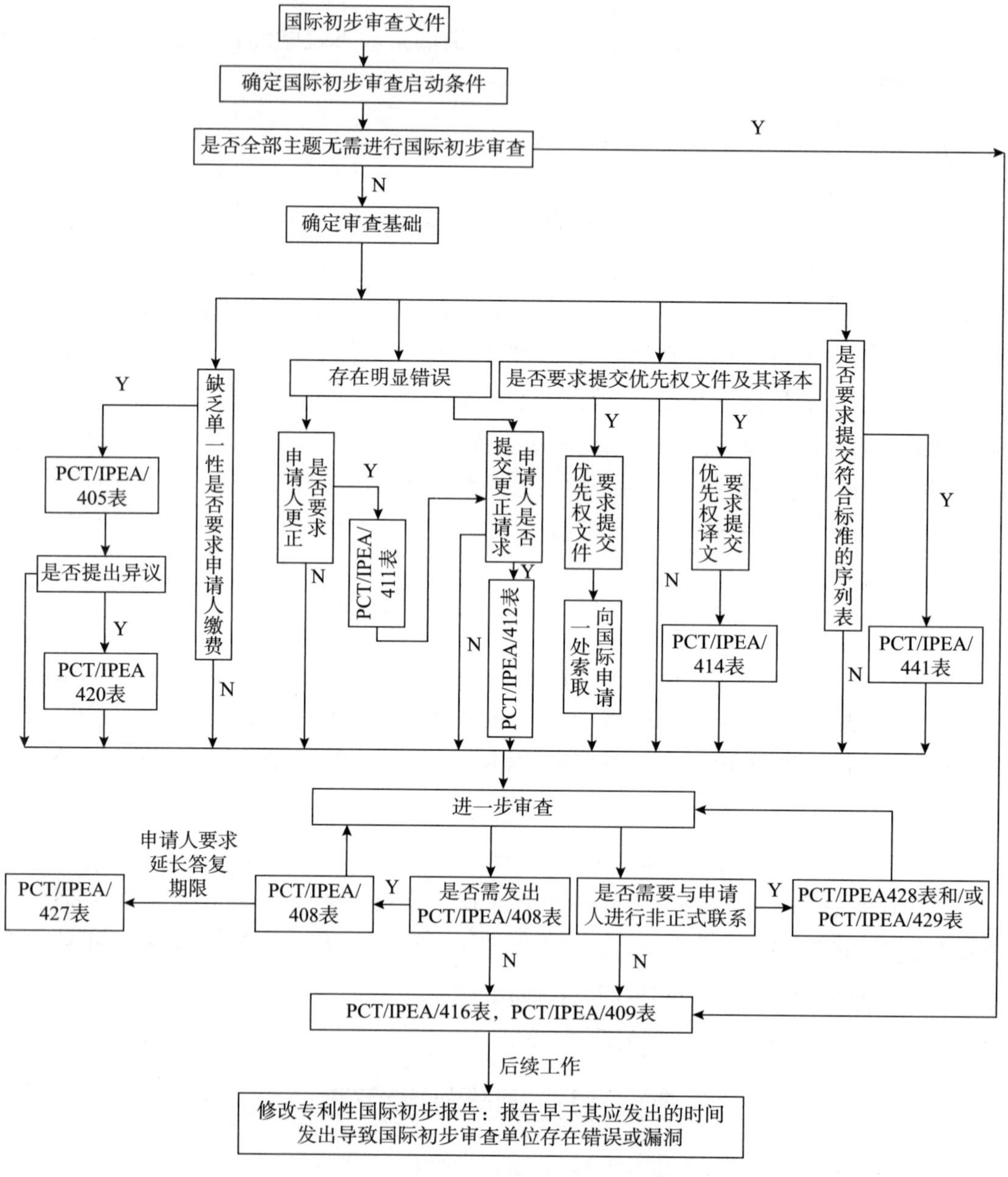

图15－2－1　国际初步审查阶段基本操作流程

一、国际初步审查前的工作

（一）确定国际初步审查的文本

国际初步审查涉及的文本包括申请人原始提交的 PCT 申请文本，还可能包括国际检索单位已经许可的申请人根据《PCT 实施细则》第 91.1 条更正 PCT 申请文件中明显错误的更正页、需要国际初步审查单位许可的申请人根据《PCT 实施细则》第 91.1 条更正 PCT 申请文件中明显错误的更正页、申请人根据条约第 19 条以及第 34 条修改的文件。

国际初步审查单位应根据《PCT 实施细则》第 66.1 条的规定确定国际初步审查的基础。

（二）关于申请文件的修改

申请文件的修改是指，除更正明显错误外，申请人对权利要求书、说明书或者附图的任何修改，包括删除权利要求、说明书中的某些段落，或者删除某些附图。

条约第 19 条规定：申请人在收到国际检索报告后，有权享受一次在规定的期限内对 PCT 申请的权利要求向国际局提出修改的机会，但修改不应超出 PCT 申请提出时该申请的公开范围。

条约第 34 条规定：在专利性国际初步报告作出之前，申请人有权依规定的方式在规定的期限内修改权利要求书、说明书和附图，但修改不应超出 PCT 申请提出时该申请的公开范围。

申请人对 PCT 申请文件修改时所依据的条款不同，其修改时机、修改文件的接收单位、修改可涉及的内容和修改被允许的次数均有所不同。表 15－2－1 列出了申请人根据条约第 19 条和第 34 条对申请文件修改时所涉及相关事项的对照。

表 15－2－1　申请人依据条约修改涉及事项的对照

修改依据	修改时机	接收单位	修改涉及的文件	允许修改的次数
条约第 19 条	国际检索报告发文日起 2 个月或自优先权日起 16 个月，以后到期的为准	国际局	权利要求	一次
条约第 34 条	自提交国际初步审查要求书时起，直至专利性国际初步报告制定之前	国际初步审查单位	说明书、权利要求书、附图	多次

如果申请文件的修改超出了 PCT 申请提出时该申请的公开范围，则在作出专利性国际初步报告时必须指明这种修改被视为未提出。

如果申请人对权利要求书、说明书或者附图进行了修改，但申请人没有随替换页一起提交说明所作修改在原始提交的PCT申请中的基础的信函，则在适用的情况下，应在专利性国际初步报告中指出该修改视为未提出，并予以说明。

如果修改文件是在审查员已经开始起草专利性国际初步报告后收到的，则在专利性国际初步报告中不必考虑该修改文件，同时审查员应使用“关于修改不予考虑的通知”（PCT/IPEA/432表格）将决定告知申请人。

（三）不进行审查的情况

在确定审查文本后，首先需要排除不进行国际初步审查的如下内容。

①《PCT实施细则》第67.1条所述的排除主题：科学和数学理论；植物、动物品种或者主要是用生物学方法生产植物或者动物的方法，但微生物学方法和由该方法获得的产品除外；经营业务、纯粹智力活动或游戏比赛的方案、规则或者方法；处置人体或者动物体的外科手术方法或治疗方法，以及诊断方法；单纯的信息表述；计算机程序，在国际初步审查单位不具备条件对其进行国际初步审查的限度内。

② 说明书、权利要求书或附图不符合某一要求，例如清楚性要求或者权利要求书得到说明书充分支持的要求，且达到一定程度以至于对全部或部分权利要求不能够形成任何有意义的审查意见的，对于这样的权利要求书不需进行国际初步审查。

如果PCT申请含有对一项或多项核苷酸和/或氨基酸序列的公开内容，但不含有符合《PCT行政规程》附件C所规定的序列表，并且申请人也未能按期克服这一缺陷，以至于对要求保护的发明不能形成有意义的审查意见，则对于这样的发明不需进行国际初步审查。

③ 当多项从属权利要求不满足《PCT实施细则》第6.4（a）条第二句中关于“引用一个以上其他权利要求的从属权利要求（多项从属权利要求）只能择一地引用那些权利要求”和第三句关于“多项从属权利要求不得作为另一多项从属权利要求的基础”的规定，从而导致无法对要求保护的发明进行有意义的审查，对于这样的发明不需进行国际初步审查。

④ 对于不能够满足单一性的要求且没有按照审查意见缴纳相关费用的发明，可以不对其进行国际初步审查。

⑤ 对于国际检索单位没有作出过“国际检索报告”的权利要求不需进行国际初步审查。

（四）对于单一性问题的处理

无论国际检索单位对PCT申请是否提出过单一性问题，国际初步审查单位的审查员都可以指出该PCT申请缺乏单一性的缺陷，并要求申请人缴纳相应的初步审查附加费。当审查员发现发明缺乏单一性时，可以向申请人发出通知书。审查员应在通知书中从技术的角度充分阐述发明缺乏单一性的理由，并且指明可克服发明缺乏单一性缺陷的至少一种可能的限定方式。如果申请人没有缴纳初步审查附加费，也未对权利要求进行适当的限制，则审查员只对主要发明作出专利性国际初步报告。在不容易确定主要发明部分的情况下，将权利要求书中首先记载的发明看作主要发明。如果审查员不花费额外努力就可以对整个 PCT 申请作出专利性国际初步报告，则不应要求申请人限制权利要求或缴纳额外费用，但应在专利性国际初步报告中指出发明缺乏单一性的缺陷，并说明理由。

如果申请人对发明缺乏单一性的意见提出异议，同时缴纳了附加费或限制了权利要求，则审查员应对已经缴纳了附加费或已经限制了权利要求的那部分要求保护的发明进行国际初步审查。

二、进行初步审查

2004 年 1 月 1 日生效的《PCT 实施细则》实施后，国际检索阶段的书面意见通常被作为国际初步审查单位的第一次书面意见。在国际初步审查阶段，审查员可根据国际检索阶段提出的书面意见决定是否不提出国际初步审查单位的书面意见而直接建立“专利性国际初步报告”。

国际初步审查单位在作出专利性国际初步报告之前，除下面将要介绍的可以不作出书面意见的情况外，应当作出至少一次涉及 PCT 申请具有新颖性、创造性或工业实用性以及申请中存在的其他实质性缺陷和形式方面的某些缺陷的书面意见，以便申请人能够在国际初步审查单位作出专利性国际初步报告之前提出意见或对申请作出修改。国际初步审查单位没有义务向申请人建议为克服申请中存在的缺陷以某种具体方式修改申请，但是如果审查员提出的建议将对申请人十分有帮助，则国际初步审查单位可提出这样的建议，同时应使申请人清楚这种建议仅仅是对申请人的一种帮助，并非强制性要求。

（一）不作出书面意见的情况

如果国际检索与国际初步审查由同一个单位完成，而且申请人在审查员准备作出书面意见之前已提交了国际初步审查要求书，那么在满足以下条件时，审查员不需要作出书面意见，而是直接作出专利性国际初步报告。

① 要求保护的发明符合条约第 33（1）条关于新颖性、创造性和工业实用性的规定。

② 申请符合条约关于 PCT 申请的格式和内容的有关要求。

③ 申请符合关于权利要求书、说明书和附图清楚的要求，且权利要求书可得到说明书的充分支持，或者审查员不希望就这些问题提出任何意见。

④ 修改没有超出 PCT 申请原始公开的范围。

⑤ 所有权利要求涉及一项发明，针对该项发明已作出国际检索报告，且专利性国际初步报告要根据所有权利要求作出。

⑥ 如果 PCT 申请涉及核苷酸和/或氨基酸序列，可获得便于进行有意义的国际初

步审查格式的核苷酸和/或氨基酸序列表。

（二）需要再次或多次作出书面意见的情况

当国际初步审查单位的审查员确信申请人已经作出了努力以试图克服或辩驳由国际检索单位作出的书面意见中指出的缺陷，但是PCT申请仍然没有满足所有相关规定时，如果在作出专利性国际初步报告的时间期限内仍有充裕的时间，则审查员可以考虑发出进一步的书面意见。

（三）与申请人的非正式联系

国际初步审查单位可以随时通过电话、书信或会晤与申请人进行非正式地联系。

如果通过会晤更有利于申请人清楚申请中存在的缺陷或更有利于申请人清楚地进行答辩，国际初步审查单位可以提出会晤或应申请人或其代理人的要求进行会晤，以加快审查程序。如果要解决的问题很少，或者问题能够很快、很容易解释和处理的，审查员可以采用电话讨论的方式进行审查。

三、作出专利性国际初步报告

在国际初步审查阶段中，审查员需要做的重要工作是作出专利性国际初步报告。

专利性国际初步报告应给出国际初步审查的最终结果，其内容包括对所要求保护的发明是否具备新颖性、创造性（非显而易见性）和工业实用性的初步的、无约束力的意见；PCT申请是否存在形式和内容方面的缺陷；权利要求书、说明书和附图是否清楚；权利要求书是否得到说明书的充分支持；标明某些引用的文件等。

应注意，专利性国际初步报告中不包括根据任何国家专利法的规定作出要求保护的发明是否可以或似乎可以获得专利保护的任何说明。专利性国际初步报告的结果在选定国是没有约束力的。

四、专利性国际初步报告的更正

如果专利性国际初步报告在早于其应发出的时间发出，使国际初步审查单位存在错误或遗漏，例如，国际初步审查单位在作出专利性国际初步报告时没有考虑申请人及时递交的修改文件，则国际初步审查单位可以在考虑了该修改文件的基础上作出一份更正的专利性国际初步报告。但如果仅因为申请人不同意国际初步审查单位作出的专利性国际初步报告，则不应更正该报告。

当作出更正的专利性国际初步报告时，该报告作为专利性国际初步报告的“更正版”传送给申请人和国际局。

第十六章　国际申请进入国家阶段的实质审查

教学目的

通过本章的学习，了解国际申请在国家阶段可能涉及的文本种类及其法律依据，以准确地确定在国家阶段的实质审查中所依据的文本；熟悉国家阶段实质审查的原则及需要特别注意的问题，掌握如何利用国际检索报告和专利性国际初步报告。

按照条约的规定，PCT 申请在完成了条约规定的国际阶段之后，只有进入各指定国或选定国的国家阶段，并履行各指定国或选定国规定的义务和程序，才有可能在该国获得专利保护。因此，指定或者选定中国的 PCT 申请在其完成国际阶段之后，必须按中国专利法的规定，办理进入国家阶段的手续。

对于进入中国国家阶段的 PCT 申请，审查中具有不同于依照《巴黎公约》向中国直接提出的国家申请之处，主要体现在以下方面。

1. 在中国的申请日的确定方式不同

依照《巴黎公约》向中国提出的国家申请，其在中国的申请日是申请人向专利局提交申请文件的日期。而对于指定中国的 PCT 申请，申请人向国际申请受理局提交 PCT 申请文件的日期，即国际申请日，就是该申请在中国的申请日。PCT 申请进入国家阶段是 PCT 申请程序的继续，而不是提出一项新的国家申请。

2. 关于申请的形式适用的法律不同

依照《巴黎公约》向中国提出国家申请适用《专利法》及其实施细则的规定。而对于进入中国国家阶段的 PCT 申请审查，只能在条约的限制下有条件地适用本国法的规定。对于申请形式问题的审查，原则上适用《专利法》及其实施细则的规定，但上述法律法规与条约及其实施细则的规定冲突的，以条约及其实施细则的规定为准。对实质内容的审查适用《专利法》及其实施细则的规定。

3. 申请文档的内容有所不同

由于 PCT 申请在进入国家阶段之前都进行了国际检索，有些 PCT 申请还进行了国际初步审查，因此 PCT 申请进入国家阶段后，申请文档中都有国际检索报告；有些申请文档中还有专利性国际初步报告。而按照《巴黎公约》途径提出的专利申请的文档中不包含上述内容。除此之外，有些 PCT 申请文档中还包括在国际阶段根据条约的相关条款提交的修改文本，可能作为国家阶段审查所依据的文本。对于有优先权请求的

PCT申请，申请文档中一般不提供优先权副本。

需要注意的是，按照《PCT实施细则》第4.18条、第20.5条、第20.5之二条、第20.6条的规定，PCT申请遗漏或错误提交的项目或部分可以通过援引在先申请文件中相应的内容加入申请文件中。申请人在办理此类PCT申请进入中国国家阶段手续时需要提交一份与援引加入相关的在先申请文件副本的中文译文、一份原始申请文件（未包括援引加入内容的申请文件）以及在进入声明中正确指明援引加入的项目或部分在原始申请文件中文译文和在先申请文件副本中文译文中的位置。这些文本都会出现在申请文档中供审查员审查。

4. 审查操作有所不同

对于进入国家阶段的PCT申请的单一性缺陷等问题的处理不同于按照《巴黎公约》途径提出的国家申请。此外，在PCT申请进入国家阶段的审查中，还存在改正译文错误的程序。

第一节　PCT申请进入国家阶段的期限

一、PCT申请正常进入国家阶段的期限

条约第22条和第39条对PCT申请正常进入国家阶段的期限作了规定。按照这一规定，申请人应当在自优先权日起30个月内向各指定局或选定局办理进入国家阶段的手续。

按照《专利法实施细则》第121条的规定，在办理进入中国国家阶段的手续时，至少应当提交“国际申请进入中国国家阶段声明”（以下简称“进入声明”），并缴纳相关的费用。PCT申请以外文提出的，应当提交原始PCT申请的说明书、权利要求书的中文译文。如果缺少以上任何一项内容，或原始PCT申请的说明书、权利要求书的中文译文与原文明显不符，则该PCT申请进入中国国家阶段的手续不能被接受。

在进入中国国家阶段时，PCT申请的申请人需要在进入声明中确认其希望专利局作为审查基础的文本。此时，申请人还可以按照条约第28条或第41条的规定提交权利要求书、说明书和附图的修改文本并指定其作为审查基础。

以外文提出的PCT申请，如果在申请人办理进入中国国家阶段的手续时没有提交原始申请文件的摘要译文或摘要副本、附图副本及申请人指定作为审查基础的国际阶段修改文件的译文和附图副本，则应当在进入中国国家阶段后规定的期限内补交，否则将导致该申请被视为撤回或相应的文本不予考虑。

二、期限届满的处理

条约第24条和第39（2）条规定，申请人在规定的期限内未履行条约第22（1）

条或第 39（1）（a）条规定的行为，即没有办理规定的进入国家阶段的手续的，PCT 申请在该国的效力终止。各国对效力终止的处理方式不尽相同。有些国家在期限届满前告知申请人，其 PCT 申请进入国家阶段的期限即将届满，效力即将终止，或者在期限届满时通知申请人，其 PCT 申请在该国的效力已经终止。对指定或者选定中国的 PCT 申请，在期限届满前或届满后均不通知申请人，而是由申请人自己掌握进入中国国家阶段的期限。

三、延误进入国家阶段的期限

申请人耽误了进入中国国家阶段的期限是否有挽救的机会？条约第 48 条要求各缔约国对于耽误期限的申请人至少给予与耽误国家申请的期限相同条件的宽恕，各缔约国也可以给予更为宽松的条件。因此，《专利法实施细则》第 120 条规定：申请人在条约第 2 条所称的优先权日起 30 个月的期限内未办理进入中国国家阶段手续的，在缴纳宽限费后，可以在自优先权日起 32 个月内办理进入中国国家阶段的手续。

四、提前进入国家阶段

条约第 22 条和第 39 条仅规定了 PCT 申请正常进入国家阶段的最后期限，而没有限制在什么期限之前不能进入国家阶段。因此，从理论上讲，提出 PCT 申请之后到期限届满之前的任何时候都可以办理进入中国国家阶段的手续，即提前进入国家阶段。但实际上通常从优先权日起 16 个月之后才陆续有 PCT 申请进入中国国家阶段。

第二节　实质审查依据的文本

一、PCT 申请在中国国家阶段可能作为审查基础的文本

（一）原始文本

申请人在 PCT 申请日提交原始申请文件，国际局在自首次申请日/优先权日起 18 个月对此进行国际公布，之后把国际公布文本送达各指定局，各指定局将国际公布文本视为原始文本。

（二）修改文本

PCT 申请涉及的修改文本包括国际阶段和国家阶段的修改。当 PCT 申请进入中国时，可能产生的修改如表 16－2－1 所示。

文件”（PCT/CN521 表格）中的指明。后者是对前者的补充和修正。

对于国际阶段的修改文件，进入中国国家阶段未指明作为审查基础的或者未按规定提交中文译文的，将不作为实质审查的基础。

当申请人根据《专利法实施细则》第 57 条第 1 款的规定提出主动修改时，应当以申请人最后提交的符合要求的修改文本作为审查基础，并以该部分内容替代审查基础声明中指明的作为审查基础的相应内容。

三、原始 PCT 申请文件的法律效力

原始 PCT 申请文件具有法律效力，它是申请文件修改的依据。因此，对于 PCT 申请来说，《专利法》第 33 条所说的原说明书和权利要求书是指原始 PCT 申请的说明书、权利要求书和附图，包含援引加入的项目或部分；而不是原始 PCT 申请的说明书、权利要求书和附图的中文译文。

对于 PCT 申请，《专利法实施细则》第 131 条规定，当中文文本存在译文错误时，申请人可以依据原始 PCT 申请文本加以改正，审查员也有权要求申请人依据原始 PCT 申请文本加以改正。另外，如果进入中国国家阶段时提交的原始 PCT 申请的说明书、权利要求书的中文译文与原文明显不符，则该 PCT 申请进入中国国家阶段的手续不能被接受，该申请在中国的效力终止。

当审查员发现文档中的国际公布文本不正确时，应通知专利局初审及流程管理部向国际局核实并提交正确的国际公布文本。

需要注意的是，申请人向中国提出国家申请时应当使用中文，只有该中文文本具备作为原始申请文件的法律效力。

四、“援引加入”的规定对于确认审查文本的影响

《PCT 实施细则》第 4.18 条、第 20.5 条、第 20.5 之二条、第 20.6 条规定，PCT 申请遗漏或错误提交的项目或部分可以通过援引包含于在先申请文件中的内容加入申请文件中。

此条款设置的目的是使申请人在递交 PCT 申请时，对于遗漏或错误提交的某些项目或部分可以通过援引在先申请中相应部分的方式加入该 PCT 申请文件中，而保留原国际申请日。这里提到的“项目”是指全部说明书或全部的权利要求，“部分”是指部分说明书、部分权利要求或全部或部分附图。

这一条款适用的条件是：①在先申请中应包含这些遗漏或错误提交的项目或部分（《PCT 实施细则》第 20.6 条）；②申请人在递交 PCT 申请的请求书中应包含关于援引加入的说明（《PCT 实施细则》第 4.18 条）；③申请人应当在规定的期限内及时确认援引加入的项目或部分（《PCT 实施细则》第 20.6 条和第 20.7 条）。该条款适用的期限为申请人递交 PCT 申请之日起 2 个月或受理局发出改正通知的发文日起 2 个月（《PCT

实施细则》第20.7条）。

对于在国际阶段存在援引加入项目或部分的PCT申请，申请人在办理进入中国国家阶段手续时应当提交与援引加入相关的在先申请文件副本的中文译文，并在进入声明中正确指明援引加入的项目或部分在原始申请文件译文（或以中文提出的原始申请文件）和在先申请文件副本译文（或以中文提出的在先申请文件副本）中的位置。

按照规定提交的援引加入的项目或部分应当是原始申请文件的一部分。审查员应当在初步审查部门审查的基础上，核实援引加入项目或部分是否完全包含在在先申请文件副本和其中文译文中。未包含的，应当以国际局传送的“确认援引项目或部分决定的通知书”中的记载为依据，重新确定国际申请相对于中国的申请日。

第三节 实质审查中的检索

一、一般原则

对于进入中国国家阶段的PCT申请，在实质审查中一般应当作全面检索。对检索的要求一般情况下适用《专利审查指南2023》第2部分第7章的规定。

二、节约原则

从节约原则上考虑，审查员应当参考国际检索报告和专利性国际初步报告提供的对比文件及其他相关信息。

（一）对检索程度的把握

首先应注意，作为审查基础的文本相对于作出国际检索报告和专利性国际初步报告所依据的文本是否一致。

1. 补充检索的情形

如果作为审查基础的文本相对于作出国际检索报告或专利性国际初步报告所针对的文本：①没有进行修改，或者虽然进行了修改但权利要求书中没有出现国际阶段未检索过的新技术方案，则一般不再进行全面检索，只需要补充检索中文文献，包括中文专利文献和中文非专利文献。②进行了修改且权利要求书中出现了国际阶段未检索过的新技术方案，一般应当进行全面检索。但是，若该新技术方案包含了在国际检索报告、国际检索阶段的书面意见（以下简称“书面意见”）或专利性国际初步报告中被认定为对现有技术作出贡献的特征，则一般不再进行全面检索，而只需补充检索中文文献。③如果审查员出于某种原因，例如基于对现有技术的了解，认为可以找到密切相关的对比文件，则可以考虑进行全面检索，尤其是国际检索报告中所列出的对比文件和专利性国际初步报告中引入的对比文件全部为A类文件时。

对于上述各种“只需补充检索中文文献”的情况，若国际检索单位是国家知识产权局，则无需再作这种补充检索。

2. 可以不进行补充检索的情形

《专利审查指南2023》第3部分第2章第4.2节规定：国际检索报告中所列出的对比文件和专利性国际初步报告中引入的对比文件足以破坏专利申请的新颖性和创造性的，无须对该专利申请进行进一步的检索。

（二）国际检索报告中有助于检索的信息

国际检索报告和专利性国际初步报告中列出的文件还能提供有助于审查员进行检索的信息，比如关键词、主题的分类、申请人、发明人以及其他一些涉及背景技术和该申请技术方案的信息。而且，书面意见或专利性国际初步报告中的审查意见也有助于审查员理解现有技术和所审查的技术方案。这些都能够帮助审查员制定出更好的检索策略，使检索更有效、全面。

三、检索报告的填写

对于国际检索报告中列出的各类文件，审查员应当依据《专利审查指南2023》的相关规定，针对审查员确认的作为审查基础的文本，来确定其在中国国家阶段的检索报告中的文件类型。其中，尤其要关注以下三类文件。

1. E类文件

《PCT国际检索和初步审查指南》对国际检索报告中E类文件的定义：任何申请日或优先权日早于被检索申请的申请日（非优先权日），但公布在该被检索申请的申请日当天或之后，且其内容构成涉及新颖性的专利文件。[1]

《专利审查指南2023》中对E类文件的定义：单独影响权利要求新颖性的抵触申请文件。任何单位或者个人就同样的发明或者实用新型在申请日以前向专利局提出并且在申请日以后（含当日）公布的专利申请文件或公告的专利文件，损害该申请日提出的专利申请的新颖性，这种损害新颖性的专利申请称为抵触申请（参见《专利审查指南2023》第2部分第3章第2.2节）。

因此，在填写检索报告时应当注意，国际检索报告中所填写的文件类型是按照未核实优先权的情况填写的，与核实优先权之后的文件类型可能不同（优先权的核实参见《专利审查指南2023》第2部分第3章第4节以及第8章第4.6节）。如果国际检索报告中的E类文件是向中国提交的，或者是进入中国国家阶段的PCT申请，则按以下方式处理。

① 文件的申请日（有优先权的，指优先权日）早于在审PCT申请的申请日（有优先权的，指优先权日）的，构成抵触申请，应当在检索报告中填写为E类文件。

---

[1] 参见《PCT国际检索和初步审查指南》第11.21段和第16.73段。

② 文件的申请日（有优先权的，指优先权日）介于在审 PCT 申请的优先权日（含优先权日当日）和申请日之间的，应当在检索报告中填写为 PE 类文件（见表 16－3－1）。

表 16－3－1　国际检索报告中的 E 类文件在国家阶段检索报告中的类型

E 类文件的时间	在国家阶段检索报告的类型
申请日（有优先权的，指优先权日）早于在审 PCT 申请的申请日（有优先权的，指优先权日）	E
申请日（有优先权的，指优先权日）介于在审 PCT 申请的优先权日（含优先权日当日）和申请日之间	PE

如果国际检索报告中的 E 类文件是向国际申请受理局提交且指定中国的、尚未进入中国国家阶段的 PCT 申请，则应当在检索报告中列为 L 类文件，以利于审查员在日后的审查中关注该文件。

2. L 类文件

《PCT 国际检索和初步审查指南》中定义的 L 类文件是指在检索报告中除 X、Y、A、P、E、O 以及 T 之外被引证的文件❶，涵盖的范围较广，其中需要特别注意的是共同未决申请。

如果同一申请人就两件或多件 PCT 申请指定了相同的一个或多个国家，且这些申请的权利要求具有同样的优先权日或申请日并涉及同样的发明（尽管该要求保护发明的字面表述不一定完全相同），则所述每一申请（只要已被公布）应在国际检索报告中引证并以“L”类型标记标明这可能造成重复授权。❷ 可见，这些申请相互具有在申请日后公开、为同样的发明的特征，并且申请人相同。

当在国际检索报告中标有“L”标记的此类文件进入了中国国家阶段，则该 L 类文件属于《专利审查指南 2023》第 2 部分第 7 章第 12 节中规定的“任何单位或个人在申请日向专利局提交的属于同样的发明创造的专利或专利申请文件”的情况，即属于中国专利法律法规定义的 R 类文件中的一种，因此在国家阶段的检索报告中填为 R 类文件。

3. P 类文件

应注意符号“P”表示对比文件与 PCT 申请在时间上的关系，“P”的标识不能在检索报告中单独出现，其后应附带标明文件内容与在审 PCT 申请相关程度的符号 X、Y 或 A，即 PX、PY 或 PA。国际检索报告中的 P 类文件在中国国家阶段的检索报告中仍作为 P 类文件出现，但其后附带的标明文件内容相关程度的符号可能会由于审查文本的变化或审查员对其相关程度的重新确定而发生变化。

---

❶ 参见《PCT 国际检索和初步审查指南》第 16.75 段。

❷ 参见《PCT 国际检索和初步审查指南》第 11.10 段。

第四节　国家阶段实质审查的原则

对进入国家阶段的PCT申请的实质审查，是指对进入中国国家阶段要求获得发明专利保护的PCT申请的实质审查。进入国家阶段的PCT申请，可以是依据条约第22条而未经国际初步审查的PCT申请，也可以是依据条约第39条经过了国际初步审查的PCT申请。

一、实质审查的基本原则

根据条约第27（1）条的规定，任何缔约国的本国法不得对PCT申请的形式或内容提出与条约及其实施细则的规定不同的或其他额外的要求。但是，条约第27（5）条同时规定，条约及其实施细则中没有一项规定的意图可以解释为限制任何缔约国按其意志规定授予专利实质条件的自由。尤其是，条约及其实施细则关于现有技术的定义的任何规定是专门为国际程序使用的，因而各缔约国在确定PCT申请中请求保护的发明是否具有新颖性和创造性时可以自由适用其本国法关于现有技术的标准以及不属于申请的形式和内容要求的其他可授予专利权的条件。

基于条约的上述规定，对于进入中国国家阶段的PCT申请，应当根据以下原则进行审查：①申请的形式或内容，原则上适用《专利法》及其实施细则的规定，但上述法规与条约及其实施细则的规定冲突的，以条约及其实施细则的规定为准。②授予专利权的实质条件，适用《专利法》及其实施细则的规定。

二、实质审查的特殊规定

（一）申请文件的形式问题

形式问题是指与申请文件的组成部分及其撰写方式相关的问题。

关于申请文件的形式和内容，中国专利法律法规的相关规定主要涉及《专利法》第26条第4款，《专利法实施细则》第20条、第22条、第24条、第25条和第26条。这些规定同条约及其实施细则的规定是基本一致的，但也有些地方不尽相同。对于有些不一致的条款，中国专利法律、法规和规章有下列特殊规定，审查时按以下办法处理。

1. 摘要部分

（1）关于摘要的字数

《专利审查指南2023》第1部分第1章第4.5.1节规定，摘要文字部分不得超过300字。按照《PCT实施细则》第8条的规定，摘要应在公开的范围内尽可能简洁（用英文或者翻译成英文后最好是50～150个词）。

另外，《PCT 实施细则》第 8 条及《PCT 国际检索和初步审查指南》对摘要的内容及其措词进行了规定。PCT 申请的摘要内容和形式在国际阶段已经过审查。因此，一般情况下，国家阶段的审查中不必对摘要的内容和形式提出新的要求，也不必对摘要的字数提出 300 字的要求。

（2）关于摘要附图

按照《专利法实施细则》第 26 条的规定，摘要附图只能有一幅，而《PCT 实施细则》第 3.3（iii）条中允许申请人在必要时指定一幅以上的附图，《PCT 实施细则》第 8.2（a）条允许国际检索单位在必要时建议一幅以上的附图。

鉴于《PCT 实施细则》的上述规定，以及国际检索时已经对摘要附图进行了审查，如果申请文件采用了一幅以上的摘要附图则不必要求修改。

（3）关于摘要中的表格

《专利法》及其实施细则没有有关摘要中的表格的规定，而《PCT 实施细则》第 11.10（c）条则规定，PCT 申请的摘要中可以采用表格。

鉴于《PCT 实施细则》的上述规定，以及国际检索时已经对摘要进行了审查，如果摘要中采用了表格则不必要求修改。

但当摘要的文字内容不清楚以致妨碍了对技术内容的理解时，应要求申请人修改。

2. 说明书部分

（1）关于说明书中的小标题

《专利法实施细则》第 20 条规定说明书应当包括：

① 技术领域；

② 背景技术；

③ 发明内容；

④ 附图说明；

⑤ 具体实施方式。

在每一部分前面写明标题。

按照《PCT 实施细则》第 5.1（a）条的规定，说明书应当包括：

① 发明名称；

② 技术领域；

③ 背景技术；

④ 发明内容；

⑤ 附图简述（如果有附图）；

⑥ 本发明的最佳实施方式或本发明的实施方式；

⑦ 工业实用性（如果不能明显看出）。

《PCT 实施细则》第 5.1（c）条中规定，说明书每一部分之前最好按照《PCT 行政规程》第 204 条的建议加上合适的标题。

鉴于《PCT实施细则》已经明确指出说明书各部分最好加上小标题，因此说明书中如果有小标题，应当允许，同时标题数目不必一致；如果没有小标题，也不必要求申请人加上。

（2）关于发明名称的字数

按照《专利审查指南2023》第1部分第1章第4.1.1节及第2部分第2章第2.2.1节的规定，发明名称的字数一般不超过25个字，必要时可不受此限，但也不得超过60个字，而按照《PCT实施细则》第4.3条的规定，发明名称应该简短（用英文或者译成英文时，最好是2～7个词）和明确。

鉴于《PCT实施细则》对发明名称的字数有明确规定，而且国际检索时已经对发明名称进行过审查，因此，一般情况下可以不必对发明名称的字数再提出要求。

但当发明名称的文字内容不清楚以致妨碍了对技术内容的理解时，应要求申请人修改。

（3）关于说明书中出现的“如权利要求……所述的……”一类引用语

《专利法实施细则》第20条第3款规定，说明书中不得使用“如权利要求……所述的……”一类引用语，而条约及其实施细则中没有类似规定。但由于条约第5条规定了说明书应当清楚、完整，因此审查时如果发现说明书存在上述问题，应当要求修改。

（4）关于计量单位

按照《专利审查指南2023》第2部分第2章第2.2.7节的规定，说明书中所涉及的计量单位应当使用国家法定计量单位，而《PCT实施细则》第10.1（a）、（b）条则规定：“计量单位应当用公制表示，或者如果用其他方式表示，也应当加注公制单位；温度应当用摄氏度数表示，或者如果用其他方式表示，也应当加注摄氏度数。”

如果PCT申请说明书中的计量单位表示方法符合《PCT实施细则》的上述规定，则不必要求修改。

3. 权利要求书部分

（1）关于权利要求中的附图标记

《专利法实施细则》第22条第4款规定，附图标记应当置于括号内，而《PCT实施细则》第6.2（b）条规定，附图标记最好放在括号内。尽管《PCT实施细则》对附图标记的要求是“最好”放在括号内，而不是“应当”，仍然应认为是有这样的要求的。

因此，审查时如果发现权利要求中的附图标记没有置于括号内，应当要求加上括号。

（2）关于一项发明只能有一项独立权利要求

《专利法实施细则》第24条第3款规定，一项发明应当只有一项独立权利要求。虽然条约及其实施细则中没有类似规定，但《PCT实施细则》第6.4条规定，包括一个或者一个以上的其他权利要求的全部特征的权利要求（从属权利要求）应采取引用的方式撰写，如果可能应当从最先出现的可以采取引用方式的权利要求开始就加以引用。所以审查时，如果发现某独立权利要求能够采用从属的方式撰写，应当要求改为从属权利要求；如果发现两项或两项以上保护范围实质上相同的同类权利要求，应当要求仅保留其中的一项独立权利要求。

（二）与授予专利权的实质条件有关的内容

授予专利权的实质条件应当按照《专利法》及其实施细则的有关规定进行审查。

与授予专利权的实质条件有关的条款具体如下。

①《专利法》第2条第2款：发明的定义。

②《专利法》第5条：违反法律、社会公德或者妨害公共利益的发明创造，以及违反法律、行政法规的规定获取或者利用遗传资源，并依赖该遗传资源完成的发明创造。

③《专利法》第9条及《专利法实施细则》第47条：避免重复授权和先申请原则。

④《专利法》第20条第1款：保密审查。

⑤《专利法》第22条：新颖性、创造性和实用性。

⑥《专利法》第25条第1款（1）~（5）项：不授予专利权的申请。

⑦《专利法》第26条第3～4款：发明的充分公开，权利要求以说明书为依据，清楚、简要地限定要求专利保护的范围。

⑧《专利法》第26条第5款及《专利法实施细则》第29条和第126条：遗传资源来源的披露。

⑨《专利法》第29条：优先权。

⑩《专利法》第31条第1款及《专利法实施细则》第39条和第48条：单一性。

⑪《专利法》第33条及《专利法实施细则》第49条第1款：修改不得超出原说明书和权利要求书记载的范围。

⑫《专利法实施细则》第11条：诚实信用原则。

⑬《专利法实施细则》第23条第2款：独立权利要求应当包括发明的全部必要技术特征。

第五节 实质审查的内容

对于PCT申请实质内容的审查适用《专利法》《专利法实施细则》《专利审查指南2023》的规定。但PCT申请在国际阶段已经由相关国际单位对其进行条约规定的格式审查和国际检索，有的还经过了国际初步审查。在国际检索报告和专利性国际初步报告中包括对申请文件的检索主题、单一性、新颖性、创造性以及权利要求书、说明书是否清楚等方面的审查意见。因此，在中国国家阶段的审查中可以参考国际检索报告和专利性国际初步报告中的意见和提供的信息。但是，在参考的过程中要注意条约规定与中国专利法律法规之间的不同之处，这正是本节要说明的重点。

一、作为审查基础的修改文本是否修改超范围

依据《专利法》第33条的规定判断修改文本是否存在修改超范围的问题。

依据审查基础声明中指明的文本以及随后提交的符合有关规定的文本作为实质审查基础的文本，如果确定的审查基础文本不是原始PCT申请的文本或其中文译文，而是修改文本，那么首先就要审查这些文本的修改是否符合《专利法》第33条的规定。

PCT申请的申请人依据条约的规定提交的修改文件，以及在PCT申请于进入中国国家阶段后提出实质审查请求时或者在收到专利局发出的发明专利申请进入实质审查阶段通知书之日起3个月内提交的修改文件，都应符合《专利法》第33条的规定。

对于PCT申请，《专利法》第33条所说的原说明书和权利要求书是指原始提交的PCT申请的说明书、权利要求书和附图。因此，判断修改文本是否修改超范围时，其法律依据是原始提交的PCT申请文本。对于以外文公布的国际申请，针对其中文译文进行实质审查，一般不需要核对原文；但是原始提交的国际申请文件具有法律效力，作为申请文件修改的依据。

需要注意，根据《PCT实施细则》第4.18条，PCT申请遗漏或错误提交的项目或部分可以通过援引在先申请文件中相应的内容而加入PCT申请文件中。符合规定的援引加入的项目或部分应当是原始申请文件的一部分。《专利法》第33条所述的原说明书和权利要求书包含符合规定的援引加入的项目或部分。

二、申请的主题是否属于可授予专利权的申请

对于是否属于可授予专利权的申请的审查，应当依据《专利法》第2条第2款、第5条、第25条和《专利法实施细则》第11条。

有些PCT申请的主题，虽然不属于《PCT实施细则》第39条以及第67条规定的不予检索和初审的主题，但是属于《专利法》第5条和第25条规定的不能被授予专利权的主题，比如博彩工具、原子核变换方法。这种情况下，即使国际阶段的审查员对这类申请作出了国际检索报告并且依申请人的请求作出了专利性国际初步报告，而且有可能在书面意见或专利性国际初步报告中认可这类主题的新颖性和创造性，这类申请的主题也不能在中国获得授权。

《专利审查指南2023》第2部分第1章对于申请的主题是否属于可授予专利权的申请有明确规定，具体参见本书第三章。

三、对单一性的审查

判断要求保护的主题是否具备单一性应依照《专利法》第31条第1款以及《专利法实施细则》第39条的规定。对于进入中国国家阶段的PCT申请的单一性问题的处理程序依据《专利法实施细则》第133条的规定。

（一）首先核实以下内容

① 要求保护的发明中是否包含了在国际阶段由于申请人没有应审查员要求缴纳因缺乏单一性而所需的附加检索费或附加审查费，而导致未作国际检索或国际初步审查的发明。

② 要求保护的发明中是否包含了申请人在国际阶段未缴纳附加检索费或附加审查费而表示放弃的发明（例如申请人在国际阶段选择对某些权利要求加以限制而舍弃的发明）。

③ 存在上述①或②中的情形时，国际单位作出的发明缺乏单一性的结论是否正确。

（二）后续处理

① 经审查，如果认定国际单位所作出的结论正确，则审查员应当发出“缴纳单一性恢复费通知书”，通知申请人在2个月内缴纳单一性恢复费。

当申请人按规定缴纳单一性恢复费后，应认为未经国际检索或初审的部分是有效的PCT申请内容，进而应按审查国家申请的方式，依据《专利审查指南2023》第2部分第6章的规定进一步审查。

如果申请人在2个月的期限内未缴纳或未缴足单一性恢复费，也没有删除缺乏单一性的发明的，应当以审查意见通知书的形式告知申请人。PCT申请中上述未经国际检索的部分将被视为撤回，不能再提出分案申请，并要求申请人提交删除这部分内容的修改文本。审查员将对删除了该部分内容的文本继续审查。如果申请人既不提交符合上述要求的修改文本，也不陈述意见，则该申请将被视为撤回。如果申请人提交的修改文本仍然包括所述应该删除的部分，或者申请人仅仅陈述意见，坚持不删除上述内容，则审查员将以要求保护的发明存在单一性缺陷为由驳回该申请。

② 经审查，如果认定国际审查单位作出的发明缺乏单一性的结论不正确，即申请人要求保护的发明不存在缺乏单一性的问题，则审查员应对所有要求保护的主题进行审查。

③ 如果审查员认为PCT申请实际上存在缺乏单一性的缺陷，但国际单位未指出该PCT申请不具备单一性，或虽然指出不具有单一性的缺陷但未要求缴纳附加费，或申请人已经足额缴费，则应按审查国家申请的方式依据《专利审查指南2023》第2部分第6章的规定进行处理。

四、对优先权的核实

对优先权的核实应依据《专利法》第29条、《专利法实施细则》第38条以及《专利审查指南2023》第2部分第3章第4节的规定以及第8章第4.6节。具体参见本书第七章。

（一）应核实优先权的情况

对于PCT申请而言，出现以下三种情况时，审查员应对PCT申请的优先权进行核实。如果文档中没有优先权副本，则应通过专利局初审及流程管理部要求国际局提供优先权文本。

1. 国际检索报告中列出了PX类、PY类文件

如果PCT申请的优先权不成立，则这些标有PX类、PY类的对比文件在对PCT申请进行新颖性和创造性审查时将可能作为评价其新颖性、创造性的现有技术。

如果PCT申请的优先权成立，则需对PX类文件进行核查，以确认该对比文件是否构成中国专利法律法规中定义的抵触申请或R类文件。

2. 国际检索报告中列出了E类文件

如果国际检索报告中列出了E类文件，且该对比文件是向中国提出的专利申请（或专利），或者是进入中国国家阶段的PCT申请，并且其申请日或优先权日介于PCT申请的优先权日和申请日之间。

如果PCT申请的优先权不成立，则需确认该E类文件是否构成中国专利法律法规中定义的抵触申请。如果PCT申请的优先权成立，当该E类文件要求了优先权并且其早于PCT申请的优先权日时，还需进一步核实该E类文件的优先权是否成立。

3. 审查员进一步检索到相关文件

审查员经进一步检索获得了在PCT申请的申请日和优先权日之间公开并影响其新颖性或创造性的对比文件（PX类或PY类文件），或者找到了申请日或优先权日在该PCT申请的申请日和优先权日之间并在申请日当天或申请日后公开的且内容影响该申请新颖性的在先申请或在先专利。

此时，通过核实优先权以确定所述文件是否属于现有技术或中国专利法律法规中定义的抵触申请或R类文件（参见表16－5－1）。

表16－5－1　优先权的核实

国际检索报告	国家阶段检索报告	在审申请的优先权成立	在审申请的优先权不成立
PX	PX	不属于现有技术，但当PX类文件的优先权日或申请日早于Pr.（＊）时，还需核实该PX类文件是否能够作为抵触申请或与在审申请是否会造成重复授权	用于评价新颖性/创造性

续表

<table>
<tr><th>国际检索报告</th><th colspan="2">国家阶段检索报告</th><th>在审申请的优先权成立</th><th>在审申请的优先权不成立</th></tr>
<tr><td>PY</td><td colspan="2">PY</td><td>不属于现有技术</td><td>用于评价创造性</td></tr>
<tr><td rowspan="2">E</td><td rowspan="2">PE</td><td>无优先权的</td><td>不能用作抵触申请，但当 PE 类文件的申请日与 Pr. 相同时，还需核实该 PE 类文件与在审申请是否会造成重复授权</td><td>用作抵触申请</td></tr>
<tr><td>有优先权的</td><td>不能用作抵触申请，但当 PE 类文件的优先权日与 Pr. 相同时，还需核实该 PE 类文件与在审申请是否会造成重复授权</td><td>PE 类文件的优先权成立用作抵触申请
PE 类文件的优先权不成立根据申请日确定是否用作抵触申请或造成重复授权</td></tr>
</table>

＊ Pr.：在审申请的优先权日。

（二）关于优先权恢复的条款对进入国家阶段后优先权认定的影响

核实 PCT 申请优先权时应注意，根据《PCT 实施细则》第 26 条之二.3 及第 49 条之三，允许申请人在一定的条件下，在优先权日起 12 个月至 14 个月之间递交 PCT 申请，而该 PCT 申请仍能享有该项优先权。

PCT 申请要求了优先权，且国际申请日在优先权期限届满之后 2 个月内，在国际阶段已经由受理局批准恢复优先权的，PCT 申请进入中国国家阶段时，申请人不需要再次办理恢复手续。在国际阶段申请人未请求恢复优先权，或者提出了恢复请求但是受理局未批准的，申请人有正当理由的，可以自进入中国国家阶段之日起 2 个月内请求恢复优先权；提交恢复优先权请求书，说明理由，并且缴纳费用；未向国际局提交过在先申请文件副本的，同时应当附具在先申请文件副本。

五、对新颖性和创造性的审查

对进入中国国家阶段的 PCT 申请的新颖性和创造性的审查分别适用《专利法》第 22 条第 2 款和第 3 款及《专利审查指南 2023》第 2 部分第 3 章和第 4 章的规定。同时，应充分参考 PCT 国际阶段书面意见或专利性国际初步报告中给出的信息。

1. 审查意见的参考

无论申请人是否对审查文本进行了修改，审查员都可以参考书面意见或专利性国际初步报告中的审查意见。这些审查意见提供的信息可能被直接用于评价发明的新颖性和创造性，也可能有助于审查员对技术方案本身以及现有技术状况的理解。

2. 对某些引用文件的利用

这些引用文件指的是在书面意见或专利性国际初步报告中列出但是不属于PCT法律法规定义的现有技术的文件。书面意见或专利性国际初步报告中也没有给出它们对于所要求保护主题的新颖性或创造性的影响的任何评述。在PCT申请进入中国国家阶段后，对新颖性和创造性的审查中对此应予以考虑。具体而言，这些引用文件是指在书面意见或专利性国际初步报告的第Ⅵ栏列出的涉及非书面公开的文件或某些已公布的文件。

专利性国际初步报告中列出的涉及非书面公开的文件是指：在PCT申请的申请日或有效的优先权日之前，通过口头公开、使用、展览或者其他非书面方式向公众公开了某些技术内容，而这种非书面公开的日期记载在与PCT申请的申请日或有效的优先权日同日或者在其之后公众可以得到的书面公开文件之中，这种书面公开的文件被称为“涉及非书面公开的文件”。这种涉及非书面公开的文件在国际初步审查阶段不构成现有技术，但是在专利性国际初步报告中被列出以引导指定国注意这种非书面公开。

专利性国际初步报告中列出的某些已公布的文件是指：申请日或要求的优先权日在PCT申请的申请日或有效的优先权日之前并且是在该日期之后或与该日期同日公布的专利申请文件或专利文件。这类已公布的申请或者专利在国际初步审查阶段不构成现有技术，但是在专利性国际初步报告中也列出了这类文件，从而引导指定国注意这类申请或者专利。

六、避免重复授权的审查

在授权前要进行避免重复授权的审查。国家申请的重复授权主要是由于存在属于《专利法》第9条第1款和《专利法实施细则》第47条第2款规定情形的R类文件。如果进入中国国家阶段的PCT申请要求在中国提出的在先申请的优先权，或者要求已经进入中国国家阶段的在先PCT申请的优先权，将会使属于同一发明的两件专利申请都进入实质审查程序，这也有可能造成重复授权。为防止重复授权，在对PCT申请发出授予专利权的通知前，应进行尽可能完善的防止重复授权的检索，将在中国专利文献中已经公开的、涉及同样的发明创造的专利申请或者专利文件检索出来，适用《专利审查指南2023》第2部分第3章第6节的规定对此PCT申请及检索到的专利申请或者专利进行处理。

需要注意的是，在上述两种情形中，如果出现了视为未要求优先权或优先权不成立的情况，则在先申请可能成为破坏该国际申请新颖性的现有技术或抵触申请。

七、改正译文错误

改正译文错误按照《专利法实施细则》第131条的规定进行。